全国电力出版指导委员会出版规划重点项目

火力发电职业技能培训教材

HUOLI FADIAN ZHIYE JINENG PEIXUN JIAOCAI

汽轮机设备检修

（第二版）

《火力发电职业技能培训教材》编委会　编

中国电力出版社

CHINA ELECTRIC POWER PRESS

内 容 提 要

本套教材在 2005 年出版的《火力发电职业技能培训教材》的基础上，吸收近年来国家和电力行业对火力发电职业技能培训的新要求编写而成。在修订过程中以实际操作技能为主线，将相关专业理论与生产实践紧密结合，力求反映当前我国火电技术发展的水平，符合电力生产实际的需求。

本套教材总共 15 个分册，其中的《环保设备运行》《环保设备检修》为本次新增的 2 个分册，覆盖火力发电运行与检修专业的职业技能培训需求。本套教材的作者均为长年工作在生产第一线的专家、技术人员，具有较好的理论基础、丰富的实践经验和培训经验。

本书为《汽轮机设备检修》分册，主要内容包括：汽轮机检修管理，高压合金钢螺栓拆装及检修，汽缸及滑销系统检修，喷嘴、隔板（静叶环）检修，汽封检修，转子及轴系检修，轴承检修；汽轮机数字电液控制系统 DEH，保安油系统检修，中间再热式汽轮机调节系统检修，主汽门及调节汽门检修，调节系统检修，调速系统试验，调速系统缺陷分析及处理，供油系统检修，功频电液调节系统；水泵概念，小型水泵检修，机械密封，水泵检修中的重点及特殊项目，给水泵检修，立式循环水泵检修，凝结水泵检修，给水泵汽轮机检修，液力耦合器检修；凝汽器，高、低压加热器，除氧器，抽气器，空冷凝汽器，汽轮机管道阀门，吸收式热泵。

本套教材适合作为火力发电专业职业技能鉴定培训教材和火力发电现场生产技术培训教材，也可供火电类技术人员及职业技术学校教学使用。

图书在版编目（CIP）数据

汽轮机设备检修/《火力发电职业技能培训教材》编委会编 . —2 版 . —北京：中国电力出版社，2020.5（2024.2 重印）
火力发电职业技能培训教材
ISBN 978 - 7 - 5198 - 4400 - 4

Ⅰ. ①汽… Ⅱ. ①火… Ⅲ. ①火电厂 - 蒸汽透平 - 设备检修 - 技术培训 - 教材 Ⅳ. ①TM621.4

中国版本图书馆 CIP 数据核字（2020）第 035050 号

出版发行：中国电力出版社
地　　址：北京市东城区北京站西街 19 号（邮政编码 100005）
网　　址：http://www.cepp.sgcc.com.cn
责任编辑：刘汝青（010 - 63412382）
责任校对：黄 蓓　朱丽芳　闫秀英
装帧设计：赵姗姗
责任印制：吴 迪

印　　刷：北京九州迅驰传媒文化有限公司
版　　次：2005 年 2 月第一版　2020 年 5 月第二版
印　　次：2024 年 2 月北京第十三次印刷
开　　本：880 毫米×1230 毫米　32 开本
印　　张：21.75
字　　数：751 千字　2 插页
印　　数：2801—3300 册
定　　价：98.00 元

《火力发电职业技能培训教材》(第二版)

编 委 会

主　任：王俊启

副主任：张国军　　乔永成　　梁金明　　贺晋年

委　员：薛贵平　　朱立新　　张文龙　　薛建立

　　　　许林宝　　董志超　　刘林虎　　焦宏波

　　　　杨庆祥　　郭林虎　　耿宝年　　韩燕鹏

　　　　杨　铸　　余　飞　　梁瑞珽　　李团恩

　　　　连立东　　郭　铭　　杨利斌　　刘志跃

　　　　刘雪斌　　武晓明　　张　鹏　　王　公

主　编：张国军

副主编：乔永成　　薛贵平　　朱立新　　张文龙

　　　　郭林虎　　耿宝年

编　委：耿　超　　郭　魏　　丁元宏　　席晋奎

教材编辑办公室成员： 张运东　　赵鸣志

　　　　　　　　　　　　徐　超　　曹建萍

《火力发电职业技能培训教材
汽轮机设备检修》（第二版）

编 写 人 员

主　编：王俊启

参　编（按姓氏笔画排列）：

马　愈　王志鸿　朱立新　李喜庆

余　飞　南　轶　徐　刚　郭　伟

唐　震　崔富慧

《火力发电职业技能培训教材》（第一版）

编　委　会

主　　任：周大兵　　翟若愚

副 主 任：刘润来　　宗　健　　朱良镭

常　　委：魏建朝　　刘治国　　侯志勇　　郭林虎

委　　员：邓金福　　张　强　　张爱敏　　刘志勇

　　　　　王国清　　尹立新　　白国亮　　王殿武

　　　　　韩爱莲　　刘志清　　张建华　　成　刚

　　　　　郑跃生　　梁东原　　张建平　　王小平

　　　　　王培利　　闫刘生　　刘进海　　李恒煌

　　　　　张国军　　周茂德　　郭江东　　闻海鹏

　　　　　赵富春　　高晓霞　　贾瑞平　　耿宝年

　　　　　谢东健　　傅正祥

主　　编：刘润来　　郭林虎

副 主 编：成　刚　　耿宝年

教材编辑办公室成员：刘丽平　　郑艳蓉

第二版前言

2004 年，中国国电集团公司、中国大唐集团公司与中国电力出版社共同组织编写了《火力发电职业技能培训教材》。教材出版发行后，深受广大读者好评，主要分册重印 10 余次，对提高火力发电员工职业技能水平发挥了重要的作用。

近年来，随着我国经济的发展，电力工业取得显著进步，截至 2018 年底，我国火力发电装机总规模已达 11.4 亿 kW，燃煤发电 600MW、1000MW 机组已经成为主力机组。当前，我国火力发电技术正向着大机组、高参数、高度自动化方向迅猛发展，新技术、新设备、新工艺、新材料逐年更新，有关生产管理、质量监督和专业技术发展也是日新月异，现代火力发电厂对员工知识的深度与广度，对运用技能的熟练程度，对变革创新的能力，对掌握新技术、新设备、新工艺的能力，以及对多种岗位上工作的适应能力、协作能力、综合能力等提出了更高、更新的要求。

为适应火力发电技术快速发展、超临界和超超临界机组大规模应用的现状，使火力发电员工职业技能培训和技能鉴定工作与生产形势相匹配，提高火力发电员工职业技能水平，在广泛收集原教材的使用意见和建议的基础上，2018 年 8 月，中国电力出版社有限公司、中国大唐集团有限公司山西分公司启动了《火力发电职业技能培训教材》修订工作。100 多位发电企业技术专家和技术人员以高度的责任心和使命感，精心策划、精雕细刻、精益求精，高质量地完成了本次修订工作。

《火力发电职业技能培训教材》（第二版）具有以下突出特点：

（1）针对性。教材内容要紧扣《中华人民共和国职业技能鉴定规范·电力行业》（简称《规范》）的要求，体现《规范》对火力发电有关工种鉴定的要求，以培训大纲中的"职业技能模块"及生产实际的工作程序设章、节，每一个技能模块相对独立，均有非常具体的学习目标和学习内容，教材能满足职业技能培训和技能鉴定工作的需要。

（2）规范性。教材修订过程中，引用了最新的国家标准、电力行业规程规范，更新、升级一些老标准，确保内容符合企业实际生产规程规范的要求。教材采用了规范的物理量符号及计量单位，更新了相关设备的图形符号、文字符号，注意了名词术语的规范性。

（3）系统性。教材注重专业理论知识体系的搭建，通过对培训人员分析能力、理解能力、学习方法等的培养，达到知其然又知其所以然的目的，从而打下坚实的专业理论基础，提高自学本领。

（4）时代性。教材修订过程中，充分吸收了新技术、新设备、新工艺、新材料以及有关生产管理、质量监督和专业技术发展动态等内容，删除了第一版中包含的已经淘汰的设备、工艺等相关内容。2005 年出版的《火力发电职业技能培训教材》共 15 个分册，考虑到从业人员、专业技术发展等因素，没有对《电测仪表》《电气试验》两个分册进行修订；针对火电厂脱硫、除尘、脱硝设备运行检修的实际情况，新增了《环保设备运行》《环保设备检修》两个分册。

（5）实用性。教材修订工作遵循为企业培训服务的原则，面向生产、面向实际，以提高岗位技能为导向，强调了"缺什么补什么，干什么学什么"的原则，在内容编排上以实际操作技能为主线，知识为掌握技能服务，知识内容以相应的工种必需的专业知识为起点，不再重复已经掌握的理论知识。突出理论和实践相结合，将相关的专业理论知识与实际操作技能有机地融为一体。

（6）完整性。教材在分册划分上没有按工种划分，而采取按专业方式分册，主要是考虑知识体系的完整，专业相对稳定而工种则可能随着时间和设备变化调整，同时这样安排便于各工种人员全面学习了解本专业相关工种知识技能，能适应轮岗、调岗的需要。

（7）通用性。教材突出对实际操作技能的要求，增加了现场实践性教学的内容，不再人为地划分初、中、高技术等级。不同技术等级的培训可根据大纲要求，从教材中选取相应的章节内容。每一章后均有关于各技术等级应掌握本章节相应内容的提示。每一册均有关于本册涵盖职业技能鉴定专业及工种的提示，方便培训时选择合适的内容。

（8）可读性。教材力求开门见山，重点突出，图文并茂，便于理解，便于记忆，适用于职业培训，也可供广大工程技术人员自学参考。

希望《火力发电职业技能培训教材》（第二版）的出版，能为推进火力发电企业职业技能培训工作发挥积极作用，进而提升火力发电员工职业能力水平，为电力安全生产添砖加瓦。恳请各单位在使用过程中对教材多提宝贵意见，以期再版时修订完善。

本套教材修订工作得到中国大唐集团有限公司山西分公司、大唐太原第二热电厂和阳城国际发电有限责任公司各级领导的大力支持，在此谨向为教材修订做出贡献的各位专家和支持这项工作的领导表示衷心感谢。

《火力发电职业技能培训教材》（第二版）编委会

2020 年 1 月

第一版前言

近年来，我国电力工业正向着大机组、高参数、大电网、高电压、高度自动化方向迅猛发展。随着电力工业体制改革的深化，现代火力发电厂对职工所掌握知识与能力的深度、广度要求，对运用技能的熟练程度，以及对革新的能力，掌握新技术、新设备、新工艺的能力，监督管理能力，多种岗位上工作的适应能力，协作能力，综合能力等提出了更高、更新的要求。这都急切地需要通过培训来提高职工队伍的职业技能，以适应新形势的需要。

当前，随着《中华人民共和国职业技能鉴定规范》（简称《规范》）在电力行业的正式施行，电力行业职业技能标准的水平有了明显的提高。为了满足《规范》对火力发电有关工种鉴定的要求，做好职业技能培训工作，中国国电集团公司、中国大唐集团公司与中国电力出版社共同组织编写了这套《火力发电职业技能培训教材》，并邀请一批有良好电力职业培训基础和经验、热心于职业教育培训的专家进行审稿把关。此次组织开发的新教材，汲取了以往教材建设的成功经验，认真研究和借鉴了国际劳工组织开发的 MES 技能培训模式，按照 MES 教材开发的原则和方法，按照《规范》对火力发电职业技能鉴定培训的要求编写。教材在设计思想上，以实际操作技能为主线，更加突出了理论和实践相结合，将相关的专业理论知识与实际操作技能有机地融为一体，形成了本套技能培训教材的新特色。

《火力发电职业技能培训教材》共 15 分册，同时配套有 15 分册的《复习题与题解》，以帮助学员巩固所学到的知识和技能。

《火力发电职业技能培训教材》主要具有以下突出特点：

（1）教材体现了《规范》对培训的新要求，教材以培训大纲中的"职业技能模块"及生产实际的工作程序设章、节，每一个技能模块相对独立，均有非常具体的学习目标和学习内容。

（2）对教材的体系和内容进行了必要的改革，更加科学合理。在内容编排上以实际操作技能为主线，知识为掌握技能服务，知识内容以相应的职业必需的专业知识为起点，不再重复已经掌握的理论知识，以达到再培训，再提高，满足技能的需要。

凡属已出版的《全国电力工人公用类培训教材》涉及的内容，如识绘图、热工、机械、力学、钳工等基础理论均未重复编入本教材。

（3）教材突出了对实际操作技能的要求，增加了现场实践性教学的内容，不再人为地划分初、中、高技术等级。不同技术等级的培训可根据大纲要求，从教材中选取相应的章节内容。每一章后，均有关于各技术等级应掌握本章节相应内容的提示。

（4）教材更加体现了培训为企业服务的原则，面向生产，面向实际，以提高岗位技能为导向，强调了"缺什么补什么，干什么学什么"的原则，内容符合企业实际生产规程、规范的要求。

（5）教材反映了当前新技术、新设备、新工艺、新材料以及有关生产管理、质量监督和专业技术发展动态等内容。

（6）教材力求简明实用，内容叙述开门见山，重点突出，克服了偏深、偏难、内容繁杂等弊端，坚持少而精、学则得的原则，便于培训教学和自学。

（7）教材不仅满足了《规范》对职业技能鉴定培训的要求，同时还融入了对分析能力、理解能力、学习方法等的培养，使学员既学会一定的理论知识和技能，又掌握学习的方法，从而提高自学本领。

（8）教材图文并茂，便于理解，便于记忆，适应于企业培训，也可供广大工程技术人员参考，还可以用于职业技术教学。

《火力发电职业技能培训教材》的出版，是深化教材改革的成果，为创建新的培训教材体系迈进了一步，这将为推进火力发电厂的培训工作，为提高培训效果发挥积极作用。希望各单位在使用过程中对教材提出宝贵建议，以使不断改进，日臻完善。

在此谨向为编审教材做出贡献的各位专家和支持这项工作的领导们深表谢意。

《火力发电职业技能培训教材》编委会

2005 年 1 月

第二版编者的话

随着经济和科技的发展，以及国家对节能减排和环保的要求，大容量、高参数、高自动化的大型火力发电机组在我国日益普及，新工艺、新技术、新设备不断涌现，对运行、检修人员提出了更高的要求。

为了适应电力职业技能培训和实施技能鉴定工作的需要，全面提高电力生产运行、检修人员和技术管理水平，适应现场岗位培训的需要，特别是为了能够使企业在电力系统改革实行"厂网分开，竞价上网"的市场竞争中立于不败之地，特组织修订《火力发电职业技能培训教材》这套丛书。

本丛书是以电力行业《中华人民共和国职业技能鉴定规范》为依据，以够用为度、实用为本、应用为主，结合地方电厂现状及近年来电力工业发展的新技术，本着紧密联系生产实际的原则编写而成的。本书按照模块——学习单元模式进行编写，以 600MW 机组为主，兼顾 1000MW 和 300MW 机组及辅机的内容，结合我国现阶段技术发展的实际情况编写，尽量反映新技术、新设备、新工艺、新材料、新经验和新方法。全书内容以操作技能为主，基本训练为重点，着重强调了基本操作技能的通用性和规范化。

本书为《汽轮机设备检修》分册，包括汽轮机本体检修、汽轮机辅机和检修、汽轮机调速系统检修和水泵检修四个工种的培训内容，是汽轮机检修人员的必备读物，涵盖了技能鉴定考核的全部内容，内容丰富、覆盖面广，文字通俗易懂，是一套针对性较强的、有相当先进性和普遍适用性的工人技术培训参考书。

本书主要内容分为汽轮机本体检修，汽轮机调节、保安和油系统设备检修，水泵检修，主要辅机设备四大部分。修订时力争结合现代汽轮机方面的新工艺、新技术，全面介绍汽轮机组相关设备的结构、原理、性能、检修工艺，删除了部分淘汰设备的检修内容，新增加了空冷凝汽器和吸收式热泵等设备的检修和维护内容。

本书是在第一版《汽轮机设备检修》的基础上修编而成的，在此特向第一版作者王殿武、高世文、李小权、耿宝年几位同志表示敬意。

本书第一篇由朱立新、余飞、郭伟同志编写；第二篇由王俊启、朱立新、徐刚、崔富慧同志编写；第三篇由朱立新、王志鸿、唐震、马愈同志编写；第四篇由朱立新、李喜庆、南轶同志编写。由于编者水平有限，书中难免存在疏漏与不足之处，恳请广大读者批评指正。

编　者
2020 年 1 月

第一版编者的话

为了适应电力职业技能培训和实施技能鉴定工作的需要，全面提高电力生产运行、检修人员和技术管理人员的技术素质和管理水平，适应现场岗位培训的需要，特别是为了能够使企业在电力系统改革实行"厂网分开，竞价上网"的市场竞争中立于不败之地，特组织编写、出版、发行《火力发电职业技能培训教材》这套丛书。

本丛书是以电力行业《中华人民共和国职业技能鉴定规范》为依据，以够用为度、实用为本、应用为主，结合地方电厂现状及近年来电力工业发展的新技术，本着紧密联系生产实际的原则编写而成的。本书按照模块—学习单元模式进行编写，以 300MW 汽轮机组为主，兼顾 600MW 和200MW 机组及其辅机的内容，结合我国现阶段技术发展的实际情况编写，尽量反映新技术、新设备、新工艺、新材料、新经验和新方法。全书内容以操作技能为主，基本训练为重点，着重强调了基本操作技能的通用性和规范化。

本书为《汽轮机设备检修》分册，包括汽轮机本体检修、汽轮机辅机检修、汽轮机调速系统检修和水泵检修四个工种的培训内容，是汽轮机检修人员的必备读物，涵盖了技能鉴定考核的全部内容，内容丰富、覆盖面广，文字通俗易懂，是一套针对性较强的、有相当先进性和普遍适用性的工人技术培训参考书。

本书主要内容分四大部分：汽轮机本体检修、调节保安系统、水泵、主要辅机设备。

本书第一篇内容由王殿武同志编写；第二篇内容由高世文、李小权同志编写；第三篇内容由高世文、李小权同志编写；第四篇内容由高世文、耿宝年同志编写。

由于作者水平有限，恳请读者对书中的缺点和错误提出批评指正。

编者

2004 年 11 月

目　录

第三篇　水泵检修

第四篇　主要辅机设备

第一篇
汽轮机本体检修

第一章

汽轮机检修管理

第一节 设备检修管理概述

一、设备检修管理的目的和意义

回顾我国电力发展历程，汽轮机组从无到有，从小到大，参数从中温中压到高压、亚临界、超临界，直至超超临界。机组的容量越来越大，系统及控制越来越复杂，如何保证设备的可靠运行，是每一位设备管理人员应当重视的问题。

设备的可靠运行保证措施，不仅在于运行人员按规程精细操作，更在于设备检修人员按标准精心检修。只有这样，才能保证设备在检修间隔期间内持续、可靠、经济地运行，提高发电设备可用系数，充分发挥设备的潜力。

目前各发电集团均采用状态检修——即点检定修制对设备进行管理，由专职的点检人员对设备进行日常的检修管理。同时，新建电厂一般不再设置专门的检修部门，采用维护发包的方式对设备进行日常维护，有大型检修或技改工程采用招投标的方式由专业检修队伍进行检修，这就使得设备管理的重要性日益突出。

二、设备检修的分级和内容

火电机组检修分级按传统的方式一般分为大修、中修、小修三个等级。

（1）大修是指机组全面性的解体检修（包括汽轮机、发电机、锅炉等各专业），以提高或恢复设备的性能为目标；

（2）中修是指针对机组或设备存在的异常状态，或性能严重不达标，对单台设备或机组某部分（如汽轮机、发电机、锅炉等单一专业或设备）进行解体性检修，以处理问题恢复设备性能为目标；

（3）小修是指根据设备磨损、老化规律，以及设备存在的缺陷，有重点地进行设备检修和检查工作，设备一般不进行全面性的解体。

还有其他一些设备检修分级的标准，如点检定修制按机组检修规模和停机时间将机组检修分为 A、B、C、D 四级，其中 A 级检修可以对应于大修，B 级检修可以对应于中修，C、D 级检修可以对应于小修，本书为使读者能够清晰明了设备的检修方式，以大、中、小修对设备检修进行分级。

三、大功率汽轮机检修管理

以下重点介绍大功率汽轮机的检修管理。大机组检修管理一般分为 5 阶段、25 步（条），分述如下。

（一）准备、计划阶段

1. 进行运行分析

机组大修前 40~60 天，由运行专职工程师提出运行分析报告。报告内容包括汽轮机出力、热耗、振动、缸胀、调速系统性能及设备存在缺陷和问题等，作为编制大修施工计划的依据之一。

2. 进行设备调查

机组大修前 40~60 天，由设备点检员（有检修部门的电厂可以由检修专职工程师）组织有关人员进行设备调查。调查内容为机组自上次大修（或安装）投运以来，发生的故障、检修、缺陷等原因，设备改进的效果，存在的问题，检修前的试验、测试及有关节能、反事故措施，环保，同类型机组的事故教训等。提出调查报告，作为编制大修施工计划的依据之一。

3. 组织设备普查

在进行运行分析、设备调查的同时，设备点检人员对自己所管的设备进行现场检查和访问运行人员，弄清设备健康情况和存在问题，提出分析改进意见，由汽轮机专业汇总，作为编制施工计划依据之一。

4. 找出问题，分析原因

根据 1~3 项，找出设备存在的主要问题，分析原因，提出解决方案。

5. 明确项目和目标

根据 1~4 项，明确大修重大特殊项目，提出检修目标。

6. 编制计划

根据上述 1~5 项的分析和讨论，编制大修施工计划和准备工作计划。大修施工的计划内容为设备现况及存在问题、检修项目和目标、技术组织措施、厂内外协作配合项目、检修用工及用料计划等。准备工作计划应使备品配件、材料、技术工和辅助工、外单位协作、试验等工作，有目标、有步骤地按照所订计划层层落实，项项定人。

7. 制订措施，修订标准

对于机组大修的重大特殊项目，应在年度计划内确定，一旦有变化和补充，应及早修订，以便早准备、早落实。设备管理人员（点检员或检修专职工程师）应视实际情况，补充修订施工措施，补充标准项目的质量标准，并经上级批准后实施。

组织平衡机组大修前应定期检查准备工作的落实情况。尤其是重大特殊项目的具体准备，每个项目都要从设备、备品配件、材料、外单位协作、主要工具、施工现场设施、劳动力和技术力量配备、安全设施、劳动保护等方面反复平衡，组织力量，加强薄弱环节，做到备品配件、材料、规格、数量齐全，质量可靠，劳动力和技术工种配全并落实等。

8. 层层发动，落实到人

机组大修前 5~10 天，应组织有关检修人员学习大修施工计划和安全工作规程、质量标准。进行检修交底，向全体检修人员讲解大修任务、目标、安全、质量、进度等要求，使人人明确自己所做检修项目、技术标准、质量要求、工艺顺序、工料定额、计划进度、安全措施等。

9. 停机前的全面检查

机组大修开工前 2~3 天，应对大修准备工作做全面仔细的检查。检查主要内容为大修准备工作计划的实施情况，重大特殊项目的各项措施、分工等的落实情况。消除设备缺陷，应条条落实到人，保证措施齐全。解体后大型设备堆放应绘有区域划分图，做到合理利用空间，摆放有序。总之，事无大小，均应条目分明、计划周详、落实到人。只有在准备工作基本落实的情况下，才能申请停机开工。

（二）开工解体阶段

1. 停机前后的测量试验

为了进一步掌握大功率汽轮机在各种工况下的运行情况，停机减负荷时，有关检修人员应到现场观察测量记录汽缸的胀缩、温差，轴承振动及调节系统的稳定性等。必要时可做某些专门试验。

根据停机时的观察及试验的结果，对大修施工计划做进一步修改和完善。

2. 开工、拆卸、解体检查

设备检修开工必须办理开工手续，检查对所修设备的隔绝范围和安全措施，凡不符合规程规定的不得开工。

拆卸设备前，应仔细检查设备的各部部件，熟悉设备结构，做到工序、工艺及使用的工具、仪器、材料正确。各零件的位置记录应清楚，无标记的零件应补做标记或做好记录。达到不漏拆设备零部件，不漏测技术数据，不使异物落入难以清理的腔室或管道内，不将零部件乱丢乱放等。同时，按照 ISO 19000 质量保证体系预先确认的见证（W）点，应提前24h 以书面通知有关验收人员于某时到某地进行现场验收。若验收人员不能按时到达现场验收，则认为验收人员放弃该见证（W）点，工作人员可以继续进行下一步工作，但事后必须由接到通知的验收人员补办签证手续。

解体检查要查早、查全、查深、查细。做好解体检查测量和技术记录，分析解体发现的问题，补充施工措施和处理问题的方案等。

3. 修正检修项目

根据停机观察、测试和解体检查结果，提出检修项目的修正意见，包括修正项目的外单位协作、控制进度、材料、加工、劳动力等的调整，及时办理审批手续。

（三）修理、装复阶段

1. 协调平衡，抓住主要矛盾

修理、装复阶段已是机组大修的中期，这时往往容易麻痹松劲，要处理的技术问题、备品配件、材料、各部门相互配合等问题也较多。时间感到紧迫、推迟进度、影响检修质量等，大多发生在这一阶段。因此，负责生产的副厂长和总工程师，应及时召开有关人员研究协调平衡，找出检修中的主要矛盾及主要项目的安全、质量、进度的关键所在。

2. 按照质量标准组织检修

修理、装复阶段是把好质量关的重要环节，必须严格执行质量标准，一切按标准办事，树立标准的严肃性。一旦发生超过标准而又难以更换部件的情况，应组织有关人员讨论研究，定出解决方案。对于设备在运行中存在的问题和缺陷，按照大修施工计划一一查对落实情况。对未落实或无把握解决的问题，应补充措施。同时，技术记录，以及各种标志、仪表、信号应正确、齐全。

3. 搞好人身和设备安全

由于大机组检修面广量大，现场上下交叉作业，脚手架多、孔洞沟多，起重吊运、高处作业频繁，电线电源、高速转动机具等安全薄弱环节不少，加上设备结构复杂、技术性要求高等特点，所以整个检修过程，应始终坚持安全生产、文明生产，加强对检修人员的安全教育，提高遵章守纪的自觉性和检修中安全自我保护意识，严格防止人身和设备事故。

4. 做好技术记录

机组大修自开工解体、检查测试到修理装复等，每个环节都应做好技术记录，对于技术复杂的重要部件应用工作日记做好补充记录。所有技术记录要做到及时、正确、齐全。

（四）验收、试转、评价阶段

1. 验收

验收是对检修工作的检验和评价。只有在所有检修项目都经过分级分段和总验收后，机组才能启动投运。

所谓分级验收，就是根据大修施工计划和验收制度，按项目的大小和重要性，确定某些项目由班组验收，如零、部件的清理等；某些项目由车间验收，如轴承扣盖等；某些项目由厂部验收，如汽缸扣大盖、重大特殊检修项目等。同时，按照 ISO 19000 质量保证体系预先确定的停工待检（H）点，必须提前 24h 以书面形式通知有关验收人员，于某日某时到某地进行现场验收。

所谓分段验收，就是某一系统或某一单元工作结束后进行验收。一般由车间主任主持，施工班组先汇报并交齐技术记录，然后到现场观看，提出验收意见和检修质量评价。

所谓总验收，就是在分段验收合格的基础上，对整个机组检修工作的验收。检查对照大修施工计划项目是否全面完成；若发现漏修项目或缺陷未彻底处理等，应立即补做。

验收应贯彻"谁修谁负责"的原则并实行三级验收制度，以检修人员自检为主，同专职人员的检验结合起来，把好质量关。

2. 试转

机组大修后进行试转是保证检修安全、检验检修质量的重要环节，对汽轮机而言，试转包括油系统充压、调速系统调试整定、防火安全检查等内容。

3. 启动投运

机组大修经过车间验收、分部试转、总验收合格，并经全面检查，确已具备启动条件后，由厂部制订启动计划。对于重大特殊项目的测试工作，应列入启动计划。若机组启动正常，投入运行，则大修工作结束。

4. 初步评价检修质量

机组投运后三天，在检修单位、设备管理部门自查的基础上，由生产副厂长、总工程师主持进行现场检查，并重点检查机组运行技术经济指标及漏汽、漏水、漏油等泄漏情况，提出检修质量初步评价。

5. 试验鉴定，进行复评

机组大修投运后一个月内，经各项试验（包括热效率试验）和测量分析，对检修效果的初步评价进行复评。

（五）总结、提高阶段

1. 总结

机组大修结束，应组织检修人员认真总结经验和教训，肯定成功的经验，找出失败的原因。同时由专职人员写出书面总结、技术总结和重大特殊项目的专题总结。

2. 修订大修项目、质量标准、工艺规程

在总结大修工作的基础上，组织检修人员讨论修订大修项目、质量标准、工艺规程，以便在同类型机组或下次大修时改进。

3. 检修后存在问题和应采取的措施

机组大修后在运行中暴露的缺陷和问题，应制订切实措施，根据繁简难易和轻重缓急，组织力量消除缺陷或解决问题。对于本次大修未彻底解决的问题，组织力量专题研究，争取在下次大修中解决。

以上简单地介绍了检修管理的5阶段、25步（条），实际上是P（计划）—D（实施）—C（检查）—A（处理）全面质量管理循环在大机组检修过程中的应用。根据大功率汽轮机检修特点，应用P—D—C—A管理，有利于提高检修质量和管理水平，有利于提高电厂的经济效益，是一项值得推广的现代化管理技术。

第二节　网络技术和计算机在检修中的应用

大功率汽轮机与中小型汽轮机相比，检修中有如下特点：

（1）结构复杂，工艺技术要求高。如多转子轴系校中心、轴系校平衡、多层缸套装、各类轴瓦修刮等项，检修难度均很大，必须是具有较好技术素质的检修人员认真从事，才能完成。

（2）多缸、多层缸结构的检修工作量，比中小型机组大几倍甚至十几倍。检修中工序严格，各工种互相牵制，在某些环节常常出现有劲使不上的局面，因此必须有一套科学管理办法。

（3）大机组一般采用机、炉单元制，在常规检修中，汽轮机检修往往是主要矛盾，而汽轮机方面的主要矛盾又往往在本体、调速的检修，所以必须加强对这两个工种的劳动组合。

（4）备品配件多，技术要求高，加工周期长。原材料品种多，采购困难，往往会出现备品、材料供应不上而影响大修工作的正常进行。因此，大修用料和备品计划必须在大修开工一年前就编制，并需制定切实可行的实施细则。

（5）机组容量大，费用高，检修工期长，对电网和工农业生产影响较大。同时，检修人员常有厌倦情绪和疲劳感觉，容易延长进度。因此，必须运用网络图技术和计算机管理。

大功率汽轮机检修工期的长短对企业的检修费用、发电量有很大的影响，进而影响发电企业效益，同时对电网负荷的调整有较大影响。如果用科学的管理办法，在保质保量的基础上，把每台大机组检修工期进行合理压缩，可以节约发电企业成本，提高经济效益。如前所述，大机组检修工期的主要矛盾在汽轮机本体检修，本节着重叙述如何运用网络图和计算机技术解决这一矛盾。

近几年来，随着现代化管理的深入发展和计算机技术在企业管理上的应用，各种检修管理软件层出不穷，但在工期管理上基本还是采用网络图技术，以达到工序、工期的合理安排。

一、网络图在工程上的应用

网络图是一种着眼于任务总进度的组织管理技术，它是把一项复杂的任务分解成许多作业，绘制成图形作为数字模型，进行定量的计算分析，找出关键线路和时差，从而对某工程的进度和资源进行合理的计划和调配，以保证任务按期或提前完成。

网络图是统筹法的主要组成部分，所以又称为统筹图或流程图。20世纪80年代中期开始，网络图在我国较大的工程中得到广泛的应用。

二、网络图的绘制

1. 任务的分解

网络图作为数字模型，首先要把任务进行分解，明确其中的逻辑顺序，制定任务分解表。

2. 网络图组成元素

网络图一般由图1-1所示的圆圈、箭线和虚箭线组成，它们分别带有数字。图中圆圈又称结点，表示事项；箭

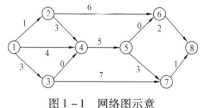

图1-1　网络图示意

线又称弧，表示作业；虚箭线表示虚作业，它不消耗时间和资源。

3. 网络图的基本画法

网络图的基本画法，除了硬性规定以外，主要涉及虚作业的灵活应用。网络图画法中规定如下：

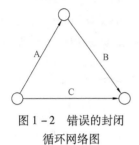

图 1-2　错误的封闭循环网络图

（1）箭线规定向右方倾斜，不允许向左方倾斜。

（2）两圆圈之间，只能有一个箭线或虚箭线，即只能有一项作业或虚作业。

（3）网络图不允许有如图 1-2 所示的箭线封闭循环。

（4）反复过程画法应按图 1-3 所示画法，即 B、C 作业完成后，要进行 D 作业，并重复一次 B、C 作业后才能进行 E 作业。

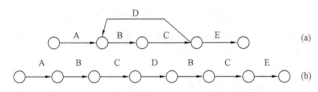

图 1-3　反复过程网络图示意

（a）错误画法；（b）正确画法

（5）并行作业的画法。为了加速工程进度，通常把一项作业分解成几项作业，此时出现平行作业，平行作业不能画成平行弧，应采用如图 1-4 所示的画法。

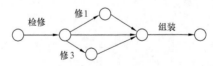

图 1-4　平行作业网络图示意

（6）交叉作业的画法。为了加速工程进度，往往把几项作业同时并进，此时应按图 1-5 所示优化后的画法。

4. 网络图绘制注意事项和优化

（1）网络图是一种有向图，只能随时间推移自左向右，不能逆过来进行，因为时间是不可逆的。

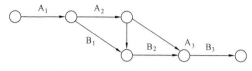

图 1-5 交叉作业网络示意

（2）网络图必须从起点到终点与各中间结点相连通，并始终是连续不断的。

（3）网络图只能有一个起点和一个终点。

（4）网络图应尽量避免箭线转折和交叉。

（5）网络图画好后，应返回检查，以确认结点的正确性。

（6）网络图结点应统一编号，并符合一个结点编一个号、编号从左到右等原则。

（7）网络图优化，主要是指尽量减少虚作业和结点；尽量减少箭线交叉与转折；尽量改善结点布局，使整个图形清晰、明了、整齐、美观。

三、汽轮机大修工程网络图的编制

编制汽轮机大修工程网络图，首先要熟悉大修施工计划，掌握大修工作重要内容和工序流程，找出关键（主要矛盾）线路，确定每一工序的开工日期和完工日期。然后按工序流程和开工日期，编制关键线路和非关键线路图。最后按自左而右、自上而下编号，并标上每一工序的施工天数。能否实现这个目标，还得借助计算机来控制进度。

抓住机组大修的主要矛盾，就是集中力量、确保这些关键线路不拖进度。另外，为了及时掌握大修工程的进展情况，及时发现问题，及时纠正推迟工期现象，保证按期或提前完成大修任务，每隔 3～6 天应将实际进度输入计算机大修进度程序进行运算。抓住关键线路，及时组织力量，保证每一工序不推迟进度，总工期压缩 5 天就能实现。

综上所述，运用网络图和计算机控制大功率汽轮机检修进度，不仅能保证不推迟工期，而且能使大机组检修时忙而不乱，以提高检修管理水平，是实现现代化管理必不可少的重要组成之一。

提示 本章内容适合中、高级工使用。

第一章 汽轮机检修管理

第二章

高压合金钢螺栓拆装及检修

汽轮机组包含的设备和零部件比较多，不同部位的零部件因使用环境和目的不同，对所用材料要求不尽相同，情况比较复杂。由于本书重点在于设备检修，不涉及设计选型，所以电厂金属材料相关知识在本书中不展开论述，只对检修中经常进行拆装及检修的高压合金钢螺栓材料的选择进行讲解。

第一节　高压合金钢螺栓材料的选择

目前，国产火力发电机组汽轮机高、中、低压缸一般采用上下两半分缸形式。汽缸螺栓就是将上、下两半的汽缸连接成一体，确保汽缸严密不漏的紧固件。由于它所处环境的工作温度很高，尤其超高压大功率机组的螺栓工作温度一般大于500℃，材料均选择高强度耐热合金钢。同时，一些重要的蒸汽控制设备和连接部位，如主汽门、调节汽门、高压导汽管法兰等也采用高压合金螺栓进行密封或连接。汽缸螺栓等高压合金钢螺栓在运行中受力情况比较复杂，主要是金属材料本身的热应力和机组运行时产生的作用力，在这些力的作用下，螺栓"伸长"会导致螺栓的紧力消失，密封面因而产生泄漏，因此一般在紧固高压合金钢螺栓时要施加一定的预应力。这种预应力把需要密封或连接的部位结合在一起，并使其不松脱。只要这种预应力大于高压合金钢螺栓运行中受到的作用力，该组装件就不会松脱。但这种预应力不能过大，过大会造成高压合金钢螺栓的断裂。而高压合金钢螺栓所需的拉伸量取决于给定场合需要的预应力大小。所需的预应力越大，则为产生这一预应力所要求的伸长就越大。一般情况，制造厂会给定参考值，所以检修中对于这类螺栓的检修工艺要求很严，稍有疏忽，很易损伤螺栓，甚至引起设备漏汽或损伤事故。

汽缸法兰螺栓在汽缸上各部件中所受的应力最大，螺栓的断裂也常有发生，尽管发生断裂的因素很多，但与材料性质和质量有着密切的关系。从已断裂螺栓的金相分析和化验结果来看，材料存在网状组织、元素偏析、轧制后成带状分布等缺陷，使材料冲击韧性值 a_k 明显降低，因而运行时间不长便发生断裂。另外，材料的综合机械性能是选定材料的主要依据。一般来说，对高参数大容量汽轮机合金钢螺栓的材料有如下要求：

（1）较好的抗松弛性，使螺栓在较低的预紧应力下，经过一个设计运行周期后，其残余预紧应力仍高于最小密封应力。以免螺栓在高温条件下，长期运行产生蠕变，致使初紧力降低从而造成汽缸法兰漏汽。

（2）有较好的塑性和较小的蠕变脆性。

（3）具有较低的缺口敏感性和一定的冲击韧性，其冲击值应满足：M64 以下的螺栓 $a_k \geqslant 98N \cdot m/cm^2$；M64 ~ M100 的螺栓 $a_k \geqslant 78N \cdot m/cm^2$；M100 以上的螺栓 $a_k \geqslant 59N \cdot m/cm^2$。

（4）具有一定的持久强度和抗氧化性，防止长期运行后因螺纹氧化而发生螺栓和螺母咬死现象，同时螺母强度宜比螺栓材料低一级，硬度低 20 ~ 50HBW。

（5）硬度值在 HB240 ~ HB280 范围内。

（6）金相组织以均匀的索氏体为主，无明显网状组织。

根据上述要求，某型号机组高压内缸、外缸、中压内缸法兰螺栓的材料采用 20Cr1Mo1VNiTiB 和 20Cr1Mo1VTiB，其中 Ni、Ti、B 元素用来提高材料晶界强度，降低缺口敏感性。该材料在 570℃ 时光滑试件 $\sigma_{10} = 243.18MPa$，开口试件 $\sigma_{10} = 238.12MPa$，可见缺口对强度的影响不大，其松弛性能为 86MPa。汽缸法兰其余螺栓为 35CrMoA 钢。

各工作温度下选用的常用螺栓材料见表 2 - 1。

表 2 - 1　　　　　各工作温度下选用的常用螺栓材料

最高使用温度（℃）	牌　　号
400	35（螺母）
400	45
400 ~ 413	42CrMo
480	20CrMo（螺母材料）
480	35CrMo
510	25Cr2MoV

最高使用温度（℃）	牌　　号
550	25Cr2Mo1V
550	20Cr1Mo1V
570	20Cr1Mo1VNiTiB（推荐使用材料）
570	20Cr1Mo1VTiB（推荐使用材料）
570	C–422（2Cr12NiMo1W1V）（推荐使用材料）
677	R–26（Ni–Cr–Co合金）
677	GH4145（Ni–Cr合金）

第二节　合金钢螺栓的拆装

一、螺栓的拆卸

大功率汽轮机高、中压汽缸螺栓，不仅材料好，而且粗而长，一个螺栓质量往往有100kg左右。拆卸方式，一般采用电阻加热器插入螺栓中央孔的方法，使螺栓受热伸长，紧力消失而松出。螺栓拆卸时应注意下列事项。

1. 汽缸温度的控制

拆卸螺栓时，必须待汽缸壁温降到一定温度后才可开始。过早地拆卸螺栓，由于高温时金属硬度较低，容易引起螺栓咬死、汽缸变形等。因此，各制造厂对此均有严格规定，拆卸汽缸螺栓必须严格按制造厂规定控制温度。

2. 放置安装垫片

对于高、中压汽缸支承由上汽缸猫爪支承在轴承座水冷垫块上的，当汽缸螺栓紧固后，下汽缸便吊在上汽缸上，若松去汽缸螺栓，下汽缸将失去支承而下沉，此时汽缸洼窝中心将被破坏。这样，不仅会损坏汽缸内部零件，而且会使汽缸洼窝失去依据，给检修工作带来很多麻烦。所以该类机组在拆卸高、中压汽缸螺栓前，应先将下汽缸猫爪安装垫片垫妥。当安装垫片遗失时，应分别测量出各安装猫爪安装垫片处的空隙，然后配制安装垫片。当配制的安装垫片有松动现象时，可先用塞尺检查其间隙大小，再用等厚的铜皮或不锈钢片垫紧。总之，要达到汽缸螺栓拆去后，汽缸洼窝保持不变。对于下缸支承机组，高、中压缸的支承因采用下缸猫爪，故在拆卸螺栓前没有这一工作。

3. 加渗透液

由于汽缸螺栓在高温下长期运行，螺栓与螺母的螺纹间积存有氧化物等物质。在拆卸螺栓前 4h 左右，应在螺栓螺纹处浇上渗透液，如煤油、松锈剂等，以润湿螺纹间的氧化物，并能在拧转螺母时起润滑作用，以减少螺栓的咬死现象。

4. 加热器容量的选择和加热时间的控制

采用电阻加热器或其他加热方法拆卸螺栓时，应选择容量较大的加热器，以缩短加热时间，减少传到螺栓外径的热量，减小螺纹咬死的可能。加热时间一般控制在 15～30min 之内，若达不到要求，应待螺栓冷却后改用容量较大的加热器。当螺栓松动后，可先旋松 2～3 圈，待冷却后，再全部松出取下。切勿在螺栓烫手时将螺栓全部松出，因为刚加热过的螺栓温度很高，硬度较低，易使螺纹间咬死和烫伤工作人员。

5. 电阻加热器的使用

电阻加热器具有结构简单，加热均匀，使用方便，容量、长度、粗细均可按螺栓的要求任意选购，多个螺栓可同时加热等优点。加热器外形像一根金属棒，通常称为加热棒。为了延长加热棒的使用寿命，提高拆装螺栓效率，使用加热棒应注意下列事项：

（1）加热棒的功率和尺寸，应与加热的螺栓相配。

（2）通电前，应检查接线盒上的地线是否接好。通电观察加热棒是否发红，一般在 2～3min 便发红（直流加热棒为暗红）。

（3）加热棒的有效发热长度应全部在螺孔内，若长度太长，其露出的发热长度不能大于 25mm；若长度不足，其不足部分应小于 50mm。

（4）加热棒不能放在比棒直径大 5mm 以上的螺孔内加热，以免影响使用寿命和加热效果。

（5）加热棒应保存在干燥的仓库内，防止受潮而使绝缘阻抗下降。

（6）加热棒加热螺栓的时间一般为 15～30min。当加热时间超过 1h，而螺栓仍未达到必要的伸长量时，应停止加热，待螺栓全部冷却后再用容量大一点的加热棒加热。实际上，加热棒功率的大小受螺栓中心孔直径和螺栓长度的限制，选用时只要与螺栓中心孔匹配即可。

（7）使用挠性加热棒时，其弯曲半径不能太小，应按厂家说明，以免损坏加热棒。

6. 螺纹的保护

高温、高压条件下，使用过的螺栓和螺母，在轴向力作用下，由于各螺栓和螺母的变形不完全相同，加工中公差配合也不完全一样，经过长期使用，使原来带有一定公差相配合的螺栓和螺母更加匹配，使螺纹间接触严密，拧转灵活，紧松适中。为了保持使用过的螺栓和螺母的这些优点，在螺栓拆卸前必须对它们逐一进行编号，以免组装时搞错。另外，拆卸汽缸法兰大螺栓时，必须用大锤敲击或套长管子众人用力扳，这样难免碰伤相邻螺栓的螺纹，因此必须用专门罩将外露的螺纹罩住，以保护螺纹。

7. 松紧螺栓顺序的选择

一般正常松螺栓应按制造厂的顺序要求进行；但在特定情况下，松螺栓前应查阅上次检修的技术记录，掌握汽缸变形情况。松螺栓时，应先松汽缸变形（接合面间隙最大）最大处的螺栓，因为该处螺栓紧力最大，若不先松这些螺栓，待最后松时，由于汽缸变形增加的附加紧力，将由这部分螺栓承担，使松螺栓发生困难，甚至因加热时间过长，螺栓温度过高，从而导致螺纹咬死。同时，应先松短而小的螺栓，因为短而小的螺栓加热后伸长量小，螺母平面紧力往往不容易消失，致使松螺栓发生困难。应首先松卸没有加热孔的螺栓，然后按上述顺序松卸其余螺栓。一般来说，加热后的螺栓是不难松卸的。但是，有少数螺栓由于紧力过大或被氧化物卡住，加热后仍无法松卸，此时可加大拆卸力矩，若仍拆不出，可用 200～500kg 钢锭由吊车吊牢后撞击螺栓扳手柄。只要螺纹没有咬死，经过反复撞击，一般均能达到拆卸螺栓的目的。用钢锭撞击时，必须有专人指挥，齐心用力，并注意不能撞坏其他设备或发生人身事故。

当松卸无加热孔的螺栓或虽经加热而紧力仍很大的螺栓时，往往先用液压扭矩扳手拆卸，可较顺利地将螺母松出。同时能减轻劳动强度，提高工作效率。

当上下汽缸接合面不采用法兰、螺栓连接，而采用紧箍圈（热套环）结构时，拆卸步骤如下：

（1）每个热套环必须配 1 个环形喷燃器，并配 1 只内储存 30kg 丙烷/丁烷气体钢瓶及 1 根 0.6～0.8MPa 压缩空气管。

（2）用钢丝绳将环形喷燃器吊在吊车吊钩上，并用热屏蔽层保护钢丝绳。

（3）将环形喷燃器移向热套环，把调节螺钉拧进热套环上的环形槽内，使热套环置于喷燃器中心。

（4）将丙烷/丁烷气体和压缩空气管接到混合器上，并用软管将混合器接到喷燃器上。

（5）用针形阀将压缩空气压力调整到30kPa，丙烷/丁烷气压调整到25kPa，然后点火对热套环加热。同时，注意喷燃器整个圆周上必须有均匀的火焰，掌握热套环温度不可超过360℃，加热时间为15～25min。

（6）当热套环膨胀后与内缸有足够的间隙时，关闭丙烷/丁烷气源，然后再关闭压缩空气，把软管从喷燃器上拆下。

（7）用吊车将热套环吊起，直到热套环能自由移动时，将热套环吊离高压缸。整个拆卸过程约45min。

内缸检修工作结束，扣好上缸，检查测量接合面间隙。当接合面间隙大于标准时，应用专用工具将上下缸夹紧，使接合面无间隙。清理测量汽缸上热套环处的外径和相对应的热套环内径，核对紧力标准，制作专用样棒。样棒尺寸应比紧箍圈（热套环）处汽缸外径大0.2～0.5mm。一切准备工作就绪后，按拆卸时（1）～（3）步骤做好准备，用吊车将热套环吊起并移到合适的位置，并与汽轮机轴对准。按（4）（5）步骤连接喷燃器和气源并点火加热。当热套环充分膨胀时，样棒能放进热套环内孔时可停止加热，关闭气源，从喷燃器上取下软管，迅速将热套环套到汽缸上的装配位置，注意不能翻转。用螺旋夹紧器把热套环压向止动螺钉，然后取下喷燃器，待冷却后即可。但是，在拆装加热时必须均匀，当热套环塑性变形达到1%时，应更换备品，以保证机组安全运行。

二、螺栓的回装

汽缸螺栓上紧质量的好坏，直接影响机组的检修质量，螺栓紧力过小会发生汽缸漏汽，紧力过大会损伤螺栓，严重者会使螺栓拉断。超高压机组汽缸螺栓上紧一般分两步进行。

1. 螺栓的冷紧

汽缸螺栓的冷紧，目的是消除汽缸接合面间隙，使螺栓在热紧前稍有应力和确保热紧的值为有效值。所以，螺栓冷紧质量的好坏，直接影响螺栓的装配质量。一些汽轮机汽缸变形量较大，有的中压外缸最大接合面间隙达3.95mm；有的低压内缸接合面间隙达2.7mm。为了消除这些间隙，螺栓冷紧时的应力相当于总应力的1/6左右。汽缸螺栓的冷紧，多数采用人工锤击和用扳手套管子，众人扳紧的方法。用锤击时，一般用7.25kg（16lb）或8.16kg（18lb）大锤。紧螺栓的顺序为汽缸接合面间隙大处先紧，并将汽缸两侧螺栓对称地上紧，逐步向相邻部位扩展。当接合面间隙大于0.5mm时，不能用几个螺栓一次拧紧的方法，以免少数螺栓应力过大。正确的方法是分几次拧紧，例如，第一次拧紧时（全部螺栓紧一遍），使接合面间隙缩小 0.2mm 左右，第二次拧紧（全部螺栓紧一遍）时，使接合面间隙缩小 0.15mm 左右，以此类推，直到汽缸接合面全部无间隙为止。由此可见，汽缸螺栓冷紧是一项很繁重的工作。另外，螺栓上紧前必须涂二硫化钼润滑剂，以防螺纹将来受热而咬死。

螺栓的冷紧，若使用液压定扭矩扳手，可控制各螺栓的冷紧扭矩，使螺栓受力均衡，有利于提高螺栓的冷紧质量，同时可减轻劳动强度和提高工效。

2. 螺栓的热紧

超高压亚临界汽轮机 M48 以上汽缸螺栓冷紧后，还应按制造厂规定采用加热或其他方法，使螺栓伸长后再紧，以保证汽缸接合面严密不漏。热紧的转角均由制造厂提供。转角在实际使用中测量困难，一般应按下列公式换算成弧长，即

$$K = \frac{\pi D \theta}{360}$$

式中　　K——弧长，mm；

　　　　D——外径，mm；

　　　　θ——热紧转角。

根据厂家汽轮机组热紧螺栓的说明进行螺栓的热紧转角和弧长确定，为了工作方便和防止差错，可根据计算弧长用石棉纸板或金属薄片做成样板，热紧前用样板在同一规格的螺母上划出弧长两端的线段。螺栓加热的方法和要求与螺栓拆卸时相同，但应注意下列几点：

（1）加热应尽量采用电阻加热器，严禁用氧 – 乙炔火焰直接加热，以防螺栓局部过热而影响金属的金相组织和性能，甚至产生很大的温度应力，而促使螺栓中心孔表面产生裂纹。

（2）切不可在螺栓伸长量未达到要求时过急地用强力拧到热紧弧长。因为加热后螺栓材料硬度下降，在较大的接触应力下旋转，容易在螺纹间拉出毛刺，使螺栓咬死。因此可用虎克定律，在材料弹性限度内应力未超过某一极限时，按应力与应变成正比关系的公式算出螺栓的热紧转角和弧长，即

$$K = \frac{\sigma L \pi D}{t E} \alpha$$

式中　　D——螺母外径，cm；

t——螺矩，cm；

E——工作温度下材料的弹性模量，kg/cm^2；

L——对于双头螺栓罩形螺母，应为从水平接合面以上的螺栓自由长度，对于六角螺母的汽缸，应为上法兰厚度加螺母高度，对于对穿螺栓，应为上下法兰高度加一侧螺母的长度，cm；

σ——螺栓初紧应力，kg/cm^2；

α——法兰受压收缩系数，为1.3。

另外，不论冷紧还是热紧的螺栓，上紧后均以其伸长量作为鉴定螺栓紧固的质量，凡伸长量不符合预紧应力要求的，应重新进行冷紧或热紧，这样可以避免因汽缸变形不均、热紧工艺有误等因素产生的过大附加应力，因应力过大而使某些螺栓过载，另一些螺栓轻载，导致过载螺栓断裂或轻载螺栓处因预紧力不足而使汽缸接合面漏汽。所以，螺栓紧后用测量伸长量的方法来鉴定螺栓装配质量，它与过去用手锤敲击听声音的方法相比，要科学得多。螺栓伸长量的测量，在螺栓热紧前，用专用工具测得螺栓自由长度 L_0，螺栓热紧后仍用专用工具测得螺栓长度 L_1，即得伸长量 $\Delta L = L_1 - L_0$。测量螺栓长度的专用工具，由测量杆、测量套筒和专用深度千分尺组成。测量时，将测量套筒与测量杆插入螺栓的中心孔，用深度千分尺测出测量杆端面至套筒端面的距离 L_0、L_1 即可。将测得的伸长量与计算伸长量比较，两者误差应小于0.05mm，不符合标准者应复紧，可采用力矩扳手或液压定扭矩扳手冷紧的办法来保证预紧应力。热紧螺栓初紧力矩的大小，可按下列经验公式计算，即

$$M = D\alpha$$

式中　M——力矩，$N \cdot m$；

D——螺栓直径，cm；

α——系数（105.92N）。

力矩的大小还随材料的不同而不同。为了保证螺栓预紧应力，其伸长量也应随材料的不同而不同。如合金钢（CrMo钢）螺栓的伸长量是该螺栓自由长度的0.15%，所得到的预紧应力为314MPa；而M8B钢（特殊耐热钢）螺栓的伸长量是该螺栓自由长度的0.195%，得到的预紧应力相同。另外，螺栓热紧的顺序，与拆卸时不同，因为螺栓经过冷紧后，汽缸法兰接合面已无间隙，所以不能从接合面间隙最大处开始紧，而应从汽缸中间左右两侧对称地向汽缸前后端紧，将汽缸压延赶向汽缸前后自由端。如采用汽缸前后端的螺栓先紧，很大

的压应力将被前后端封死，使汽缸的压延无法向前后端延伸，最后集中到汽缸中间，使汽缸接合面形成弓形间隙，往往会发生接合面泄漏。图2-1~图2-3为几种典型汽缸和法兰螺栓紧固顺序（图中数字为螺栓紧固顺序），可以作为实际应用时的参考。

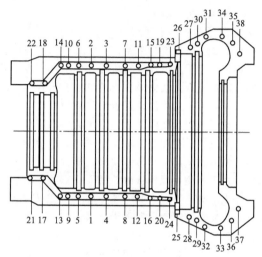

图2-1　高压缸法兰
（图中编号为紧固顺序）

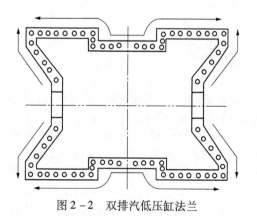

图2-2　双排汽低压缸法兰

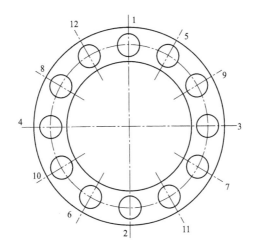

图 2-3　阀门圆法兰（图中编号为紧固顺序）

第三节　高温合金螺栓的检修

一、螺栓的检修

1. 螺栓、螺母的清理检查

为保证螺栓、螺母拧转灵活，检修中对拆下的螺栓、螺母应进行清理。因此，汽缸螺栓、螺母拆下后，应先用煤油浸泡，然后用钢丝刷清洗掉螺纹上的涂料和锈垢，最后对螺栓、螺母进行仔细检查，如发现螺纹有毛刺、碰伤等现象，应用细锉刀或小油石修光。清洗好的螺栓，应戴上螺母检查，用手拧螺母应能轻快地旋到底。当发现螺母有卡涩或拧不动时，应将螺母退出查找原因，待缺陷消除后再试旋螺母，直到符合标准。

2. 螺栓、螺母的研磨

超高压、亚临界、超临界汽轮机的高温螺栓，螺纹表面往往氧化严重，产生螺栓与螺母卡涩或拧转过紧。另外，现场加工的备品螺栓，因车床精度不够，加工表面粗糙，拧转时往往不灵活或咬死。对于这些螺栓和螺母，可在螺纹上涂 120 目细研磨砂，用与研磨阀门阀线相类似的方法，使螺栓、螺母相对转动，直到螺栓、螺母拧转活络方算合格。然后用煤油将研磨砂清洗干净。

3. 螺栓蠕变量的测量

在高温、高压、高应力作用下，金属材料会产生蠕变现象，对高温汽缸螺栓来说，经过一段时间的运行，会发生永久变形，即长度伸长，这种由于蠕变现象导致螺栓的伸长，对机组安全运行有很大影响。所以每次大修应测量螺栓长度，并与原始长度进行比较，发现伸长量超过标准时，应抽样做机械性能试验。螺栓长度测量应用外径千分尺，在固定部位进行测量，并由熟练的技术工人承担。若测量工作有误，就会造成误判断，往往发生不必要的大拆大换，严重时还会导致发生螺栓断裂的重大事故。若能定人测量，则可事半功倍。

4. 螺栓裂纹及脆断的检查

螺栓的裂纹一般较难发现，因为螺纹凹陷尖端本身就像裂纹，宏观检查时就很难辨清是螺纹本身、刀痕，还是裂纹。但是，由于螺栓螺纹的第一至第三圈承受的总负荷占螺栓总负荷的 70% 以上。所以，裂纹大多数发生在第一至第三圈。其中大多数裂纹又发生在第一圈，掌握了这个规律，就应着重检查这些部位。但是，由于螺纹根部看起来与裂纹类似，所以螺栓的裂纹仍不易查出。目前，最好的办法是超声波探伤。另外可用手锤轻击螺栓（对装在汽缸上的螺栓），听其声音是否清晰，若发现哑声，则说明螺栓有裂纹的可能。用手锤重击可检查螺栓是否脆化，脆化严重者易被击断。

5. 螺栓咬死的处理

螺栓在拆卸时，松动后突然变紧的现象一般属于螺纹咬死，此时应立即停止拆卸，待螺栓全部冷却后，浇上煤油或松锈剂浸湿 2~4h，再试松螺栓。若螺栓尚有紧力，可选用容量较大的加热器加热，如螺栓紧力消失后仍拆不出，则说明螺栓已经咬死。一般可请有经验的气焊工用气焊枪（俗称"割把"）割去螺母，取出螺栓，去掉毛刺后继续使用。在割螺母时，一般沿螺纹旋向由外向内切割，直到见螺纹即停止，然后在对面再用同样方法割去另一部分，使螺母分成两半，凿去该两半部分，即可取出螺栓。当装在汽缸上的双头螺栓咬死时，一般不可用氧－乙炔焰气焊枪切割，而是将螺栓齐根（汽缸平面处）锯断。用钻床或扳钻将残留螺栓钻一中心孔，且一直钻到螺栓尽头，中心孔的直径应小于螺纹底径 3~5mm。钻毕用气焊枪将残留螺栓加热，温度约 500℃，待冷却后即可取出残留螺栓。因为钻孔后的螺栓残留部分很薄，加热后直径要扩大，但因汽缸法兰坚固，因此残留螺栓无法向外膨胀。当膨胀引起的应力达到材料屈服极限时，螺栓虽保持原来直径，但实际上已发生永久变形，其变形量为加热时膨胀的量。当螺栓冷却收缩后，螺纹便松动，即可取出残留螺栓。若采取上述措施后仍取不出残留螺栓，此时可将中心孔继续镗大，使孔径比螺纹底径小 0.5~1.5mm；然后用小扁凿小心地将螺纹第一牙头凿出，再用钢丝钳将残留螺栓拉出。但是，不管用钻床钻或镗，还是用扳钻扳螺栓中心孔，都必须将钻头中心线与汽缸法兰平面校垂直，同时钻头与螺栓中心线应保持一致。一般每钻深约 10mm 必须将钻头退出，检查中心是否有误，且在钻孔越接近螺纹底径时，越应勤检查，以免损坏主体上的螺纹。对于断裂在汽缸上的螺栓，首先在螺纹处加渗透液，浸泡 4h 左右，然后在螺栓侧面用手锤或大锤击振，使螺纹处松动，再在断面处焊上螺母，用扳手扳出。若确实无法取出，可采用上述咬死的螺栓拆卸方法。

6. 球形垫圈的研刮

超高压大功率机组的汽缸法兰螺栓承受很高的应力，为了减少因螺栓与汽缸法兰平面不垂直、螺母端面与法兰支承面不平行、垫圈厚度不均匀，以及放置偏斜等因素引起的弯曲力，采用球面垫圈能有效地消除上述因素产生的附加应力。但是螺栓垫圈、螺母端面和法兰支承面，在高应力挤压作用下，往往会产生凸肩、凹痕等缺陷，在拆装过程中，往往会出现因螺母扭转而拉毛、咬伤等损坏。检修中必须对这些缺陷和损伤进行整修或更换。

（1）法兰支承面的整修。首先对法兰支承面进行宏观检查，用凿子、锉刀、砂轮等工具除去支承面的凸肩、毛刺和凹痕；然后用圆平板（生铁）加研磨砂进行研磨，直到支承面与垫圈平面接触面积大于 70%，并用细砂纸贴在平板上细磨，使表面粗糙度为 0.20~0.40 即可。研磨的方法可用电钻带动平板转动，也可用手工左右转动。

（2）垫圈的整修。首先应修去垫圈两面的毛刺、凸肩和凹坑，对于平面端可用研磨砂在生铁平板上进行研磨，然后用细砂纸研磨，使表面光洁。

7. 螺栓金属检测

高压合金钢螺栓使用一个周期后，在高温及紧固力的作用下有可能出现损伤或金相组织的变化，导致螺栓出现断裂，影响设备运行。因此大于或等于 M32 的高压合金钢螺栓拆卸后要对其进行检测。检测要求如下：

（1）大修时 100% 无损探伤。在螺栓平面端部位置，用角磨或抛光砂轮去掉氧化层，露出金属光泽，采用超声波进行检查，有异常应进行更换。

（2）大修时 100% 硬度检查（检查部位在中间）。在螺栓中部非螺纹部位，用角磨或抛光砂轮磨出长 10cm、宽 1~2cm 的光面，采用硬度检测仪进行检查，具体标准按 DL/T 438—2016《火力发电厂金属技术监督规程》进行。

（3）对硬度不合格的螺栓进行金相检查，必要时做冲击韧性抽查。

（4）按蠕变变形量监测螺栓接近寿命损耗度时，应选择有代表性的螺栓为监测螺栓或按 20% 的数量进行检查。

二、螺栓咬死及断裂原因分析

1. 引起螺栓咬死的原因及防止措施

（1）螺栓拆装工艺不当。如螺纹上有毛刺、损伤、表面粗糙、螺纹未清理干净、装配时未涂适量的耐高温润滑剂等，盲目旋上螺母，导致螺纹咬死；拆卸时选用加热器容量太小，加热时间过长，使螺纹部分温度过高而胀死等。严格执行螺栓的检修工艺，可避免由此产生的螺纹咬死。

（2）材料选用不当。如螺栓与螺母采用同种材料，螺栓材料硬度偏低等。选用材料时，一般螺母比螺栓材料要低一个等级。

（3）加工精度不高，螺纹间配合间隙过小，螺纹顶端太尖等。对于新螺栓或拧转不灵活的螺栓，采用研磨砂相对研磨，可减少由此产生的螺纹咬死。

（4）螺栓长期在高温下工作，表面高温氧化严重。由此引起在螺纹间有较大的挤压力，螺纹间相互表面的氧化物聚结在一起，形成坚硬的氧化膜。在拆卸螺母时，由于氧化膜易被拉破，并在螺纹表面上拉出毛刺，造成螺纹咬死。在装配时涂上二硫化钼等润滑剂，可减少由此而产生的咬死现象。

2. 螺栓断裂的原因及预防措施

（1）用氧－乙炔火焰直接加热螺栓。由于火焰温度很高，易使局部过热而破坏材料的机械性能，同时因温度不均匀，温差应力过大将产生裂纹。所以，对于超高压、大功率汽轮机的高温耐热合金钢螺栓，严禁用氧－乙炔火焰直接加热。

（2）螺栓材料质量不佳和热处理不当。如有的机组汽缸螺栓材料为 20CrMoVNiTiB 钢，粗晶严重，由于该材料常温状态下冲击值仅 1.3 左右，所以中压联合汽门上的 M48 螺栓，使用不到 5 年，脆断率约为 1/10。

（3）钢材的热脆性。在高温、高应力的长期作用下，钢的冲击韧性和塑性逐渐降低，称为热脆性。从材料为 20CrMoVNiTiB 断裂螺栓的机械性能和微观检查来看，断裂的螺栓大部分属于这一原因。

对一些螺栓断口进行综合分析，可得出下列几点结论：

1）螺栓断面上老断口很小，但导致了整个螺栓的断裂，可见该螺栓材料的缺口敏感性较大。

2）螺栓的冲击韧性值很低，这与螺栓组织中存在明显的黑色网络相符。这是螺栓在高温、高应力长期作用下，出现的黑色碳化物网络，即"热脆"现象。

（4）螺栓使用期过长。因为螺栓的松弛过程是由螺栓的晶粒间晶界和晶内松弛过程的共同作用所形成的。螺栓每紧固一次，金属在松弛的条件下，就有相应的损伤值遗留下来。螺栓多次反复加载，金属内部的损伤就会一次一次地积累起来，久而久之表面产生裂纹，最终断裂。金属材料的相对损伤值，可按下列公式计算，即

$$D_i = \left(\frac{t_i}{t_{\sigma i}} \right)^m$$

式中　t_i——当使用应力为 σ_i 时的使用时间；

　　　$t_{\sigma i}$——当金属在应力 σ_i 作用下使用时，达到破坏的时间；

　　　m——材料特性常数。

由此可见，根据螺栓金属材料松弛损伤积累的原则，螺栓应有一个使用寿命，即不能无限期地使用。所以，对高温螺栓应做好累计运行小时和重复加载次数的详细记录。

（5）螺栓的应力集中断裂。从大量断裂螺栓发现，螺栓断裂部位，大多数在应力最大的第一牙螺纹的退刀槽处。因为在轴向力的作用下，螺栓与螺母的变形不同，螺栓为拉伸变形，螺母为压缩和弯曲变形，因此越靠近汽缸法兰平面的螺纹承受的作用力就越大。如前所述，第一圈螺纹承受全部作用力的33%以上，加上该圈螺纹终端存在着车刀痕，如果加工表面粗糙或车刀头圆角太小，加工时便形成螺纹底径的尖角，产生类似微裂纹的刀痕。这些因素就会造成螺栓的应力集中，所以螺栓的断裂往往发生在此处。这种现象当采用缺口敏感性大的材料或结构上选用螺杆与螺纹直径相等的刚性螺栓时，应力集中更加突出。所以，超高压、大功率机组的重要螺栓均采用缺口敏感性小的材料和结构上选用螺杆直径为螺纹底径的80%的柔性螺栓，以减少应力集中，达到延长螺栓使用寿命的目的。

（6）装配工艺和运行不当，产生过大的附加应力。由于螺栓在装配前未严格按检修工艺检查整修，球面垫圈未认真研磨等原因，往往使螺母端面与汽缸法兰平面不平行，引起螺栓偏斜。紧固时用大锤冲击等使螺栓发生位移，产生附加弯应力。运行中温度控制不当，使汽缸法兰与螺栓温差过大，产生由温差引起的附加应力。当各种附加应力过大时，会使螺栓过载而断裂。

（7）螺栓预紧力过大。紧固时未按规定的力矩上紧，盲目认为螺栓

越紧越保险，使螺栓超载断裂。这对于小于 M48 的小螺栓来说，预紧力过大，不仅增加了拉应力，而且还增加了扭应力和弯应力，容易使螺栓断裂。所以，小于 M48 的螺栓紧固时应用力矩扳手。

三、高温合金钢螺栓的监督和管理

在高温下长期运行的汽缸螺栓，应结合机组的大修，对硬度值、金相组织、螺栓的伸长等进行检查，并与原始记录进行比较，分析变化原因，掌握变化规律。凡不符合金属监督要求的螺栓，一般应更换备品。因为高温、高压下工作的螺栓，一旦发生断裂会造成重大设备和人身事故，给国家和人民造成重大损失。要保证螺栓安全使用，平时必须加强螺栓的监督。螺栓的监督和管理工作分运行前和运行中两方面。

运行前的监督和管理工作有下列三点：

（1）掌握原始数据。为此，在安装时应与基建单位密切配合，做好原始数据记录。对于缺乏原始数据的已运行机组，应在机组大修时做好螺栓金相组织和硬度的普查及机械性能的抽查工作，以便做到心中有数。

（2）严格的检验制度。新制螺栓安装使用前，应经专业人员检验合格。所使用螺栓应有硬度、金相组织、热处理时间和规范、工艺执行情况、随炉试样机械性能等详细数据。为防止螺栓使用紊乱，有利于观察螺栓硬度和组织变化，使用时应对所检验的螺栓编号，打以标记，列入台账。

（3）严格的管理制度。原材料进库前必须有材质证件，如化学成分、材料机械性能等试验报告。为防止钢材运输中发生错乱，原材料须经光谱分析后方可入库，并涂上油漆标记；为便于掌握高温螺栓运行中金相组织机械性能的变化规律，对原材料可抽出少量做金相组织检查。

运行中监督与管理包括以下两点：

（1）建立高温螺栓台账。每个螺栓应打号，编制台账记录。记录中应有原始性能数据、统计运行时间及定期性能检查的情况，并指定专人负责。

（2）运行中应定期做硬度测量、金相检查、超声波探伤等项工作。当发现数量较多的螺栓经前两项检验不合格时，应抽出一个螺栓做材料机械性能试验。

提示 第一节适合中、高级工使用。第二、三节适合初、中级工使用。

第三章

汽缸及滑销系统检修

第一节 汽 缸 结 构

汽缸是汽轮机的壳体，喷嘴、隔板、静叶片、转子动叶片、轴封、汽封等都安装在它的内部，形成一个严密的汽室，既防止高压蒸汽外漏，又防止负压部分空气漏入。它的外形粗看起来很复杂，但实际上是由直径不等的圆筒或球体组成的，仅在水平中分面剖成上下两半，以便安装内部各零件，最后用螺栓或紧圈将上下两半连成一体。一般来说，大功率高参数汽轮机汽缸结构有下列特点。

一、双层或多层结构

对于大功率超高压中间再热机组来说，汽缸结构几乎无例外地采用双层或多层结构。如哈尔滨汽轮机厂生产的 NJK600 – 16.7/538/538 型 600MW 机组，高中压缸采用内外双层缸，低压缸采用内1、内2及外缸三层结构。采用双层缸不仅可以大大简化汽缸结构，而且在内、外缸夹层中有压力和温度较低的蒸汽不断流动。这样，不但有利于减小内外缸的缸壁温差，使汽缸的热应力减小，有利于加快启动速度；另外，由于外缸处于较低温度的环境下工作，外缸可采用耐温较低的材料，从而节约耐热合金钢。如 300MW 汽轮机，高、中压内缸处于较高温度下工作，因此采用综合机械性能较好的珠光体热强钢，型号 ZGCr1Mo1V，它可在 570℃ 以下长期工作。然而，高、中压外缸所处的工作温度较低，在额定工况时，高压外缸温度为 375℃，中压外缸温度为 440℃，所以，高、中压外缸材料用 ZG20CrMo 钢，或者内外缸均采用 CrMo 铸钢，需要根据机组的参数进行设计调整。低压缸的排汽体积较大，需要有较大的排汽容积，因此排汽缸尺寸庞大，而进入低压缸的汽温为 233℃，与排汽温度相差近 200℃。为了改善低压缸的膨胀，同样采用内、外缸双层结构，将通流部分设在内缸中，承受温度变化；庞大的排汽外缸则处于排汽低温状态，其膨胀较小。如某型汽轮机低压缸采用内1、内2及外缸三层结构，这样可降低每层缸的温度梯度，有利于安全运行。低压第一层内缸中装有低压段的前四级，其内壁温度为低压缸进汽温度，即320℃，其外壁温度为第四级出口汽温95℃左右，因而减小了温差。在第二层内缸装有末二级叶片，其内壁温度为95℃左右，而外壁温度即排汽温度为33℃左右，所以第二层内缸的温度梯度也相应减小。同时，在第一层内缸中除了简化结构、改善热膨胀外，还采用静叶环结构，在发电机端的静叶环中装有二级静叶，在调速器端的静叶环中装有三级静叶。在第一层内缸中，圆周凸缘部分与静叶环凹槽吻合，并在上下部分装有固定销，以固定静叶环，使其保持正确的位置。为了防止静叶环间的蒸汽泄漏，在内缸圆周的凸缘上装有密封环。此外，在第一层内缸靠发电机端，开有两圈静叶槽，在靠调速器端开有一圈静叶槽，槽内直接安装静叶片。第一层内缸由下缸的突缘支承在第二层内缸的下缸上，第一层内缸与第二层内缸采用大横销固定，并在第一层内缸横销槽中开有小槽。两内缸间留有一定间隙，在小槽中镶有滑块，以确保密封，如图3-1所示。低压的第一层下缸，第五、六级抽汽口与抽汽管采用套筒密封式，连接如图3-2所示。图中下缸的凹槽中嵌有活塞环，然后用定位环使之固定，这样既能维持良好的密封，又能保证受热后的膨胀。第二层低压内缸的内外壁温差不大，故在第二层内缸中，两端各开有两圈静叶槽，把静叶直接装在第二层内缸上。第二层内缸与外缸的固定方式与双层缸内缸的固定方式相似。低压外缸与第二层内缸构成排汽空间，

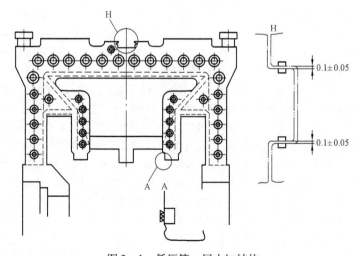

图3-1　低压第一层内缸结构

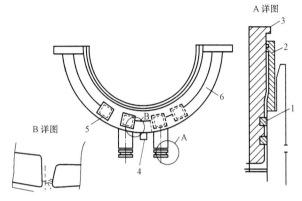

图 3-2 低压抽汽管套筒密封式连接
1—密封环；2—导向套筒；3—抽汽连管；
4—疏水孔；5—抽汽口；6—低压下缸

它与两端轴承座制成一体，并在低压外缸两侧的下半部有制成一体的连接支座。所以低压缸的前后轴承座及两侧的连接支座均支承于基础台板上。

二、中心线支承方式

超高压参数大容量汽轮机的支承方式由于汽缸法兰厚、温度高，当机组启动运行时，因受热膨胀，使汽缸中分面抬高，于是破坏了转子与汽缸洼窝中心的一致性。因此，超高压参数的汽轮机高、中压缸采用中心线支承方式，即汽缸法兰中分面与支承面一致。

高、中压汽缸支承方式如图3-3所示。内下缸通过法兰螺栓吊在内上缸上，内上缸的法兰中分面支承在外下缸的法兰中分面上，外

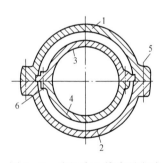

图 3-3 汽缸中心线支承方式
1—外上汽缸；2—外下汽缸；3—内下汽缸；4—内下汽缸；5—外汽缸螺栓；6—内汽缸螺栓

下缸由外缸螺栓吊在外上缸的法兰中分面上，外上缸通过前后猫爪支承在轴承座的承力面上。这样汽缸受热膨胀后的洼窝中心线仍能与转子中心线保持一致。

高、中压外缸的猫爪支承方式如图3-4所示。外缸前后的工作猫爪设置在外上缸，外下缸设有安装、检修用的安装猫爪，该猫爪通过横销与支承垫块连接定位，支承垫块固定在轴承座上。汽缸热膨胀时，借横销推动轴承座做轴向移动，横向热膨胀由横销导滑。外下缸在正常情况下，通过法兰螺栓紧固吊在外上缸上，再通过外上缸的工

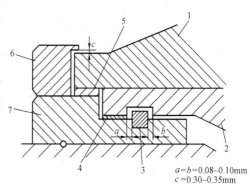

$a=b=0.08\sim0.10\mathrm{mm}$
$c=0.30\sim0.35\mathrm{mm}$

图3-4 高、中压外缸猫爪的支承
1—工作猫爪（外上汽缸）；2—安装猫爪（外下汽缸）；3—横销；4—安装垫块；5—工作垫块；6—压板；7—支承垫块

作猫爪支承在工作垫块上。安装垫块设在下缸，汽缸就位时用来调整洼窝中心高度，安装或检修完毕，将其拿掉，并保存好，待以后检修时再用。

某型汽轮机高中压缸的支承方式如图3-5所示。汽缸在水平中分面上被分割成上下两半部。下半部由四只猫爪支承在调速器侧及低压侧的轴承座上，猫爪则采用穹形猫爪。这样，使猫爪的承力面与汽缸水平中分面处于同一高度。当猫爪受热膨胀时，不会引起汽缸水平位置的变化而改变汽缸洼窝中心，从而保证了汽缸洼窝中心线与转子中心线的一致，提高了机组的安全可靠性。高中压缸的定位如图3-5所示。高、中压外缸两端用H形横梁定心，并用螺栓连接在高压及低压轴承座上，使汽缸与此两轴承座连成一体。高、中压内缸，同样在水平中分面上用支承块支承在外下缸上，这不仅决定了内缸的径

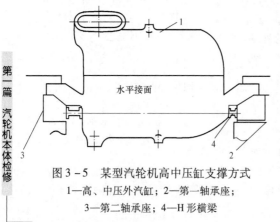

水平接面

图3-5 某型汽轮机高中压缸支撑方式
1—高、中压外汽缸；2—第一轴承座；3—第二轴承座；4—H形横梁

向位置，而且在靠近蒸汽进口中心线上的水平中分面附近的外缸的突缘部分，吻合在内缸凹形的槽中，从而决定了内缸的轴向位置。为了使内缸保证与轴线成直角，由顶部和底部的导链决定内缸的正常位置。内上缸与内下缸用法兰螺栓紧固成一体。

三、无法兰螺栓连接的汽缸结构

D4Y454 型汽轮机高压内缸上下缸接合面的密封，采用 6 道热套环的紧力法，维持严密不漏。如图 3-6 所示，安装时，用专用工具（煤气或丙烷气火焰枪）将热套环加热到 200~400℃，然后套入位，冷却后即产生所要求的紧力。此结构的优点是：①内缸无大的法兰，结构上结实，使运行安全可靠；②质量轻，整体对称性好，减小了汽缸热应力与机组轴心线的偏斜；③无应力集中，适于快速启动和负荷变动。

一般来说，采用这种结构的汽轮机运行 50000h 后才需揭汽缸大盖检修，因此机组检修间隔长，可用率高。另外，由于内缸无法兰，故可简化制造加工工艺和工作量，有利于提高产品质量，也可减少检修时的工作量。

四、高中压缸合缸布置

目前国内汽轮机除个别特殊机型（如上海汽轮机厂生产的 D152 机型，中压缸装有回转隔板，中压转子过长，不适合与高压缸合并）外，高中压缸很多采用合缸布置，这样能缩短主长度，减少汽缸和轴承的数量，降低设备投资和安装、检修费用。另外，高中压缸采用合缸后，可合理采用汽流反向流动和增加平衡鼓等措施，能自行平衡轴向推力，从而减少推力轴承的负载，使推力轴承的直径缩小，有利于高压轴承座的布置。在高压缸中，汽流离开速度级后，温度为 500℃ 左右的蒸汽经蒸汽室周围流向高压缸反动级的第一级，不仅冷却了蒸汽室，而且还减小了蒸汽室温差，使蒸汽室的热应力降低。另外，由于采用了高中压合缸布置，有利于在高压冲动级后与中压第二级之间设置高压及低压平衡鼓，在高压反动级后与中压第一级之间设置中压平衡鼓，使高中压内的轴向推力自行平衡。

五、蒸汽连接管与喷嘴室

采用双层缸以后，进入喷嘴室的蒸汽管不能像单层缸那样仅靠法兰连接，而是要复杂得多。由于双层结构进汽管必须通过外缸、内缸才能到达喷嘴室，内缸、外缸具有相对膨胀，进汽管既不能同时固定在内缸、外缸上，又不允许蒸汽外泄，所以进汽管的连接方式比较复杂。

高压缸的进汽连接管根据设计要求有的采用四根，还有的采用六根，上下缸分别布置两根或三根。进汽管是一个双层套管，如图 3-7 所示。

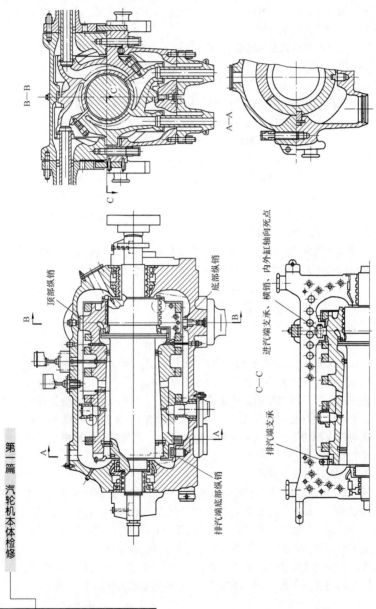

图 3-6 D4Y454 型汽轮机高压缸

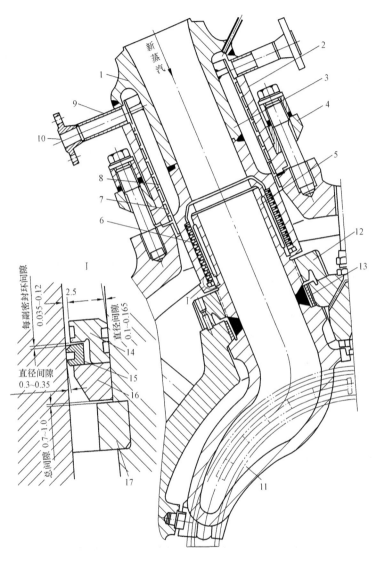

图 3-7　高压进汽连接管及汽室

1—进汽连接管；2—外套管；3—内套管；4—压圈；5—喷嘴进汽管；6—汽封环；
7—螺旋圈汽道；8—遮热筒；9—小管；10—小管法兰；11—喷嘴汽室；12—大螺母；
13—衬环；14—外密封环；15—内密封环；16—调整环；17—挡圈

外层用压圈通过螺栓与外缸紧固；内套管套在喷嘴进汽管上。两者之间装有汽封环，允许它们相对膨胀，同时又起密封作用。在内、外套管之间，还装有带螺旋圈的遮热筒，以遮挡进汽连接管的辐射热量。在螺旋圈上部引出两根小蒸汽管，作为冷却蒸汽流出或者启动时通入蒸汽加热。螺旋圈的下端与高压双层缸的夹层相通。

高压喷嘴室与内缸连接为装配式，用螺母紧固，锥面定位，并用薄壁衬环封焊密封。喷嘴室共有四个，在内缸上采用圆周对称布置，以使汽缸受热均匀。每只喷嘴室与内缸有三个导向销，以保证喷嘴室的轴向、径向自由膨胀。

中压缸的进汽连接管也有四根，上下缸各两根，为径向布置，其结构如图 3-8 所示。进汽连接管直接插入内缸，与第 9 级隔板组成的汽室相接，其连接方式与高压缸相似。其进汽内套管插在中压内缸进汽口内，两者之间有 8 道汽封环，同样装有遮热筒和螺旋圈。中压缸的夹层冷却汽流可以经过螺旋圈汽道及小管流出，也可从小管送进中压夹层加热蒸汽。四根进汽管的再热蒸汽进入汽室后，相互连通，蒸汽从全周进入第 9 级隔板喷嘴。

D4Y454 型汽轮机中压缸进汽采用蜗壳式结构，如图 3-9 所示。从理论上讲，这种结构汽流流场均匀，结构紧凑，流动损失小，使进汽的冲角相对保持一定。但由于很难估计其得益，故在设计中并不计及其对效率改善的作用。

低压缸进汽管也采用双层套管，内套管与内缸上的进汽法兰相连接，外层通过波形补偿节与外缸法兰相连接。内、外缸的膨胀差可由波形节吸收。每个低压缸有两个进汽口，垂直插入。蒸汽进入内缸后，经"山"形分流环，引导汽流向两边分流，进入隔板喷嘴。

汽轮机高压进汽连接管采用弹性密封环连接方式，如图 3-10 所示。由于蒸汽进口的套管和蒸汽室、喷嘴室之间的密封是利用蒸汽压力，在蒸汽室的壁上和泄漏蒸汽的流动方向上压紧形成蒸汽室与内外缸空间之间的密封，所以这种密封又称压力型密封环。另外，此密封环在蒸汽室与引入套管温度变化时，各部分都能自由膨胀。蒸汽室共分为 7 个，其布置如图 3-11 所示。每个蒸汽室的进口部分被焊接在内缸上。蒸汽室与内缸的配合，由内缸的凸缘部分和蒸汽室在圆周方向的凹槽紧密吻合，如图 3-11 中的 E—E 剖面所示。在凸键与凹槽

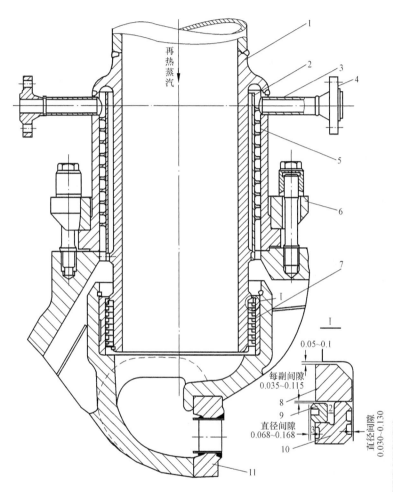

再热蒸汽

0.05~0.1

每副间隙
0.035~0.115

直径间隙
0.068~0.168

直径间隙
0.030~0.130

图 3-8　中压进汽联接管及汽室

1—进汽连接管；2—遮热筒；3—小管；4—小管法兰；5—螺旋圈汽管；

6—压圈；7—汽封环；8—调整环；9—外密封环；10—内密封环；

11—第 9 压力级隔板

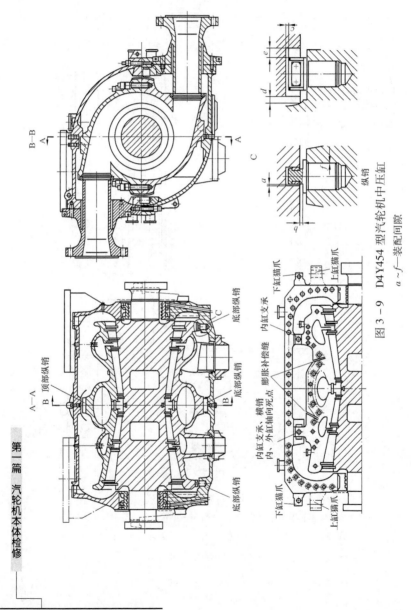

图 3 - 9　D4Y454 型汽轮机中压缸

a～f—装配间隙

第一篇　汽轮机本体检修

的配合中径向留 3mm 间隙，这样既固定了各蒸汽室在圆周方向的位置，又保证了径向膨胀。另外，为了充分保证各个蒸汽室向各个方向的自由膨胀，蒸汽室之间亦采用凸键与凹槽的配合，如图 3 - 11 中的 D—D 剖面所示。在配合部分的圆周方向上留 3mm 间隙，使蒸汽室能沿径向移动和沿圆周方向膨胀。蒸汽室出口的下部设有凹槽，它用来安装喷嘴组，如图 3 - 11 中的 A—A 剖面所示。喷嘴组用螺栓与蒸汽室紧固在一起，在喷嘴组的上部由螺栓拧向蒸汽室，在蒸汽室的下部由螺栓拧向喷嘴组。

高压缸排汽管、抽汽管和中压缸再热汽管采用套管连接，套管与内、外缸的密封采用金属密封环，如图 3 - 12 所示。排汽管的外端与外缸焊接，内部与内缸管壁或静叶环管壁采用金属密封环密封，密封环由直径不同的环圈交叉布置而成。这种结构简单，

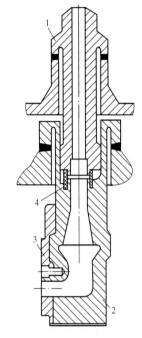

图 3 - 10　高压进汽连接管
1—进汽管；2—汽室；
3—喷嘴板；4—密封环

密封效果较好，而且温度的变化使其变形值达到最小限度。中压缸进汽室采用全周进汽，并与中压内缸组成一体。低压缸进汽连接管的连接方式与中压缸进汽管相类似，蒸汽进入内缸后，对向分流布置。

六、汽缸夹层冷却（或加热）措施

超高压中间再热汽轮机，当负荷达到一定值时，内缸的温度较高，为了不使内缸的热量辐射到外缸造成外缸超温，在夹层中就需要通以冷却汽流。另外，在启动时，因为转子质量比汽缸小，而且因叶片等因素使其接触的表面积较大，所以转子比汽缸胀得快（轴向长度），于是造成了胀差。若夹层中能通以蒸汽，就能改善启动时的胀差。高中压缸布置的汽轮机，如前所述，能很好地解决这个问题，所以不必另设夹层冷却（或加

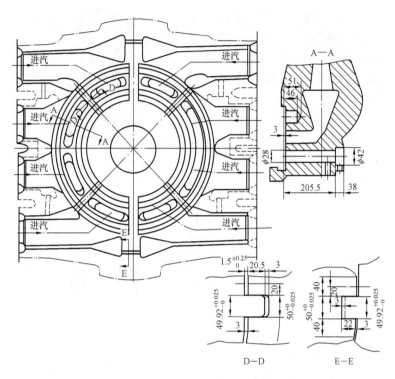

图 3 – 11　高压缸蒸汽室布置

热）措施；而单独布置的汽轮机由于高、中压缸单独布置，所以各自均设一套夹层冷却（或加热）装置。

1. 高压缸的夹层冷却（或加热）

图 3 – 13 是高压缸夹层及进汽连接管示意。蒸汽从调节汽门进入喷嘴室，经过 6 个压力级，蒸汽排出内缸。一部分蒸汽经过以后各压力级继续做功，另一部分蒸汽成为一级抽汽，而一级抽汽口设在高压外缸高压端，因此一级抽汽必须经过高压内、外缸夹层，起到冷却内、外缸的作用。再有一部分蒸汽经过高压内、外缸夹层后，从蒸汽连接管的螺旋圈内盘旋而上，然后从小管中流到二级抽汽中去。在正常运行时，该汽流始终流动不息，使外缸及连接管的外层得到冷却，即汽缸夹层冷却。在启动时，由小管送进蒸汽对汽缸进行加热。

2. 中压缸的夹层冷却（或加热）

中压缸的夹层冷却（或加热）方式与高压缸基本相同。中压内缸的出口处为压力级第12级，利用该出口的一部分蒸汽经过内、外缸夹层和四根蒸汽连接管的螺旋圈，起到冷却汽缸的作用，然后引入除氧器作为加热用蒸汽。在压力级第13级后，因汽温不高，不再采用内、外缸结构，而是采用隔板套结构。在启动时，蒸汽从连接管的小管送进夹层对汽缸进行加热。

七、汽缸法兰、螺栓加热

为了减小在启动过程中出现的汽缸与转子的胀差，在夹层内通以蒸汽对汽缸加热，但是高参数大容量机组仅有这一措施尚不够。从汽

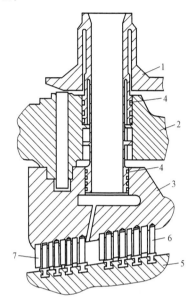

图 3 - 12　中压进汽管的连接

1—进汽管；2—内缸；3—静叶环；

4—密封环；5—转体；6—动叶片；

7—静叶片

缸的结构来看，法兰非常厚，如某类型机组高压外缸上、下法兰总厚度达1m以上，如此厚的法兰在启动中不易胀出，即使汽缸被加热后能胀出，也无济于事，被法兰牵制造成汽缸变形。

另外，螺栓更不易加热，因此法兰的膨胀又受到螺栓的牵制。若汽缸、法兰和螺栓三者加热温度控制不当，就会产生很大的热应力，严重时会造成汽缸变形、机组振动、汽缸裂纹及螺栓拉断等事故。为此，该类型机组对法兰、螺栓设置了专门的加热装置，使机组在启动时加快法兰、螺栓的膨胀。某些汽轮机组由于设计中对轴向各部件所留间隙较大，机组在启动、负荷突变等工况下允许有较大的胀差，所以该机组没有法兰、螺栓加热装置。

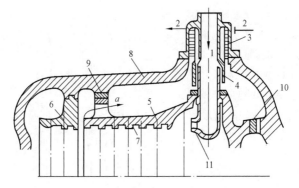

图 3 – 13　高压缸夹层汽流示意

1—进汽连接管；2—小管；3—螺栓圈；4—汽封环；5—高压内缸；

6—隔板；7—隔板槽；8—高压外缸；9—纵销；10—立销；

11—调节级喷嘴组

八、排汽口采用扩压措施和喷水降温

由于低压缸采用双层或多层结构，因此在内缸与外缸之间的空间形成排汽室，通常将这种汽室制成径向扩压室。这样既可缩短转子的长度，又可充分利用末级叶片的排汽速度，将排汽的速度能转变成动能，从而克服乏汽通道的阻力，使排汽压力有效地达到凝汽器的压力，减少乏汽损失，提高汽轮机效率。一般来说，采用排汽扩压措施后，能使效率提高 0.5% 左右。

由于大功率汽轮机末几级叶片很长，在启动过程中，尤其机组在 3000r/min 时，没有足够的蒸汽量将低压缸内鼓风摩擦产生的热量带走，而且排汽压力高，蒸汽饱和温度也会升高，使排汽缸温度上升。当温度太高时，会使汽缸产生热变形，使机组发生振动或事故，同时影响末级叶片及凝汽器铜（钛）管的使用寿命和汽缸的水平中心。因此，大功率汽轮机都装有自动喷水装置，以控制和降低排汽温度。另外，在运行中，当低压旁路开启时，为了防止大量蒸汽进入凝汽器影响末级叶片，此时另一路排汽缸喷水装置自动投入，使排汽口处形成水帘而起保护作用。

第二节　汽缸解体

一、汽缸解体应具备的技术条件

汽轮机停机后，要注意监视汽缸温度的变化，按照调节级处外缸金属

温度（或者高中压缸中测点最高的温度）来安排汽缸解体的各项准备工作。一般要求是：

（1）汽轮机调节级处外缸金属温度降至150℃以下时，盘车装置停止运行。

（2）汽轮机调节级处外缸金属温度降至120℃以下时，拆除汽缸及导汽管上的保温材料。

（3）汽轮机调节级处外缸金属温度降至80℃以下时，可以拆除导汽管、轴封供管及其他附件，同时拆除汽缸结合面螺栓。

二、汽缸揭大盖

双层或三层结构的汽缸，虽有如前所述的许多优点，但检修时汽缸揭大盖就没有单层缸的中小型汽轮机那样容易，这是因为双层或三层结构的汽缸，其内缸支承在外缸上。为了保证汽轮机加热膨胀或冷却收缩时内汽缸洼窝中心不变，在内、外缸之间设有纵、横、竖三个方向的导键。因此，对汽缸起吊前的校正要求很高，稍有不平或歪斜，导键就会卡死，加上这些导键处在高温下工作，往往在汽缸及导键表面产生氧化层，使导键胀死。另外，高温工作下的汽缸变形量较大，易使导销卡死等。这些因素增加了揭汽缸大盖的难度。所以在超临界、亚临界大功率汽轮机大修时，高、中压缸外缸大盖起吊困难是经常发生的事。如遇这类问题，切莫用强行起吊的办法，以免损坏设备。首先要分析吊不起的原因，若属内、外缸之间导键咬死，应用汽缸顶起螺栓缓慢地将上汽缸顶起。若咬死严重，可用四个30t的千斤顶在四角与顶起螺栓同时施力将上汽缸顶起（目前，部分汽轮机在外缸四角专门设计有架设液压千斤顶的洼窝，必要时可直接在此放置千斤顶进行顶缸工作）。但必须注意，汽缸四角顶起高度的误差不能大于2mm，以免汽缸偏斜而促使导键咬死的加重或汽缸螺栓与螺孔碰擦。只有在掌握某机组吊缸时的特殊情况下，才允许放大四角顶起高度的误差。汽缸每顶起5mm左右，应用头部焊有铜焊的大撬棒轻轻撬动，观察汽缸四角是否灵活，若仍有卡死现象，应继续用千斤顶和顶起螺栓顶开的办法，直至灵活不卡后，再由行车缓慢吊起。有的汽轮机，因每个汽缸四角和中间有铰配螺栓，起吊前应对铰配螺栓加煤油或松锈剂，使铰配螺栓滑动配合部分的锈垢松软。然后，边吊边顶起螺栓顶，一般要顶起50～80mm，铰配螺栓的滑动配合部分才能脱开。铰配螺栓滑动配合部分脱开后，汽缸便能顺利吊起。当内、外汽缸咬死严重，同时如无法在四角加千斤顶时，可用大撬棒在四角分别撬动，并用垫块将吊高的一侧垫紧，然后将偏低的一侧撬起并垫紧，如此逐步垫高吊起，直到灵活不卡后用行车慢慢升起。若用大撬棒撬不动时，可将四角钢丝绳改为前端或后端两角或一角起吊，但必须十分小心，防止汽缸单端或单角吊起过高而加重别劲或咬死。单端或单角吊起约10mm，应用垫块垫紧，然后改吊另一端或另一角，并垫紧，如此逐步垫高吊起，直到灵活不卡后恢复常规起吊。或者在汽缸外侧上下竖直焊接厚度10mm的钢板，用液压千斤顶将缸顶起，操作过程中注意将汽缸四角调平，防止偏斜，如阻力过大应检查汽缸外部是否有连接部件未拆除。汽轮机吊大盖时，一般应注意如下事项：

（1）吊汽缸大盖前应对吊车制动器、钢丝绳等进行仔细检查，确认正常后方可进行起吊工作。

（2）吊汽缸大盖，必须由熟练的起重工一人指挥，其他人员应分工明确，各就各位，密切配合。

（3）起吊前应全面检查汽缸螺栓是否全部拆除，定位销是否拿掉，与汽缸上盖相连接的管道是否拆除，与轴承相连的直销是否拔掉，热电偶线是否拆掉等。

（4）汽缸四角应有专人扶稳，并特别注意当汽缸与吊缸用的导杆脱开时的突然摆动。

（5）行车吊钩上设置必要的链条葫芦，以便汽缸找平衡和及时校正四角的荷重，吊高中压外缸大盖时，前端应挂两只20t链条葫芦，供找水平时用。

（6）当汽缸吊起高度在100mm以上时，每升高50mm左右，应全面检查汽缸的水平情况，并及时校正不平或歪斜现象。

（7）在吊大盖时，任何人发现内部有碰擦、别劲等现象时，应立即发出停止吊起的信号，待排除故障后再继续起吊。

（8）汽缸大盖吊出后应放在指定地点，用道木垫平垫稳，并注意道木不能垫在上汽缸的螺栓上，以免损坏螺栓。同时，应做好排汽口、进汽口等封闭工作。

（9）吊大盖应用专用钢丝绳或专用吊架，并按制造厂规定放准吊架位置。揭汽缸大盖必须由能熟练使用专用工具的起重工承担。当没有专用钢丝绳时，应选用承载能力比汽缸质量大一倍以上的钢丝绳，以防在起吊过程中因卡死等附加载荷而发生事故。

（10）拧入汽缸顶起螺栓前，应将螺孔用压缩空气吹清，螺栓螺纹上应涂擦二硫化钼油剂或粉剂，以润滑螺纹，防止咬死。

（11）导杆的安装位置应准确。导杆应无毛刺、凸起等情况，并涂黄油作润滑。

（12）汽缸大盖吊去后，应立即将内、外缸夹层排汽口、抽汽口等处用专用铝板盖好，或用棉絮胎塞好，防止工具或杂物落入。

（13）当汽轮机外缸揭大盖发现严重咬死时，可利用上缸四角猫爪处的顶缸螺栓，压牢专用工具（横担），用四个 30t 的千斤顶分别将四角猫爪顶起。但必须注意汽缸内的隔板套和转子是否被顶起，并用百分表监视转子。若发现转子被一起吊起，证明隔板套与汽缸咬死，同时应设法将隔板套固定后再继续吊起，否则将会引起设备损坏事故。将隔板套固定后，可用四个高度小于 250mm 的 50t 液压千斤顶，放在上下缸吊耳之间，将汽缸慢慢顶起，待上缸顶起高度大于 80mm 时，可用行车起吊，但必须保持汽缸水平。

三、汽缸的解体

汽缸的解体是一项工序性很强的工作，应严格按照工序进行汽缸解体工作，否则会影响整个汽缸解体工作的进度，甚至造成设备的损坏。各类型的汽轮机解体工序大致相同，下面以某电厂超临界参数汽轮机为例进行说明，该型汽轮机采用高中压合缸形式，有两个低压内缸。

1. 高中压缸的解体工序

（1）拆除高中压缸化妆板。

（2）当高压内缸温度符合标准停盘车后，拆除保温层至下缸法兰露出汽缸螺栓帽，方便汽缸螺栓的拆除。

（3）拆除消防系统探测器和管道。

（4）在外缸螺栓帽上按顺序做编号，回装时按编号安装。

（5）拆卸中低压缸连通管，用堵板将汽缸法兰口封堵，防止落物。

（6）拆除汽缸上的定位销及测温线，用煤油或松动剂灌注螺栓的螺纹部分，热紧的螺栓应用电加热器加热螺栓后松开螺母。

（7）若汽缸前后轴封套是用螺栓与汽缸连接的，应拆除轴封套水平接合面及立面螺栓。

（8）拆除高、中压缸导汽管法兰螺栓，在外缸四周用千斤顶均匀支起外缸250mm左右，使进汽套管脱离喷嘴室，然后用行车吊去外缸。

（9）立即检查汽缸结合面有无漏汽痕迹，并做好记录。

（10）加热拆除高中压内缸热紧螺栓，然后松开冷紧螺栓；拆下的零部件做好标记，保管好。

（11）用顶丝将内上缸支起，直至其与平衡活塞的凸肩脱开，用行车将内上缸吊走。

（12）立即检查内缸结合面有无漏汽痕迹，并做好记录。

（13）若需拆内下缸时，也要先用千斤顶将内下缸均匀顶起，进汽管与喷嘴室脱开，然后用行车起吊。

（14）起吊内汽缸时，要平稳并注意内部有无摩擦声或卡涩。

（15）翻汽缸大盖。

翻缸前，应清理现场的障碍物，保证翻缸场所有足够的面积，并准备好垫汽缸用的枕木及木板。

翻缸有双钩和单钩两种方法，大型机组应优先采用双钩翻缸，使用大钩吊高压侧，小钩吊低压侧，钢丝绳最好使用专用卡环卡在大盖前后法兰的螺孔上。在翻转过程中，钢丝绳与汽缸棱角接触处，都应垫以木板。吊车找正后，大钩先起吊约100mm，再起吊小钩。使汽缸离开支架少许后，应全面检查所有吊具，确信已无问题才可继续起吊。吊起高度以保证当小钩松开后汽缸不碰地即可。逐渐将汽缸的全部重量由大钩承担，缓慢全松小钩，取下小钩的钢丝绳，将汽缸旋转180°，再将钢丝绳绕过尾部挂在小钩上，使小钩拉紧钢丝绳，把汽缸低压侧稍微抬头，大钩才可慢慢松下，直到汽缸结合面成水平后，将汽缸平稳地放置在枕木架上。直到汽缸结合面保持水平，安放牢固，才可将两吊钩松去。

2. 低压缸的解体工序

低压缸的解体工序与高中压缸解体类似，具体工序如下：

（1）拆除低压外缸螺栓，拆下零部件放在指定位置保管好。

（2）拆去前后上半2只排汽导流环，用倒链将上半2只排汽导流环吊在外缸上。

（3）拆除喷雾接头和测温元件。

（4）拆除端部轴封水平结合面螺栓。

（5）吊走外缸，检查结合面情况并做记录。

（6）拆 2 号内缸水平结合面螺栓。

（7）拆除进汽连通管接头和密封环。

（8）吊走 2 号内缸。

（9）加热松去 1 号内缸水平结合面螺栓。

（10）吊走 1 号内缸。

（11）检查 1、2 号内缸结合面情况并做记录。

第三节　清理检查汽缸

汽缸大盖吊出后，应立即宏观检查汽缸接合面是否有漏汽痕迹，并做好专门记录。待汽缸完全冷却后，开始清理汽缸平面和内外壁。

一、汽缸平面的清理

汽缸平面的清理，过去多数由手工用无刃口的铲刀和"00"号砂纸进行。随着科学技术的发展，平面砂光机等新型机械工具不断出现，已逐步取代了过去的手工清理方式。平面砂光机不仅操作简便，工效高，劳动强度低，而且清理的汽缸平面表面粗糙度数值低，各处均匀，无凸起或凹陷等现象。使用平面砂光机应注意下列事项：

（1）使用砂光机前，应对汽缸平面上较厚的涂料用手工初步清理掉。

（2）使用砂光机时，应缓慢移动，施于砂光机上的力应均匀适中，防止施力忽大忽小，以免损坏机件，同时造成汽缸面不平整。

（3）经常检查砂光机上的砂纸，发现砂纸损坏应及时更换。

（4）使用砂光机时应沿汽缸密封面纵向进行清理打磨，严禁横向进行打磨，防止因操作不慎使汽缸密封面出现横向划伤，引起汽缸漏汽。

（5）汽缸平面的清理标准以表面无涂料、杂质，露出金属表面为宜，不应过分强调显出金属光泽。因汽缸平面在运行过后，表面会出现一定的氧化层，但氧化层厚度不均匀，完全清理干净氧化层会导致汽缸平面不平整，运行中产生漏汽现象。例如，某电厂高压缸大修前无漏汽现象，在大修中将汽缸平面清理得光亮如新，结果修后汽缸出现漏汽。

二、汽缸内外壁清理

汽缸内外壁清理，过去多数采用角向、碗形等各种手提式砂轮机或手工用砂纸打磨，由于汽缸形状复杂，手提式砂轮机或手工打磨往往不能满足要求，而且安全性较差，目前将新颖铜丝砂轮片用于打磨汽缸，不仅安全可靠，而且能打磨死角处。经打磨后的汽缸能显出金属光泽，为检查汽缸是否有裂纹等缺陷创造了条件。

三、汽缸的检查

汽缸平面和内外壁清理完毕后，应立即对汽缸进行检查。汽缸检查是一项很重要的工作，任何疏忽大意、马马虎虎的工作作风都会造成不堪设想的后果。汽缸检查时绝不可麻痹大意、流于形式，而应踏踏实实，查细、查全、查透。一般来说，汽缸检查分两步进行：首先对整只汽缸进行宏观普查；其次是对汽缸厚度变化、转弯、凸肩、键槽、抽汽口、疏水口、气孔疏松、短节焊缝等区域，用着色法探伤。发现可疑裂纹，应将裂纹打磨掉，并反复探明是否属于裂纹。对于汽缸法兰有加热汽柜的机组，在检查汽缸的同时，应对汽柜做水压试验，其试验压力为工作压力的 1.25 倍。水压试验应严密不漏，否则应进行补焊处理。

着色法（比色法）探伤，是先将被探区域擦干净，待干燥后，喷射红色渗透剂，约 15min 后用洗涤剂将金属表面的红色渗透剂清洗干净，并用无脂棉絮或高级卫生纸擦干净，最后在被探伤区域喷射一薄层白色显影剂。喷射时应将显影剂筒摇动，使显影剂在筒内混合均匀，待 2min 左右，若在白色显影剂区域出现红色线条，则证明该区有可疑的裂纹。此时，可将裂纹区用彩色笔圈出，并用砂轮机进一步打磨，必要时用放大镜、超声波等仪器作进一步鉴定。

着色探伤是目前无损探伤使用最普遍的一种探伤方法，它具有使用方便、工艺要求简单、易掌握、灵敏度高、耗工少、费用低等优点。当市场无探伤用渗透剂、洗涤剂、显影剂供应时，可自行配制。

渗透剂：变压器油 15%，煤油 80%，松节油 5%，苏丹红（或蜡烛红）颜料为上述三种总和的 1%。将颜料加入松节油中溶化调匀后，再加入煤油及变压器油，待 24h 后即可使用。

洗涤剂：10%~15% 碳酸钠溶液。

显影剂：高岭土粉 600~700g，清洁水 1000g，调匀后加入上述总和的 10% 洗涤剂即可。

第四节　汽缸结合面的检查与测量

汽缸结合面的检查是机组大修中的一项重要工作，是保证机组修后正常运行的重要措施。汽缸结合面检查分为宏观检查和技术测量，技术测量分为汽缸结合面水平的测量和严密性的检查与测量。汽缸结合面的宏观检查一般是指在揭开大盖后检查结合面的漏汽痕迹，以及缸面清理后检查有无腐蚀、汽蚀痕迹，或者明显的划痕、凹坑，尤其是贯通缸面的损伤，如发现这些损伤应进行相应的处理。本节主要介绍汽缸结合面的技术测量。

一、汽缸水平的测量

（1）汽缸水平测量工作应在空缸状态下进行，缸内不应留有隔板或汽封套，以免影响测量准确性。

（2）将测量部位的缸面清理干净，确保缸面无毛刺、灰尘和残余涂料等影响测量的因素。

（3）按照安装（或检修）时标记的测量位置，将合像水平仪直接放在水平结合面上进行测量。新机组或没有预留标记的机组可以参考安装记录，或图纸标记的位置进行测量。

（4）测量汽缸纵向水平，可以将合像水平仪沿汽缸面纵向放置进行测量；测量汽缸横向水平，用长平尺架在两侧水平结合面上，再将水平仪放在平尺上进行测量。

（5）为了消除水平仪本身的误差，测量时应将合像水平仪在 0° 和 180° 的相对方向各测量一次，取其两值的代数平均值，并与历次检修记录相比较，以判断汽缸负荷分配是否发生变化及基础是否发生下沉。

二、汽缸严密性的检查与测量

汽缸严密性关系到汽轮机能否安全运行，所以在大修中要重点进行检查，一般采用扣空缸的方法进行检查，检查方法如下：

（1）扣空缸前，应先将汽缸结合面清理干净，避免缸面有高点、毛刺、污垢等影响测量的准确性。

（2）吊起汽缸，调整汽缸水平，吊至下缸上缓慢落下，在上下缸即将贴合时打入定位销，然后将上缸落下，松开行车吊钩。检查上下缸的各凸肩、槽道轴向位置有无错位，外缸对内缸的限位凸肩是否顶牢，内缸有无上抬现象等。

（3）检查无误后，用塞尺检查空缸自由状态下和冷紧1/3结合面螺栓时汽缸结合面间隙，并在汽缸内、外两部分用粉笔或记号笔在下缸壁上记录数值及范围。对汽缸高温区域应重点检查，发现间隙突变的位置应检查是否有异物支在结合面之间，处理后重新检查。

（4）合格标准：

1）在自由状态下，高中缸由于有汽缸垂弧的存在，汽缸结合面一般均有间隙，测量后做好记录；低压内缸在自由状态下，结合面间隙小于或等于0.20mm。

2）紧1/3螺栓时，结合面间隙就小于或等于0.05mm，判别标准以0.05毫米塞尺塞不进，或塞入深度不超过密封面宽度的1/3，即认为合格。

3）若冷紧1/3螺栓汽缸结合面间隙仍不符合要求，可以在间隙大位置增加螺栓进行冷紧，消除间隙。

第五节 汽缸泄漏的处理

一、汽缸泄漏的原因

汽缸泄漏多数发生在上下缸水平接合面高压轴汽封两侧，因为该处离汽缸接合面螺栓较远，温度变化较大，温度应力也较大，往往会使汽缸产生塑性变形，从而造成较大的接合面间隙，使这些部位发生泄漏。一般来说，汽缸泄漏的原因除了制造厂设计不当以外，还有下列三种：

（1）汽缸法兰螺栓预紧力不够。若高压外缸法兰接合面漏汽严重，后经制造厂核算，外缸法兰螺栓热紧转角可适当增加，以消除漏汽。

（2）汽缸法兰涂料不佳。如涂料内有杂质，涂刷不均匀或漏涂，涂料内有水分，涂料用错等。

（3）汽缸法兰变形严重，接合面间隙较大。由于汽缸形状复杂及体积庞大，经过消除应力热处理，但残余内应力仍在所难免。当汽缸经过一段时间运行后，残留的内应力和运行中产生的温差应力相互起作用，就会使汽缸变形，使局部区域法兰接合面间隙过大。

二、消除汽缸泄漏的方法

消除汽缸法兰接合面泄漏，有下列几种方法。

1. 用适当的涂料密封

当汽缸泄漏面积较小，接合面间隙在 0.10mm 左右时，可用亚麻仁油加铁粉作涂料，涂于泄漏处或接合面间隙大处，以消除泄漏。该涂料配制方法为：将亚麻仁油用电炉煎熬约 6h，待亚麻仁油内水分蒸发完为止，使亚麻仁油要有一定的黏性即可。加入 25% 红丹粉、25% 铁粉和 50% 黑粉，搅拌均匀成浆糊状后即可使用。

2. 接合面处加密封带

当汽缸泄漏处于高温区域且漏汽不很严重时，可在汽缸接合面泄漏区域的上缸，离内壁 20~30mm 处开一条宽 10mm、深 8mm 的槽。然后，在槽内镶嵌 1Cr18Ni9Ti 不锈钢条，借 1Cr18Ni9Ti 材料的膨胀系数大于汽缸材料的膨胀系数，使汽缸在运行工况时增加密封紧力（约 0.02mm），从而消除漏汽。

3. 汽缸接合面加装齿形垫

当汽缸接合面局部间隙较大，漏汽较严重时，可在上下汽缸接合面上开宽 50mm、深 5mm 的槽，中间嵌 1Cr18Ni9Ti 的齿形垫，齿形垫厚度一般比槽的深度大 0.05mm 左右，并可用不锈钢垫片进行调整。

4. 汽缸结合面堆焊

当汽缸泄漏发生在低压汽缸的低压轴封处时，由于该处工作温度较低，一般采用局部堆银焊或铜焊来消除漏汽。堆焊前将汽缸平面清理干净，用氧-乙炔焰焊嘴加热堆焊，堆焊后用小平板进行研刮，使其与法兰平面平齐。对于工作温度高的汽缸，因其材料焊接性能差，为防止汽缸裂纹，一般不采用堆焊方法来处理漏汽缺陷。

5. 汽缸接合面涂镀

当低压汽缸接合面大面积漏汽时，为了减小研刮汽缸接合面的工作量，可采用涂镀新工艺，即利用汽缸作阳极，涂具作阴极，在汽缸接合面上反复涂刷电解溶液。溶液的种类可按汽缸材料和研刮工艺而定。涂镀层的厚度可按汽缸接合面间隙大小而定，一般涂镀层厚度为 0.03~0.50mm。涂镀层可用平尺或扣上汽缸进行研刮。用涂镀方法消除汽缸漏汽，不需对汽缸加热，所以不会引起汽缸变形，操作简单方便，在许多方面优于喷涂法，因而逐步得到推广。

6. 汽缸接合面研刮

当汽缸接合面出现多处泄漏，且接合面间隙大部分偏大时，应考虑研刮汽缸接合面。研刮工作一般分为下列几个步骤：

（1）将上、下缸接合面清理干净，并扣上大盖，冷紧1/3汽缸螺栓，用塞尺检查汽缸内外壁接合面间隙，做好记录和记号。

（2）根据所测接合面间隙，确定研刮基准面。一般情况下，以上汽缸为基准，研刮下汽缸平面。但当汽缸变形严重时，上汽缸平面不平，此时应先将上汽缸翻转，用枕木垫平垫稳（注意汽缸静垂弧影响）。然后平直尺或大平板检查和研刮平面，一直研刮到用平直尺检查间隙小于0.05mm方可将上缸再翻转，作为研刮下汽缸平面的基准。

（3）当汽缸变形量大于0.20mm时，应用平面砂轮机进行研磨。为防止研磨过量，可在下汽缸平面上按变形量手工研刮出基准点，一般为10mm×10mm的小方块，其深度为该处必需的研刮量。每隔200mm左右研刮一个基准点。使用平面砂轮机时，按这些基准点进行研磨。

平面砂轮机宜采用高速多功能砂轮机。它与一般平面砂轮机的区别有下列几点：

1）碗形砂轮可以在360°范围内任意调整，它可以研磨与底座不在同一平面上的任意平面。当研磨汽缸法兰平面时，必须松开止紧螺栓，将碗形砂轮平面调整到与汽缸法兰平面平行（左右方向），并在启动前将砂轮贴紧汽缸平面，用塞尺检查调整情况，只有在确认无误方可将上紧螺栓拧紧。

2）砂轮机的进刀手轮直接装在磨头处，可以既方便又平稳地进刀。

3）转速为6000r/min，研磨表面粗糙度 Ra 为0.4~0.8。

4）采用轻型结构，总质量约为30kg。

5）底座平面设有调整螺栓，用来调整碗形砂轮平面与汽缸法兰平面前后左右方向的平行度。

（4）汽缸法兰平面研刮应注意下列几点：

1）汽缸接合面间隙最大处不能研刮。

2）研刮前必须将汽缸法兰平面上的氧化层用旧砂轮片打磨掉。

3）刮刀或锉刀等研刮工具只能沿汽缸法兰纵向移动，不能横向移动，以免汽缸法兰平面上产生内外贯穿的沟槽，影响研刮质量。

4）研刮工作应由一名高级技工统筹考虑和指挥，防止步调不一致，发生研刮过量。

5）用砂轮机研磨到汽缸接合面间隙小于或等于 0.10mm 时，研刮工作应改用刮刀（铲刀）精刮。此时检查汽缸接合面接触情况，应在下汽缸法兰平面上涂擦一薄层油墨，用链条葫芦或千斤顶施力，使上汽缸在下汽缸上沿轴线方向移动约 20mm，往复 2~3 次，然后吊去上缸，按印痕进行研刮。

6）用油墨或红丹粉检查平面时，必须将汽缸法兰平面上的铁屑擦清，以防汽缸在往复移动时咬毛平面。

7）研刮标准为每平方厘米范围内有 1~2 点印痕，并用塞尺检查接合面间隙小于 0.05mm。达到标准后用"00"砂纸打磨，最后用细油石加汽轮机油进行研磨，使汽缸法兰表面粗糙度 Ra 为 0.1~0.2。

8）研刮工作结束后，应合缸测量各轴封、隔板等处汽缸内孔的轴向、辐向尺寸，以确定是否需要镗汽缸各孔。

9）研刮前必须将前后轴承室和汽缸内各疏水、抽汽等孔封闭好，以防铁屑、砂粒落入。

第六节 猫爪负荷分配与洼窝中心的测量调整

大功率汽轮机一般均配套大型蒸汽锅炉，质量达千吨以上，并布置在汽轮机的某一侧，而汽轮机的另一侧布置着质量较轻的输变电设备。若以汽轮机轴线（纵向整体布置）为中心，形成了汽轮机两侧质量不平衡，使汽机基础在锅炉侧沉陷多，电气侧沉陷少，则这种不均匀沉陷将引起汽轮机的倾斜，使汽缸猫爪负荷、洼窝中心、轴系中心等方面发生变化。大功率机组的高、中压缸，均用前、后、左、右四个猫爪支承在前后轴承座上。当四个猫爪的负荷不均等时，机组在受热膨胀或冷却收缩的情况下，由于左右侧摩擦力不相等，导致汽缸伸长或缩短不对称，使轴承座导键卡死，结果发生汽缸胀缩不畅，影响各轴承的负荷分配和胀差超限从而导致故障停机。所以，大机组检修时，必须对高、中压缸四角猫爪负荷进行复测和校正，尤其是对运行中膨胀不畅的机组这一工艺必不可少。

汽缸猫爪负荷测量，可在空缸（汽缸内隔板、隔板套等全部吊去，只剩下汽缸）或满缸（汽缸内部隔板、隔板套、上缸等全部吊进）时进行，因为汽缸内部隔板等零件重量是左右对称的。所以，以上两种情况测得的负荷值相对差数是相等的。测量时用 1 个 0～100t 的拉力计，一端挂在行车上，另一端挂在汽缸某一角的吊耳（在猫爪旁的吊耳）上，在猫爪的平面上架好百分表，监视猫爪的起吊量，并派专人读取拉力计和百分表值，一切准备就绪后，缓慢提升吊钩。猫爪每抬高 0.05～0.10mm 时，读出拉力计的相应值，一般读 3～5 个点。如此每只角测量一次，然后进行计算分析。如发现差值太大，应进行复测，确认无误后，方可进行负荷的调整。调整时按前端和后端分别进行，以各端左右猫爪负荷相等为原则，按照如图 3－14 所示左右猫爪的负荷与抬高曲线，调整安装垫片厚度。调整时应同时考虑汽缸洼窝中心和汽缸水平的偏差，尽量做到几方向兼顾。汽缸同一端左右猫爪上的负荷差应小于 0.5t，只有在汽缸洼窝中心或汽缸水平不许可的情况下，才可放宽猫爪负荷的差值。当猫爪负荷重新分配后，应按上述方法复测四角猫爪的负荷，直到达到标准，此项工作才算结束。

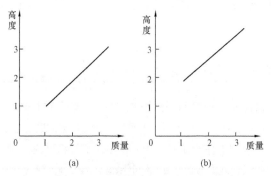

图 3－14　汽缸猫爪抬高与负荷关系曲线
（a）左侧猫爪；（b）右侧猫爪

汽缸负荷分配还可用测量猫爪静垂弧的方法进行。首先，将汽缸某一端（前或后）左右两侧猫爪滑动螺栓紧死，以防静垂弧试验时汽缸中心变化。然后，将汽缸另一端（未紧死的一端）某一角的猫爪用 50t 千斤顶顶起，用百分表监视顶起高度，拆下猫爪螺栓，抽出猫爪垫片，使猫爪脱空而下垂，读出百分表读数，即为猫爪静垂弧值。再顶起猫爪，装进垫片，装复滑动螺栓，该猫爪静垂弧测量就算结束。用同样方法依次测量其余猫爪的静垂弧值。比较同一端左右猫爪静垂弧值之差应小于 0.05mm，否则应进行调整，直至符合标准。

汽缸洼窝的测量和调整，一般与汽缸猫爪负荷分配的测量和调整同时进行较佳。因为两者的调整互相影响，如果分别进行调整，往往会顾此失彼，造成反复调整，增加检修工作量和延长检修工期。汽缸洼窝测量一般用假轴进行。先将假轴中心线调整到与转子中心线一致（调整方法以后详述），百分表磁性座架吸在假轴上。间隙小于 0.05mm，盘动假轴，读出上、下、左、右四个读数，分别为 a、b、c、d，$(a-b)$ /2、$(c-d)$ /2 即为汽缸洼窝中心的上下和左右的偏差。若认为百分表读数有误，可用内径千分尺对上、下、左、右四点进行复测，算出洼窝中心的偏差值。

一般来说，汽缸洼窝中心左右偏差是无法调整的，因为汽缸与轴承座之间的直销是固定的，如果下汽缸不吊出，直销就无法取出，洼窝中心的左右偏差也无法调整。然而，大功率机组汽缸洼窝中心的左右偏差往往是很大的。如某型机组中压缸前轴封洼窝中心炉侧比电侧大 2.75mm。而有的机组轴封、汽封间隙炉侧比电侧大 0.5mm 左右。要解决这个问题，只有将汽轮机轴承台板重新安装（以后详述）。但是，改进后的机组，直销由左、右和中间三块拼成，可较方便地取出调整汽缸洼窝中心。对于汽缸洼窝中心的上下偏差，一般可通过或减少猫爪的工作垫片来加以调整。

洼窝中心上下偏差调整时，应先用猫爪安装垫片将下汽缸洼窝中心线调整到与转子中心一样高。然后，扣好大盖，紧好汽缸法兰螺栓，使法兰接合面无间隙，测量出上汽缸猫爪工作垫片的厚度，配制工作垫片。由于汽缸变形、静垂弧等影响，所测得的工作垫片厚度往往在同一角猫爪上不相等，这就给加工工作垫片带来困难。所以，工作垫片只能按测得的厚度进行粗加工，最后用手工研刮，使接触面积大于 75% 方算合格。

第七节　汽缸变形及静垂弧的测量与分析

汽缸是一个受诸力作用的复杂构件。在外加应力作用下，缸体内晶体将发生弹性的拉长或压缩，此时若将应力除去，则缸体内的晶体将由于其原子间的结合力而恢复原始状态。当外加应力超过缸体材料的弹性极限时，卸去应力后，晶体不能完全恢复到原始状态，而有残留变形存在。同理，汽缸在启动、停机、增减负荷、蒸汽参数突变时，导致汽缸本身各部分的温度不相等，引起温度变化，使膨胀、收缩受到约束，即产生热应力。当热应力超过汽缸材料弹性极限时，汽缸便有残留变形存在。这些残留变形的叠加，就会形成汽缸变形。

汽缸接合面存在间隙，不仅是汽缸变形的问题，而且由于汽缸在中分面处分成上下两半部分的结构，削弱了上下汽缸的刚性。在汽缸自重、保温、进汽管、抽汽管等重力作用下，汽缸发生弹性变形，产生静垂弧，导致汽缸接合面间隙增加。如某型汽轮机中压汽缸静垂弧达 1mm 左右，使最大接合面间隙达 3.95 mm。对于这类刚性较差的汽缸，不可盲目用研刮接合面平面的办法来消除接合面间隙或漏汽，应该对汽缸进行变形及静垂弧的测量和分析，然后采取措施，消除漏汽。

一、用百分表测量汽缸静垂弧及汽缸变形

（1）吊去上汽缸及下汽缸前后轴封壳和中间 1~2 级隔板，以便检修人员在汽缸内进行测量工作。

（2）吊进假轴承、假轴，将假轴中心线调整到与转子中心线相一致。架好测量用百分表，读数并做好记录。

（3）吊去上缸内前后轴封壳及与下缸相对应的隔板。

（4）翻转内上缸，扣内缸大盖。测量人员进入汽缸，读出百分表读数，同时测量前后轴封及中间部分隔板或静叶环注窝中心，做好记录。

（5）冷紧 1/3 汽缸螺栓。若汽缸接合面存在间隙，应增加冷紧螺栓数量，并反复上紧螺栓，直至接合面间隙小于 0.05mm。

（6）上紧外缸法兰螺栓，直至接合面无间隙，读出百分表读数，并在同一测量位置测量前后轴封及中间部分隔板注窝中心，做好记录。

（7）对原始数据和最后数据进行比较，两者的差值即为汽缸静垂弧或汽缸变形对注窝中心的影响值。

二、用间隙传感器测量汽缸静垂弧及汽缸变形

为了改善测量工作的劳动条件，提高测量精度和工效，可在假轴上装间隙传感器，如图 3-15 所示。用电线引至汽缸外的仪表上，即可测出各种情况下的变形量。测量步骤与工艺如下：

（1）将下缸清理干净，吊进下缸静叶环、平衡鼓环等各部件，吊进

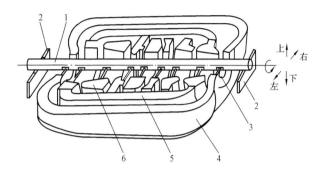

图 3 - 15　用间隙传感器测量汽缸变形量示意

1—假轴；2—假轴支座；3—传感器；4—外汽缸；5—内汽缸；6—静叶环

假轴支座及假轴。将假轴中心调整到与汽轮机转子中心相同。

（2）选择好测量位置，将间隙传感器端部与被测物体之间的间隙调整到1.5mm（传感器测量范围为0～3mm），盘动假轴，并使传感器停留在左、右、下部三个位置，读出各测点读数，做好记录。

（3）吊进上半部静叶环、平衡鼓环等上部备件。盘动假轴，并停留在上、下、左、右四个位置，读出各测点读数，做好记录。紧中分面螺栓后，用同样方法读数并记录。

（4）吊进内上缸，测出未紧中分面螺栓的数值；然后紧一半螺栓，并使中分面无间隙，用上述方法测出各数值。

（5）扣外缸，测出紧中分面螺栓前各数值；然后紧1/3螺栓，使中分面无间隙，测出各数值。

（6）用逆顺序吊出汽缸各件，并测量各顺序中的数值。

（7）整理汇总各测量数值并列于表内。

（8）将变形量绘制成曲线，计算出各点静垂弧及变形量，供调整轴封、汽封时修正。

由于汽缸变形及静垂弧直接影响汽轮机动静间隙的测量和调整，所以检修时必须掌握每个汽缸的变形及静垂弧对轴封、汽封注窝中心和动静间隙的影响值，以便检修调整时进行修缸，使动静间隙与实际相符。如某型汽轮机中压缸静垂弧对前端轴封间隙影响为：上部缩小0.60mm，下部增大0.60mm；左侧缩小0.07mm，右侧增大0.07mm。对隔板注窝中心影响为：上下变化 0.08mm；左右侧变化 0.06mm。又如 TC2F - 33.5 型汽轮机低压缸静垂弧，使第 1~2 级静叶环辐向间隙下部增大 0.98mm，上部减小 0.98mm，上缸吊去后，使下缸动静部分发生碰擦，无法盘动汽轮机转子。

第八节　内下缸吊装

超高压汽轮机经过一定时间的运行，应对处在高温条件下工作的各部件进行预防性检查。但是，内汽缸下部由于设置在外汽缸内，这样内下缸的外壁和外下缸的内壁在大修中就无法检查，因此必须将内下缸吊出，才能对汽缸进行全面检查。如日本三菱公司生产的 TC2F - 33.5 型汽轮机，规定每隔四年进行一次 C 级大修，即吊出高中、低压内下缸进行检查和探伤。国产某些机组，由于检修人员可以进入内、外缸夹层进行清理和检查，所以在大修中，内下缸是否需要吊出，没有明确的规定。但是，当机组进行恢复性大修时，内下缸就必须吊出。对于 D4Y454 型机组，由于高压内缸为热套环结构，揭内缸大盖时，必须吊出内缸。然而，汽轮机内下缸的吊出和装复，没有上缸那样容易，因此必须采取切实措施，才能保证吊装安全。一般来说，应注意下列几点：

（1）吊内下缸前，必须将下缸的连接部分拆除，应将下汽缸上的进汽管拆开，并用倒链将进汽管缓慢放下，使其与内下缸脱离。某些机组虽不必拆进汽管，但必须将高中压内缸疏水管用角向砂轮机将其与外下缸相连的焊口磨掉。

（2）测量内下缸水平及与外缸的相对尺寸，如机组内下缸与外下缸法兰平面的相对标高等，做好记录。

（3）吊出内下缸。对内下缸的外壁和外下缸的内壁进行清理检查和着色探伤，必要时对汽缸壁进行打磨。

（4）修理内下缸导键和进汽接管、抽汽接管的毛刺等。如某机组高压进汽接管的密封环，由于高温氧化层严重，密封环卡住不动，使装配时不能自动对中，所以必须修到灵活不卡。一般先在密封环上喷松锈剂软化氧化层，然后用紫铜棒前后左右反复锤击，直到灵活为止。另外，内下缸的抽汽接管设有弹性密封环，必须用同样方法先将密封环做到活络不卡，然后用钢丝绳捆绑弹性密封环，再用链条葫芦将弹性密封环收紧，直到其外径与接管平齐,用紫铜棒振击导向套筒,使其落到比接管端部低20~50mm。这样,当吊进内下缸时,导向套筒先进入外缸上的抽汽接管,当内下缸继续放下时,由于抽汽接管口径缩小而阻碍了导向套筒继续向接管延伸。此时,内下缸上的接管,便克服弹性密封环与导向套筒的摩擦阻力而进入外下缸抽汽接管,直到内下缸就位结束。

(5)将内下缸找正水平吊进就位。对汽轮机高、中压内缸来说,只要纵、横销键与槽对准,便可顺利就位。但对某些机组来说,高中、低压内下缸就位是件复杂的技术工作。如某电厂机组 C 级大修,高中压内下缸吊装三天才就好位。其原因是内下缸上有四根高压进汽接管和三根抽、排汽接管,以及一根疏水管,这八根管子几乎在同一高度,同时插进外下缸上对应的接管,进口的误差非常小,稍有偏差便造成搁住。同时,当导向套筒搁住内下缸上的接管继续往下降时,使弹性密封环脱离导向套筒而弹出,此时弹性密封环的直径大于外下缸上接管口径小的部分,这样内下缸便发生搁住。当发生此情况时,应及时吊出检查,将导向套筒用上述方法罩住弹性密封环后,再次试吊。另外,当内下缸放下时,只能下降,不能反复升降,否则会发生弹性密封环弹出搁牢。当放到离外下缸平面150mm 左右时,行车吊钩应迅速下降,以便借助汽缸重力加速度,克服摩擦等阻力而徐徐下降就位。

(6)内下缸就位后应复测内缸水平、内外缸平面的标高等技术数据,并与吊出前的记录进行比较,误差应小于 0.10mm。机组内下缸的高低,可用四角的顶起螺栓进行调整。

第九节 汽缸扣大盖

汽轮机汽缸内一切检修工作完成后,可进行最后组装及扣大盖工作。由于汽缸变形和静垂弧影响,汽缸内部各动静间隙在拧紧螺栓前后有较大变化,这些因素虽在调整间隙时做了修正,但为了更安全可靠,一般在最后组装工作开始前,应对大盖进行试扣。冷紧汽缸螺栓,使接合面无间隙,用行车盘动转子,用听音棒监听汽缸内部有无碰擦等异声,确认无异常后,方可正式扣大盖。所以,扣大盖分试扣和正式扣两步进行,方法如下。

一、试扣大盖

（一）吊进转子试扣大盖

吊进转子试扣大盖是常用的方法。该方法与正式扣大盖的唯一区别是接合面之间不加涂料。所以试扣大盖前，应先将汽封内隔板、隔板套、轴封壳、转子、轴承等全部吊到汽缸外，同时取出抽汽口、轴封泄汽管、排汽口等孔洞内的堵板、布头等物，并用压缩空气吹净。然后，从内外缸夹层到整个汽缸作一次全面检查，确认无杂物遗留在汽缸和孔洞内后，再开始吊装隔板套、隔板、轴封壳、静叶环、平衡鼓环、轴承、猫爪等零部件。在吊装这些零部件时，应对各零部件逐一仔细检查并用压缩空气吹净，滑动配合部分涂擦二硫化钼油剂或粉剂（低压部分可用黑铅粉）。各零部件吊装完毕，可将汽轮机转子校准水平后，吊入汽缸。对于动静间隙小于标准的部分，应在转子上贴橡胶布（层数视各部分最小间隙定），并在转子相应位置上涂红丹粉，用行车吊钩盘动转子。当汽缸变形严重（对动静间隙影响大时，此步不可做）时，应检查下汽缸内各部件是否碰擦或是否达到最小间隙。若不符合要求，应吊出转子查找碰擦处，直到下缸检查合格后，可扣内缸大盖，并冷紧汽缸法兰螺栓，直到接合面无间隙。盘动转子，用听音棒听汽缸内是否有异声，若有异声，应吊出内上缸，查找原因，直到排除异声，再扣外缸大盖。同时冷紧汽缸法兰螺栓，当冷紧无法消除汽缸法兰接合面间隙时，应在接合面间隙处选择几只汽缸法兰螺栓进行热紧。热紧转角应比正式扣大盖时的热紧转角要小，以消除间隙为原则。直到全部接合面无间隙时，盘动转子，听汽缸内是否有异声，若发现异声，应将内、外缸吊出查找原因并将其消除。直到内外缸扣大盖后均无异声，试扣大盖工作方算结束。

（二）用假轴试扣大盖

当汽缸上的检修工作完成时，由于汽轮机转子断叶片等特殊情况，转子检修工作尚未结束。没有条件用转子试扣大盖时，为了争取时间，缩短检修工期，汽缸试扣大盖工作可用假轴代替转子进行。其工艺方法与转子试扣大盖相仿，另外检修人员可进入汽缸用假轴盘检查轴封、汽封间隙，做好详细记录。待全部检查完毕，吊去内外缸上缸，对不合格的轴封、汽封进行修正。但用假轴试扣大盖，应用假轴承将轴承中心调整到与转子中心一样，即把转子测得的油挡洼窝中心换算到假轴上，同时考虑真、假轴挠度值的修正。这样，用假轴试扣大盖就与用转子相差不多。若有碰擦异常，可预先进行修正，待转子工作结束后，只要再试扣大盖一次，略加修正，即可正式扣大盖。实践证明，这样做能缩短总工期 2 ~ 3 天。如某台汽轮机大修时，因中压转子叶轮裂纹，送制造厂修复，不能如期组装，若按常规用转子试扣大盖，需延长大修工期 3 天。改用假轴试扣大盖后，因许多碰擦等问题已在用假轴试扣大盖时处理好，转子到厂后，只用 16h 左右就扣好大盖（包括最后用转子试扣大盖），结果按期完成了大修工作。

二、正式扣大盖

汽轮机试扣大盖完成后，正式扣大盖就比较容易。只要将大盖吊起 200 ~ 300mm，并在汽缸四角做好防止汽缸意外落下的安全措施，然后将转子上的胶布等全部取掉，并在上下汽缸接合面涂一层合适的涂料即可。

汽缸涂料使用是否正确，工艺是否讲究，将直接影响汽缸接合面的严密性，所以汽缸涂料必须选料正确。涂料内不允许有任何杂物，使用前后必须封盖好，使用时用两手指相对捻动，验证确无杂物才可使用。涂料涂刷必须均匀，涂层厚度为 0.15mm 左右，并在整个接合面上全部涂到，否则将会引起汽缸接合面漏汽。机组高中压内外缸接合面涂料可采用经煎熬后的亚麻仁油加 50% 红丹粉和 50% 细黑铅粉混合成糊状的涂料。当接合面间隙大于 1mm 时，可改用经煎熬后的亚麻仁油加 25% 红丹粉、25% 还原铁粉（细度为每英寸 200 目）和 50% 细黑铅粉混合物作涂料。低压内缸用酚醛绝缘清漆或煎熬后的亚麻仁油和细黑铅粉按 1:1 体积调成的涂料。亚麻仁油的煎熬必须用洗净的金属容器温火慢熬，一般可用 500W 或 1000W 电炉煎熬 4h 左右，并以油内无水分为准则，略带黏性。熬时严防沸溢出容器而着火，同时还应防止杂物落入。

汽缸涂料的制作非常烦琐，熬制的火候不容易掌握，烟雾大，气味难闻，而且容易着火，危险性大。现在有企业生产成品的汽缸涂料，针对汽缸接合面的间隙大小，使用不同型号的涂料，可以达到较好的密封效果，使用越来越方便简单。

涂料上好后，放下内缸，并按汽缸螺栓检修工艺，紧好内缸法兰螺栓。机组还应待螺栓冷却后，测量螺栓的伸长量，并对紧力不合格的螺栓进行复紧，直到全部符合设计值，才可扣外缸大盖。

汽轮机高中压外缸扣大盖前，必须按下缸吊装措施，将蒸汽接管的密封环修理活络，并将中压调速汽门进汽接管的导向套筒向下移，把弹性密封环罩住。一切处理结束后，将大盖校正水平吊到下汽缸上方，徐徐放下。当大盖法兰平面降到离下缸法兰平面尚有 500mm 左右时，应有专人进入下汽缸中压排汽口处，监视蒸汽接管和中压调速汽门接管是否对准内缸上的接口，并进行校正后，再继续将大盖往下放。每放低 20mm 左右，应全面检查一遍，确认无异常，再继续往下放，直到上下两汽缸法兰距离尚有 200～300mm 时，涂刷汽缸涂料，然后继续扣大盖。当汽缸一旦搁牢放不下时，应进行校正，但不可将大盖往上升，更不允许大盖反复升降，以防弹性密封环弹出搁牢被压坏。如某台机组大修后扣外缸大盖时，因反复升降而将弹性密封环压坏，影响扣大盖工作。所以，扣大盖必须小心慎重，一旦搁牢，只能将大盖吊出查找原因，排除异常后再扣大盖。大盖扣好后，按汽缸螺栓检修工艺，上紧汽缸法兰螺栓，并完成进汽管等的装复工作，到此汽缸检修工作完成。

第十节　汽缸镗孔

如前所述，由于汽缸制造加工时的残余应力或汽缸裂纹补焊等因素，引起汽缸变形，导致汽缸法兰接合面漏汽，因此不得不对汽缸接合面进行研刮。变形和研刮的结果，使汽缸轴封等处的内孔由圆形变成椭圆形，槽道轴向平面与轴中心线不垂直及上下叉位，导致轴封、汽封间隙的测量调整困难，威胁机组安全运行。为了解决这个问题，必须对汽缸内孔的轴向平面和辐向用假轴在现场进行镗削。

汽缸镗孔的步骤及要求如下：

（1）镗孔前汽缸猫爪的负荷分配和洼窝中心已测量调整完毕。

（2）吊进假轴及假轴承，并将假轴中心调整到同汽轮机转子中心一样。此项可用两端轴承油挡洼窝中心作调整依据，即先吊进汽轮机转子，测量两端轴承油挡洼窝中心，算出左、右及底部三点的偏差值。吊出汽轮机转子后，吊进假轴，用同样方法测量两端轴承的油挡洼窝中心，并将左、右及底部三点的偏差值调整到与汽轮机转子一样。

（3）扣好汽缸大盖，紧好汽缸法兰螺栓，使汽缸接合面间隙小于 0.05mm，测量汽缸各内孔的变形量，做好记录。

第一篇　汽轮机本体检修

（4）校正假轴上车刀架与轴线的平行度和垂直度，使误差控制在0.05mm以内。

（5）驱动假轴转动力可用盘车装置或动力头或减速齿轮和皮带盘等，假轴的转速应为 15～20r/min。

（6）不管用何种动力驱动假轴，现场均应设置随时可停车的紧急按钮，并由在汽缸内负责车削的人控制。

（7）镗孔时每次进刀量约 0.10mm，以免切削过量，造成表面粗糙。

（8）镗孔时各转动轴的轴承处，应有足够的润滑油。

（9）镗孔前应将汽缸内各抽汽口、排汽口、轴封泄汽口等封闭，以防铁屑落入。

（10）镗孔标准为各内孔镗后，椭圆度小于 0.10mm，轴向平面叉位或与轴线不垂直度应小于 0.05mm，并测量出各内孔的轴向、辐向尺寸，做好记录。

第十一节　汽缸裂纹检查及处理

一、裂纹的检查方法

目前对汽缸非加工面的检查，多采用砂轮打磨后，以 10%～15% 硝酸水溶液酸浸，再以 4～10 倍的放大镜进行观察的方法。此外，也有采用着色的方法来检查的。对裂纹深度的测定多用钻孔法。这种方法简单易行，又不要任何仪器，但工作条件艰苦，工作量大而繁重。某些单位试图应用超声波从缸体内侧检查外侧的裂纹，但由于汽缸形状复杂，而且裂纹常常位于超声波不易探测的转角部位，检查工作受到很大的限制，所以目前很难代替打磨的检查方法。

对个别典型的或较严重的裂纹，为查找产生裂纹的原因，可用 y 射线或超声波检查，此外还应做金相显微观察及测量裂纹附近金属硬度等工作。

对汽缸裂纹检查的经验证明，裂纹的分布是比较集中的，主要集中在如下一些部位：

（1）各种变截面处，如汽缸壁厚薄变化处，调节汽门座、抽汽口与汽缸连接处，隔板套槽道洼窝等处；

（2）汽缸法兰结合面，多集中在调节级前的喷嘴室区段及螺孔周围；

（3）制造厂原补焊区。

这些部位应是汽缸裂纹检查的重点部位。

二、裂纹产生、扩展的原因分析及处理

裂纹产生的原因有：①铸造应力；②铸造缺陷；③补焊工艺不当；④运行中，在启动、停机、负荷变化及参数波动时，汽缸各部分出现较大的温差，引起较大的热应力，由于长期频繁启停，热疲劳有可能引起裂纹。高、中压汽缸，通常用耐热合金钢一次浇铸成型。在铸件成型过程中，金属由液态向固态转变时发生体积收缩，往往引起缩孔，同时其周围还存在许多分散的小孔洞，通常称为疏松。在缩孔的附近，除了疏松外，还聚集着许多的杂质，并集中在最后凝固的地区，这种现象称为"区域偏析"。

此外，在设计中不可避免地存在汽缸壁厚度不等的情况。加上设有抽汽口、进汽口、排汽口等比较复杂的形状，这不仅会在形状突变的部位存在应力集中，而且使汽缸在铸造成型过程中，由于表层与里层、厚壁区与薄壁区铸件冷却速度的不同，形成各部分晶粒粒度不等及产生较大的内应力。当机组安装投运后，由于启动、停机、负荷增减和蒸汽参数的突变等工况，均会在汽缸内产生温差热应力。这些因素与设计、铸造中残余应力过大和对铸造缺陷处理不当等因素叠加，容易导致汽缸产生变形和裂纹。从许多汽缸裂纹的挖补情况来看，裂纹均发生在铸件的缩孔、疏松、偏析等缺陷严重的地区，且至今无一例裂纹会发生在无缺陷处。

当汽缸产生裂纹后，在裂纹的端部将引起很大的应力集中，这可用应力线概念来描述应力。对于一个内部没有宏观裂纹的均匀试样，在拉伸时，应力分布是均匀的，即试样中每一点的应力都等于外力除以试样截面积。假如规定每一点的应力值等于穿过该点单位面积应力线条数，某一点的应力线密集，则该点的应力就大。对于无裂纹试样，由于每一点应力都相同，故每一点的应力线密度都一样，即应力线分布是均匀的。如果试样中有宏观裂纹，在受同样的外力作用下，这时试样中各点的应力就不均匀了。这是因为裂纹内表面是空腔，不受应力作用，没有应力就没有应力线，即含裂纹试样中的应力线不能穿过裂纹而进入裂纹内表面，但应力线又不能在试样内部中断，它只能绕过裂纹尖端，上下连续。这样，裂纹上

的应力线就全部挤在裂纹尖端，裂纹尖端应力线密度增大，即裂纹尖端地区的应力比平均应力要大。

综上所述，在裂纹尖端附近，其应力远比外加平均应力大，即存在应力集中。这样，当外加应力还未达到材料屈服应力时，含裂纹试样裂纹尖端区，由于应力集中就可能使尖端附近某一范围内的应力达到材料的断裂强度，从而使裂纹尖端材料分离，裂纹迅速扩展，使试样断裂。这就是说，含裂纹试样的实际断裂应力明显低于无裂纹试样，甚至低于材料的屈服强度。因为整个裂纹上的应力线都挤在裂纹尖端，故裂纹越长，就有更多的应力线挤在裂纹尖端。即裂纹尖端应力线更密集，应力集中也就更大，试样就可以在更低的外应力下断裂，即断裂应力更低。另外，由于裂纹尖端的曲率半径趋近于零，引起了更大的应力集中。所以构件中出现裂纹是很危险的，对于高应力状态下的重要构件尤其是这样。

由此可见，汽缸出现裂纹后，应高度重视，采取措施，防止裂纹的扩展和汽缸的毁坏。首先应用 $\phi2 \sim \phi5$ 钻头在裂纹两端和中间部位钻孔，探明裂纹深度。钻时应小心慎重，每钻深 2mm 左右，应查看裂纹是否到底，直到确认无裂纹为止。裂纹情况查清楚后，可以确定处理方案。一般有下列方案可供选用。

（一）铲除法

当汽缸裂纹深度小于 5～10mm 时，经强度核算许可时，可先用手提砂轮将裂纹磨掉，或用凿子、锉刀将裂纹铲除，然后用细砂纸打磨光滑，进行着色探伤，若仍发现有裂纹，应继续用上述方法铲除残留裂纹，直到完全没有裂纹方可结束。同时，对于因铲除裂纹在汽缸上形成的凹槽应有 $R \geqslant 3mm$ 的圆角，以防应力集中产生新的裂纹。

（二）钻孔限制法

当汽缸裂纹深度小于汽缸壁厚 1/3，且强度许可时，但因裂纹位于难以打磨或凿、锉等部位，可用 $\phi5$ 左右钻头在裂纹两端钻孔，钻孔深度应为裂纹深度，钻孔钻头尖角应适当磨圆，这样可缓冲裂纹向两端发展。但未钻孔处的裂纹深度方向无法控制，所以这种方法在万不得已的情况下才可采用。

（三）补焊法

当裂纹深度达到强度不许可的程度时，只能采用补焊的方法。由于大容量高温高压汽轮机汽缸材料多数采用耐热合金钢，如高、中压内缸，材料为 ZG15Cr1Mo1V，这对汽缸裂纹补焊带来了一定困难，同时随着汽缸材料的不同，补焊工艺也有所不同。

1. 热补焊

热焊是采用热 317 铬铝钒珠光体耐热钢电焊条来补焊 ZG20CrMoV 钢的汽缸。焊前采用工频感应加热方法进行预热，焊后作锤击和用气焊枪跟踪回火来解决上述角变形和线变形的问题。

工频感应加热方法升温缓慢均匀，而且热的传导、温度分布都是对称的。如果工件形状较规则，感应线圈分布合理，则从内外表面输入的热量大体一致。这对于防止汽缸由于温度分布不均和不对称而引起的残余变形和内应力是有极大好处的。研究证明，采用工频感应加热方法进行汽缸的整体加热，允许汽缸内外表面与中分面温差 T 的极限值。

汽缸补焊前必须进行如下准备工作：

（1）焊工做焊样及焊前练习。汽缸补焊工作应有熟练的高压焊工担任，并需按下述规定做焊样及焊前练习。焊样的材料必须与补焊汽缸材料相同，焊接工艺应与准备使用的补焊工艺相同。做好的焊样应做如下检查：

1）外观检查，焊道表面不允许有气孔、夹渣和咬边等缺陷，焊缝及热影响区不允许有任何程度的裂纹，焊缝尺寸要符合补焊工艺的要求；

2）机械性能试验，包括拉伸、冲击和硬度测定；

3）金相检验，无论是焊缝金属还是热影响区均不得有马氏体或贝氏体淬火组织，以及严重影响金属性能的其他异常组织；

4）采用超声波探伤仪或其他方法检查焊缝；

5）采用小孔释放法测定焊缝应力。

焊工所做焊样经检查合格后，在补焊前仍应进行模拟练习。练习使用板材料尺寸与焊样板相同，练习工艺与补焊工艺相同，练习焊样应经外观检查合格。锤击工及跟踪回火工练习可按补焊工艺进行。练习可用焊工练习板或专用试板。

（2）开槽。根据检查出的裂纹情况和所确定的补焊区尺寸进行开槽。

（3）测量汽缸的变形。测量部位、汽缸轴向和径向的线变形测点均不得少于两点。水平结合面的角变形测点，纵向每侧不应少于三点，横向前、中、后各部位均不应少于两点。

汽缸变形的测量方法，水平结合面的角变形可用大平尺测量，轴向和径向的变形可用内径千分尺或样棒与塞尺测量；在缠绕感应线圈之前和补焊完毕汽缸冷至室温以后，均应测量汽缸变形，测点的位置必须固定，测点的表面应力求光滑，最好装设专用测点，以减少测量误差，必须由同一个人负责变形的测量工作，在记录中应注明测量变形时的室温。

（4）装设测温点。测温点的布置，补焊区附近测温点不得少于四个，距离开槽边缘为 30 ~ 50mm。在加热中心横断面上，汽缸内外壁至少各装设三个测温点，其中法兰结合面上必须装设一点，以监视汽缸加热过程中的最高温度。测温点孔直径为 4 ~ 6mm，孔深 10mm。

（5）缠绕感应线圈。缠绕线圈前应清除加热区内的易燃物和障碍物，感应加热范围一般不少于 500 ~ 600mm，应尽量使开槽处于感应线圈的中心，在汽缸内外壁适当的范围内，铺设 20 ~ 30mm 厚的硅藻土砖或用玻璃布与石棉布混合缠绕，在补焊时应在法兰加热装置及其附近加厚绝热层，以免由于局部过热而烧坏导线绝缘。为了便于控制升温速度和焊后冷却速度，感应线圈至少应有 3 ~ 4 个抽头，以便调节电流大小。

（6）升温试验。补焊前必须做升温试验。这主要是为了检查感应线圈回路的工作情况、绝缘情况、升温速度、导线的发热情况等。对装有法兰加热装置的汽缸，应特别注意监视法兰加热装置处的温度；升温速度一般为 1.5℃/min 左右；在升温试验及正式加热过程中，应注意监视汽缸温差变化情况。

根据补焊材料等实际情况选择焊条，制定相应的焊接工艺，表面退火层应采用碱性碳钢焊条焊接。焊条使用前应充分干燥，每条焊道最好一根焊条焊完，以减少焊接接头。即使剩下的焊条较长，但不足以焊完一道时，也不应继续使用；每焊完一焊道后，必须清除熔渣。用肉眼或低倍放大镜检查焊道表面有无缺陷，特别是检查起弧、弧坑处有无缺陷。如有气孔、夹渣和焊瘤时，可用尖铲铲除。若发现裂纹，应根据具体情况研究处理，焊接、锤击和跟踪回火三个工序应尽量衔接紧凑，以缩短间隔时间。全部焊接工作完毕后，将加热温度维持 4h 作脱氢处理。然后切断电源，在不拆除保温的情况下进行自然冷却。拆除感应线圈及绝热层后，用砂轮将碳钢退火层彻底打磨干净，并将焊缝表面及其周围 100mm 范围内打磨光滑，以便进行检查。

2. 冷焊

冷焊方法是采用奥氏体钢焊条来补焊 ZG20CrMoV 及 ZG15Cr1Mo1V 钢制成的汽缸或其他工件的方法。因熔焊金属是奥氏体钢，基体金属是珠光体钢，两者是属于不同金相组织的钢种，因此通常又称为异种钢焊接。其补焊方法如下。

（1）补焊前的准备工作。

在补焊前需进行的焊工做焊样及焊前练习、裂纹检查、开槽、测量汽缸变形等准备工作均与热焊方法基本相同，但不需做跟踪锤击、跟踪回火及工频感应加热等准备工作。

（2）补焊工艺。

1）根据补焊材料选用焊条。

2）敷焊层的焊接。敷焊层是指在整个待补焊区（包括槽底和两壁）预先焊上的一层不会淬火的奥氏体钢金属，它作为珠光体的基体金属与奥氏体的熔焊金属的过渡层。

（3）正式焊接要点。

1）正式焊接应在室温下进行，允许使用 4mm 直径的焊条施焊。在整个焊接过程，基体金属温度不许高于 70℃（不烫手），温度过高可采用间断焊接。

2）为了尽量减少汽缸的变形及应力，应采用多层多道的焊接方法，但后一道焊波应覆盖前一道焊波宽度的 1/3。

3）焊接的次序对汽缸的变形和应力影响很大。

3. 两种补焊方法的特点

经实践证明，热焊或冷焊方法都能获得较满意的结果，但各有各的特点。

热焊方法采用与汽缸材料相同的焊条，可用工频感应加热、跟踪锤击、跟踪回火的方法来解决焊接 ZG20CrMoV 钢的要求与汽缸变形限制的矛盾。只要工艺正确，是较为可靠的。但热焊工艺复杂，焊工必须经过焊前的专门训练，掌握工艺要点才能保证补焊质量。

冷焊方法最大的优点是工艺简单，工作量小，在室温下施焊工作条件较好。它是利用奥氏体钢的显著优点来解决 ZG20CrMoV 等耐热钢材在焊接中的矛盾。

实践证明，采用热焊或冷焊方法来补焊 ZG20CrMoV 钢的汽缸都能获得较满意的结果。进行汽缸的补焊工作，可以根据现场的具体条件、补焊部位及工作温度来选择焊接方法。

（四）加固法

当汽缸裂纹发生在无法补焊或焊接困难的地方时，可采用钢板加固，以限制裂纹的扩展，如某型汽轮机低压内缸材料为 HJ－28－48－CrMo 铸铁，可焊性很差，曾多次用生铁焊条补焊，但每次补焊均发生裂纹。后来，采用在裂纹两端钻小孔，然后在裂纹处用厚度为 20～30mm 的钢板进行加固。钢板与汽缸用铰配螺栓紧固，螺栓分布在离裂纹 50～100mm 范围内，螺栓的材料和规格视裂纹的部位和该区受应力的情况而定。钢板与汽缸壁必须做到紧贴，若遇汽缸表面不平，应进行修整；若表面形状不规则，应将加固钢板烤红后，用锤击敲至相匹配。

采取加固措施后，经多次大修检查，汽缸裂纹未见扩展。后因发现该缸裂纹太多，不得不将该汽缸换新。

（五）汽缸更换

大功率汽轮机多数采用多只汽缸、多层汽缸，只要其中有一个汽缸发生问题，就会影响整台汽轮机的安全运行。因此，当机组某一只汽缸由于制造厂在设计制造时，材料选择不当，投运后发现较多裂纹等问题，为了确保机组长期安全运行，可更换某一只汽缸。如某型机组低压内缸材料为铸铁，投运后发现有较多裂纹（共 28 条），而且裂纹部位多数发生在加强筋等形状复杂的地方，既无法补焊，又无法加固，所以只得将内缸换成铸钢件。更换汽缸的工艺如下：

（1）在外缸前后左右侧焊接四个基准点，测出外缸与旧内缸的轴向、径向位置及搁脚的高低等尺寸，做好记录。

（2）新汽缸必将型砂清理干净，必要时内、外壁可用喷砂清理，修去各键槽等处的毛刺，并检查汽缸应无裂纹等缺陷。

（3）测量新、旧汽缸轴封槽、隔板槽的轴向和辐向尺寸，用旧上汽缸扣在新下汽缸上，对轴封、隔板槽做进一步核对，并进行比较，确认尺寸无误，方可拆旧汽缸。若发现尺寸有误，应采取措施或送制造厂修正。

（4）测量旧汽缸的水平，吊进假轴，并用假轴承将假轴中心线调整到与转子中心线一致，测量轴封洼窝、汽封洼窝、滑销间隙等尺寸。割开内缸抽汽管等连接部件，吊出内下缸。

（5）吊进新汽缸，用外缸上的测量点初步放准位置，吊进假轴，并用假轴承将假轴中心线调整到与转子中心线一致，测量汽缸水平及轴封、汽封洼窝，做好记录。

（6）调整汽缸水平及轴封、汽封洼窝中心。由于外缸变形和基础的不均匀沉陷，汽缸水平、轴封、汽封洼窝中心往往受横销和纵销的限制而无法调整。因此，可将横销和纵销分别放在外下缸上，待汽缸水平、轴封、汽封洼窝中心调整结束后，在横销、纵销两端外下缸点焊连接，然后吊出假轴和内下缸，将纵销和横销焊接在外下缸上。销子处理结束后，应吊进转子，用上述方法对汽缸水平、轴封、汽封等洼窝中心进行复测，误差应小于 0.10mm。

（7）内上汽缸的纵销可用上述方法同样处理。最后，将内下缸抽汽管对口焊接。

第十二节　进汽管法兰平面的研磨

高参数汽轮机进汽导管处在高温、高应力条件下工作，由于残余变形的存在，使进汽管法兰平面凹凸不平。为了保证法兰严密不漏汽，必须对法兰平面进行研磨，研磨方法如下：

（1）用砂轮碎片将法兰平面上的氧化层磨掉，注意磨时不可磨出深槽和内外贯穿的凹槽。同时做好管口的封闭保护措施，严防研磨砂等杂物落入管内。

（2）在法兰平面上加粒度为 60 目的金刚砂和适量透平油，用铸铁平板与法兰平面作往复相对研磨。研磨时往复运动速度不能太快，以防砂粒咬在平面上拉出深槽，一般以每分钟往复 10～20 次为宜。也可用慢速的机械研磨。

（3）当法兰平面基本上磨平时，应改用粒度为 200 目的细金刚砂，按上述方法精磨，直到法兰平面全周接触，并无内外贯穿凹槽为止。

（4）研磨结束，必须用煤油或清洗剂将金刚砂和油污清洗干净，最后法兰平面涂油保护，并用塑料布做好封闭卫生工作。

第十三节 滑销系统检修

滑销系统是保证汽轮机在启动受热膨胀、停机冷却收缩及运行中蒸汽参数变化等工况下，汽缸中心线与转子中心线保持一致的重要部件。同时在考虑动、静部件膨胀时，一个非常重要的问题就是相对膨胀对轴向间隙的影响。本节重点介绍滑销系统的结构、检修工艺和轴承座台板翻修等内容。

一、滑销系统的结构特点

（一）国产汽轮机的滑销系统

国产汽轮机滑销系统结构如图 3 - 16 所示。各滑销的作用如下：

（1）内缸与外缸之间的滑销。图 3 - 16 中黑点 1、2 表示高、中压内缸对外缸的膨胀死点。它由上下缸的纵销和直销组成，内缸的膨胀方向均以此死点各自顺汽流方向膨胀，而中心线保持不变。

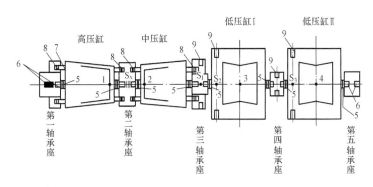

图 3 - 16　国产汽轮机滑销系统

1 ~ 4—内缸死点；5—立销；6—纵销；7—猫爪；8—猫爪横销；9—横销；
S_x—转子死点；S_1—高中压缸死点；S_2、S_3—低压缸 I、II 死点

两低压内缸以图中黑点 3、4 为死点，它由纵销和横销组成，内缸可顺汽流方向向前后端膨胀，其中心保持不变。

（2）汽缸与台板之间的滑销。图 3 - 16 中四个外缸和五个轴承座之间共用 8 个直销来保持它们的中心线相一致。每个轴承座与台板之间在前后各有一个纵销，使外缸膨胀推动轴承座时，所有轴承座的中心线可以保

持不变，即通过直销和纵销能使汽缸中心线与转子中心线保持一致，不受膨胀的影响。

高、中压缸的重量通过四对猫爪搭在轴承座上，并且由四对猫爪的横销来保持第一～三轴承座的轴向距离，同时保证汽缸能向左右两侧自由膨胀。

在第三轴承座与台板之间除了纵销外，还在中间左右侧各设一个横销，构成高中压缸及第一、二轴承座的膨胀死点，即第三轴承座在轴向位置是固定不动的，中压缸向前膨胀，推动高压缸及第一、二轴承座向前移动。另外，高压缸膨胀又继续推动第一轴承座向前移动，所以第一轴承座的位移表示了高、中压缸膨胀量的总和。一般称这种膨胀为绝对膨胀量，如某型机组在带满负荷时，制造厂设计计算第一轴承座的绝对膨胀值为28mm。

在两只低压外缸前端左右侧各设置一对横销，分别构成两只低压缸的死点，外缸就以此死点分别向后端膨胀。

两只低压缸之所以分别另设死点，是因为低压缸的轴向尺寸很长，如果用一个死点，那么在低压缸Ⅰ处绝对膨胀的叠加值太大，排汽缸同凝汽器连接比较困难，故采用分别死点的方法。同时，第三、四、五轴承座（第一、二轴承座在内）均是落地布置，它们不与低压缸直接连接，只是通过直销确定其中心位置。直销与汽缸的轴向间隙均大于3mm，所以两只低压缸的膨胀不会相互受到影响，可以各设一个死点。

由上述可知，第四、五轴承座落地固定在台板上，是不滑动的，其纵销的作用仅起轴承座本身受热膨胀的导滑作用。

为了防止在胀缩过程中轴承座翘头，在第一、二轴承座前、后、左、右四只角设有角销（压销）。

（二）引进型汽轮机的滑销系统

引进型汽轮机滑销系统的结构如图3-17所示，其作用如下：

该机组滑销系统以低压缸的中心为基准作为汽缸的死点，即低压缸的位置取决于台板水平面上前、后、左、右布置的四个滑销。在汽缸前、后两端的轴向中心线上各设一个纵销，这两个纵销保持汽缸的轴向中心线，使汽缸从轴向中心线向左、右两侧自由膨胀。同时，汽缸能沿轴向前、后膨胀，但其轴向中心线保持不变。另外，在低压缸的中间部分，左、右

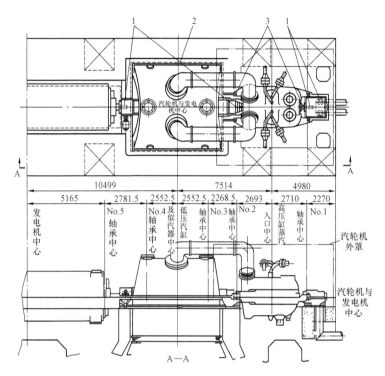

图 3 - 17 引进型汽轮机滑销系统
1—纵销；2—横销；3—键

各设一个横销，并与轴线垂直，这样便保证了汽缸的横向中心线，使低压缸能以横向中心线向前、后膨胀。因此，以低压缸中心为基准的汽缸在基础台板的水平面上，能自由向各个方向膨胀。

高中压缸在前轴承座与台板之间有两个纵销，以保证汽缸的轴向中心线，而高中压缸受低压缸 H 形横梁影响，使其向前膨胀。为了防止膨胀时前轴承座翘头，在前、后、左、右设有四个角销。

高、中压内缸的死点，设在高、中压进汽中心线的横向断面上，所以高压静叶环与中压第一静叶环的膨胀方向是向前的，并与汽流方向相一致。对于中压第二静叶环因为直接装外缸上，所以其膨胀方向也是向前的，但与汽流方向相反。

低压内缸的死点与外缸死点相一致，所以低压内缸以中心点为死点，向两端膨胀。

（三）D4Y454 型汽轮机的滑销系统

1. 内缸与外缸之间的滑销

D4Y454 型汽轮机高压内缸如图 3-6 和图 3-18 所示，它通过中分面处前、后、左、右四个搭子搁在外下缸的凹坑内。内缸洼窝中心的高低可通过调整搁脚垫片的厚度进行，进汽中心线上的两个搭子在轴向两侧设有调整垫块，用来调整内缸的轴向位置。实际上，这两个搭子起横销作用，使高压内缸以进汽中心线为死点向前后膨胀。另外，在进汽侧顶部和底部设侧向单面导键，上下导键反向布置起纵销作用，在排气口下部设一个纵销，这样三个纵销保证了内外缸中心的一致。

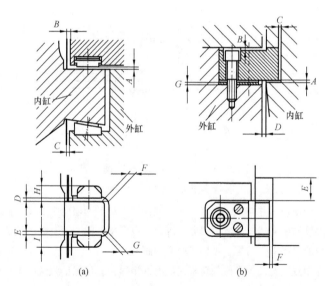

图 3-18　D4Y454 型汽轮机高压内缸支承
（a）进汽端支撑；（b）排汽端支撑

中压内缸滑销与高压内缸相类似，如图 3-9 所示。起横销作用的搁脚设在车头侧，内缸以此点向前后膨胀。在进汽中心线及两排汽端下部各设一个纵销（共 4 个），保证了内外缸中心的一致。

由于中压内缸工作温度高，上下缸中介面用法兰螺栓连接，在启停过程和负荷变动工况下，汽缸胀缩比法兰胀缩快，使启动速度和增减负荷速度受到限制。为了克服这一缺点，在内缸法兰的高温区域左右侧各开两条伸缩缝，改善了温差应力。

低压内缸的滑销在上下缸中分面左右侧进汽中心线处各设一个横销，在该处底部，内外缸之间设一个固定点，内缸就以此中心为死点，向前后左右胀缩。

2. 汽缸与台板之间的滑销

第一～五轴承座底部均设纵销，高、中、低Ⅰ、低Ⅱ四个汽缸与轴承座之间均设有直销，使汽缸在胀缩时中心线保持不变，从而保证了汽缸与转子中心的一致。考虑到汽轮机胀缩时，对第一、第三轴承座的推力和反推力很大，在这两轴承座底部设有横销。第一～五轴承座除第二轴承座可以轴向滑动外，其余均用地脚螺栓固定在台板上，使它们不能滑动。为了保证第二轴承座滑动时不翘起，在轴承座前后左右设有角销（压销）。

高、中压上缸猫爪支承在轴承座上，猫爪和轴承座上均镶有耐磨且摩擦系数小的硬质合金。轴承座与下缸猫爪间设有压板，以防汽缸在正常状态下跳动。高、中压缸与轴承座的连接不是靠猫爪横销，而是由下缸搁脚和轴承座组成了推拉装置。由此可见，高、中压缸是以第三轴承座为死点，借助推拉装置传递膨胀时的力，将第二轴承座和高压缸向前滑动。由上述可知，第一轴承座是固定的，高压缸前猫爪只能在第一轴承座上滑动，其滑动量代表高、中压缸膨胀量的和，一般称高、中压缸的绝对膨胀。据制造厂提供，中压缸绝对膨胀量为12mm，高、中压缸的绝对膨胀总量为27mm。

低压外缸Ⅰ、Ⅱ的滑销，在第四轴承座两端，外缸搁脚与基础预埋铁板通过弹性板焊死，构成两低压外缸死点。两低压外缸可分别以本身的死点向前后膨胀。

二、滑销系统的检修

为了保证滑销系统的正常工作，使汽缸能自由膨胀，大修中应对滑销系统的纵、横、立键销解体清理检查，做准键销间隙。对于轴承座与台板之间的纵、横、直销，原则上不予解体，对于因位置限制而解体检查困难的键销，大修中一般不予解体检查。滑销系统大修中应做下列工作：

1. 第一、二轴承座与台板之间的清理检查

拆去轴承座的角销和垃圾挡板，将专用横梁搁在高、中压下缸猫爪

上。利用猫爪处的汽缸螺栓将横梁与汽缸紧固在一起，在横梁左右延伸端各架一只30t千斤顶。将汽缸抬高约1mm，抽出猫爪上的安装垫片，吊出猫爪支承垫块（通水冷却的猫爪垫块）。用行车将第一或第二轴承座吊到与汽缸猫爪相碰，在轴承座与台板之间四角放进防止意外的保险垫块。清理检查轴承座与台板平面，应光滑无毛刺、无锈蚀，滑块上无老化的润滑脂，油槽畅通，轴承座与滑块接触面积大于75%，滑块与台板接触面积大于80%，轴承座纵销应光滑无毛刺，两侧间隙为0.04~0.06mm。清理检查合格后，在两接触面及纵销处涂擦二硫化钼粉，轴承座放下就位，并及时检查角销与轴承座的间隙，其标准为0.08~0.12mm，装好垃圾挡板。

2. 高、中压猫爪横销的检查

将横销端部螺孔清理干净，旋入专用长螺栓，用专用横担及两个30t千斤顶将横销顶出，清理检查销子及槽，应光滑无毛刺，销子与槽的总侧隙应为0.08~0.12mm，猫爪压销间隙为0.10~0.20mm，螺栓不松动。猫爪支承垫块螺栓不松动，冷却水室及管道畅通，无阻塞现象。各零件修整合格后，组装时应涂擦二硫化钼粉，同时横销孔应不错位。若有错位，应用10t链条葫芦拉下缸使位置对准，再装横销。

3. 各轴承座的检查

当大修中轴承座吊出时，清理检查纵、横、立销，应光滑无毛刺，其总侧隙均为0.04~0.06mm，立销顶隙为3~5mm，横销和纵销顶隙大于或等于1mm，装复时均应涂擦二硫化钼粉。

因为汽缸是通过猫爪支承在轴承座上，吊出轴承座必然要先将汽缸抬起或吊起，且牵扯到汽缸下部管道的割除和焊接，过程比较复杂，一般标准大修，这项检查工作不是必须进行的。

4. 其他键销的检查

所有销子牢固可靠，焊接销子焊缝应不裂开，垫片牢固不松动。各膨胀指示表"0"位正确。高、中、低压内缸纵销与外缸的总侧隙为0.04~0.06mm；高、中压内缸左右两侧立销及前立销与外缸总侧隙为0.04~0.06mm；高压内缸与蒸汽室的定位键间隙为0.04~0.06mm；低压缸前端横销及后端纵销间隙为0.02~0.03mm。销子与台板过盈为0.01~0.02mm。以上各键销，表面应光滑无毛刺、无裂纹、无锈蚀，装复时擦二硫化钼粉。

低压缸滑动清理检查，应光滑无毛刺，平面间隙为 0.08～0.10mm。

滑销系统，其间隙标准按制造厂规定进行调整。

三、改善膨胀的措施

1. 高温润滑脂

由于高、中压缸达几十吨，使第二轴承座与台板产生很大（约 10t）的摩擦力，在启停和改变工况运行时，因膨胀不畅使机组安全受到威胁。为了解决这一矛盾，将第一、二轴承座台板由整块大平板似的台板改为带滑块结构的形式。滑块嵌在台板上，各滑块上均开有油槽，可注入高温润滑脂，运行中每月加油一次，使台板始终保持良好的润滑条件。高温润滑脂为上海树脂厂生产的 290－H 高温润滑脂，并加二硫化钼粉和 "250" 或 "255" 硅油稀液，搅拌均匀即可使用。其配方比例为 2（润滑脂）：1.0（二硫化钼粉）：0.2（硅油）。用高压油枪注入滑块内，并在每次加润滑脂时，应将老的润滑脂挤出，直至见到新润滑脂，才可停止加油。

2. 自润滑滑块

前（中）轴承箱运行中滑块润滑不良，因各种原因导致的滑块润滑脂干枯，环境中灰尘、杂质进入滑动面，实际加润滑脂时，老的润滑脂挤不出，滑动面无润滑脂保护、生锈，所有这些因素作用导致前轴承箱滑动面摩擦系数成倍增加。采用自润滑滑块是解决这一问题的措施之一，自润滑材料制作的滑块，可以免去定期注润滑脂这些烦琐容易疏忽的工作，使滑块长期保持良好的润滑状态，从而避免滑动面进杂质生锈等问题。

镶嵌型固定自润滑滑块，由金属基材和按一定面积比例嵌入摩擦面的固体润滑剂组成，在摩擦过程中，由金属基材支承负荷。嵌入的固体润滑剂在对偶件的摩擦作用下，在摩擦面上形成一层固体润滑膜，使摩擦副金属间不直接接触，达到润滑的效果。由于金属基材的强度高，热传导性好，从而克服了其他自润滑滑块的脆性、导热性差等缺点。由于镶入固体润滑材料后具有自润滑性好、承载能力强和使用温度范围广等特点，所以它特别适合用于低速、高负荷和往复摆动等难以形成油膜润滑的条件，以及那些不能（或无法）使用油脂润滑的高温、辐照、海水和药物等介质的场合。

镶嵌型自润滑滑块的制造有多种工艺方法，以石墨为润滑剂的滑块制造大体上有以下两种方法：

（1）固体镶入法。固体润滑剂直接压入或配以黏结剂填入孔中。热处理产生不可逆膨胀或靠黏结剂固化后使其牢固地与基材相结合。

（2）铸造法。将已形成的石墨块按要求的排列方式预先固定在特制的铸模芯上，铸入熔化的基体合金时，使之与其形成一体。

以上两种方法，共同特点是嵌入的石墨块在摩擦方向上都保持了一定的交叠，以保证固体润滑剂在摩擦过程中，形成覆盖整个摩擦表面的转移膜，达到润滑的效果。镶入石墨的面积一般以摩擦表面的 20%～30% 为宜，过小达不到有效润滑的目的，过大则机械强度低。

四、轴承座台板的翻修

汽轮机轴承座台板的翻修是一项工作量很大的工程，只有在严重影响机组安全运行的情况下，或机组经过长期运行需要进行恢复性大修时才考虑该项目。

机组存在下列严重问题：①汽轮机在启、停及增、减负荷时汽缸胀缩不畅，使胀差超限，影响机组启、停及增、减负荷；②轴承座台板第二次浇灌混凝土质量不佳，影响机组振动；③基础不均匀沉陷，如某厂机组投运 8 个月内，基础不均匀沉陷达 22mm，由此产生单方向倾斜率达 1.14%。在历次检修中为了使轴系中心符合标准，仅调整各轴承的调整垫块，且在 8 个月内最大调整量已达 3.2mm。由此使油挡洼窝、汽缸洼窝等发生很大变化，使油挡加工、调整困难。由于汽缸左右的洼窝中心受轴承座立销的牵制，无法进行调整，因此只能调整轴封壳及隔板洼窝中心来保证汽缸静体中心线与转子中心线相一致。由此又采取将轴封壳车薄，隔板外圆车小等措施。另外，基础不均匀沉陷使高、中、低压汽缸水平受到破坏，并呈倾斜状态。

上述这些问题，构成了机组轴承座台板翻修的因素。因此某厂两台该型机组在运行 10 年左右，对第一至五轴承座及台板分别进行了换新和翻修。

1. 第一、二轴承座台板改进

第一、二轴承座承受高、中压缸和转子的绝大部分重量，而这两轴承座在启、停和增、减负荷时，受汽缸胀缩而向前推移或向后拉移。由于轴承座荷重大，尤其在第二轴承座上，加上结构不合理，两接触面的摩擦系数大，产生的摩擦力达10t左右。这就使汽缸的胀缩受到很大的阻力，导致汽缸变形。第三轴承座向前倾斜（停机时）或向后倾斜（启动时），改变了第四、五轴承的负荷，使这两轴承多次发生磨损或烧毁，轴系中心受到影响，使轴系振动增加等。为了解决这些问题，制造厂改进设计了带滑块的台板。因为每块滑块较小，便于提高加工精度和采用硬质材料，减小摩擦系数；同时，在每块滑块上设有油槽，便于在轴承座与台板之间加高温润滑脂，使干摩擦变为润滑脂摩擦，大大降低摩擦系数，从而减小汽缸胀缩时的摩擦阻力，改善汽缸膨胀。因此，第一、二轴承座台板的改进和换新，以改善汽缸胀缩为主要目的，同时解决因基础不均匀沉陷引起的汽缸洼窝、汽缸水平等问题。台板换新工艺措施如下：

（1）测量工作。汽缸揭大盖后，除了进行标准项目测量工作外，还应测量第一至第四轴承的油挡洼窝中心，复测轴系中心，测量高、中压转子轴颈扬度，测量第一、二轴承座及高中压缸水平。

（2）拆除中压下缸的主蒸汽管、抽汽管、疏水管等管道。拆管道前应预先在第二、三横梁之间，左右侧各焊接一根20号以上的工字钢，以便将全部拆下的管道吊在该工字钢上。各抽汽管因与汽缸焊牢，拆时应尽可能用冷切割方法分离。当采用氧－乙炔焰切割时，应预先划好线，割缝应平直不歪斜，其宽度应小于5mm，拆开的管口应及时做好封闭保护工作。主蒸汽管拆断后，应装导杆缓慢放下并固定牢固。各管道应做好记号和记录，防止组装时遗漏或弄错。

（3）支起高压下缸和吊出中压下缸。用由两根30号以上工字钢组合而成的专用横梁放在高压下缸前后猫爪上，用顶缸螺栓把专用横梁与汽缸紧固在一起。在横梁两端伸长部分与地面间各放一只30t千斤顶，将下缸顶高2~3mm。吊出猫爪支承垫块等。吊出中压下缸，拆除第一、二轴承座上的油管等连接零件。吊出第一、二轴承座。

（4）测量原来台板相对尺寸，作为新台板的基准。首先将第一、二轴承座原来台板清理干净，选择台板四只角的地脚螺栓，将螺栓端部锉平，然后用平直尺测量台板的相对标高、横向和轴向相对尺寸，做好记录。

（5）吊出老台板。凿去原来台板周围第二次浇灌的混凝土，吊出原来台板。

（6）做好老垫铁的布置记号。对原来台板的垫铁位置用红漆画好记号，并在台板四角各增加一副小垫铁。

（7）修整垫铁部位的混凝土表面。用红丹粉检查垫铁与混凝土表面的接触情况，其接触面应大于总面积的70%，接触点分布均匀，垫铁应呈水平放置。

（8）检查研刮新台板与轴承座接触面。首先将第一、二轴承座翻转，使底平面朝上，用道木垫平、垫稳，清理掉底平面上的油垢等垃圾，使其露出金属光泽。然后，在纵销槽内安装一只假纵销，销子与槽留1mm间隙。在平面上涂一薄层红丹粉，将新台板放在轴承座平面上，用千斤顶推动台板，使其沿纵销作往复移动。吊出台板，检查台板滑块与轴承座底平面接触情况，接触点应均匀，接触面积应大于75%，不符合要求的，应进行研刮，直到合格为止。取出假纵销，在新台板上配制纵销，其侧隙应为0～0.01mm，并用螺栓固定在台板上，检查纵销与轴承座销子槽间隙应为0.04～0.06mm，并全长接触均匀。

（9）试装新台板。将新台板吊进试装，检查地脚螺孔等是否碰擦、是否有足够的调整余地。

（10）车削轴承垫铁。在第一至第八轴承的调整垫铁内加适当垫片，上机床以轴承内孔为基准将垫铁车圆，并要求台板换新后做到第一至第三轴承处油挡洼窝中心误差小于0.05mm。

（11）初步调整台板。根据修前测得的轴系中心、第一至第三轴承的油挡洼窝中心及发电机静子的抬高值，计算出新台板的标高及横向调整量，并按此计算值、轴承油挡洼窝中心和转子扬度为依据，对新台板进行调整和就位。调整时，可在基础与台板间用小螺旋千斤顶改变台板的高低，使其达到要求。水平方向的调整可参照此方法进行，并在四只角用百分表监视。采用此方法时，应注意小螺旋千斤顶与基础接触应良好，当台板高低和水平方向均符合要求后，初步调整到此结束。

（12）进一步调整台板。台板初步调整结束后，应全面检查滑块，应无毛刺等异常，在滑块上涂擦二硫化钼粉，吊进轴承座就位。吊进中压下缸就位，放下高压缸装好猫爪横销。吊进转子，对台板进行细调：

1）先找正低压Ⅰ、低压Ⅱ转子联轴器中心，并将调整垫铁的球面研刮到符合标准，其研刮方法见后述。

2）复测高、中转子各轴承的油挡洼窝中心，偏差应小于 0.05mm。

3）找正高、中和中、低压 I 转子联轴器中心，原则上用移动台板来调整，使中心符合标准。在移动台板进行调整时，应在台板四个角架百分表监视台板垂直方向的移动量和水平方向的移动量，先读出百分表原始读数，做好记录，然后松地脚螺栓，复读各百分表值，做好记录。若要调整水平的横向值时，可用台板同侧两个小螺旋千斤顶，以预埋桩头为基准，缓慢顶动台板，直到侧面百分表达到预定读数。若要调整台板高低，可将台板底部小螺旋千斤顶逐只顶高或放低。但每个每次调整量不可大于0.20mm，直到垂直方向百分表达到预定指数。然后敲紧垫铁，上紧地脚螺栓，复读各百分表值，并与要求调整量进行核对，无误后可认为细调结束。

（13）垫铁的检查和组装。复测轴系中心和轴承油挡洼窝中心，确认无误可组装垫铁，并用红丹粉逐块轮流检查垫铁间的接触情况，其接触面积应大于70%，接触点均匀，并用 0.03mm 塞尺片检查，应无间隙。不符合标准者，应进行研刮，垫铁合格后用质量约 2.7kg 的手锤敲紧。同时要求垫铁放置整齐，斜口垫铁错口不超过 30mm。全部垫铁安装检查结束后，应复查台板与轴承座接触情况，用 0.03mm 塞尺片检查，应塞不进，最后将垫铁用电焊点牢。

（14）复找轴系中心。复紧地脚螺栓，用膨胀水泥进行第二次浇灌混凝土，养护48h后，复测轴系中心及研刮轴瓦和调整球面垫铁，直至全部符合标准。

2. 第三轴承座检查

在吊出中压下缸后，拆去第三轴承座地脚螺栓和油管，便可吊出轴承座。此后应对轴承座与台板的接触情况用红丹粉进行检查，接触面应大于75%，接触点均匀，并用 0.03mm 塞尺检查，应塞不进，不符标准时应进行研刮。同时检查该轴承座的纵销和横销间隙应为 0.04～0.06mm，不符合标准的应堆焊或换新销子；各地脚螺栓及轴承座与汽缸间的直销底板等不应松动；对中压缸方向的第二次浇灌的混凝土，质量不佳处，应进行补浇混凝土。

综上所述，该轴承座检修的主要目的是改善振动。

一切工作结束后，在台板和纵、横销上涂擦二硫化钼粉，吊进轴承座就位，复测轴承油挡洼窝中心，应无显著变化。

3. 第四轴承座换新

该轴承座原设计为铸铁，为了改变轴承座的自振频率，避开机组在2150r/min 时与基础横梁的共振区，制造厂对该轴承座的壁和筋均进行加厚以增强刚性。同时将分成三段的上盖增设法兰边，并用螺栓紧固成一体，以增加悬臂部分的刚性。轴承座材料由铸铁改为铸钢。由于新轴承座刚性等较好，因此对老的轴承座进行了换新。

因新轴承座未考虑基础的不均匀沉陷，因此新轴承与老轴承高度相同，这就不能适应因基础沉陷呈 V 字形轴系，即中间低、两端高的变化要求。所以，在更换新轴承前，先将轴承座底平面刨去 3～5mm，然后加一块厚度为 10～12mm（根据计算应抬高的值和刨去的值确定）大垫铁用M10 埋头螺钉与轴承座紧固在一起。螺钉的分布以垫铁与轴承座紧密贴合为原则。用大平板检查和研刮垫铁平面，符合标准后，将轴承座吊到台板上检查接触情况，其接触面积应大于 75%，接触点均匀，并用 0.03mm 塞尺检查，应塞不进。不符合标准时，应进行研刮。

第十四节　滑销系统卡涩原因及处理

滑销系统卡涩是汽轮机运行中经常出现的故障，通常表现为机组启动过程中，汽缸的膨胀曲线呈现阶梯状；运行中汽缸膨胀量不足，胀差小；或停机时汽缸收缩不回来，等等。滑销系统卡涩的危害很大，容易造成动静碰磨、轴瓦振动大、转子弯曲等恶劣事故，因此发现异常现象应及时处理。

一、滑销部件安装间隙不合格

滑销系统部件通常包括纵销、横销、角销、立销等，检修中一般要对其进行解体清理检查。重点要检查接触面是否有剪切痕迹、毛刺、锈迹等影响滑销间隙缺陷。对于毛刺、锈迹，要清理修复；而出现剪切，要检查汽缸、轴承箱的中心是否有改变，及早发现进行处理。

检修中对滑销系统各部件的间隙调整应按照相关的检修规程，或制造厂安装说明进行，严禁超标。间隙超标要查找原因，如有无测量误差、测量部位是否准确、测量部位有无毛刺高点，消除对测量结果准确性的影响。

出现滑销间隙超标的现象，在排除外在影响因素的情况下应进行调整。一般调整垫片装在两个相对静止的接触面之间，不能装在有相对滑动的接触面之间，否则会造成滑销卡涩现象。

二、轴承箱与台板或基座接触面滑动不良

现在大型机组轴承箱尺寸相对较大，轴承箱与台板接触面大，使得摩擦阻力较大，影响机组自由膨胀。为减小摩擦阻力，很多机组采取加工注油孔，定期加注高温润滑脂润滑，改善运行环境。但由于高温润滑脂在高温环境下有碳化的趋势，长期使用后，会在轴承箱与台板间形成一层硬壳，影响轴承箱自由滑动，还有可能渗进滑销，改变滑销间隙，影响机组膨胀。

对于这样的情况，采用以下几种方法：

（1）采用前述台板翻修的方法，对台板进行检修。

（2）更换自润滑台板。自润滑台板是将台板滑块改造，在其与轴承箱之间安装多个石墨柱，以石墨为润滑剂，改善轴承箱滑动条件。

提示 第一、三、九节适合初级工使用。第二、四～八、十二、十三节适合中级工使用。第六～八、十、十一、十四节适合高级工使用。

第四章

喷嘴、隔板（静叶环）检修

喷嘴、隔板或静叶环、平衡鼓环等是汽轮机通流部分的静体构件，也是组成汽轮机的重要部件。这些部件检修质量的好坏，直接影响机组的安全和经济运行，而这些部件的检修工作量约占机组整个检修工作量的1/3。所以，这部分的检修工作在机组整个大修中占据很重要的地位。本章重点介绍这些部件的测量、调整和缺陷的处理。

第一节　隔板或静叶环的结构特点

汽轮机通汽部分的喷嘴、隔板或静叶环等静体部分，根据机组蒸汽参数和型号各有不同，冲动式汽轮机因蒸汽只在喷嘴内膨胀，故设有隔板，隔板上装有喷嘴；而反动式汽轮机蒸汽不仅在静叶片内膨胀，同时在动叶片内也具有一定的膨胀功能。所以，动、静叶片的作用是相近似的，静叶片直接装在汽缸上。由于大功率汽轮机结构上的限制，所以采用内外缸和平衡鼓环结构。在庞大的低压缸部分，还采用外缸、二层内缸和静叶环的四层结构。实际上，静叶片是由叶根、叶片、复环三位一体整体加工而成的，各叶片的叶根和复环分别焊接在一起，组成静叶片组，它与由内外围带焊接而成的隔板相似。静叶片组在水平中分面切成两个半圆，并分别嵌入静叶环的上下部分面槽中，然后在直槽侧面的凹槽内打入 L 形锁紧片，以固定静叶片组。

隔板的结构根据汽轮机蒸汽参数及隔板所处的不同温度和压力差，采用不同的材料和结构，一般有下列三种型式。

一、铸钢隔板

因为隔板承受的压差较大，在额定工况下为 1.3MPa 左右，所以隔板特别厚，并由合金钢铸造而成，以保证有足够的强度和刚度。另外，在喷嘴通道部分，为了保证强度，除了将静叶片做成狭窄形外，在喷嘴进汽的一边设有许多加强筋。这种结构型式，虽然增加了强度和刚度，但是加强筋增加了进汽口的阻力和动叶片的附加扰动力。为了减少阻力和附加扰动力,将加强筋进口处倒成圆角,并打磨光滑,取得了较好效果。为了减少漏汽损失,在隔板进汽侧装有两道前一级叶片顶端汽封片。

二、焊接喷嘴隔板

焊接喷嘴隔板适用于隔板前后压差不很大的高、中压缸,额定工况下,隔板前后压差为 0.43MPa。焊接喷嘴隔板先是由铣制的静叶片(喷嘴)焊接在内围带和外围带之间,组成整个喷嘴弧段。然后,再焊在隔板体和外缘之间。这种结构可以使隔板的弯曲应力完全通过静叶片传递到隔板外缘上,不须设加强筋,因此静叶片应有足够的强度和刚度。在隔板上装有两道本级动叶片顶端的汽封片,也可装在内缸隔板槽内或装在隔板套内。

三、铸入喷嘴隔板

铸入喷嘴隔板,是将成形的静叶片在浇铸隔板时同时铸入。为了获得较好的浇铸性能及机械性能,一般采用 QT－45 球墨铸铁或合金铸铁 HT28～48CrMo;低温部分则采用灰口铸铁 HT28－48;静叶片一般用 1Cr13 不锈钢制成。铸入喷嘴隔板只能用于温度和压差较低的中、低压缸。末级隔板采用铸入式,其静叶片为爆炸成形的空心叶片,它具有加工简便、材质结实、重量轻、节约材料等优点。

汽轮机除了各压力级采用隔板结构外,还采用隔板套的结构型式,从而简化了高、中压内缸结构,有利于节约材料和便于加工制造。

考虑到高参数机组隔板膨胀量较大,可能导致隔板中心的偏移,故隔板和隔板套在汽缸内的支承采用中心线支承方式。即隔板在汽缸上或隔板套上的支承平面通过机组的中心线,这样就能使隔板膨胀后,其注窝中心始终和汽缸一致。同时,为了不使上半隔板在蒸汽力作用下上浮而产生上下接合面处漏汽,在上隔板装有压销予以限制,如图 4－1 所示。某些反动式汽轮机,为了减少轴向推力,采用转鼓型结构。因此,通汽部分的静体采用静叶环结构型式,静叶环按抽汽口的位置分成几段,每段为一个独立体,装于内缸的凸缘上。静叶片装在静叶环的叶根槽内。静叶环的支承方式,原

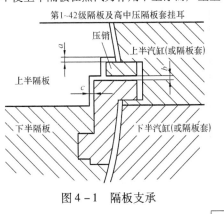

图 4－1 隔板支承

则上同机组的隔板支承方式一样。下静叶环支承在内下缸上，支承面与汽缸水平中分面保持同一水平，上静叶环与下静叶环用法兰螺栓固定。

汽轮机通流部分的另一组成部分是轴封和汽封。轴封装于每个汽缸的两端。高压端轴封是阻止汽缸内高压蒸汽向外泄漏；低压端轴封是阻止外界大气漏进具有真空的汽缸内。汽轮机一般采用迷宫式轴封，如图4－2所示。它由转子的凹凸型齿槽和具有高低齿的轴封块组成迷宫轴封。当高压蒸汽由汽缸内侧向外泄漏时，经过迷宫轴封产生涡流及扩容，使压力不断降低，达到密封的目的。汽封结构与轴封结构相似，它装于隔板内圆处，其作用是防止隔板前较高压力的蒸汽漏到隔板后较低压力处影响机组的经济性，它的结构如图4－3所示。另外，在动静叶片的叶根和叶顶部分，均装有径向和轴向汽封片，如图4－4所示。

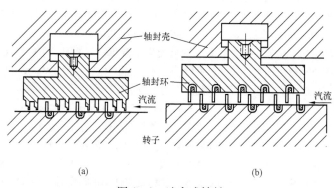

(a)　　　　　　　　　　　　(b)

图4－2　迷宫式轴封

（a）梳齿形汽封块结构；（b）丁形汽封块结构

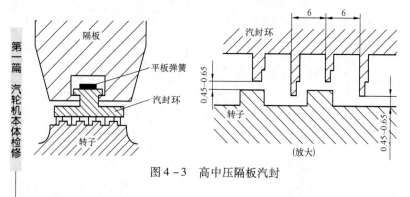

图4－3　高中压隔板汽封

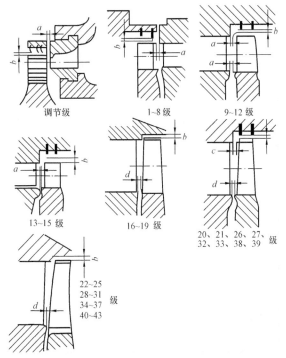

调节级   1~8 级   9~12 级

13~15 级   16~19 级

20、21、26、27、
32、33、38、39 级

22~25
28~31
34~37
40~43 级

图 4-4 各级通流部分汽封及间隙

    D4Y454 型汽轮机低压缸前后轴封体壳采用与轴承座固定在一起的结构。轴封体与低压外缸的密封，靠三只活塞密封环。这种结构可避免机组在启停或运行中，因温差等因素引起轴封体随汽缸的变化而使轴封间隙偏移，导致轴封齿与转子碰擦而使间隙磨大，漏汽量增加。由于轴封体与轴承在同一轴承座上，即两者中心线始终保持一致，因此不受汽缸变化的影响。另外，因轴封体与汽缸外的轴承座相连，检修时可用上、下、左、右的调整螺栓来调整轴封间隙。因此，这种结构的轴封检修时，只要将轴封齿内圆调整到直径为轴颈加轴封总间隙的整圆，即可用调整螺栓将上、下、左、右间隙调整到符合标准，既方便又保证质量。

第二节　隔板或静叶环、轴封壳等的解体

    汽缸揭去大盖、吊出转子后，应立即对下汽缸内各级隔板槽或静叶环槽、轴封壳槽等接触部分加煤油或松锈剂，并用紫铜棒敲击，使煤油或松

锈剂逐步渗透到全部接触面，以软化和疏松氧化层，待 4h 左右，可开始将隔板和静叶环及轴封壳逐一吊出。由于高温部件氧化严重和低压部分锈蚀严重，这些部件往往胀死或卡涩，使拆卸发生困难。此时，可用紫铜棒敲击隔板或静叶环及轴封壳两侧，使其逐步松动后即可吊出。若此方法无效，可用两根 20 号以上的槽钢或工字钢并成一根刚性好的横梁，两端搁在汽缸左右两侧，并用橡胶或纸板垫好，以防损坏汽缸平面。利用隔板等吊环螺孔，用螺栓穿过横梁上的孔，拧入吊环螺孔，然后在螺栓另一端加螺母，左右两侧同时上紧螺母，如图 4-5（a）所示。同时两侧用紫铜棒反复敲击，这样边敲边拉，一般能将隔板等吊出。但上紧螺母时，螺栓上除了受拉应力外，还受较大的扭转力矩，因此螺栓很易拉断。若改用图 4-5（b）所示的方法，即在汽缸左右两侧各用一只 30t 千斤顶，将横梁向上顶，并用紫铜棒敲击隔板等两侧，其效果更好。

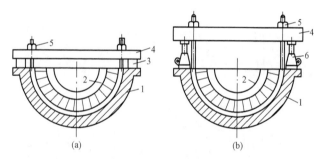

图 4-5　隔板的拆卸

（a）采用横梁拆卸隔板示意；（b）采用横梁加千斤顶拆卸隔板示意

1—汽缸；2—隔板；3—垫块；4—横梁；5—螺栓；6—千斤

第三节　喷嘴、隔板或静叶环的清理检查

汽轮机通汽部分的喷嘴、隔板或静叶环、轴封、汽封经过长期运行后，均结有不溶于水的盐垢，其中 SiO 占 80% 以上，其次是 Fe_2O_3、Al_2O_3、$NaCl$、MgO 等。这些不溶于水的盐垢占结垢的 98.5% ~ 99%，结在喷嘴（静叶片）表面上，会使通道堵塞或者增加汽流阻力，导致机组出力和效率下降。所以，大修中对喷嘴、隔板等的清理是很重要的。但是喷嘴的清理只能用手工清理，并不可碰坏喷嘴和严防杂物落入喷嘴室内。

万一有异物落进喷嘴室，应设法取出或拆出喷嘴板进行清理。但由于喷嘴处于高温段运行，一般结垢较少，只要用细砂纸清理即可。对于轴封、汽封槽及轴封块、汽封块，应用喷砂或砂纸将上面的锈垢清理干净。清理工作结束后，用肉眼对喷嘴、隔板或静叶环进行全面仔细的检查，做好专门记录。

一、汽室喷嘴的检查

汽室喷嘴是蒸汽进入汽轮机膨胀做功的第一道关口，它承受的压力和温度最高。从蒸汽滤网通过的小颗粒，首先打在喷嘴壁上，加上喷嘴出汽边很薄，往往在强度薄弱处打出凹坑或微裂纹。这些凹坑或微裂纹成为喷嘴疲劳断裂的发源处，最后会使喷嘴出口边出现断裂，且多数形成近似半圆形缺口。所以，对汽室喷嘴应重点检查出汽边是否有打伤、打凹及微裂纹，当发现可疑裂纹时，应用着色法进行探伤。发现打裂及微裂纹，应将裂纹彻底清除掉。当裂纹较深，无法去掉时，应用 $\phi 2$ 钻头在裂纹尾端钻一小孔，以缓解裂纹的扩展。同时，应对喷嘴出口通道用手触摸是否有杂物、表面是否光滑等。实践证明，用这种方法检查发现了不少因蒸汽滤网破损而落进喷嘴室的异物（卡在喷嘴喉部），因发现和处理及时，消除了事故隐患。

二、隔板或静叶环的检查和修理

隔板或静叶环经过清理后，应进行宏观检查和测试。

检查的重点为：

（1）隔板体或静叶环进出汽侧有无与转子叶轮碰擦的痕迹，有无裂纹；铸钢隔板加强筋有无裂纹；焊接喷嘴隔板焊缝有无裂纹；铸入式隔板静叶在铸入处有无裂纹和脱落现象。

（2）静叶片有无伤痕、裂纹、松动、卷边、缺口等，尤其是隔板水平中分面处，被切成两部分的静叶有无松动、裂纹等。

（3）隔板或静叶环上的阻汽片是否完整，是否有松动、翘出或卷边等现象。

（4）隔板挂耳、压销、横销是否有松动现象。

（5）隔板或静叶环水平中分面是否有漏汽痕迹。

（6）隔板有无腐蚀。低压末级隔板静叶片的透气孔应畅通无阻塞现象；中压第一级隔板固定螺栓应无松动现象，保险良好。

检查时，凡发现异常或可疑裂纹，应用着色探伤等作进一步鉴定。若确属裂纹，可将裂纹用角向砂轮机或小扁凿清除，然后进行补焊。焊后将高出平面的焊缝磨平，并用着色探伤复查，直至没有裂纹。当发现较多裂纹或较长裂纹时，应送制造厂进行返修或更换。对于静叶片被打凹、打伤等部位，可视情况将凹凸部分修复或将进出汽边微裂锉成圆弧等，也可不作处理。对于静叶环上的阻汽片应无松动及毛刺等缺陷。

三、隔板及静叶环的测量

隔板和静叶除了上述检查和修理外，还应进行下列测量工作：

（1）隔板挠度测量。将隔板平放在地上，进汽侧朝下，用直尺搁在隔板水平中分面处，在固定地点测量直尺平面与隔板的距离。一般在左右两侧各选择对称点，用深度游标卡尺进行测量，并与原始数值进行比较，其挠度的增值应小于 0.5mm。当挠度累计增值大于 1mm 时，应查找原因，并对隔板做加压试验。

（2）隔板加压试验。当隔板弯曲度（挠度）明显增大或隔板存在较大缺陷时，为了确保安全，需要鉴定隔板的强度和刚度是否符合设计要求，这时应将隔板送制造厂进行加压试验。即对隔板人为地施加相当于运行时最大蒸汽压力差所产生的作用力，用百分表测量出隔板的变形，并应用应变仪测量其应力。

由于电厂检修现场条件的限制，加压试验一般在制造厂进行。如某台机组中压缸（第 10～15 级隔板）经制造厂加压试验，发现挠度均大于标准值，及时采取补焊和加强措施，确保了机组安全。

（3）隔板或静叶环变形使上下接合面间隙增大，产生泄漏是隔板或静叶环常见的缺陷。所以，大修时应将上下隔板或静叶环合拢，用塞尺和红丹粉检查其接触情况。当接合面间隙大于 0.10mm 时，应进行研刮，直到接触面积大于总面积的 60% 和接合面间隙小于 0.10mm 方算合格。对于上下隔板或静叶环上静叶片被切成两部分的接合面间隙，一般应小于0.10mm，否则应在静叶片上堆焊，并研刮到密合。对于这类缺陷，不可随意决策不作处理，因为这种间隙将使蒸汽产生额外的扰动力，影响叶片振动频率，威胁动叶片的安全。另外，对于隔板接合面的键销等也应详细检查，防止毛刺和键销顶部间隙不符合标准，将隔板顶起，从而使接合面产生间隙。

（4）隔板或静叶环与汽缸（或隔板套）之间的径向、轴向间隙的测量。为了保证隔板或静叶环拆装方便，运行中能自由膨胀，隔板或静叶环与汽缸（或隔板套）的配合为松动配合。因此，大修时应对隔板或静叶环与汽缸（或隔板套）之间的径向、轴向间隙进行测量。测量时，将隔板或静叶环分别吊进上下汽缸内，将百分表测量杆架在隔板或静叶环轴向平面上，用撬棒将隔板向前和向后撬足，百分表二次读数的差值即为该级隔板或静叶环的轴向间隙。隔板轴向间隙标准一般为 0.05 ~ 0.15mm，静叶环轴向间隙标准为 (0.20 ± 0.05) mm，隔板径向间隙标准一般应大于 2.5mm，静叶环径向间隙标准应大于 3mm，所以只要用塞尺测量即可。

（5）隔板或静叶环键销的检查与测量。为了保证隔板或静叶环左右的定位和运行中洼窝中心保持不变，在下隔板和静叶环上下部分分别装有定位销。下隔板定位销与隔板紧配，其过盈为 0.01 ~ 0.02mm，接触面大于 75%，用螺钉固定在隔板上，应无松动现象；定位销与汽缸或隔板套为滑动配合，其两侧总间隙为 0.03 ~ 0.06mm，顶部间隙大于 1.00mm。由于上下隔板无紧固螺钉，为了保证上下隔板接合面严密不漏汽和上隔板中心定位保持不变，在上下隔板接合面处装有密封定位键。密封定位键与下隔板的配合为过盈配合，其过盈为 0.01 ~ 0.02mm，用螺钉与隔板紧固在一起，无松动现象。密封定位键与上隔板为滑动配合，其两侧总间隙为 0 ~ 0.05mm，顶部间隙应大于 1.00mm，上下隔板合拢后，中心错位应小于 0.10mm，轴向错位应小于 0.05mm，键的棱角应倒成圆角，以保证扣汽缸大盖时，上下隔板能顺利合拢。

静叶环上下部分用螺钉紧固，所以水平中分面没有密封定位键，但上下静叶环均有定位销。定位销与汽缸的配合为过盈配合，过盈量为 0.01 ~ 0.02mm，用螺钉紧固在汽缸上，无松动现象；定位销与静叶环为滑动配合，两侧总间隙为 0.12 ~ 0.16mm，顶部间隙高压缸为 7mm，中、低压缸为 13mm。定位销棱角应倒成圆角，以便于装配。

（6）隔板及轴封壳椭圆度的测量。由于隔板及轴封壳变形和接合面的研刮，使轴封汽封处的内孔失圆，影响隔板及轴封壳与转子中心的同心度。所以，在调整隔板及轴封壳洼窝中心前，应将上下隔板及上下轴封壳合在一起，检查接合面无间隙后，用内径千分尺测量内圆上下、左右的直径，根据测量数值按下列公式算出椭圆度。

$$\Delta f = A - \frac{(B + C)}{2}$$

式中　Δf——隔板及轴封壳内孔的椭圆度，mm；

　　　A——隔板及轴封壳上下方向的相对直径，mm；

　　　B、C——隔板及轴封壳左右方向的相对直径，mm。

四、隔板套的检查

为了使隔板便于加工制造和具有足够的强度，在汽缸和隔板之间增设了隔板套。隔板套的构造比隔板简单，只要对其进行宏观检查，要求无严重变形、腐蚀、吹损等现象，螺栓无伸长、咬毛，定位销应光滑、无弯曲等现象即可。

大功率汽轮机组属于大而重的动力机械，加上配套的锅炉在内，总质量达数千吨。所以，尽管设计人员在设计时，对机组的基础沉陷采取了打桩、整体台板等措施，但仍然无法避免机组基础的不均匀沉降，且这种沉降因单位面积上的荷重不同而呈现明显的不均匀性。一般规律是汽轮机沿轴方向为凝汽器处沉降量最大，汽轮机沿横向方向为锅炉房侧的沉降量大于电气升压站一侧的沉降量。这样，就在客观上造成了汽轮机轴系中心的变化。加上汽轮机本身变形等因素，每次大修不可避免地要调整轴系中心，由此破坏了汽轮机通汽部分的洼窝中心。因此，大修中测量、调整隔板洼窝中心是必不可少的。尤其是有的汽轮机历次大修均发现隔板及轴封壳洼窝中心变化十分明显。所以，每次大修应对各级隔板及轴封壳洼窝中心进行测量和调整。

一、隔板及轴封壳洼窝中心的测量

汽轮机隔板及轴封壳洼窝中心的测量，一般用假轴进行。由于假轴没有真轴那样粗大，也没有叶轮，仅有几只可前后移动的假盘，所以测量工作既方便又准确。但是，必须将假轴中心调整到与转子同心，才能进行测量与调整，否则将失去测量的意义。

1. 假轴的制作

假轴是汽轮机检修中的辅助工具之一。它可用直径为 320 ~ 330mm、壁厚为 32mm 左右的整根无缝钢管制作，两端焊以堵板，并在堵板的一端钻 M24 × 30 的螺孔，以便热处理时将假轴吊起竖立，以免产生过大的弯曲度。同时，在堵板上钻直径为 20mm 的穿孔，使得在加热时排出受热膨胀的空气。焊接结束，进行整轴除应力处理。热处理后表面进行切削加工，并使表面粗糙度为 1.6 ~ 3.2。

用管子制造的假轴相当于受均布载荷并自由地放于支点上的横梁。

2. 假轴承的结构

用来支承假轴的轴承，称为假轴承。假轴承一般分为可调整式和非调整式两种。

可调整式假轴承如图 4 - 6 所示，它是用手轮转动蜗杆，使其带动蜗轮转动，蜗轮与偏心轴相连，由于偏心轴的转动便改变了假轴的中心。利用这个方法，假轴中心可以调整到任意位置，但必须在可调整幅度内，因此放置假轴时应将假轴中心与转子中心基本放准。

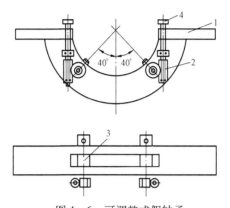

图 4-6 可调整式假轴承

1—轴承架；2—蜗母轮组；3—偏心轮；4—手轮

非调整式假轴承是用铸铁加黄铜衬套制成的，外圆与轴承的瓦衬滑动配合，内圆与假轴的轴颈滑动配合，其间隙应小于 0.03mm。

可调整式假轴承应随时注意，不使被误动或使已调整好的中心发生变化。所以，在测量和调整隔板等洼窝中心时，应先复查假轴中心是否与真轴中心一致。非调整式假轴承就可克服这个缺点，但测量调整隔板等洼窝中心时，同样应先复核假轴与真轴中心。发现两者中心不一致时，应查明原因，并消除，否则不能使用或调整隔板等洼窝中心，纠正后才可测量和计算应调整的量。

3. 假轴盘

假轴盘是用铸铁制成的，其内孔与假轴滑动配合，其外径与转子对应的轴颈相等，误差应小于 0.03mm，内外圆应同心，并与假轴保持垂直。假轴盘在假轴上应能前后移动和转动。为了减轻假轴的负载，使假轴盘对假轴的静垂弧影响尽可能地小，一般采取如图 4-7所示的结构，能大大减小假轴盘的质量。

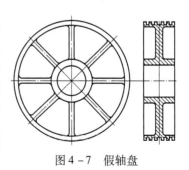

图 4-7 假轴盘

为了防止假轴盘变形，在切削加工前应进行除应力热处理。

4. 假轴中心的调整

当汽轮机轴系中心校正后，应对各转子的油挡洼窝中心按固定点进行测量，做好记录。吊去转子和轴承，吊进假轴承和假轴，用可调整式假轴承使假轴中心调整到与转子同心，并经反复测量和验收，确认无误后，方可开始测量隔板及轴封壳洼窝中心。

5. 洼窝中心的测量

当假轴中心调整合格后，可盘动假轴上的假轴盘，对准某一级隔板或轴封壳，用内径千分卡测量其洼窝中心，并做好记录。

将上汽缸内隔板吊去中间几级（具体吊去哪几级隔板，以工作人员能在汽缸内进行测量工作为好，并视实际情况决定），扣内、外上缸，上紧汽缸法兰螺栓，直至汽缸接合面无间隙，再次进行隔板及轴封壳洼窝中心的测量。由于汽缸变形和静垂弧的影响，扣汽缸大盖所测得的洼窝中心将有所变化。但是，扣大盖所测的洼窝中心比未扣大盖前更接近工作状态，所以应以扣大盖后所测量的数值为依据，并调整洼窝中心。此工作可用间隙传感器自动测量和计算，既方便又精确，工效也高。

例如，某台机组中压缸隔板及轴封壳洼窝中心值，扣大盖前后变化较大，因此调整对必须考虑这些因素，以保证检修质量。

二、隔板及轴封壳洼窝中心的调整

用假轴测得各级隔板及轴封壳洼窝中心后，首先应分析影响洼窝中心的因素，并对各种因素的影响数值进行计算和修正。一般来说，影响洼窝中心的因素有下列几种：①隔板及轴封壳的变形；②汽缸静垂弧及汽缸的变形；③假轴与转子挠度的不同；④轴承油膜厚度的影响；⑤上下汽缸温差的影响。

对于①②项的影响，前面已做介绍，不再重述。

对于③项的影响，由于假轴与转子结构的不同，质量也不一致，所以两者的静挠度也不一样。当用假轴测量隔板与轴封壳洼窝中心时，所测量的数值与转子测得数值有一个差数，即两轴挠度之差。因此，必须对测量数值按照制造厂提供的转子静挠度曲线和假轴静挠度曲线，计算出各级隔板及轴封壳洼窝中心的修正值。为简化计算，一般取两轴中点为最大静挠度处，并向轴的两端逐步减小。同时，按下列公式计算各级隔板处静挠度的差值：

$$\Delta l = l' - l''$$
$$\Delta l_1 = \Delta l L_1 / L$$

式中　Δl——假轴与转子最大挠度差值，mm；

　　　l'——转子最大静挠度，mm；

　　　l''——假轴最大静挠度，mm；

　　　L_1——两轴中点前后一级隔板到轴承中心的距离，mm；

　　　L——两轴承中心的距离，mm；

　　　Δl_1——两轴中点前后一级隔板处静挠度差，mm。

当上述影响隔板及轴封壳洼窝中心的值全部测出，并计算出修正值后，即可计算出调整量。

【例 4-1】　设某台汽轮机中压缸第 13 级隔板用假轴测量的洼窝中心，$a = 200.25$，$b = 199.8$，$c = 199.95$。隔板内孔的椭圆度 $\Delta f = A - (B + C)/2 = -0.25$，汽缸静垂弧使汽缸洼窝中心下沉量 $g = 0.15$，假轴与转子静挠度差 $\Delta l'' = l' - l'' = 0.10$。计算第 13 级隔板高低方向洼窝中心的调整量。

解：$\Delta c = c - (a + b)/2 = 199.95 - 200.05 = -0.10$（mm），隔板应放低 0.10mm。

隔板内孔椭圆度影响：$\Delta c_1 = \Delta c - f/2 = -0.10 + 0.125 = 0.025$（mm）。

汽缸静垂弧影响：$\Delta c_2 = \Delta c_1 - g = 0.025 - 0.15 = -0.125$（mm）。

假轴与转子静挠度差：$\Delta c_3 = \Delta c_2 - \Delta c = -0.125 + 0.10 = -0.025$（mm）。

轴承油膜厚度使转子抬高约为 0.15mm，$\Delta c_4 = \Delta c_3 + 0.15 = -0.025 + 0.15 = 0.125$（mm）。

上下汽缸温差（设温差为 30~40℃）影响使转子抬高 0.12mm，$\Delta c_5 = \Delta c_4 + 0.12 = 0.125 + 0.12 = 0.245$（mm）。

由以上计算可知，第 13 级隔板洼窝中心应抬高 0.245mm，可在隔板挂耳底部加上 0.245 垫片即可达到要求，反之则减垫片。但是在实际工作中，当调整量小于 0.10mm 时，可不予调整。对于隔板左右洼窝中心的计算与上述相比，可省去椭圆度、轴的静挠度差、轴承油膜厚度的影响及上下缸温差的影响等因素的计算，所以计算比较简单。但是，调整时必须拆下下隔板底部纵销，一般用一侧堆焊、另一侧锉去的办法来调整洼窝中心。当采用纵销堆焊来调整左右洼窝中心时，往往易弄错方向，造成返工，浪费工时，甚至影响检修进度。所以，在调整前必须弄清楚方向，纵销拆下前必须做好左右方向的记号，以防弄错。纵销拆下后应将原有尺寸测量好，做好记录，计算出应堆焊的厚度和应锉去的数量，认定应该锉去的部位，将计算出的数量锉去。然后，在堆焊侧进行堆焊，并立即用保温材料包好，使销子处于退火状态，以便切削加工。然而，对于 D4Y454 型机组的低压缸两端轴封的洼窝中心，如前所述，可以用横向和垂直方向的调整螺栓，较方便地进行调整到标准范围。

待各级隔板及轴封壳洼窝中心调整结束后，用假轴按前述相同的方法复测洼窝中心。凡误差超过允许值的，应进行重新调整，直至所有隔板及轴封壳洼窝中心偏差均小于或等于 0.10mm。

汽轮机隔板、静叶环、平衡鼓环、轴封壳等洼窝中心的测量与调整可用同样方法进行。但当静叶环、平衡鼓环等上下均设纵销时，上、下纵销应同时调整。

当检修现场没有假轴时，可用转子压铅来测量调整隔板、轴封壳、静叶环等洼窝中心，也可采用激光、间隙传感器方法进行洼窝中心的测量与调整。

三、隔板、静叶环、平衡鼓环、轴封壳膨胀间隙的测量与调整

汽轮机转子中心的调整，使轴封壳、隔板、静叶环等洼窝中心随之调整，破坏了这些部件安装时的膨胀间隙。若膨胀间隙小于轴封壳、隔板、静叶环等膨胀间隙标准数值，由于隔板、静叶环、轴封壳的质量远远小于汽缸质量，机组启动时，隔板、静叶环等温度必然高于汽缸温度，此刻往往使膨胀受阻。当膨胀产生的力大于某些部件的材料屈服极限时，就使其产生变形或碎裂。当膨胀间隙没有或将汽缸顶住时，往往导致汽缸接合面漏汽。膨胀间隙太大，会使隔板在运行中因蒸汽作用力而浮起，导致隔板接合面漏汽，因而就增加了对动叶片的附加扰动力。因此，轴封壳及隔板、静叶环等洼窝中心调整结束后，应测量和调整它们的膨胀值。

将上下隔板、静叶环及轴封壳等分别吊入上下汽缸。吊时应用压缩空气将汽缸和隔板、静叶环、轴封壳等吹清，用磁性百分表架装好百分表，把磁性百分表架放在汽缸平面上，百分表杆架在隔板、静叶环、轴封壳等中分面平面上读数。然后，轻轻将表杆提起，移动表架，把表杆搭在汽缸平面上读数，两者的差值便是被测隔板、轴封壳与汽缸平面的高低值。令汽缸高为正，低为负，依次对各级隔板、静叶环及轴封壳等测得上、下、左、右四个差值（或用深度千分尺测出四个数值），并求出它们的代数和，除以 2，即为隔板、静叶环、轴封壳等顶部的膨胀间隙。当此间隙小于标准时，应将上半隔板、静叶环、轴封壳等顶部（左右侧不车）车去所需的膨胀量。然后，在隔板顶部加防止隔板上浮的销钉，它与汽缸的间隙为 0.5~0.6mm。当轴封壳、静叶环等膨胀间隙过大时，可以不作处理，因为上下轴封壳、静叶环等均用螺栓紧固，没有上浮的可能。对于下半部分

的膨胀间隙可用压铅法测出。

隔板、静叶环、轴封壳等膨胀间隙调整后应进行复测，这样可避免调整中的失误。

某些机组静叶环、平衡鼓环、轴封壳的顶部和底部膨胀间隙，一般大修中不作测量，只有在洼窝中心调整后才测量。测量时将上下部分分别压铅丝，便能测出。左右侧间隙可用塞尺测量（此间隙每次大修均测量）。

四、隔板、轴封壳挂耳、压销间隙的测量与调整

隔板挂耳、压销间隙的测量，可按图 4 - 8 所示，用深度千分尺测出下汽缸与挂耳的高低差 h_1 及上汽缸与隔板和压销的高低差 h、h_2，并令汽缸高为正，反之为负。用游标卡尺测出压销厚度 δ，这样可按下式计算出挂耳及压销的间隙，即

$$a = h - h_2 - \delta$$

上式中，δ 值大于 2.00mm，大修中一般不作测量。a、b 的标准值为 0.10 ~ 0.12mm，若间隙 a、b 小于标准，可用锉刀修整压销的厚度；若间隙 a、b 大于标准，可在压销处加垫片进行调整，也可用堆焊后锉平的办法进行调整。

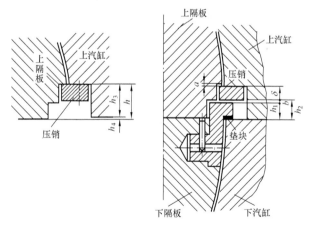

图 4 - 8　隔板挂耳、压销间隙的测量

轴封壳挂耳间隙的测量比较简单，只要将轴封壳在下汽缸内组装后，用塞尺或压铅法便可测出，其标准为 0.08 ~ 0.10mm。挂耳的径向间隙应大于 2.00mm，一般可不作测量。当间隙不符标准时，可参照隔板挂耳间隙的调整方法。

静叶环、平衡鼓环、内缸支承的挂耳与压销间隙为 0.10 ~ 0.20mm，大修时一般不测量。当机组进行恢复性大修时，静叶环、平衡鼓环、内缸等洼窝中心进行调整后，应测量各挂耳间隙。测量与调整方法可参照隔板挂耳、压销间隙的测量与调整。

第五节　动静间隙的测量与调整

转子动叶片与隔板静叶片或静叶环的静叶径向、轴向间隙（动静间隙）测量的正确性是保证汽轮机安全经济运行的关键。所以，动静间隙的测量与调整必须严格按工艺要求和质量标准进行，一般工艺要求如下。

一、汽轮机转子轴向定位

要使动静间隙测量数据正确无误，首先要使汽轮机转子的轴向位置放正确。一般汽轮机转子的轴向位置是以推力轴承为基准定位的，且以转子向发电机端靠足，第一个危急保安器飞锤或飞环向上或按特定记号作为测量时的 0°位置。对于中、低压转子轴向定位，仅要求动静部分没有碰擦，并测量转子两端联轴器端面至轴承球枕端面的距离，做好记录，待全部转子连接在一起后复测此数值，并推算出各转子的动静间隙。

如某型机组，因推力轴承轴向定位的依据是动静间隙的"K"值，所以对于高压转子的定位，应先测量"K"值是否符合设计值，即调节级中导向叶片叶根到第二列动叶复环进口边的轴向间隙定义为"K"值，且 $K = (5.6 \pm 0.7)$ mm。同时，测量高压转子联轴器端面至 2 号轴承内油挡端面的距离 L，且 $L = 263.86$mm（安装值），并测量车头小轴头端面至前轴承座外端面的距离 L_1，且 $L_1 = 104.31$mm（安装值）。倘若测得 K、L、L_1 三个数值误差偏大或互相矛盾，则说明测量有误，应进行复测，直到三个数值误差小于 0.05mm 方可开始测量动静叶间隙。低压转子的轴向定位同样以"K"值为准，即调速器侧第 1 级静叶根部与第 1 级动叶复环间的轴向间隙定义为"K"值，且 $K = (15.4 \pm 0.7)$ mm。此时应测量低压转子发电机侧联轴器至 4 号轴承内油挡端面的距离 L，并做好记录，待高、低压转子联轴器连接后（推力瓦已定位）再复测。比较两次所测的数值，对动静间隙进行换算。若不符合标准，应查明原因。测量时，高、低压转子均以联轴器上的"0"记号朝上为 0°测量位置。0°位置测完后，将转子顺转动方向转 90°，按上述方法定位后再测量一次。

有的机组，高、中压缸"K"值定在高压第 1 压力级静叶根到动叶叶顶的轴向距离为 K_1，低压缸"K"值定在调速器侧第 1 压力级静叶叶根到动叶叶顶的轴向距离为 K_2，同时分别测量高压转子联轴器端面至第二轴承挡板和低压转子联轴器端面至第 3 轴承轴向距离 S_2 和 S_3。另外，测量车头小轴头端面至前轴承座外端面的距离 S_1。测量方法同上。

再如某型汽轮机转子轴向定位，同样以"K"值作为基准。高压转子的"K"值为高压第 1 级静叶叶根至第 1 级动叶复环之间的距离，其值为 (11.2 ± 0.5) mm。低压转子"K"值为低压调速器侧第 1 级静叶叶根至第 1 级动叶复环之间的轴向距离，其值为 (29.03 ± 0.13) mm。同时，分别测量高中压转子联轴器至第 2 轴承的距离 S_2 和低压转子联轴器至第 4 轴瓦的距离 S_3。

二、动静间隙的测量

汽轮机转子轴向定位经验收合格后，可开始 0° 位置时动静间隙的测量。测量时，一般用专用推拔（斜楔形）塞尺进行。用推拔塞尺测量时，必须把推拔塞尺插入动、静叶片的轴向间隙中，把塞尺上的指针滑片向下推到与静叶片或隔板中分面接触，然后取出塞尺，读出指针所指的读数，即为该级动静叶片的轴向间隙。当使用无指针滑片推拔塞尺时，可在推拔面上涂粉笔颜色，然后把推拔塞尺插入动、静叶片轴向间隙中，稍用力将塞尺向下压，拔出塞尺按粉笔颜色痕迹即可读出轴向间隙数值。当推拔塞尺上无刻度时，可用外径千分卡测量粉笔痕迹处的厚度，即为该级动、静叶片的轴向间隙。对于小于标准的轴向间隙，可在动叶片叶顶或复环上贴橡胶布作进一步鉴定。

动、静叶片径向间隙的测量，一般用普通塞尺或塞尺片进行。对于间隙小于标准的或测量困难的，可用贴胶布进行测量。TC2F - 33.5 型机组动静叶片的左右侧径向间隙测量方法同上，对于上下方面径向间隙，可用压铅的办法进行测量。测量时，先吊进静叶环、平衡鼓环，并在每级静叶片的顶部和汽缸上，对应动叶片的顶部处，放好铅块，并用胶布粘牢靠。铅块厚度视各级径向间隙大小而定，一般应按间隙标准加厚 2mm。铅块宽约 10mm，长度按测量位置而定。吊进汽轮机转子，再在转子动叶片顶部和转鼓上对应的静叶片顶部处放好铅块，用胶布粘牢靠。吊进上缸，紧 1/3 汽缸螺栓，直到汽缸接合面无间隙。松去螺栓，吊出上缸，逐级取出铅块，用胶布粘在汽轮机纵剖面模拟图上。吊去转子，以同样方法将下缸铅块粘在纵剖面模拟图的下方。用专用百分表测量各铅块压痕处厚度，即为各级动静叶片的径向间隙。0° 位置动静间隙测量完毕后，将转子顺旋转方向转 90°，用上述方法再测量一次。比较两次测量误差，不应大于 0.5mm，否则应查明原因。

三、动静间隙的调整

汽轮机动静间隙一般在制造厂组装时已调整好，所以多数机组的动静间隙原则上不必调整。但是，对于个别小于或大于标准值较大的级，应作适当调整。轴向间隙的调整，通常采用在隔板或静叶环出汽侧，车去需调整的数量（缩小动静间隙），在进汽侧加上车去数量的垫片，用螺钉固定牢靠。当整根转子各级轴向间隙均偏小或偏大时，可改变联轴器垫片厚度来增大或缩小动静间隙。

径向间隙大于标准时，只能用更换阻汽片（汽封片）来缩小间隙。间隙偏小时，可用刮刀或锉刀修整。

四、轴窜的测量

为了鉴定汽轮机各转子动、静部分最小轴向间隙，以确定机组在运行工况下的汽缸与转子的胀差值，应对各转子的窜动量进行测量。测量时各转子应相互脱开，有推力瓦的转子应取出推力瓦块。将转子用螺旋千斤顶向前推足，读出百分表读数，然后将转子向后推足，读出百分表读数，最后把百分表的两次读数相减，即得该转子的窜动量。各转子测量完毕后，将各转子联轴器连接起来，用同样方法测出轴系的总窜动量，其值应等于或略小于单根转子的最小窜动量。无论是单根转子还是轴系的窜动量，均应符合设计要求。误差大时，应查找原因，排除故障，达到标准后，方可扣汽缸大盖。

轴窜的测量分半缸测量和全缸测量两种。半缸测量，即不扣大盖情况下测量，它只能鉴定下半汽缸内的最小轴向间隙；全缸测量，即扣缸后测量转子的窜动量。两种测量方法均如上所述。如某型机组高压转子窜动量的设计值：向调速器侧为 $3.0_{-1.0}^{+0.7}$ mm；向发电机侧为 $3.0_{-1.0}^{+0.7}$ mm；低压转子窜动量设计值：向调速器侧为 $(12.65 + 1.00)$ mm，向发电机侧为 $(6.5 + 1.0)$ mm。改进后的机组高压转子窜动量设计值：向调速器为 $3.95_{-1.0}^{+1.5}$ mm，向发电机侧为 $6.5_{-1.0}^{+1.5}$ mm；低压转子窜动量设计值：向调速器侧为 $15.8_{-1.0}^{+2.0}$ mm，向发电机侧为 $5.8_{-1.0}^{+2.0}$ mm。

提示　第一～三节适合初级工使用。第四、五节适合中级工使用。

第五章

汽 封 检 修

第一节　轴封与隔板汽封的检修

一、汽封的工作原理及结构特点

轴封装于每个汽缸的两端，高压端轴封是阻止汽缸内高压蒸汽向外泄漏；低压端轴封是阻止外界大气漏进具有真空的汽缸内。汽轮机一般均采用迷宫式轴封，它由转子上的凹凸型齿槽和具有高低齿的轴封块组成。当高压蒸汽由汽缸内侧向外泄漏时，经过迷宫轴封产生涡流及扩容，使压力不断降低，达到密封的目的。汽封结构与轴封结构相似，它装于隔板内圆处，其作用是防止隔板前较高压力的蒸汽漏到隔板后较低压力处，影响机组的经济性。另外，在动静叶片的叶根和叶顶部分，均装有径向和轴向汽封片。对于某些汽轮机，因为没有隔板，所以也没有这类汽封。但是这些机组动静叶片的叶顶和叶根部分均装有径向汽封片，以减少各级的漏汽损失。

二、汽封的拆装

轴封环、汽封环解体时，先将水平中分面的防转压块拆除，然后用木块轻轻敲击，轴封环、汽封环便可取出。但是，由于高温氧化和低压湿蒸汽区的锈蚀，轴封环、汽封环往往卡死而拆不出。个别轴封环、汽封环不得不用电钻钻去，既费工，又损坏设备。所以，拆轴封环、汽封环前，应用煤油或松锈剂充分浸透。拆时不能用硬质材料敲击轴封环、汽封环，以免敲出卷边而加剧胀死。一般只能用木块等质地较软的材料轻轻振击，使其慢慢移动而取出。轴封块、汽封块取出时，应查对其编号是否正确，若发现编号混乱或不合理，应重新统一编号，并按编号用白纱带捆扎好，堆放时依次排列整齐，并防止损坏梳齿。若高温部分汽封环发生卡死，因某些汽封环轴向间隙太小，检修时应予修正，否则下次大修前仍可能卡死。

三、汽封的清理检查

汽轮机轴封、汽封经过长期运行后，均结有不溶于水的盐垢，其中 SiO 占80%以上，其次是 Fe_2O_3、Al_2O_3、$NaCl$、MgO 等。这些不溶于水的盐垢占结垢的98.5%～99%，结在轴封、汽封槽及轴封块、汽封块易造成汽封块卡死，汽封块不能退让。对于轴封、汽封槽及轴封块、汽封块，应用喷砂或砂纸将上面的锈垢清理干净。

清理工作结束后，检查轴封块、汽封块应完整，无损伤和裂纹。梳齿应完好，无缺口、缺角、扭曲、卷边等现象，轴封、汽封的弹簧片应无严重的氧化剥落、锈蚀、裂纹等，且保持弹性良好。

第二节　轴封及汽封径向、轴向间隙的测量与调整

当蒸汽流经轴封、汽封梳齿时，由小的间隙流入扩大的汽室，因阻力和涡流作用，汽压不断下降，流速减小，比体积增大，其流量可按下式计算，即

$$Q = a\frac{x}{\sqrt{y}}$$

式中　　Q——流量，t/h；

x——梳齿间隙，mm；

y——梳齿数量，根；

a——常数。

由上式可知，轴封、汽封的漏汽流量与梳齿的根数的平方根成反比。所以，对于大功率汽轮机，为了保证高压蒸汽不从轴端处外泄，并保证有较高的效率，它具有较多道数的轴封和较多级数的隔板汽封。如某型汽轮机共有轴封58道，隔板汽封39道。这些轴封、汽封结构紧凑，加上中、低压动叶片较长，增加了轴封、汽封径向间隙测量和调整的难度。因此，大容量汽轮机一般采用假轴、假轴盘测量，调整轴封、汽封的径向间隙。假轴盘的外径应与转子上对应的轴颈相等，其误差应小于0.03mm，并以滑动配合套在假轴上，假轴盘可在假轴上转动和前后移动。测量轴封、汽封径向间隙，可将假轴盘移到要测量的轴封、汽封处，用塞尺片即可测出各级轴封、汽封间隙。

从上式可知，轴封、汽封的漏汽量与轴封、汽封间隙成正比。所以轴封、汽封径向间隙测量与调整工作的好坏，直接影响汽轮机的热效率，是一项比较复杂和工作量较大的检修项目。

一、工具材料的准备

轴封、汽封的测量与调整应备有一定数量的0～25mm的外径千分卡及厚度为0.05、0.10、0.15、0.20、0.25、0.30、0.40、0.50mm的狭长

塞尺片，每人一套。另外，还应备有刮轴封、汽封的专用白钢刮刀10把，铁柄旋凿10把，1kg手锤2~3把，中、细齿锉刀4~6把，松锈剂2~4瓶，二硫化钼粉0.5kg，医用橡胶布5大卷，红丹粉50g。厚度为4~6mm、长度为500~1000mm、宽度为30~40mm的承压板10块，等等。

二、吊进隔板、轴封壳及假轴

将洼窝中心调整好的隔板及轴封壳纵销（底销）做好编号和记号，然后拆下用布包好，放在专用箱内。用压缩空气将隔板、轴封壳、汽缸等吹干净，用二硫化钼粉擦各级隔板及轴封壳的槽，将隔板及轴封壳吊进汽缸就位。

吊进假轴及假轴承，并用前述方法将假轴中心调整到与真轴同心。

三、调整隔板、轴封壳假洼窝中心

轴封、汽封径向间隙的测量与调整，若以本章所述调整好的洼窝中心为基准，因汽缸变形、假轴静挠度等因素的修正，各级隔板及轴封壳洼窝中心与假轴中心不同心导致各道轴封、汽封间隙不一致，给调整工作带来很大困难。同时，工作人员容易弄错，且质量无法保证。为此，可将轴封壳、隔板洼窝中心作一次假调整，即用临时垫片将其中心调整到与假轴中心相重合，并使左右和上下洼窝中心分别相等。这样，各道轴封、汽封的间隙可按统一标准进行调整，而不必考虑修正值。

四、轴封块、汽封块在槽内轴向间隙的测量与调整

轴封块、汽封块在轴封壳槽内、隔板槽内的轴向间隙标准：隔板汽封为0.05~0.10mm；轴封块与轴封壳槽的间隙为0.10~0.15mm。超过标准，会使轴封块、汽封块在槽内松动严重，在蒸汽压力差的作用下发生歪斜或倾倒，使部分轴封、汽封梳齿发生磨损，另一部分梳齿间隙过大，导致漏汽量增大，影响机组效率。同时因轴封漏汽量增加，蒸汽通过轴承油挡进入轴承室，使油中含水量增加，促使油质恶化等。反之，轴向间隙小于标准，易发生轴封块、汽封块在运行中卡死现象，导致轴封、汽封的磨损或径向间隙变大，使漏汽量增大，机组效率降低，油中含水量增加，同时使检修时拆装困难，甚至需破坏后才能拆出。由此可见，轴封块、汽封块在轴封壳、隔板槽内的轴向间隙不可忽视。当发现不符合标准的，或标准不符合实际情况的，应予以修正，切不可强硬装入。另外，在轴封、汽封组装时，必须将轴封块、汽封块、轴封块槽、隔板槽上的毛刺等修光，并涂擦二硫化钼粉剂。

五、轴封、汽封的弹簧片检查

轴封、汽封的弹簧片是保证轴封、汽封正常工作的重要零件，应具有

耐高温耐腐蚀及良好的弹性等性能。检修中应逐片检查是否有裂纹、腐蚀等缺陷，同时用手弯曲 1～2 次，鉴定其弹性是否良好，凡不符合技术标准的应予更新。装配时应涂擦二硫化钼粉剂。

六、轴封、汽封径向间隙的测量

轴封、汽封径向间隙的测量，只需将假轴盘沿轴向移动到所要测量的轴封、汽封处，用专用塞尺片对其径向间隙进行测量。当遇到轴封、汽封有高低梳齿时，应先取出轴封块、汽封块，待假轴盘轴向位置放正确后，再装进轴封块、汽封块进行测量，并做好记录。

七、轴封、汽封径向间隙的调整

一般来说，轴封、汽封径向间隙是边测量边调整，先调整下半部分，后调整上半部分，上半部分一般放在下半部分内调整。调整的方法视轴封、汽封的结构和材质而定。若结构为调整块式的，可将调整块拆下，增减其垫片厚度即可，但必须将垫片弄平直，除去毛刺。调整块螺钉必须涂二硫化钼。紧螺钉时，必须用紫铜棒反复敲击，反复上紧，以保证调整块、垫片与轴封块、汽封块紧密贴合。若轴封、汽封为非调整结构，且材料为耐热合金钢时，可根据测得的径向间隙，送往机床上切削加工或用专用车床车削，其车削量应等于调整量。若轴封、汽封为铜质非调整式，可用专用刮刀、手工切削或在专用车床上切削。当用手工切削方法进行调整时，必须使刀具与被切削面保持平行，同时防止切削过量。不论用哪种方式调整，最后均应分别装在轴封壳及隔板内进行复测径向间隙，凡不符标准的，应进行重新调整，直至全部符合标准为止。

八、调整块式轴封、汽封的改进

调整块式的轴封、汽封具有便于调整、使用周期较长等优点。但是，调整块式的轴封、汽封的接触面仅为调整块处两点，加上调整块仅用一只 M6 螺钉紧固，运行中由于振动等因素，螺钉易产生疲劳断裂或松动，导致轴封块、汽封块严重磨损。如某机组第一级隔板汽封因调整块螺钉脱落，而使汽封块磨损约 1/3。另外，两点受力的轴封块、汽封块变形失圆严重。再如某机组在一次大修中，调整式轴封块、汽封块因变形失圆，几乎全部换新。所以，应尽量不采用这种结构的轴封块、汽封块。若因备品跟不上或节约检修费用，需将非调整式轴封、汽封改为调整式，则应对其做如图 5－1 所示的改进。将轴封块、汽封块上的钩子车去 1mm 左右，然后改为调整块式。这样，即使调整块螺钉断裂或脱落，也不会发生严重的磨损。

九、用机械切削代替手工切削

过去中小型机组轴封、汽封的调整，多数采用手工切削的办法，但是此方法已远远不能适应现代大机组检修的要求。其一，大功率机组高、中压部分的轴封、汽封采用耐热合金钢制造，手工切削已不可能；其二，大功率机组轴直径大，轴封块、汽封块弧段较长，手工切削困难，且无法保证质量；其三，工效低，检修工期长。所以，应以机床切削加工代替手工加工。但是，机械加工时找正中心困难，因此应尽可能减少上机床的次数，原则上要求达到一次成功，这样就要求轴封、汽封间隙的测量应准确无误。为了克服整圈切削加工找正的困难，可按图 5 - 2 所示制作专用车床放在现场对轴封块、汽封块进行切削加工。专用车床

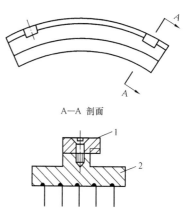

A—A 剖面

图 5 - 1　汽封环改调整式示意
1—调整块；2—汽封块

由 0.5 ~ 1kW 电动机通过减速齿轮带动转盘旋转，转速为 15 ~ 20r/min。被切削的轴封块、汽封块固定在转盘上，并进行找正。用刀具车去需要的调整量，由于专用车床适宜单块找正和切削，所以专用车床具有较好的灵活性。

十、恢复隔板、轴封壳的洼窝中心

当轴封、汽封间隙全部调整合格后，可吊去假轴，吊出各级隔板及轴封壳，将纵销按编号和记号装在隔板及轴封壳上。同时，将各级隔板及轴封壳挂耳的垫片恢复到假洼窝中心前的数值。这样，隔板及轴封壳洼窝中心就能恢复到假洼窝中心前的水平。

十一、轴封、汽封轴向间隙的测量与调整

轴封、汽封轴向间隙测量的正确性，关系到汽轮机胀差限额的问题，如果测量调整失误，机组将会发生动静碰擦，并产生严重后果。所以，该项工作必须在吊进汽轮机转子，并定好转子轴向位置后才可进行。有的机组转子轴向定位，以推力瓦工作面为基准；有的机组转子轴向定位，以高压调节级导向叶片叶根到第二列动叶复环进口边的轴向间隙为基准；有的机组转子轴向定位，以第一压力级静叶根部与动叶顶部的轴向间隙为基

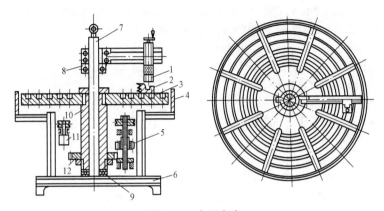

图 5-2　专用车床

1—刀架；2—汽封环；3—转盘；4—防护板；5—可移动齿轮；

6—座架；7—轴；8—止动圈；9—平面弹子轴承；10—转动套筒；

11—电动机；12—传动齿轮

准。转子位置放准后，用游标卡尺或钢皮尺测出轴封、汽封轴向间隙。当测得的数值不符合制造厂质量标准时，可调整轴封壳的轴向垫片。当同一轴封壳内有个别轴封块轴向位置不符合标准时，可将轴封块轴向一侧车去需要调整的数量，另一侧则加上车去的量。隔板汽封轴向位置不符合标准时，可与动静叶片轴向间隙同时考虑，将隔板一侧车去需要调整的量，另一侧加上车去的量。也可用同样的办法，调整汽封块的轴向位置。

十二、轴封、汽封径向间隙的检验

轴封、汽封径向间隙的检验，是保证汽轮机检修质量的重要环节，所以应用转子进行复核，通常用贴医用橡胶布的办法进行检验。贴橡胶布的工艺要求如下：

（1）橡胶布应用黏性好的医用新橡胶布，其厚度约 0.25mm，撕成宽约 12mm 的带条（以下简称胶布）使用。

（2）贴胶布前应将轴封块、汽封块上的垃圾、油污、水及其他污物清理干净。

（3）每块轴封块、汽封块上必须在两端和中间各贴一道胶布，两端所贴的胶布离轴封块、汽封块端约 20mm。所贴胶布层数，可按各轴封、汽封径向间隙标准的上下限值分别加、减 0.10mm，同时加、减汽缸静垂弧等因素的影响数值。在汽缸静垂弧变化较大或汽缸变形严重的情况下，可在每块轴封块、汽封块两端和中间各处再贴一道胶布，其层数可比正常层数加、减1~2层。层数可按各道轴封、汽封径向间隙标准的上、下限值，分别加、减0.10mm左右。同时，扣除汽缸变形等因素的影响数值。

（4）轴封块、汽封块的胶布必须贴牢，不得有脱空、拱起、毛边等现象。

（5）最后一层胶布应涂一层红丹粉，其厚度可按胶布与间隙的极限值的差数而定。一般厚度为0.05~0.10mm。

（6）盘动转子以一周为宜，应逐级逐块进行检查，做好详细记录，同时抽测胶布厚度。

（7）全部轴封、汽封所贴胶布，必须经质检人员和技术人员验收后，方可拆去。

例如，某型汽轮机组高压轴封径向间隙标准为0.45~0.65mm，在每块轴封块的两端约20mm处贴三层胶布，在轴封块中间贴一层胶布，贴完后涂一层红丹粉。这样，贴三层胶布处的厚度约0.80mm，贴一层胶布处的厚度约0.30mm，盘动转子一圈，检查胶布的碰擦情况。若两端三层胶布处虽有碰擦而仅割断一层胶布，中间一层胶布无碰擦现象，则说明该轴封块径向间隙大于0.30mm而小于0.55mm，符合标准。若两端和中间胶布均未碰擦，则说明间隙偏大，应重新进行调整。若两端胶布被切断两层，中间胶布也有碰擦，则说明间隙偏小，也应重新调整。

十三、轴封块、汽封块膨胀间隙的测量与调整

轴封、汽封径向间隙的调整或轴封块、汽封块的换新，改变了轴封块、汽封块的圆周周长，破坏了不安装时的正常状态。若周长过大，则会使整圈轴封块、汽封块互相向直径大的方向顶开，导致径向间隙增大，漏汽量增加，失去了检修调整的作用。若周长符合标准，则在启动时因轴封块、汽封块质量小，热容量小，热膨胀比汽缸等大件快，使轴封块、汽封块互相向直径大的方向顶开，使机组在启动升速过程中不发生碰擦，从而提高机组的安全可靠性。若周长太短，则会使整圈轴封块、汽封块首尾脱开，导致漏汽量增加，同时失去因轴封、汽封热膨胀自动增大启动过程中间隙的功能。所以，轴封、汽封径向间隙调整结束后，应对各轴封块、汽封块进行膨胀间隙的测量与调整。

轴封块、汽封块膨胀间隙测量时，可将上半圈和下半圈分别按编号装入轴封壳、隔板汽封槽内，用塞尺检查各轴封块、汽封块首尾相接的平面，其间隙应小于0.10mm，凡大于0.10mm者，应研刮，直到符合标准。用深度千分尺测量出上缸左右和下缸左右四点与轴封壳、隔板平面的高低，凡高出平面者令其为正，反之为负，然后将四个数值相加，若和为正值，说明轴封块、汽封块周长太长，应按标准计算出应截去的部分，截去后用上述方法检查平面，接触情况应良好；若和为负值，则说明轴封块、汽封块周长太短，用同样方法计算出应接长的长度。

轴封块、汽封块的接长块，可用同类型的旧轴封块、汽封块切割而成，并用埋头螺钉与轴封块、汽封块紧固成一体，同时检查平面接触应良好。当接长块太薄，无法与被接长者用螺钉紧固时，可将被接长的轴封块、汽封块先截去一些，然后一次接长。

轴封块、汽封块膨胀间隙调整后，应用上述方法进行复测。

第三节　汽轮机汽封改造

一、铁素体汽封

目前国内机组的汽封大多数是采用拉别令汽封结构，材料为钢性材料。采用这种汽封的机组，整体水平是好的，但也存在一些问题，主要表现在汽封漏气量大、真空差，影响机组经济性。为了节能降耗，应对汽封系统改造，以提高机组的经济性和安全性。

1. 原设计分析

从原理上分析，原汽封是一种安全可靠的结构，如果将汽封间隙调整到合理值时，汽封效果很好。但从目前大多电厂统计资料看，存在汽封漏汽量大、真空差的问题。分析其原因主要是在安装时为保证机组安全运行，汽封安装间隙值偏大。我们知道，汽封安全值完全正比于漏汽面积，而设计时，汽封腔室的大小受结构因素的影响，不可能很大，漏汽量的增大使得流出汽封腔室的蒸汽流速增加，而流速的增加又导致压损的增加，使多余蒸汽来不及流出汽封腔室，从而引起腔室压力升高，最终导致漏汽、油中进水等一系列问题。而低压汽封，其目的本来是防止空气进入，以免破坏真空，机组真空差的主要原因是低压部分向凝汽器漏空气。空气为不凝结性气体，当排汽中空气的比例达到0.2%左右时，凝汽器中的换热急剧恶化，真空度下降，因此解决好低压汽封间隙问题是提高机组运行真空的一个主要手段。

2. 改造方案

高压汽封漏汽影响机组的经济性和安全性，低压部分真空差也影响机组的经济性。近年来，随着技术的发展和新材料的研制，一种新型材料广泛应用于汽轮机制造中，即高压部分采用0Cr15Mo（也称为铁素体），低

第一篇　汽轮机本体检修

压部分采用铜汽封。铁素体是一种软态材料，在安装时可以将间隙调到非常小，即使与转子发生摩擦，也不会淬火变硬伤及转子表面，这两种材料目前已广泛应用于机组改造中，并已取得了非常好的效果。经分析，高压前汽封漏汽量每减少 1t/h，热耗要下降 4.8kJ/（kW·h），真空每减少 1kPa，热耗下降 47kJ/（kW·h），功率增加 1600kW，同时对改善汽轮机油中进水问题也是非常有效的，对机组安全性也有好处。

综上所述，高压汽封采用铁素体材料改造后，可以改善目前机组汽封漏汽、油中进水问题。低压汽封采用铜汽封改造后，可以解决真空差的问题，提高机组经济性。

二、布莱登可调汽封

汽轮机内部的泄漏可影响到汽轮机热效率损耗的 80%，仅是轴汽封的磨损，就可构成汽轮机热效率的巨大损失。经常发现的汽封磨损及叶顶汽封的磨损，尤其是像高中压汽缸等敏感部分的间隙过大，其导致的效率的损失可超过其余各种效率损失的总和。

使汽轮机运转时保持小的径向动静间隙一直是一个问题，因为当汽轮机启动时，转子易产生振动（特别是在转速即将越过临界转速时），汽缸、隔板及汽封体经常在启动过程中受到较大的温差而产生变形，这些都将导致动静间隙减小，故采用小的间隙容易导致动静摩擦、汽封磨损、转子热弯曲、汽封齿及叶顶汽封遭到严重的损坏，同时小的动静间隙容易造成开机困难。

汽封的现行结构是将弹簧片放置在汽封弧块的背面，使它在发生碰磨时能够退让。这种设计的目的之一是减小汽封圈的过度磨损。假如汽封动静间隙能在启动期间为大间隙，而在机组达到一定负荷（即通过汽轮机的蒸汽流量达到一定量）时，该间隙转变为设定的小间隙，则在保持泄漏控制的同时能使最严重的汽封磨损得到避免，且开机更为方便，布莱登可调汽封正是能满足这种要求的汽封。

布莱登可调汽封是将现行结构汽封弧段背面的弹簧片取消，并在汽封弧段之间增加螺旋弹簧，弹簧装在汽封块端面钻出的孔中，使汽封张开，转子径向间隙达到最大。在汽封弧段每一块的背面中心部分加工一个进汽槽，使上游的蒸汽压力作用于汽封圈的背面，保持当汽轮机通过的蒸汽达到一定流量时，汽封环背面的蒸汽压力会克服弹簧力、摩擦力和汽封齿面蒸汽压力而使汽封各弧段闭合，从而使转子径向间隙达到最小（设计间隙）。

提示 第一节适合初级工使用。第二、三节适合中、高级工使用。

第六章

转子及轴系检修

由大轴、叶轮、叶片、联轴器等部件组成的转动体总称为汽轮机转子，简称转子。

汽轮机、发电机、励磁机等多根转子通过联轴器连接成一根平滑的曲线状组件，通常称为轴系。

转子是汽轮机中最精密、最重要的部件之一。高速旋转的转子承受很大的离心力和在动叶片上由蒸汽传递产生的扭矩。转子工作的重要性，对转子的设计、制造、安装、检修和运行等各方面提出了很高的要求，从而保证其安全可靠运转。

本章除简要介绍超高压大功率汽轮机转子结构特点外，还将重点阐述转子及轴系的检修工艺、质量标准，其中包括大轴的检查和探伤，叶轮、叶片的清理和检查，叶片更换工艺，轴系找中心，轴系油膜振荡的分析和消除等内容。

第一节 超高压大功率汽轮机转子的结构

超高压大功率汽轮机转子几乎都采用整锻形转子，即叶轮、联轴器、推力盘等与大轴锻成一体。采用整锻形转子的优点是：不仅能克服套装式转子在高温条件下，由于加热过程中可能产生的暂时热挠曲，或可能使叶轮与轴失去紧力等不允许存在的缺点；而且能适应快速启动；在结构上也比较紧凑，轴向长度短，转子刚性好，便于加工，联轴器与轴锻成一体，结构简单，尺寸小，强度高，传递功率大等。整锻形转子的缺点是：需要有大型锻冶设备，加工要求高，工艺复杂；耐热合金钢消耗量大，制造成本高等。

现对超高压大功率汽轮机转子的结构进行说明。

一、高压转子

高中压分缸机组高压转子一般采用整锻形转子，联轴器与转子锻成一体，尺寸小，结构简单，强度高，传递功率大。在转子中心钻有直径为

100mm 的中心孔，其目的是为了除去转子锻造时集中在轴心的夹杂物和金相疏松部分，以保证转子的强度，便于制造和检修时探伤检查，保证转子质量。其材料采用 CrMoV 锻钢。

高压转子从车头开始，设有前侧轴颈、低压侧轴封、多个压力级叶轮、一个调节级叶轮、高压侧轴封、后侧轴颈、推力盘和联轴器。在压力级叶轮平面上，在圆周上均布着多个平衡孔，目的是平衡叶轮前后的蒸汽压力差，以减小转子的轴向推力。由于转子、叶片在制造过程中，存在着金相组织的差异和加工误差等因素，使转子产生质量不平衡。因此，在调节级叶轮和末级叶轮外侧轮面上，设有圆周燕尾槽，用以在校动平衡时加装平衡重量。设计制造时，还在末级叶轮的轮缘上钻有多个螺孔，用于平衡重量。但由于各种条件限制，此孔在现场从未使用。

高中压合缸机组高中压转子是采用高温下具有高蠕变强度的 CrMoV 锻钢制成的，为整锻形鼓式转子。

高中压转子由于采用双列调节级，所以在转子上有两列调节级叶轮，调节级叶片直接装在这两列叶轮上。而高中压段其余各级均采用反动级，为了减小转子上的轴向力，因此采用没有叶轮的鼓式转子，并尽可能地减少转子上的阶梯。随着各级叶片节径的增加，转子制成锥体或圆柱体，使整个转子轴向推力减到最小值，以有利于推力轴承的设计和结构的紧凑。另外，高中压段反动级的转子部位，直接加工出叶片槽，使动叶片直接嵌入叶片槽内。

在通流部分的高压段有一级复速级叶轮和多级反动级叶片槽，调节级出口有一个高压平衡盘，其前端（车头端）压力为调节级出口压力，后端为高压末级反动级的出口压力。这样，平衡盘前后压力差形成了向后的轴向推力，设计时可按反动级轴向推力来计算平衡盘前后的作用力面积，以自行平衡高压段的轴向推力。

在通流部分的中压段，共有多级反动级，分为中压第一段和第二段。在中压第一段构成中压平衡盘，其前端压力为中压第一段排汽压力，后端为第二段进汽压力，形成向前的轴向推力。在中压第二段构成低压平衡盘，其前端压力为中压第二段进汽压力，后端为中压第二段排汽压力，形成向后的轴向推力。所以，设计时中压段的轴向推力也是自行平衡的。

NJK600 - 16.7/538/538 - 1 型汽轮机通流采用冲动式与反动式组合设计。高压通流由一个冲动式调节级和 8 个冲动式压力级构成，中压通流由 6 个冲动式压力级构成。

高中压转子跨距 6100mm，为整锻式转子，是用高强度合金钢锻件加工制成的，材质为 K11E74A。高中压转子和 1 号低压转子之间通过联轴器刚性连接。带有主油泵叶轮及超速跳闸装置的轴通过法兰螺栓刚性地与高中压转子在调端连接在一起。推力盘位于高中压转子电端的轴承箱内，是整个轴系的死点。

为了保证汽轮机转子精确校平衡和具有高性能，转子锻件的坯件经过真空浇注。在机加工之前，进行过各种试验，以确保锻件的物理和冶金性能满足要求。转子本体经过精密的机加工，加工后的转子上带有叶轮、轴承轴颈、联轴节法兰和推力盘。成形叶轮机加工有许多燕尾槽，叶片的燕尾槽可以插入这些槽中。

在高中压转子的前后轴封和叶轮之间的轴上均有汽封齿，与轴封及隔板汽封的高低齿组成迷宫式汽封。

高中压转子除上述结构外，从车头开始，还有主油泵轴，推力盘、第一道轴颈、前轴封、后轴封、第二道轴颈及联轴器。

二、中压转子

亚临界压力中间再热汽轮机的中压转子，其进汽是经过锅炉内再热后的蒸汽。它的工作温度与高压转子相同。由于中压转子所处的工作温度较高，设计制造时，其要求与高压转子一样，为整锻转子，采用 27Cr2MoV 耐热合金钢。另外，由于进入中压缸的蒸汽压力比高压缸蒸汽压力低，容积流量随之增大，要求通流部分的尺寸比高压缸大，所以中压转子相应地比高压转子大。

中压转子两端有联轴器，与转子锻成一体，前端与高压转子相连，后端与低压转子相连。在转子中心钻有直径为 100mm 的中心孔，作用同高压转子。在中压第一压力级和最后一个压力级叶轮外侧轮缘上，设有加装平衡重量的燕尾槽。同样在各级叶轮上开有平衡孔，以平衡叶轮前后的压力差。

一般机组高、中压转子呈反流向布置，可抵消或减少两转子的轴向推力。

三、低压转子

由于低压缸进汽参数比中压缸更低，容积流量也随之更大。为了适应这一要求，必须将低压转子通流截面积设计得很大，因此低压转子一般很庞大。但由于受材料、制造工艺等条件限制，低压转子不能做得过于庞大。

为了解决汽轮机低压转子的上述矛盾，采用两根低压焊接转子，它由几个鼓形轮和两个端轴焊接而成。这种结构具有强度高，相对质量轻，刚度大，能承受叶片较大的离心力，又能适应制成低压转子大直径的要求。尤其在没有大型锻冶设备的情况下更加适用。但是它要求材料有较好的焊接性能和较好的综合机械性能，并要求具有好的焊接工艺。机组低压转子采用 CrMoV 锻钢，该材料有较好的焊接性能和综合机械性能，且有较高的热强性和低温冲击韧性，既适用于锻件，又适用于大截面零件的拼焊结构，但该材料有低温脆性，所以在运行中应尽量注意。由于低压转子承受的离心力较大，在高速旋转时径向受到很大的拉应力，会产生弹性变形，使转子在轴向长度比自由状态时的长度会有所缩短。

单根低压转子总质量达 27t 左右，两端均有与转子锻成一体的联轴器及轴颈。整根转子上有 12 个压力级叶轮和叶片，蒸汽从中间进入，由汽缸内的分流环将蒸汽分为两股汽流，反流向做功后流入凝汽器。所以，低压转子的轴向推力是自行平衡的。

为了减轻汽轮机低压转子重量，采用整锻鼓式和末二级整锻叶轮的结构。在转子的鼓式部分开有叶片槽，叶片直接嵌入槽内，整个转子上有多级叶片。蒸汽从中间进入，经低压缸分流环将蒸汽分成两股反流向汽流，做功后流入凝汽器。

在转子两端各有联轴器、轴颈、轴封等。

四、联轴器

联轴器的作用是将汽轮机各转子连接成一平滑曲线，并将汽轮机各转子的做功扭矩传递到发电机转子上。同时因推力盘设在高中压转子上，所以要求联轴器还要传递轴向推力，因此联轴器必须能承受扭矩和轴向推力所产生的应力。

联轴器一般分刚性、半挠性和挠性三类。若两个联轴器直接刚性连接，称为刚性联轴器；若两个联轴器中有一个波形筒等连接，称为半挠性联轴器；若通过啮合件（如齿轮）或蛇形弹簧等连接，称为挠性联轴器。半挠性联轴器能减小两转子之间振动的相互影响和略微补偿两转子不同心的影响。挠性联轴器还允许两转子能有相对的轴向位移，但传递功率较小。因此，超高压大功率汽轮机转子的联轴器，一般采用与大轴整锻在一体的刚性联轴器，该联轴器结构简单，尺寸小，强度高，能传递的功率大。机组高、中、低压转子均采用这种结构，只有发电机转子采用波形筒联轴器。

汽轮机和发电机转子的联轴器均采用与大轴锻成一体的刚性联轴器。在两联轴器中间设一垫片，使各联轴器的凸面与垫片凹面匹配，起到定中心作用；这种结构在解体时为了取出垫片，必须将转子轴向移动，使凹凸面脱开，为此联轴器上设四只顶开螺孔，以便解体时轴向移动转子。

NJK600 - 16.7/538/538 - 1 型汽轮机高中压转子与低压转子间的联轴器为刚性联轴器，如图 6 - 1 所示。

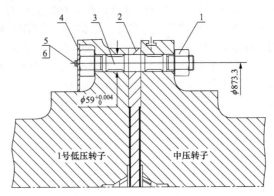

图 6 - 1 联轴器

1—专用螺母；2—联轴器垫片；3—联轴器螺栓；
4—防鼓风盖板；5—六角头螺栓；6—专用垫圈

联轴器的两端与汽轮机转子整体地锻在一起，联轴器的两端用螺栓刚性连接，起空心环作用的垫片加工成止口型式，与联轴器两端相配合。因此，为了取下垫片，转子必须轴向移动，使联轴器两端分开，空出一个足够的止口安装间隙来，可以用顶开螺钉将其顶开。最初装配时，联轴器上都作了标记，并且所有螺栓均按次序编号排列。

联轴器两端之间的精确对中以及安装的正确方法是极其重要的。在转子放入轴承之前，用平板检查联轴器表面，如发现有任何碰痕或毛刺必须将它们研刮掉，对这些表面不允许用锉刀，检查所有的螺孔、刮面等，去掉能够发现的任何毛刺。在正确的对中状态下，所有的联轴器零部件必须清理干净，螺栓和螺孔应是相互匹配好的，装上垫片并移动其中一根转子使两半联轴器靠在一起，不得用紧螺栓的办法将它们拉在一起。螺栓按安装要求的力矩进行紧固，并装上防鼓风盖板。

五、转子的临界转速

汽轮机转子、发电机转子都有自己的自然振动频率，通常称为转子固有的角频率。与固有角频率相应的转速就是转子的临界转速。转子实际运行的转速就是其干扰频率。当转子实际运行转速与临界转速合拍时，就会发生共振，产生剧烈振动。反之，避开临界转速，转子振动便随之减小。

因此，在机组启动过程中，应迅速越过临界转速。

转子共振的扰动力之一来源于转子自身偏心引起的不平衡力。虽然转子经过精密的动平衡，但不可避免地存在着残余不平衡重量。这种不平衡重量在运行中引起的离心力，在机组正常运行和越过临界转速时都会使机组振动增大，不平衡重量越大，振动也越大。

单转子的临界转速可用转子静挠度的大小来估算，其关系式为

$$n_k = \frac{310}{\sqrt{\gamma}}$$

式中　n_k——转子临界转速，r/min；

　　　γ——转子的静挠度，mm。

转子的静挠度与转子的质量、跨度及弹性有关。转子的弹性则取决于转子的跨距、转子的刚度和转子的支承方式。因此，转子的临界转速取决于转子的粗细、质量、几何形状、两支承的跨距和支承刚性或弹性。一般来说，转子直径越大，质量越轻，跨距越小，支承刚性越大，转子的临界转速越高；反之则越低。

超高压大功率汽轮发电机组，一般有多个转子连接在一起运行，这就组成了一个轴系。单个转子参加轴系工作后，其临界转速由于各转子的转动惯量会相互影响，相互约制。所以临界转速不等的几个转子串在轴系中后，其临界转速会有所改变。

临界转速的大小，除了与转子本身结构有关外，还与支持轴承的刚性和弹性及连接刚度等有关。一般来说，轴瓦和轴承座是具有弹性的物体，所以转子的临界转速就接近弹性支承时的临界转速，改变轴承刚性会影响临界转速。由于轴系中各支持轴承的刚度不完全相同，所以轴系中转子的临界转速是难以精确计算的，一般由试验确定。但是在设计计算时，应考虑各转子在轴系中的临界转速必须避开工作转速（3000r/min）一定范围，以防在正常运行时产生强烈振动，从而造成重大事故。

各转子在轴系中的临界转速均避开了工作转速（3000r/min）一定范围，所以在正常工作转速时，机组不会发生共振危险。但是机组在启停过程中，均要遇到几次临界转速，因此机组启停过程中，尤其在升速时，切不可在临界转速区域停留，并快速越过此转速。对检修工作来说，应尽量提高转子的动、静平衡找中心的精确度及连接联轴器的检修质量。只要动、静平衡及找中心质量合格，越过临界转速时的机组振动一般是没有问题的。

第二节 转子的清理检查

汽轮机转子的清理，实际上是对叶片的清理。尽管对大容量超高压机组配套的锅炉给水品质要求很高，但是汽轮机经过长期连续运行，在转子和隔板的叶片上均有各种成分组成的结垢。这些结垢对汽轮机效率有极其严重的危害，并且常常影响汽轮机通汽部件的工作性能。从很多实例表明，厚度为 0.0672mm 的积垢会使通流容积减小 1%，级效率下降 3% ～ 4%。如果积垢剥落，汽轮机叶片表面就会变得粗糙，因而使效率进一步下降。

严重的结垢会堵塞动叶片通流截面积，使推力轴承负载增大，结果造成推力轴承故障，进而使汽缸内部部件损坏。若垢积在隔板喷嘴内，会使隔板产生较大的挠曲、振动和其他比较复杂的问题。总之，结垢会严重影响汽轮机空气动力学型线，从而造成热力损失、流量变化和高频疲劳等隐患。

由于结垢在蒸汽中的溶解度与蒸汽压力、温度有关，一般在中压和低压部分结垢较严重。但是对于汽轮机大修来说，为了提高机组级效率和发电的经济性，对整个汽轮机转子叶片的清理是不可忽视的。如果叶片清理质量好，相对级效率可提高 0.5% 左右。

一、转子叶片的清理

汽轮机转子叶片清理的方法颇多，但至今应用较广、效果较好的是喷砂清理和手工清理。

（一）喷砂清理

转子叶片的喷砂清理，是用压力为 0.5 ~ 0.6MPa 的压缩空气与粒度为每英寸（2.54cm）40 ~ 50 目的细河砂或 80 目的氧化铝砂粒混合物，经过喷枪产生高速喷射，将叶片上的结垢打磨掉。实践证明，砂的粒度越细，被喷砂表面越光洁，但当采用干式喷砂时，尘埃严重。所以，一般选用适中的砂粒度。若喷砂用的砂粒度较大，叶片表面将被打毛，运行中会加速结垢和影响机组效率，同时影响叶片的使用寿命。如某厂一台汽轮机大修时，动、静叶片均用粒度大于每英寸 50 目的石英砂喷砂清洗，结果使叶片表面非常毛糙（手触摸有粗糙感觉）。虽然机组效率尚未测出，但像这种喷砂清洗方法，对汽轮机来说是严禁的。

喷砂分干式喷砂和水力喷砂两大类。目前使用最广泛的是干式喷砂。干式喷砂又分压力式和抽吸式两种。

干式喷砂的缺点是砂尘飞扬，环境污染严重，对人的身体健康有较大危害，采取下列措施可克服上述缺点：

（1）采用密闭的矿工服或喷砂工作服，操作人员的呼吸可用纯净的压缩空气供给，这样操作人员受到砂尘的危害基本可消除。但环境污染仍未获解决。

（2）采用密闭的喷砂小室，砂和空气的混合物通过分离器分离后排出，从而减少了环境污染。但由于这种设施较复杂，设备磨损严重，给维护增加了很多工作量和费用，所以这种措施很少用。

（3）用水力喷砂取代干式喷砂。为了减少对环境的污染和降低叶片表面混合水的粗糙度，目前正在试用水力喷砂，即由专用泵将砂和水的混合物升压后，水泵旁路水经喷枪喷射在叶片上，达到清洗叶片的目的。将温度为 60 ~70℃ 的软化水和刚玉类砂，按一定比例在容器内用压缩空气搅拌混合后，经喷砂水泵升压后，通过喷嘴喷射到被清洗的叶片表面。喷嘴离叶片距离为 300~400mm，喷嘴与叶片表面基本保持垂直。由于砂和水的混合物对阀门有严重的磨损，所以系统中的阀门必须采用旋塞阀。为了使这种喷砂取得较好的效果，必须对砂种、砂粒度、压力、喷嘴型式等进行合理的选择。

1）砂种和粒度选择。实践证明，选用刚玉类砂较合适，因为该类砂具有硬度高、杂质少、价格便宜、颗粒均匀、结晶体成粒状、能反复使用等优点。砂的粒度为每英寸 40~50 目为宜。

2）砂和水的混合物的压力选择。压力的选择是根据砂种、粒度、砂水比例而定的，在一定的条件下，压力过高会损伤叶片表面的 Cr、O 和保护膜；压力过低会使叶片结垢冲洗不干净。一般来说，采用压力为 0.7MPa 为佳。

3）砂水质量的比例选择。一定的砂种和粒度，应有一定的砂水质量比例，即水砂混合物的浓度。当砂水质量比例大于 1:30 时，将会损伤叶片表面保护膜；砂水质量比例太小时，冲洗效率低，冲洗时间长。一般选用砂水质量比例 1:40~1:50 较好。

4）喷嘴型式选择。通常缩放喷嘴的效率优于渐缩喷嘴，所以选用缩放喷嘴能取得比其他喷嘴更好的效果。水力喷砂过程中产生的污水要注意集中排放，不应对环境造成污染。

不管采用哪一种喷砂形式，喷砂前应将转子两端轴颈、联轴器、推力盘、超速保安器等不必喷砂部位用塑料布包扎好，把转子吊到专用架子上绑扎牢。同时，将使用的砂子烘干（水力喷砂例外），用每英寸 50 目筛子将粗砂粒和杂质筛去，灌在专用桶（筒）内，供喷砂时使用。喷砂时，喷枪口应与被清扫叶片保持100mm左右的距离（指干式喷砂），以免距离过小损伤叶片，或距离过大喷砂效果不佳。喷砂时，喷枪应不断移动，切不可停留在某一点喷射（一般以结垢清扫干净为原则，不必使叶片发亮），以免某一点打出凹坑或损伤叶片。喷砂完毕后，应用压缩空气将积在转子上的砂尘吹清，并进行全面检查，发现漏喷或结垢未清扫干净的地方，应进行补喷砂，直到将叶片全部清扫干净为止。

（二）手工清理

尽管喷砂清理具有速度快、效率高、费用少、清理效果较好等优点，但喷砂对叶片增加表面粗糙度是不可忽视的。对于叶片表面本来就比喷砂还粗糙的机组，喷砂清理有益无害；但对于叶片表面本来很光洁和没有较多腐蚀的机组，喷砂清理就不一定很合适，或者会得不偿失。若汽轮机各级叶片均较光洁，就不一定要用喷砂法清理叶片。但由于手工清理对叶片的根部、内弧等许多地方无法清理干净，所以机组经过长期运行，动静叶片的根部等处结垢越来越严重，叶片表面也越来越粗糙，造成恶性循环，为此可考虑采用粒度较细的氧化铝砂粒或水力喷砂。同时，对手工清理用的工具进行研究与改进。一般来说，按照叶片型线分别制作专用的钩刀或铲刀，对叶片逐片进行清理，并用细砂纸打磨光滑可以弥补手工清理的不足。

当叶片结垢的成分为 Fe、O、CuO、NaSiO、NaHCO 等水溶性物质时，可用清洗剂喷射在叶片上，浸泡 1~2 天后，用细砂纸打磨后，再用棉布擦拭，即可将结垢除去 80% 左右，效果较好。

（三）转子中心孔清理

超高压大功率汽轮机高、中压缸转子一般设有直径为 100mm 左右的中心孔，以便除去大型锻件在中心部分的夹杂物和金相疏松等缺陷，同时便于对转子内部进行检查和探伤。机组检修时，必须打开中心孔两端端盖，进行清理和检查。然而机组经过长期运行，中心孔内径往往有锈蚀等缺陷，由于孔径小，长度较长（约 5m），孔表面粗糙度要求很低，因此必须采用专用研磨工具进行研磨，才能达到要求。

研磨工具主要由可调铣头、磨头、磨杆、传动齿轮、传动链、导向轴承、座架等部件组成。磨头上装设特制条形细油石，并通过磨杆中心孔用长螺栓调整其外径，使其与转子中心孔匹配。当可调铣头以 10~20r/min 的转速带动磨杆和磨头转动时，便对中心孔进行研磨，并由皂液泵将皂液升压注入孔内进行润滑、冷却和清理。磨头由电动机带动传动齿轮和传动链，使其做 5 ~ 10 次/min 的往复运动，即从中心孔一端到另一端的往复运动。一般经过研磨，中心孔便能达到检查要求。

中心孔研磨结束后，应先用皂液反复冲洗，直至孔内无残留研磨砂粒，并用质软而无毛边的清洁白布揩干。然后，用内窥视镜进行检查或进行超声波探伤。一切检查工作结束后，应立即进行充填惰性气体保护，以防中心孔内壁锈蚀，其工艺详见下述"转子的检查"。

现在由于金属冶炼技术的进步，锻造工艺的改进，整锻转子在加工过程中不再设中心孔，因此有很多机组不再进行转子中心孔检查，这样既减小了加工的难度，又减少了检修工作量。但是对转子的检查仍然要进行，尤其是转子轴颈、轴封部位、变截面处的检查要全面，以保证机组运行的安全性。

二、转子的检查

高参数大功率汽轮机转子，由于运行条件苛刻和设计时受金属材料热强性能的限制，使经过长期运行的设备出现裂纹等缺陷的可能性很大。因此，转子经过清理以后，尤其是喷砂清理以后，基本上可达到物见本色，对宏观检查等均比较有利，所以清理工作结束后应立即进行全面仔细的检查。

由于汽轮机转子与静止部件的摩擦，蒸汽流动引起的磨损及因蒸汽产生的汽蚀，工作介质与金属部件之间化学变化而产生的腐蚀等，都会使机组零部件损坏或降低设计性能，也会由此产生裂纹，并逐渐扩大从而造成热疲劳损坏。

由于汽轮机通流部分蒸汽温度的变化将在转子中产生热应力，只要在转子表面和内部之间存在温差，热应力将持续存在。正因为热量从表面传向内部需要时间，所以这种温差出现在表面温度快速变化期间及其深入以后，热应力与温差成正比，而且在转子表面处为最大。转子表面的加热，继之以等同的冷却，构成了一次完整的热循环，并相应地在转子上施加了一个循环的交变应力。转子材料存在着忍受应力循环的限制值。在经过若干次循环以后，最终将产生裂纹，而这种裂纹一般只产生在表面。如果在检修中没有查出这些裂纹，让带有裂纹的转子继续投入运行，其后果不堪设想。尤其在大的应力集中处，更易产生裂纹，故应仔细检查。

转子中心孔处虽没有很大的应力集中，但该处承受着很大的离心应力，因此要注意它的蠕变寿命，一般在投运 8 ~ 10 年后，应对中心孔进行较彻底的检查。除用内孔窥视器检查外，还应做超声波、磁粉、着色等探伤。

当发现裂纹时，可根据情况车削放大叶轮根部圆角、扩大中心孔和平衡孔，以消除表面裂纹。有时为了延长转子使用寿命，可在寿命消耗80%左右时，不待转子发生裂纹，就将转子表面车削掉约1mm，并适当放大叶轮根部圆角。通过放大圆角降低应力集中，能延长转子使用寿命2.5倍左右。

转子表面检查一般有宏观检查、无损（超声波、磁粉、着色）探伤、微观检查、测量检查等几种，分述如下。

（一）宏观检查

宏观检查就是不借助任何仪器设备，用肉眼对转子作一次全面仔细的检查，即对整个转子的轴颈、叶轮、轴封齿、推力盘、平衡盘、联轴器、转子中心孔、平衡重量等逐项逐条用肉眼进行检查。宏观检查实际上是发现问题、确保检修质量的第一关。实践证明，很多设备上的问题，如裂纹等，大部分是宏观检查时发现的。所以宏观检查必须查全、查细、查透，要杜绝走马观花等流于形式的检查。

（二）无损探伤

转子应先用"00"号砂纸打磨光滑，然后用着色探伤（工艺同前所述）；若有裂纹，应采取措施将裂纹除尽。对于发现异常的转子或焊接转子，除了宏观检查外，还应对焊缝做超声波探伤。对于叶片叶根的可疑裂纹，还可用X光或γ射线拍摄照片检查。但是射线对微裂纹不敏感，往往不能查明有微裂纹的叶根，最好将叶片拆下逐片探伤。由于这些探伤检查均由具有合格证的专人进行，本书不再详述。

（三）微观检查

对于可疑的某级叶轮的根部圆角和其他转子上的可疑处，应进行显微组织检查。

（四）测量检查

汽轮机转子属于高精度部件，在高速运转时，要求各转动部位无显著的不平衡，并要求动静部分保持正常间隙。因此，测量检查的内容较多，要求很高，各种测量检查方法如下：

1. 扬度的测量

通过对转子扬度的测量，校验与安装记录是否相等，并记录机组的下沉情况，为转子找中心作参考。

测量工具：合像水平仪，精度：0.02mm/m。

转子扬度测量，一般在修前（轴系校中心前）测量一次和修后（轴系校中心后）测量一次。扬度测量前，应检查轴颈上是否有毛刺，轴颈和水平仪上是否干净。

测量方法：每次测量应在同一位置，测量时将水平仪放在转子前后轴承的中央，并在转子中心线上左右微微移动，水平仪水泡停稳后读数，然后将水平仪转180°，再读数。若两次测量方向相反，数值大的为扬起方向，扬度取其代数差的1/2，两次测量方向相同时，扬度取其代数和的1/2，扬起方向用箭头表示，取两次读数的算术平均值，即为转子的扬度。将测得的转子扬度与制造厂要求和安装记录进行比较，每次检修前后应基本一致。

2. 晃度的测量

转子晃度测量均在汽轮机轴承上进行，先用细砂纸将各测量部位的结垢、锈蚀、毛刺等打磨光滑。由于大功率机组有多根转子，而推力轴承只有某一转子上有，因此没有推力轴承的转子，在单独盘动时，轴向会窜动，不仅影响测量的正确性，而且易发生动静部分的轴向碰擦，损坏机件。所以，应用专用压板将转子两端的轴向撑紧，防止测量时轴向窜动和下轴瓦跟着转子一起转动而发生事故。因此，压板必须用厚度大于12mm的钢板配制，撑好转子凸肩处。防止轴向窜动的压板头部，应堆铜焊，然后锉成光滑的圆头，转子盘动前应在撑板和轴承处加清洁机油或STP润滑油，以防转子盘动时拉毛轴颈和损坏轴瓦。将百分表架固定在轴承或汽缸等水平接合面上，表的测量杆支在被测表面上，拉动测量杆，观察百分表读数是否有变化、指针是否灵活。为了测量出最大晃度的位置，一般将转子圆周分为八等分，用粉笔逆时针方向编号，并以第一只危急保安器或特定标志向上为1点，测量时测量杆指向位置1的圆心，百分表的大指针最好放在"40~60"之间，以免读数时搞错。然后，按转子旋转方向盘动转子，依此对各等分点进行读数，最后回到位置1的读数应与开始时的读数相同。否则应查明原因，重新测量。最大晃度是直径方向相对180°处数值的最大差值。在正常情况下（晃度小于0.05mm），转子晃度不作八等分测量，而是用连续盘动转子的办法，读出百分表指针最大和最小的差数，即为晃度值。

3. 瓢偏值的测量

转子的推力盘、联轴器、叶轮等应与轴中心线有精确的垂直度，否则会引起推力瓦发热或磨损、叶轮碰擦、轴系中心不准等异常情况。所以，大修中应对这些部件测量瓢偏度。

将圆周分八等分，用粉笔按逆时针方向编号。1点的位置应与1号超速保安器飞出端或特定标志向上相同，以便今后检修测量进行比较和分析。

测量方法按照晃度测量时，将转子两端用专用压板撑紧，并在轴承处和轴向撑板处加清洁润滑油。但是尽管采取了上述措施，转子在盘动时难免会有微量的轴向窜动，影响测量的准确性。为此，测量时必须在直径相对180°处固定两个百分表。把表的测量杆对准位置1和位置5的端面，并避开端面上的螺孔、键槽等凹凸处，测量杆应与端面垂直，使大指针指在读数"40~60"之间。然后，按转子旋转方向盘动，依次对准各等分点进行读数。最后回到1和5的位置。

瓢偏度的计算，先算出两百分表同一位置读数的平均值，然后求出同一直径上相对两数之差，即为被测量端面的瓢偏值，其中最大差数即为最大瓢偏度。在正常情况下（瓢偏值小于0.03mm），不用八等分测量，而是用连续盘动转子读出百分表的最大值和最小值，两表最大和最小的差数算术平均值，即为被测端面的最大瓢偏值。用两只百分表测量瓢偏值，是为了消除转子在盘动时轴向窜动和摆动的影响。

4. 轴颈椭圆度和锥度的测量

汽轮机转子轴颈加工工艺和检修工艺要求均很高，其椭圆度和锥度小于0.03mm。但是，由于润滑油中有杂质，经过一段时间运行后，轴颈上往往出现拉毛、磨出凹痕等现象。所以，在测量轴颈椭圆度和锥度前，先用M10以上金相砂纸和细油石涂上透平油沿圆周方向来回移动，直到将轴颈打磨光滑为止，最后用煤油将砂粒擦洗干净，并用布揩擦检查。然后，用外径千分卡在同一横断面上测出上、下、左、右四个直径的数值，其最大值与最小值之差即为椭圆度。用外径千分卡在同一轴颈的不同横断面（一般测前、后、中间三处）上测量各横断面的上、下、左、右的直径，计算出算术平均值，其最大值与最小值即为该轴颈的锥度。一般情况下，将转子吊入汽缸内，用百分表测得的晃度包含着椭圆度。锥度一般不做测量。

三、转子的修理

汽轮机转子通过上述清理检查后，应对查出的问题进行修理和修整。

（一）转子表面损伤的修理

一般来说，转子表面是不允许碰伤的，但是转子在运行时，由于蒸汽内杂质等将转子表面打出凹坑，动、静部分碰擦会使表面磨损和拉毛等。在检修中不小心时，也会碰出毛刺、凹坑等损伤。对于这些轻微的损伤，可用细齿锉刀修整和倒圆角，并用细油石或金相砂纸打磨光滑，最后用着色探伤复查被修整的部位，应无裂纹存在。

（二）轴颈的研磨

转子轴颈要求表面粗糙度 Ra 为 0.025，椭圆度和锥度应小于 0.03mm。因为大功率汽轮机的油系统比较复杂和庞大，难免存在着杂质，当汽轮机转子高速旋转时，杂质将轴颈磨出高低不平的线条状凹槽，并使表面粗糙度大大增加，影响轴承工作性能，所以检修时必须对被磨损变毛的轴颈进行研磨。

首先用长砂纸绕在被研磨的轴颈上，加适量的透平油，由 1~2 人将长砂纸牵动做往复移动。研磨约半小时，应停下，将磨下的污物清理后再继续研磨，直到轴颈表面粗糙度 Ra 为 0.05 时，将长砂纸调到对面 180°方向，用同样方法对轴颈另一半进行研磨。最后用 M10 金相砂纸贴在轴颈上，外面仍用长砂纸绕着用同样方法进行精磨，直到表面粗糙度 Ra 为 0.025~0.05 时，可认为轴颈合格。

当转子轴颈磨损和拉毛严重或椭圆度、锥度大于标准时，应用专用工具车削和研磨轴颈。一般情况下，该工作可送制造厂进行。

（三）轴封梳齿的检修

大功率汽轮机高、中压转子上均装有密集的轴封梳齿，如某型机组高压转子前后轴封有 116 根梳齿，中压转子有 78 根梳齿。由于这些梳齿的轴向和径向间隙较小，加上机组启停和增减负荷时的胀差变化，以及制造、检修时质量不佳等因素，运行中往往发生磨损和梳齿断裂、飞出等异常情况。检修时，应对损坏的梳齿进行更换，其工艺如下：

1. 旧梳齿拆除

将损坏的梳齿用专用凿子将捻压嵌条的一端起出约 10mm，然后用钢丝钳将梳齿和嵌条一起缓慢拉出。拉时钳子尖端压在转子上易产生印痕和毛刺，所以必须在钳子尖端垫好厚度为 1.5~2mm 的铜皮。对于捻压嵌条过紧，梳齿与嵌条易拉断的轴封梳齿，可设法用薄车刀将嵌条车去，然后拉出旧的梳齿。旧的梳齿取出后，应对梳齿槽进行清理检查，并修去毛刺和整修不平的地方。

2. 备品核对

核对新梳齿尺寸，其直径与相应的轴颈直径误差应小于 10%；梳齿厚度误差应小于 30%；梳齿弯钩宽与转子上梳齿槽宽应相等，并使梳齿不需用大力就能压入槽内，梳齿高度的余量应小于 3mm，余量过大会使装齿和车削困难。梳齿材料为 1Cr18Ni9Ti 不锈钢。

核对捻压嵌条尺寸，其宽度 b 应等于槽宽度 b' 减 2 倍的梳齿厚度，并使其正好压入梳齿槽内；其高应等于槽深 a' 减梳齿厚度 δ 再减 0.3~

0.4mm，即嵌入槽内应比轴颈表面低 0.3 ~ 0.4mm，嵌条断面呈椭圆形，嵌条材料为 1Cr18Ni9Ti 不锈钢丝，轧制后应退火处理。

3. 新梳齿安装

将新梳齿按相应轴颈圆周长放 50mm 左右余量整圈截下。为了使断口的变形尽可能小，应用小钢锯或剪刀截断，先截两圈，其中一圈用于试装，另一圈用来做长度的样品。待试装完毕，适当调整样品长度，然后按修整后的长度截取其余各圈。用类似的方法把嵌条截成数圈，并将其整平。

将截下的整圈梳齿套在转子上，把一端弯钩部分嵌进槽内，并用木锤将梳齿击到槽底，然后用嵌条捻压，同时注意嵌条头应比梳齿端部长 100 ~ 200mm，以使两者接头交叉，增加强度。

捻压嵌条的捻子，捻子刃口应大于 1mm，并根据槽宽尽可能放厚一些，以免捻打时切断嵌条。一旦发现切断，应拉出嵌条并查出原因后，重新开始安装工作。捻子用质量约 500g 的专用手锤捻打。捻打顺序应按梳齿嵌入端向另一端沿圆周方向进行，重复捻打 1 ~ 3 遍，但不得反向捻打。当每圈安装尚余 200mm 左右时，应将余量截去一部分。然后，用锉刀修到使 2 个接头有 0.5mm 左右的间隙，同时测量好嵌条的长度，截去余量，用起始端预留的嵌条捻压。梳齿整个安装过程应本着边装边查的原则，以便及时查明原因，及时纠正不符合质量要求的工艺。

为了减少漏汽损失，各圈梳齿的接口应错开 40mm 以上。

4. 汽封梳齿捻压注意事项

（1）捻打前应反复核对梳齿的安装方向，切不可搞错，以免轴向间隙不符合标准而返工。

（2）捻子刃口应大于 1mm，一般比嵌条窄 0.5mm 左右。不得使用有缺口的捻子。

（3）嵌条应整理平直，不得有拧扭和卷曲，应用砂纸打磨光滑。

（4）梳齿装入槽时，应用木锤轻轻锤击，梳齿不得在高度方向有弯曲现象。

（5）捻压时应自始至终向另一端沿圆周方向进行，重复捻压时不得反向进行，以防嵌条压延而拱起。

（6）捻子不得打在梳齿上，以免打裂或打曲。

（7）梳齿与嵌条两者接头应交叉 100 ~ 200mm，以防梳齿在接头处松动而飞出。接头应留 0.5mm 左右间隙。各梳齿接头应错开 40mm 以上。

（8）应以边捻压边检查为原则，以便及时发现打裂、松动等不符合要求的梳齿，及时查出原因并进行重装。

5. 车削梳齿直径

新梳齿安装好后，其直径一般留有余量，需要切削加工才能达到轴封径向间隙的要求。如果条件许可，可将转子放在机床上车削。但是在检修现场，一般是没有条件上机床车削的，因此只能将汽缸内轴封壳等拆除，吊进转子。当被车削的梳齿数量多时，可用铜质或浇有轴承合金的假轴承做支承，用减速齿轮或动力头或盘车装置做动力盘动转子，用小车床刀架进行车削工作。当更换的梳齿量在 5～10 圈时，可用原来轴承支承，用人工和压缩空气喷嘴（左右各一个）盘动转子，进行车削工作，其转速由人用力大小来控制。但是不管用哪种方法车削，盘动转子前都应设好临时加油轴箱，并保证在转子转动时连续供油润滑，车削对其梳齿外径的圆周速度约为 1m/s，每转的进刀量在 0.1mm 以下，以免进刀过量损坏梳齿。当梳齿外径车削到离要求尺寸尚有 0.2mm 左右的余量时，应停止车削。吊出转子，装复轴封壳及轴封块；吊进转子，检查轴封间隙。若间隙过小，可用上述方法继续车削，直到符合标准为止。

梳齿车削完毕，应修去毛刺，外圆用砂纸打磨光滑，并全面检查各梳齿是否符合质量要求。对于不合格的梳齿，应拔去重装。

（四）TC2F－33.5 型汽轮机汽封梳齿更换实例

日本三菱公司生产的 TCZF－33.5（40）型汽轮机通流部分的汽封均采用镶嵌在动、静体上的梳齿形汽封。由于投运后，上下汽缸温差超限导致汽缸变形等因素，使汽封梳齿磨损严重，间隙增大，漏汽损失增加，汽轮机效率降低。为了提高机组效率，决定更换汽封梳齿。更换工艺除上述常规工艺外，还需补充下列工艺。

1. 准备工作

（1）假轴瓦准备。由于电厂条件限制，汽轮机转子上汽封梳齿的车削工作只能在现场进行。又因该类型汽轮机第 1、2 轴瓦为可倾瓦，工作时必须有足够的润滑油，而检修期间油系统已解体检修，因此不可能利用原来的轴瓦为转子盘动的支承轴承。为此，必须加工 2 个圆筒形假轴瓦，其结构同普通圆筒形轴瓦相似。壳体为铸铁，下瓦镶嵌三块调整块，以调整转子中心，瓦面浇铸轴承合金。为了减小转子盘动时的跳动量，轴瓦油隙缩小到 0.10mm 左右，下瓦两侧按轴承检修处理，底部接触角为 60°左右。为便于盘动转子时加润滑油及观察轴瓦工作情况，一般不扣上瓦。但必须将下瓦左右侧用压板压住，防止盘动转子时随转子转动。

（2）盘车准备。汽轮机转子汽封梳齿的车削，应控制在被车削梳齿

的线速度为 1m/s 左右。因此，必须配制一套临时盘车装置。考虑到 TC2F
-33.5（40）型汽轮机汽封梳齿直径较大，现场条件较差等因素，决定
采用 3r/min 的原有盘车设备。这样，当更换高、中压转子上的汽封梳齿
时，必须将高、低压转子的联轴器用 4 个螺栓连接在一起。低压转子的联
轴器必须脱开，并将发电机转子向励磁机侧移动约 1m，以便安装轴向推
力装置。用 4 个特殊螺栓将盘车大齿轮与低压转子连接在一起。

盘车设备自启动装置必须出系，盘车电动机电源用临时电源接通，并
设置 1 个由车工控制启停的近控开关。

盘车设备减速齿轮的润滑由临时设置的小油泵供给。

第 1~4 轴承的润滑油用带放油阀的油桶从轴颈顶部加入，并在盘车
期间不能中断。

2. 旧梳齿嵌条车削

要拆除旧梳齿，必须先将嵌条车去，然后将旧梳齿拉出。嵌条车削时
必须从中间进刀，严防车到转子或静体本身，只要能将旧梳齿拆出即可。

3. 新汽封梳齿安装

将新汽封梳齿核对准确后清除毛刺，并将齿槽和齿擦干净，认准齿的
方向，将齿嵌入槽内，然后将嵌条轻轻压进槽内，用前述方法将嵌条打
紧。在装调节级汽封片时，应先将汽封片装进槽内，然后装锁紧片，最后
将嵌条轻轻打进槽内，并用上述方法将嵌条打紧。当整圈汽封片装完后，
全面检查一遍，确认无误后，即可用专用工具将锁紧片捻铆，捻铆工艺与
汽封片镶嵌工艺相同。整圈锁紧片捻铆完毕，汽封片安装即告结束。

（五）直轴

汽轮机发生大轴弯曲事故后，必须进行直轴工作。由于转子是精密而
庞大的构件，所以直轴工作是很复杂的技术性工作，必须持慎重态度。由
于直轴工作很少，尚缺现场经验，故本书只作简要的介绍。

1. 转子弯曲的原因

转子发生永久性弯曲，往往是因为大轴单侧摩擦过热而引起的。金属
过热部分受热膨胀，由于周围温度较低部分的限制而使热膨胀处产生了压
应力。当压应力大于该材料的屈服点（屈服点随温度升高而降低）时，过
热部分就发生塑性变形，并因受压而缩短。当转子完全冷却时，过热部分
因塑性变形，其长度比其余部分短，使转子向相反方向弯曲，摩擦伤痕就
处于轴的凹陷侧。

直轴用的局部加热法就是利用这种原理，即对转子弯曲最大的凸出部
分进行局部加热，使其产生塑性变形，当冷却时转子就向弯曲相反方向变

形，从而使轴伸直。

2. 转子弯曲的测量和检查

转子弯曲测量的工艺方法与径向晃度测量相类似，其不同之处是弯曲测量点的分布应根据轴弯的实际情况而定。一般来说，测点越多，测出的最大弯曲值越准确。同时利用各测量点测得的数值，绘制轴弯曲线，以求出弯曲最大点和最大值，为直轴提供依据。当轴弯曲不是同一方向时，即为扭曲弯曲。这种弯曲应仔细找出几个方向的弯曲最大点和最大值，应分别绘制几条轴弯曲线。

当找出弯曲最大点后，应对摩擦凹陷用砂纸打光或用砂轮磨去毛刺或磨痕，用着色探伤或其他无损探伤检查。当发现裂纹时，应在直轴前用砂轮或车削加工的方法除去裂纹，以免在直轴时因附加应力影响，使裂纹扩展。同时，对摩擦部分和正常部分做硬度试验。当发现淬硬组织时，应在直轴前对该部分进行退火处理。

3. 直轴方法的确定

直轴的方法通常有下列几种：

（1）捻打法，用人工对转子弯曲的凹陷侧进行捻打，使该部分金属纤维伸长，使轴校直。

（2）加压法，用千斤顶把转子弯曲的凸起部分压向凹陷侧，使轴校直。因为转子有弹性变形，所以用这种方法直轴必须反复多次。

（3）局部加热法，一般用氧–乙炔焰加热转子凸起部分，使该处金属纤维缩短，使轴校直。

（4）局部加热加压法，预先在转子弯曲的凸起部分加压，使转子产生预应力，然后对该处局部加热。加热时，转子受热处欲向上弯曲，此时受到预应力的阻止，膨胀的压应力与预应力叠加在一起，使局部加热处的应力比加热时容易大于转子材料的弹性极限，因此直轴效果较前三种好。

（5）内应力松弛法，利用金属在高温下的松弛性能，即在一定的应变下，作用于零件的应力会逐渐降低的现象，在应力降低的同时，零件的弹性变形会部分转变为塑性变形，达到直轴的目的。

根据上述原理，在转子最大弯曲部分的轴圆周上，用感应加热或远红外加热设备，加热到低于回火温度 30~50℃，接着向弯曲凸起部分施压，使转子产生弹性变形。在高温条件下，作用于大轴的应力逐渐降低，同时弹性变形逐步转变为塑性变形，从而使轴校直。这种校直后的轴没有残余内应力，稳定性较好。

选用何种方法直轴是由转子弯曲的大小、轴的直径、转子长度、转子结构、轴的材料等因素决定的。对于大功率汽轮机转子来说，因为强度高的转子用（1）（2）（3）三种方法来直轴是无济于事的，即使直好了轴，由于内应力未消除，使用后仍有可能产生弯曲。所以超高压大功率汽轮机转子的校直，宜选择内应力松弛法较妥。

4. 直轴实例

为了更好地掌握直轴工艺，现将某台汽轮机高压转子直轴实例介绍如下：

（1）大轴弯曲原因及其测量。某发电厂某型汽轮机高压转子为整锻转子，转子上装有 1 个调节级、11 个压力级。该机第一次启动以后经两次甩负荷，转子挠度指示增大。在第 11 次热态启动时，转速升到 1300r/min 时，2 号轴承振动达 0.12mm，高压前轴封摩擦冒火花，前轴承箱晃动，紧急脱扣停机，惰走仅 2min。当时投用盘车装置，转子盘不动，23min 后用行车将转子盘动 180°，1h 后，投水力盘车连续盘了两昼夜，但转子晃度始终为 0.50mm，确认轴已弯曲。揭汽缸大盖检查发现高压前轴封齿大部分已磨倾倒，第 1 ~ 8 级叶片铆钉头及隔板阻汽片在 90°范围内均有磨痕。

该汽轮机高压和中压转子采用三轴承支持，高压转子仅有一个轴承。揭盖后在高压和中压联轴器连接的情况下测转子弯曲度。因前轴封齿均已磨倾倒，在轴封部位无法测量，故只能在轴封两侧沟槽内安装百分表测量绘成曲线，如图 6 - 2 所示。由图 6 - 2 可见，转子最大弯曲中心在 4 号轴封中心稍偏前，凸出方位在联轴器 11 号螺栓孔偏 12 号螺孔处，其弯曲值为 0.72mm。此后，将转子吊出放在直轴台架的滚珠支承装置上复测弯曲度，并在以后每次测量时，均在该台架上进行。因支点位置改变，测得的最大弯曲值为 0.70mm，弯曲中心及方位未变，说明测量正确无误。

（2）直轴方案的选择。根据上述测量，轴弯曲度较大，加上该转子为合金钢制成，若采用局部加热法直轴，加热温度难以控制，易产生新的内应力和表面裂纹，对转子寿命不利，故决定采用内应力松弛法。

内应力松弛法直轴的两个主要条件是应力和温度。加力的大小和加热温度的高低对应力松弛有显著影响，故适当采用较大的应力和提高加热温度，可以加速直轴过程。

考虑该转子材料为 30Cr2MoV 钢，其屈服强度较高，抗松弛性能也较好，直轴应力可以取 60 ~ 70MPa；加热温度应低于原回火温度 30 ~ 50℃，取 660℃，否则会引起材料性能的改变。

为了加速直轴过程，决定直轴前回火，加压直轴和直轴后稳定回火处

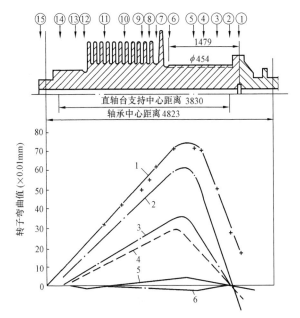

图 6-2 直轴前后弯曲变化曲线

1—直轴前在汽缸内测得（联轴器）；2—直轴前在直轴台上测得；

3—回火后；4—第一次加压后；5—第二次加压后；

6—第三次加压回火冷却后

理连续进行，中间不降温。

（3）直轴前的准备工作。直轴前的准备工作如下：

1）加压及支承装置。加压支承装置如图 6-3 所示。它由 100t 油压千斤顶、6 根 40 号工字钢组成的框架、滚珠支承装置及两根直径为 80mm 的拉力螺杆等部件组成。

两个滚珠支架支持在转子两端的油挡环处，作为盘车及测量弯曲时用。直轴加压时，用斜铁将转子顶离 1 号轴承处的滚珠支架，作为一个支点（下支点），在调节级和第二级叶轮之间，用两根直径为 80mm 的拉力螺杆将转子和工字钢框架拉紧，作为第二个支架（上支点），在联轴器处用油压千斤顶加压。

2）测量装置。测量转子弯曲度共设设 15 只百分表，为了使表计不受框架弹性变形的影响，另设龙门架焊以槽钢，安装百分表，以保证测量值

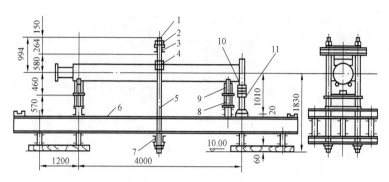

图 6 - 3　直轴台架示意

1—M80 螺母；2—30mm 厚垫圈；3—上梁；4—垫块；5—M80 螺栓；6—底框；
7—下梁；8—瓦座；9—滚珠支承；10—弧形垫；11—千斤顶

的正确性。

测量温度采用直径为 1mm 的 EV 型热电偶，用电熔点焊机点焊在轴表面上。温度测点共设 15 点，铜线圈中心上、下、左、右四点，铝线圈中心上、下、左、右四点，调节级叶轮两侧内外四点，两个线圈中间一点，轴中心孔内两点。

3）转子材料检查。根据制造厂提供的资料，该机高压转子材质为 27Cr2MoV 钢（相当于 P_2 钢）。

转子未磨损部位硬度为 HB218，磨损处因凹凸不平和汽封槽狭窄，无法测量，只能宏观检查，未发现裂纹。

局部涡流发热，在支架两端托辊座下各垫 30mm 厚的铜板，并用铜螺栓连接。

（4）直轴前的回火处理。回火处理在直轴台上进行，将最大弯曲点朝上，以 50～60℃/h 的加热速度升温到 650℃，恒温 5h。实际在升温过程中，发现两个线圈中间点的测点温度最高。如果两个线圈各处均要达到 650℃，则该测点的温度将超过 660℃。故将铜线圈停止加热，先用铝线圈升温到 650℃，恒温 5h，进行回火处理，再以 20～30℃/h 速度降温，然后用铜线圈升温到 650℃，恒温 5h。这样，实际回火处理加热时间共 29.5h。回火后保持温度进行 180°盘车，使转子上下温度均匀后，进行轴弯曲度测量。测得最大弯曲度为 0.45mm，比回火前减小 34%，在加热过程中转子内外壁温差始终小于 20℃，故轴中心孔内的电阻加热器未投运。

（5）加压直轴。直轴加压时，转子最大弯曲点仍朝上，铜线圈部分温度保持在650℃。为延长线圈1的加热长度，充分发挥加压对直轴的作用，线圈2保持一定温度下，用斜垫铁将转子顶离1号轴承处的滚珠支架，将油压千斤顶油压逐步升压至17MPa，联轴器上抬15mm，主要是框架变形，拉力螺杆伸长，支点B上抬5.55mm，使S点大幅度上抬。当千斤顶油压保持17MPa，恒压4h，联轴器上抬了0.18mm，此即为有效松弛值。在第一个小时内松弛较快，以后逐步减慢直至不变，而油压却自行上升到17.5MPa。4h后松开千斤顶，每隔5min将转子盘180°，使转子上下温度均匀，测量弯曲，此时切断电源，并使转子温度始终保持在650℃。第一次加压后，测得转子最大弯曲为0.37mm，比加压前下降18.8%，弯曲点及方位未变。

经分析研究，认为第二次加压如不增加温度和应力，效果必然不佳，故决定将转子温度提高到660℃，同时将应力增加至65MPa，经计算千斤顶油压应为21.2MPa。加压时，转子最大弯曲点仍朝上，当升压到21.2MPa时，框架B点上抬5.75mm，联轴器上抬17.15mm，然后恒压2h，测得有效松弛值为0.70mm，最后油压自行上升到21.8MPa。从百分表上观察到，此时已过校约0.10mm，即转子向相反方向弯曲0.10mm。但松开千斤顶后，测得转子最大弯曲为0.09mm，弯曲点及方位未变，说明转子过校为弹性变形。

第三次加压，应力提高到70MPa，计算千斤顶油压为22.5MPa，温度保持在660℃，框架B点上抬5.77mm，而联轴器上抬17.34mm，恒压3h，测得有效松弛值为0.36mm。此时，油压自行上升到23.4MPa，从百分表上观察到已过校0.28mm。松开千斤顶后，每盘180°，过校弯曲度减小0.01~0.02mm。1h后过校值减至0.12mm，2h后减至0.08mm，最后测得转子最大弯曲为反方向0.04mm，即过校0.04mm。考虑回火降温后，弯曲将继续减小，故认为转子已校直，开始直轴后的稳定回火处理。

三次加压，从开始到结束，共用22.5h，其中以第二次加压效果最佳，有效松弛为0.28mm，转子弯曲度降低75.5%。

（6）直轴后的稳定回火处理。第三次加压结束后，即保持650℃，恒温8h，然后以20~30℃/h的降温速度将温度降至250℃，切断感应线圈电源，使其自然冷却。恒温及降温过程中，间断地将转子盘动180°，300℃以上每5min盘一次；200~300℃时每10min盘一次；100~200℃时每20min盘一次；100℃以下停止盘车。待温度降至室温后，测量转子最大弯曲度为0.03mm，直轴合格。直轴温度曲线如图6-4所示。

（7）直轴后的检查。直轴后因晃度不大及条件限制，决定不再找动平衡。当高、中压转子连在一起后，发现高压轴封处最大晃度增加到0.09mm，分析认为是转子支点改变所致。于是将高、中压转子联轴器重新找中心，并将高压转子联轴器往相反方向调整，使前轴封处最大晃度减小到0.055mm，同时将联轴器螺栓孔全部重新铰配。最后，联轴器连接后测得中压转子联轴器晃度为0.03mm，高压转子联轴器晃度为0.055mm。

机组直轴后第一次启动前，先用电动盘车（40r/min）转动转子监视数小时，后改用水力盘车（105r/min）转动，消除局部摩擦后才冲动转子。在400r/min和1200r/min处各暖机1h，一切正常后升速至3000r/min。整个升速过程中，振动均在合格范围内。定速后，各轴承振动比直轴前略小，带负荷后振动也不大。以后又启动一次，振动情况不变。实践证明，采取上述直轴措施，效果是良好的。

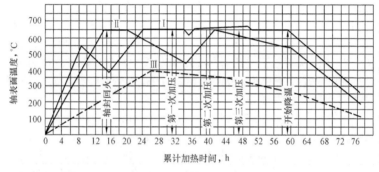

图 6-4　直轴温度曲线

Ⅰ—最大弯曲点（线圈 1 中心）；Ⅱ—轴封回火段（线圈 2 中心）；

Ⅲ—第一段轮盘根部

第三节　动　叶　片

叶片是汽轮机的重要部件，有动叶片和静叶片之分，前者安装在转子上，后者安装在隔板或静叶环上。叶片又是使蒸汽的热能转换成机械能的重要部件，在设计制造时，既要考虑叶片有足够的强度，保证叶片不断裂，又要有良好的型线，达到最佳的级效率。汽轮机叶片由高压级到低压级，其长度也由高压向低压逐步增长。超高压大功率汽轮机的叶片，短者仅几十毫米，长者达 1m。叶片既长又大，在汽轮机高速运转时产生很大的离心应力和弯应力，所以工作条件十分复杂。汽轮机因叶片断裂而发生的事故屡有发生。本节将重点介绍叶片的检查、更换工艺及断裂原因分析和预防断叶片的措施等。

一、动叶片的结构

（一）动叶片的分类

汽轮机的动叶片种类和型式很多，大功率机组动叶片的结构有下列几种：

（1）按叶片截面形状分，有等截面叶片和变截面叶片。前者用于长度较短的叶片，其断面不随叶片高度变化而改变。后者用于较长的叶片，因为叶顶与叶根处圆周速度相差很大，为了使汽流在通流部分获得良好的流动角度和使叶片具有足够的强度，所以将通流部分的截面设计成沿高度变化并沿高度扭曲的叶片，如图6-5所示。大型机组大部分叶片均采用这种结构，其级效率相对来说比其他类型叶片的级效率要高。

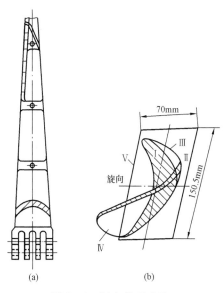

图6-5　扭变截面叶片
（a）叶片正视图；（b）叶片I～V截面图

（2）按叶片的作用分，有反动式和冲动式两种。反动式叶片除了将蒸汽的动能转变成机械能外，还同时具有蒸汽在叶片内膨胀做功的作用。

所以反动式叶片的级效率比冲动式叶片的级效率高。

（3）按叶顶结构分，有铆钉头的、复环与叶片一体的及无复环的三种，如图6-6所示。

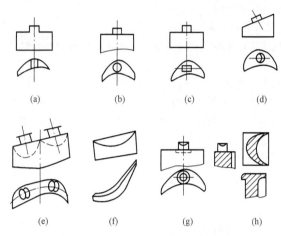

(a)   (b)   (c)   (d)

(e)   (f)   (g)   (h)

图6-6　叶片顶部结构形式

铆丁头一般有圆形、方形、矩形和菱形，除了较宽的叶片有两个铆钉头外，一般采用一个铆钉头。图6-6（a）常用于一组叶片的顶部，一次同时从两面铣出铆头先轧叶片上；图6-6（b）用于较厚的叶片上；图6-6（c）用于节距小而厚的叶片上；图6-6（d）用于斜叶顶的叶片上；图6-6（e）用于宽度大、叶顶薄的叶片上，为了铣出铆头而把叶顶加厚；图6-6（f）为叶顶薄而没有复环的叶片，常用于汽轮机末几级的叶片上；图6-6（g）用于铆钉头直径较大的叶片，为使铆时铆钉头根部不胀趴以保持复环与叶顶良好接触，同时避免铆钉头根部应力集中，在铆钉头周围车出一条环形凹槽；图6-6（h）是复环与叶片连成一体的叶片，它具有较高的强度和良好的汽流通道。这种结构在国产大机组上已广泛采用。

（4）按叶根分，有T形、叉形、菌形、枞树形（侧装式）、双T形等结构，如图6-7所示。由于叶根承受周期性蒸汽作用力和离心力的叠加作用，又具有较大的应力集中，所以叶根结构是否合理对叶片的安全运行起着重要影响。故现代大型汽轮机叶片大多数采用T形、双T形和枞树表（侧装式）叶根。因为T形和双T形叶根都不用拉筋，叶根与叶片制成一体，强度较高，加工和安装简单，适用于较短和中等长度的叶片上。汽轮机高、中、低压转子叶片绝大多数采用这种叶根。

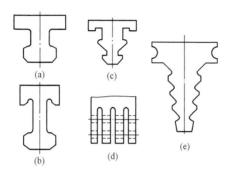

图 6-7　叶根形式

（a）T 形叶根；（b）外包 T 形叶根；（c）双 T 形叶根；

（d）叉形叶根；（e）枞树形叶根

　　枞树型叶根又称侧装式叶根，具有很高的强度，应力分布较均匀，能承受较大的离心力和弯应力，普遍用于大容量汽轮机调节级及末几级叶片上。汽轮机调节级和末级叶片均采用这种叶根。

　　尽管上述叶根具有较高的强度，但当加工和安装工艺不当时，仍会产生叶片断裂事故，详见后述。

　　（二）叶片的分组

　　为了调整短叶片的自振频率或提高效率，大多数汽轮机叶片用复环或拉筋将几个叶片连成一组，或将整级叶片连接成一圈。连接的方式有分组连接、网状（或称交错）连接及整圈（环形）连接等，如图 6-8 所示。

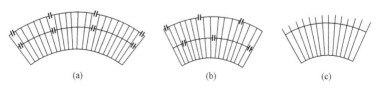

图 6-8　叶片拉筋连接方式

（a）分组连接；（b）网状连接；（c）整圈连接

　　一般短叶片为提高效率采用复环连接，中长叶片用复环和拉筋连接，末级长叶片有自由叶片，也有用拉筋连接并分组的叶片。

此外，现代大功率汽轮机叶片有采用复环、叶片和叶根制成一体的单片式叶片，也称为自带冠叶片。研究表明：自带冠叶片可以防止蒸汽泄漏，减少叶片顶端的横向流动损失，而且自带冠叶片汽动特性和减振特性都明显优于拉筋和凸肩叶片。现在汽轮机有很多都采用此型叶片，能提高机组的效能，增加运行的稳定性。

D4Y454型超临界汽轮机调节级采用由若干叶片组装焊接在一起，形成一个整体围带。装到叶轮上时还加预扭，以提高叶片承受蒸汽作用的能力，减少潜在的产生裂纹的可能性。由于整个轮盘形成一个等应力盘，无应力集中问题，也没有叶根的齿和销孔误差造成的附加应力和附加荷载。另外，无叶轮的壁厚部分，在启停和负荷变化时不受热应力限制。

二、叶片的检查

汽轮机叶片承担着能量转换的重要作用，工作情况十分复杂，电厂汽轮机断叶片事故常有发生，因此在机组大修时应加强对叶片的检查。

叶片检查一般分两步进行，第一步在揭开汽缸大盖后，立即用肉眼检查一遍，因为此时叶片尚有余热，也比较干燥，没有或很少有锈斑，看上去比较清晰，若有裂纹、碰擦等情况易被发现；第二步在叶片经喷砂清洗或其他方法清洗后立即进行。常用的检查方法如下：

（1）用肉眼逐级逐片检查一遍，并以拉筋周围、进出汽边、叶片通流部分与叶根过渡区、表面硬化区、铆钉头根部等为重点检查处。用粉笔将可疑处做好记号。

（2）用小撬棒轻轻撬叶片，观察拉筋、铆钉头等是否有脱焊、断裂等情况。

（3）用小铜锤轻击叶片，细听是否有哑声。若有哑声，说明拉筋、铆钉头、叶片等有松动或裂纹。

（4）用百分表在杆架上的叶片或复环上进行测量，用撬棒撬后，观察读数是否变化。若有变化，说明叶片或复环有松动。此方法不适用于TC2F－33.5型汽轮机侧装式叶片，因为该叶片在静止状态是松动的，运行时由于离心力作用将叶片向外缘拉紧而牢固不松动。

（5）对可疑叶片用着色法探伤或其他无损探伤，查明是否确有裂纹、拉筋脱焊等现象。

（6）用超声波或γ射线、X光射线拍摄照片，查明可疑叶根是否有裂纹。其中超声波探伤较可靠。

（7）测量叶片频率与历次检修记录比较，是否有明显变化、频率是否合格。

（8）凡发现叶片复环有轴向、辐向不平整和叶根处不齐时，应作为有裂纹可疑的叶片，并作重点检查。

（9）写出叶片检查的专门报告。

三、叶片损伤的原因分析和处理措施

由于超高压大功率汽轮机的叶片是在高应力和高温、高压等复杂的条件下工作的，所以对于叶片上查出的任何缺陷，均应认真分析和处理，以消除隐患，确保机组长期安全运行。叶片缺陷产生的原因和处理措施通常有以下几种：

1. 机械损伤

叶片的机械损伤取决于汽轮机加工制造、安装和检修的工艺质量。由于加工粗糙、安装马虎或检修工艺不严，新安装或更换蒸汽管道后，冲管未严格执行部颁标准的要求，从锅炉到汽轮机的蒸汽系统残留的焊渣、焊条头、铁屑等杂物，随高速蒸汽流过滤网或冲破滤网进入汽轮机，将叶片打毛、打凹、打裂。另外，由于加工粗糙、设计不合理，汽轮机内部本身残留的型砂，以及汽封梳齿的碰擦、磨损掉下的铁屑等也会将叶片打坏、打伤。由于安装、检修工艺不严，螺母、销子未加保险，运行中因振动而脱落，杂物遗留在汽轮机内部等，将叶片打伤、打毛、打裂。运行不当或其他原因，也会造成汽轮机动、静部分碰擦而损坏叶片。汽轮机本身叶片断裂，也会导致打伤、轧伤相邻叶片，等等。

对于上述原因造成叶片的机械损伤，应首先找出原因，然后视实际情况进行处理。一般来说，对于叶片被打毛的缺陷，仅用细锉刀将毛刺修光即可。对于打凹的叶片，若不影响机组安全运行，原则上不作处理。一般不允许用加热的办法将打凹处敲平。因为加热不当会使叶片金相组织改变，机械性能降低；另外也由于将叶片打凹处敲平，材料又一次受扭扩往往在打凹处产生微裂纹，成为疲劳裂纹的发源处。只有在有把握控制加热温度的情况下，才可采取加热法整平叶片，但加热温度应适当，以防叶片产生裂纹。对于机械损伤在出口边产生的微裂纹，通常用细锉刀将裂纹锉去，并倒成大的圆角，形似月亮弯。对于机械损伤造成进、出口边有较大裂纹的叶片，一般采取截去或更换措施。当截去某一叶片时，应在对角180°处截去同等质量的叶片或重新校动平衡。总之，对于机械损伤的叶片，处理应仔细，严防微裂纹遗漏，造成事故隐患。

第六章　转子及轴系检修

2. 水击损伤

汽轮机水击多半是在启动和停机时，由于操作不当，或设计安装对疏水点选择不合理，或检修工艺马虎，杂物将疏水孔阻塞而引起的。如某台汽轮机高、中压外缸疏水点距离汽缸最低位置尚有 30mm，启动、停机时可能在该处积水 30mm 深。因发现处理及时，未造成叶片水击现象。

水骤然射击在叶片上时，使其应力骤增，同时叶片突然受水变冷。所以，水击往往会使前几级叶片折断，使末几级叶片损伤。水击后的叶片常使进汽侧扭向内弧，出汽侧扭向背弧，并在进出汽边产生微裂纹，成为疲劳断裂的发源点。另外，水击引起叶片的振动，首先将拉筋振断，破坏叶片的分组结构，使频率下降，继而产生共振而将叶片折断。

由上可知，水击损伤的叶片，损伤严重时应予更换；对于损伤轻微的叶片，一般不作处理。

3. 水蚀损伤

水蚀是蒸汽中分离出来的水滴对叶片所造成的一种机械损伤，一般都发生在低压末级叶片上。这是因蒸汽在汽轮机内膨胀做功到一定程度后显现出的湿度，从湿蒸汽中分离出来的水分靠惯性、旋涡扩散、旋涡撞击等作用在静叶片上，集结起来形成水膜。当水膜在离开静叶出汽边时，由主汽流作用将水膜撕裂，形成水滴。水滴的速度远低于蒸汽速度，因此在进入动叶片时，即撞击叶片入口侧背弧，而且叶顶圆周速度越高，水滴撞击叶片的速度也越高。所以，大容量汽轮机末级叶片水蚀比小容量机组严重。为了防止水蚀，汽轮机末级叶片入口侧背弧从叶顶起，焊有长 300mm 左右的硬质合金带（司太立合金），以防止或减缓末级叶片水蚀。

对于水蚀损伤的叶片一般可不作处理，更不可用砂纸、锉刀等把水蚀区产生的尖刺修光。因为这些水蚀区的尖刺像密集的尖针竖立在叶片水蚀区的表面，当水滴撞击时，能刺破水滴，有缓冲水蚀的作用。所以，水蚀速度往往在新机组刚投产第 1~2 年最快，以后逐年减慢，10 年以后水蚀就没有明显的发展。同时，由于水蚀损伤在叶顶处最严重，其强度的减弱几乎与因水蚀冲刷掉的金属质量而减小的离心力相当，因此由此产生断叶片可能性较小。如某台汽轮机末级叶片水蚀损伤已发展到拉筋孔附近，有的叶片已被水蚀成穿孔，但运行近 10 年没有断裂。所以在没有有效的防水蚀措施前，对水蚀损伤的叶片不必作任何处理。

4. 叶片的腐蚀和锈蚀

叶片的腐蚀往往发生在开始进入湿蒸汽的各级，因腐蚀剂需要适度的水分才会发生化学作用。但是，当水分多到足以将聚集的腐蚀剂不断地冲掉时，腐蚀作用又不会发生。

汽轮机叶片均为不同成分的钢材制造，所以其腐蚀主要是应力腐蚀，它是由腐蚀和应力结合所产生的，它所造成的裂痕是将结晶颗粒扯破，延续成裂纹。当叶片冷加工后热处理不当时，又有应力集中存在或表面粗糙度较大时，都将助长应力腐蚀的发生和发展。应力腐蚀的主要腐蚀剂是氢氧化钠。

锈蚀是金属被氧化的结果。锈蚀在汽轮机通汽部分是常见的一种损伤，而且多半发生在汽轮机的中、低压部分。当蒸汽里含有碱质或酸性物质时，锈蚀更为强烈，这种现象在日常生活中能普遍见到，如果在蒸汽里同时存在二氧化碳，则锈蚀会格外强烈。实际上，汽轮机在运行中，在多数情况下，锈蚀和冲蚀是共同起作用的。

汽轮机叶片虽然用不锈钢制造，它与其他材料相比要耐用得多，但是并非不锈钢就完全不会生锈。含铬量为 12% ~ 14% 的不锈钢，本身不能抵抗氯离子。不锈钢的防锈作用是因为其表面能产生一层含铬的氧化物起保护作用的结果。但是遇到能侵蚀铬的物质，这个保护层就将失去作用。属于侵蚀最剧烈的是盐酸和氯盐（氯化钠、氯化镁）的水溶液，氯化物将铬氧化物保护层侵蚀烂穿，并与内部的钢材接触，于是钢材氯化物和附近的铬氧化物保护层三者发生电化学反应，结成局部电池。这个作用使内部钢材被腐蚀成深洞。在这种情况下，腐蚀总是同锈蚀作用相结合同时发生的。如某型汽轮机两根低压转子共 24 级叶片材料均为 1Cr13、2Cr13 不锈钢，经过 10 余年运行，叶片表面已被腐蚀和锈蚀成深约 0.3mm 的密集凹坑，频率有下降趋势，第 22、28、34、40 级叶片频率下降约 10Hz，有些叶片频率已降到不合格范围，使复环发生断裂等。所以，必须严格控制蒸汽品质和停机时保持低压缸内的干燥度，如控制向凝汽器内排放较高温度的疏水和放水，以减缓腐蚀和锈蚀的速度。

四、叶片断裂的原因分析和改进

上面分析了汽轮机叶片损伤的几种情况，但在现场检修中，因这些因素使叶片折断的实例尚不多见。然而，不管是国产机组还是进口机组，不管是中小型机组还是大功率机组，因其他因素引起叶片断裂的事故屡见不鲜，对国民经济造成了很大损失。尤其是大机组断叶片事故，其危害和影响更大。如某厂在 24 年内，共发生断叶片事故 40 级次，其中两台机组投运 5 年发生 14 级次，叶片断裂的主要原因见表 6 - 1。

第六章 转子及轴系检修

表 6 - 1 　　　　　　　　　　某厂汽轮机叶片断裂原因统计

序号	主　要　原　因	级次	占断叶片事故百分比率（%）
1	因设计安装等因素使频率不合格，或频率安全裕度小或低频率运行	21	52.5
2	材料质量不佳或热处理不当	5	12.5
3	加工粗糙，叶片倒圆角太小	4	10.0
4	安装质量不佳，分散率不合格，运行中频率下降	7	17.5
5	其他外力（如异物轧伤、轧断）损伤	3	7.5

　　由表 6 - 1 可知，叶片断裂的主要原因为频率不合格或频率安全裕度较小，低频率运行时落入共振区，使叶片发生共振而疲劳断裂。然而，叶片频率不合格的主要原因是设计不当和安装工艺不良。安装工艺不良，使叶片分散率不合格，运行中频率下降，使叶片频率由安装、检修时的合格范围下降到运行后的不合格范围，致使叶片断裂。由此可见，只要设计时避开了叶片频率不合格范围，安装工艺方面采取了保证质量的措施，叶片的断裂事故一般可减少 60% 左右。

　　为了进一步阐明叶片的断裂原因和改进措施，现将某型汽轮机叶片断裂事故和改进措施较为典型的例子分别介绍如下。

　　1. 高压转子调节级叶片的断裂原因及改进措施

　　某厂一台汽轮机安装投运 1124h 后检查发现，高压转子调节级叶片叶根 8 片有裂纹。

　　该叶片型线为 70HQ - 1，共装动叶 62 片，每两片在复环处焊接成组，材料为 15Cr12WMoV，工作温度为 537℃，叶根为枞树形。

　　从宏观检查看，两叶片断面表面呈蓝黑色细瓷贝壳状，疲劳前沿裂纹线清晰可见，疲劳起源点往往有几点，形成多个疲劳面，并有明显台阶。同时在有裂纹的小脚上有清楚的压痕，可见该处应力较大，属于高应力疲劳断裂。从材料的机械性能看，15Cr12WMoV 技术标准为 $\sigma_b = 735 \sim 833\text{MPa}$，$a_k = 58.8\text{N} \cdot \text{m/cm}^2$，断叶片试样实测为，$\sigma_b = 784\text{MPa}$，$a_k = 91.9 \sim 118.6\text{N} \cdot \text{m/cm}^2$。因此，材料机械性能均达到和略高于标准。从材料金相组织看，为索氏体和分铁素体，分铁素体数量稍多，并分布不均匀，显得不够理想，但总的来说，材料方面没有大的问题。

经分析，初步认为高压调节级叶片是属高应力疲劳断裂，这与叶片的结构和安装工艺有关，加上两片叶片成组时的焊接应力，这些因素是造成叶片断裂的主要原因。

根据上述原因分析，仅将调节级叶片全部拆下，换去断裂叶片；对其余叶片做着色法探伤，未发现裂纹。组装时叶根均倒圆角，并研刮到接触面积大于75%，用0.03mm塞尺检验合格。同时，将成组叶片改为单片。

采取上述措施后，机组投运约1600h，检查发现有20片叶片根部与上述类似的裂纹，说明上次断叶片采取的措施不正确。

经过试验，证实单片叶片在侧销完全松动时，会发生切向 A_0。型振动与 n_z 共振，而侧销又没有采取措施使冷态时保证紧固。在热态时由于叶轮材料为 P_2，与叶片材料15Cr12WMoV的线膨胀差值将形成0.06mm的间隙，使侧销完全松脱而产生共振。共振时叶片的振动完全传递给叶根，在叶根上产生较大的动应力，并逐步发展成裂纹。

根据试验分析，将该叶片之间的半圆销改为梯形销，利用梯形销隔振的办法，使叶片的振动不传递到叶根上。另外，加装第二复环使叶片成组，可比单片的动应力降低50% ~ 60%。但是，由于原有叶片已加工成形，无法采取这一措施，故对旧叶片暂未执行此措施。

为了进一步摸清叶片断裂原因和改梯形销的效果，在组装时对该叶片进行频率测量。当梯形销未装，底销上紧时，叶片自振频率为2020 ~ 2504Hz；底销未上紧时，叶片自振频率为1000 ~ 1600Hz，说明底销上紧可以使频率提高500 ~ 1000Hz；梯形销装好并上紧后，频率上升到3050 ~ 3550Hz，说明梯形销可以使频率提高1000Hz左右。所以，叶片组装后测得频率为3080 ~ 3860Hz 和 n_z = 1900Hz，有相当大的安全裕度，不可能出现共振现象。为防止运行中出现叶根底销和梯形销松动而使频率下降，再度落到共振区而发生叶根断裂，可采取如下措施：

（1）梯形销材料采用1Cr18Ni9Ti 不锈钢，利用其线膨胀系数大的特性来抵消因叶轮与叶片材料膨胀形成的间隙。根据计算，现在尺寸的梯形销热态时尚有 0.01mm 的间隙。但是梯形销安装时，上底（小头）朝向叶顶，下底（大头）朝向叶根，当转子在工作转速旋转时，能产生294N的离心力向叶顶方向挤压，从而能保持梯形销的紧力，运行中频率也就不会下降。

（2）虽然叶根的第二根齿到轮槽底之间的膨胀大于叶根，运行中可能出现紧力下降的现象，但是底销的材料选用膨胀系数较大的1Cr18Ni9Ti

不锈钢,并将底销厚度增加 2mm 左右,加上装配时增加预紧力,能弥补这一缺点。

(3) 增加第二圈复环(阻尼复环),使叶片成组,以减小动应力。在自带复环的叶片上加工两条燕尾槽,槽内穿厚度为 3mm 的 1Cr18Ni9Ti 不锈钢带,每组 8 片,交叉成组,每组复环两端点焊。

2. 中压转子第 12 级叶片的断裂原因和改进措施

某中压转子第 12 级叶片,材料为 15Cr12WMoV,工作温度为 457℃,全级共装叶片 104 片,分 4 片一组,共 26 组。叶片采用 50mm 宽扭叶型,叶根为双倒 T 型外包小脚。机组投运 1124h 后,检查发现叶片小脚部分 70 片有裂纹。裂纹分布在进汽侧、出汽侧,大部分裂纹发生在对角线的小脚上。除个别叶片一个小脚上 1 条裂纹外,其余在进出汽两侧两个小脚上有 3~4 条裂纹。

从断裂叶片材料机械性能看,$\sigma_b = 793.8\text{MPa}$, $a_k = 88.2\text{N} \cdot \text{m/cm}^2$,符合该材料的技术标准,材料的显微组织无明显缺陷,所以该级叶片材质没有大问题。

从宏观检查看,叶片断面呈蓝黑色细瓷贝壳状,有明显的疲劳前沿线,裂纹起源点较多,使一个叶根上形成几个断面,并在裂纹起源处有受压印痕。这些特征与调节级断裂叶片相类似,但应力比调节级小。

由于原因不清楚,处理时将全级叶片全部换新,叶片成组不变。

检修后投运 1600h,检查该级叶片,76 片外包小脚有裂纹,情况与第一次相类似。

经过试验,发现该级叶片落入 $n_z = 1900\text{Hz}$ 的共振范围,有下列三种振动:①切向 B_0 型振动为 2050~2079Hz;②多节径带节环的轮系振动为 1912~1958Hz;③复环双节线、叶片单节线扭振为 1912~1958Hz。

由第一次叶片小脚断裂进行金属分析,证明小脚裂纹是振动引起的接触摩擦和氧化而形成的疲劳裂纹,故小脚裂纹与上述共振有关。

为了调开上述三种振动引起的共振,将成组叶片的复环锯开成自带复环的单个叶片并去掉复环的单叶片,以及将叶片长度由原来的 171mm 减到 161mm 进行频率试验。结果除了 B_0 型振动解决外,轮系振动和扭振几乎没有变化。最后改成新的 171mm 不带复环的单片叶片。组装时,对叶轮进行加热,打紧锁紧片,组装后测得轮系振动频率为 $m = 4$, $f = 1620\text{Hz}$; $m = 5$, $f = 1974\text{Hz}$。单片扭振为 1910Hz。

采取上述措施后,经长期运行,叶片小脚未出现裂纹,但是复环去掉后影响机组级效率。后来将原来 38 只静叶的隔板换成 76 只静叶的隔板以改变干扰频率，调开上述三种振动的共振区。同时，将叶片改为 8 片一组，并在离叶根 110mm 处加 φ7 拉筋，拉筋的成组同复环成组，以改变叶片的振动频率。

采取上述措施后，机组经 9 年运行，检查时未发生断裂现象。

3. 低压转子第 35 级叶片的断裂原因及改进措施

某低压 I 转子第 35 级为自由叶片，叶片工作高度为 323mm（以下简称 323 叶片），叶根为双 T 型，叶片材料为 ZCr13，曾发生两次断裂事故。该同类叶片共有 23、29、35、41 级，共四级，所以若不及时找出叶片断裂原因并采取相应措施，机组发生断叶片事故的可能性很大。

第 35 级叶片断裂处离叶根 100mm 左右，断口均由出汽侧开始，进汽侧拉断，叶片断裂线形状几乎相同，断口形貌相似，属切向 A_0 型振动断裂范畴。计算叶片切向 A_0 型振动频率合格范围为

$$K = 4.166Hz < f < 189Hz$$
$$K = 5.222Hz < f < 245Hz$$

叶片实际静频率为 198～210Hz，从数值上看属于合格范围。

从拆出的叶片看，叶根接触情况很差，仅上部有一条线接触。这样计算合格范围的动频率系数 B 就失去了意义，叶片在运行中频率可能下降到共振范围，造成叶片断裂。

从叶片的应力来看，323 叶片进汽侧计算总应力为 118.7MPa，安全倍率 $A_b = 4.4$，并大于安全倍率界限值 $[A_0] = 3.5$，所以进汽侧是安全的，从断口上也可证明这点。出汽侧计算总应力为 181.7MPa，这时估计 A_b 将小于 3.5，叶片就有断裂的危险。从已断的叶片断口上亦证明了这一点。

安全倍率是指用来描述叶片抵抗疲劳损坏的能力，它的最小数值 $[A_b]$ 称为界限值。当 $A_b \geq [A_b]$ 时，则表示叶片强度安全裕度足够；当 $A_b < [A_b]$ 时，表示叶片强度的安全裕度不足。

A_b 值可按下列计算公式计算，即

$$A_b = \frac{K_1 K_2 K_d}{K_3 K_4 K_5 K_u} \times \frac{\sigma_a^*}{\sigma_{sb}^*}$$

式中　K_1——介质腐蚀的影响系数；

$\quad\quad K_2$——叶片表面质量的影响系数；

$\quad\quad K_d$——绝对尺寸的影响；

$\quad\quad K_3$——应力集中的影响；

$\quad\quad K_4$——通道面积改变的影响；

K_5——流场不均匀性的影响，即级前后抽汽排汽的影响等；

K_u——组成影响系数；

σ_a^*——材料的耐振强度；

σ_{sb}^*——振动方向的蒸汽弯应力。

平均应力为　　　　　$\sigma_m = 1.2\left(\sigma_{ct} + \sigma_{cb} + \sigma_{sb}\right)$

式中　　σ_{ct}——离心拉应力；

σ_{cb}——离心弯应力；

σ_{sb}——校核面的蒸汽静弯应力。

上述式中各 K 值可根据有关资料查得，离心拉应力、离心弯应力和蒸汽静弯应力可根据叶片的强度计算和汽轮机的热力计算求得。

当求得 σ_m 后，在有关复合疲劳强度图上按工作温度可查得 σ_a^*。不调频叶片安全倍率界限值 $[A_b]$，对于切向 A_0 型振动频率来说，为了防止该类叶片与 K_m 发生共振的 $[A_b]$ 值规定见表 6 - 2。

表 6 - 2 　　　　　　　　　$[A_b]$ 值

K	3	4	5	6	7	8	9	10	11	12	13 ~ 20	> 20
$[A_b]$	10	7.8	6.2	5.0	4.4	4.1	4.0	3.9	3.8	3.7	3.5	3.0

对于切向型振动频率来说，为了防止该类叶片与 n_z 共振的 $[A_0]$ 值，对所有 K 值均规定 $[A_b] = 10$。调频叶片的 $[A_b]$ 值，对切向 A_0 型振动的 $[A_b]$ 值规定如下。

自由叶片：当 $K = 2 \sim 3$ 时，$[A_b] = 4.5 \sim 5.0$；$K = 3 \sim 4$ 时，$[A_b] = 3.7$；$K = 4 \sim 6$ 时，$[A_b] = 3.5$。

成组叶片：$[A_b] = 3.0$。

对切向 B_0 型振动，规定 $[A_b] = 10$。

为了解决 323 叶片的断裂问题，将 23、29、35、41 级叶片全部拆下，在离叶根 162、237.5mm 处各加直径为 7mm 两半圆拼成的阻尼拉筋，并以 10 ~ 11 片分为一组，交叉排列。同时组装时将叶根进行研刮，改善接触情况等。检修投运后，机组运行 3 年多又发现第 35 级叶片在外圈拉筋处断裂，断口光滑平整，疲劳源从拉筋孔尖端的一侧开始，向叶片出汽边发展，疲劳裂纹线很细很密。分析断裂原因，除改进前的因素外，增加了拉筋孔尖端的应力集中，形成疲劳源，最后发展成疲劳裂纹而断裂。由于这种形式的叶片在上海汽轮机厂 160MW 机组、东方汽轮机厂 75MW 机组、哈尔滨汽轮机厂 200MW 机组和上海汽轮机厂

125MW 机组上普遍使用，并且均发生过叶片断裂事故。为了彻底解决323 叶片的断裂问题，上海汽轮机厂对 323 叶片进行了重新设计并采取了下列措施：

（1）降低蒸汽弯应力，增加叶片厚度，并使切向 A_n 型振动频率提高到较合适的范围，即当 $K=4$、$K=5$ 时，偏离共振区较远。

（2）降低偏心弯应力，从强度计算结果看，原型叶片偏心弯应力方向与蒸汽弯应力方向相同，从而使总应力增大，这很不合理。经过几种方案计算分析和比较，最后采用下述方案：

1）根部截面背弧加厚 0.952mm，顶部切面不加厚，其余切面按线性规律变化加厚。

2）顶部切面向背弧方向移动 4mm，根部切面平移 0.2mm，其余切面按线性规律平行移动。改型前后叶片重心沿叶高分布如图 6-9 所示。从图 6-9 中可以看出，改型前顶部切面的重心偏于内弧侧，其最佳安装位置为 7.8mm 左右。由于结构上的限制，实际安装位置为零，因而由离心力引起的偏心弯应力与蒸汽弯应力方向一致，引起出汽边合成应力过大，降低了安全倍率 A_b 值。将顶部切面相对根部切面往背弧方向移动 4mm，也就是改变叶片重心相对位置，从而使切向偏心弯应力的方向与蒸汽弯应力方向相反，降低了合成应力。

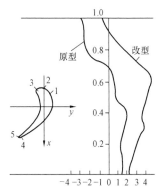

图 6-9 323mm 叶片重心沿高分布示意

由计算可知，不同安装位置在叶片相对高度 0.12 处出汽边的 A_b 值如图 6-10 所示。增加背弧厚度将使最佳安装位置增加，偏心弯应力增加。增加背弧厚度又将改变叶片重心相对位置，则可使其总应力减小，并且使最佳安装位置变小，达到结构上可以实现的数值。改型方案就采用安装位置为 1.7mm，即所谓最佳安装位置。

323 叶片经过改进设计和提高安装质量后，经 7 年多的运行考验，该叶片未出现裂纹和断裂。

综上所述，叶片断裂的原因往往不易找到，只有通过反复试验和实践，才能找到症结所在，从而对症下药，一举解决问题。

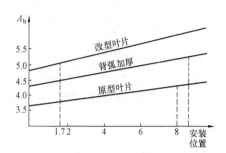

图 6 - 10 最小安全倍率与安装位置关系

五、叶片调频

(一) 叶片调频的基本理论

为了掌握叶片调频的理论依据,使调频工作少走弯路并取得较好效果,在介绍叶片调频方法前,首先将叶片振动特性等有关理论作简要叙述。

汽轮机叶片是具有无限多自由度的弹性体,因而具有一系列的自振频率和相应确定的主振型。在扰动力相同的条件下,不同振型的动应力水平不同,幅值也就不同,因此对叶片的危害性也不一样。

汽轮机在运行中,由于叶片处在转动中工作,叶片上将受到周期性变化的扰动力,或由于机组振动使叶片受到附加的作用力,从而引起叶片振动。由于形成扰动力的源不同,因此不同源产生的扰动力频率可能不同。根据频率的高低,扰动力一般可分为两类。

第一类扰动力是设计的原因及制造、安装的问题破坏了汽流的均匀性,或由于机组振动叶片受到了附加的作用力所形成的。如上下隔板接合面有较大的间隙,喷嘴节距不均匀,静叶损伤,隔板部分进汽、排汽口有加强筋或导流板,级前和级后有进汽或抽汽,喷嘴出口处沿圆周间隙不均匀而引起的抽吸作用不均匀,以及隔板等部件因制造和安装不正确等原因,破坏了沿圆周方向上蒸汽流速的均匀性等,从而激发起叶片的振动。这类扰动力,使叶片每转一圈受力情况变化一次或数次,故称为低频扰动力。

第二类扰动力是由叶片相对于喷嘴或静叶的位置所决定的。汽轮机在运行时,每个叶片相对于喷嘴或静叶的位置不断变化,由于喷嘴或静叶出口边有一定厚度,使出口处的汽流沿圆周形成不均匀状态。当叶片经过两个喷嘴出口汽流的中间部位时,叶片受到的蒸汽冲击力最大,通过喷嘴出口边缘时，所受冲击力较小，因而任一叶片在转动时所受到的蒸汽作用力呈交变性。这类扰动力的频率不仅与汽轮机转速有关，还与全周喷嘴或静叶的数目有关，叶片每转一圈，受力变化次数与喷嘴相等。由于喷嘴数较多，这类扰动力频率较高，故称为高频扰动力或喷嘴扰动力。

叶片受到上述周期性扰动力作用时，可能在不同方向发生强迫振动。为便于分析，通常按照主要的振动方向，可分成下列几种类型的振动。

1. 切向弯曲振动

围绕叶片截面最小惯性主轴的振动称为切向弯曲振动，切向弯曲振动的特点是叶片的每一个等高断面只有切向位移，没有扭转振动，等高面上各点的振动方向和大小都相同。同时，叶片振动时叶根不动，叶顶有位移，一般用 QA 符号来代表切向弯曲振动。由于汽流不均匀所产生的扰动力的作用方向主要在轮周方向，而叶片在这一方向的刚度较小，因而较小的扰动力就可激发切向振动。所以，切向振动是最容易发生而又最危险的一种振动。按叶片振动时其顶部是否摆动，切向振动可分为 A 型振动和 B 型振动两大类。

叶片振动时，叶根不动、叶顶摆动的振动型式称为 A 型振动。通常 A 型振动又分 A_0 型振动和 A_1、A_2 型振动。

A_0 型振动：当叶片作 A_0 型振动时，沿叶片全长均有位移，叶顶振幅最大，自叶顶至叶根振幅逐渐减小。

A_1 型振动：这种振动沿叶片高度有一处不振动，或者称之为 1 个支点；在叶顶处振幅最大，由叶顶向下振幅逐渐减小，至节点处为零。然后，振幅又逐渐增大（但方向相反），达到另一最大值后再逐渐减小，直至叶根处为零。节点上下两部分的振动方向相反，即相位相差 $180°$。

A_2 型振动：这种振动的特点是沿叶片高度出现了两个节点和三个振幅最大值。

若叶片除根部紧固外，叶顶也有支点，则在振动时就可能出现叶根不动，叶顶没有或几乎没有位移的振动，这种振动称为 B 型振动。B 型振动根据叶身上产生节点数目的不同，也可分为 B_0、B_1、B_2 等各种振型。

由此可知，自由叶片是不会发生 B 型振动的。但装有复环的成组叶片，则在叶片作切向振动时，就会发生顶部不动或几乎不动的 B 型振动。一般来说，当叶片发生轴向振动时，因复环并不能增加叶片的轴向刚度，它不可能使叶片顶部保持不动，所以一般情况下，不会产生轴向 B 型振动。所谓 B 型振动通常是指切向振动。

B_0 型振动：B_0 型振动的特征是叶身上没有节点。从叶根向上振幅逐渐增大，在中间某一点处振动达最大值，此后又逐渐减小，直至叶顶处接近于零。由于叶片根部安装的松紧不同，复环铆接质量的好坏，均会使叶片组的 B_0 型振动与理想情况有差别，这就可能产生不对称的 B_0 型振动。

B_1、B_2 型振动：B_1、B_2 型振动的特点是叶身上分别有 1 个节点和 2 个节点。

理论和实践证明，成组叶片的 A_0、A_1、A_2 等型振动和 B_0、B_1、B_2 等型振动频率值是相互影响的。成组叶片作 B_0 型振动时，叶片间的节距由于各叶片振动的振幅和相位不同，是沿叶片高度变化的，在离叶片根 0.6 叶片高度时，振幅最大处节距的改变最显著。若在此处加穿 1 根拉筋，并有足够的刚度，则由于拉筋阻碍叶片间节距的变化，B_0 型振动即不会发生。

在 A_0、A_1 型振动中，组内各叶片等高处振动的振幅和相位相同，因此成组叶片上的拉筋不能阻止这类振动的发生。

2. 轴向弯曲振动

围绕叶片截面最大惯性主轴的振动，称为轴向弯曲振动。

当叶片受到垂直并通过叶型重心轴线的扰动力时，叶片就将产生轴向弯曲振动，并在叶片中产生交变的弯曲应力。

3. 扭转振动

当作用在叶片上的扰动力沿着叶片高度，不全部通过叶片截面重心时，叶片除受交变的弯矩外，尚受到交变的扭矩。若叶片只存在交变的扭矩作用，则叶片将围绕叶片高度方向，通过截面重心轴线而振动，这种振动称为扭转振动。扭转振动使叶片中产生交变的剪切应力。

4. 复合振动

当扰动力不通过叶片截面重心时，叶片一般同时存在弯曲和扭转振动，其合成振动称为复合振动。此时同时存在交变的弯曲应力和剪切应力，两种应力合成交变的复合应力。

以上简述了汽轮机叶片振动的概念，作为现场调频的基本理论知识。

（二）叶片调频的方法

从汽轮机叶片断裂事故统计分析可知，叶片断裂的主要原因之一是叶片振动频率不合格，或者说叶片在运行中，其自振频率与扰动频率发生共振而疲劳折断。如果在现场检修时能采取措施将叶片的自振频率与发生共振的扰动频率调开，则汽轮机叶片断裂事故将大幅度下降。但是，由于某一种叶片从设计、试制、试验到制造、安装，往往要花 1～2 年时间才能实现，如果单靠这方面的措施来解决叶片断裂事故，便会出现许多机组停用待换新叶片的不利局面。对大机组来说，这显然是不可取的方案。所

第一篇 汽轮机本体检修

以，在现场检修中一般采取下列方法进行调频。

1. 改变叶片组的刚度

在现场检修中，改变叶片组进行调频是比较容易实现的，其原理是改变叶片组的连接刚度，一般有下列几种。

（1）拉筋的补焊。叶片拉筋的焊接往往由于拉筋孔清理不干净或焊工的焊接技术水平不够，而使银焊产生气孔或未焊透等缺陷。机组投运后，在焊接质量欠佳的地方产生脱焊或焊口裂纹，使叶片组的频率下降或不合格。此时，可将老的银焊熔掉，并用专用工具将拉筋与孔清理干净，然后进行补焊。拉筋焊接质量提高后，叶片组的频率一般可比原来提高 5% ~ 10%。拉筋焊接银焊不宜堆积过厚，一般以拉筋与孔之间的缝隙填满并牢固为原则，拉筋上银焊可略高于叶片表面，当银焊过多时，因叶片组的质量增加会使频率稍有下降。

当采用拉筋补焊进行调频时，必须注意下列几点：

1）拉筋与叶片拉筋孔必须清理干净，并修去毛刺，拉筋孔倒角须圆滑光洁，对镀铬叶片的拉筋孔处必须将镀铬层清理干净，否则会影响焊接质量。

2）严格控制银焊的温度，因温度过高，拉筋和叶片会产生金相组织的异变，从而降低材料的机械性能。一般银焊的温度不应超过 700℃，但又必须使银焊液能流到所需的焊接处。万一焊接温度控制不当而超过 700℃时，可将焊接处进行 650 ~ 700℃的高温回火处理。

3）焊接时必须每一叶片组焊一片后换另一叶片组，交叉焊接，以免在拉筋中引起较大的残余应力。超高压大功率汽轮机叶片往往有叶片自带拉筋，这种拉筋与叶片的连接强度大于拉筋本身的强度，所以拉筋断裂多发生在两叶片之间拉筋的焊接处。如 350MW 机组末级叶片就属于这种结构的拉筋，每次大修多发现拉筋焊接处断裂，其补焊措施如下：①焊接方式采用手工氢弧焊，焊条为 Cr17 - 4NiPH 日本进口焊条，其化学成分同叶片材料。②焊接前用氧 - 乙炔焰小火嘴局部加热到 150 ~ 200℃。③焊接分上半部和下半部两步进行，这样可减少焊接时的拉应力。若先焊上半部，应将断裂处倒坡口，用氩弧焊敷焊填充，然后将被焊处转到下方，用同样方法将尚余的一半断裂处倒坡口，并进行施焊。焊接结束应用氧 - 乙炔焰小火嘴对焊口加热到 600℃左右进行回火处理。④焊接前后必须在固定点测量被补焊处两叶片间的距离，以监视焊接后是否存在附加应力。⑤将补焊处打磨光滑，并磨去高出拉筋的焊疤，用着色法探伤，应无裂纹。

（2）改变复环和拉筋的尺寸及位置。复环和拉筋尺寸的改变，对叶片组的频率会产生两个相反方向的影响，因此在改变复环和拉筋尺寸后，叶片组频率变化究竟如何，取决于刚性和质量的相对变化情况。又因复环和拉筋尺寸改变后，叶片上或铆钉头所受的离心力和弯应力均发生变化，所以还应进行强度核算。

拉筋位置的改变，对叶片组的频率也有影响，一般当拉筋位于 0.5 ~ 0.6 叶片高度处时，可取得叶片组 A 型频率较高的数值。

另外据上海汽轮机厂介绍，若将复环两侧倒 1.5mm × 1.5mm 的角，以减小复环的质量，可使叶片组频率提高 3% 左右。

根据检修现场调频经验，得出以下几点结论：

1）当拉筋直径不变，改变组内叶片数目时，叶片组频率随着组内叶片数的增加而升高，但增至一定片数时，其频率趋于不变。

2）当组内叶片数不变，改变拉筋直径时，叶片组的频率随拉筋直径的增加而下降。因为拉筋直径增加，使叶片组质量增加，其影响大于因拉筋直径增加而使频率升高的影响。

3）拉筋直径不变而拉筋孔直径加大时，使叶片组的频率有所下降，可能是叶片组刚度降低所引起的。

（3）捻铆复环铆头。用复环连接的叶片组，若因铆接质量不佳使频率不合格，可进一步捻铆铆钉头。但重铆前应作消除冷作硬化处理，重铆时要适度，防止捻铆过头产生复环与叶片离缝或冷加工脆化，引起叶顶、复环、铆钉头裂纹。如某台机组第 15 级叶片复环及铆钉头处发现许多裂纹，就是捻铆工艺差所致。

2. 提高叶片的安装质量

叶片根部的装配紧固程度，对叶片振动频率有很大影响。紧固程度的好坏，取决于叶片的装配工艺和质量。叶片在叶片槽内，应使叶片之间的接触面及叶片与叶槽间的紧力面严密贴合。一般应用红丹粉检查各接触面的接触情况，并用 0.03mm 塞尺片检查，当接触面积大于接触面面积的 75%，0.03mm 塞尺片塞不进时，可认为安装质量合格。否则，接触面应进行研刮。另外，应牢固地装配锁紧叶片，以保证叶片紧固程度。总之，提高叶片的安装质量能相应提高叶片的振动频率。

3. 改变叶片的高度

叶片振动频率与叶片高度的 2/3 次方成反比，因此高度的改变对叶片频率的影响很大。但通过改变叶片高度进行调频，要根据实际可能，一般增加高度是不可能的；缩短叶片高度，除应考虑振动特性符合要求外，还应考虑机组的出力和经济性，以及对下级隔板的吹损等不利因素，所以在不得已时才采用这种方案。如某型汽轮机第 23、29、35、41 级叶片原来高度为 333mm，因断叶片而改为 323mm，调开共振频率。

4. 改变叶片和叶片组的质量

由频率的理论计算可知，叶片频率与其本身的质量的平方根成反比。要改变叶片或叶片组的质量，方法较多，常用下列方法：

（1）叶片顶部钻减荷孔，以提高叶片或叶片组的频率。冲动式汽轮机的叶片，当顶部无铆钉头且有足够厚度时，可钻孔减荷进行调频。由于钻孔，减少了叶片的质量，使叶片频率提高，同时也使叶片根部和叶轮轮缘所受的离心应力减小。但是这种方法工艺要求较高，应用专用工具施工。

（2）采用空心拉筋。在调频时，有时为了提高叶片组的连接刚度，但又不使叶片组因质量增加而使频率降低，这时采用空心拉筋能有效地解决这个问题。

（3）削去叶片顶部进口侧。削去叶片顶部进口侧，其目的也是减小叶片质量，提高叶片频率。

（4）改变成组片数或改单片。改变叶片成组片数，既能改变叶片组的连接刚性，又能改变组内的质量。这种调频方法在检修现场较为方便。但当原来组内片数较多时（冲动式叶片一般每组为 7～8 片；反动式叶片一般为 12～13 片），增加组内片数对提高叶片组频率效果较小。另外，可将成组叶片改为单片进行调频。

改变叶片组内片数，除应考虑叶片的振动特性符合要求外，还应兼顾整圈叶片组的合理布置和组内片数改变对各片所受应力的影响。

（5）捻叶根。对于由于叶片安装质量欠佳，运行后频率下降较多的叶片，一时又无能力解决的，可采用捻紧叶根轮缘处的外露部分，以提高叶根的紧固程度，从而提高叶片的频率。

5. 其他方法

叶片调频方法，除上所述外，还有以下几种常用方法：

（1）增加拉筋。当叶片产生切向型共振时，在叶片最大振幅处加穿一根拉筋，便可消除切向型振动。

（2）增加阻尼复环。为了减小叶片的动应力，往往将整级叶片用网状交叉连接的方式，连成整圈。但是有些短而大的叶片无法用拉筋来实施这种网状交叉连接，所以在较宽的复环上加穿网状交叉的阻尼复环。该阻尼复环穿在叶片自带复环的燕尾槽内，前后共两圈，每圈以 8 片叶片为一组，前后两圈分组在每组中间一片交叉，每组复环两端用电焊与叶片自带复环点牢。这样形成了类似整圈阻尼拉筋的结构，从而抑制了叶片的振动，保证了叶片的安全运行。

（3）改变高频扰动力的频率。由前述可知，高频扰动力又称喷嘴扰动力，所以改变高频扰动力的频率，就是改变喷嘴或静叶的只数，即重新设计喷嘴或隔板。

总之，叶片调频的方法较多，不再一一介绍。在检修现场，当发现叶片振动特性不符合要求时，应分析叶片振动类型，根据实际情况，选择调频方案。若一时没有把握将叶片频率调好，可先选比较容易的方法进行调频试验，直至找到最佳调频方案。

六、叶片更换

由上述可知，汽轮机叶片安装质量的好坏，对叶片振动特性有直接的影响，而且影响很大。所以，汽轮机叶片的更换是汽轮机检修工作中工艺要求高、技术复杂、工作量大的项目之一。一般必须制订专门措施，经参加换叶片的工作人员学习和讨论后执行。在确定换叶片项目时，可根据叶片的损坏原因和情况，以及备品叶片的数量和质量等因素，决定是整级更换还是局部更换。更换新叶片时，一般分准备、拆卸和组装三个阶段。

（一）准备阶段

根据更换叶片的级别，制作轴向、辐向样板；加工好冲头、楔子、铅锤（2kg 左右）、板钻架、小千斤顶；配备好摇臂钻床、电钻、角向砂轮机、行灯、碘弧灯、0~25mm 及 25~50mm 千分卡、游标卡，以及盛放新、旧叶片的箱、盒、盘和常规工具等。

领出新叶片，做好下列工作：

（1）用煤油洗净新叶片上的防腐油类，检出加厚或减薄的非标准片，分别放在专用箱、盒、盘内。

（2）核对各部分尺寸，其长度应用钢皮制的专用样板检查，长者应修整。若新叶片有拉筋孔，其高度和中心偏差应小于 0.5mm；不符合要求者应另放，以便数量不够时备用，用轮槽样板检查叶根的加工情况，对其他尺寸按图核对。

（3）将叶片的叶根处棱角倒钝，尖角及拉筋孔倒圆。进行宏观检查和着色法探伤。清点数量，做好记录。

（4）对标准叶片进行称重，并将质量基本相同（误差小于 2g）的叶片放在一起。待全部称完后按质量和数量在圆周上进行初步排列，同时对称地加进加厚和减薄片，使圆周各方向上的叶片总质量基本相等。排列好后立即在叶根的外露部分打上钢印号码。

（5）平叶根的平面应先在平板上检查并研刮，然后将相邻两叶片的叶根进行检查，并进行初步研刮。

（6）用清洁煤油把叶片擦拭干净，用清洁白布包好，放平放整齐。

确认备品叶片数量齐全，质量符合要求，可最后决定更换某级叶片。

（二）旧叶片的拆卸

旧叶片的拆卸工艺和要求，取决于该旧叶片是否要修正后再使用。若决定拆下叶片不再使用，其工艺除了要求不损伤叶轮外，其余均可按实际情况采取快速拆卸的办法，如将复环、拉筋用氧－乙炔焰割断等。若拆下旧叶片，要求选择好的继续使用，则拆卸工艺要求较高。下面介绍 T 形或双 T 形叶根的叶片和侧装式（枞树形叶根）叶片的拆卸工艺。

1. T 形或双 T 形叶根叶片的拆卸

T 形或双 T 形叶根叶片每级均有最后装进的一片锁紧片，即没有 T 形叶根的叶片，通常称其为锁紧叶片或门叶片。锁紧叶片装入后，用两只销子与叶轮固定。一般只要拆出锁紧叶片（通常称为叶片开门），其余叶片的拆卸便迎刃而解了。

拆锁紧叶片的关键是将该叶片叶根部分的销子拔掉。因为销子两端均铆死，用常规方法无法将其拆出。一般有以下两种方法：

（1）在销子中心钻一孔，其直径比销子直径小 1～2mm，孔的深度为销子长度的 2/3 左右。钻孔前应先定准销子中心。定销子中心时，一般先将销子端部用砂纸打磨光亮，使销子与叶轮的边界清晰。过去一般用圆规直接在销子端部作图，找出中心。由于销子和叶轮坚硬且光滑，作图定中心往往较困难，误差也比较大，所以钻孔往往有偏移，甚至钻到叶轮上，这是不允许的。为了提高钻孔的正确性，近年来采取用圆规在描图纸上作圆。圆的半径与销子半径相等，然后把绘制好的圆沿周线剪下，用胶水或浆糊将圆形描图纸贴在被钻销子端部，使该圆与销子外圆重合，其圆心即为销子的圆心。用冲头对准描图纸上的圆心冲一孔，即为销子中心孔。实践证明，用此方法定销子中心，误差很小，一般不会钻到叶轮上，既方便又准确，是一种值得推广的使用方法。但是，钻孔时必须将钻头校正在中心，并与叶轮平面垂直。为了防止孔钻偏或歪斜，一般用板钻手工操作。同时，每钻深 10mm 左右，应退出钻头检查钻孔是否与销子同心，确认无误后，方可继续钻深。当达到所要求的深度后，可用比孔直径小 0.2mm 左右的冲子，用手锤或螺旋千斤顶将销子冲出或顶出。当取不出销子时，可增加钻孔深度或对孔加热，使残余销子受热膨胀，因壁厚很薄，膨胀力很容易超过销子材料的屈服极限，使销子向内径方向收缩，冷却后销子紧力即消失。

（2）将销子两端铆头钻去，铲除毛刺，选择销子的某一端，用直径比销子直径小 4mm 左右的钻头，钻一中心孔，深 20mm 左右，用相应的螺丝攻搭牙，然后用专用工具将销子拉出。当拉不动时，可在销子另一端用螺旋千斤顶帮助顶。这样一边拉，一边顶，一般均能将销子取出。当仍然取不出销子时，可用第一种方法和第二种方法相结合，取出销子。另外，也有用射钉枪击出销子的。

锁紧叶片销子取出后，将其与相邻叶片相连接的复环拉筋锯断，用卡子卡住锁紧叶片的复环，以两侧相邻叶片为支承点，用螺栓或螺旋千斤顶将锁紧叶片拉出或顶出。若复环强度不足，可在锁紧叶片叶顶部分焊接一个螺栓，用上述方法将锁紧叶片拉出。若仍拉不动，可将锁紧叶片截短，使其断面积增加，再焊上较大螺栓，用上述方法边拉边振击叶根，一般均能拉出。锁紧叶片拆出后，应在轮槽内灌煤油或松锈剂，然后拆其余叶片，因径向紧力消失，只要用紫铜棒敲击叶片，即能拆出。最后保留 2 ~ 3 组叶片作为装新叶片的基准，当旧叶片需继续使用时，可在露出轮槽的叶根上，用钢印打上编号并保存起来。

2. 侧装式（枞树形叶根）叶片的拆卸

铲掉半圆销大头侧的捻边，将半圆销从小头侧向大头侧打出。铲掉叶根底部斜垫厚端捻边，将斜垫从薄端向厚端打出。用紫铜棒将叶片从一侧向另一侧打出。若拆下旧叶片需继续使用，应用钢印在叶根上打上编号，并妥善保管。

（三）叶片的组装

叶片的组装工艺比较复杂，各种型式的叶片装配工艺各不相同。组装叶片现场应保持清洁，无严重灰尘，工作人员的手和衣服应无油脂类脏污，周围不应有无关人员。现代大机组多数采用 T 形和侧装式（枞树型叶根）叶片，下面仅介绍该两种叶片的组装工艺。

（1）T 形叶根叶片的组装。首先应将叶轮槽内毛刺、伤痕修理光滑，然后用细砂纸擦亮，用压缩空气吹清后，用二硫化钼粉涂擦轮槽，并将粉末吹净。

将新叶片或继续使用的旧叶片根部、拉筋孔等倒角情况仔细复查一遍，在一切正常的叶片叶根 T 形脚及平面上涂一薄层油墨或红丹粉，用压缩空气吹清叶片和轮槽内垃圾，将叶片装进轮槽，用塞尺检查叶根与轮槽和叶根与叶根的接触情况。若用 0.03mm 塞尺片塞不进，则说明该叶片叶根接触良好；若个别叶片进出汽边尖角处用 0.03mm 塞尺塞入，深度小于 10mm，则认为该叶片叶根接触合格。同时，检查油墨印痕，接触应均匀，接触面积占总面积的 75% 以上。达不到上述两项要求的，应进行研刮。当组装完一组叶片后，应用 1.5kg 铁锤锤击紫铜棒，将叶片反复上紧，用辐向和轴向样板检查应符合表 6 - 3、表 6 - 4 的标准。当辐向不符合标准时，应研刮叶根辐向平面或背弧来找准。当轴向不符合标准时，应研刮 T 形叶根的 T 形肩架来找正，并在叶顶处测量叶片节距与设计图纸对照，误差应小于 0.5mm。当节距偏大时，可在备品中挑选较薄的叶片或将厚度研薄；当节距偏小时，可挑选厚度较厚的叶片填上或加 0.2mm 以上的不锈钢垫片进行调整。凡设计时叶根底部有垫隙条的，应按设计要求随叶片的组装及时装入垫隙条。垫隙条一般采用 10 号钢，其厚度的选择，应使叶根与垫片有 ±0.01mm 的间隙，用研锉叶根底部的方法来达到。要防止垫隙条太紧，以免影响叶根切向贴合的紧密性。

表 6 - 3 叶片辐向允许偏差值 mm

叶片长度 L	L≤200	200 < L≤350	350 < L≤500	L > 500
允许偏差	±0.5	±1.0	±1.5	±2.5

表 6 - 4 叶片轴向允许偏差值 mm

叶片长度 L	L≤100	100 < L≤200	200 < L≤300	300 < L≤500	L > 500
允许偏差	±0.2	±0.5	±1.00	±1.5	±2.0

当叶片组装到离锁紧叶片（门叶片）尚余 20 片左右时，应将余下叶片先试装在轮槽内，直到正常叶片伸入锁口 2~3mm。同时检查各叶片根处是否有间隙，估算出这些叶片可能的研刮量，然后推算出需要加厚或减薄的叶片数量。当没有加厚或减薄叶片时，应及时加工不锈钢垫片或将叶根研刮薄或铣薄。根据加厚或减薄叶片数量，决定加厚或减薄叶片的安装位置，并注意其分布的均匀性和对称性，以免引起过大的质量不平衡。加厚或减薄叶片的节距误差，应视实际情况放宽些。当叶片厚薄全部合适后，拆下试装叶片，并依次排列好，接着开始按上述工艺组装。当整级叶片组装尚余 1~2 组时，对有拉筋的叶片应开始穿拉筋。将拉筋用 "00" 号砂纸磨光，弯成所需弧形即可穿入。因整级叶片拉筋孔中心不可能完全一致，所以穿拉筋有时比较困难，此时可用专用夹具夹紧后轻轻打入。当

穿到最后 1~2 组时，应将拉筋按分组锯断，并计算和穿入最后 1~2 组拉筋。

将各组拉筋头对头靠紧，以留出装锁紧叶片的空位，待锁紧叶片装好后，再将各组拉筋略加移动，留出各组拉筋之间的间隙，并使锁紧叶片在某一组拉筋的中间，以改善叶片组的振动频率。

拉筋穿好后，首先拔出锁口内楔子，研刮假锁紧叶根，直到用 1~1.5kg 手锤能打入锁口并留 10~15mm，辐向用 0.03mm 塞尺检查应塞不进，锁紧叶片与轮槽轴向应有 0.02~0.03mm 间隙。然后，拉出检查接触情况，接触面应大于总面积的 75%，按此假叶根研刮锁紧叶片。最后，检查锁口和锁紧叶片应无毛刺、棱角，用压缩空气将锁口和叶片吹清，涂擦二硫化钼粉剂，用 1.5kg 手锤锤击紫铜棒，将锁紧叶片打入，一直打到底为止。用 0.03mm 塞尺片检查辐向应塞不进，轴向间隙为 0.02~0.03mm，并无松动现象。

在叶轮销子孔内装一个壁厚为 2mm 左右的导向套管，用钻头或板钻钻孔，然后将孔扩大到比叶轮销孔小 0.10mm 左右，并锪孔 1×45°。用每只直径差 0.05mm 的直铰刀从小到大依次铰孔，铰孔时加机床用皂液润滑，用小镜子检查，直到销孔光滑无台阶，表面粗糙度应为 0.1~0.2，椭圆度和锥度应小于 0.005~0.015mm。

按最后铰的一把铰刀配销子，直径应比铰刀大 0.005~0.01mm。将销子头部棱角用细锉刀倒钝，用二硫化钼粉涂擦销孔与销子，要求销子从进汽侧穿入，其紧力用手能将销子推进 1/3 长度，然后用手锤或螺旋千斤顶压入全部销子。此时应测量该级叶片的分散率，并确认合格后，可用手工将销子两端冲铆和翻边，并用细锉刀小心的将铆头锉到叶轮平齐，用细砂纸磨光。

大型汽轮机叶片复环，一般采用强度较高的方形、矩形和菱形铆钉头。所以，复环均由制造厂提供备品，组装时只要核对其尺寸是否符合，有无裂纹、毛刺、棱角，铆钉头高度应比复环高出 2mm 左右，复环与叶肩应严密贴合等。如果叶片没有拉筋，即可进行铆钉头的铆接工作。如有拉筋，铆钉头的捻铆工作应在拉筋焊接完后进行，这样能使叶片在焊拉筋时自由膨胀而不弯曲。

拉筋焊接前应检查叶片组拉筋布置是否合理。用白布蘸酒精清洗焊接处油污。焊接时，当一级上有几圈拉筋，应先从内圈焊起；而在同一组内先焊各组第一片叶片，然后焊各组第二片叶片，依次将全圈拉筋焊完。注意焊接时不能在同一组上连续焊几片，以免焊接温度过高而使拉筋胀长，

第一篇 汽轮机本体检修

冷后再缩回，使拉筋产生热应力并把叶片拉弯，以致运行中拉筋脱焊、断裂。焊前将叶片内弧朝上，并转到水平位置。焊接时加热温度不可太高，一般使叶片拉筋孔处呈暗红色。气焊枪应选用小号小火嘴，并由熟练的合格气焊工承担。银焊条应采用统一牌号，名称叫银焊钎料2号。其含银 $40\% \pm 1\%$、铜 $16\% \pm 0\%$、镉 $25\% \sim 26.5\%$、镍 $0.1\% \sim 0.3\%$、锌 $17.3\% \sim 18.5\%$，熔点为 $595 \sim 605$℃。该钎料具有良好的润湿性和填充能力，虽可塑性比普通银焊料稍有降低，但强度很高。焊药一般采用统一牌号的焊剂103，名称为特制银钎焊剂。该熔剂由硼氟酸钾组成，活动性极强，富有吸潮性；它在加热时会分解为氟化硼，能很好地润湿金属表面，并有效地促使金属氧化物分解，用于600℃以下的钎焊温度。可用勺状铁条将焊药均布于拉筋周围，待叶片达到焊料熔点时，将银焊条蘸点焊药触到焊接处施焊。全部拉筋焊完后，应将焊药清理干净，最后用小铜锤轻敲叶片，倾听拉筋声音，判别其焊接质量。若声音清晰则证明焊接质量良好；否则，应查明原因或进行返工。

拉筋焊接完毕，便可开始复环铆钉头的捻铆工作。一般用1kg的手锤垫打0.5kg锤进行捻铆。因捻铆会增加铆钉头的刚性和脆性，易引起裂纹，一般锤击次数为4次左右，过多锤击会出现冷作硬化而裂开。所以，捻铆应由专门做捻铆工作的人员进行。

捻铆时，在同一组内先初步铆两端叶片，然后由中间向两端铆。这样可使复环在捻铆过程中自由延伸；对于每个铆钉应先铆轴向两面，后铆切向两面。捻铆后的铆头，应将复环铆钉孔填满并将坡口覆盖住，同时要有美观的形状，铆头表面至复环表面的过渡应平滑，复环与叶片肩部应紧密贴合，其间隙应小于0.1mm。铆完后应仔细检查铆钉头和复环应无裂纹，各组复环与复环之间应有 $2 \sim 3$mm 的膨胀间隙。间隙过小，应用金属条和角向砂轮机进行修整，但应防止碰伤叶片。

叶片换装的最后工序是复环的车削。此工作一般将转子吊进汽缸，配好盘动装置，盘动转速为 $16 \sim 25$r/min，转子前后端要用压板固定，防止轴向窜动。压板与转子轴向接触处应加黄油润滑，压板顶住转子的头部堆有铜焊，并做成圆头。主轴瓦和推力轴瓦均应不断加进清洁透平油作润滑。

车削复环刀架固定在汽缸上，并做成倾斜角，使车刀能对准叶轮辐向进刀。车削时，进刀量不应过大，防止咬坏复环，其径向和轴向尺寸按动、静间隙标准车准。最后在进汽边上车出坡口。

（2）侧装式（枞树形叶根）叶片的组装。由于侧装式叶根与叶轮的接触靠加工来保证，而且整级叶片没有锁紧叶片和拉筋，所以该叶片组装时首先将叶轮与叶片叶根上的毛刺、锈垢用细锉刀或细砂纸清除掉，然后将叶片自出汽侧向进汽侧装在叶轮上。叶根底部的斜销应用红丹粉检查并研合，将研磨好的斜销截好长度，其紧力用1kg手锤能轻轻敲进即可。装入后，销子薄端应比叶根厚度短4mm，并与叶轮平齐，厚端比叶轮端面低2mm。将叶片轴向位置放正后，由出汽侧向进汽侧打入楔形销。接着将叶根上的两斜劈半圆销研刮，使接触面达到70%以上，并截好长度，其紧力同楔形销一样。装时两销头同时从两面打，装入后两斜劈半圆销大头端应比叶根低2mm，小头与叶根齐平。最后用0.03mm塞尺片检查，应无间隙，并用辐向和轴向样板检查。只要加工无误，该叶片组装后一般能达到要求。

（四）更换叶片的鉴定

整级叶片更换结束后，为了掌握叶片的换装质量和确保安全发供电，应进行下列测试和检查工作：

（1）测量叶片的振动频率。由前所述可知，叶片的装配质量对叶片振动的固有频率有直接影响。当叶片固有频率与周期性扰动频率相一致时，会使叶片发生共振而折断。因此，叶片振动频率必须避开共振区域，通过测量叶片的频率可以鉴定叶片的换装质量和确定叶片是否会发生共振而断裂。然而，叶片的振动很复杂，一般来说，有扭振，以及A型、B型等振动形式，但在实际运行中对叶片安全威胁较大的有切向 A_0、A_1 和 B_0 型等振型。所以，对于更换的新叶片，若没有作改进的叶片，只要测量其分散率（小于8%）和切向 A_0 型振动频率，即可鉴定叶片的换装质量；对于更换的改进叶片，应测定叶片与叶轮的固有振动频率。但不管叶片是否改进，其分散率应小于8%，并在装复环和拉筋前测量分散率。其余均应满足叶片安全准则的要求。

分散率计算公式为 $\quad \Delta f = \dfrac{\dfrac{f_{max} - f_{min}}{f_{max} + f_{min}}}{2} \times 100\%$

式中　Δf——叶片振动的分散率；

　　　f_{max}——单叶片最大振动频率；

　　　f_{min}——单叶片最小振动频率。

（2）测量动静间隙。将隔板或静叶环及转子吊入汽缸，放对轴向位置，使转子放在相对于1号超速保安器朝上及顺转向转90°或各厂自定的特定位置。测量更换叶片与隔板的轴向、径向间隙，并与修前测量记录进行比较，应无大的变化，并符合检修质量标准。否则，应分析原因并进行调整。

（3）转子校动平衡。一般来说，转子经过更换叶片后，应做动平衡试验。只有在确实没有条件校验平衡的情况下，更换叶片时新旧叶片质量均调整到相等时，才可免予校验动平衡，但必须做好全速动平衡的准备。

第四节　轴系找中心

大功率汽轮机经过长期运行后，由于汽轮机高、中、低压缸及发电机两大部分的质量相差悬殊，当汽轮机纵向布置时，锅炉房与电气升压站质量的严重不对称，引起基础各部分的压强各不相等。就汽轮机发电机组本身来说，沿轴向长度自凝汽器至发电机部分其质量远大于汽轮机高、中压部分，这些因素就会使基础产生不均匀沉陷。如某台机组在投运后半年内，基础不均匀沉降达22mm左右，一般来说，基础下沉最严重的地方是凝汽器处靠锅炉侧。基础的不均匀沉陷，直接影响汽轮发电机组轴系的中心。加上汽轮发电机组经长期运行后轴瓦的磨损等因素，导致轴系中心的变化，因此大修时对汽轮发电机组轴系中心的找正，是必不可少的环节。本节重点介绍现场找中心的方法、步骤、计算和调整。

一、找中心的目的

汽轮机轴系找中心的目的：其一，使汽轮发电机组转动部分的中心与静体部分的中心保持一致，即动、静两部分的中心线应重合（实际上只能保持允许范围内的基本重合），以免动静部分发生碰擦；其二，使汽轮发电机组多根转轴中心连续平滑地连成一根如图6-11所示的曲线，以保证各联轴器将各转子连成一根同心连续的长轴，从而使转子转动时，不会因各转子中心不一致而导致轴系失去平衡而振动。所以，制造厂对汽轮机联轴器中心均经过周密考虑和计算，并提出要求，以此作为安装检修时的依据。根据上述目的，在找中心时应考虑下列两个问题。

（1）汽轮机各部件在运行时发生位移变化对中心的影响。如轴承油膜使转子稍微抬高并向一侧移动；各部件因热膨胀发生位置的变化；低压缸受真空或凝结水和循环水重量的作用产生弹性变形等。

（2）各转子因自重产生静挠曲。若将转子放在水平状态下，用精密水平仪测量转子两轴颈的相度，就可发现两端轴颈扬起的方向相反，证明静挠曲确实存在。

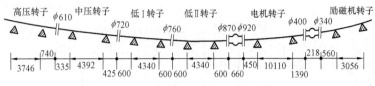

图 6-11　某型机组转子连接示意

　　一般来说，制造厂在设计计算转子中心标准时，已考虑上述因素，所以在现场找中心时，只需按标准进行调整中心，不必再考虑上述因素对中心的影响。

二、转子联轴器找中心的方法

　　汽轮机用联轴器找中心的方法是假设两转子的联轴器外圆是光滑的绝对正圆，并与各自的转子同心，联轴器的轴向平面和端面是垂直于转子中心线的绝对平面。在此前提下，只要做到两转子联轴器外圆同心和两转子联轴器端面互相平行，就可肯定两转子的轴中心是同心的。

　　根据几何原理，可用塞尺或百分表测量联轴器外圆和端面上任意三点的高低和距离，若外圆高低和端面距离分别相等，就可判断两转子联轴器外圆同心和两端面相互平行，从而使得两转子中心一致。

　　在实际操作过程中，加工和安装均不可避免地会产生误差，具体地说联轴器外圆不可能为正圆，它与转子中心线也不可能绝对同心，而是外圆表面存在一定的晃动度。同样，联轴器的轴向平面和端面也不可能为绝对垂直轴中心线的平面，这就使平面和端面的表面存在有一定的瓢偏度。由于晃动度和瓢偏度的存在，若用上述方法测出任意三点或四点的圆周值和端面距离，则圆周值内包含了晃动值，端面距离也包含了瓢偏值。因此，往往会对两转子中心产生误判断，这对高速旋转的汽轮机来说，尤其大功率机组，是绝对不允许的。所以实际找中心时，必须设法消除晃动度和瓢偏度对中心测量值的影响。

　　出于两转子中心线不一致而产生的圆周偏差和端面偏差不随转子转动而改变，而晃动度和瓢偏度则随转子转动而在各个位置不断变化。根据这个特性，在转子联轴器找中心时，将两转子联轴器同时转动，使晃动度和瓢偏度分别包含在上、下、左、右各点的圆周和端面的测量值内。当计算圆周差和端面张口时，晃动度和瓢偏度便会自动被抵消。

　　为了消除转子在转动时的轴向窜动，在端面相对 180°处各装一只百分表，使转子窜动量包含在相对的两个读数内，其端面距离的差值（张口）保持不变。

汽轮机理想情况的中心是同一对联轴器在自然状态下两平面互相平行，轴心一致。由于基础施工的误差及各轴承装配误差等因素，实际的中心往往同要求差距较大，因此在同一对联轴器两端面和同一转子上形成几何三角形。

一般来说，同型号的汽轮发电机组，因转子长度、两轴承中心距离和联轴器外圆直径等尺寸是不变的或基本相同的，预先计算出系数列于表内。在现场检修中，只要测出各联轴器中心的偏差值，便可与表中相应的系数相乘，即可求出各轴承的调整量。

三、找中心的方法

汽轮机轴系找中心，一般以低压转子为基准，向两端扩展。如四排汽汽轮发电机轴系找中心时，以两个低压转子之间联轴器中心为基准，向汽轮机和发电机两端扩展；而两排汽汽轮发电机轴系找中心，以低压转子为基准，找正高、中压转子和发电机转子中心；如前所述，为了消除联轴器瓢偏度和晃动度对中心的影响，一般采用两根转子同时盘动的方法找中心；但也有盘动一根转子，另一根转子不动的方法找中心。

前一种方法常用于大型汽轮机找轴系中心。用该方法找中心时，先将联轴器记号对准，再用专用销子把两根转子连在一起，用行车吊钩将转子盘动到0°、90°、180°、270°、0°位置，分别读出每一个位置上端面和圆周中心值，记录在简明的井字架上，如图6－12所示，并算出中心的偏差值。

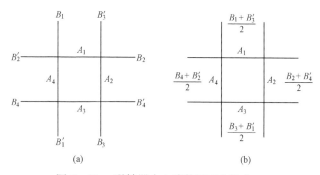

图 6－12　联轴器中心读数记录方法之一

（a）读数记录；　（b）读数计算

A—圆周读数；B、B'—分别为端面两个百分表读数

计算公式如下：

圆周中心偏差值为

$$\Delta A_1 = \frac{A_1 - A_3}{2} , \Delta A_2 = \frac{A_2 - A_4}{2}$$

端面偏差值为

$$\Delta B_1 = \frac{B_1 - B_3'}{2} , \Delta B_2 = \frac{B_2 - B_4'}{2}$$

$$\Delta B_3 = \frac{B_3 - B_1'}{2} , \Delta B_4 = \frac{B_4 - B_2'}{2}$$

$$\Delta b_1 = \Delta B_1 - \Delta B_3 , \Delta b_2 = \Delta B_2 - \Delta B_4$$

第二种方法用于两排汽机组轴系中心。用该方法找中心时，将两转子联轴器连接记号对准，把低压转子（基准转子）盘到 0° 位置，然后，将另一转子盘到 0°、90°、180°、270°、0° 位置。用内径千分卡分别测量出上、下、左、右四个位置两联轴器端面距离，并读出圆周表上的读数，记录在如图 6 - 13 的圆形图上，求出四点的算术平均值。再将低压转子盘 180？，用上述方法测得 180° 位置（基准转子）的算术平均值。最后将 0° 和 180° 位置的平均值相加，除以 2，即得转子中心值。

计算公式如下：

圆周中心高低偏差值为

$$\Delta A = \frac{A_1 + A_5}{2} - \frac{A_3 + A_7}{2} = A_{11} - A_{13}$$

圆周中心左右偏差值为

$$\Delta A = \frac{A_2 + A_6}{2} - \frac{A_4 + A_8}{2} = A_{12} - A_{14}$$

端面中心上下张口值为

$$B_{11} = \frac{B_2 + B_2 + B_3 + B_4}{4}$$

$$B_{13} = \frac{B_1'' + B_2'' + B_3'' + B_4''}{4}$$

$$B_{21} = \frac{B_5 + B_6 + B_7 + B_8}{4}$$

$$B_{23} = \frac{B_5'' + B_6'' + B_7'' + B_8''}{4}$$

$$\Delta B_{33} = (B_{11} + B_{21})/2$$

$$\Delta B_{31} = (B_{13} + B_{23})/2$$

$$\Delta B = \Delta B_{31} - B_{33}$$

端面中心左右张口值为

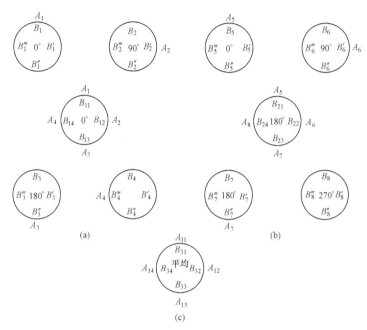

图 6 - 13　联轴器中心读数记录方法之二
（a）基准转子 0° 时的中心记录；（b）基准转子 180° 时的中心记录；
（c）二次记录的平均值

$$B_{12} = \frac{B'_1 + B'_2 + B'_3 + B'_4}{4}$$

$$B_{14} = \frac{B'''_1 + B'''_2 + B'''_3 + B'''_4}{4}$$

$$B_{22} = \frac{B'_5 + B'_6 + B'_7 + B'_8}{4}$$

$$B_{24} = \frac{B'''_5 + B'''_6 + B'''_7 + B'''_8}{4}$$

当汽轮机转子采用如图 6 - 14 所示的单轴承支承，轴承座采用可调支承螺栓结构时，其校中心的方法与上述校中心方法有所不同。

当各汽缸大盖全部扣完和发电机转子就位后，可选择一根转子作为校中心的基准，将其扬度和油挡洼窝中心调整到标准范围。当检修中揭开全部汽缸大盖时，对 D4Y454 型超临界机组来说，最好选择低压Ⅱ转子作基

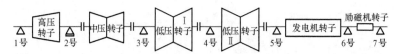

图 6-14　单轴承支承轴系示意

准，把第 4 轴承轴颈扬度和油挡洼窝调到标准值。因为第 4 轴承在整个轴系的中间，可使前后各转子方向相反的扬度的累计误差分布在轴系的两端，如图 6-15 所示。另外，由于机组校中心时，动静间隙已调整好，低压缸此时已不能随转子中心调整而移动。若低压转子中心调整量较大，就会破坏已调整好的动静间隙。而高、中压缸和发电机静子可随转子中心一起调整，因此选择低压Ⅰ转子作为校正轴系中心的基准转子较为合适。

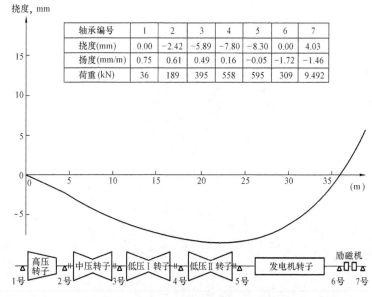

轴承编号	1	2	3	4	5	6	7
挠度(mm)	0.00	-2.42	-5.89	-7.80	-8.30	0.00	4.03
扬度(mm/m)	0.75	0.61	0.49	0.16	-0.05	-1.72	-1.46
荷重(kN)	36	189	395	558	595	309	9.492

图 6-15　D4Y454 型汽轮发电机组安装位置

当确定以低压Ⅱ转子为基准后，最好先校正低压Ⅱ转子和发电机转子中心，因为低压Ⅱ转子后端没有轴承。若先校正低压Ⅱ转子和低压Ⅰ转子中心，则低压Ⅱ转子后端联轴器下面必须放假轴承。同时在盘动转子时，应有润滑措施，这样会给校中心带来许多麻烦。另外 ABB 公司规定，在校正此转子中心时不能使用假轴承。由上述可知，先校正低压Ⅱ转子和发电机转子中心较为有利。该中心校正可调整第5、6轴承，而不能调整第4轴承。接着校正发电机转子和励磁机转子中心，这样可以减少盘动高、中、低压Ⅰ转子的次数，有利于提高工作效率。随后校正低压Ⅱ转子和低压Ⅰ转子中心。此时可调整第3轴承，由于中压转子两端没有轴承，所以可将低压Ⅰ转子和中压转子连接起来，直接校正中压转子和高压转子中心，此时可调整第1、2轴。该类型机组低压Ⅰ、低压Ⅱ转子找正中心的工艺如下：

（1）先将联轴器平面及螺孔用油石修光，擦干净并用白布包好。利用假轴承将低压Ⅰ转子后侧对轮的高低及左右调整到与低压Ⅱ转子前侧联轴器一样，可用直尺检查。在联轴器对称180°螺孔内，穿进两个联轴器螺栓和定中心套。

（2）在联轴器另两端对称180°螺孔内，穿进联轴器螺栓（不带膨胀套），用螺栓液压拉伸装置将联轴器凸面拉入凹面，并使两联轴器端面保持2mm左右的距离，启动顶轴油泵。

（3）利用联轴器上的加平衡质量螺孔，用两只顶丝将联轴器的距离保持不变。

（4）停顶轴油泵，取出假轴承，将联轴器螺栓和顶丝松1/4牙，使两联轴器处于自由状态，用塞块和塞尺测出上、下、左、右联轴器端面的4个距离（间隙），做好记录。

（5）将联轴器螺栓和顶丝用手上紧，启动顶轴油泵将转子盘90°，停顶轴油泵。按上述（4）的方法测量90°位置上、下、左、右的端面间隙，做好记录。用同样方法依次测量180°、270°的端面间隙，做好记录。

（6）将上述0°、90°、180°、270°所测得的数据，上、下、左、右四个值分别相加，除以4。这样抵消了联轴器瓢偏和窜动引起的误差。其上、下、左、右的差值表示联轴器端面的上下和左右张口值。可按照这个张口值，进行计算和调整。当调整量超过第3轴承油挡洼窝中心允许值时，可调整轴承座可调支承螺栓。由于ABB机组的轴承调整块在左右中分面下各半块，若调整量大，必须研刮调整块接触面，既耗工，工艺要求又很高。所以，该类型机组调整转子联轴器中心时，尽量调整轴承座。

除上述三种找中心方法外，还有因联轴器结构等因素，不能用百分表等测量时，可用塞块和塞尺将联轴器端面的距离和圆周值测量出来，具体做法与上述方法相类似。

汽轮机轴系找中心时，可以空缸，即汽缸内各零件未装进汽缸；也可以实缸，即汽缸内各部件组装完毕，汽缸扣好大盖。也有些机组找中心时，要求凝汽器内灌满水等。总之要求不一，究竟选择何种方案，取决于这些因素对机组轴系中心的影响程度和各厂的习惯。

四、轴系找中心的注意事项

大功率汽轮机找中心应注意下列事项：

（1）前后各转子轴颈的扬度允许值。中心调整后应基本保证制造厂提供或安装、检修经验积累的扬度值。若扬度超过标准太多，将对汽轮机振动等不利。

（2）通流部分静体，如隔板、轴封等，中心线与转子中心线基本保持一致。尤其当隔板洼窝中心偏差过大时，不仅影响汽轮机级效率，而且会对动叶片产生附加扰动力，影响动叶片的安全运行。

（3）各轴承调整垫块的数量不能超过 3~5 块，并掌握各轴承的最大允许调整量。当超过最大允许调整量时，应考虑是否能对各零件加工和改进。

在没有条件加工和改进的情况下，只能临时找正或适当放宽上述三点要求。

（4）对于球形轴承的调整，可通过改变轴承球衬座的垫片和改变轴承球衬座左右位置来达到找正中心的目的。应尽量避免调整轴承球面内的垫片，以免影响球面的接触，因而增加检修工作量。同理，对于可倾瓦轴承的调整，可改变可倾瓦支承块内的垫片。但是最终单片垫片不能太薄（0.2mm 以上），以免垫片在运行中磨损或卷曲，影响轴承的正常工作。如某型汽轮机在大修中找正中心时，将第 1 轴承可倾瓦支承块内垫片，调整成 0.10mm 的不锈钢薄垫片。机组经 2 年运行，在另一次大修中发现，该轴承的油隙比大修时小了一半多。解体查找原因，发现支承块内垫片仅一张 0.10mm 不锈钢垫片，且严重磨损，并卷曲折叠，使油隙缩小。所幸检修及时，未造成严重后果。所以凡遇到小于 0.20mm 的垫片，应将几张薄垫片合拼成相应的厚垫片，或将支承块在磨床上磨去适当厚度，使内垫片至少保持一张 0.20mm 的垫片。

（5）对于挠性较大的波形联轴器必须用螺栓与轴撑紧。如某型机组低压 II 转子与发电机转子连接的波形联轴节，挠度达 0.10mm 左右，所以找中心时必须用四个螺栓撑紧在发电机转子上，找中心结束后拆除。

（6）测量中心时，转子联轴器不能有与销子、钢丝绳等别劲的现象。

（7）转子和轴承的位置准确，不能有转子搁在油挡齿、轴封齿或其他静体上的现象。

（8）中心偏差太大时，应进行周密调查和调整量估计，掌握第一手资料，综合考虑诸因素的利害关系，最后确定调整方案。

（9）汽轮机中心的找正，是一项十分仔细而技术复杂的检修工作，必须由熟练的技术工人和技术人员承担，以保证找中心的质量和少走弯路，确保检修工期。

五、大功率汽轮机轴系中心找正实例与步骤

大功率汽轮机的特点之一是它们具有多转子组成的轴系。一台机组往往由多对联轴器构成，其中心连接点就有多个，所以轴系找中心与中小型机组有所不同。

现代大功率汽轮发电机组一般有高、中、低压转子（有部分机组为双低压转子）和发电机转子（励磁机转子不算）四根转子及三对联轴器。所以要找好轴中心必须找正三个连结点，这使得对找正转子中心的难度更大，技术也比较复杂。每作一次调整，耗工多，时间长，因此调整必须周密考虑，防止搞错返工。一般按下列步骤进行（设整个轴系中心同时进行找正）：

（1）工具准备。中心找正工作必须备好必不可少的工具和量具，如百分表 4~8 只、磁性架 4 只等。

（2）将所有轴承的轴瓦、瓦衬、球枕吊出，用清洗液（煤油或清洗剂）将各零件上的红丹粉、着色探伤剂等清洗干净，并检查各零件上应无毛刺、凸起、裂纹、翻边等异常情况。用压缩空气吹清，最后用湿面粉粘去死角、螺孔等不易被清理到地方的垃圾。同时将轴承座用同样方法清理干净，并立即将各零件逐一吊进就位。在转子就位前应及时用白布盖好，严防灰尘等落进轴承内。

（3）将转子吊起校正到水平位置。用压缩空气吹清，并检查轴颈应光滑无毛刺，当发现轴颈较毛糙时，应按"转子检修"一节的要求将轴颈打磨光滑，然后用煤油等清洗液将轴颈清洗干净，并在轴颈上浇一层清洁汽轮机油（转子就位前加油），吊入汽缸就位。

（4）盖各轴承上瓦（指三油楔轴承），将轴瓦转到运行位置（进油侧接合平面向上提35°），并用压板将球枕、瓦衬与轴承座压成一体，防止盘动转子时发生位移。对于椭圆轴瓦、可倾瓦等不需转动角度的轴瓦，可不扣上盖进行找中心。但必须将轴瓦用压板与轴承座压成一体，防止盘动转子时轴瓦跟着一起转动。同时用压板将各转子轴向撑紧，压板撑头处应堆铜焊，锉成圆头，并加黄油，防止将转子凸肩拉毛。

（5）将各转子盘到同一位置，用粉笔划出0°、90°、180°、270°等分线，以便统一读数或测量。

（6）在固定点测量油挡洼窝中心，并做好钢印记号，保证每次测量位置不变，以免位置不同引起的误差，使测量数据失去作用。

（7）装好各联轴器百分表卡子及百分表。用临时盘转子销子将各转子连成一体，各瓦加好油，开启顶轴油泵，用行车将轴系盘动数圈，使各轴承自动定位。使 0° 位置停在左侧或右侧，停顶轴油泵，松去行车钢丝绳，松出各联轴器连接销子。对各联轴器读数或测量，并做好记录。用同样分法测出其他位置（90°、180°、270°）的中心值。

（8）将各联轴器测得的中心值按第三点找中心的方法计算出其平均值，并用圆周值的上下、左右之和判断测量的正确性。当两数和之差小于 0.03mm 时，可认为测量正确无误。否则应查出原因后重测。

（9）计算出各联轴器中心的偏差值如下：

1）联轴器（一）中心偏差值：

端面：$\Delta a_1 = 0.18mm$，$\Delta a_1' = 0.02\ mm$；

圆周：$\Delta b_6 = 0.025mm$，$\Delta b_6' = 0.09mm$。

2）联轴器（二）中心偏差值：

端面：$\Delta a_2 = -0.04mm$，$\Delta a_2' = 0.04mm$；

圆周：$\Delta b_5 = 0.915mm$，$\Delta b_5 = -0.049mm$。

3）联轴器（三）中心偏差值：

端面：$\Delta a_3 = -0.41mm$，$\Delta a_3' = 0.03mm$；

圆周：$\Delta b_3 = 0.45mm$，$\Delta b_3 = -0.09mm$。

（10）根据各联轴器中心偏差值确定调整方案，一般以两低压转子中心为基准，向汽轮机和发电机各端分别延伸，计算各轴瓦的调整量。

每对联轴中心可用四个轴承进行调整，共有 16 种调整方案，究竟选择何种调整方案为宜，应按轴系找中心的注意事项，兼顾前后、左右，综合考虑。

根据联轴器中心的计算调整量对各轴瓦进行调整，方法如下：

1）在联轴器处架好抬轴架子，一般每根转子两端应逐一抬起，调整好一端，再调另一端。抬轴架一般为专用架子，应有足够的刚度和强度，一般由两根 20 号槽钢用 $\delta = 20m$ 钢板组合而成。抬轴时，用两只 30t 千斤顶同时抬起，用塞尺检查转子与轴承的同心度，并改变 A、B 侧千斤顶的顶起高度，来使转子与轴承保持同心。用百分表杆架在轴颈上监视转子顶起高度。一般顶起 0.20mm 左右，便可将轴瓦取出。

2）拆除轴承压板，将轴瓦防转销取出，用行车将下轴承调整垫块翻到上部，并用木块将轴瓦垫好，防止突然滑到下半部。当两侧和底部垫块均要调整时，将下瓦吊出调整为宜。

3）将调整垫块前、后、A、B做好记号，防止弄错。然后，拆去螺栓和定位销，取出垫片，测量、清点垫片厚度和数量，并按调整量进行调整。

4）修去新老垫片上的毛刺、翻边，用手锤在平板上将垫片整平，用煤油清洗。组装前用白布擦干净，装好定位销，上紧螺栓，并用紫铜棒反复锤击垫片和复紧螺栓，使垫片紧密贴合。

5）将轴承座清理干净。用压缩空气将轴承吹清，吊进轴承座。对三油楔轴承应盖好上瓦，并转到轴承工作位置，放松抬轴架，用紫铜棒锤击下轴承左、右（A、B）两侧，使轴承与轴承座紧密贴合。在固定点测量油挡或轴封洼窝中心，与调整前进行比较，若与计算量相比差别较大，说明调整工作有误差。如垫片弄错，调整方向相反，垫片有毛刺、有垃圾等，应解体查明原因后，重新调整。

6）检查测量轴承垫片的接触情况，测出脱空数值。一般来说，当调整量大于 0.20mm 时，垫片接触必然不好，应进行研刮（方法在轴承一节详述），直到接触面大于总接触面 75% 时方算合格。研刮后调整的数值已不再等于计算调整量，因此应用油挡或轴封洼窝中心变化的数值进行补充调整。

7）对于发电机后轴承，一般采用专用轴承座的轴瓦，其调整方法比较简单，调整时轴承座四角用百分表监视 A、B 方向的移动，并在四个角用顶丝上紧。用行车将轴承吊起 0.5mm 左右，加减轴承座与基础台板之间的垫片，并注意将垫片上的毛刺和垃圾等清理干净。放下轴承座，用轴承座四个角顶丝调整 A、B 方向的中心值，并用百分表监视调整量。

8）具有调整垫块轴承的调整。当调整轴承高低时，应同时增减 A、B两侧的垫片。为便于现场计算和记忆，当 $\theta = 70°$ 时，单侧调整量近似等于高低调整量的 1/3，即高、低改变 0.03mm，A 侧和 B 侧各改变 0.01mm。当轴承进行水平方向调整时，可把 $\sin\theta$ 近似看作 1。

9）当机组采用可倾瓦轴承，且转子中心调整量较小时，应调整可倾瓦自位垫块处的外垫片或内垫片。当内、外垫片数量不够时，可将自位垫块的平面端磨削去需要的调整量。这样轴承调整后，不会影响轴承球面垫块的接触，可省去研刮球面的工序，有利于提高工效和缩短检修工期，调整值可靠，工艺简单。但调整时，必须将调整量按上述方法换算到瓦块所处位置的调整量。同时，上下瓦块调整量必须相等，以保证油隙不变。如某台机组校正中心时，第 2 轴承中心需从左侧向右侧调整 0.15mm，因该机第 2 轴承为四瓦块可倾瓦，每块瓦块与水平中分面夹角为 45°，所以瓦块的计算调整量为 $0.15 \times \sin45° = 0.106mm$，因没有 0.106mm 的垫片，故只能用 0.10mm 的垫片做调整。调整时用专用螺栓将上轴承瓦块吊牢，松去上、下瓦接合面螺栓，吊出上瓦。用抬轴架将第 2 轴承处转子抬高约 0.20mm，将下瓦翻转到轴的上半部，用吊上瓦方法吊出下瓦。将各瓦块专用螺栓松去，取出瓦块和自位垫块，将右侧上、下瓦块的垫片抽去 0.10mm，并将其加到左侧上、下瓦块的自位垫块内，清理检查后，按拆卸的逆工序装复，并复测油隙。

10）每道轴承调整结束，在下轴瓦受转子重力作用前，应检查底部垫块的脱空值，一般为 0.06～0.08mm，若小于该值，则说明轴承两侧垫片厚度偏小，应考虑两侧加垫或底部减垫。反之，应考虑两侧减垫或底部加垫。选择何种方案，均应根据各联轴器中心情况，具体分析后决定。

11）复测轴系各中心值，并对大于标准的联轴器中心按上述方法做反复几次的微调，直至全部符合标准。每次调整后复测中心时，必须盘动两转子，使其趋于自由状态。

六、联轴器中心调整产生的误差

尽管联轴器找中心工作的测量、计算、调整等每一步工艺要求都很严，但在实际找正工作中，往往会产生误差，达不到计算所预计的中心要求。一般一台机组轴系中心，往往要经过反复几次调整才能符合质量要求。产生误差的原因一般有下列几个方面。

1. 测量误差

找中心测量时，由于百分表未装牢靠和位置不正确，如端面中心表杆未架在接近联轴器平面外圆边缘等，百分表杆松动，当表转到下面时，表杆因自重下垂，使表杆脱离联轴器表面，使读数产生误差；百分表或表架在盘动时被碰动，产生误差；读数时，顶轴油泵未停，盘转子的钢丝绳未松，联轴器临时连接销未取出，别劲或销子太小，盘车时产生较大的相对位移等，产生误差；百分表读数值未放在中间位置，盘动时超过指针最大或最小行程，但在读数处又趋于正常状态，由此使百分表杆移动产生误差；底部读数困难，易产生读错和误差；用塞尺或内径千分卡等测量时，因工作人员的经验不足，测量位置未固定等产生误差。

2. 调整垫片

垫片层数过多，毛刺未除净，平面未整平，垃圾未清理干净，位置未放准，宽度过大，垫片表面被锤击后产生微凹凸现象等，都会使垫片厚度引起误差。因此，轴承垫块内的垫片厚度大于 2mm 时，应用钢板制作，并在平面磨床上两面磨平，使厚度各处相等。当垫片总厚度小于或等于2mm时，可用薄不锈钢皮制作，但总层数不应超过5层，垫片应光滑平整，宽度应比垫铁小1~2mm，老垫片应按原位装复。

3. 轴承装配

由于轴承垫块与轴承座产生接触腐蚀，在轴承座接触面上形成凹坑，在翻轴瓦调整垫片后，装复时未对准原位产生误差。

4. 调整量过大引起的误差

当轴承调整量过大时，由于垫块有一定宽度，而计算时按垫片中线为基准，所以调整时出现垫块上端比计算值大，下端比计算值小，由此产生了误差。所以，中心调整时，往往初调时误差很大，经几次反复，误差越来越小。一般调整量小于0.20mm时，误差接近于零。从这点上讲，当联轴器中心偏差较大时，未必花很多时间进行精密计算，只要在现场估算就可进行初调，待中心偏差降到较小时，再作精密计算和微调。实践证明，采用这种方法，能少走弯路和提高找中心工效。

5. 环境条件

大功率汽轮机轴系长，结构复杂，体积庞大，各轴承座材料不同，地质条件不同、基础不同等。所以由于某些季节日温差大而使各轴承座处膨胀和收缩有差异，这些差异往往超过联轴器中心允许偏差值，使找中心工作反复多次仍无结果。此外，环境清洁和空气的纯净程度，对校中心也有影响。由此可见，汽轮机在运行状态时，轴系中心并不像理想中的状态，但是由于轴承油膜是一个弹性体，它具有微量补偿的能力，从而能保证机组的安全运行。在现场实际工作中，为了避免环境温度使找中心工作出现反复多次的情况，一般采取连续工作的办法，找正一个，验收一个。

七、联轴器的连接与拆卸

大功率汽轮机一般采用和转子整锻成一体的刚性联轴器，这种联轴器端面和轴中心线误差会激发起轴线旋转周期的振动。当联轴器连接螺孔铰配不正确及连接质量不佳时，便会产生端面和轴中心线误差，使转子产生强迫力而"跳动"旋转。由于静力变形的旋转，就会产生旋转周期的支承力。这种静力变形会引起附加动力弯曲，并使轴产生静力强制变形，使它旋转时产生"跳动"。所以，联轴器连接质量的好坏，直接影响转子的平衡和振动。因此，联轴器连接，一般应按下列工艺严格进行。

1. 连接前的准备

准备好直径为30~40mm紫铜棒2根，什锦小油石1副，7~8kg大锤和1kg手锤各一把，专用扳手和力矩扳手各1~2把，螺旋千斤顶2个，大撬棒 1~2 根等。

测量好螺栓和对应螺孔的直径，做好记录，并计算各螺栓装配时的间隙，应为 0.005 ~ 0.03mm；测量各螺栓长度，做好记录。必要时对螺栓逐个称重，并修正到对角两个螺栓质量相等，有条件时做到每个螺栓质量相等，误差应小于 2g，对角累计误差小于 5g。

2. 连接前的清理检查

清理检查是联轴器连接质量的关键之一。联轴器连接前，应对联轴器螺孔、轮缘螺栓、垫片等进行详细检查，发现有毛刺、凸起等异常情况时，应用细什锦油石小心地将其磨光、磨平，然后用白布将螺孔和联轴器端面擦清洁。测量联轴器的同心度和瓢偏度，用螺旋千斤顶将联轴器记号和螺孔对准，用抬轴架将中心低的转子抬高到与另一转子同心。在两侧各穿锥形定位销，用两个假螺栓穿进联轴器螺孔（相差 180°）内，逐步均匀地上紧螺栓，使两联轴器端面靠紧。螺栓用对号螺母试拧，应灵活无卡涩现象，然后用压缩空气吹清吹干。在螺栓部分涂擦二硫化钼粉，在螺母和螺栓的螺纹部分涂刷二硫化钼润滑剂。

3. 联轴器螺栓的上紧

按螺栓和螺孔编号，用紫铜棒将螺栓轻轻敲入螺孔。螺栓全部穿好后，应先将对角螺栓同时均匀对称地上紧，然后用吊车顺转子旋转方向盘动 90°。按上述方法上紧对角螺栓。测量螺栓的伸长量和联轴器的同心度，调整到符合标准后，开始按制造厂提供的螺栓紧力，用力矩扳手或 7~9kg 大锤依次逐只上紧。如 TC2F-33.5 型汽轮机联轴器，螺栓上紧后，其伸长量如下：①高压转子与低压转子联轴器螺栓伸长量为 0.291 ~ 0.335mm；②低压转子与发电机转子联轴器螺栓伸长量为 0.550 ~ 0.633mm。

D4Y454 型汽轮机联轴器连接螺栓结构与其他机组有所不同，其装配工艺除上述连接前的准备和连接前的清理检查两项外，还有下列工艺：

（1）在联轴器螺栓和膨胀套内外壁涂干净的无酸润滑油，将螺栓穿进膨胀套，然后穿进螺孔。

（2）将拉紧螺栓旋入联轴器螺栓上，装好定位圈和支承环，然后将液压缸旋在拉紧螺栓上，直至定位圈与膨胀套相接触及支承环与联轴器相接触。

（3）将油泵接口接上，启动油泵，据 ABB 公司的要求，将油压设定在 $p_1 = (18.5 \pm 10)$ MPa，初紧每个联轴器螺栓，使螺栓和膨胀套、膨胀套和螺孔无间隙，记录实际油压，并使实际油压不小于 p_1。

（4）将油压设定在 $p_2 = p_1 + \Delta p [p_1 = (18.5 \pm 10) \text{MPa}]$，以此油压紧每个联轴器螺栓，使膨胀套套胀，记录 p_2 和 Δp。

（5）停油泵，拆去液压拉伸装置，将联轴器两端螺母旋上，并放好保险圈。

（6）装好液压拉伸装置。在联轴器螺母上装好扳手套圈，再装好支承环和液压缸。启动油泵，将油压设定在 $p_3 = (110 \pm 20) \text{MPa}$，用扳杆通过扳手套圈将螺栓上紧。拆去液压拉伸装置，将螺母上的保险圈装好。

（7）用上述方法上紧对角 180°处的螺栓，然后依次上紧其他螺栓。

对于制造厂没有提供联轴器螺栓上紧后伸长量的汽轮机，应通过计算或检修实践，摸索出伸长规律，制定标准。

4. 联轴器连接的要领

联轴器连接质量的关键是对联轴器的清理检查和螺栓的上紧。只有牢牢掌握这点，才能保证连接质量。清理检查在于严肃认真，一丝不苟；螺栓的上紧在于严格执行上紧工艺和熟练的技术。螺栓必须对号入座，不可搞错。穿进螺栓前，必须用两个假螺栓穿在联轴器相对 180°的螺孔内，逐步均匀地上紧螺栓，使联轴器端面靠紧。螺栓伸长量和同心度的测量是检验联轴器连接质量的手段，不能马虎应付。

汽轮机联轴器连接要领归纳起来有下列几点：

（1）低压转子与发电机转子联轴器连接时，必须将两联轴器中间隔片（盘车齿轮）向低压转子靠紧嵌合部分（凹凸肩部分）涂二硫化钼润滑剂，对准记号，用 4 个 M16 螺栓临时固定住。

（2）对准两联轴器记号，用两个专用圆锥销穿入相对 180°螺孔，再用两个临时螺栓拉联轴器。当两联轴器中心标准规定有高低时，在隔片插入嵌合部分时，必须将低的联轴器抬高，使两联轴器同心；否则，不能连接。

（3）联轴器螺孔必须对准，否则应检查圆锥销（导杆）是否合适。

（4）螺栓及螺纹必须用清洁煤油或清洗剂清洗得非常干净，除去油气，确认无异物粘在上面后，涂刷二硫化钼润滑剂，然后穿入螺孔。

（5）联轴器上半部螺栓临时紧固后，将转子盘动 180°，穿入下半部螺栓。

（6）全部螺栓穿好后，放松螺母，测各螺栓自由长度，按其编号做好记录。

（7）对称均匀地紧固 4 个螺栓，测量联轴器同心度（晃度或径向跳动），做好记录。

（8）参照测得的同心度，上紧其余螺栓。上紧时，最好用行车吊住链条葫芦，然后用手拉链条葫芦上紧螺栓，以免螺纹损伤或咬死。

（9）全部螺栓上紧后复测同心度，其不同心度应小于 0.03mm，否则应查找原因，并重新连接。

5. 联轴器同心度（晃度或径向跳动）的测量

联轴器螺栓全部穿进后，应先选择对角 180°的两只螺栓对称均匀地上紧。然后，隔 90°选另两个螺栓上紧。测量联轴器同心度，参照同心度，上紧其余螺栓。当全部螺栓紧好后，应复测同心度，以鉴定联轴器的连接质量，因为联轴器的不同心度往往是由初始安装不良，或大修时连接工艺不佳所引起的。如某台汽轮机两低压转子联轴器不同心度达 0.27mm，检查发现安装时未将两联轴器螺孔铰同心，大修中重铰了螺孔，使同心度达到了标准，改善了机组振动。

测量同心度时，将联轴器圆周分成 8～12 等分，做好起始点记号，按转子转动方向编号。在两联轴器外圆相同位置各架 1 只百分表，启动顶轴油泵（无顶轴油泵的机组应加清洁润滑油），盘动转子，依次读出百分表的值，做好记录。有顶轴油泵的机组，读数前必须停顶轴油泵。将各点读数与连接前同一位置的读数值相减，所得各点的差值，即为联轴器连接后的不同心度。当差值大于 0.03mm 时，证明联轴器连接质量不佳，应查找原因，并松去全部连接螺栓，进行重新连接。

测量联轴器同心度时，应注意连接前后两次测量的百分表起始读数应相同，否则会计算复杂化。

6. 联轴器螺栓的拆卸

一般来说，联轴器螺栓的拆卸工艺不很复杂。但是，由于联轴器传递功率大，若装配工艺不良，螺栓选材不当等，往往会产生螺栓与螺孔咬死的现象。如 TC2F－33.5（40）型汽轮机，低压转子与发电机转子联轴器螺栓曾在多台机组上发生严重咬死现象，使螺栓无法拆出。最后不得不制作专用架子，用 50t 液压千斤顶将螺栓顶出。由于螺栓咬毛严重，无法继续使用，只能换用备品。联轴器上的螺孔因咬出深槽，无法铰孔，只得用风动砂轮机将孔磨光后使用。所以取出螺栓时，应向穿进的一侧退出，而不能继续向穿进方向打出，以减少咬死的机会。

由前述可知，D4Y454 型汽轮机联轴器螺栓，用液压拉伸将其上紧，因此拆卸时仍需用液压拉伸装置才能拆出。拆卸工艺如下：

（1）将螺母上的保险圈松脱，在 A 侧装好液压拉伸装置，液压缸与支承环应留 1~2mm 间隙，否则螺栓松去后液压缸会松不下来。

（2）接好油泵接口，启动油泵，将油压设定在规定数值使螺栓拉伸，将螺母松出 2~3 圈。

（3）拆去液压拉伸装置，换装接长管，将油泵油压从 30~100MPa 逐渐上升，直至螺栓从膨胀套中松出。但是，这时 A 侧螺母不能全部松去，以防螺栓射出。若螺栓松不出，可安装液压拉伸装置，油压从 30~100MPa 逐渐上升，直至螺栓松出为止。

不管何种结构的联轴器，其螺栓拆下后，应将螺母按编号旋在原来的螺栓上，决不能搞错，以免引起质量不平衡而发生振动，同时防止螺栓、螺母咬死。另外，螺栓应按编号顺序放好，并用布盖好，防止弄脏和碰坏。联轴器螺孔应用细油石打磨光滑，螺孔拉毛严重者，应配专用铰刀铰孔，然后配制新螺栓。

第五节　轴系找平衡

大容量汽轮机组均由多根转子连接成一根平滑的长达几十米的转轴，通常称为轴系。因为多转子的相互影响，所以轴系的平衡比单轴汽轮机要复杂得多。然而，轴系的平衡是建立在单转子平衡质量和联轴器连接质量的基础上的，不可能做到汽轮机单转子绝对平衡，加上其他因素，所以汽轮机在旋转时，必然会产生不平衡的扰动力，从而引起轴的振动。扰动力的大小，一般通过支持轴承的振动优劣形式表现出来，而支持轴承的刚度是象征其抑制振动的抗振强度。所以，机组振动振幅与扰动力成正比，与抗振强度成反比。

振动是评价汽轮机运行状况的重要标志之一，它是机组各部件在各方面运行情况的集中反映。振动过大，会使部件承受过高的动应力，使紧固件松弛，会产生转动部分磨损、支持轴承振碎、基础松动、叶片疲劳折断、危急保安器误动作、动静部件互相摩擦等危害。尤其是摩擦使转子表面发热而产生热应力。当热应力大于转子材料的屈服极限时，将导致转子永久性热弯曲，从而加剧摩擦。在低于临界转速时，振动亦随之加剧，形成恶性循环，这是发生恶性事故的危险信号。

大型汽轮机，一般以轴的上下、左右、前后三个方向的振动幅值，作为衡量机组运行状态下的振动优劣程度。因为任何原因引起的振动，转子是这些振动第一振源，所以必须经常监视转子的振动。

本节将简要介绍大功率汽轮机振动原因和汽轮机轴系找平衡的措施

方法。

一、汽轮机振动原因分析

汽轮发电机组是由许多部件组成的，其中一个或几个部件工作不正常，都有可能引起机组较大的振动。这就大大增加了查找振动原因的难度。尤其是大容量机组，多根转子互相影响，要找到引起振动的确实原因，难度就更大。下面就一般的振动原因进行分析和处理。

1. 转子本身的质量不平衡

汽轮发电机转子属于大而复杂的部件，虽然经过动平衡校验，但仍然存在着残余不平衡质量。这种因动平衡质量不佳的残余不平衡质量，从单根转子上来看，问题不很复杂。但是，对于多根转子的大型机组来说，残余的不平衡质量，在轴系旋转时的离心力，往往形成多个复杂的力偶，这就使寻找振动的原因显得更加复杂。

凡属质量不平衡引起的振动，其振幅随转速的升高而加大。在找动平衡时，试加质量对振幅有明显的反映。所以，这种由于质量不平衡引起的振动，通过找平衡，比较容易消除。

2. 转子弯曲和联轴器连接质量不佳

转子弯曲和联轴器连接不佳使转子产生质量不平衡等，运行时由于扰动力作用使机组发生振动，其现象与上述相同。但消除振动不应单纯地用加平衡质量的方法来解决，而应采取直轴、重新找中心或重新连接联轴器等措施。

3. 轴承垫块接触不良及紧力不适当

由于检修工艺马虎或转动中垫块与轴承座的接触腐蚀，垫块接触不良，降低了轴承的抗振能力而产生较大的振动，因此而引起的振动往往发生在检修后的第一次启动时，或者发生在机组检修投运后 1~2 年内。其特征为：找动平衡时试加质量对振动的影响较小，用找平衡的方法不易消除振动。修后首次启动，当升速到 3000r/min 时，发电机后轴承发生强烈振动，其振幅达 0.15mm 左右。经检查发现，轴承座右侧前端地脚螺栓处振幅比其余三个螺栓处大得多。当时认为振动是该地脚螺栓松动所致。当复紧地脚螺栓时，振幅不仅没有下降，相反迅速上升，立即将该螺栓略松一些，振动有明显好转。当将该螺栓全松后，振动恢复修前水平（0.03mm 左右）。所以，轴承座与台板接触的好坏，对机组振动的影响比其他因素引起振动要敏感得多。一旦找到这些方面的原因，不停机即可暂时消除振动，但接触不良问题仍存在。

4. 地脚螺栓松动及机组台板脱壳

汽轮机轴承座地脚螺栓因紧力不均匀、轴承振动等原因，经过长期运行而发生螺栓松动是常见的故障，其振动往往是逐步发展的。只要用手触摸地脚螺栓与轴承座之间连接处，即能感觉出有明显的振动感，此时若将螺栓复紧一遍，振动立即减小。另外，由于基础台板第二次浇灌混凝土质量不佳或因透平油漏到基础上起侵蚀作用，机组经一段时间运行后，第二次浇灌的混凝土脱壳与疏松，使机组振动逐步加大，此时只要测量基础台板的振动便能发现。但消除此振动必须将基础第二次浇灌的混凝土全部打掉，重新进行浇灌混凝土。

5. 动静发生摩擦

由于设计、制造或检修中的失误，或运行中动挠度、转子的偏心过大等原因，汽轮机动静部分发生摩擦，使转子表面局部温度升高而产生热弯曲，进而加剧动静间摩擦，形成恶性循环。对于稳定转速裕度不大的机组，还会因此激发油膜振荡。如某台汽轮发电机组因发电机后轴承采用与轴接触的羊毛毡外油挡，检修后启动发现，外油挡与轴摩擦而冒烟，同时发现油膜振荡，立即脱扣停机，拆除羊毛毡外油挡后，再次启动时便正常。所以对汽轮发电机组来说，动静摩擦是不允许的。有时为安全起见，只能牺牲一点经济性，适当放大轴封、汽封等间隙。

6. 发电机、励磁机磁场中心不对称

发电机、励磁机磁场中心不对称有两种：其一，轴向磁场中心不对称；其二，圆周方向磁场中心不对称引起空气间隙不对称。前者在发电机励磁机磁场中心不对称，产生了转子与定子中心不一致，而转子欲恢复原来的位置，这样就形成了周期性的轴向振动。发电机圆周方向磁场中心不对称，有些会引起定子的振动。前者可用调整轴向磁场中心的办法予以解决，后者则用调整空气间隙予以解决。

另一种磁场不对称引起的振动，往往发生在发电机转子绕组或线匝局部短路时，这种短路是匝间绝缘损坏，相邻线圈之间偏移而短接或一组线圈的部分匝之间的绝缘破损。在穿过空气间隙的磁力线作用下，转子在整个圆周上，产生转子与定子铁芯之间的辐向力。该力要把转子拉向定子，如果极的分布对称，则转子的极心上的合成力等于零。当有一个极的部分线匝短路，改变了空气间隙中的磁感应力的分布时，轴向力之间的均衡就被破坏，结果在极心上出现单侧的要把转子拉向定子的作用力，因此发生振动。这类振动当提高定子端电压时，会引起振动急剧增加。所以，用该方法可以判别振动的起因。

第六章 转子及轴系检修

7. 转子上零件松动

大型汽轮发电机组转子上零件的松动，多数发生在发电机、励磁机转子上的护环、楔条等。如某台汽轮发电机的励磁机，当转子冷却水（双水内冷）温度低于进风温度时，便发生剧烈振动。这是由于转子轴芯内冷却收缩，转子轴芯内套装的零件受热膨胀，当收缩和膨胀之差值大于零件套装过盈时，便使零件松动而发生剧烈振动。对于这类振动，只有进行彻底翻修或更换转子才能解决。

8. 基础结构不合理

由于基础自振频率与机组振动频率合拍，产生共振或基础沉降不均匀使机组中心变化，失去原来平衡而振动。这类振动比较复杂，一时难找到确切原因和有效的消除措施，一般可通过对基础进行振动频率测试和基础沉降测量等手段找出振动的起因。若为基础频率与机组共振频率相近，可在基础梁与梁之间或柱与柱之间增加连接梁或斜撑，以改变振动节点，改变自振频率；若为基础沉降不均匀，可通过重新找正轴系中心来减轻振动。

9. 轴承座设计欠妥

实践证明，落地轴承座，当激振力大于490N（50kgf）时，振动显著增加，尤其是该轴承座的轴向振动更为敏感。解决这类振动的方法，其一是将轴承座四角与刚性较好的汽缸撑紧，增加其抗振性；其二是，将该轴承座改型更新。

10. 测量错误或表计误差

一般来说，振动的测量均由熟练的运行人员进行，测量的位置均用记号标明（对于有自动检测装置的机组不存在）。但是，在机组启动时，往往因忙乱而不按规定位置测振。另一种情况，测振仪长期不校验，测得振幅误差偏大，所以测振仪应定期进行校验。

11. 启动暖机不当

各种类型的汽轮机组启动时的暖机时间均不一致。对于轴承稳定性较差的机组，除了按规定时间暖机外，还应测量低压转子后轴承和发电机转子前轴承两者外壳的温差。由于低压转子后轴承靠近汽轮机轴封，其轴承座加热快，加上盘车齿轮的鼓风，加速了温升，使该轴承座在高度方向膨胀值大于发电机轴承座高度方向的膨胀值。当温差达30℃时，其膨胀差达0.30mm左右。这样使发电机前轴承比压下降，轴承失稳，发生油膜振荡。这种现象曾在汽轮发电机上多次发生。所以，启动暖机应按机组的特性决定，不能机械地硬搬。

二、轴系找平衡

轴系找平衡的理论及有关机械振动及动平衡等，其他书上介绍很多，限于篇幅，本书仅以某台汽轮机找轴系动平衡实例为例，简单介绍如下。

某厂一台汽轮机，安装后试运行时，为了减少启停费用，用老厂中压机组供汽母管的汽源，启动汽轮发电机组进行轴系平衡。

为了消除油膜振荡和其他缺陷，机组启动了三次。第 4 次启动是将汽轮机与发电机联轴器脱开，单独开汽轮机组进行测振。在 3000r/min 下测得各轴承三个方向的振动均小于 0.03mm，这表明汽轮机的高、中、低 I、低 II 四个转子平衡基本上是好的。连接发电机转子后，进行第 5 次启动，这次启动测得的振动数据作为轴系平衡的原始数据。加重平面 $N = 9$，选择工作转速下，两个轴承各三个测量方向中，振动较大者作为振动读数的个数 M。转子加重面和轴承编号，如图 6 - 16 所示。其中 7 号轴承水平方向振幅达 0.075 ~ 0.08mm。因汽轮机单转时，振动在 0.03mm 以内，连接发电机转子后，振动变坏的原因是发电机转子与汽轮机连接的联轴器不平衡的可能性大。8、9 号轴承间的联轴器是波形筒式的，此联轴器在制造厂未进行过动平衡。因此，第一次试加质量加在该联轴器上。在这个联轴器上加了两次质量后，就使 7 号轴承水平方向振动降到合格范围以内。此时无论是通频还是选频，轴系各轴承各方向振动均在 0.04mm 以下。按一般平衡要求，平衡工作可告结束。为平衡这么多转子组成的轴系，机组仅启停三次，加重面仅一个，对轴系来讲，这种加质量方式是比较理想的。

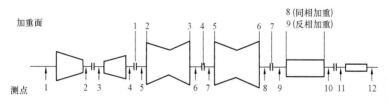

图 6 - 16　某机组加重面和周期编号

由于该机组采用老厂中压供汽母管汽源单独启动汽轮机，因而启停比较方便和经济。为了进一步降低振动值，同时求得比较全面的加重影响系数供同类型机组参考，故又较全面地进行了加质量试验。在第 13 次启动时，在汽轮机低压 I 转子前端的联轴器平衡孔内加质量 0.417kg，各轴承振动又有所好转，此加质量即保留。整个试加质量试验，共在 9 个面上分别进行。其中 4、5 号轴承之间的联轴器、6、7 号轴承之间的联轴器和两个汽轮机低压转子两端叶轮平衡槽内的试加质量，每个面上都进行两次，两次加质量大小相等，位置差180°。5、8号轴承之间联轴器的加质量是在同一位置加了两次。发电机转子两个端面上各试加一次对称和反对称质量。整个试加质量求影响系数的工作，直到第21次启动才结束。然后，按普通的最小二乘法对不同的方案进行了计算，并选择其中一个方案进行实践，即五个加重面的方案。其加质量情况是：8、9号轴承之间联轴器上加0.089kg；4、5号轴承之间联轴器上加0.817kg；6、7号轴承之间联轴器上加1.147kg；汽轮机低压Ⅰ转子前端叶轮平衡槽内加0.73kg；汽轮机低压Ⅰ转子后端叶轮平衡槽内加0.433kg。进行第22次启动，总的振动情况比第13次启动稍好一些。接着又进行了另外三个加平衡质量方案试验（包括9个平面加质量）。在3000r/min下，轴承振动情况比第22次启动时好。鉴于第13次启动时，在轴系上加的质量最少，而效果与第22次启动相比很接近，于是仍恢复到第13次启动时的转子加质量状态。即比平衡前仅在8、9号轴承之间联轴器上加了0.984kg；在低压Ⅰ转子前端叶轮平衡槽内加0.417kg，平衡工作到此结束。

从这个轴系找平衡例子可知，轴系找平衡工作加重面并非越多越好（一般宜少于4个），而是妥善分析，选择有效的加重面。这方面有很多现场经验可供借鉴，如借助振型圆分析、借助升速过程中转速特性分析等。本例则借助部分试转进行分析，首先在8、9号轴承之间联轴器上加重，抓住了关键加重面。由此可见，加重面选择得准，就可大大减少找平衡过程中机组的启停次数。

三、轴系找平衡措施

在检修现场找平衡时，应制订切实可行的技术措施和组织措施，以保证找平衡工作的顺利进行，同时防止万一发生意外事故时束手无策。现场动平衡措施一般应包括下列内容：

1. 平衡方案的确定

根据机组实际情况选用找平衡方法，大型机组一般采用多平面幅相影响系数法为主，结合矢量分析法等。

2. 平衡面的选定

根据机组启动第一次测振情况，进行分析，确定平衡面，一般选取低压转子两端平面作平衡面。其一，该处往往振动较大，是理所当然的平衡面；其二，低压转子上加试加平衡质量和永久质量，简单方便，时间短；其三，该处平衡面安装平衡块处直径大，反应灵敏，效果较好。此外，各联轴器和发电机两端的平衡面亦属选定范围，应做好加质量准备。

3. 平衡转速的确定

当启动升速过程振动超限时，应停机或降速，确定低于工作转速的平衡转速，可参照挠性转子振型分类法确定。

4. 找平衡仪器及计算

找平衡用何种仪器，仪器准确性的校验以及用何种计算方案均要一一落实和明确。如各轴承振动的振幅和相位测量，是以人工移动拾振器非连续性逐个切换测量还是由计算机连续测量等，平衡质量的计算采用何种计算机等。

5. 找平衡的要求和注意事项

轴系找平衡时，要求每次启动、升速、维持平衡转速等的各种参数保持基本相同，如汽温、汽压、背压、油温、油压、风温等，以保证振动测量不变，消除附加因素的影响。

启动升速过程，应对各轴承振动，尤其是平时振动较大的轴承，加强监视，同时应有专人监视发电机转子和各轴承油膜压力，防止发生油膜振荡。

6. 找平衡的准备

准备工作主要指试加质量和加永久质量的质量块。如机组低压转子上的质量块，应备4kg左右，发电机转子上的质量块应备3kg左右，联轴器上的质量螺栓和垫圈分别备1kg左右，为了防止在湿蒸汽区等的腐蚀而使质量块松动，质量块一般用1Cr13、2Cr13和1Cr18Ni9Ti不锈钢制作。此外，应备全各种专用工具、加质量平面图、测量记录、原有平衡质量的数量和位置，转子的"0"位和相对位置、测量仪表的选定和校验等。

7. 找平衡的组织分工

测量仪器的监视读数，启动升速的操作和事故处理，加平衡块、移动拾振器、秒表记录、现场联系和总指挥等人员，应一一明确，各就各位，防止混乱和影响找平衡工作。

四、平衡质量的安装

平衡质量的安装质量和位置的准确性，直接影响找平衡的效果。如果找平衡过程中测量和计算十分精确，而平衡质量安装不准确，则轴系平衡将达不到预期效果，有时会出现振动恶化等现象，所以安装平衡质量必须严格按照要求执行。

校正平衡质量的质量块总误差应小于±5g，其安装位置的角度误差应小于±5°。同一平衡面几处的加平衡质量应尽可能矢量合成以后集中加重。同时一个平衡面，某一角度加质量弧长不宜过长，以免影响效果。因此，当发现某一角度校正平衡质量特别多，安装弧长超过周长的 1/4 时，应考虑加工加重的特殊平衡块，但必须经过强度计算和根据安装位置的可能性设计。

校正平衡重块安装时，必须牢固无松动现象，汽轮机低压末级平衡块，上紧螺钉应尽可能采用埋头螺钉，以防蒸汽侵蚀而使外露部分断裂。这种结构的平衡块安装后均应加保险垫并锁紧。

提示 第一～三节适合初级工使用。第四、五节适合中、高级工使用。

第一篇 汽轮机本体检修

第七章

轴 承 检 修

汽轮机轴承分支持轴承和推力轴承。前者支承转子的全部重量，后者承受转子运转时的全部轴向推力。轴承工作的好坏直接影响到汽轮机的安全可靠性。本章重点介绍椭圆瓦、可倾瓦和推力轴承等的结构特点和检修工艺。

第一节 轴 承 结 构

轴承的结构形式根据汽轮机功率、转速等因素进行设计和造型，它由轴承座和轴瓦两大部分组成。大功率机组的轴承座一般采用落地轴承座，即轴承座直接安装在汽轮机基础上。轴承座采用铸铁或铸钢铸成。有的机组采用钢板焊接而成，这种结构轴承油室内表面光洁，无铸造型砂、疏松、砂眼等缺陷，不漏油，便于清理油室等，如 TC2F－33.5 型机组采用此结构。在水平接合面处分为上盖和座体两部分。由于一个轴承座内有 1～2 道轴瓦，为使加工制造和安装检修方便，上盖往往在轴向长度方面分成两段或三段，在顶部装有测振仪、测温表、排油烟气管等。在轴承座内部，除了安装支持轴承和推力轴承外，还有联轴器、胀差测量元件、轴向位移测量元件、盘车齿轮等。在前轴承箱内还有主油泵、调速器、保护装置等。在装有盘车装置齿轮或联轴器的轴承室内，为了防止鼓风摩擦损失致使其内部油温度升高装设了齿轮护罩。在轴承座前后汽轮机轴穿过的地方，设有内外油挡环，以防润滑油飞溅和泄漏到轴承座外，内油挡由黄铜板车削成尖齿状，装于轴瓦两端，使轴瓦内排油被该齿挡住，减少飞溅到外油挡上的油量。为了进一步减少轴承排油外泄的缺陷，现代大功率汽轮机多数采用浮动式内油挡，如图 7－1 所示。该油挡是一个浮动环，环体用磷青铜或钢板制成，内圆表面浇铸轴承合金。浮动环嵌在油挡板的槽内，顶部装一只防转销，油挡板用螺栓固定在轴瓦两端，机组运转时，浮动环靠防转销固定，不能转动，只能浮动。当轴承泄油飞溅

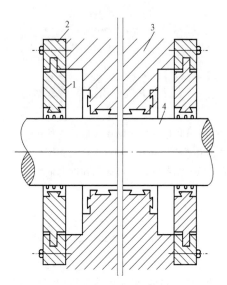

图 7 - 1 浮动油挡

1—浮动环；2—油挡板；3—轴瓦；4—转轴

到浮动环上时，大部分油被挡住，流向轴承室，小部分油进入浮动环的径向间隙，产生油膜，使浮动环不会烧毁。同时，由于浮动环上的反螺旋槽或凹槽的作用，使油沿槽流入轴承室并回到油箱。外油挡环是由铸铝、铸铁或钢板制成的，上面镶嵌 3 ~ 5 圈黄铜齿片。一般情况下外油挡间隙标准为：顶部间隙 0.20 ~ 0.25mm，两侧间隙 0.10 ~ 0.15mm，底部间隙 0.05mm，具体调整时按汽轮机制造厂给定标准进行调整。

为了减小轴承座与基础台板的摩擦阻力，一般在 1、2 号轴承座前后端左右和中间加滑块，并定期用高压油枪向滑块内注入高温润滑脂，以保证滑块活动不卡涩。大修中应对高温润滑脂进行换新，换油时只要用高压油枪向滑块内注入高温润滑脂，将老的润滑脂挤出，直到见到新的润滑脂流出即可。

大功率汽轮机所选用的轴瓦，虽有各种不同的型式，但大多数制成上下两半，在中心面处用螺栓连接成一体。轴瓦本体大多数以铸铁为基体，并在铸铁上车燕尾槽再浇铸轴承合金，最后按各种结构型式加工成所需要的形状，能使轴瓦内孔和轴颈形成楔形间隙，以保证在运行中产生稳定的油膜。下面就常见的几种轴承结构作简单介绍。

一、圆筒形轴承

圆筒形（或称圆柱形）轴承是最早用于汽轮发电机上的老式滑动轴承，其轴瓦内孔呈圆形，内孔等于轴颈直径加顶部间隙，而顶部间隙 a 为轴颈的 $1.5/1000 \sim 2/1000$，两侧间隙 b 各为顶部间隙的一半，如图 7-2 所示。轴承下瓦与轴颈的接触角按轴瓦长度 L 与轴颈之比值（长颈比）及轴瓦负荷大小而定，一般取 60 左右，当轴瓦长度与直径之比小于 $0.8 \sim 1$ 或轴瓦负荷大于 $0.8 \sim 1$MPa 时，接触角可达到 75 左右。

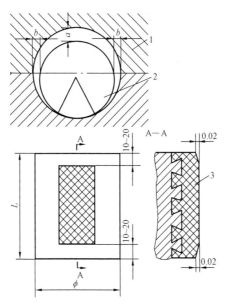

图 7-2　轴承接触示意

1—轴承；2—转子；3—轴承合金

圆筒形轴承被广泛用于中小型汽轮机上，但是在大功率汽轮发电机上仍有使用，它结构简单，便于制造加工和检修维护。

二、椭圆形轴承

椭圆形轴瓦是随着汽轮机单机容量不断增大和转速不断升高，而在圆筒形轴瓦的基础上发展起来的。它被用于功率较大的机组上。椭圆形轴瓦的顶部间隙约为轴颈直径的 1/1000，两侧间隙各为轴颈直径的 1/1000 左右，即内孔上下直径为（$D + 0.001D$），左右直径为（$D + 0.002D$）。所以，椭圆形轴承实际上是由两个不完的半圆合成的，即在加工时，只要在水平中分面两侧，按设计的椭圆度加垫片加工结束后取去垫片，即成椭圆形轴承。

上述两种轴瓦的另一结构特点为润滑油进油是顺着转动方向供给的，润滑油进入瓦后，顺转动方向到达轴颈上部，冷却轴颈，再流到下部起润滑作用。同时为了减少摩擦及使油易于循环，一般轴瓦上部车有油槽，其宽度约为轴瓦长度的 1/3，该油槽到接合面附近就向两端扩大，以保证润滑油在轴瓦全长分布均匀。

三、三油楔轴承

20 世纪 70 年代初，在国产 125、200、300MW 汽轮发电机组上应用了三油楔轴承。

三油楔轴承与圆筒形、椭圆形轴承比较，在结构上有下列特点：

（1）轴瓦上有三个进油口，每个进油口均开有平滑的楔形面，由此称为三油楔轴承。由于实际运行时转子发生偏移，造成对称的三油楔深度变成不对称，使轴承承载不同，抗振性不对称，致使运行不稳定。因此，油楔的形状各不相同，如图 7-3 所示。油楔的展开角 θ_1 约为 105°～110°，是三个油楔中最长的一个，其余两个油楔的展开角 $\theta_2 = \theta_3$，约为 55°～58°。当转子转动时，三个油楔中都建立起一层油膜，其压力如图 7-4 所

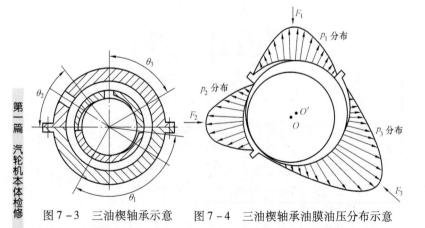

图 7-3　三油楔轴承示意　　图 7-4　三油楔轴承油膜油压分布示意

O—轴心；O'—轴承中心

示。油楔中的油被挤压的油膜压力反过来作用在轴的三个方向上，如图7-4中的F_1、F_2、F_3所示，使轴较稳定地在轴瓦中转动，所以油膜比较稳定。实践证明，三油楔轴承对高速轻载油膜比较稳定，而对中载、中速油膜稳定性欠佳。如给水泵汽轮机上使用情况较多，而主机上使用时稳定性较差，易产生油膜振荡。

（2）轴瓦与瓦枕之间有一个环形压力油室，如图7-3所示，以保证进入三个油楔中的润滑油的均匀性。

（3）为了不使轴瓦在中分面处将油楔切断，轴瓦中分面需与水平面成35°的倾角，所以轴瓦在安装时应按设计要求转过35°，然后加防转销。从这点看，三油楔轴承在拆装方面比其他轴承复杂。

（4）轴瓦表面不需要研刮，也不宜修刮。

四、可倾瓦

可倾瓦也称密切尔式径向轴承或称自动调整中心式轴承。可倾瓦的瓦块具有3块、4块、……，甚至12块瓦块，瓦块在支持点上可以自由倾斜。在油层的动压力作用下，每个瓦块可以单独自由地调整位置，以适应转速、轴承负载等动态条件的变化。可认为，这种轴承每一瓦块的油膜作用力均通过轴颈中心，因此它没有可引起轴心滑动的分力。所以，这种轴承具有极高的制动性，它能有效地避免油膜自激振荡及间隙振荡，同时对于不平衡振动也有很好的限制作用。可倾瓦的摩擦损失较小，其缺点是制造复杂，价格较贵。

现代大型汽轮机高中压转子的轴承，大多采用如图7-5所示的可倾瓦。该轴瓦是一种小瓦块式结构，轴瓦在圆周上分成四块，每块瓦块均由在锻钢件上浇铸轴承合金构成。瓦块自由地放置在支持环内，由球面支点块支持，球面支点块与瓦块间有内垫片，球面支点块与支持环间有外垫片，内垫片与球面支点块呈球面接触。因此，瓦块在球面支点块上，能使油在圆周方向上自由倾斜而形成油楔。四个瓦块均有球面支点块，因此形成四个油楔。调整球面支点块的厚度，可保持轴承的规定间隙。为保证拆装后的装配正确，必须将轴承瓦块内垫片、球面支点块及外垫片，标志同一序号，并在支持环上打好对应的钢印号码。这样能在拆装时不弄错，并能保证装配在同样的相对位置上。

支持环分成两块，用螺栓连接，由安装在支持环上的调整块支撑在轴承洼窝内，其中三个调整块安装在支持环下半部的垂直中心线上及与水平面成45°的中心线上，其他两个调整块安装在支持环上半部与水平面成45°

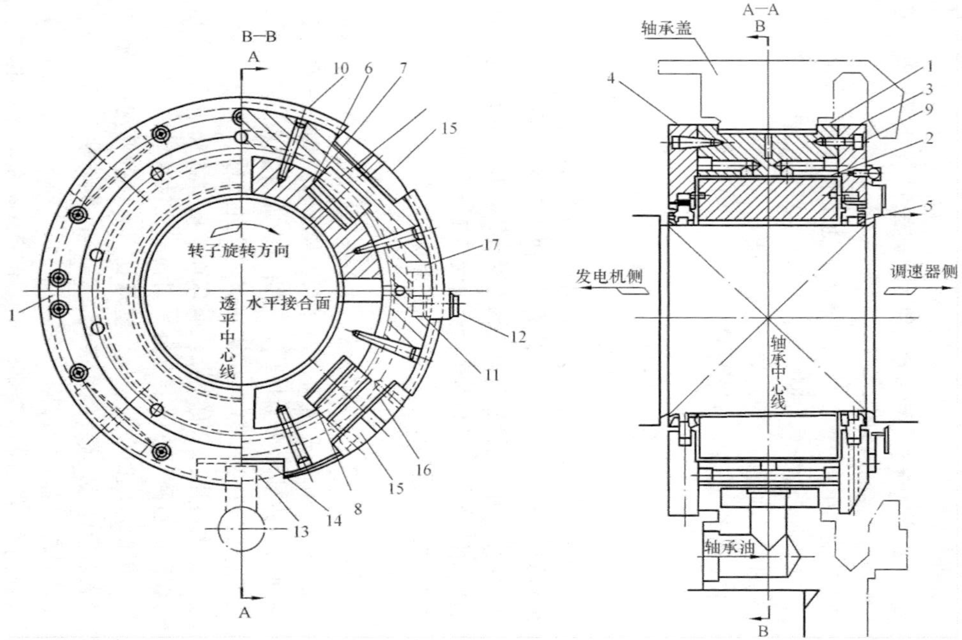

图 7 - 5 可倾瓦轴承

1—支持环（分成两块）；2—轴瓦；3、4—浮动挡支持板；5—浮动油挡；6、8—垫片；7—支点块；9—埋头六角螺栓；
10—临时固定用螺栓；11—平行销；12—防转销；13、15—调整块；14、16—调整垫片；17—六角螺栓

的中心线上。为了保证轴承中心，在各调整块和轴承洼窝之间装有调整垫片，以便轴瓦在垂直及水平方向上能自由调整和移动。另外，在水平接合面处下面插入防转销，以防支持环转动，调整块同样要打上记号，以防拆装时弄错。

润滑油从轴承下面的孔进入，通过调整块中的孔，从支持环两端的环形槽流到轴瓦内部，油被分布到轴颈表面，然后由轴颈两侧流经油挡，从油挡板底部排油孔排出流回油箱。

轴承两端装有浮动式内油挡，油挡环固定在油挡支持板上，整个油挡分成上下两半用螺栓直接固定在支持环上。

五、压力式轴承

压力式轴承是在圆筒形轴承上瓦中央开有油槽，此油槽可以使润滑油的动能变成压力能，把轴心向下压，降低了轴心位置。轴心位置的抬高是发生轴承油膜自激振荡的因素（详见后述），所以这种轴承可防止油膜自激振荡的发生。但是，它对油中杂质特别敏感。如果杂质积聚在油槽处，不但会降低防止油膜自激振荡的效果，而且会加速轴瓦磨损。部分汽轮机低压转子两端采用这种轴承，其结构如图 7-6 所示。轴承本体分上下两块组成，它由铸钢制成，在内层浇铸轴承合金，并在轴承合金上开有间断槽形的润滑油通路，这对避免产生油膜自激振荡有一定的好处。轴承本体由三个球面调整块固定，并由调整块来调整轴承中心位置。三个球面调整块的布置，有两个在轴承的下半部，装在与水平面成 45°的中心线上；另一个在上半轴承的垂直中心线上，通过改变调整垫片的厚度，可调整轴承水平和垂直方向的位置。在轴承上下接合面有安装销，使上下合成整体。为了防止轴承本体的转动，在轴承水平接合面的下部，用防转销嵌入轴承座的凹口。

润滑油通过轴承座的孔和调整块中心孔流至轴承，如图 7-6 所示。油进入轴承本体后，流向上半轴承中央的凹处，然后流向轴承两端的圆周槽，沿排油孔流回轴承室。

压力式轴承的间隙一般为 $(0.002D \pm 0.10)\,\text{mm}$。

六、袋式轴承

袋式轴承是由圆筒形轴承在中分面两侧垫以垫块 a，将圆筒形轴承圆心上移 0.20mm 左右，作为袋式轴承的圆心，以轴颈 D 加油袋深度 d 为直径，车削成另一个圆，并在轴承两端各留 40mm 宽的阻流边不车削，取去中分面垫块，即成袋式轴承。垫片 a 的厚度由油袋弧长确定，一般弧长夹角取 35°，油袋深度 d 一般取 0.7mm。圆心上移

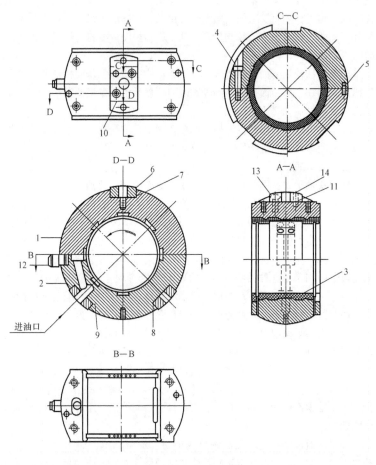

图 7-6　压力式轴承

1—轴承本体（上半部）；2—轴承本体（下半部）；3—轴承合金；4—六角
埋头螺栓；5—轴承安装销；6—球面调整块；7～11—调整垫片；
12—防转销；13—六角埋头螺栓；14—轴承调整块用销钉

0.20mm 左右，主要考虑油膜厚度，即运行时转子与轴承在垂直方向
的中心保持一致。轴承两端的阻流边，能减慢润滑油排泄速度，保证
轴承有足够的冷却和润滑油量。

　　袋式轴承在静态特性方面，具有摩擦耗功小、油流量小、承载能力大

等优点；在动态特性方面，具有汽轮机所遇到的全部转速范围内没有不稳定区、阻尼大、油膜厚、轴承温度低等优点。

由于袋式轴承具有上述优点，D4Y454型汽轮机支持轴承均采用这种轴承，如图7-7所示。同时该轴承采用单套结构，通过上、下、左、右四块调整块与轴承座接触。底部有顶轴油孔，顶轴油池最深为0.20mm，作为启动盘车装置时将转子顶起，减小盘车电动机的启动力矩。顶部设防转销，防止轴瓦与轴一起转动。润滑油从右侧进油孔随转子的转动方向进入轴承，然后在两端阻流边外的泄油槽底部泄油孔内流回轴承座。在泄油槽外侧装有内油挡，防止油外泄。上下瓦由四只螺栓和两只定位销将其固定在一起。

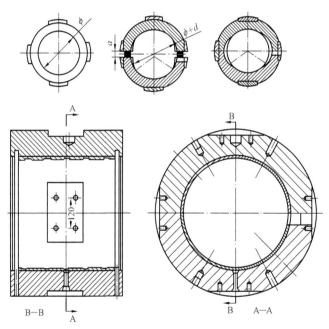

图7-7　袋式轴承示意

七、径向推力联合轴承

径向推力联合轴承，除了承载转子的重力外，同时承载转子的轴向推力。D4Y454型汽轮机第2轴承采用这种结构，它由轴承壳、推力瓦块、径向轴瓦等部件组成。由图7-8可见，径向轴瓦直接安装在轴承壳中，没有调整垫块，仅有一个防转销，轴承的调整由轴承壳上的调整垫块来实现。推力瓦块布置在轴承壳的两端，瓦块由弹性板支承，使每块瓦块承载均匀。在调速器端的弹性板与轴承壳之间设有调整垫片，用来调整推力间隙。而转子的轴向定位由轴承壳上的两个轴向垫片来调整。轴承壳上设有防转销、油挡和泄油喷嘴。径向轴承下部设两个测温元件，两端推力瓦各设一个测温元件。

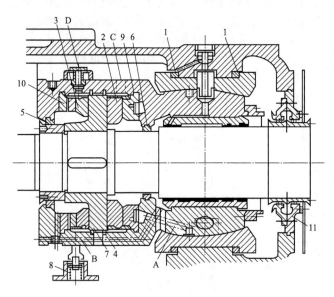

图 7 - 8 径向推力联合轴承

1—调整圆环；2—工作瓦块；3—非工作瓦块；4~6—油封；7—推力盘；
8—支撑弹簧；9、10—瓦块安装环；11—油挡；
A—工作瓦块来油孔；B—非工作瓦块来油孔；C—工作瓦块回油孔；
D—非工作瓦块回油孔

轴承润滑油从轴承壳中分面进油孔进入径向轴瓦和轴承壳之间的环形油室中，并从径向轴瓦的两侧进油孔进入径向轴瓦。经过润滑和冷却轴瓦的油，从两端泄出进入推力轴承。其泄油流入轴承壳与推力瓦块之间的环形油室内，被油室外的油挡挡住，然后经径向泄油喷嘴泄掉，这样保证推力瓦块有足够的润滑和冷却油量。

八、推力轴承

推力轴承主要承受转子的轴向推力，并确定转子的轴向位置。推力轴承的结构型式较多，目前大功率汽轮机的推力轴承多数采用单支瓦块式，即推力轴承与径向支持轴承是相互独立的，由可活动的瓦块组成。除上述图7-8所示为汽轮机采用径向瓦与推力瓦组合在一起的综合推力轴承外，还有一种径向瓦与推力瓦分置、单独设置推力轴承的型式，如图7-9所

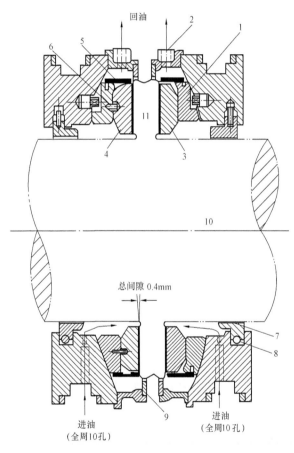

图7-9 推力轴承

1—推力瓦块安装环；2—调节套筒；3—正向推力瓦；4—反向推力瓦；
5—挡油环；6—球面座；7—进油挡油圈；8—拉弹簧；9—出油挡油环；
10—汽轮机轴；11—推力盘

示。汽轮机转子上的轴向推力是经过固定在转子上的推力盘，传递给其前后的扇形推力瓦块上的。经常承受转子轴向推力的一侧称为工作面；另一侧称为非工作面，推力瓦块的数量各不相同，一般为 6～12 块。瓦块通常用 2QSn13－0.5 或 ZQA19－2 的铜合金制成。与推力盘接触处浇有锡基轴承合金。轴承合金的厚度应小于汽轮机叶轮轴向间隙的最小值，一般取 1.5mm。瓦块的背面都有一条由肋条或棱角等形成的摆动线，瓦块工作面按一定的比例分为两部分，如图 7－10 所示。其中，较长的一部分为进油侧，各瓦块靠在支持上便能沿摆动线稍微摆动，形成油楔，在运行中产生油膜，使推力瓦块能承受较大的轴向推力，且最大可达 3.0MPa，设计时一般选用 1.5～2.5MPa。

将推力瓦块用背面的销孔挂在支持环的销钉上固定，可以防止瓦块随推力盘转动，如图 7－10 所示。销孔比销钉大 1.5～2mm，以保证瓦块能自由地摆动。支持环靠在轴承外壳上，改变支持环的厚度，可以调整推力瓦的推力间隙及转子的轴向位置。为了保证各瓦块承受推力均匀，瓦块支持环与外壳间采用球形配合。

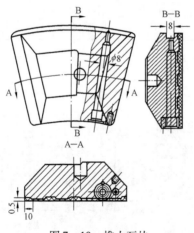

图 7－10　推力瓦块

汽轮机推力轴承结构如图 7－11 所示。它们的工作面和非工作面各由 6 块瓦块组成，每块瓦块受力面积为 193.5cm^2，瓦块与调整块支撑着。由于瓦块与调整块的局部接触而形成支点，使瓦块在圆周方向倾斜而与转子上的推力盘形成油楔，因而推力瓦与径向轴承一样，也是油膜润滑。其承载能力较大，在正常运行时允许压力为 3MPa，而瞬间最大允许压力为 4.2MPa。

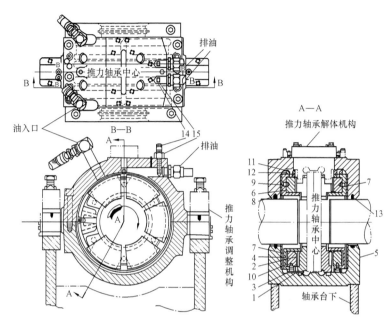

图 7-11 汽轮机组推力轴承

1—推力瓦块；2—支持环；3—调整块固定螺栓；4—支持环；5—外壳；6—调整块；
7—外壳衬板；8—油封环；9—调整块销子；10—下部调整块；11—防转键
固定螺栓；12—防转键；13—油封环；14—节流孔螺栓；15—螺母

　　调整块装在对分的支持环上，由销钉支持，由于调整块的摆动，各瓦块保持合适的位置，以便使整个推力轴承各瓦块受力均匀。所以，这种结构优于综合推力轴承的结构，它能防止各瓦块因受力不均而使部分瓦块过载发热，甚至磨损或烧毁。

　　汽轮机推力轴承的另一个特点是，它设有左右对称的调整机构，用以调整推力轴承外壳轴向位置，即调整转子的轴向位置。尤其在运行中，当出现转子轴向位置不适当时，可根据需要在机组连续运行中进行调整，防止机组动静碰擦事故。

　　调整机构如图 7-12 所示，它主要靠调整螺母来调整可动楔，使可动楔上下移动，改变推力轴承的轴向位置，把汽轮机转子调整到准确位置。调整螺母旋转 1 圈，可改变轴向位置 0.125mm。

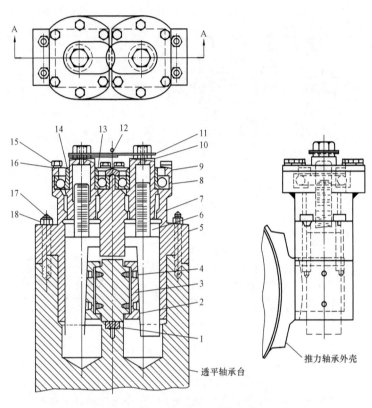

透平轴承台

推力轴承外壳

图 7 - 12　推力轴承调整机构

1—垂直调整用垫片；2—楔（固定）；3—水平调整用垫片；4—内六角螺栓；5—
外壳调整螺栓支座；6—楔（可动）；7—轴封；8—滚珠轴承；9—滚珠轴承固定板；
10—调整螺母；11—调整螺母固定板；12—开口销；13—固定垫圈；14—固定
螺母；15—螺钉；16—固定垫圈；17—双头螺栓；18—螺母

第二节　轴　承　的　润　滑

　　汽轮发电机转子的全部重量通过轴颈支承在表面浇铸的轴承合金的轴
瓦上，并作高速旋转，而轴瓦未被磨损或毁坏，这主要是依靠轴颈与轴瓦
之间产生的油膜。倘若上下两平面构成油楔，四周都充满着油，当上下两

平面作相对运动时，油楔中的油就被挤压向里，此时油楔中的油产生反作用力，将上面的运动物体微微抬高，于是在两平面的油楔中便建立了油膜。上面的物体运动便在油膜上滑动，两物体相对运动时的摩擦只发生在油膜内的液体摩擦，从而不再产生固体摩擦，使摩擦因素减至最小，即油膜上的摩擦力很小，起了润滑作用。同时，摩擦产生的热量能及时被大量润滑油带走，起到冷却作用。轴承就是利用这个原理设计的。

由上述原理可知，若使轴承安全可靠的运行，建立油膜是关键。同时，建立油膜必须具备下列三个必要条件：

（1）必须具备楔形腔室；

（2）楔形腔室必须充满黏性液体，如润滑油等；

（3）构成楔形腔室的两个面必须光洁，并作相对运动。

利用油膜润滑的原理，轴颈在轴瓦内形成了一个油楔。当向轴瓦内加润滑油后，轴颈转动时，具备了建立油膜的三个必要条件，因此在轴颈下面建立起一层油膜，使轴颈在油膜上转动，起到了润滑作用。

另外，根据油膜润滑理论，在油楔最小截面处产生最大油压，油压越高则产生的承载力越大，最高油膜压力达几十兆帕。同时，轴承的承载能力与轴颈的圆周速度、润滑油黏度、油膜的厚度等因素有关。轴颈圆周速度和润滑油黏度越大，则轴承的承载能力越大，反之越小。虽然油膜润滑时的摩擦力很小，但转子的质量大，加上高速旋转，液体摩擦产生的热量是不可忽视的，因此轴承内必须不断地加入一定温度的润滑油，以带走热量，冷却轴承，从而保证轴承的正常工作。

第三节　轴承的稳定性

许多调查和实践证明，椭圆形轴承的稳定性比圆筒形轴承的稳定性要好得多。一般来说，其间隙比（最大间隙比最小间隙）越大，稳定性越好，而且即使发生振动，也不会比初始振动严重。

椭圆形轴承之所以稳定，是因为各圆弧与轴颈的相对位置关系使偏心率比圆筒轴承大，但在水平方向限制较小。

GLionioche、Koumam 从实验中求得圆筒形轴承、椭圆形轴承、带有袋形沟的轴承（在圆筒形轴承内表面，由于设计圆月沟使内部成为椭圆形轴承）和三油楔轴承的弹性系数和衰减作用，从而计算各轴承的稳定性。

在轻载高速条件下，三油楔轴承的稳定性最好，其次是椭圆形轴承和袋形轴承，最差为圆筒形轴承。

对于可倾瓦的稳定性，在本章第一节内已有介绍，国外技术实验结论中称可倾瓦，即使在转子带有颇多的不平衡，也是明显最稳定的。

综上所述，几种常用的轴承稳定性从最佳到最差，可按以下顺序排列：椭圆形、袋式（形）、三油楔、圆筒形。

第四节 轴承检修要点

轴承检修工作是一项工艺要求高、技术性强的工作，从解体、检查、修理到组装，每个环节均应严格执行检修工艺规程，任何疏忽大意，都有可能造成轴瓦磨损、发热，甚至烧毁等事故。

一、轴承的解体

停机后先将轴承大盖上的测振仪、温度表等仪表及电缆线拆除，接着依次揭去大盖、球面座、轴瓦等。对于三油楔轴承，应顺转动方向翻转35°，使其中分面与水平中分面平齐，拆去接合面螺栓，即可吊出上轴瓦；对于可倾瓦，必须用专用螺栓将轴承块固定在支持环上，然后吊出上瓦，否则起吊支持环时瓦块将突然掉下而损坏。对于圆筒形轴承和椭圆瓦解体时，只要从外层向内层逐层解体即可。但是，不论何种型式的轴承，每拆一个零件（包括定位销、防转销等小零件），均应认真检查记号和装配方向，没有记号的零件解体时必须补做记号，以免装配时搞错。

轴承解体后，必须将各零件上的油垢、铁锈清理干净，轴瓦合金应向下放平，并放在质软的物体上，如木板、橡胶垫等。

二、轴承的检查

轴承解体后，应对轴承进行全面检查，检查重点如下：

（1）轴承合金表面接触部分是否符合要求，该处研刮花纹是否被磨去。

（2）轴承合金表面是否有划伤、电蚀麻坑等现象。

（3）用着色探伤检查轴瓦合金是否有裂纹、脱胎和龟裂等现象，并与上次检修比较是否有发展。也可用手锤木柄轻轻敲击轴承合金，听其声音是否沙哑并手摸有无振动感，如有，则证明该处轴瓦合金有脱胎现象。

（4）垫块或球面接触是否良好，是否有腐蚀凹坑，固定螺栓是否有松动，垫片是否有损坏等现象。

（5）浮动油挡或内油挡和外油挡是否有磨损，间隙是否正常。

（6）推力瓦块上的工作印痕应大致相等，若工作印痕大小不等，则说明各瓦块受载不均匀，应做好记录，以便检修时查找原因及消除。

（7）推力瓦支持环上的销钉及瓦块上销钉孔是否磨损而变浅变小。活络铰接支持环是否有裂纹、变形等异常情况。

三、轴瓦间隙的测量

（1）圆筒形轴瓦及椭圆形轴瓦间隙的测量。下瓦间隙用塞尺在轴瓦水平接合面的前、后、左、右四角进行测量，塞尺插入深度为15～20mm，四角间隙应基本相等。轴瓦顶隙用压铅丝法测量，纯铅丝的直径应比顶隙大1/3左右，铅丝弯成多U形，一般取3～5个连在一起的U形铅丝，轴瓦前后各放一盘U形的直段与轴线平行。然后合上上瓦，上紧接合面螺栓，并用塞尺检查接合面应无间隙，再揭上瓦，小心地取下铅丝，平放在平板上，用外径千分尺测量其厚度，并按轴瓦的对应位置做好记录。对于圆筒形轴瓦，应取最大厚度作为顶部间隙；对于椭圆形轴瓦，应取最小厚度作为顶部间隙。

（2）三油楔轴瓦间隙的测量。由于轴瓦在工作状态中分面不在水平面上，所以左右顶部间隙均在轴瓦上下组合一起时，可用塞尺或千分卡进行测量。实际上测出的间隙为阻流边间隙。三油楔轴瓦本身油楔一般不予测量和研刮。只有在轴瓦合金磨损严重时，才用内径千分尺在轴承座外组合测量，并按图纸要求进行研刮。

（3）可倾瓦轴瓦间隙的测量。由于轴瓦由几块可自由摆动的瓦块组合而成，所以其间隙的测量只能在组合状态进行。测量时在转子轴颈处和轴瓦支持环外圆上各架一只百分表，然后用抬轴架将轴略微提升。同时监视两只百分表，当支持环上百分表指针开始移动时，读出轴颈上的百分表读数，最后将读数减去原始读数，两者之差除以 $\sqrt{2}$（对四瓦块式可倾瓦）即为轴瓦的油隙。另一种测量方法是：测量时先将上瓦块专用吊瓦螺栓松掉，使瓦块紧贴轴颈，用深度千分尺测量瓦块到支持环的深度；然后用专用吊瓦螺栓将瓦块吊起，使瓦块支点与支持环紧密接触，再用深度千分尺测量瓦块到支持环的深度。两次深度之差，即为可倾瓦油隙。两种方法测量的结果应基本相同，否则应查明原因或重新测量。一般情况下，可倾瓦油隙不予调整，轴瓦合金不予研刮。

（4）推力轴承间隙的测量，即推力间隙的测量。由于轴瓦瓦块能自由活动，单置式推力轴承球面座往往因推力轴承自重的影响落在下部位置，所以推力间隙测量工作必须在组合状态下进行，并常用千斤顶将转子向前和向后推足。为避免产生误差和差错，测量时在转子靠近推力轴承轴向光滑平面上，左右各架一只百分表，分别读出转子向前和向后顶定时的最大和最小值，两者之差即为推力间隙。为了防止顶过头，使轴承外壳发生弹性变形而影响推力间隙的正确性，同时在轴承外壳上架设百分表监视，并将弹性变形值从测得的最大和最小两差值中减去，才能作为推力间隙。

推力间隙的标准一般为 0.30 ~ 0.50mm。间隙过大，往往在转子推力方向改变时，使通汽部分轴向间隙发生较大的变化，同时对推力轴承产生过大的冲击力，使转子发生轴向窜动；间隙过小，将增加轴瓦的摩擦损失和轴瓦的负载。

四、轴瓦合金的研刮

当检查发现轴承合金表面研刮花纹在运行中已被磨掉，合金表面有毛刺等现象时，必须用专用刮刀由熟练的检修人员进行研刮。研刮时必须仔细，花纹应有规律，研刮量应尽可能地少，并防止研刮出凹坑或研刮过头。对于三油楔轴瓦、可倾瓦轴瓦的合金表面研刮更应小心，只要将毛刺和磨损印轻轻刮去即可。对于大型汽轮机，应特别注意下瓦的顶轴油池是否被磨浅或磨去，并按标准进行研刮，一般深度为 0.15 ~ 0.20mm。

五、轴瓦紧力的测量与调整

由于运行时轴承外壳的温度通常比轴瓦温度高，因此一般要求轴承对轴瓦有一定的预紧力。若没有这个紧力，在受热膨胀后，外壳就不能压紧轴瓦，在转子剩余不平衡力作用下，轴瓦易发生振动。显然，轴瓦紧力的值与轴瓦大小、工作环境等有关。如有的汽轮机高、中、低压转子的轴瓦离各轴封的距离很近，轴承盖受轴封处的热辐射很严重，轴承盖的温度往往比轴瓦温度高 10 ~ 20℃，因此其紧力标准为 0.01 ~ 0.05mm。对于轴承上球面部分的紧力，为了保证轴瓦在运行中的自动调整，一般规定没有紧力，且略有间隙。如某型汽轮机轴承的球面座与瓦枕的间隙标准为 0 ~ 0.03mm。

轴瓦紧力的测量均采用压铅丝方法。测量时，在水平中分面前、后、左、右四角各垫厚度相等且平直的铜皮（厚度一般选用 0.5mm 左右）。上瓦顶部放直径为 1mm 左右的铅丝，并弯成 U 形，放在测量轴瓦温度孔的周围，扣上轴承盖，紧好接合面螺栓，用塞尺检查接合面应无间隙。然后，松开轴承盖螺栓，测量被压扁的铅丝厚度。紧力值为垫片厚度与铅丝厚度之差。

紧力过大或过小，可通过调整轴瓦顶部的垫片使紧力适当，但垫片必须与轴承固定牢靠，防止因振动而发生垫片移位，使紧力失去而引起轴承剧烈振动。也可在球衬接合面上加与其断面形状相同的磷铜垫片或不锈钢垫片。

六、轴颈下沉的测量

轴颈下沉的测量是监视轴瓦在运行中的磨损量和轴承垫片及垫块变化的手段。测量时用各轴承在安装时配置的专用桥规进行，由于轴瓦及垫片的变化量极小，所以桥规应平稳地放在规定的记号上，用塞尺插入桥规凸肩与轴颈之间的间隙，塞尺片应不多于三片，以免测量误差过大。对于一些三油楔轴承，因上下瓦组合后需转35°，所以无法用桥规监视轴瓦的磨损和垫块的变化。但下瓦顶轴油池的深度是监视轴瓦磨损的依据。

七、调整垫块接触面的检查和研刮

为了调整汽轮发电机组轴系中心，大功率汽轮机轴承均设有供调整用的球面或圆柱面垫块。垫块与轴承座接触的好坏，直接影响汽轮机的振动。所以，检修时应检查轴承垫块的接触情况，检查时一般先用塞尺检查，下半轴瓦的三块或两块垫铁在转子搁在轴承上时，用0.03mm塞尺片应塞不进。底部垫块在转子未搁在轴承上时，应有0.06~0.08mm的间隙，这样即使转子重量将轴承压变形，亦可保证垫块受力均匀。若塞尺检查结果均无间隙，可取出轴承进一步用涂红丹粉检查垫块与轴承座的接触情况，接触面积应大于总面积的75%以上，且分布均匀。垫块接触不符合标准时，应进行研刮。

轴承调整垫块的研刮工艺与其他零件研刮工艺的区别在于，前者必须在重载下检查接触情况，后者一般以自重检查接触情况。当接触面存在0.10mm以上间隙时，可用锉刀或角向砂轮机进行粗刮。直到间隙小于0.10mm时，应复测油挡洼窝中心，并根据洼窝中心，改用刮刀精刮。精刮工作首先在轴承座洼窝内涂薄薄一层红丹粉，将轴瓦放进轴承座，放下转子，用起重吊钩将轴瓦在洼窝内往复移动2~3次，每次移动量为10~20mm。然后，将转子抬高，取出轴瓦，检查下瓦垫块上的红丹粉印痕，用刮刀按印痕修刮垫块硬痕部分表面，如此反复进行，直到最后阶段。下瓦几块垫块应同时进行研刮，并防止刮过量及刮偏斜，使轴瓦位置歪斜或引起四角油楔不相等，使研刮工作走弯路，从而增加检修工作量和影响检修工期。当同时研刮下瓦三块调整垫块时，应计算出底部和两侧垫块的研刮量，同时结合联轴器中心、汽缸洼窝中心等情况，综合分析考虑。一般情况下，研刮工作与联轴器找中心工作同时进行。

垫块与轴承座接触质量全部合格后，将底部垫片抽去0.03~0.05mm即可。在最后放准轴承位置时，由于转子质量大，搁在轴承上会使轴承在洼窝内左右移动时摩擦力大，移动困难。因此，必须用抬轴架将转子抬起

第七章 轴承检修

0.10～0.20mm 后，轻击轴承，使位置放准，再放下转子。切不可在转子搁在轴承上时，用紫铜棒或其他物件猛击轴瓦中分面，以免在轴承中分面上击出毛边或产生凹凸不平的现象。

八、接触腐蚀的处理

轴承垫块与轴承座之间的接触，经过研刮，接触面之间虽然大部分面积已无间隙，但尚有小部分面积接触不会很密合，或轴承垫块与轴承座的装配过盈不够。当机组运行中发生振动时，垫块与轴承座出现在接触时脱开现象。此时轴电流就会对两接触表面产生电蚀，并发生金属熔化而形成表面光亮的凹坑，且表面硬度较高，这种现象通常称为接触腐蚀。对于接触腐蚀的处理，一般用涂镀或喷涂方法解决。

九、轴承合金的修补

轴承合金出现裂纹、碎裂、严重脱胎、密集气孔、夹渣或间隙超过标准时，可根据实际情况，采用局部补焊或整体堆焊的办法进行修复。修补时必须将裂纹、碎裂、脱胎、气孔、夹渣等缺陷，用小凿子轻轻剔干净，并用着色法探伤，查明确实不存在裂纹、脱胎、气孔、夹渣等缺陷的残留部分后，然后用酒精或四氯化碳将修补区域擦洗干净。但必须注意，四氯化碳气体有毒，吸入过多，对人体肝脏有损伤，现场应尽量少用或采取防护措施。用电铬铁对轴瓦本体进行挂锡，挂锡厚度应小于 0.5mm，并与本体合金咬牢。当修补面积较大时，为了使轴承合金与轴瓦本体互相结合得更好，可在补焊区的轴瓦本体上钻孔攻丝，加装一定数量的 M8～M12 材质为轴承合金的螺栓。补焊时，为了防止轴瓦温度升高而影响其他部分轴承合金的质量，必须将轴瓦浸在凉水里，使补焊处露出水面，由熟练的气焊工用小火焰气焊枪进行施焊。施焊应严格控制温度，并经常用手触摸，应没有很烫的感觉，即施焊处温度不超过 100℃；否则，应暂停片刻，用间断法进行施焊。

轴承合金补焊结束，待冷却后应用紫铜棒轻轻敲击，细听声音辨别是否有脱胎现象，然后用刮刀进行研刮，并放在轴承座内盘动转子检查接触情况，直到符合标准为止。

当轴承合金脱胎情况轻微时，可做好记录，不予处理；当脱胎情况中等时，可在轴瓦合金脱胎处锚数只孔，并用 M8～M12 攻丝搭牙，旋入轴承合金螺栓，用小火嘴加热螺栓，使其与本体轴承合金融合成一体，并使其与轴承合金内表面光滑平齐；当脱胎位于四角或边缘时，也可改用紫铜沉头螺钉，将螺钉旋入轴承本体，螺钉头埋入轴承合金 2mm 左右，并将合金压紧，最后在沉头螺栓头部融入轴承合金，使该处比其他轴承合金平面高 2～3mm，用刮刀研刮到光滑平齐即可。

当轴瓦油隙过大，采用整体堆焊时，应将轴承合金表面油类清洗干净，然后用局部补焊的工艺进行堆焊，但堆焊必须间断进行。堆焊结束，应按图进行切削加工，最后放在轴承座内，吊进转子，检查接触情况，凡不符合标准者应进行研刮，直到符合标准为止。

十、轴承油挡环的检修

轴承油挡检修在整个轴承检修中按其工作量而论，比轴承的一般检修工作量还大。因为油挡检修工艺稍有疏忽，很容易引起摩擦振动或漏油，威胁机组安全运行。目前大功率汽轮发电机组多采用浮动油挡作为内油挡，大大降低了外油挡环挡油的作用，从而减小了外油挡环的检修工作量。尽管如此，油挡环的检修工艺仍应需严格执行。

轴承座上的油挡环多采用铸铝或生铁铸成，也有用钢板加工而成的。铸铝的油挡环上车成锯齿形齿，有些车成反螺旋齿，借助反螺旋作用将挡下的油向轴承室内流，以减少油的向外泄漏量。生铁或钢制的油挡环，一般均在槽内镶嵌铜齿，铜齿车得很尖，厚度一般为 0.10mm。对于齿与轴颈的间隙，各种类型的汽轮发电机所规定的标准差异很大。如有的机组轴承油挡间隙标准为：上部 0.20～0.25mm；左右 0.10～0.15mm；下部 0.05～0.10mm。而有的机组轴承油挡间隙标准为：上部 0.75～1.00mm；左右 0.45～0.60mm；下部 0.05～0.20mm。两种类型的机组外油挡间隙的差异如此之大，主要取决于内油挡的密封性能和转子的结构，前者轴颈较短，内外油挡均靠近轴瓦，使轴瓦排油大量飞溅到内外油挡上，很容易发生泄漏；后者轴颈较长，外油挡离轴瓦约有 200mm 的距离，且转子在轴颈和油挡处有较高的凸肩，加上排烟机的抽吸作用，使轴承室内形成负压，这些因素使外油挡不易泄漏。

油挡的泄漏，除了做准油挡间隙外，更重要的是要保证轴向平面与水平中分面相互垂直，并研刮到该接合面无间隙。当油挡齿径向间隙小于标准时，可将齿尖轻轻刮去一些，反之，应更换油挡齿，重新车准间隙。当油挡齿无备品时，可自制油挡齿进行更换，其工艺和方法如下：一般油挡齿用厚度为 2～2.5mm 黄铜板卷制而成，先将黄铜板在剪刀机上剪成宽度比油挡齿宽度多 2～3mm 余量的铜条，用氧－乙炔火焰对铜条加热到 500℃左右进行退火。然后将退火铜条一端嵌入圆盘槽内，用螺钉上紧，将滚轮转到铜条端部，使铜条的另一部分嵌入滚轮的槽板扳动手柄，使滚轮沿圆盘转动。这样，铜条便被滚轧成弯的油挡齿。在加工滚轧工具时，圆盘的外径应比油挡齿内径小 10mm 左右，圆盘上槽的深度为铜条宽度的

3/4，滚轮上槽的深度为铜条宽度的1/5，圆盘和滚轮上槽的宽度比铜条厚度大0.10mm左右。弯制成的油挡齿直径比油挡体略大些，以便镶嵌在油挡体上。油挡齿镶嵌时，先用木锤将齿整平，然后用木锤轻轻打入油挡体槽内，最后用捻子在齿的两侧捻打（工艺与镶汽封齿类似）牢固。镶完后，将水平接合面处的齿研刮到与油挡体平齐。把油挡齿在机床上加工到所需尺寸，同时把齿车尖，其尖端厚度为0.10mm左右。装配油挡时，用厚度为2mm左右的耐油纸板垫片，垫片的两面均应涂609密封胶。对于油挡螺栓与轴承室相通的螺孔，应将螺孔内侧用堵头密封。同时，油挡齿必须刮薄刮尖，疏油孔必须用压缩空气吹通。

检修中应检查浮动油挡轴承合金无碎裂、脱胎等异常，表面光滑无毛刺，装配后浮动环灵活不卡，轴向和径向间隙符合标准。

十一、常用轴承的检修特点

1. 三油楔轴承的检修特点

三油楔轴承的检修特点是轴瓦合金不可研刮。装配时有的三油楔轴承需翻转35°，并放好防转销，该轴承应严防装反装错，以免运行中因三个油楔位置改变而导致轴瓦烧毁。

2. 椭圆形轴承的检修特点

椭圆形轴承对装配位置的准确性要求甚高，尤其是轴瓦的水平位置，必须做到前、后、左、右四角间隙基本相等，不可有前后倾斜和左右歪斜现象。为了达到这一要求，除了用水平仪测量轴瓦中分面水平和用塞尺检查四角间隙外，还应在轴瓦全部装好后，开顶轴油泵做抬轴试验。试验方法为：用一只百分表架在轴承座上，测量杆顶在转子上，开启顶轴油泵。当顶轴油压大于10MPa时，轴应抬起0.05～0.15mm，方算轴瓦装配无误。因为当轴瓦装配出现前后高低时，低的一端由于轴瓦底部与轴的间隙较大，顶轴油从该处泄掉，从而使轴顶不起。这样，在启动时由于轴瓦接触面积的减小，使高的一端轴瓦合金负载过大，将发生磨损或合金熔化事故。如某台汽轮机由三油楔轴承改为椭圆形轴承时，由于缺乏对椭圆形轴承的装配经验，曾多次因轴瓦未放水平而发生轴承振动和合金熔化事故。

3. 可倾瓦的检修特点

由于可倾瓦在支持环内可自由摆动，因此在揭去轴瓦大盖和松去支持环水平接合面螺栓后，应在上半支持环上的专用螺孔内，用M12长螺栓旋入可倾瓦块的螺孔，把上部的瓦块吊牢，并仔细检查瓦块是否吊牢固，防止吊起后瓦块落下而摔坏，确认无误后，方可用行车吊出上轴瓦。翻转后的下瓦应用同样方法吊出。

解体瓦块时应认清前、后、左、右的记号，并做好记录，以防装复时搞错。检查瓦块及支持环应光滑无毛刺、裂纹等异常，接触良好。

组装时应将瓦块记号对准，将吊紧螺栓长度调整到基本相等，并尽量使瓦块靠近支持环，如图 7 – 13 所示。吊进轴承座前应在支持环球面等处加清洁汽轮机油。当发现上下轴承接合面有较大间隙时，应吊出上半轴瓦，检查图 7 – 12 中的 a、b、c、d 四个间隙是否相等，瓦块是否已贴紧支持环等。待查明原因并已消除后，方可再吊，切不可用轴承水平接合面螺栓或其他方式强行压下去，以免损坏瓦块。

4. 发电机、励磁机轴承的检修特点

对于发电机、励磁机轴承的检修，除了按轴承的一般检修工艺检修外，还必须测量轴承座与基础的绝缘电阻应大于 $1M\Omega$。所以轴承解体后，应将轴承座与基础之间的绝缘垫片及绝缘套管放在干燥通风的地方，必要时放在室温较高的管道层烘烤，使垫片内水分蒸发掉。装复时用干的清洁布擦干净，将绝缘垫装在垫块上面，垫片四周应比轴承座大 15mm 左右，

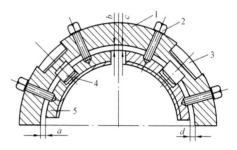

图 7 – 13　可倾轴瓦上瓦装配示意
1—轴瓦支持环；2—临时固定螺栓；
3—调整块；4—支点块；5—瓦块

以防掉下的垃圾使轴承座接地，导致轴承合金产生电腐蚀。如果绝缘电阻值不合格，应将绝缘垫片取出重新烘烤和擦拭，并逐只检查地脚螺栓的绝缘套管是否完好，绝缘电阻是否合格，直到排除故障。

现代大型汽轮发电机轴承，一般设置在发电机两端定子端罩上，它除了与其他轴承相同的检修工艺外，其大盖水平接合面螺栓（M72）必须先用 $617 \sim 755N \cdot m$ 力矩初紧，然后用加热棒加热后热紧 $110° \pm 10°$。另外，应测量轴承垫块的绝缘电阻，其值应大于 $1M\Omega$。当绝缘电阻不合格时，应查找原因，并消除。轴承顶部垫块与端罩的配合间隙为 $0.12 \sim 0.45mm$，不符合标准时，可增减调整垫块的垫片。

5. 推力轴承的检修特点

如前所述，推力轴承是汽轮机在运行时承受全部轴向推力的部件，一旦发生烧毁事故，可能使通流部分、动静件发生碰擦，造成严重损坏。

由于至今对推力的计算方法还不够完善，还不能精确地计算出汽轮机在运行中可能产生的最大推力和推力轴承所能承受的最大推力。因此，除了如上所述轴承常规检修外，还应根据推力轴承的特殊性进行检修。

（1）瓦块厚度测量。推力轴承的承力面是一个与汽轮机轴线相垂直的光滑平面，各瓦块在运行时承受的推力应基本一致。因此要求各瓦块厚度应相等，其误差应小于0.02mm。检修中应将推力瓦块平放在精密平板上，用百分表测量瓦块的厚度。当同一瓦块或各瓦块厚度误差大于0.02mm时，应进行研刮。每块瓦块的接触面积应大于总面积的75%，否则也应研刮。每块瓦块研刮达到要求后，还应将全部瓦块放在推力轴承球面座内，复查接触情况。

当推力轴瓦磨损严重、接触不均匀或更换备品时，应进行瓦面研刮。研刮工作一般分以下三步进行：

1）将瓦块分别放在平板上检查和研刮，使接触面基本达到要求。

2）将瓦块按编号组装在瓦座或支承环上，使瓦面紧贴精密大平板，同时将另一块精密大平板压在瓦座（球面座侧外）或支承环上，在圆周四等分处测量两平板的距离，若四点距离相等或差值小于0.03mm，则证明瓦块平行度良好。但测量时必须在上面的平板中心施加压力，使各瓦块紧密贴合，否则因瓦块贴合不良将导致上平板倾斜，测得距离误差太大，达不到检查研刮的目的。按照测得的数据，掌握各瓦块的研刮量，如此反复检查研刮，直至符合标准。

3）将研刮好的推力瓦及其部件清洗干净，装入轴承室内，将转子向被检查的推力瓦一侧靠足，使瓦块紧贴在推力盘平面上，盘动转子，然后取出瓦块，检查接触情况。若接触不良，应查出原因后再决定研刮与否。

一般来说，推力瓦经过第一、二步检查研刮后，在转子推力盘上复核，接触情况是好的。但也有个别瓦块接触略差的情况，只要稍加修刮，即可达到要求。

（2）推力轴承球面座检查。推力轴承球面座接触情况的好坏，会影响瓦块受力的均匀性和各瓦块的温度。如某台汽轮机在运行中出现上下瓦块温度偏高，而在检修解体检查推力瓦块接触情况时，未发现异常，但当检查球面座接触情况时，发现紧固水平中分面螺栓后顶部与底部有脱空现象。当松开中分面螺栓后，球面座接触良好，但上下中分面有张口现象，经过研刮后，张口消失。机组投运后，各瓦块温度正常。所以，球面与球面座的接触面应认真检查和研刮。

（3）温度元件的检查和更换。推力轴承测温元件是监护推力轴承安全运行的重要手段。目前大型汽轮机多数采用测量瓦块轴承合金温度的监护方法。该方法是在瓦块的外圆边缘上，向内圆方向钻孔装设热电阻测温元件，测量瓦块温度。测温元件通常是外购定型产品，可按各机组推力轴承的结构选购。测温元件直径一般为 5mm，长约 50mm，钻孔直径应比元件直径大 0.10mm 左右，孔的深度以元件能全部埋入孔内为准。钻孔必须与瓦块平面平行，孔的外径离瓦块轴承合金工作表面 2～3mm，切不可钻穿或距工作表面太浅。孔内铁屑必须清理干净，并用酒精或四氯化碳将孔清洗干净。测温元件装入孔内，必须用环氧树脂胶牢。元件引出线必须用塑料套管保护好，用专用夹子夹紧，以防扣轴承上盖时压坏。为保证质量，轴承扣盖后应立即测试，发现线路不通时，应立即揭盖查明原因后再扣大盖。

汽轮机推力轴承设有专供调整转子轴向位置的机构，组装时转子轴向位置应确认无误。当需要调整时，可取下调整螺母的固定板，为了使调整中左右两侧不发生偏斜，对于左右调整螺母必须旋转相同的转角，前后调整螺母旋转相反方向的相等转角。即前端可动楔松，后端可动楔紧，其量相等，此时转子向前；反之，前端可动楔紧，后端可动楔松，此时转子向后。调整结束后，必须使可动楔紧靠轴承外壳的突出部位，使外壳与轴承座之间不得松动，并装好调整螺母的固定板。

十二、轴承的组装

轴承组装工艺的好坏是关系到机组检修质量好坏的重要环节之一。实践证明，由于装配工艺不当，导致轴承合金熔化的事故常有发生，所以严格执行轴承的装配工艺是保证汽轮发电机组检修质量的关键。一般来说，轴承装配应按下列工艺和工序进行。

1. 轴承室和进出油孔的清理

汽轮机油用来冷却、润滑轴承和控制调节系统，因此对汽轮机油的纯净度要求很高。如部分汽轮机滤油时，滤网上的杂质要求每小时不大于 50mg，所以轴承室内不应残留任何工具、杂物和纱头、布屑。清理时应先用海绵将轴承室内的油吸干，然后用拌好的湿面粉团粘去轴承室内和进出油孔内的铁屑和垃圾。对于汽轮机轴承座，应打开左右两侧的手孔，将内部的杂物清理干净，最后用无毛边的白布检查，白布上应无黑色"锈斑"等脏物，经质检验收合格。

2. 轴瓦、球衬、球面座等部件检查

对于轴承的各部件，组装前应逐项逐件进行检查，各零件上应无毛边、棱角、反边、凸起等现象。每吊装一零件均应用压缩空气吹清，然后用黏性好的湿面粉团粘去微粒垃圾，最后用白布检查应无脏污痕迹。另外，应特别注意死角的清理，如调整垫块螺栓内六角孔等处，往往积满垃圾并被疏忽。

3. 核对各零件组装位置

轴承零件吊装顺序应从直径大的向直径小的逐件进行，同时核对零件上的记号，前后、左右切不可装反、装错和漏装。吊入前应在每个零件接触面间加清洁汽轮机油，装入时灵活不卡；扣轴承大盖时，必须先上紧对角定位螺栓，然后再上紧其他螺栓。

4. 全面复查各零件的装配情况

轴承各零件组装完后，扣轴承大盖前，应对轴承室内全部零件逐一进行复核。如各螺栓的保险应完整无缺，浮动油挡环应灵活不卡，防转销装配位置应正确，定位销应不搞错，轴瓦应无错位，各堵头及其他保卫工作物应不遗漏在轴承室内，胀差、轴向位移、测温元件等性能应良好，技术记录应齐全并确保正确无误等。一切确认妥当后，签好扣盖许可证，方可正式扣轴承大盖。大盖扣下时，应能自由地落下（吊车缓慢放下），发现卡住或别劲，应吊出并查找原因后再装，切不可用螺栓强行压下去，以防损坏设备或发生装配错误。如某台机组大修后扣第 8、9 轴承大盖，当上盖放到离水平中分面尚有 30mm 左右距离时，上盖卡住放不下，采用撬棒撬、紫铜棒击等措施均无效，工作人员便用接合面螺栓强行压下。机组启动后发现第 8 轴承振动，轴承温度升高。紧急停机，解体第 8 轴承，发现该轴承顶部防转销前后位置装反（防转销上下错位），当轴承大盖强行压下时，防转销使轴瓦扭成前低后高的倾斜状态，使轴瓦受力不均，润滑油从低端流掉，承力部分得不到润滑和冷却，使轴承合金磨损和熔化。这次事故暴露了三个问题：①装配工艺差，发现大盖放不到底，不查原因，强行压下去；②制造、安装、检修工艺差，上下错位的销子孔均未处理，只是用错位的销子去凑合；③检修人员对错位的销子，既不处理又不做好记号，装配时又不查一查如何装才算正确。

5. 核对胀差、轴向位移和各测温元件

轴承组装基本结束时，应由热工仪表人员对轴承室内的胀差、轴向位移等表计进行核对，核对的数据由汽轮机检修人员用内径千分尺测量联轴器平面到轴承端面的距离，经车间专职技术人员现场复测，两者测量误差应小于 0.02mm，并以此距离换算到热工表计应有的读数。然后，以书面方式提供给热工人员，凡不符合该读数时，由热工人员进行调整。另外，对于轴承室内其他测点，也应一一查对校验，确认无误。如某台汽轮机大修中，因检修人员提供的转子初始位置错误，使高压缸胀差定位值发生错误，机组投运后胀差保护动作，机组脱扣停机。经过5天盘车冷却，揭开轴承大盖，复测转子轴向位置尺寸，发现了大修中测量数据错误，使热工胀差"0"位定值错误。当按照重新测得的转子轴向位置尺寸定胀差"0"位后，机组重新启动，胀差值恢复了大修前水平，一切正常。

6. 装复轴承盖上的元件

轴承大盖扣好后，应及时装复大盖上的测振、测温元件。组装时应核对记号，按编号装复，不得装错、装反和漏装。如某台机组大修后，启动升速中发现第2轴承处振动值超限而脱扣停机，当拆开检查时发现测振头（接触式）磨损，原因为测振头装配位置不准确，纠正后再次启动，一切正常。又如，另一台汽轮机大修后启动油泵进行油冲洗时，发电机前轴承上盖喷油，原因为测振装置未装。此时应装好各轴承室的透气管，并保证透气管畅通无阻。

7. 清理检查各轴承座、疏油槽、疏油管

轴承检修工作结束后，应及时将轴承座周围的疏油槽、疏油管清理干净，吸去槽内存油。用压缩空气将疏油管内垃圾及油垢吹清，保证疏油管畅通。当疏油管不通时，应查明原因疏通。由于疏油管不畅，因而漏油、跑油，并引起的火灾常有发生。

第五节　氢密封瓦检修

氢气冷却的发电机均设有氢密封瓦。氢密封瓦本体为黄铜或钢制作的圆环，内孔表面浇铸轴承合金，它实际上与浮动油挡类似，是利用径向和轴向的油膜来封闭氢气外泄的。由于氢气外泄易引起爆炸等重大事故，所以氢密封瓦的工艺要求非常高。本节重点介绍大型汽轮发电机配套的氢密封瓦检修一般工艺。

一、氢密封瓦的解体

（1）发电机氢密封瓦解体前，必须将发电机上的人孔门打开，排尽内部的氢气。由专人用检测仪进行测量，确认无氢气残留，同时盘车停止，方可开工。

（2）拆发电机两端上端盖。拆去机侧小端盖，松去密封瓦与端盖的端面连接螺栓，吊去上端盖。拆去励磁机侧上端盖人孔门，拆去密封瓦与端盖的连接螺栓，吊去上端盖。

（3）氢密封瓦解体前的准备：

1）拆去风扇套筒、扩压管及动、静风叶。

2）拆去氢气冷却器上下端盖，吊出氢气冷却器。

3）备全专用工具。

（4）测量、记录氢密封瓦上、下、左、右径向间隙。拆氢密封瓦壳体中分面连接螺栓，用专用吊架吊出密封瓦上壳体，检查并记录各零件记号。在中分面处用塞尺测量下部密封瓦的轴向间隙，然后将下瓦翻转到轴颈上部，用专用吊架吊出下密封瓦壳体。

二、氢密封瓦的检查与修理

（1）氢密封瓦拆下后应用煤油或洗涤剂清洗干净，用肉眼进行宏观检查，瓦面应无压伤、凹坑、磨损、毛刺和变形。然后，用着色法探伤检查瓦面轴承合金，应无裂纹、气孔、脱胎等现象。瓦面毛刺、棱角等应用细油石修光。

（2）将上下密封瓦合在一起，用百分表测量水平中分面前、后、左、右错口，应小于 0.02mm，上下接合面间隙应小于 0.03mm，且接触良好，接触面积应占总接合面面积的 80% 以上。

（3）检查水平中分面定位销应无弯曲、咬毛。用红丹粉检查接触面积应占总接触面积的 80% 以上。打入定位销后，密封环错口等无明显变化，且符合标准。

（4）清理检查密封环上各油孔，应清洁无垃圾，各孔均畅通。

（5）密封环必须放在清洁橡皮垫或海绵垫上，绝不可与硬质物体相碰。

三、密封瓦径向和轴向间隙的测量

（1）测量前 12h 应将密封环和内、外径千分卡等测量工具放在同一地点，以使被测物和工具的温度保持一致，便于对测量间隙的修正。

（2）密封环和工具禁止放在日光下照射或在高温环境下受到热辐射。

（3）测量时密封环应清理干净，放平放稳，保持环境清洁，测量时间不能太长，以免环境温度变化大对修正带来困难和影响其正确性。

（4）测量工作应由熟练技工进行，并带棉纱手套，严禁用手直接触摸密封瓦。

（5）测量前应对内外径千分卡校正"0"位，严禁用不符合精度要求的工具进行测量。

（6）测量时应如实记录实测数值及环境温度值，以及测量工具、密封瓦、密封瓦壳体、发电机转子轴颈等温度值。

（7）由于密封环加工精度高，它与发电机转子的径向间隙要求在 0.23 ~ 0.28mm（应按制造厂提供的标准），防止氢气泄漏，加上密封环与转子材质不同，其线膨胀系数也不同，因此必须对密封瓦所测的间隙进行修正。一般将间隙修正到环境温度为 20℃ 时的值，然后与质量标准进行比较。如密封环（黄铜）线膨胀系数为 $18.8 \times 10^{-6}℃^{-1}$，转子（钢）线膨胀系数为 $11.8 \times 10^{-6}℃^{-1}$，转子轴颈为 450mm，当温差为 1℃（测量时环境温度与 20℃ 之差）时膨胀差为 $(18.8 - 11.8) \times 10^{-6} \times 450 = 0.00315mm$。根据这个原则，将有关密封瓦各零件修正到温度为 20℃ 时的值，并以此值与标准值进行比较，不符合标准者应报上级同意后进行调整。

（8）测量密封瓦轴向间隙时，应分别测出密封瓦厚度及密封瓦壳体槽的宽度，并分别将密封瓦与壳体在圆周方向上分 18 等份。测出每等分线上沿半径方向三点的值（共 36 个值），求出算术平均值，然后将密封瓦放入壳体槽内进行临时组装，用四把塞尺将密封瓦轴向塞紧，用塞尺在轴向每侧测量 18 点，求出算术平均值，与上述测量比较，误差应小于 0.03mm。

（9）测量密封瓦径向间隙时，应分别测量密封瓦的内径和转子轴颈的外径，并分别将密封瓦和轴颈在圆周方向上分成 16 等份，在每等分点上沿轴向按前、中、后三处测出三个值，分别求出密封瓦和轴颈的算术平均值即可。测量完毕后，按上述方法进行温度影响的修正。

四、氢密封瓦的组装

1. 组装准备

（1）按样板分别制作机侧和励侧的密封瓦纸板垫片。垫片应为经绝缘清漆处理的（华尔卡）耐油纸板，并制成整圈无接缝的垫片。

（2）检查密封瓦处转子轴颈，应无毛刺和高低不平现象，用天然细油石研磨光滑。轴颈的椭圆度和锥度应小于 0.02mm，表面粗糙度应为 1.6 ~ 3.2。

（3）密封瓦壳体应清理干净，接触平面光滑无毛刺。密封瓦应清洁，各油孔均畅通。

（4）各油挡齿整修光滑、平直，无毛刺，齿尖厚度应小于 0.15mm，齿顶应刮尖。

（5）组装前仔细查对记号，前、后、上、下不可装错、装反。

2. 下半密封瓦壳体的组装

（1）将垫片和端盖的密封面用清洗剂洗去油及垃圾。

（2）在垫片及下端盖上涂一层环氧绝缘清漆，用专用样板压紧 24h

以上，使垫片固定在端盖上。

（3）拆除样板。对密封油孔进行修正，防止阻塞油孔。

（4）在密封瓦下半壳体的密封面上涂一层环氧绝缘清漆，待略干后（约3h），可临时紧固端面螺栓。

（5）放入密封瓦下半瓦，检查径向和轴向的接触情况，不符合要求者应进行研刮，直到接触面积占总接触面积的80%以上。然后用塞尺测量径向和轴向间隙，并与组装前测得的间隙进行比较。不符合质量标准时，应查明原因消除后才可继续组装。

（6）测量密封瓦壳绝缘，并经电气专职人员验收合格。

（7）测量调整油挡间隙应符合如下标准：下部间隙为 0.05 ~ 0.20mm；左右间隙为 0.45 ~ 0.65mm；顶部间隙为 0.75 ~ 1.00mm（根据制造厂标准）。

（8）用力矩为 490 ~ 588N·m 的力矩扳手将密封面螺栓正式紧固。

3. 上部密封瓦的组装

（1）将上半密封瓦壳体清理干净，各油孔应畅通，密封端面光滑，无毛刺。

（2）上半密封瓦壳体端面及垫片应涂环氧绝缘清漆，并用样板压牢。

（3）吊进上端盖，并检查垂直和水平接合面间隙应小于0.03mm。

（4）用力矩为 617 ~ 755N·m 的力矩扳手，初紧外端面上 M72 水平接合面螺栓；用力矩为 1656 ~ 2029N·m 的力矩扳手，紧固内端面上 M36 的水平接合面螺栓；用力矩为 882 ~ 1078N·m 的力矩扳手，紧固 M36 的垂直接合面螺栓；各螺栓按要求上紧后，复测水平和垂直接合面间隙，0.03mm 塞尺片应塞不进。

（5）用力矩为 490 ~ 588N·m 的力矩扳手，紧固上密封瓦壳体与端盖的垂直接合面螺栓。

4. 氢密封瓦活动试验

为了鉴定氢密封瓦的装配质量，在密封瓦检修安装好后第一次油冲洗结束，轴承上瓦未盖前，应开启油泵，做密封瓦的活动试验。

（1）将三只百分表指针头旋去，配制 300mm 左右的接长杆，旋在百分表指针上。用三只磁性表架分别将三只百分表接长杆架在密封瓦轴向平面的左、上、右三点上，并将各表读数调整在 50 刻度位置上，以便于读数。

（2）按顺序启动空气侧油泵、氢气侧油泵、浮动密封油泵，同时将三台油泵出口压力调整到空气侧油压为 0.08MPa；氢气侧油压比氢压高

0.4MPa；密封油压为氢侧油压的1.3倍，每启动一台泵，停留约3min，记录三表读数。

三台泵全开启后，再按逆顺序停上述三种泵，记录所有读数。最后一台泵停后，三只百分表读数应回复到原位，误差应小于0.02mm。

（3）分别计算出三只百分表最大和最小读数的差值，该差值大于氢密封瓦轴向间隙的一半时，说明密封瓦活络不卡，安装质量符合要求；反之，应查明原因并将其消除。

注：应根据设备实际情况，采取适当的方法，做密封瓦的活动试验，以检验密封瓦的安装质量。

第六节　椭圆形轴承损坏的原因分析与改进措施

某汽轮机厂生产的某型汽轮机支持轴承，最初选用三油楔轴承，后来改型为椭圆轴，机组投运后，经常发生椭圆瓦的磨损、烧毁事故。如某厂两台汽轮机连续四次发生这类事故，另一台同类型机组也发生该类轴瓦的磨损、发热故障。因此，对这类轴瓦的损坏原因应进行认真分析和探讨，采取措施，防止这类事故重演。

椭圆形轴承的长颈比比三油楔轴承的长颈比小；轴瓦比压，前者比后者大。由此，对椭圆形轴承带来两个问题：①由于长颈比缩小，轴瓦变短，轴瓦装配时的自位性能很差，容易造成轴瓦装歪或倾斜，导致轴瓦接触不良，使轴瓦局部过载后发热，甚至发生严重磨损或烧毁；②由于比压增加，使轴承的过载和应变能力明显下降。因此机组在启动、停机和升、降负荷时，汽缸膨胀不畅，轴系中心不佳，转子存在残余不平衡质量等原因，使各轴瓦的负荷分配较冷态时有明显变化。机组在启动前后顶轴油压有较大变化，这就有可能导致某些轴瓦的过载而毁坏。所以，在启动升速过程中，轴瓦合金温度随转速的升高而不断上升，最后被迫停机。

为了防止汽轮机椭圆形轴承的损坏，检修、运行应采取下列措施：

（1）轴瓦加工后应用内径千分尺测量上下和左右的内径，根据轴颈尺寸计算出椭圆瓦的顶部油隙和左右侧油隙。若不符合制造厂标准，应进行机械加工，直到合格。切不可因油隙偏小而用手工修刮，因为手工修刮无法掌握轴瓦的椭圆度，甚至会破坏椭圆瓦的性能。

（2）轴瓦中分面处，左右两侧应修刮足够的油槽（垃圾槽）。油槽在轴瓦长度方向前后各留25～30mm阻流边，在圆周方向自中分面向顶部或底部延伸 60mm 左右，油槽深度从轴瓦中分面 3mm 深向各边界逐步递减，油槽与瓦面过渡圆滑无棱角。

（3）轴瓦底部顶轴油孔周围应无贯通沟槽，以防顶轴油泄漏，使转子难以顶起，盘车时造成轴瓦磨损。

（4）轴瓦组装时位置必须放准，并用 0.03～0.05mm 长塞尺检查，前、后、左、右四角塞入深度应基本相等。发现偏差太大，应将轴颈抬起 0.05～0.10mm 后纠正轴瓦位置，直至四角塞入深度相等。同时注意轴承防转销、顶轴油管、大盖等应无别劲现象。

（5）轴承装配结束应启动顶轴油泵，检查各轴瓦能否将转子顶起，记录顶轴油压及顶起高度，分析各轴瓦冷态时的负荷分配是否合理。发现某轴承用顶轴油压顶不起转子时，应查找原因并将其消除。

（6）适当调整各轴瓦的负荷，即将相邻两轴承按油膜压力（从顶轴油压处测得）大小，适当抬高或放低某轴承，调整时必须兼顾冷态时各轴承的负荷分配。如某台汽轮机大修中，找中心按制造厂标准进行了调整，大修后投运发现第 2 轴瓦温度偏高，最高时达 103℃，而第 3 轴瓦温度仅 65℃左右。显然，第 2、3 轴瓦运行中的负荷分配不均匀，后将第 3 轴瓦抬高 0.04mm，投运后第 2 轴瓦温度最高不超过 90℃，第 3 轴瓦温度在 70℃左右，解决了第 2 轴瓦温度偏高的问题。再如，某台汽轮机安装投运后发现第 4 轴瓦温度偏高，首次大修解体发现第 4 轴瓦磨损严重，部分轴承合金碎裂。大修中把低压转子与发电机转子联轴器中心有意调到制造厂要求的低限，即第 4 轴瓦放低 0.03mm，下开口减小 0.03mm，同时对第 4 轴瓦进行了研刮，使瓦面与轴颈接触均匀，四角油隙做到相等。大修后投运第 4 轴瓦温度在 80℃以下，解决了同类型机组存在第 4 轴瓦温度偏高的问题。总之，轴瓦的负荷分配，对轴瓦温度是较敏感的，检修中必须严格执行质量标准和工艺要求，以防出现轴瓦温度偏高或轴瓦损坏事故。

（7）启动前第 1、2 轴承座底部必须添加高温润滑脂，以减小轴承座的摩擦力，改善汽缸膨胀和收缩状况。

（8）减轻第 2 轴承座载荷，以减小轴承座胀缩的摩擦力。对膨胀不畅的机组，可在第 2 轴承处用 30t 千斤顶，将高压后猫爪和中压前猫爪顶起 0.01～0.02mm 即可。但顶时必须严格监视。

（9）启动、停机及运行中应严格控制润滑油温，严防油温突升、突降和超温，导致油膜刚度变化太大，破坏轴承的稳定性。

（10）启动、停机及增、减负荷时，必须严格监视轴瓦合金温度及油膜压力的变化，发现异常应延长暖机时间或减慢增、减负荷速率或采取其他措施。

<h2>第七节　轴承的更换</h2>

当轴承合金发现严重碎裂、脱胎、磨损，一时又无法修复时，必须更换备品轴瓦，其步骤如下。

一、备品轴瓦的检查

备品轴瓦表面均涂保护油脂，备品从仓库内领出后，首先用清洁剂将保护层洗去，核对各种尺寸，确认无误后，用肉眼对轴瓦进行宏观检查，应无重大缺陷。将轴瓦放在煤油内浸 24h，取出检查应无脱胎现象，用着色法探伤应无裂纹、密集气孔等严重缺陷。

二、轴瓦接触情况的检查

备品轴瓦经检查合格后，可对轴瓦的接触情况进行检查和研刮。对于球形轴承，应先检查球面的接触，并研刮到合格为止。然后检查轴瓦合金与轴颈的接触。底部在长度方向上应全部接触，在圆周方向其自然接触角应为 20°左右，不符合要求时应进行研刮。研刮时应将轴瓦就位，放下转子，并盘动半圈左右，用抬轴架将轴颈抬高约 0.20mm，取出轴瓦，将印痕进行研刮。如此反复多次，直至接触符合标准。

三油楔和可倾瓦轴瓦的合金部分，因由专门精密加工，油楔已经成形，但三油楔轴承顶轴油孔应畅通，顶轴油池应按要求研刮，其余部分一般不予研刮。对于圆筒形和椭圆形轴瓦，一般不需大量修刮，若轴瓦合金接触不符合要求，可按上述方法进行研刮。但研刮必须稳妥，采取多次检查多次研刮的办法，切莫一次研刮量过大，造成研刮过量或走弯路。轴瓦合金接触符合标准后，应对上下瓦两侧研刮油槽（又称垃圾槽）进行检查。

三、油隙紧力的测量

备品轴瓦的尺寸虽经复核，但与老的轴瓦多少存在着误差。所以，必须对备品轴瓦的油隙紧力进行复核，其方法如前所述。

四、试用后的复查

备品轴瓦经 24h 试运行后，必须乘停机机会解体检查。检查的重点为轴瓦合金与轴颈的接触印痕是否均匀，合金有无磨损、裂纹、脱胎等现象。若研刮刀花模糊，可用刮刀轻轻复刮。

第八节 油膜自激振荡的发生、防止及消除

我国大机组的油膜自激振荡，在 1972 年首次出现于 200MW 机组上，后来又在其他类型机组上屡有发生。为了防止和清除这类事故，本节重点介绍油膜自激振荡的起因、防止和消除措施。

一、油膜自激振荡的发生

随着机组容量的增加，出现了多转子轴系汽轮发电机组，同时导致轴颈直径的增大和轴系临界转速的下降，这些因素影响了轴承的正常工作。轴颈增大使其表面线速度增加，当线速度增加到一定值时，轴承内润滑油的层流将进入紊流状态。如美国 GE 公司推荐的计算方法，对直径为 500mm 的椭圆形轴承进行计算，当转速为 1770r/min 时，便发生从层流到紊流的转变。紊流的出现，不仅耗功显著增加，而且致使旋转轴颈受到不均匀的高速油流的激励，往往导致强烈振动。

轴系临界转速的下降，直接影响到轴承工作的稳定性，以致发生油膜自激振荡。这种情况对于因容量增大而临界转速明显下降的发电机转子尤为突出。

和任何力学运动一样，转子的轴颈在轴承内的高速旋转也存在稳定性问题。稳定时，轴颈只是高速旋转。而失稳后，转轴不仅围绕轴颈中心高速旋转，而且轴颈中心本身还将绕着平衡点涡旋或涡动。因为流体力学的原因，轴颈中心的涡动频率 θ 总保持约等于转轴转速的一半（$\theta = \omega/2$）。所以，往往把失稳轴承后的运动形态称为半速涡动，如图 7 - 14 所示。

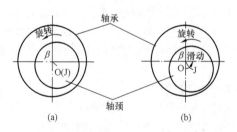

图 7 - 14 轴颈在轴承内运动形态示意

（a）稳定时，轴颈中心在平衡位置 O 处，而轴颈只是围绕该点
作高速旋转；（b）失稳后，轴颈中心 J 偏离平衡位置 O，
轴颈不仅绕 J 点旋转，而且 J 点本身还将围绕 O 点涡动

当轴承的形式和间隙、转轴的临界转速、轴颈在轴承内的位置（相对偏心率）等因素都确定以后，轴颈的状态就决定于转速 ω，且总对应有一个特定转速 ω_{sw}（失稳转速），在此特定转速以下（$\omega < \omega_{sw}$），该轴颈的高速旋转是稳定的；当转速越过它（$\omega < \omega_{sw}$）后，轴颈开始失去稳定性，发生涡动；当 $\omega = \omega_{sw}$ 时，转子处于临界状态，此时转子将发生突来突去，振幅忽大忽小，出现频发性的瞬时抖动。

ω_{sw} 的高低决定于轴承的形式和间隙、转子的临界转速，以及轴颈在轴承内的相对偏心率等因素。运行正常的机组，其失稳转速 ω_{sw} 充分高，所以在整个升速范围内，转子都是稳定的。而大容量机组，随着转子临界转速的下降，必然导致 ω_{sw} 相应下降，若 ω_{sw} 的下降正好落在工作转速以下，就会影响轴承的稳定运行。

当机组达到失稳转速以后，轴颈将进入不稳定区而发生半速涡动，且随着转子转速 ω 的升高，涡动速度 θ 也相应升高，并始终保持 $\theta \approx \omega/2$ 的线性关系。若转子的固有频率（临界转速）较高（如高压转子），以致在整个升速范围内，涡动频率不会与之相遇，则半速涡动的振幅始终是小的，且不易长期存在。若转子的固有频率较低，以致在转子升速过程中，半速涡动的频率可能与之相遇（如发电机转子），此时半速涡动的振幅将被共振放大。这时，涡动频率便等于转子固有频率。这种因半速涡动与转子临界转速相遇而发生的急剧振动，称为油膜自激振荡。值得注意的是，当发生油膜自激振荡后，若继续升速，涡动频率并不随之而改变，而是在一个很宽的转速范围内，始终等于转子的固有频率，振幅也保持这种共振状态下的最大值。这种现象，称为油膜自激振动的惯性效应。惯性效应的另一层含义是，升速时发生油膜自激振动的转速，总比降速时油膜自激振动消失的转速来得高。

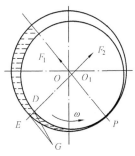

图 7-15　轴承运动状态示意

油膜自激振动的发振条件，如图7-15所示，轴颈在作偏心旋转时，油膜作用在轴颈上的力可以分解为两个分力，即一个通过轴承中心的分力 F_1 和另一个与 F_1 垂直的分力 F_2，后者成为引起弓状回旋的原因，即油膜自激振动的起因。再从油膜中油的流速来看，靠近轴颈的油层流速近似地等于轴的圆周速度，用 DE 表示。靠近轴瓦的油层速度近似地等于零，由此形成油流速度三角形。通过间隙的任何断面平均油速为轴颈圆周速度的1/2，若油量充分，油进入阴影部分油速快于在轴承最小间隙圆周方向 P 点所能排出的油量，结果在油膜中产生巨大的油楔压力，以支承转子的载荷。若转子一扰动（油旋转），载荷与油楔支承反力平衡受到破坏，轴颈屈服于这种推动而被迫运动，尽所需快速为油让开空间。此时像一个楔一样，油膜驱动轴颈绕轴承中心转动，其速度等于油楔本身向前行进的速度，由于平均油速为轴颈圆周速度的1/2，所以轴颈中心 O_1 绕 O 的角速度为轴颈本身转动角度的1/2，即上述所称的半速涡动。在转轴角速度低于其第 I 临界转速 2 倍之前，此时振动是轻微的，当达到或超过 2 倍时，轴颈绕 O 转动的角速度恰恰等于转子第 I 临界转速，油膜作为强迫外力促使转子开始产生共振。一旦开始共振，转速继续升高，油楔速度将被压低到相应于临界转速频率的数值，在一个很大的转速范围内继续存在，其振动频率不随转速而变化。这就是油膜自激振动的起因。

为了从理论上进一步说明这些现象，首先应求出油膜对轴颈的作用力，由此列出旋转轴的运动方程式，然后论述它的稳定性。但实际上由于油膜计算复杂，因此只能考虑把方程式线性化后的小的振动和从某种意义上加以简化后的大的振动。

首先，根据线性方程式求发生微小振动的条件，可得出如图 7-16 ~ 图 7-18 所示的曲线。由图中可知，一旦满足发振条件，就开始有微小振动，多数情况会形成油旋转。

ω 和 ω_1 分别为转子的转速和临界转速，即油膜自激振动发生在 2 倍临界转速以上的转速，在此之前，必须同时要有某种程度的外部扰动（油旋转）。油膜自激振动的弓状回转速度几乎和转子的临界转速相等。在理解油膜自激振动发生过程以后，可以探讨组成上述微小振动和大的振动的发振条件，其结果如图7-19所示，图 7-19（a）是低于 $2\omega_1$ 转速时开始微小振动的情况；图7-19（b）是在超过 $2\omega_1$ 时初次开始微小振动的情况，并立即形成大的振动。另外升速时和降速时振动变化是不同的。

二、油膜自激振荡的现象

1. 频率特征

在发生油膜自激振荡时，弓状回转速度（振动频率）与轴的转速有很大关系。其频率大体上与临界转速一致，在油膜自激振荡发生前，首先出现振荡频率的改变。如某台机组在启动升速时，在到达失稳转速前，从录波器上记下的波形就可见到偶尔出现的低频现象，且随着转速上升，这

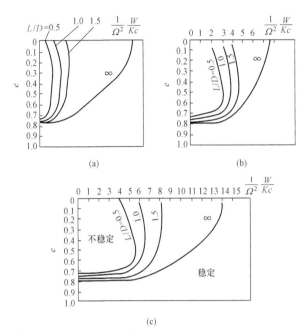

图 7 - 16 关于微小振动的稳定极限（1）

（a）$\omega/（Kc）=0$；（b）$\omega/（Kc）=10$；（c）$\omega/（Kc）=20$

e—偏心率；Ω—ω/ω_1；ω_1—临界角速度；W—转子质量；

K—轴的弹性常数；c—轴承半径间隙；L/D—轴承长颈比

种低频成分相应增加。当升到 2613r/min 时，低频范围扩大，振幅上升。当升到 2719r/min 时，低频和倍频交界处出现转子抖动。当继续升速到 2730r/min 时，振幅直线上升。其振动频率为 15Hz，并等于发电机转子垂直方向的 I 阶临界转速。

2. 波形特征

发生油膜自激振动时，振动波形不再是 50Hz 的正弦波，而是在 50Hz 的基波上，叠加了半速涡动的低频谐波成分，且以低频波为主。如某台机组油膜自激振荡时，其波形是以 15Hz 低频波为主，上面叠加着振幅较小的工作转速的波形。

3. 失稳转速特征

发生油膜自激振荡的失稳转速不是固定不变的，而且随着轴瓦的工作

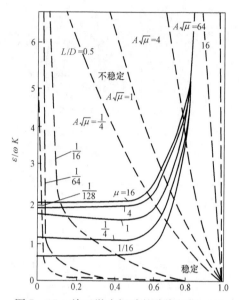

图 7 - 17　关于微小振动的稳定极限（2）

μ—黏度；μ—$(1/\omega^2 K)(g/\Delta r)$；

$$\Delta = (Mg/2)(\Delta r/r)\sqrt{\Delta r/g}/(DLn)$$

g—重力加速度；M—质量；r—轴承半径；Δr—半径间隙

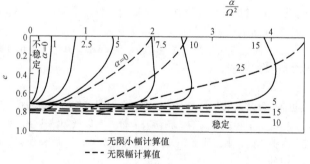

图 7 - 18　关于微小振动的稳定极限（3）

$\alpha = F_c/(cK_s)$；F_c—轴承载荷；K_s—轴的弹性常数

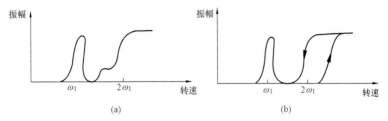

图 7 – 19   油膜自激振荡发生的过程

(a) 低于 $2\omega_1$ 转速时开始微小振动的情况；(b) 超过 $2\omega_1$ 时初次开始微小振动的情况

条件（如油温）和状况而变化。因此，即使消除了油膜自激振荡的机组，若启动升速不当或监视不严，油膜自激振荡将会再次出现。当发生自激振荡后，降速使其消失的转速要比升速时的失稳转速低。这就是前面所述的惯性效应的缘故。应当注意的是，一旦发生油膜自激振荡后，当降速使振动消失，再次升速时，失稳转速将比上一次低，若连续多次升降转速，其失稳转速一次比一次低。所以，对于曾经发生过油膜自激振荡的机组，虽经采取措施消除了振动，但稳定裕度不大的机组，启动升速过程中应精心操作，严格控制润滑油压、油温、轴承座温度等参数。一般情况下，油膜自激振荡发生在 2 倍临界转速以上的转速，一经出现，即使提高轴的转速，振动仍在广大范围内持续下去。

4. 振幅特征

发生油膜自激振荡的机组，其振幅一般均超过 0.15mm。如某台机组，在油膜自激振荡时发电机转子的振幅达 0.50mm 以上，造成内油挡、发电机风扇等严重摩擦，甚至冒火花。同时伴随有节奏的空气压缩机声，其音量站在机器旁不用助听棒就能听到。有时忽大忽小，有时保持在 0.13 ~ 0.14mm 或更低振幅的水平上。

5. 其他特征

发生油膜自激振荡时，因能量很大，往往整个轴系均发生同一低频的剧烈振动。如某台机组发生油膜自激振荡时，从第一瓦就能感觉出来，测得振幅为 0.20mm。此刻，整个基础出现 5Hz 振幅达 0.30mm 的振动。同时，发电机转子两端顶轴油压表出现幅值为 0 ~ 10MPa 的摆动，这进一步证实发电机转子在忽上忽下地跳动。一般来说，发电机转子两端振动的相位是基本相同的。

上述特征与前述油膜自激振荡的理论分析是基本相符的，利用这些特征很容易判断转子振动的性质。

三、油膜自激振荡的防止及消除

油膜自激振荡往往是由多种因素交织在一起而形成的，所以在消除过程中，不能采取某一种措施，而往往需要多种措施综合治理才能见效。下面简述机组防止和消除油膜自激振荡的几种措施。

1. 增加相对偏心率

消除油膜自激振荡的基本出发点是增大稳定区域，使机组在较大的工况变动范围内不发生油膜自激振荡。一般在运行机组上，增大稳定区的主要手段是增大相对偏心率。

所谓轴颈在轴承内的相对偏心率，就是轴颈在轴承内的相对偏心距与轴承半径间隙之比。当 $K \geqslant 0.8$，轴颈从最底部垂直向上浮起的高度小于 $(R-r)$ 时，轴颈的高速旋转在任何情况下总是稳定的。增大相对偏心率的方法如下：

（1）增大轴瓦侧隙，缩小顶隙。机组在投运时，因采取了一系列措施，油膜自激振荡已基本消除。但是，运行 1～2 年后，油膜自激振荡又重新出现。经检查，第 9 瓦（发电机前端瓦）侧隙仅 0.15～0.16mm，顶隙却增大到 0.73～0.75mm，形成了上下大、左右小的椭圆形，破坏了三油楔轴承的平衡力系，同时缩小了相对偏心率。因此，导致失稳转速下降而发生油膜自激振荡。

产生上下大、左右小的根源在于检修时工艺不佳，加上轴承座变形，呈上下大、左右小。球枕、瓦衬等在放进取出时，中分面被敲出凸边，致使轴瓦左右变小，上下变大。通过修刮与调整，使轴瓦侧隙增大到 0.30～0.35mm，顶隙缩小到 0.55～0.65mm，基本达到设计要求。为了防止轴瓦继续变形，检修中将其对紧螺栓由 M12 放大到 M16。机组检修完毕启动时未再发生油膜自激振荡。

（2）抬高发电机转子中心，增大比压。所谓比压，就是轴颈载荷与轴瓦垂直投影面积之比。比压越大，轴颈越不易浮起，相对偏心率也越大，失稳转速也越高。如某机组调试阶段出现油膜自激振荡后，将发电机转子中心抬高了 0.15mm（因波形联轴器自重产生约 0.09mm 挠度，所以实际抬高了 0.06mm），使第 9 轴承载荷增加，比压增大，相对偏心率增加，收到良好效果。最后，实际采用发电机转子中心比汽轮机转子中心高 0.15～0.20mm。此时，波形联轴器必须连在汽轮机转子上，否则抬高值应相应改变。

（3）缩短轴瓦长度，减小长径比，增加比压。长径比 (L/D) 越小，失稳转速越高。因为较短的轴承因端部泄油量大，轴颈浮得低，因而相对偏心率大，稳定性好。同时，轴瓦长度缩短使长径比减小，油膜比压增大，轴颈在轴瓦内就不会抬得太高，因而能进一步增加稳定性。某型机组发电机轴瓦原设计长 420mm，发生油膜自激振荡后，在抬高发电机转子中心的同时，将发电机两端轴瓦车去 60mm，使长径比由原来的 0.934 减小到 0.8，比压由原来的 1.56MPa 增加到 1.82MPa。启动升速到 2870r/min 时，第 9、10 轴瓦仍出现低频剧振。虽然机组油膜自激振荡未予根除，但发生振动的转速比改轴瓦前推迟了 370r/min。由此证实，缩短轴瓦是行之有效的措施之一。所以，决定停机将第 9、10 轴瓦再次缩短到 320mm，使长径比缩小到 0.71，比压增加到 2.04MPa，再次启动升速到 3300r/min 时，未出现油膜自激振荡现象。

2. 改变润滑油黏度

轴瓦油膜厚度与轴颈线速度、润滑油黏度、轴承间隙、轴承负载等有关。润滑油的黏度越大，油分子间凝聚力越大，轴颈在旋转时所带动的油分子就越多。这样，油层就较厚，轴颈就容易失稳。

为了减小轴颈上浮高度，增大相对偏心率，可以通过改变润滑油标号和提高轴瓦进口油温来降低黏度。

如某机组多次发生油膜自激振荡的实践证明，失稳转速对润滑油的黏度比较敏感。22 号汽轮机油在 38、40、42℃ 的动力黏度分别为 46×10^{-3}、42×10^{-3}、39×10^{-3} Pa·s。由此可见，从 40℃ 提高到 42℃，黏度下降了 15% 之多。因此，当机组消除了油膜自激振荡后，若不注意油温的调节，就有可能再次出现油膜自激振荡。如某台机投运初期，因无经验，曾因冷油器切换不当，几次发生油温在 38℃ 左右而使机组在升速过程中出现振动。当将油温提高到 42℃ 左右时，振动即消失。

3. 严格执行检修工艺，提高检修质量

机组经采取上述措施后，消除了油膜自激振荡。但其轴承稳定裕度并不大，检修或启动中稍不注意，机组就会旧病复发，这样的教训曾发生多次。如前所述，某台机组因球枕平面被检修时敲出凸边，使第 9 瓦侧隙减小，顶隙增大，形成上下大、左右小的椭圆，不仅破坏了三油楔轴承的力系平衡，而且减小了相对偏心率，致使本来已解决的油膜自激振荡又重新出现。1981 年 2 月大修时，又因发电机转子中心偏向 B 侧 0.09mm，第 9 瓦球枕 A、B 侧未放平（A 侧高出中分平面 15mm），使瓦衬随之逆转向转了 15mm。加上低压Ⅱ转子与发电机转子连接联轴器罩密封性不佳，引起第 8、9 瓦温差增大，使第 9 瓦比压减小。大修后启动升速到 3220r/min（校验超速保安器）时，发电机转子出现低频抖动，多次升降转速无效。

后来将第 9 瓦解体，消除了上述缺陷，启动机组时顺利达到额定转速，并做了超速试验。因此，检修中必须严格执行检修工艺，提高检修质量。

4. 精心操作，加强监视

除了上述因素外，启动升速过程中运行人员操作不当，往往也会导致油膜自激振荡。如轴承进油温度未控制在 40℃ 以上，曾发生多次油膜自激振荡。因此启动升速过程中，必须密切注意振动波形、振幅和各轴瓦顶轴油压（代替油膜压力）的监视，尤其是发电机两端轴瓦的油膜压力。机组一般不会发生油膜自激振荡，一旦出现轴瓦油膜压力剧烈晃动（突然发生）或轴瓦油膜压力下跌，轴瓦油膜压力上升，即为油膜自激振荡的先兆，应立即降速或脱扣。待找到原因并消除后，才宜再升速，切莫强行升速。因为一旦出现低频振动，就会在很宽的转速范围内继续存在，且振幅只会增大而不会变小，威胁机组安全。

上述措施是针对已安装投产的机组而言，也可称为防止和消除油膜自激振荡的临时措施，不能作为根除措施。对于新设计的大功率汽轮发电机组应考虑改变轴承结构，增加稳定裕度。机组高、中压转子虽属挠性转子，但设计时采用可倾轴承，安装投运后，从未发生油膜自激振荡。这是因为可倾轴承，轴颈上各个垫块和油膜压力如果不计垫块的惯性、枢轴的摩擦、油膜的整个摩擦等的微小影响，如图 7-15 中，分力 $F_2 = 0$，而仅有通过轴颈中心的 F_1，它意味着引起转轴弓状回旋的原因消失。同时不计及垫块惯性等的微小影响，这种轴承在本质上可称是稳定的。所以解决油膜自激振荡的根本措施是设计结构合理的轴承。

提示 第一、二、四节适合初级工使用。第三、五、七节适合中级工使用。第六~八节适合、高级工使用。

第二篇

汽轮机调节、保安
和油系统设备检修

第八章

汽轮机数字电液控制系统 DEH

第一节 概 述

汽轮机数字电液控制系统 DEH 是当今汽轮机特别是大型汽轮机必不可少的控制系统，是电厂自动化系统最重要的组成部分之一。它集计算机控制技术与液压控制技术于一体，充分体现了计算机控制的精确性与便利性及液压控制系统的快速响应，安全、驱动力强。

DEH 主要由计算机控制部分（习惯上称 DEH）与液压控制部分（EH）组成。DEH 部分完成控制逻辑、算法及人机接口。根据对汽轮发电机各种参数的数据采集，通过一定的控制策略，最终输出到阀门的控制指令通过 EH 系统驱动阀门，完成对机组的控制。人机接口是操作人员或系统工程师与 DEH 系统的人机界面。操作员通过操作员站对 DEH 进行操作，给出汽轮机的运行方式及控制目标值进行各种试验，进行回路投切等。由于 DEH 的重要性，一般均配一个硬件手操盘，以便在 DEH 故障时可通过手操盘操作，维持机组运行。系统工程师通过工程师站对系统进行维护及控制策略组态。在 DEH–ⅢA 中，工程师站与操作员站配置基本相同，是可以通用的，只是赋予的级别不一样。所以，在一些小机组中，工程师站与操作员站共用。

通常 DEH 配置包括控制柜、工程师站、操作员站及手操盘。DEH 控制柜有一个基本控制柜，包括一对控制 DPU、一个阀门控制站，一个超速保护站及几个 I/O 采集站。一个端子柜用于安装端子板。现场信号接到端子板的端子，经过内部电缆接到相应的 I/O 卡。对大机组来说，需要配汽轮机自启动控制（ATC），所以再配 2 个机柜，控制柜放置 ATC 的 DPU 及 I/O 站，端子柜的端子板与 I/O 卡对应。

各种 DEH 的主要控制回路基本相同。阀门控制站的配置与系统所配的调节型油动机相适应。即一个油动机对应一块阀门控制卡（VCC 卡）。各种阀门之间的相互协调动作及控制切换，如高压缸启动、中压缸启动、顺序阀控制、单向阀控制等方式，是由 DEH 基本控制 DPU 内的阀门管理程序来实现的。MEH 及 BPC 系统中的 VCC 卡配置也是与调节型阀门相对应的。对于开关型的阀门执行机构，如一些汽轮机中的主汽门，不使用 VCC 卡，而用开关量控制。

EH 系统是 DEH 的执行机构。主要包括供油装置（油泵、油箱）、油管路及附件（蓄能器等）、执行机构（油动机）、危急遮断系统等。供油系统为系统提供压力油。执行机构响应 DEH 的指令信号，控制油动机的位置，以调节汽轮机各蒸汽进汽阀的开度，从而控制汽轮机运行。危急遮断系统响应控制系统或汽轮机保护系统发出的指令，DEH 发出超速控制及超速保护控制信号时，就紧急关闭调节阀，当汽轮机保护系统发出停机信号时，或机械超速等动作引起汽轮机安全油泄去时，危急遮断系统就紧急关闭全部汽轮机蒸汽进汽门，使机组安全停机。

EH 系统主要是指高压抗燃油系统。液压油采用抗燃油，由独立供油装置提供，与汽轮机透平油的接口为隔膜阀。抗燃油系统的工作油压为14.5MPa。在一些小机组的控制系统改造中，为利用原先的低压油动机，可采用低压油系统。此时，一般不提供单独的供油装置，而是与主机共用透平油，但需另外增加过滤及稳压元件。

油动机为单侧进油的形式。即开启靠液压力，关闭靠弹簧力，以保证机组在控制系统故障时阀门处于安全位置。油动机主要有调节型、开关型两种。调节型油动机通过伺服阀可精确控制油动机位置。开关型油动机是通过电磁阀控制，仅有全开、全关两种状态。根据机组控制要求，调节阀使用调节型执行机构，主汽阀参与调节时也可使用调节型执行机构。作为安全阀的主汽阀使用开关型执行机构。

油动机与阀门的连接方式有直接连接、通过杠杆与阀门连接等。油动机根据安装结构要求，有推力油缸和拉力油缸两种。

调门的安全油为 OPC 安全油，主汽门的安全油为 AST 安全油。OPC 安全油泄去时，调门快关。AST 安全油泄去时，同时通过单向阀泄去 OPC 安全油，所有阀门快速关闭。隔膜阀安装在 AST 油管上，隔膜阀上安全油泄去时，使 AST 安全油泄去。

图 8 - 1 是 DEH 典型的系统组成及配置。

一、概述

EH 系统包括供油系统、执行机构和危急遮断系统。供油系统的功能是提供高压抗燃油，并由它来驱动伺服执行机构；执行机构响应从 DEH 送来的电指令信号，以调节汽轮机各蒸汽阀开度；危急遮断系统由汽轮机的遮断参数所控制，当这些参数超过其运行限制值时，该系统就关闭全部

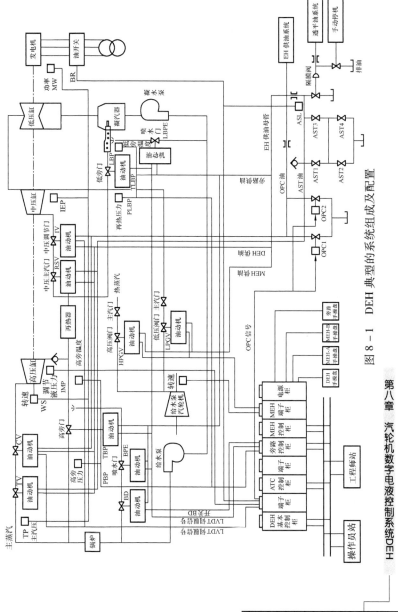

图 8 - 1 DEH 典型的系统组成及配置

汽轮机蒸汽进汽阀门，或只关闭调节汽阀。

二、供油系统

1. 供油装置

供油装置的主要功能是提供控制部分所需要的液压油及压力，同时保持液压油的正常理化特性和运行特性。它由油箱、油泵、控制块、滤油器、磁性过滤器、溢流阀、蓄能器、冷油器、EH 端子箱和一些对油压、油温、油位的报警、指示和控制的标准设备，以及一套自循环滤油系统和自循环冷却系统所组成，如图 8 - 2 所示。

供油装置的电源要求如下：

（1）两台主油泵为 30kW、380V AC、50Hz、三相。

（2）一台滤油泵为 1kW、380V AC、50Hz、三相。

（3）一台冷却油泵为 2kW、380V AC、50Hz、三相。

（4）一组电加热器为 5kW、220V AC、50Hz、单相。

2. 工作原理

由交流马达驱动高压柱塞泵，通过油泵吸入滤网将油箱中的抗燃油吸入，从油泵出口的油经过压力滤油器通过单向阀流入高压蓄能器，与该蓄能器连接的高压油母管将高压抗燃油送到各执行机构和危急遮断系统。

泵输出压力可在 0～21MPa 之间任意设置。本系统允许正常工作压力设置在 11.0～15.0MPa。

油泵启动后，油泵以全流量约 85L/min 向系统供油，同时也给蓄能器充油，当油压到达系统的整定压力 14MPa 时，高压油推动恒压泵上的控制阀，控制阀操作泵的变量机构，使泵的输出流量减少，当泵的输出流量与系统用油流量相等时，泵的变量机构维持在某一位置，当系统需要增加或减少用油量时，泵会自动改变输出流量，维持系统油压在 14MPa。当系统瞬间用油量很大时，蓄能器将参与供油。

溢流阀在高压油母管压力达到（17±0.2）MPa 时动作，起到过压保护作用。

各执行机构的回油通过压力回油管先经过 3μm 油滤油器然后通过冷油器回至油箱。

高压母管上的压力开关 63/MP 及 63/HP、63/LP 能自动启动备用油泵和对油压偏离正常值时进行报警提供信号。冷油器出水口管道装有电磁水阀，油箱内也装有油温过高报警测点的位置孔及提供油位报警和遮断油泵的信号装置，油位指示安放在油箱的侧面。

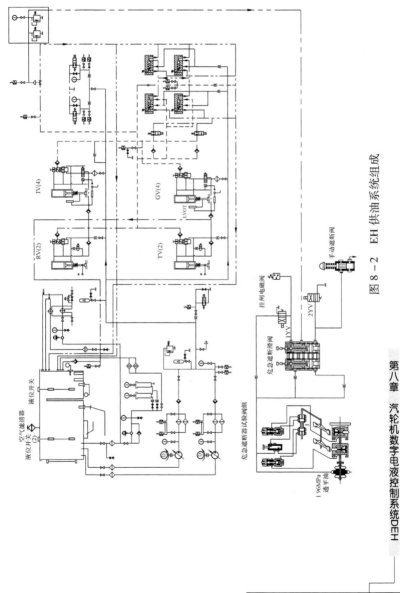

图 8 - 2　EH 供油系统组成

3. 供油装置的主要部件

（1）油箱。设计成能容纳 900L 液压油的油箱（该油箱的容量设计满足 1 台大机和 2 台 50% 小机的正常用油）。考虑抗燃油内少量水分对碳钢有腐蚀作用，设计中全部采用不锈钢材料。

油箱板上有液位开关（油位报警和遮断）、磁性滤油器、空气过滤器、控制块主件等液压元件。另外，油箱的底部外侧安装一个加热器，在油温低于 20℃ 时应给加热器通电，加热 EH 油。

（2）油泵。考虑系统工作的稳定性和特殊性，本系统采用高压变量柱塞泵，并采用双泵工作系统，一台泵工作，则另一台泵备用，以提高供油系统的可靠性，两台泵布置在油箱的下方，以保证正的吸入压头。

（3）控制块。控制块安装在油箱顶部，其结构见图 8 – 3，它应加工成能安装下列部件：

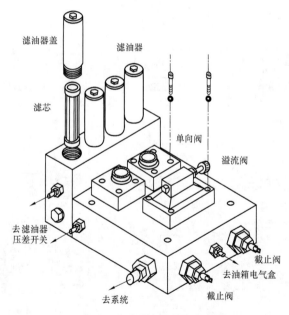

图 8 – 3　供油装置控制模块

1）四个 $10\mu m$ 的滤芯，每个滤芯均分开安装及封闭。

2）两个单向阀装在每个泵的出口侧高压油管路中。

3）一个溢流阀位于单向阀之后的高压油管路中，它用来监视油压，并且当油压高于设计值时，将油送回油箱，确保系统正常的工作压力。

4）两个截止阀，正常全开，装在单向阀之后的高压管路上，手动关闭其中的一个阀门，只隔离双重泵系统中的一路，不影响机组的运行，以便对该路的滤油器、单向阀及泵等进行在线维修或更换。

（4）磁性过滤器。在油箱内回油管出口下面，装有一个200目的不锈钢网兜，网兜内有一组永久磁钢组成的磁性过滤器，以吸取EH油中的金属垃圾。同时，整套滤芯可拿出来清洗及维护。

（5）蓄能器。一个高压蓄能器装在油箱旁边，吸收泵出口压力的高频脉动分量，维持油压平稳。此蓄能器通过蓄能器块与油系统相连，蓄能器块上有两个截止阀，此两阀组合使用，能将蓄能器与系统隔绝并放掉蓄能器中的高压EH油，以进行试验和在线维修。

（6）冷油器。两个冷油器装在油箱侧，冷却水在管内流过，而系统中的油在冷油器外壳内环绕管束流动。冷却水由冷油器循环冷却水出门处的电磁水阀控制。

（7）电气箱（ER端户箱）。电气箱内装有接线端子排及以下开关组件：

1）两个压差开关（63/MPF-1、63/MPF-2）。每个压差开关指示出装在油泵出口油路上的滤芯进油侧的压差。如果压差达到0.55MPa时，则开关就提供音响报警的信号，以表示此滤芯已被堵塞，并且需要清洗或调换。

2）一个压力开关（63/PR）。感受压力回油管中油压过高信号，当压力增加到0.21MPa时，接点闭合，并提供报警的信号。

3）两个压力开关（63/MP）。感受油系统的压力过低信号，当压力低至（11.2±0.2）MPa时，接点闭合，提供启动备用油泵的信号。

4）两个压力开关（63/HP）。感受油系统压力过高信号，当压力高到（16.2±0.2）MPa时，接点闭合，提供音响报警信号。

5）两个压力开关（63/LP）。感受油系统的压力过低信号，当压力低到（11.2±0.2）MPa时，接点闭合，提供音响报警信号。

6）一个压力开关（63/MPC-1：63/MPC-2）。感受1号及2号油泵出口压力（运转泵），作为监视之用。

7）一个压力传感器XD/EHP。将0~21MPa的压力信号转换成4~20mA的电流信号，此信号可以用于用户的下列选择性项目：①驱动一个记录仪；②送到一个电厂，以监视EH油压；③将信号送给一个装在控制室中的传感接收器（压力指示器）。

8）一个电磁阀20/MPT。它可以对备用油泵启动开关进行遥控试验。当电磁阀动作时，就使高压工作油路泄油。随着压力的降低，备用油泵压力开关（63/MP）就使备用油泵启动。此电磁阀及压力开关和高压油母管用节流孔隔开，因此试验时，母管压力会受影响。备用油泵启动开关还可以通过打开现场的手动常闭阀来进行试验，此常闭阀和电磁阀及压力开关均装在端子箱内。

9）一个压力式温度开关（23/EHR）。整定在20℃，当联锁状态下，油箱油温低于20℃时，此温度开关可提供控制加热器通电的信号，对油箱加热同时应切断主油泵电机电源；当油箱油温超过20℃时，停止加热并接通主油泵电机电源。

（8）温度控制回路。测温开关（20/CW）来的信号控制继电器，再由继电器操作电磁水阀，当油箱温度超过极限值55℃时，电磁水阀打开，冷却水流过冷油器，当油温降到下限值38℃时电磁水阀关闭。

（9）浮子型液位报警装置。两个浮子型液位报警装置安装在油箱顶部。当液位改变时，推动开关机构，能报警高、低油位；并在极限低油位时，能提供信号使遮断开关动作。

（10）弹簧加载止回阀。一个弹簧加载止回阀装在压力回油箱的管路上，这样可在滤油器和冷油器两者中任一个堵塞时或回油压力过高时，使回油直接通过该阀回到油箱。

（11）回油过滤器。回油过滤器组件装在油箱旁边的压力回油管路上，为了便于调换滤芯，在滤油器外壳上装有一个可拆卸的盖板。

4. 抗燃油与再生装置

（1）抗燃油。随着汽轮发电机组容量的不断增大，蒸汽温度不断提高，控制系统为了提高动态响应而采用高压控制油，在这种情况下，电厂为防止火灾而不能采用传统的透平油作为控制系统的介质。所以 EH 系统国产化设计的液压油为磷酸酯型抗燃油。其正常工作温度为 20 ~ 60℃。鉴于磷酸酯型抗燃油的特殊理化性能，本系统中所用密封圈材料均为氟橡胶，金属材料尽量选用不锈钢 1Cr18Ni9Ti。

原装 EH 抗燃油物理和化学性能如下：

外观　澄清透明液体

黏度　（ASTM D－445－72）

ISO 等级　46

黏度指数　0

比重　16/16℃　1.142

倾点　℃（℉）　　－18（0）

水含量　%（质量分数）　0.03

氯含量　ppm（micro coulometry）　20

酸度　mgKOH/g　0.03

起泡　（ASTM D－892－72），mL　10

色度　ASTM　1.5

颗粒分布　（SAE A－6D, tentative）　Class 3

电阻率　（OHM/cm）　12.0×10^9

闪点（℃）　246

燃点（℃）352

内燃点（℃）566

（2）再生装置。抗燃油再生装置是一种用来储存吸附剂和使抗燃油得到再生的装置（使油保持中性、去除水分等），该装置主要有硅藻土过滤器精滤器（即波纹纤维过滤器）等所组成，其结构如图8－4所示。

一个精密过滤器与一个硅藻土过滤器相串联，它安装在独立循环滤油的管路上，打开再生装置前的截止阀，即可以使再生装置投入运行。关闭该截止阀即可停止使用再生装置。

每个过滤器上装有一个压力表，当过滤器检修时，此压力表就指出不正常的高压力。硅藻土过滤器以及波纹纤维过滤器均可以调换滤芯的结构。当管路上的阀门关闭时过滤器盖可以拆去，以便调换滤芯。如果任一个过滤器的油温在43～54℃之间，压差力高达0.21MPa时，就需调换该装置。

（3）自循环滤油系统。

在机组正常运行时，系统的滤油效率较低。因此，经过一段时间的机组运行以后，EH油会变差，而要达到油质的要求则必须停机重新油循环。为了不影响机组的正常运行，为了保证系统的清洁，使系统长期可靠运行，在供油装置中增设了独立的循环滤油系统。油泵从油箱内吸入 EH油，经过两个过滤精度为1 μm的过滤器回油箱。油泵可以由 ER 端箱上的控制按钮直接启动和停止。泵流量为20 L/min，电动机功率为1kW。电源为380V AC, 50Hz，三相。

（4）自循环冷却系统。

供油系统除正常的系统回油冷却外，还增设一个独立的自循环冷却系统，以确保在非正常工况（例如环境温度过高等）下工作时，油箱油温能控制在正常的工作温度范围内。

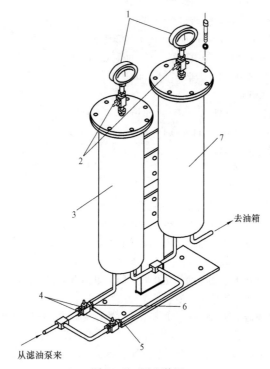

图 8 - 4　再生装置

1—压力表；2、4—截止阀；3—硅藻土过滤器；5—φ0.8 节流孔；
6—φ1.6 节流孔；7—波纹纤维过滤器

冷却泵可以由温度开关 23/CW 控制，也可以由人工控制启动或停止。

冷却泵的流量为 50L/min，电动机功率为 2kW。电源为 380V AC，50Hz，三相。

（5）油管路系统。油管路系统主要由一套油管和四个高压蓄能器组成。油管的作用是连接供油系统、危急遮断系统与执行机构，并使之构成回路。四个高压蓄能器分别装在两个支架上，两个支架分别位于汽轮机左右侧靠近高压调节门伺服机构旁。此蓄能器通过一个蓄能器块与油系统相连，蓄能器块有两个截止阀，此两阀组合使用能将蓄能器与系统隔绝，并放掉蓄能器中的高压 EH 油，以进行测量氮气压力与在线维修。

三、执行机构

高、中压执行机构原理参见图 8 - 5 和图 8 - 6。

图中标注：去油箱；从滤油泵来

TV.RV

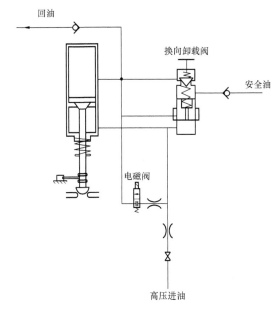

图 8-5 高、中压主汽阀执行机构原理

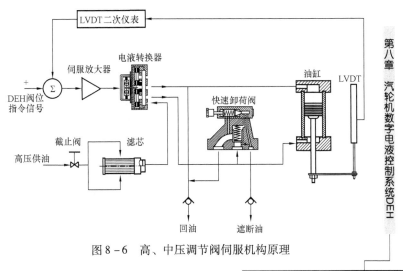

图 8-6 高、中压调节阀伺服机构原理

电液伺服执行机构是 DEH 控制系统的重要组成部分之一，本系统有多个执行机构，分别控制机组高压调节汽阀和中压调节汽阀及高压主汽阀和中压主汽阀的位置。

执行机构的油缸属单侧进油的油缸，其开启由抗燃油压力来驱动，而关闭是靠操纵座的弹簧力。空载时遮断关闭时间常数为 0.15s。液压缸与一个控制块连接，在这个控制块上装有隔离阀、快速卸荷阀、止回阀和伺服阀或电磁阀。

另外，在油动机快速关闭时，为了使蒸汽阀蝶与阀座冲击应力保持在允许的范围内，在油动机活塞尾部采用液压缓冲装置，可以将动能累积的主要部分在冲击发生前、动作的最后瞬间转变为流体的能量。

执行机构按控制形式可分为控制型（亦称伺服型）执行机构和开关型执行机构。

1. 执行机构工作原理

控制型执行机构工作原理：控制型执行机构可以将汽阀控制在任意的中间位置上，成比例调节进汽量以适应需要。

开关型执行机构工作原理：开关型执行机构接受指令后将汽阀迅速完全打开或关闭，起到开启或关闭汽流通道的功能。

经计算机运算处理后的欲开大或关小汽阀的电气信号经过伺服放大器放大后，在电液转换器–伺服阀中将电气信号转换成液压信号，使伺服阀主阀向上移动，并将液压信号放大后控制高压油的通道，使高压油进入油动机活塞下腔，油动机活塞向上移动，经杠杆带动汽阀使之启动，或者是使压力油自活塞下腔泄出，借弹簧力使活塞下移关闭汽阀。当油动机活塞移动时，同时带动两个线性位移传感器，将油动机活塞的机械位移转换成电气信号，作为负反馈信号与前面计算机处理送来的信号相加，由于两者的极性相反，实际上相减，只有在原输入信号与反馈信号相加后，使输入伺服放大器的信号为零后，这时伺服阀的主阀回中间位置，不再有高压油通向油动机下腔或使压力油自油动机下腔泄出，此时汽阀便停止移动，停留在一个新的工作位置。

执行机构的油缸旁各有一个卸荷阀，在汽轮机发生故障时需要迅速停机时，安全系统动作使危急遮断油失去，卸荷阀则快速打开，迅速泄去油动机活塞下腔中的压力油，在弹簧力作用下迅速地关闭相应的阀门。

2. 执行机构的主要部件

执行机构安装在蒸汽阀的操纵座上，油动机活塞杆与调节汽阀杆相连，在活塞杆缩回时打开阀门（即油缸属于拉力油缸）。

（1）隔离阀。高压油经过此阀供油到高压油动机，关闭隔离阀便切断高压油路，使在汽轮机运行条件下可以停用此路汽阀，以便更换滤网、检修或调整伺服阀、卸荷阀和油动机等，该阀安装在液压块上。

（2）滤网。为保证经过伺服阀的油的清洁度，在执行机构进油口处装有滤网，以保证阀中的节流孔、喷嘴和滑阀能正常工作，所有进入伺服阀的高压油均先经过一个滤网，过滤精度为 $10\mu m$。在正常工作条件下一般要求每 6 个月更换一次滤网。

（3）伺服阀。如图 8-7 所示，在调节汽阀伺服阀机构上装有电液伺服阀，伺服阀由一个力矩电动机和两级液压放大及机械反馈系统所组成。第一级液压放大是双喷嘴和挡板系统；第二级放大是滑阀系统，其原理如下：

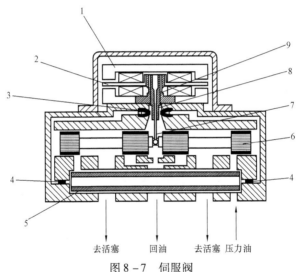

去活塞　回油　去活塞　压力油

图 8-7　伺服阀

1—力矩电动机；2—可动衔铁；3—喷嘴；4—节流孔；5—过滤器；
6—阀芯；7—反馈杆；8—挡板；9—弹簧管

当有电气信号由伺服放大器输入时，则力矩电动机中电磁铁间的衔铁上的线圈中就有电流通过，并产生一磁场，在两旁的磁铁作用下，产生一旋转力矩，使衔铁旋转，同时带动与之相连的挡板转动，此挡板伸到两个喷嘴中间。在正常稳定工况时，挡板两侧与喷嘴的距离相等，使两侧喷嘴的泄油面积相等，则喷嘴两侧的油压相等。当电气信号输入、衔铁带动挡板转动时，则挡板移近一只喷嘴，使这只喷嘴的泄油面积变小，流量变小，喷嘴前的油压变高，而对侧的喷嘴与挡板间的距离变大，泄油量增加，使喷嘴前的压力变低，这样就将原来的电信号转变为力矩而产生机械位移信号，再转变为油压信号，并通过喷嘴挡板系统将信号放大。该挡板两侧的喷嘴前油压，与下部滑阀的两个腔室相通，因此，两个喷嘴前的油压不等时，则滑阀两端的油压不相等，滑阀在压差作用下产生移动，滑阀上的凸肩所控制的油口开启或关闭，便可以控制高压油由此通向油动机活塞下腔，以开大汽阀的开度，或者将活塞下腔通向回油，使活塞下腔的油泄去，由弹簧力关小或关闭汽阀。为了增加调节系统的稳定性，在伺服阀中设置了反馈弹簧。另外，在伺服阀调整时有一定的机械零偏，以便在运行中突然发生断电或失去电信号时，借机械力最后使滑阀偏移一侧，使汽阀关闭。

（4）电磁换向阀。在开关型执行机构上均有一只电磁换向阀，这是一种常闭型二位二通电磁阀（使用时可以二位四通电磁阀代替）。电磁铁断电时，在电磁阀内弹簧力的作用下，电磁阀处于关闭位置油路断开；电磁铁通电时，电磁阀处于打开位置，油路接通。电磁阀主要用于蒸汽阀门的活动试验。

（5）止回阀。在液压块中装有两个止回阀，一只是通向危急遮断油总管，该止回阀的作用是阻止危急遮断油母管上的油倒回到油动机；另一只止回阀是通向回油母管，该阀的作用是阻止回油管里的油倒流到油动机。当关闭油动机的隔离阀时，便可以在线检修该油动机的伺服阀、卸荷阀、换滤网等，而不影响其他汽阀正常工作。

（6）位移传感器。TDZ–1位移传感器是用差动变压器原理组成的位移传感器。内部稳压、振荡、放大线路均采用集成元件，故具有体积小、性能稳定、可靠性强的特点，当铁芯与线圈间有相对移动时，例如铁芯上移，次级线圈感应出的电动势经过整流滤波后，变为表示铁芯与线圈间相对位移的电气信号输出，作为负反馈。在具体设备中，外壳是固定不动的，铁芯通过杠杆与油动机活塞杆相连，输出的电信号便可模拟油动机的位移，输出就是汽阀的开度。为了提高控制系统的可靠性，每个执行机构中安装两只位移传感器。

四、危急遮断系统

为防止汽轮机在运行中因部分设备工作失常可能导致汽轮机发生重大损伤事故，在机组上装有危急遮断系统，在异常情况下使汽轮机危急停机，以保护汽轮机安全。危急遮断系统监视汽轮机的某些运行参数，当这些参数超过其运行限制值时，该系统就关闭全部汽轮机蒸汽进汽阀门。

危急遮断系统的主要执行元件由一个带有四只自动停机遮断电磁阀（20/AST）和两只超速保护控制阀（20/OPC）的危急遮断控制块（亦称电磁阀组件）、隔膜阀和压力开关等组成。

（1）AST 电磁阀（20/AST）。在正常运行时，它们是被通电励磁关闭的，从而封闭了自动停机危急遮断（AST）母管上的抗燃油泄油通道，使所有蒸汽阀执行机构活塞下腔的油压能够建立起来。当电磁阀失电打开，则总管泄油，导致所有汽阀关闭而使汽轮机停机。电磁阀（20/AST）是组成串并联布置，这样就有多重的保护性。每个通道中至少需一只电磁阀打开，才可导致停机。同时，也提高了可靠性，四只 AST 电磁阀中任意一只损坏或拒动作均不会引起停机。

（2）OPC 电磁阀（20/OPC）。OPC 电磁阀是超速控制电磁阀，它们是受 DEH 控制器的 OPC 部分所控制。正常运行时，这两个电磁阀是不带电常闭的，封闭了 OPC 总管油液的泄放通道，使调节汽阀和再热调节汽阀的执行机构活塞上腔能够建立起油压，一旦 OPC 控制动作，例如转速达103%额定转速时，这两个电磁阀就被励磁（通电）打开，使 OPC 母管油液泄放。这样，相应执行机构上的卸荷阀就快速开启，使调节汽阀和再热调节汽阀迅速关闭。

（3）危急遮断控制块。该控制块的主要功能是为自动停机危急遮断（AST）与超速控制（OPC）母管之间提供接口。控制块上面装有六只电磁阀（四只 AST 电磁阀、两只 OPC 电磁阀），内部有两只单向阀，控制块内加工了必要的通道，以连接各元件。所有孔口或为了连接内孔而必须钻通的通孔，都用螺塞塞住，每个螺塞都用 O 形圈密封。

（4）单向阀。两个单向阀安装在自动停机危急遮断（AST）油路和超速保护控制（OPC）油路之间，当 OPC 电磁阀通电打开时，单向阀维持 AST 的油压，使主汽阀和再热主汽阀保持全开。当转速降到额定转速，OPC 电磁阀失电关闭，调节阀和再热调节阀重新打开，从而由调节汽阀来控制转速，使机组维持在额定转速。当 AST 电磁阀动作，AST 油路油压下跌，OPC 油路通过两个单向阀，油压也下跌，将关闭所有的进汽阀而停机。

（5）隔膜阀。其结构如图 8-8 所示，它连接着主油泵出口 1.98MPa 压力油（低压安全油）系统与 EH 油（高压安全油）系统，其作用是当主油泵出口 1.98MPa 压力油压力降到不允许的程度时，可通过 EH 油系统遮断汽轮机。

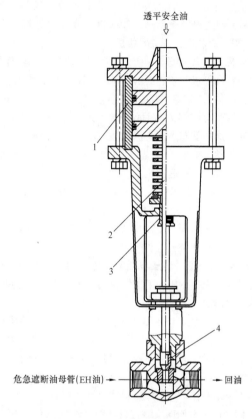

透平安全油

危急遮断油母管(EH油) → ← 回油

图 8 - 8 隔膜阀

1—活塞缸；2—执行机构杆；3—调整杆；4—阀芯杆

当汽轮机正常运行时，主油泵出口 1. 98MPa 压力油的透平油通入阀盖内活塞上面的腔室中，克服了弹簧力，使阀保持在关闭位置，堵住 EH 危急遮断油母管通向回油的通道，使 EH 系统投入工作。

机械超速遮断机构或手动超速试验杠杆的单独动作或同时动作，均能使透平油油压力降低或消失，因而使压缩弹簧打开阀门将把 EH 危急遮断油排到回油管，将关闭所有的调节阀。

（6）快速卸荷阀。快速卸荷阀装在油动机液压块上，其结构如图 8 -9所示，主要作用是当机组发生故障必须紧急停机时，在危急脱扣装置等动作使危急遮断油泄油失压后，可使油动机活塞下的压力油经快速卸荷阀释放，这时不论伺服放大器输出的信号大小，在阀门弹簧力作用下，均使阀门关闭。

在快速卸荷阀中有一个杯状滑阀，滑阀下部的腔室与油动机活塞下的高压油路相通，在滑阀底部中间有一个小孔使少量压力油通到滑阀上部。滑阀上部的油室一路经止回阀与危急遮断油相通，而另一路经一针阀控制缩孔通到油动机活塞上腔泄油通道，调整针阀的开度可以调节滑阀上的油压。在正常运行时，滑阀上的油压作用力加上弹簧力大于滑阀下高压油的作用力，使杯形滑阀压在底座上，将滑阀套下部圆周上与回油相通的油口关闭。当汽轮机转速超过额定值的3%时，超速保护动作，使超速保护油油压失压，则杯形滑阀上的压力油顶止回阀泄油，使杯形滑阀上油压急剧下降，高压油推动滑阀上移。这时，滑阀上的泄油孔将打开，使高压油泄油失压，即使油动机活塞下压力油失压，则调节阀在弹簧力作用下关闭，使汽轮机停机。

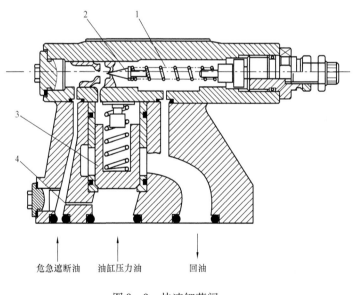

危急遮断油　　油缸压力油　　回油

图 8 - 9　快速卸荷阀

1—弹簧；2—针阀；3—杯状滑阀；4—小孔

第二节 EH 系 统 调 试

一、液压部件的检查复装

1. 检查复装工作前应具备的条件

（1）EH 油系统循环冲洗结束，油的颗粒度指标和各物理化学特性均达到合格标准。

（2）按照图纸要求，清点各部件，确信无一缺损及差错。

（3）现场清洁无灰尘。

（4）检查各电磁阀、伺服阀应完好无损，油道中干净无杂物。

（5）检查各节流孔应畅通，做通孔试验，确信孔内无杂物。

2. 各部件的复装

（1）将 EH 油箱顶部控制块上的四个滤网盖拆下来，取出四个冲洗滤芯，将新滤芯装好后，将滤网盖装好拧紧。若需要，可更换滤芯及滤网盖上的 O 形圈（$\phi 25 \times 1.8$ 和 $\phi 57 \times 4$ 各 1 只）。以同样方法更换各执行机构上的滤芯若干只（视伺服机构数量定）、油泵进油滤芯 3 只、系统回油滤芯 1 只、滤油系统滤芯 2 只。

注：更换所有滤芯后，需至少再进行油循环 2h（一般要求 8h）才可进行以下项目。

（2）分别将各执行机构控制块外面的罩壳拆下，用白绸布沾丙酮将控制块外面擦洗干净，然后小心地拆下伺服阀和电磁阀的控制块，注意不要让垃圾进入控制块油道中。将电液伺服阀和电磁阀的油口装上 O 形圈后，对号入座，复装在控制块上。将节流孔装上 O 形圈后对号入座复装在控制块上，将控制块上的截止阀关闭（待执行机构调试时再开启），然后装上控制块罩壳。

（3）用白绸布沾丙酮将电磁阀组件外表面和管接头擦干净。分别取下 2 个 OPC 和 4 个 AST 冲洗块（在拆卸过程中，严禁垃圾掉入控制块油口），每拆下一个冲洗块，就尽快装上相应的电磁阀。将电磁阀上的定位弹簧销，对准控制块上的销钉孔，均匀地拧紧各自螺栓。

（4）将节流孔、管接头和螺塞分别对号入座复装（装配时切勿遗忘 O 形圈），然后把与管接头连接的油管复装好。

二、蓄能器的充氮

1. 高压蓄能器的充氮步骤

（1）首先检查充气工具及软管上的接头螺纹与氮气瓶上的接头和蓄

能器上充气嘴接头上的螺纹是否匹配，若不匹配，需加工过渡接头。

（2）关闭高压蓄能器的进油阀，缓慢打开蓄能器的回油阀。

（3）将充气工具上软管拆下，换上堵头，利用充气工具，对各高压蓄能器的氮气压力进行测量，若测得氮气压力低于设计值（9.1MPa），必须进行充氮。

（4）将充气工具上堵头拆下，换上软管，将蓄能器的充气嘴和氮气瓶用充氮工具连接起来，关闭充氮工具上放气口的针阀，慢慢打开氮气瓶上的阀门，向蓄能器充氮，同时监视充气工具上的压力表读数，当压力表指示为9.1MPa时，关闭氮气瓶上的阀门。一分钟后，再测一下压力，不够再充；然后打开充氮工具上的放气针阀，拆去充氮工具的软管，并检查蓄能器的充气嘴有无漏气。若有漏气，则需更换充气嘴；若无泄漏，装上蓄能器充气嘴上的罩盖。

（5）关严蓄能器上的回油阀，缓慢打开蓄能器的进油阀。

2. 低压蓄能器的充氮步骤（充氮气必须在 EH 系统无压力的情况进行）

（1）开启蓄能器的进油阀。

（2）利用充氮工具，对各低压蓄能器的氮气压力进行测量，若测得氮气压力低于设计值（0.21MPa），必须进行充氮。

（3）充氮方法同高压蓄能器的充氮步骤。

（4）当充氮到压力为0.21MPa时，关闭氮气瓶上的阀门。

（5）然后打开充氮工具上的放气针阀，拆去充氮工具上的软管并检查蓄能器充气嘴有无漏气，若无泄漏，则装上蓄能器充气嘴上的罩盖。

三、液压系统调试项目及要求

1. 调试前应具备的条件

（1）液压系统复装结束，运转正常。

（2）蓄能器压力经检查合格，关闭各高压蓄能器回油截止阀，缓慢打开进油截止阀；打开低压蓄能器进油阀。

（3）EH 系统各压力开关、压差开关和液位开关整定合格，线路接通，报警功能正常。

（4）EH 供油泵的联锁回路接线完毕，试验正常。

（5）油泵工作正常，无噪声和异常振动。

（6）油箱油温控制在 37～57℃。

（7）透平安全油压建立，隔膜阀处于关闭位置。

（8）AST 电磁阀送电，AST 安全油压建立。

2. 耐压试验

将安全阀（DB10）的溢流压力调至 20MPa 以上（可全部关死），启动 A 泵。调节 A 泵上的调压螺钉（使用专用内六角扳手或 3/8in 内六角扳手顺时针拧紧调整杆为升高泵出口压力，逆时针旋转为降低泵出口压力，调整前需松开锁紧螺母），将系统压力调至 14.5MPa，检查系统泄漏情况。10min 后，调节调压螺钉，将系统压力调至 20MPa，保持压力 3min，检查系统所有各部件接口和焊口处，不应有渗漏、变形。

3. 调整安全阀 DB10 的设定压力

耐压试验结束后，调整安全阀 DB10，使系统压力为（17±0.5）MPa，将安全阀锁紧。调整泵的调压螺钉，使系统压力降至 17MPa 以下再将系统压力调高到安全阀动作，若系统压力稳定在（17±0.5）MPa，则调整结束，否则重新调整 DB10 安全阀。然后调整泵的调压螺钉，将系统压力恢复至 14.5MPa。

4. 报警信号测定

（1）压力报警信号测定。停止 A 泵，启动 B 泵，调整 B 泵的调压螺钉使系统压力升高，当系统压力升至（16.2±0.2）MPa 时，压力开关 63/HP 发出油压高报警。调整泵的调压螺钉，使系统压力下降。当压力降至（11.2±0.2）MPa 时，压力开关 63/LP 发出油压低报警，同时压力开关 63/MP 动作，启动备用油泵。试验结束后，手动停止备用油泵，调整泵的调压螺钉，使系统压力恢复至 14.5MPa。

（2）液位报警信号测定。

在油箱加油的过程中，已经对液位开关的输出信号做了整定，在调试时可以通过短接的方法，对液位报警信号进行测定。

560mm　　　　液位高报警

430mm　　　　液位低报警

300mm　　　　液位低低报警

5. 联锁试验

（1）油泵备用联锁。将备用油泵的联锁开关置于自动状态，在供油装置端子箱内压力开关 63/MP 的下方，有一只手动截止阀，正常运行时是常闭的，缓慢打开此阀，该试验油路压力会慢慢下降，当压力降到 11.2MPa 以下时，压力开关 63/MP 动作，备用油泵应启动。将截止阀关闭，在控制盘上停一台 EH 油泵。

在集控室内对手动截止阀旁边的电磁阀（23/MPT）通电，备用泵也应同样启动。

（2）油压低停机保护。液压系统中有一个油压低保护控制块，其控制部分分为左右两路，每路各有一只手动截止阀和一只电磁阀，正常运行时是常闭的。当打开第一路的手动截止阀或对电磁阀通电时，则对应油路压力下降，当压力降到9.5MPa时，相应的1、3号压力开关发信号。当打开第二路的手动截止阀或对电磁阀通电时，则对应的2、4号压力开关发信号。当同时打开两路手动截止阀或对两只电磁阀通电时，则停主油泵，并且AST电磁阀动作，所有阀门快速关闭，汽轮机停机。

（3）温度联锁。温度计23/EHR已调整在20℃，当油箱内油温低于20℃时，禁止启动主油泵，并接通加热器。

（4）液位联锁。当油箱液位低于200mm时，应停止油泵。可用短接方式来模拟油位低于200mm时液位开关的动作信号。

6. 执行机构试验

（1）阀门动作试验。对于伺服型执行机构（由伺服阀控制），使用伺服阀测试工具给伺服阀加信号，使油缸带动阀门在上下极限位置间运动。阀门应能灵活运动，无卡涩、爬行现象。记录下阀门的最大行程，应符合设计行程要求。

对于开关型执行机构（由电磁阀控制），通过使电磁阀通电或断电，使油缸带动阀门在上下极限位置间运动。阀门应能灵活运动，无卡涩、爬行现象。记录下阀门的最大行程，应符合设计行程要求。

（2）LVDT调整。当执行机构处于全关位置时，将LVDT的外壳固定在适当位置，使LVDT芯杆的零位环线对准外壳的端面，并旋紧该芯杆上的锁紧螺母。当执行机构处于全开位置时，LVDT芯杆上的另一根环线不应超出外壳端面。

（3）快速卸荷阀性能试验。使用伺服阀测试工具给伺服阀加信号，使阀门处于全开位置，手动松开快速卸荷阀的调压螺钉，阀门应能快速关闭；旋紧调压螺钉，阀门应能开启。每只阀门试验五次。

7. 安全系统试验

（1）AST电磁阀试验：

20-1/AST电磁阀断电时，63-1/ASP压力开关发信号，AST压力不变；

20-2/AST电磁阀断电时，63-2/ASP压力开关发信号，AST压力不变；

20-3/AST电磁阀断电时，63-1/ASP压力开关发信号，AST压力不变；

20 - 4/AST 电磁阀断电时，63 - 2/ASP 压力开关发信号，AST 压力不变。

手动打闸（AST 打闸）时所有 AST 电磁阀断电，AST 压力回零，所有阀门快速关闭。

（2）OPC 电磁阀试验：

20 - 1/OPC 电磁阀通电时，63/OPC 压力开关发信号，所有调门快速关闭；

20 - 2/OPC 电磁阀通电时，63/OPC 压力开关发信号，所有调门快速关闭。

（3）隔膜阀试验：对于活塞式隔膜阀来说，正常运行时，EH 油压为 14.5MPa，透平油压为 2.0MPa，当透平油压力跌到约 1.5MPa 时，隔膜阀开始打开；当 AST 油压为零时，透平油压升到约 0.6MPa 时，隔膜阀开始复位。

对于膜片式隔膜阀来说，正常运行时，EH 油压为 14.5MPa，透平油压为 0.7MPa，当透平油压力跌到约 0.44MPa 时，隔膜阀开始打开；当 AST 油压为零时，透平油压升到约 0.2MPa 时，隔膜阀开始复位。

注：隔膜阀的压力整定试验在出厂时已完成，在电厂现场一般不主张拆卸或调整。

8. 快关时间测定

将各执行机构 LVDT 信号接入 SC - 18 型光线录波器（或其他合适的录波仪），并将手动打闸信号（AST）接入光线录波器作为快关的开始时间。调整信号，将阀门处于全开位置。调整光线录波器，将记录速度放在 100mm/s 上，记录精度为 ±0.01s。手动打闸后记录下各阀门的关闭时间（各阀门关闭延迟时间为 0.1s 左右，净关闭时间为 0.15s 左右）。

9. 冷却系统性能试验

将冷却泵设定为自动状态，调整温度控制器的上限设定值（23/CW1），使上限设定温度低于环境温度，此时相当于温度到上限，冷却油泵应该启动，电磁水阀打开，有冷却水流出。恢复上限设定温度在 57℃。

调整温度控制器的下限设定值（23/CW2），使下限设定温度高于环境温度，此时相当于温度到下限，冷却油泵应该停止，电磁水阀关闭。恢复下限设定温度在 37℃。

四、EH 油箱端子箱内报警及处理方法

（1）EH 油压高。该信号来自 EH 供油装置端子盒 ER 内 63/HP 压力开关，如发现此压力开关发信号（先检查压力表指示是不是高），可以把主油泵切换到另一个主油泵，3min 后，如果压力开关信号消失，则说明原主油泵调整阀有问题。

（2）EH 油压低。该信号来自 ER 端子盒 63/LP 压力开关，若报警可能备份泵会联动起来（即 63/MP 动作），应迅速查找有无系统外部漏油和内部大流量泄漏，尤其是伺服阀和卸载阀。

（3）EH 回油压力高。该信号来自 ER 端子盒 63/PR 压力开关，一旦报警应更换供油装置回油滤芯。当油温低于 25℃ 或油管油冲洗时报警属正常。

（4）EH 油位低。该信号来自 EH 供油装置油箱中的液位开关，液位低于 430mm 时，首先检查就地 EH 供油装置上的液位指示器，指示是否与之对应，如果油位确实已低于 430mm，就要检查系统是否有外泄漏，如果没有外泄，可能是蓄能器泄漏造成的，可以检查各个蓄能器的氮气压力。

（5）EH 油位低低。该信号来自液位开关，当液位低于 300mm 时，应密切注意是否发生 EH 油管断裂喷油。此时要立即补油，同时要检查蓄能器。

（6）EH 泵出口过滤器压差大。该信号来自 ER 端子盒 63/MPF 压差开关，油温低于 25℃ 时，此压差开关报警属于正常，油温高于 25℃ 时报警则需更换泵出口过滤芯。

五、执行机构故障（汽门阀杆卡死除外）

（1）执行机构开不上去。拆下伺服阀上的接线插头，用万用表测量伺服阀两线圈上的电阻均应为 800Ω，将伺服阀测试仪插入伺服阀插座，加上正负电流观看油动机是否开得上去，如开不上去，且也听不到进油声，只有油流声，则说明伺服阀故障，如果进油管有油流声说明这个卸载阀或安全油有故障，如果汽门开得上去则应考虑 DEH 柜到执行机构的电缆线断路或柜子内部有故障。

再热主汽门执行机构开不上去，原因是其进油节流孔堵塞或卸载阀卡死，需清洗节流孔或更换卸载阀。

（2）伺服机构关不下。拆下伺服阀接线插头，如执行机构关不下去则为伺服阀卡死，如执行机构能关下，则为 VCC 板、电缆线或位移传感器故障，全行程检查位移传感器的输出。一旦发现蒸汽阀杆卡死，则关闭执行机构进油截止阀，并打开快速卸载阀。

（3）执行机构晃动。在与计算机联调时，执行机构晃动时，应先要拔下伺服阀航空插头，用伺服阀测试工具的插头插在伺服阀上，加上正负

10mA 电流，观察活塞杆上下运行时有没有振动，如有振动则需更换伺服阀；如果不振动，则要检查位移传感器和 VCC 卡的参数。正常运行允许执行机构低频（1Hz 以下），幅值小于 ±0.5mm 的晃动。

（4）执行机构迟缓。更换执行机构中的滤芯或伺服阀。

第三节　经 常 性 维 护

一、过滤器

（1）油泵出口高压过滤器的更换原则为该泵累计工作四个月或每年必须更换两次。

（2）伺服执行机构上的过滤器每年更换 1~2 次。

（3）供油装置回油过滤器的更换原则是当油温为 45℃时，泵正常工况 63/PR 报警需更换或每年更换两次。

（4）滤油器回路中的滤芯累计工作 3~4 个月就应该更换。

（5）再生装置纤维素滤芯应在再生装置油温 45℃时，筒内油压超过 0.3MPa 时更换，另外在再生装置投运 48h 后，抗燃油的酸值（大于 0.1）不下降则应更换硅藻土滤芯，如连续使用 2~3 月后，硅藻土滤芯也必须更换。

二、高压蓄能器

高压蓄能器有 4~6 只（容积为 40L），另有一只在供油装置上，容积为 25L。运行正常时，可 1~3 个月测一次气压，如发现油箱油位降低，则要考虑蓄能器是否漏气或胶囊破裂，应立即检测气压。

三、低压蓄能器

低压蓄能器应 1~2 个月测一次气压，必要时充气，检查应在停泵时进行。

四、冷油器

冷油器没有冷却效果时，则需清洗或更换。一般在 2~3 年时，最多一个汽轮机大修周期必须检查一下，冷油器中水管有无结垢或腐蚀。

五、油泵吸油过滤器

每年清洗或更换一次。

六、橡胶件（O 形圈、隔膜阀膜片等）

动密封一般 1~2 年更换一次，环境湿度不高的静密封可以四年更换一次。橡胶件的寿命与工作状态有关，需根据具体情况来定。

七、供油装置安全卸载阀和单向阀

运行四年一般不会坏，清洗一下即可，需根据具体情况来定。

八、执行机构

每隔两年检查一个调节阀和一个再热调节阀执行机构，必要时检查其他的。

九、油箱

每隔一年清洗一下磁性滤网，每隔四年清洗一次油箱。

十、油泵

一般来说，如果油泵输出压力稳定，没有外泄漏，则说明油泵运行正常。当输出油压不稳时，油泵电动机电流变大，就要考虑油泵是否有问题。建议在一个大修周期后，应检修一次油泵。检修可以由用户自己检修，也可以寄给生产厂家检修。

第四节 汽轮机 EH 液压控制系统大修方案

汽轮机 EH 液压控制系统大修方案如下：

一、检修的 EH 系统各部套的名称

（1）EH 供油系统。

（2）执行机构（油动机）。

（3）危急遮断系统。

（4）管路系统。

二、修理调试内容及要求

1. 供油系统

（1）EH 主油泵检修检测（2 台）。

1）输出流量、压力、内泄、外泄检测。

2）若前三项任一项不合格，则检修油泵或更换；若末项不合格，则更换轴封或更换泵。

（2）EH 主油泵电动机检测（2 台）。

1）功率、转速、绝缘、轴承、发热。

2）若前三项任一项不合格，则检修电动机或更换；若后两项任一项不合格，则更换润滑脂或更换轴承。

（3）冷却器检修检测（2 台）。

1）冷却效率、内泄漏、外泄漏。

2）若前项不合格，则清洗冷却器或更换；若后两项任一项不合格，

则更换密封圈或更换冷却器。

（4）蓄能器检测、压力、泄漏。若有不合格，更换密封圈或皮囊。

（5）所有压力表、压力开关、压差发信器等仪表整定检测或更换。

（6）所有密封圈、滤芯更换。

（7）所有电器元件检测或更换。

（8）油箱清洗。

（9）EH油理化性能全面分析。主要包括油颗粒度、酸值、水分、氯离子含量、电阻率、泡沫特性等。

（10）截止阀、止回阀、溢流安全阀、卸荷阀、电磁阀等液压元件动作性能及泄漏性能检测。

2. 执行机构（油动机）

（1）油动机检修。

1）油缸解体清洗、修磨、镀涂，更换密封圈、活塞环。

2）活塞杆、油缸筒表面检测，若有损伤拉毛或变形，应进行更换。

3）集成块清洗，更换所有密封圈，更换高压滤芯。

4）截止阀、止回阀、快速卸荷阀清洗，检测内泄、外泄，更换密封圈。

5）伺服阀检测流量、压力特性、内泄、零偏等。若有任一项不合格，则应更换。

6）电磁阀检测换响、迟滞（响应）内泄、外泄，更换密封圈。

7）按原工艺要求装配。

8）上试验台按照油动机调试规程进行调试。

（2）调试项目及要求。

1）磨合试验：油缸满行程磨合100次，活塞杆上允许有油膜，但不能成滴。

2）行程测量：按总图要求。

3）耐压试验：压力20MPa，试验3min，不得有外泄漏和零件破坏。

4）内泄试验：在压力14.5MPa、油温30℃以上条件下，内部泄漏不超过：

400mL/min　　油缸直径 < $\phi 125$

500mL/min　　$\phi 125 \leqslant$ 油缸 < $\phi 200$

5）启动压力PA测定，按设备说明书进行测定。

6）正常试验条件：

介质：磷酸酯抗燃油；

额定工作压力：（14.5±0.5）MPa；

油温：30~50℃；

环境温度：10~40℃；

试验油清洁度要求：NAS 6 级。

3. 危急遮断系统

（1）AST、OPC 二级阀清洗，更换密封圈。

（2）AST、OPC 一级电磁阀检测内泄、协作响应、发热。

（3）止回阀清洗检测内泄，更换密封圈。

（4）集成块清洗，更换所有密封圈。

（5）隔膜阀模片更换及动作压力整定。

（6）空气引导阀检测，更换密封圈。

（7）油控排气阀检测，更换密封圈。

（8）所有压力开关，整定值测试，不合格者更换。

（9）EH 油压力试验块检测，更换密封圈。

4. 管路系统

（1）低蓄能器检测压力、泄漏，若有不合格，更换密封圈或皮囊。

（2）管路系统探伤检测，若有不合格则补焊或更换。

（3）再生装置检测、清洗，更换密封圈和滤芯。

（4）管路系统耐压检测。

5. 系统恢复

略。

6. 系统静态调试

略。

7. DEH 联调

略。

第五节　EH 系统液压元件在线更换及注意事项

一、调换伺服阀的操作步骤

整个操作过程应注意清洁度，伺服阀周围要擦干净。此项工作建议有两人参加，防止差错。

（1）单侧进油的油动机（如 DEH）上的伺服阀（SF21、MOOG760185A 或 MOOGJ760 - 001）可以在线更换。

1）由 DEH 控制装置操作，使需更换伺服阀的油动机指令信号为零。

此时油动机可能关闭，也可能不会关闭。

2）拔下伺服阀的信号插头。

3）关闭油动机上的截止阀（SHV6.4）。

注意：一定要关紧。

4）应在弹簧作用下，缓慢关阀门。

注意：如果在10min之内阀门没有动，可以打开卸荷阀（DB－20）的手动卸荷，或给卸荷电磁阀通电使其动作。如果阀门还没有动，说明油动机活塞杆、阀门杆和操纵座组成的轴系有问题，可能已经卡死，不是伺服阀的问题。

5）阀门关到底后，拧松伺服阀的安装螺钉，观察余油，应该逐渐变小。

注意：如果余油一直较大或无变小的趋向，应拧紧安装螺钉，说明截止阀或止回阀有泄漏，应考虑停机停泵后检修伺服阀、止回阀或截止阀。

6）换上新的伺服阀及拧紧安装固定螺钉。

注意：检查底面O形圈有无缺少，弹簧垫圈有无遗失。

7）缓慢拧松截止阀，插上伺服阀插头并拧紧，通知DEH给伺服阀信号。阀门应能打开，控制自如，即可恢复正常工作。

（2）双侧进油油动机（如MEH）如果伺服阀（SF21A、MOOG760185A1或MOOGJ760－002）要更换，需停机换阀。

1）通知MEH，解除给伺服阀信号。

2）在蓄能器组件上，分别将三个截止阀拧紧，放开高压蓄能器的回油角式截止阀，将蓄能器内高压油全放掉。此时调节阀门不一定在关闭状态。

注意：关截止阀顺序为HP、DP和DV截止阀。

3）拔下伺服阀的信号插头。

4）拧松伺服阀的安装螺钉，观察余油应该逐渐变小。

注意：如果余油较大或是无变小趋势，应拧紧安装螺钉，说明截止阀或止回阀有泄漏，应考虑停泵后检修伺服阀、止回阀或截止阀。

5）换上新的伺服阀并拧紧安装固定螺钉。

注意：检查底面O形圈是否缺少，弹簧垫圈有无遗失。

6）拧上伺服阀插头。

7）将高压蓄能器回油角式截止阀拧紧，分别按顺序拧松DV、DP和HP。

注意：拧开HP截止阀时，要缓慢开，检查伺服阀是否漏油。

8）通知MEH给伺服阀通电。检查伺服阀工作是否正常。

（3）旁路系统使用的伺服阀（MOOG760185A 或 MOOGJ760 – 001）可以在线更换。步骤如下：

1）由旁路控制系统发出信号，给闭锁阀电磁阀通电，使闭锁阀闭锁，阀门保持原位置。

2）拧紧油动机集成块上的截止阀 SHV10。

注意：不要关油动机前面的球阀。

3）拔下伺服阀的信号插头。

4）拧松伺服阀的安装螺钉，观察余油应该逐渐变小。

注意：如果余油一直较大，或无变小的趋向，应拧紧安装螺钉，说明截止阀、止回阀有泄漏，应考虑停泵后检修伺服阀、止回阀或截止阀。

5）换上新的伺服阀并拧紧安装固定螺钉。

注意：检查底面 O 形圈是否缺少，弹簧垫圈有无遗失。

6）插上插头并拧紧，缓慢拧松截止阀，检查伺服阀有否泄油，正常后由旁路控制系统发出信号，给闭锁阀电磁阀断电，闭锁阀投入运行状态，阀门即投入闭环控制。

二、调换位移传感器

由于位移传感器一般都有两根，所以发现有一根损坏时，可把坏的一根的航空插头拔掉，等停机时再检修。如果两个都坏了，则必须在线更换。

对一般油动机，作如下操作：

（1）DEH 使该油动机的阀位指令为零。

（2）将该油动机的截止阀拧紧，阀门随之关闭。

（3）将位移传感器的航空插头拔掉，松开固定传感器的螺钉和拉杆上的螺母，换上新的传感器，并重新固定传感器，并插上航空插头。

注意：固定螺钉一定要拧紧。

（4）连接拉杆，并调正拉杆上的刻度与传感器端面对齐，这是初始零位。

（5）将截止阀打开，给伺服阀一个信号，使阀门全开，调整 DEH 装置中 VCC 卡的初始值和最大值。

注意：在此过程中，应根据具体实际情况考虑是否投功率回路。

（6）VCC 卡调整好后，即可闭环，检查阀位是否抖动。如有抖动，则需拔出 VCC 卡，用接长板在 VCC 卡中调振荡器频率。具体见"VCC 卡的更换与调整"章节。

（7）对于主汽门、中压主汽门或部分机组的中压调门，由于平时这些门均为全开，故更换 LVDT 时，应保持阀门（油动机）全开。

（8）将新更换的 LVDT 套筒固定，用手拉动 LVDT，根据原先油动机全开、全关位置，在 VCC 中粗调 LVDT 零位与满度，满足指示要求。调整完后，将 LVDT 杆也固定，即可将 LVDT 投入闭环。

三、卸荷阀的更换

从理论上说，机组卸荷阀均可在线调换。根据不同的油动机，共有三种不同的形式的卸荷阀，即 DB - 20 先导溢流阀、电磁换向卸荷阀和 DUMP 阀。

1. 故障的现象

一般都是伺服阀加上信号后油动机打不开阀门，或阀门开不到应有的开度。此时 VCC 卡 "S" 值很大。

2. 更换步骤

（1）DEH 该油动机指令信号调整为零。

（2）将该油动机的截止阀拧紧。

注意：一定要拧紧。

（3）油动机及阀门已关到底。

（4）松开安装固定卸荷阀的螺钉，观察余油应该逐渐变小。

注意：如果余油一直较大或无变小的趋向，应拧紧安装螺钉，说明截止阀或止回阀有泄漏，应考虑停泵后检修。

（5）更换卸荷阀（DB - 20 和电磁换向卸荷阀）及拧紧安装螺钉。注意检查底面 O 形圈有无缺少。

对于 DUMP 阀来说，由于是组合式的，所以如需更换，应与集成块一起更换。此时建议可先对 DUMP 阀的阀口、阀杆和节流孔等三处进行清洗。如果清洗还不能解决问题，则最好是停机检修。因为此时为中调单边进汽，并且更换集成块等时间较长，对汽轮机运行不利。

（6）打开截止阀，检查有无漏油。如正常，即可通知 DEH 给油动机指令，油动机应能正常工作。

四、油缸的更换

油缸的更换一般不建议在线更换，因为装拆本身就很麻烦，在线更换时阀门的温度很高，使在线更换更困难，尤其是大油缸，例如大型机组高、中压调节阀等。一般在 200MW 机组中，油缸较小，并且一般都有四个调门，关一个调门，负荷影响较小，相对来说在线更换条件好一点，但为保证安全，不建议在线更换。具体步骤如下：

（1）DEH 将故障油动机伺服阀信号指零。

（2）拔下伺服阀插头。

（3）关闭该伺服机构的进油截止阀。

注意：必须关紧。10min 后用手感觉一下与伺服机构相连的两根油管（HP 和 DP）与未关闭前应有明显的降温。

（4）根据现场情况做一个托架，托住集成块，以防拆卸油动机时损伤与油动机集成块相连的油管（到电厂时先做）。此外再准备一个接油盘。

（5）拆除位移传感器及其连线（可根据具体情况来定）。

（6）拆下油动机箱盖（可根据具体情况来定）。

（7）接上油盘，松开伺服阀的固定螺钉，可先取下对角的 2 个固定螺钉，然后慢慢松开另 2 个螺钉，直至有油从伺服阀下面流出停止松动螺钉，观察油流情况。

注意：若油流逐渐减少，说明进油截止阀关紧及各止回阀工作状况良好，可继续下一步工作，更换油动机。若油流没有减少趋势，说明进油截止阀或止回阀有泄漏，不能在线更换油动机及集成块上的各液压元件，应及时拧紧伺服阀的固定螺钉，争取停机更换。拧紧时注意伺服阀底面密封件情况。

（8）卸下油缸活塞杆与操纵座滑块的连接螺母。

（9）拆下油缸与集成块的 4 个连接螺钉。

（10）拆下油缸与操纵座的 4 个固定螺钉。

（11）卸下故障油动机，换上新油动机。

注意：油缸两端盖油孔 O 形圈是否装好，不可漏装。

（12）按拆下的相反步骤复原所有零部件。

（13）插上伺服阀插头，逐步打开进油截止阀。

注意：检查安装面的渗漏情况。

（14）若情况良好，可通知 DEH 使该汽门投入工作。

五、主油泵的在线更换

如果停一台泵后，另一台泵可正常运行，则建议停机时再检修。

（1）主油泵故障主要有：外泄漏大；压力调整器坏，使系统压力升到 17MPa；系统压力抖动。

（2）开启备份油泵，投入正常运行，停止事故泵运行。运行人员使油泵联锁开关处于"切除"状态。

注意：检查事故油泵停运后，系统事故现象是否消失。若不消失，则说明不是主油泵问题，要寻找其他原因。

（3）去除事故油泵的电源。

（4）关闭事故油泵吸油管道上的柱阀，与油箱隔离。关闭油箱顶上集成块上事故油泵一路的出口截止阀，与高压系统隔离。

注意：此柱阀和截止阀绝对不能关错，否则将造成运行油泵的损坏而停机。同时，旁边一台泵正在运行，所以要注意人身安全。

（5）拧松泄油管进油箱处的管接头，防止油箱虹吸倒流，拧松事故油泵的吸油、出油和泄油管接头。

（6）拧松联轴器与油泵轴上的止动螺钉。

（7）松开固定油泵的螺钉，取出事故油泵。

（8）换上新油泵，拧紧固定螺钉和止动螺钉。在泄油口处灌进干净的抗燃油。

（9）连接所有的管接头，打开柱阀和集成块上的截止阀。

（10）用手应能盘动联轴器。启动前盘动联轴器5min左右，让泵内充满抗燃油。

（11）通知运行送电准备启动油泵。

（12）先将调整压力的螺钉松两圈（生产厂家出厂时按最高压力调整，其值约为20.0MPa），将调整压力值下降一些。

（13）运行人员开泵，此时两个泵同时运行，观察新泵的输出压力，调整压力至14MPa左右。

注意：如果发现新泵系统压力已超过14MPa，则迅速将其调低到14MPa。

（14）运行人员关原运行泵，再微调系统压力到14.5MPa，然后锁紧调整螺钉。

（15）正常后，运行人员将泵联锁开关转至"联锁"状态。

六、高压蓄能器的在线更换

一般来说，供油装置液位计上的液位高度比正常时低2cm以上，就要考虑蓄能器漏气的问题（当然要排除系统上有外泄漏）。要确定哪一个蓄能器漏气，就必须用专用测试工具测试（测试时将蓄能器进油阀关死，打开旁路截止阀，接通无压力管放油）。

注意：蓄能器更换前，必须用专用测压工具重新测一次，如确实无压力，则可以拧下充气阀，再次确定囊中已无气压，然后可以更换蓄能器。

其结构如图8-10所示，具体操作步骤如下：

（1）将进入蓄能器进油的截止阀（或球阀）关死，打开旁路截止阀，将蓄能器中余压余油放清，然后再将旁路截止阀关死。

（2）松开螺母，将蓄能器从支架上移到平地上，平卧在地上。

（3）松开装在蓄能器上的不锈钢接头。

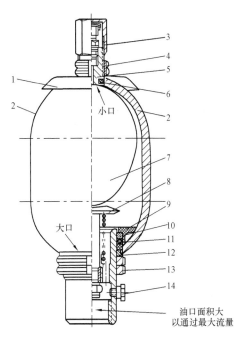

图 8 – 10　囊式蓄能器结构示意

1—铭牌；2—壳体；3—充气阀；4—螺母 A；5—充气阀座与皮囊模压成一体；
6—O 形橡胶圈 m；7—皮囊；8—菌形阀；9—橡胶托；10—支承环；
11—O 形圈 n 挡圈；12—衬套环；13—紧形螺母 B；
14—螺堵（系统放气用）

（4）拧下螺堵（有些蓄能器已取消）、拧松并取下，紧螺母 A 和 B，轻轻敲一下衬套环，并取下。

（5）将菌形阀推进壳体内。

（6）取下 O 形圈、挡圈和支承环，并取出（注意有方向）。

（7）取出胶托和菌形阀。

（8）拉出胶囊。

（9）用酒精清洗新胶囊外表面。

（10）将胶囊装入壳体内，注意检查充气阀座上有无 O 形圈（m），充气阀座从壳体小口拉，并用并紧螺母 A 固定。

（11）装入菌形阀、胶衬和支承环（注意：支承环应装在胶衬相应的位置）。

（12）将菌形阀拉出，胶托、支承环刚好封死壳体大口。

（13）在缝内装入 O 形圈（n）和挡圈，并上衬套环。

（14）分别装上并紧螺母 B，在充气阀座上装上充气阀，注意紫铜垫片的清洁度、平直度。

（15）装上螺堵（注意紫铜垫片的清洁度、平直度）。

（16）充氮气，开始时要缓慢地充，注意菌形阀应极慢地向外移动，检查有无漏点。按规定压力充气，高压的是（9.0±0.2）MPa。

（17）装上接头，安装在支架上，再将螺母和接头拧紧。

（18）关死旁路截止阀，缓慢打开进油截止阀，当听到有嘶嘶进油声时就停止，让高压油缓慢进入蓄能器。

七、滤芯的在线更换

1. 油动机上滤芯的更换

油动机上滤芯的更换与调换伺服阀一样，即把油动机上进油截止阀拧死，阀门逐渐关下来，当阀门关到底后，即可把滤芯外面的滤器盖拧下来，然后可以将滤芯拔下来。滤芯与芯套是孔配合，无螺纹配合。

注意：拆滤芯时不可逆时针转动滤芯，否则可能会将芯套拧松退出来，滤芯装不到头位滤器盖就装不到位，会漏油。

2. 供油装置上滤芯的在线更换

（1）主油泵吸油滤芯、出口滤芯的更换。当主油泵出口滤芯（EH30.00.03）由于滤芯堵使压差开关报警时，需更换滤芯，一般在更换出口滤芯时，吸油滤芯也应同时更换。步骤如下：

1）启动备份油泵，停止原工作油泵，暂时切除联锁开关，停电源。

2）将油箱下面吸油滤器上游的柱阀关死，在油箱顶盖上集成块组件上关死出口截止阀。

注意：柱阀和截止阀不要弄错，不能将运行泵的柱阀和截止阀关死。截止阀是细牙螺纹，关死一般要拧 15 圈以上，开时也要拧 15 圈以上。

3）将出口滤芯盖拧开，将滤芯拔出来，取出其中 O 形圈 $\phi 25 \times 1.8$，放入新的滤芯中，将滤芯重新装入，然后将滤芯盖装好。

4）拧开吸油滤器盖，将吸油滤芯（WUl60×100-J）逆时针方向拧出，换上新的滤芯，再将滤器盖复装好。

注意：此滤芯是螺纹连接，所以需逆时针方向退，装滤芯时是顺时针方向拧。

5）打开柱阀，再拧开集成块上的截止阀，因为是细牙螺纹，所以要拧开 15 圈。

6）集控室操作人员接上此泵电源。

7）在现场与集控室用对讲机联系，启动此泵，观察有无漏油，如无漏油，即可关掉任何一台主油泵。

注意：启动此泵后，先观察有无漏油，如漏油即停泵，如不漏油，即可关任何一台泵。

（2）回油滤芯的在线更换。

当63/PR压力开关报警，说明回油滤芯堵了，回油压力增大，此时应该更换这滤芯。

注意：机组正常运行时，油箱油温低于25℃时，由于抗燃油的黏度较大，可能会引起滤芯阻力较大。当油箱油温大于30℃时，63/PR压力开关还报警，则肯定要换滤芯。

具体更换步骤如下：

1）将回油滤器上的进油截止阀关死。

注意：因为是细牙螺纹，所以拧紧圈数较多一定要关死，滤芯更换完成后打开时，也要全打开。

2）将滤器盖上的螺钉拧下来，拆下盖，拧出螺纹压圈，然后拔出内盖。

注意：内盖因为有O形圈，所以较紧，内盖上有两个螺纹工艺孔，可装上螺钉，作为拔的把手。

3）取出旧滤油器，换上新滤油器。

注意：取出时，最好要有两个人，因为滤器里充满油，有一定重量，拉一半后，待剩油下来一些后再取出，防止滤芯再度滑入筒内。

4）装上内盖、螺纹压圈和盖，拧上螺钉，打开截止阀。

（3）精滤芯的更换。精滤芯在滤油回路内，只要将滤油泵停止，随时可以更换，方法与回油滤芯相似。

八、不可在线更换的部件

下列部件出现故障必须停机停泵后检修，不能在线更换：止回阀（安全油止回阀和回油止回阀），截止阀，AST电磁阀、OPC电磁阀，隔膜阀，空气引导阀。

第六节 PV29变量泵压力的整定方法

1. PV29变量泵压力的整定

（1）换上新泵后，泵内要加满抗燃油。加油方法：泵上面有一大外六角螺钉，拧松拿掉即可，装上泄油接头，然后往孔内加油，加满为止，再将接管接上。

（2）开泵通油，调整泵压力，先将调整螺钉拧松，使压力逐步下降，当压力到 0MPa 时，再拧紧螺钉使压力逐步上升，当压力上升到 17MPa 时不再上升了（此时 DB10 溢流阀作用），然后逐步将压力降到 15MPa，再拧紧泵调整螺钉即可。

2. DB10 溢流阀的整定

（1）将 DB10 阀杆拧紧，再将泵调整螺钉拧松，使压力逐步下降，当压力到 0MPa 时，再拧紧螺钉使压力逐步上升，当压力上升到 20MPa，此时再拧松 DB10 溢流阀阀杆，当系统压力回到 17MPa 时，再拧紧 DB10 阀杆。

（2）将泵调整螺钉拧松，使压力逐步下降，当压力到 0MPa 时，再拧紧螺钉使压力逐步上升，当压力上升到 17MPa 时再不往上升了，然后逐步将压力降到 15MPa，再拧紧泵调整螺钉即可。

第七节　EH系统故障处理

EH 系统故障处理方法见表 8-1。

表 8-1　　　　　　　　EH 系统故障处理

序号	故障部件名称	故障现象	测试方法和结果	产生故障的原因	处理方法
1	MOOG760A185A 或 SF21 电液伺服阀（给水泵汽轮机使用的伺服阀为 MOOG760A1 85A1 或 SF21A） 注意：MOOG760A185A 或 SF21 与 MOOG760A1 85A1 或 SF21A 不能通用，因为机械偏置刚好相反	油缸活塞处于全开或全关阀门位置，不受系统指令控制	把伺服回路开环，用伺服阀测试仪或干电池给伺服阀 ±40mA 的信号，此时活塞杆应能上下运动。如果活塞杆不能运动，说明伺服阀已失去控制作用	伺服阀堵死，检查油的清洁度是否符合下列标准：NAS 为 5 级；或 SAE 为 2 级	调换新阀

序号	故障部件名称	故障现象	测试方法和结果	产生故障的原因	处理方法
1	MOOG760A185A 或 SF21 电液伺服阀（给水泵汽轮机使用的伺服阀为 MOOG760A1 85A1 或 SF21A）注意：MOOG760A185A 或 SF21 与 MOOG760A1 85A1 或 SF21A 不能通用，因为机械偏置刚好相反	伺服系统闭环时"S"值为一负值，或计算伺服回路开环时，执行机构把阀门全开	此时用伺服阀测试仪或电池给伺服阀以电流信号，伺服阀能使活塞杆上下运动。但当信号为零时，油缸会把阀门打开	伺服阀机械偏置太小或是偏置方向反了（一般 ±10mA 应能换向）。	调换新阀
2	位移传感器（LVD 下）	对于大型机组来说，活塞杆运动时，位移传感器输出信号不变，为 3～4mA（TV 和 GV）	用电压表测 LVD 下输出端子电压，应是有变化信号输出，否则故障	位移传感器的传感头中，由于工艺疏忽，销钉没有打，拉杆与铁芯连接螺纹在振动情况下脱开，所以拉杆虽动作，铁芯却没有动，故无输出	调换新的 LVDT
		给水泵汽轮机调门伺服机构开不出	用电压表测 LVDT 输出端子上的电流为 20mA 以上，且输出与拉杆位置无关	由于给水泵汽轮机的安装初始零位与汽轮机不一样，当铁芯掉下来后输出就为最大值	

序号	故障部件名称	故障现象	测试方法和结果	产生故障的原因	处理方法
2	位移传感器（LVD下）	油缸活塞有抖动现象（抖动频率有快、有慢）	测量两只 LVDT 的调制信号频率是否接近	因 LVDT 靠近一起，有差拍现象，故引起抖动	人为调整频率，增大两只 LVDT 的频率差
			用万用表测量传感器线圈与壳体之间的电阻，应是不导通的	如果线圈与壳体相通，就有干扰信号	如果线圈正常，将接壳处隔开即可
3	蓄能器胶囊	供油装置油位变低（没有外泄漏的条件下）	测蓄能器充气压力应为：高压不低于（8.7±0.5）MPa，低压不低于（0.21±0.05）MPa 注意：低压蓄能器只能在 EH 系统停泵时测，要测高压蓄能器充气压力时，先要把大截止阀（高压油输入输出开关）关死，小截止阀打开，然后才能测	胶囊破裂（个别有充气嘴漏气，此时充气压力可能只是低一点，而不是几乎为零，此时就要用肥皂水检查充气嘴是否漏气），如漏气，则需重新拧紧一下充气嘴使其不漏气	换新胶囊
4	直角单向阀	备用泵倒转	把备用泵一路的截止阀关死备用泵就不转，说明这一路的单向阀失灵	垃圾卡	清洗或换新阀

第二篇 汽轮机调节、保安和油系统设备检修

序号	故障部件名称	故障现象	测试方法和结果	产生故障的原因	处理方法
5	再热调门伺服机构上DUMP阀	伺服阀加上信号后，伺服机构打不开阀门或阀门开不到应有开度，此时流经伺服阀的流量随信号变化。如果是闭环控制时，指令信号很大，此时伺服阀的流量也很大，油温亦很高	在油缸下部装一压力表，当伺服回路开环伺服阀输入较大电流（超过10mA）时，压力表就为12.0MPa以上，压力达不到此值说明DUMP漏油。当伺服回路闭环工作时，指令在开度最大时，压力表压力应为6.5MPa以上	DUMP阀漏油	（1）如有条件和时间，可以清洗DUMP阀阀口、阀杆和节流孔；（2）在汽轮机启动时，当发现中调开不出时，可以用该机构上的电磁换向阀，清洗阀口上的垃圾，使DUMP阀能关死而不漏油；（3）调换集成块组件（包括DUMP阀）
6	止回阀（回油止回阀、安全油止回阀）	在线更换伺服阀时，油从回油孔中不断涌出。在线更换DB20卸荷阀时，油从安全油中不断涌出。OPC或AST或油压低于致使伺服机构开阀门时不能开足	（1）目测；（2）在电磁阀组件上临时安装压力表，观察压力是否正常，OPC和AST压力正常应为14MPa	止回阀漏油	清洗（必须先停泵）止回阀，阀口加一点油，看看在弹簧作用下，阀口有无泄漏。如有泄漏，则须再进一步处理，检查阀口有无损坏、有无毛刺等

第八章 汽轮机数字电液控制系统DEH

序号	故障部件名称	故障现象	测试方法和结果	产生故障的原因	处理方法
7	油缸	油缸活塞上有划痕和拉伤条痕	目测	（1）垃圾进入； （2）有侧向力与安装有关	当划痕、拉伤不很严重，并且没有渗油时，应作为一个问题加以观察，看有无继续和加深程度的现象；同时对可能存在垃圾的地方进行检查，如支架及铜衬套
		活塞杆处有漏油现象	目测	当活塞杆严重拉伤把油缸头部的密封圈切坏时，活塞杆处就有漏油现象	（1）调换油缸； （2）如果没有油缸调换，作为应急措施可以解体油缸，调换密封圈
8	油泵	漏油	目测	泵壳体出现裂缝，密封圈坏或轴封渗油	换新泵、换密封圈
9	压力表	压力表指针被打松，指针不动或已移位，不能反映压力值	目测	压力脉冲大，使指针套与小轴松动脱开	送热工检修
10	隔膜阀	隔膜片破而漏油	目测	润滑油压过高，膜片老化	检查润滑油系统的溢流阀工作是否正常

序号	故障部件名称	故障现象	测试方法和结果	产生故障的原因	处理方法
11	电磁换向阀（给水泵汽轮机主汽门执行机构上安装）	执行机构里有较大流量的内泄漏声，并且表面温度较高	手摸、耳听，然后用万用表测量电磁铁线圈	电磁阀中"关"的一只电磁铁已坏	换新阀，这种现象在开机时不大会发生，主要是停机时电磁铁常通电线圈已被烧坏但一直未被发现，对开机又没什么影响

提示 第一～三节适合初级工使用。第四～六节适合中级工使用。第七节适合高级工使用。

第九章

保安油系统检修

为了保证汽轮机设备安全运行，防止设备损坏事故发生，除调节系统动作正确、可靠外，还必须设置一些必要的保护装置，以便在汽轮机遇到调节系统失灵或其他异常事故时，能及时动作，切断汽轮机的进汽，迅速停机。保护装置必须特别可靠，特别是大功率汽轮机组，对保护装置的可靠性要求更高。

汽轮机保安系统由主汽门、超速保护装置、轴向位移保护装置、低油压保护装置、低真空保护装置、抽汽止回阀液压自动关闭机构、防止保安部套卡涩的保护装置、轴承及推力轴承油温保护装置等组成。

第一节　危急遮断系统

一、危急遮断系统构成

危急遮断系统（ETS）用来监视汽轮机的某些参数，当这些参数超过其运行限制值时，系统就立即关闭汽轮机的全部进汽阀门，使汽轮机停机。有关机械部套均安装在前轴承座内或两侧，如图9-1所示。

该系统由机械部分和电气部分组成，机械部分包括1个装有遮断电磁阀的危急遮断控制块，3个装有压力开关和试验电磁阀的试验遮断块，转子位移传感器、转速传感器；电气部分包括1个装有电子硬件的电气控制柜和1个遥控试验操作盘。

图9-2所示为危急遮断系统方框图。

在正常情况下，与机械超速遮断系统相联系的隔膜阀，在该系统的压力油作用下保持关闭状态。若机械超速遮断动作，则该压力油的油压即消失，隔膜阀就打开。由于自动停机总管压力油与回油相通，因此汽轮机就停机。

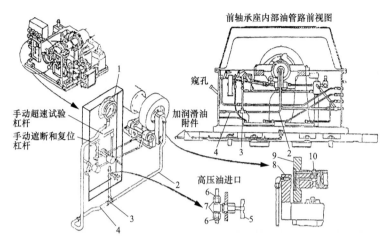

图 9 - 1　危急遮断系统布置

1—压力表；2—管路组件；3—T 形管接；4—管路组件；
5—试验阀；6—管接头；7—管接头；8—喷嘴；
9—转子盘；10—危急遮断器飞锤

另外，还有汽轮机监测仪表（TSI）装置用以保护汽轮机的安全运行。

二、危急遮断控制块

危急遮断控制块的原理及结构如图 9 - 3 和图 9 - 4 所示。

危急遮断控制块装于汽轮机前轴承座的侧面，其主要功能是在危急遮断控制柜与自动停机（主汽阀和再热主汽阀）和超速保护控制（调节汽阀和再热调节汽阀）的母管间提供接口。

它的主要元件为控制块，以及 2 只超速保护控制（OPC）电磁阀、4 只自动停机遮断（AST）电磁阀和 2 只止回阀。所有电磁门都安装在控制块上，从而构成危急跳闸箱的整体结构，它为 AST 和 OPC 母管提供接口，这种组合结构因大大简化外部连接管道而提高了整体的可靠性。

电磁阀结构如图 9 - 5 所示，均为 2 位 2 通。OPC 电磁阀与 AST 电磁阀均为先导型，其区别是：OPC 电磁阀是由内部供油控制的，而 AST 电磁阀则由高压油路来的外部供油控制；OPC 电磁铁为直流电磁铁，AST 电磁铁为交流电磁铁；OPC 电磁阀与 AST 电磁阀的阀体结构相同，仅需调整内部节流孔的安装位置，将 OPC 电磁阀调整为常闭型，即失电关闭，而将 AST 电磁阀调整为常开型，即失电打开。

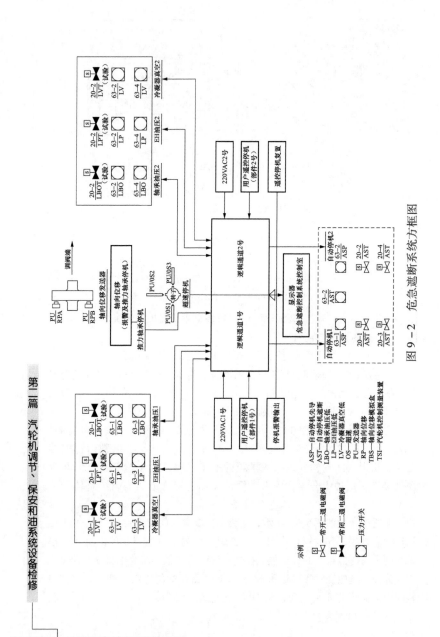

图 9 - 2 危急遮断系统方框图

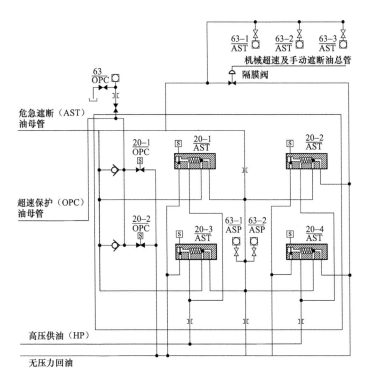

图 9 - 3 危急遮断控制块原理

当自动停机遮断电磁阀（20/AST）被励磁关闭时，自动停机危急遮断总管中的压力就建立。为了试验目的，这些电磁阀被布置成双通道。以奇数标号的一对相应为通道 1；而以偶数标号的一对相应为通道 2。这个规定适用于整个危急遮断系统中，以标明所有的设备。也就是说，通道 1 的所有设备是以奇数标号的，而通道 2 的所有设备是以偶数标号的。1 个通道中的任何 1 只电磁阀打开都将使该通道遮断。如图 9 - 2 所示可知，在自动停机遮断总管压力骤跌以关闭汽轮机的蒸汽进汽阀门前，两个通道一定都要遮断。

1. 超速保护 OPC 电磁阀

2 只 OPC 电磁阀对辅助调速器来的脉冲信号起反应，该电磁阀受 DEH 控制系统的 OPC 系统所控制，且采用并联布置。正常运行时，2 个电磁阀处于关闭状态，因而切断了 OPC 母管的泄油通道，使高、中压调

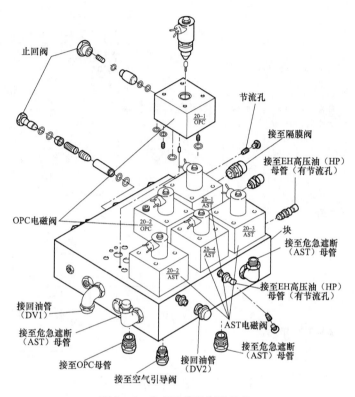

图 9-4　危急遮断控制块结构

节汽门油动机的活塞下腔建立起油压。

一旦发生高负荷（超过30％）时发电机油开关跳闸，或者当机组转速超速到额定值的103％时，则DEH将输出1个控制信号激励电磁阀，将高压调节汽阀与再热调节汽阀的危急遮断油总管来的高压遮断油快速泄放到回油管，使高压调节汽阀与再热调节汽阀也就迅速关闭。

止回阀将保持主汽阀和再热主汽阀的自动停机遮断总管中的油压，使这些阀门保持开启状态。系统中提供2只"OPC"电磁阀作为双重保护，以防止当1只电磁阀失效而产生事故。

2. 自动停机危急跳闸AST电磁阀

4只自动停机电磁阀（20/AST）均为两级动作阀，其第1级动作为正常通电时关闭堵住回油通道，高压油在第2级滑阀上产生1个不平衡力，

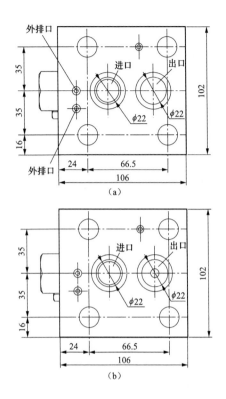

图 9 - 5 AST 和 OPC 电磁阀结构
(a) AST 电磁阀；(b) OPC 电磁阀

该力保持滑阀压在阀座上，这将堵住 AST 危急遮断母管到回油的油流，使机组各阀油动机活塞下能建立油压。由于电磁阀打开，高压油在第 2 级滑阀后提供的不平衡力就随之消失，因此滑阀就开启，将 AST 危急遮断母管的高压油泄去，则汽轮机就停机。

AST 电磁阀分为两个通道：通道 1 包括 20 - 1/AST 与 20 - 3/AST，而通道 2 则包括 20 - 2/AST 与 20 - 4/AST。每一个通道由在危急遮断系统控制柜中各自的继电器保持供电。危急遮断系统的作用为：在传感器指明汽轮机的任一变量处于遮断水平时，开启所有的 AST 电磁阀，以使机组停机。系统设计成两个相同独立通道的目的是为了使误动作的可能性减至最少。在汽轮机运行时，每一通道可以单独地进行在线试验，而不会产生遮断或在实际需要遮断时拒动。在试验时，通道的电源是隔离的，所以一次只能试验一个通道。如果通道 1 中阀 20 – 1/AST 动作，允许 AST 母管油流经过，但通道 2 中另外两只电磁阀（20 – 2/AST、20 – 4/AST）仍然堵塞着回油通路。

DEH 来的甩负荷信号，使调节汽阀及再热调节汽阀关闭，随之，汽轮机转速降低，当汽轮机速度稍稍降低后（小于 103%），又将切断电源，电磁阀关闭。DEH 就这样用调节汽阀来调节汽轮机的转速，使其接近于同步转速，然后将机组同步并网带负荷。两只压力开关（63 – 1/ASP，63 – 2/ASP）是用来监视供油压力的，因而可监视每一个通道的状态，而另三只（63 – 1/AST、63 – 2/AST、63 – 3/AST）是用来监视汽轮机的状态（复置或遮断）的。

三、推力轴承遮断

轴向位移传感器是汽轮机监测仪表装置的一部分，它监测位于推力盘附近轴上的 1 只圆盘的位移。推力盘的任一轴向位移也必然反映在圆盘的位移上。该圆盘的过量的位移表示推力轴承的磨损。假如有过量的位移发生，那么汽轮机监测仪表组件中的继电器接点就闭合，使汽轮机停机。

推力轴承遮断装置包括汽轮机监测仪表（TSI）系统部分的 4 只轴向位移传感器。轴向位移传感器用来测量转子向调速器侧和发电机侧两个方向的轴向位移。转子正常的轴向位移是由推力轴承间推力轴承的推力瓦块的磨损来决定的。TSI 将报警和位移增加到第 2 个预定值，表示转动和静子部件即将接触。此时，TSI 将通过灯光和遮断触点显示转子位移已达遮断状态，同时通过继电器遮断触点由危急遮断系统（ETS）遮断汽轮机。

推力轴承遮断系统由相同的两个通道组成，每一对轴向位移传感器（由同一安装板上的相邻两只传感器组成一对）通过附近的前置器来与两个相同的 TSI 轴向位移监控器之一相连接（轴向位移 1 号和轴向位移 2 号）。如果任何一个轴向位移传感器测得位移值超过报警位移值，即可通过灯光和警报继电器触点发生警报。然而，要发出遮断警报并通过 ETS 遮断汽轮机，就必须有一对中的两只传感器所测得的轴向位移超过遮断位移（2/2）逻辑。因此，单个或有缺陷的轴向位移传感器将不会引起误动作而遮断汽轮机。如果 ETS 在正常（不是试验）工作，无论轴向位移 1 号继电器还是轴向位移 2 号继电器动作，均将引起汽轮机遮断。另外，推力轴承遮断装置具有试验整个推力轴承遮断系统通道 1 和通道 2 的能力。

在正常运行时，间隙保持相对不变。如果推力轴承瓦块磨损，则会引起转子向调速器侧或发电机侧轴向移动，改变了传感器线圈电极表面和联轴器指示盘间的间隔。所产生的磁阻变化将引起 TSI 中轴向位移 1 号的一只继电器和 2 号的一只继电器通电，于是自动停机遮断通道 1 和通道 2 泄压，使汽轮机遮断。

四、机械超速遮断

危急遮断系统还有一套机械超速遮断装置，它机械式和电气式超速遮断两者整定在相同的遮断转速。由位于转子外伸轴上一个横穿孔中的受弹簧载荷的遮断重锤所组成。

机械超速遮断系统是汽轮机的另一套安全保障系统，除 ETS 系统的所有遮断指令均送到 AST 电磁阀，由危急遮断控制块来泄去 AST 油压实行停机以外，机组还设置了一套飞锤式机械超速保护机构，可以在汽轮机意外超速时，通过泄去隔膜阀的控制油压（即低压安全油压）来泄去 AST 油压实行停机；另外还设置了一套手动装置，可以通过操作手柄泄去隔膜阀的控制油压（即低压安全油压）来泄去 AST 油压实行停机。这种泄去隔膜阀的控制油压的方式都不受电信号（ETS 停机信号）的影响而能直接遮断汽轮机。

整个系统可大致分为低压安全油供油系统、危急遮断器、超速遮断机构、超速遮断阀复位装置、超速遮断机构校验装置和综合安全装置等主要部分。低压安全油供油系统借用机组主油泵（润滑油泵）出口高压油源（压力约为 2MPa），经节流减压和溢流阀稳压形成安全油压；危急遮断器即飞锤；超速遮断机构包括碰钩、遮断滑阀、试验滑阀、手动试验杠杆和手动遮断和复位杠杆等；超速遮断阀复位装置包括一个气缸和一个电磁阀等元件；超速遮断机构校验装置用于对危急遮断器进行喷油试验等；综合安全装置则是一次信号的测取接口和试验功能块。低压安全油供油系统属于润滑油系统，以下不作介绍。

1. 危急遮断器

危急遮断器由弹簧定位螺圈、飞锤、飞锤弹簧、平衡块和危急遮断器体等零件组成，如图 9-6 所示。它安装在转子的延伸端上，飞锤的重心与汽轮机轴线有偏心，这样，转子转动后带动危急遮断器转动，飞锤因偏心而产生离心力。在额定转速运行时，由于飞锤的离心力小于弹簧的预压缩力，因此飞锤不能击出。当机组超过额定转速的 9%~11% 时，飞锤产生的离心力克服弹簧的预压缩力而击出，作用于危急遮断油门拉钩，使危急遮断油门动作，泄去危急遮断油，隔膜阀动作，打开 EH 供油系统泄油口，使 EH 系统的抗燃油压降低，迫使主汽阀、调节汽阀关闭。

该危急遮断器还可以用喷油来进行在线试验（即机组运行时进行试验）。弹簧保持环每旋转一圈，其动作转速变化 330r/min 左右。

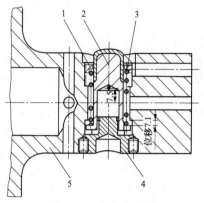

图 9 - 6 危急遮断器

1—弹簧定位螺圈；2—飞锤；3—飞锤弹簧；4—平衡组块；5—危急遮断器体

2. 超速遮断机构

（1）组成及原理。

超速遮断机构组成如图 9 - 7 所示，其原理如图 9 - 8 所示。在汽轮机转速超过额定转速 10% ~ 12% （即 3300 ~ 3360r/min） 时，能自动动作，切断所有进入汽轮机的汽流。

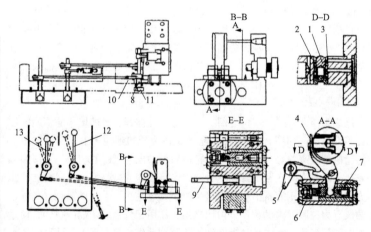

图 9 - 7 超速遮断机构

1—飞锤；2—飞锤弹簧；3—弹簧定位螺圈；4—碰钩；5—遮断杠杆连杆；6—蝶阀；
7—遮断滑阀；8—扭弹簧；9—试验滑阀；10—锁环；11—定位销；12—手动
试验杠杆；13—手动遮断与复位杠杆

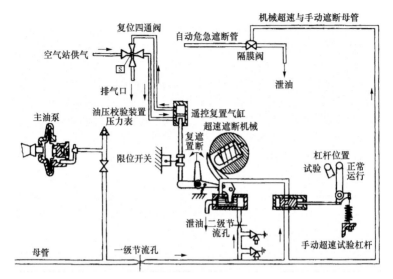

图 9 - 8　机械超速遮断机构原理

　　机组正常运行时，危急遮断器的飞锤由弹簧和弹簧定位圈将其保持在内侧位置上，当汽轮机转速超过额定转速 10%～12% 时，增加的离心力就会克服弹簧的压力，使飞锤向外击出（即危急遮断器动作）。飞锤在外侧位置撞击碰钩，引起碰钩绕轴旋转，这就推动了遮断滑阀向盖板方向移动，蝶阀离开阀座，因而将机械超速与手动遮断总管中的油经过阀座中的孔排出。手动遮断与复位杠杆就移到遮断位置。

　　当机械超速与手动遮断总管中的油压消失时，隔膜阀就打开，排出自动遮断总管（AST）中的 EH 油，这就可使所有蒸汽汽阀关闭。

　　（2）超速遮断试验。

　　超速遮断机构应定期作汽轮机超速试验，仅作手动遮断装置的试验是不够的，因为这样仅仅试了遮断连杆部分，而未试验飞锤装置。超速试验可在任何时间进行，只要不超过汽轮机运行极限值。

　　在试验超速遮断机构时，当转速缓慢地升到遮断值时，应密切注视汽轮机转速。在做试验时，一个司机应站在手动遮断杠杆旁边，如果在转速达到汽轮机控制整定值说明中所规定的大约超速 11% 的数值而不能自动遮断时，则应立即手动遮断。如果超速遮断机构动作性能不符合要求，则应立即停机，对机构作全面检查，以确信飞锤与其本体无卡涩。检查后，再次作超速试验，如果仍然不能击出，则可能是弹簧压缩量过大，以致飞锤不能在正确转速下击出。

为了改变飞锤弹簧的调整值，应拆下锁环，拉出定位销。把飞锤弹簧定位螺圈退出一定角度，以减少弹簧的压力。然后，重新装配定位销，使其插入飞锤弹簧定位螺圈的缺口中，并用锁环固定。将飞锤弹簧定位螺圈移过 1 只缺口，将改变 1800r/min 的汽轮机击出转速 9r/min，3000r/min 的汽轮机约 40r/min，3600r/min 的汽轮机约 50r/min。

如果机组在比汽轮机控制整定值说明中所给定的转速低时遮断，则飞锤弹簧定位螺圈应被拧紧一角度，并再次锁紧。

对飞锤弹簧作任何调节后，均应重作超速试验。

3. 压力油校验装置

试验阀装于汽轮机轴承座前侧，当它开启时，可让机械超速与手动遮断总管中的油流入危急遮断器体端部加工出的槽道中，在飞锤内建立起油压，推动飞锤击出，直至撞击碰钩，模拟超速遮断油压可由一手动试验阀来调节，并通过压力表观察使超速遮断装置动作时所需要的油压。将这些压力与以前的压力比较，就可以决定超速遮断机构的动作是否正常。该装置的详细说明，见"超速遮断机构校验装置"。

4. 超速遮断阀遥控复位装置

图 9-9 所示为超速遮断阀遥控复位装置，它能在远距离处将超速遮断滑阀复位。

该装置由气缸构成。气缸两端设有缓冲装置，用 2 位 4 通道电磁阀控制气缸的进气。气缸装于用螺钉紧固在前轴承座壁的支架上，使气缸活塞端的连杆与用销钉固定于超速遮断机构"复位 - 遮断"手柄轴上的杠杆接触。

在将超速遮断滑阀复位之前，电磁阀是切断的，连杆在"正常"位置，"复位 - 遮断"手柄处于遮断位置。

为了使超速遮断滑阀复位，电磁阀通电，使气缸的一端进气，另一端排大气。当空气进入气缸时，推动活塞与连杆，而使杠杆旋转，并关闭超速遮断滑阀。限位开关的动作，说明气缸活塞已达到其行程的终点。在活塞到达程的终点后，超速遮断滑阀即复位，随后电磁阀切断电源，空气进入气缸另一端，使活塞返回，连杆到达实线所示位置。"复位 - 遮断"手柄也回到"正常"位置，只要滑阀仍旧关闭，手柄就会保持在该位置上不变。

超速遮断总管也能手动遮断，即用手将装于轴承座侧的手动遮断和复位杠杆从"正常"位置推到"遮断"位置。该动作可使复位连杆推动碰钩旋转，其动作与结果和飞锤撞击时相同。

在超速遮断机构已经遮断后，必须用手推动手动遮断和复位杠杆至"复位"位置，这样才能使其复位，然而它必须等转子降速到飞锤回复到正常位置后才可实现。

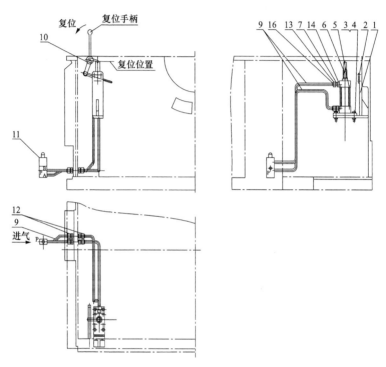

图 9 – 9　超速遮断阀遥控复位装置

1—支架；2—螺钉；3—螺钉；4—螺母；5—汽缸；6—轴；7、16—管接头；
8—销；9—钢管；10—杠杆；11—电磁阀；12—管接头；13—螺母；
14—垫片；15—密封薄膜

5. 超速遮断机构校验装置

超速遮断机构校验装置是能在汽轮机不超速时进行超速遮断机构试验的装置。该装置利用从机械超速与手动遮断总管中来的高压油，推动超速飞锤，压缩弹簧，直至飞锤撞击碰钩，模拟一次实际的超速遮断动作。将超速遮断机构动作时的油压与以前的试验油压作比较，就可判断出超速遮断机构的动作是否正常。

该试验可以在机组不从电网解列或卸去负荷时进行。在整个试验过程中，超速遮断机构的"试验"杠杆应始终放在"试验"位置上。如果不这样操作，则会引起汽轮机遮断。在试验时，汽轮机必须确实在额定转速下运行，只有这样，才能获得可以比较的读数。

装于轴端中心线上的组块内的试验喷嘴与高压油管相连。喷嘴与危急遮断器体部钻孔直接对准，所以当试验阀打开时，超速飞锤内即建立起油压。该油压由试验阀的供油量来调整，并且由油压表记录下来。为了获得精确的压力读数，超速飞锤内的压力必须缓慢地建立，即试验阀应逐渐打开。

注意：在整个试验过程中，必须保持（用手推住）试验杠杆在试验位置上。

当在超速飞锤内建立起足够的油压时，飞锤飞出，撞击碰钩，模拟超速遮断动作，"复位"杠杆将移向"遮断"位置。此时，注意油压并关闭试验阀。推动"复位"杠杆到"复位"位置并逐渐放松，如果"复位"杠杆不回复到"正常"位置，而是回复到"遮断"位置，就需检查确证试验阀已完全关闭，然后再推动"复位"杠杆到"复位"位置，并逐渐放松；如果"复位"杠杆回复到"正常"位置，就可结束试验。放松"试验"杠杆。

在超速遮断机构已正确调整到所规定的转速时，超速遮断机构的性能即可如以上所述那样进行校验，动作油压应记录下来作为今后的参考，如果以后试验时，超速遮断机构动作时所需要的油压与原始记录一样，即可以认为机构的功能是正常的。

6. 综合安全装置

综合安全装置试验时，2 个试验电磁阀是电路互锁的，不会在试验时同时打开，2 个手动试验阀应注意不可在开机时同时打开，避免造成停机。在打开一个电磁阀或手动试验阀时，该路压力表和压力开关将接收到油压低（或真空低）信号，但因与母管之间有节流孔隔离，故不会影响母管压力，从而达到试验的目的。

7. 隔膜阀

隔膜阀是润滑油系统的机械超速和机械遮断部分与 EH 油的 AST（自动危急遮断总管）之间的连接装置，如图 9 - 10 所示。来自机械超速与手动遮断总管的润滑油被送入阀盖中的薄膜上部的腔室，该油压作用在薄膜上克服弹簧压力，而使阀头与阀座密合关闭。这就切断了危急遮断总管中的 EH 高压油与回油系统的通路，促使 EH 系统投入工作。薄膜上的

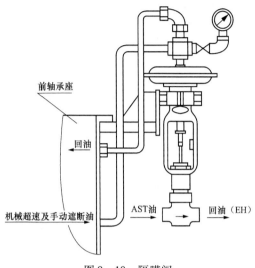

前轴承座

回油

机械超速及手动遮断油　　　AST油　　　回油（EH）

图 9 - 10　隔膜阀

油压降低，将会导致压弹簧打开阀头，从而将危急遮断油总管中的油泄去，迫使机组停机。

隔膜阀是联系着润滑油系统与 EH 油系统的，其作用为：当机械超速与手动遮断总管的润滑油压力降低到不允许的程度时，通过 EH 油系统，使汽轮机停机。

隔膜阀装于前轴承座右侧，汽轮机正常运行时，总管的润滑油通入阀盖内的薄膜上部腔室，使阀保持关闭，EH 系统投入工作。

隔膜阀解体检查时，应按以下步骤进行：

（1）测量调整螺栓尺寸，做记录，并松下调整螺栓，使推杆与下阀杆脱开。

（2）拆开上盖（润滑油侧）法兰螺栓，做记号，取下上盖、隔膜片、托盘。

（3）拆开上盖（润滑油侧）下半部螺栓，并取下下盖及弹簧、推杆、弹簧盘。

（4）拆开下半阀体（EH 油侧），并整体取出。

（5）清理、检查、测量弹簧的自由度，弹簧应无锈蚀、磨损。

（6）检查下阀体和阀体上的阀线应良好，用红丹粉检查，全周接触应均匀，无间断。

（7）每拆一次隔膜阀，应更换隔膜片。

（8）隔膜阀组装与解体步骤相反。

（9）调速螺栓尺寸应恢复修前尺寸。

（10）待机组检修结束后，应做静态试验，动作压力要重新整定。

8. 空气引导阀

空气引导阀是抽汽止回阀与 EH 系统之间的一个接口，如图 9 - 11 所示。在配置空气引导阀的机组上，所有抽汽止回阀应该是气动式的，空气引导阀控制抽汽止回阀压缩空气气源。空气引导阀的开启依靠 OPC 油压，关闭依靠弹簧力。机组正常运行时，OPC 油压将空气引导阀开启，使压缩空气经空气引导阀送到所有抽汽止回阀，DCS 可以操作抽汽止回阀上的电磁阀来确定其开启或关闭；当 OPC 油压泄去时（表示机组处于超速控制状态），空气引导阀依靠弹簧力关闭，隔断压缩空气气源，同时打开排大气口，使抽汽止回阀端管道中的余气排掉，不管此时 DCS 的指令如何，均无条件地将所有抽汽止回阀关闭，防止超速。

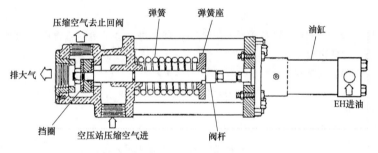

图 9 - 11　空气引导阀

第二节　其他保护装置

一、低油压保护

润滑油压过低时，会使汽轮机轴承不能正常工作，严重时将会使轴瓦乌金熔化，大轴发生位移，造成动静摩擦等恶性事故。因此，润滑油系统都设有低油压保护装置。

低油压保护装置一般应具有以下功能：

（1）油压降低至一定数值时，启动交流润滑油泵，以提高润滑油压。

（2）油压继续降低至一定数值时，启动直流润滑油泵。

（3）当油压再继续降低至一定数值时，停止盘车或使保安系统动作停机。

二、低真空保护

汽轮机排汽的真空降低，不但使汽轮机的出力减少和经济性下降，而且还会造成轴向推力增大，排汽温度升高，以及振动增大等威胁机组安全运行的异常事故。因此大功率汽轮机都设有低真空保护装置，当真空下降到某一数值时，发出信号。真空继续下降到允许的极限值时，保护装置动作，关闭自动主汽门和调节汽门，实现停机。

提示　第一、二节适合中高级工使用。

第十章

中间再热式汽轮机调节系统检修

第一节　中间再热式汽轮机调节特点

一、凝汽式汽轮机的调节系统特点

为了提高热效率，近代大容量汽轮机几乎无一例外地采用中间再热式汽轮机。图 10 - 1 为一台一次中间再热式汽轮机原则性系统图。采用了中间再热后，给调节系统带来了一些新问题，在解决这些新问题的基础上，使中间再热式汽轮机的调节系统具有下列特点：

（1）用高压调节汽门动态过调方法来弥补中、低压缸功率滞后。

（2）设置中压调节汽门以减少甩负荷时中间再热容积中蒸汽造成的超速。

（3）设置旁路系统以解决负荷机炉特性不匹配的问题。

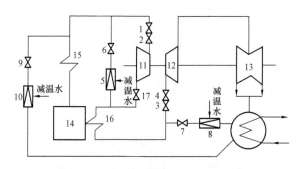

图 10 - 1　中间再热汽轮机原则性系统图

1、3—高压及中压主汽门；2、4—高压及中压调节汽门；5、8、10—减温减压
调节阀；6、7、9—截止阀；11—高压缸；12—中压缸；13—低压缸；
14—锅炉；15—过热器；16—再热器；17—止回阀

二、抽汽式汽轮机的调节系统特点

调节抽汽式机组能够同时满足热、电两种负荷变化的需要。当电负荷改变时，可以保证热负荷不变；当热负荷改变时，可以保证电负荷不变。

这就克服了背压机的缺点，因而使用比较广泛。调节抽汽式汽轮机有一级调节抽汽和二级调节抽汽两种类型，但其调节原理基本上相同。现以一级调节抽汽式汽轮机的调节系统为例加以说明，见图 10 - 2。

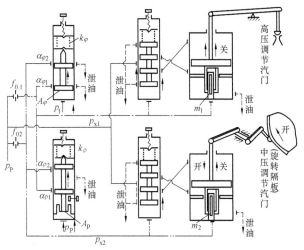

图 10 - 2　一级调节抽汽式汽轮机的调节系统

该系统实际上由两个液压调节系统并联组成，它有两路独立的控制油系统，分别控制高、中压调节汽门，在控制油油路图（见图 10 - 3）中可更清楚地看出。为了保证电热两负荷分别变化时，调节一负荷而不影响另一负荷，则调节系统应满足一些自治条件：第一静态自治条件——电负荷改变热负荷不变时的自治条件；第二静态自治条件——热负荷改变电负荷不变时的静态自治条件。

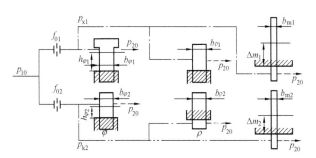

图 10 - 3　一级调节抽汽式汽轮机的控制油油路

第二节 典型调节系统

一、东方汽轮机厂生产的某型汽轮机调节保安系统

东方汽轮机厂生产的某型调节保安系统图见图 10－4（见文末插图）。

系统中调速泵与主油泵均由主轴直接带动，调速泵只作转速感受机构之用，输出与转速变化成比例的一次脉动油压变化信号。主油泵的作用是供给机组所用的全部润滑油和调节系统中的放大用压力油与信号油，最后控制阀门（高中压主汽门、调节汽门与蝶阀）的抗燃油，则由抗燃油泵供给。

该调节系统有三级放大装置。其中前二级为信号放大，最后一级为功率放大（采用抗燃油）。调速油泵在 2400～3600r/min 内线性较好。在 3000r/min 时，调速油泵的出口油压为 588kPa；在（3000＋150）r/min（相当于速度变动率 $\delta = 5\%$ 的转速变化量）时，调速油泵出口油压变化为（588＋60.8）kPa，这就是一次脉动油压，在机组负荷从额定负荷降到"0"即空转时，调速油泵一次脉动油压减小到 527.2kPa。由于调速泵叶轮外围带有稳压网，可以使油压波动值控制在 1.96～2.94kPa，能满足调节系统稳定性的要求。调速泵在工作区内，流量变化对出口压力影响甚微，流量变化 1L/s 时，泵的出口压力仅变化 4.9～6.86kPa，这样可使第一级信号放大装置——调速器滑阀有较小的时间常数。同时，由于采用静压进油的办法，较好地解决了因调速泵进油压力的波动而影响出口压力的波动。

调速器滑阀是第一级信号放大装置，它的作用是将一次脉动油压变化信号转变放大成二次脉动油压的变化。在一次脉动油压变化 60.8kPa 时，调速器滑阀中 $\phi 60$ 滑阀行走约 3mm。由于在滑阀中有断流结构的随动活塞，起到了力的放大作用，所以同东方汽轮机厂原先生产的 200MW 机组等调节系统相比较，其工作能力大，抗卡涩的能力强。

中间继动滑阀是该调节系统第二级信号放大机构，它由断流滑阀、积分活塞、反馈滑阀三部分组成。它接受二次脉动油压变化信号，并经积分活塞放大后，转变成分配滑阀的位移，使四个三次脉动袖口开度变化，将二次脉动油压转变并放大为三次脉动油压的变化。二次脉动油压稳定值取 980kPa 是为了提高滑阀的灵敏度。

系统中还设置有电液转换器，其作用是将电气信号转变为液压信号，供今后系统若加装功频电液调节时，以及需要机炉联合控制时，

接受锅炉来的控制信号，经功率放大后转换成液压信号（二次脉动油信号）送到中间继动滑阀下，控制阀门开度变化。它是由电动伺服器和电液滑阀组成的。为了沟通或切断中间继动滑阀与电液转换器之间二次脉动油路的连接，还设有切断滑阀，供投入或切除电液转换器之用。关于电液转换器的工作原理与结构，留待后面功频电液调节系统中加以讨论。

油动机是调节系统最后一级放大机构。两个高压调节汽门油动机装在汽轮机前部左右两侧，通过凸轮和齿条、齿轮机构各带动两个高压调节汽门。两个中压调节汽门油动机，分别座落在中压缸左右侧调节汽门上，通过杠杆直接带动两个中压调节汽门。蝶阀油动机布置在中低压缸之间的左侧，通过蝶阀配汽机构转动蝶阀，达到控制供汽压力的目的。

高压油动机由断流式滑阀、双侧进油油动机和反馈滑阀三部分组成；中压油动机与蝶阀油动机则由断流式滑阀、单侧进油油动机和反馈滑阀三部分组成。它们接受三次脉动油压的变化使滑阀动作，再使油动机活塞上、下进油或排油（单侧进油油动机只是下部进油或排油）量改变，使油动机动作，改变调节汽门或蝶阀开度。三次脉动油压的稳定值为 1.96MPa，是为了提高滑阀灵敏度。该滑阀下部有一个动态反馈油口起液压弹簧作用（在中间继动滑阀下部同样有一起液压弹簧作用的动反馈油口）。滑阀恢复中间位置是油动机（积分活塞）稳定在某一位置下的必需条件。滑阀恢复中间位置是靠油动机活塞（积分活塞）动作，带动反馈滑阀动作，使反馈油口的面积开度变化与分配滑阀（调速器滑阀）三次（二次）脉动油口开度面积相等，使三次脉动油压（二次脉动油压）恢复稳定值 1.96MPa，滑阀才回到中间位置，油动机（积分活塞）才稳定在一定位置。为使高、中压调节汽门油动机开启同步，在三次脉动油路中设置了四个节流调整阀，来调整高中压油动机零位。利用改变高中压油动机反馈杠杆上滑块位置（转动手轮或转动调整杠杆），改变反馈杠杆比，从而可以无级改变调节系统的速度变动率，使其在 3% ~ 6% 中任意变动。

为了便于在单机运行与启动时调整转速，在并网运行时调整负荷，在调速器滑阀上设有同步器。可以就地操作，也可通过电动机远方操作。同样为了调整抽汽压力（即抽汽量），在调压器上也设有同步器，同样可就地操作，也可通过电动机远方操作，使调压器滑阀动作，控制蝶阀油动机的开启与关闭。通过蝶阀调整进入低压缸的蒸汽流量来保证供热抽汽压力。机组在 30% 额定负荷状态下，中压调节汽门额定行程已近走完，高压调节汽门开启至 60% 额定负荷状态，中压调节汽门开足，在 30% ~ 60% 负荷之间，中压调节汽门流量变化很小，对机组几乎无控制作用。这样做的好处是使中压调节汽门节流损失最小。

二、上海汽轮机厂生产的某型汽轮机调节系统

图 10 - 5 为上海汽轮机厂生产的某型汽轮机调节系统，其工作原理如下：

在正常运行时，由连接于转子前端的旋转阻尼出来的一次油压 p_1 信号送至放大器，一次油压变化经放大后形成二次油压 p_2，送至低油压选择器，与负荷限制器输出油压 p_x 在低油压选择器中进行低值比较，比较后的低油压信号 p_A，经 1:1 流量放大器流量放大后输出控制油压 p_a，经磁力断路油门去控制 8 只高压油动机，用以操纵高压调节汽门的开度。

中压调节汽门的控制是由主汽门油动机控制油压 p_k（即启动阀输出的启动油压）与高压油动机控制油压 p_a 在低油压选择器 B 中进行低值比较，比较后的低值油压信号 p_B 经 1:1 流量放大器流量放大后得控制油压 p_b，经磁力断路油门去控制 4 只中压油动机，来操纵中压调节汽门的开度。

在冷态启动时，由于主汽门启动，高压调节汽门的控制油压很高，所以高压调节汽门全开，而中压调节汽门就随主汽门进行启动调节。当主汽门切换到调节汽门控制后，主汽门油压提高，主汽门全开，而由高压调节汽门控制机组，当机组负荷达到 30% 额定负荷后，中压调节汽门全开，就不进行节流调节，以提高经济性。

中压主汽门受安全油控制，只要安全油一建立，中压主汽门就全开，所以中压主汽门只能全开或全关，不参与调节。

三、哈尔滨汽轮机厂生产的某型汽轮机调节保安系统

哈尔滨汽轮机厂生产的某型汽轮机调节保安系统见图 10 - 6（见文末插图）。其工作原理如下：

在汽轮机空转时，如转速升高，则调速器的调速块就向右移，使调速器错油门的随动错油门（又称 No.2 错油门）也跟着向右移，并通过杠杆带动分配错油门（又称 No.3 错油门）向右移，将一次脉动油路的排油口 a 开大。一次脉动油压下降，引起中间错油门向下移动（图示位置中切换错油门系电调控制状态）。中间错油门下移使其上部控制的二次脉动油路的排油口 f、g 都开大，而油口 b 的进油口关小，排油口开大。最上面的排油口 f、g 是与两个高压油动机错油门下的二次脉动油路相通，它们开大的结果便使二次脉动油压降低，引起高压油动机错油门向下动作，使压

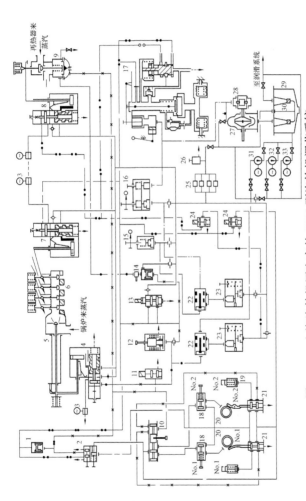

图 10-5 上海汽轮机厂生产的 N300 型汽轮机调节系统

1—危急继动器;2—危急遮断及复位装置;3—阀杆活动装置;4—主汽门动机;5—主汽门;6—高压调节阀;7—高压油动机;
8—中压油动机;9—中压联合汽门;10—危急遮断试验油门;11—电磁阀;12—启动阀;13—安全及复位装置;14—危急遮断继动器;
15—负荷限制器;16—放大器;17—加速器;18—喷油试验装置;19—超速指示器;20—危急遮断器;21—危急遮断油门;
22—低油压选择器;23—流量放大器;24—流量选择器;25—磁力断路油门;26—滤油器;27—主油泵;28—旋转阻尼;29—油箱;
30—注油器;31—交流高压油泵;32—交流润滑油泵;33—直流润滑油泵

第十章 中间再热凝汽式汽轮机调节系统检修

力油进入高压油动机活塞的上腔，而活塞的下腔则与主油泵的进口油路相通，使活塞在油压差的作用下向下移动，将高压调节汽门关小。油动机活塞下移的同时，装在活塞杆上的反馈斜槽使反馈杠杆绕支点转动，反馈错油门上升（反馈错油门下端作用有压力油），开大了压力进入二次脉动油路的进油口，二次脉动油压恢复到原来数值，油动机错油门便又回到中间位置，高压油动机即停止运动，稳定在新的位置上。中间错油门上面的最下一个排油口 h 与中压油动机错油门下的二次脉动油路相通，进油口关小，排油口开大后，使中压油动机错油门下的二次脉动油压降低，引起中压油动机错油门向下移动，使中压油动机活塞的下腔与上腔相通并由此排至油箱。在操纵座弹簧力的作用下，将中压油动机活塞与中压调节汽门关下。与此同时，中压油动机活塞向下移动时，通过反馈杠杆的作用，使作用在其错油门上部的弹簧力减小，直到错油门又上升到中间位置时，活塞才停止下降，从而达到了新的平衡工况。此时，中压油动机错油门下的二次脉动油压也相应地降低了。单机运行时的转速调节及并网运行时的功率调节，都是靠操纵同步器来实现的。在操纵同步器时，随动错油门成为支点不动，分配错油门移动，从而改变一次脉动油路的排油口面积，引起系统相应动作。为了减少中压调节汽门上的压力损失，汽轮机功率达 25% 额定负荷时，中压调节汽门全开。继续增加功率时，中压油动机错油门下的二次脉动油压迅速上升到 2MPa，将油动机错油门顶到上限位置，中压油动机活塞下腔便与压力油相通，也被顶到上限位置。此后，当功率大于 25% 额定负荷时，中压油动机及带动的中压调节汽门便不再参与调节作用。

因为大型机组的锅炉是采用循环倍率的强制循环锅炉，其蓄热能力远较汽包炉为小。因此，在负荷变化剧烈时，可能要引起新汽压力的过大变化，影响机炉的安全运行。为了消除这种影响，在调节系统中设计有新汽压力降低减负荷装置。当汽轮机主汽门前蒸汽压力降至 15MPa 时，它所控制的一个与一次脉动油路相通的排油口 b 开启，从而使油动机向关闭调节汽门方向运动，关小调节汽门，降低汽轮机功率。如果新汽压力继续降低，当降至 12.5MPa 时，可将机组功率减到零。

为了保证汽轮机在甩掉全负荷时动态超速能维持在允许的数值以下，故在系统中设计有超速限制错油门。

按设计，大型机组正常运行时，是以电调系统为主进行工作的，液压调节系统处于备用状态。当电调系统出了故障时，能自动切换到液压调节系统控制运行。为了使切换时不出现功率扰动造成冲击，要求液压调节系统始终跟踪电调系统。为此，在中间错油门上设有一个模拟油口 c，并设计有切换跟踪错油门。当液压系统的状态与电调系统的状态不相符时，跟踪错油门上的电触点便接通了同步器上的电动机，使之转动，改变液压调节系统（给定）的状态，以与电调系统的状态相一致。

提示 本章内容适合初级工使用。

第十一章

主汽门及调节汽门检修

主汽门、调节汽门，一般统称配汽机构，是调速系统执行机构，接收控制系统指令，对机组进汽进行调整的一种组合阀门结构。主蒸汽从锅炉经主蒸汽管分别到达汽轮机两侧的高压主汽阀和调节汽阀，再经挠性导汽管进入设置在高压缸的喷嘴室。导汽管对称地接到高压外缸上下半的进汽管接口进入喷嘴室和调节级，汽流从调节级出来后流经高压各级，然后由高排流出，经冷再热管道直接进入锅炉再热器，再热蒸汽由再热管道分别到达汽轮机两侧的再热主汽阀和调节汽阀，并经由挠性导汽管进入中压缸，流经中压各级，再通过中低压连通管流入低压缸。

下面以某厂机组为例介绍主汽门、再热主汽门和调节汽门的工作原理和检修工艺。

第一节 高压主汽门及调节汽门检修

一、概述

高压主汽门及调节汽门是控制汽轮机高压缸进汽的保护装置。主汽门有两个功能，一是起到紧急关闭阀门的作用，二是在汽轮机启动时能用来控制汽机的转速；调节汽门的主要作用是根据 DEH 系统指令调节进汽量。一般采用主汽联合阀，即主汽门与调节汽门共用一个耐热合金铸件，其结构如图 11 - 1、图 11 - 2 所示。

主汽门为卧式布置，调节汽门为垂直布置。这些汽门均由各自的油动机来控制。其调节过程主要根据外界负荷的变化规律来进行，可根据需要将阀门控制在任意中间位置上。高压主汽门又称高压自动关闭器，是汽轮机安全保护系统的执行机构，汽轮机所有安全保护装置的动作信号都由它来执行。

由于主汽门和调节汽门分别由各自的油动机操纵，因此可以实现单阀和顺序阀控制（即节流调节和喷嘴调节）。

为确保阀门动作的可靠性，规定主汽门每周进行一次阀门动作试验。

第二篇 汽轮机调节、保安和油系统设备检修

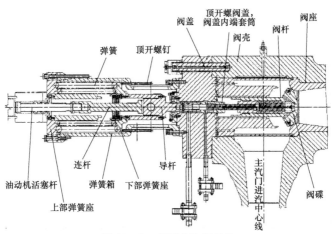

顶开螺阀盖,
阀盖内端套筒　阀壳　阀杆　阀座

阀盖　顶开螺钉

弹簧

油动机活塞杆　连杆　弹簧箱　下部弹簧座　导杆　主汽门进汽中心线　阀碟

上部弹簧座

图 11-1　高压主汽门结构

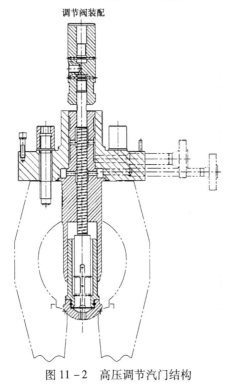

调节阀装配

图 11-2　高压调节汽门结构

二、高压主汽门、调节汽门工作原理

图 11 – 3 所示为高压主汽门及高压调节汽门执行机构的工作原理。

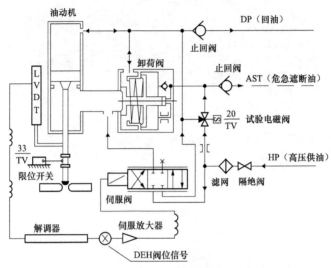

图 11 – 3   高压主汽门及高压调节汽门执行机构工作原理

DEH 系统计算机根据负荷要求，发出开大或者关小汽门的信号，由伺服放大器放大，送入电液转换器，后者将电信号转换成液压信号，使伺服阀移动，对进入油动机活塞下腔的高压油进行控制。当负荷增加时，高压油使油动机活塞向上移动，打开调节汽门；当负荷减少时，在弹簧力的作用下，压力油自油动机活塞的下腔泄出，油动活塞向下移动，减小调节汽门。

在油动机活塞移动的同时，带动位移差动变送器移动，会使变送器的线圈感应电压线性变化，调制解调器将线圈的感应电压叠加整流后输出一个与活塞移动成正比的线性反馈电压送到加法器，加法器将 LVDT 的反馈电压与 DEH 的指令电压相比较，其差值送入伺服放大器。当 DEH 指令电压大于 LVDT 反馈电压时，表示油动机的开度不够，伺服放大器会输出正向电流，使油缸活塞上移，LVDT 反馈电压会同时增大，直到与 DEH 指令电压一致，表示油动机开度已达到指令要求，伺服放大器的输入和输出均趋于零，伺服阀隔断油路，油动机保持不动，完成一个油动机加大开度的过程。反之亦然。

在主汽门和调节汽门的旁边各设置一个快速卸荷阀，以便在汽轮机发生故障而需要迅速停机时，通过危急跳闸系统使跳闸油迅速失压，快速泄掉油动机下腔的高压油，从而在弹簧力的作用下，迅速关闭上述汽门，实现对汽轮机的保护。在快速卸荷阀动作的同时，应将所有的工作油排入回油系统。在该系统中，回油还与油动机活塞的上腔相连，并将排出的回油储存在该活塞的上腔，因而不会引起回油管的过载。

三、高压主汽门和调节汽门的执行机构

主汽阀由主汽阀油动纵，如图11-4所示，它的活塞杆与主汽阀阀杆直接相连，垂直安装，油动机向外拉出为开汽阀。油动机是单侧作用的，液压力提供开汽阀的力，关汽阀依靠弹簧力。

油动机的主要部件是油缸、控制块、溢流阀、截止阀、2个止回阀、滤芯、伺服阀、LVDT。

位置控制信号伺服放大器及LVDT解调器均是油动机的工作部件，它们都装在调节控制器柜内。

控制块是用来将所有的部件安装及连接在一起的，它也是所有电气接点及液压接口的连接件。

控制块将所有的部件安装并连接在一起，同时它也是所有电气触点和各液压接口的连接件。油动机通过连杆操纵各调节汽门。油动机安装在每个蒸汽室的侧面，它的活塞杆通过一对杠杆与调节汽门相连。杠杆的支点按如下方式布置，即油动机采用单侧进油结构。高压抗燃油经滤油网、电液转换器后，进入油动机活塞的下腔。当其油压产生的作用力超过弹簧的压力时，油动机活塞向上移动，开启调节汽门，反之关小调节汽门。当机组出现故障或高压抗燃油失压时，在弹簧压力的作用下调节汽门迅速关闭。

1. 伺服阀

如图11-5所示，伺服阀由一个力矩电动机及带有机械反馈的二级液压功率放大器所组成。第一级是由一个双喷嘴及一个单挡板组成，此挡板固定在衔铁的中点，并且在两个喷嘴之间穿过，使在喷嘴的端部与挡板之间形成了两个可变的节流间隙，由挡板及喷嘴控制的油压作用在第二级滑阀两端的端面上。第二级滑阀是四通滑阀结构，在这种结构中，在相同的压差下，滑阀的输出流量与滑阀开口成正比。一个悬臂反馈针固定在衔铁上，穿过挡板嵌入滑阀中心的一个槽内。在零位位置，挡板对流过两个喷嘴的油流的节流相同，因此就不存在引起滑阀位移的压差。当有信号作用在力矩电动机上时，衔铁及挡板就会偏向某一个喷嘴，使得滑阀两端的油压不同，从而推动滑阀移动，使高压油进入油缸高压腔或将油缸高压腔中

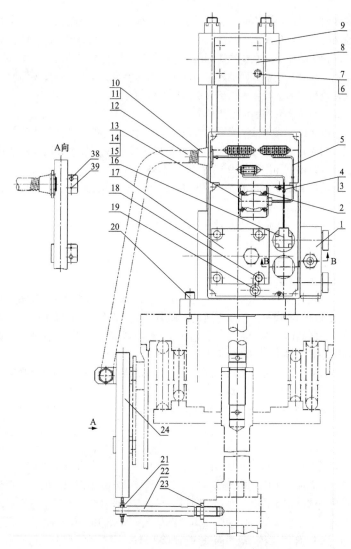

图 11 - 4　主汽阀和调节汽阀油动机结构

1—组合块；2—内六角圆柱头螺钉；3—铝夹头；4—开槽圆柱头螺钉；5—冷压接头带护套；6—内六角圆柱头螺钉；7—标准型弹簧垫圈；8—油动机管组件；9—油缸；10—圆螺母；11—蛇皮管接头（内径 13）；12—蛇皮管；13—伺服阀；14—冲洗块；15—O 形圈；16—电磁阀；17—油动机卸荷阀；18、19、20—内六角圆柱头螺钉；21、23—1 型六角螺母；22—连杆；24—LVDT 变换器

的高压油泄放至回油，油动机的动作使 LVDT 的反馈信号与阀位指令信号趋向一致。此时，作用在力矩电动机上的电流消失，挡板在喷嘴作用下回到中间位置，滑阀两端的压差为零，滑阀就在反馈针的作用下回到原始位置，直到输入另一个信号电流为止。

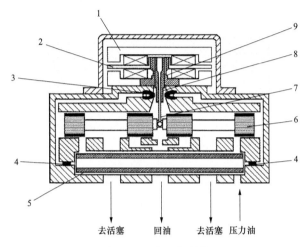

去活塞　回油　去活塞　压力油

图 11 - 5　伺服阀结构

1—力矩电动机；2—可动衔铁；3—喷嘴；4—节流孔；5—过滤器；
6—阀芯；7—反馈杆；8—挡板；9—弹簧管

2. 卸荷阀

卸载阀装在油动机块上，它将油动机的动作油迅速地泄去，使主汽阀快速关闭。如图 11 - 6 所示，弹簧使快速卸载阀保持在打开位置，而作用在阀门定位器上的腔室中的油压使卸载阀关闭。卸载阀伸入到油动机块中，并且贴合在油动机块上加工出的阀座上。当总管压力足够高时，弹子止回阀就会落在阀座上，这样腔室的油就由总管节流而来。

正常运行时，高压油通过试验电磁阀，进入腔室。此压力与伺服阀供给油缸的高压油压力相等，但由于在腔室中，它作用的面积较大，因而克服了弹簧力，将卸载阀关闭。当它关闭时，卸载阀将油缸中高压油的回油通道切断，使在油缸活塞下建立起油压。

AST 总管压力等于或略高于送到 Y 腔室的压力，因而当此总管压力降低时，总管止回阀打开，腔室 Y 压力降低，卸载阀打开，将油缸活塞下的油放到回油去，从而将主汽阀关闭。当试验电磁阀通电时，例如在试验

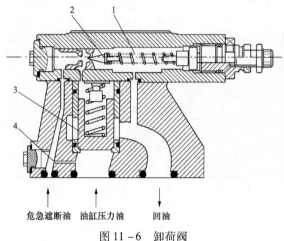

图 11 - 6 卸荷阀

1—弹簧；2—针阀；3—杯状滑阀；4—小孔

蒸汽进汽阀时，它将到腔室 Y 去的高压油的回油通道打开，这就使得止回阀打开，从而使卸载阀打开，其结果与上面所述的相同。

当试验时，在试验电磁阀通电的同时，DEH 送出一个偏压信号，将伺服阀关闭。试验电磁阀的油是由高压供油节流而来，因而试验时的压力降是局部的。当危急遮断油总管压力重新建立和试验电磁阀断电时，卸载阀迅速关闭，使油缸活塞下的压力建立。

3. LVDT

LVDT 即线性位移差动变送器，是一种电气机械式传感器，它产生与其外壳位移成正比的差动电信号。它由三个等跨分布在圆筒形线圈架上的线圈所组成，一个磁铁芯固定在油动机连杆上。此铁芯沿轴向在线圈组件内移动，并且形成一个连接线圈的磁力线通路，中央的线圈是初级的，它是由交流中频电进行激励的。这样，在外面的两个线圈上就感应出电压。这两个外面的线圈（次级）是反向串接在一起的，因而次级线圈的两个电压相位是相反的，变压器的净输出是这两个电压的差。铁芯的中间位置，输出为零，这就称为零位。零位是机械地调整在油动机行程的中点。LVDT 的输出是交流的，它必须由一解调器进行整流，以便与要求的油动机位置信号相加。

4. 截止阀

截止阀用来切断供给油动机的高压油，这样就可以对油动机进行不停机检修，如更换伺服阀或快速卸荷阀。

5. 止回阀

2 个止回阀分别位于回油管路和 AST 管路上。用在回油管路上的回油止回阀，用来防止在油动机检修期间由有压力回油总管来的油流回到油动机去；另一危急遮断油管路上的止回阀，可在打开快速卸载阀关闭本油动机（无论它是在作试验还是在维修）时不会泄去 AST 总管油压，使其他油动机的位置不受影响。

6. 滤网

所有进入油动机的高压油均经过 3μm 滤网，这保证了任何时间均能以清洁的油供伺服阀工作。滤芯至少应一年换一次。

7. 电磁阀加节流孔板

电磁阀加节流孔板有两个作用，一是在电磁阀不通电时，高压油经节流孔向 AST 母管和卸荷阀供油，而该油路与伺服阀的开关状态无关；二是当电磁阀通电时，将卸荷阀上的 AST 油压泄去，使该油动机快速关闭，但借助于 AST 止回阀的作用，对 AST 母管的油压不产生影响。

四、高压主汽门和调节汽门的检修

1. 高压主汽门的检修

（1）拆卸油动机进、回油及安全油接头、连杆销子和固定螺栓，并将油动机组件吊至指定地点。

（2）测量预启阀（辅阀）间隙（关闭富裕行程）。用人力将阀杆推到阀关闭位置，但用力不过大，以保证阀杆被预启阀弹簧顶到与预启阀芯背部接触。然后，在阀杆顶部架一只百分表，并使表的指针读数在 6 ～ 8mm 之间，用杠杆将阀杆向关闭方向推足（需克服 37kg 左右的弹簧力），保证弹簧导向杆与外封套的密封面靠足。接着读出百分表的读数，百分表两次读数之差即为预启阀间隙。测量前应反复将阀门开足和关闭数次，使阀门各部件接触严密。同时，反复测量数次，比较每次得到的值应基本相同，以免因阀杆卡涩而引起测量误差。

预启阀间隙标准为 （15.2 ± 1.5） mm。

（3）将主汽阀关闭和开足，分别测出阀杆端面至基准面的距离，两值之差即为主汽的行程，其标准为 102mm。

（4）阀盖与阀体在法兰接合面处对应打上字头，或采用其他方法做好标记，回装时按对应记号进行安装。用加热工具按规定进行热拆阀盖螺栓，螺栓送金相检查。

（5）用电加热棒将螺栓加热，约 15min 后，可用手锤敲击扳手，试松螺母，若发现螺母已松，应立即停止加热，以防螺栓加热温度过高而使螺栓与螺母的丝扣胀紧。

（6）将门盖上装入专用吊环，用行车吊住阀盖，并用倒链调至水平位置，阀盖不得偏斜，以防别劲，在专人的指挥下缓慢吊出，放到指定地点，并将阀盖与操纵座支撑稳固。

当阀盖因氧化层胀牢而顶不出时，可用氧－乙炔焰气焊枪 2 ~ 3 副对阀壳表面进行加热，待温度升到 200 ~ 300℃ 时，可继续用顶起螺栓item顶，同时用紫铜棒锤击阀盖。若顶起螺栓咬死，可用斜铁楔在 180° 对面打进，同时锤击阀盖，这样一般均能顺利拆出阀盖。

（7）将各进汽口堵住，以防掉入东西。

（8）把阀座口用堵板堵住，并贴上封条。

（9）拆卸弹簧导杆与连接的销子。

（10）拆卸与高压自动关闭器连接螺栓。

（11）用行车将高压自动关闭器吊离阀盖，并竖立安放在指定检修地点，以备拆装检修。

（12）从下部将阀碟推向阀盖侧，使弹簧导杆与门杆的制动销子露出，并拆除。旋下弹簧导杆。

（13）用行车将主汽阀碟缓慢从阀盖中抽出放在指定地方，包好阀碟并固定好，以免碰伤。

（14）将吊出的阀盖组合件（阀盖，阀杆，封套，滤网及主、辅阀头成一体），横放在地上。然后将弹簧导向杆与阀杆的连接销冲出，再转动弹簧导向杆，直到预启阀头上的径向孔与主阀头上的径向孔同心为止。用直径与主辅阀头上的径向孔接近的圆钢插进孔内，并确认圆钢已通过两阀头的孔。再用直径与弹簧导向杆上活销孔接近的紫铜棒插进活销孔，用手锤敲击紫铜棒，将弹簧导向杆从阀杆上旋下。

（15）将主阀头连同阀杆一起从滤网中向外拉出，并竖立在地面上。在阀杆顶端架一只百分表，使指针指在 6 ~ 8mm 之间，利用杠杆原理将阀杆向下压足，读出百分表值，将两次读数值相减，其差应为（4.8±0.3）mm。为保证测量的正确性，可重复测量多次，并做好记录。

（16）测量预启阀（辅阀）行程。将主、辅阀竖在地面上，使阀杆不受附加作用力，测量出阀杆顶部到基准面的距离。然后，将阀杆向上拉足，再测量阀杆顶部到基准面的距离。两值之差即为预启阀行程，并反复测量数次，以保证测量值的准确性（标准为22mm）。

（17）用研磨砂研磨上下封套的密封面，直至全周均匀接触；磨去的量应越少越好，以免影响其他尺寸。

（18）用角向砂轮将下封套与主阀头的锁销捻铆打磨掉，并注意切勿碰坏密封面。将主阀头横放在专用架上，用专用扳手将下封套从主阀头中旋出，将预启阀与阀杆从主阀头中取出。

（19）将预启阀与阀杆放在专用架上，并用架上的销子插进预启阀头上的径向孔。然后用夹具将预启阀头夹牢，用专用扳手将预启阀头上的螺母顺时针方向旋出，取出弹簧、阀杆、弹簧座及预启阀头。

（20）清理并检查各弹簧、弹簧座、阀座焊缝、防涡流板及焊缝、阀杆及弹簧导向杆等部件，确保无变形、腐蚀及损伤；用着色法探伤应无裂纹等异常；表面氧化层研磨光滑。用红丹粉检查预启阀与阀座的接触应全周均匀。用塞尺测量主阀头弹性边与限位环之间的间隙应为 0.15mm。

（21）检查测量下列部件间隙：

内封套（下封套）与主阀头的配合间隙应为 0.05 ~ 0.14mm；内封套与阀杆的间隙应为 0.05 ~ 0.30mm；外封套与阀杆的间隙为 0.05 ~ 0.30mm；外封套与阀盖的间隙为 0.02 ~ 0.14mm；外封套与弹簧导向杆的间隙为 0.25 ~ 0.33mm；主阀头与其导向套筒的间隙为 0.28 ~ 0.44mm；预启阀弹簧座与阀杆的间隙为 0.25 ~ 0.31mm；阀盖与阀壳凹、凸面的径向间隙应小于 0.50mm；蒸汽滤网与阀座外圆的配合间隙为 0.12 ~ 0.14mm；预启阀头螺母内孔与阀杆的间隙为 1.45 ~ 1.75mm；关闭弹簧座的富裕行程为 10mm。此外，还应检查测量各连杆与销子的间隙、主阀杆与弹簧导向杆的间隙及主阀导向套与阀盖的间隙等。

（22）检查测量阀杆的弯曲度。

1）主阀杆单独的弯曲度测量。

2）主阀杆与弹簧导向杆连成一体后的弯曲度测量。测量弯曲度时，可将两块相同的 V 形垫铁放在平板上，然后将阀杆放在垫铁的凹口上，并架好百分表，转动阀杆，读出百分表上的最大值和最小值，同时测量中间和两端 3 点，以判别弯曲度，也可将阀杆放在车床上以测出弯曲度。当测得弯曲度大于阀杆与封套间隙上限值的 50% 时，应换新阀杆。

（23）将弹簧、弹簧座装在阀杆上，在弹簧处于自由状态时，阀杆端面到弹簧座凸肩的距离即为预启阀弹簧的压缩量，其值应为弹簧压缩量（6.35 ± 0.76）mm，加上膨胀间隙（1.6 ± 0.1）mm，共（7.95 ± 0.86）mm。

（24）用研磨砂研磨弹簧导向杆与外封套的密封面，并用红丹粉检查其接触面应全周均匀。在此前提下，尽可能减少研磨量，以免影响其他配合尺寸。

（25）检查阀壳内壁应无裂纹及氧化层剥落，若有氧化层剥落则应设法磨掉，并做好防止杂物落入主蒸汽管内的措施。

（26）检查研磨高、低压疏水法兰平面，并用红丹粉检查法兰接触面应全周均匀，同时更换软钢垫片。

（27）各零件清理、检查、测量、修理结束后，按拆卸时的逆程序及各零件记号逐件进行组装。同时，仔细检查各零件应无毛刺、损伤和垃圾，并涂擦二硫化钼粉，滑动配合的部件装配后应灵活不卡。若遇更换的零件，应对其尺寸和间隙重新进行全面测量。对于预启阀及主阀行程、预启阀与阀杆的间隙等尺寸应测量修后的值，并与修前值比较，应无太大的变化（对未做调整的阀门而言）。具体要求如下：

1）预启阀与阀杆连接后，再次核对预启阀在阀杆上的轴向自由长度为（4.8±0.3）mm。

2）预启阀与主阀组装成一体后，再次核对预启阀行程为22mm。

3）在阀座的阀线上涂一薄层红丹粉，在阀盖与阀壳之间放好软钢密封垫，将阀盖的组合件吊进阀壳，对准拆卸时的记号。在圆周上、下、左、右均匀地冷紧4个阀盖螺栓，复测阀盖与阀座之间的间隙，直至与修前相同。用手反复推拉阀杆，使阀线接触。然后，在第1或第2调节汽门孔内用反光镜观察阀线的接触情况。若蝶阀上全周有一圈均匀的红丹粉印痕，则说明阀线接触良好，可以装复，否则应吊出查明原因，并消除。同时，测量预启阀与阀杆的轴向间隙为（3.2±0.2）mm，主阀行程102mm。

4）内外封套要有锁销件，并进行捻铆。

（28）将阀盖螺栓、螺母清理干净，螺栓、螺母上涂高温螺栓润滑剂；将上述已紧好的螺栓旋松，用力矩为804N·m的力矩扳手，逐只对称地将全部螺栓冷紧好。然后，用加热棒加热螺栓，并对称地紧好4个螺栓，热紧转角为144°；热紧螺栓时，不可用大锤敲击，以防丝扣咬牢。

（29）组装全部结束后应再次检查预启阀及主阀是否灵活，行程是否符合标准等。一切符合要求后，可装弹簧、连杆、油动机，以及高、低压疏水法兰等其他部件。

（30）主汽门严密性鉴定。

2. 高压调节汽门的检修

(1) 停机后拆除调节汽门壳体上的保温层，在螺母处加适量煤油或松锈剂，同时拆去各疏水管的法兰螺栓。

(2) 测量油动机活塞杆的调整螺栓尺寸，并做好记录。拆去油动机与调节汽门杠杆的连接销，测量并记录各调节汽门的预启阀行程，同时在阀盖及拉紧螺栓上加适量煤油。拆去拉紧螺栓，用顶起螺栓顶起阀盖。当顶不起时，可用紫铜锤不断捶击阀盖，使其松动后取出。

(3) 拆自密封环及锁块，方法同拆主汽门锁块及自密封环。但拆时必须用紫铜锤反复捶击，并用起吊工具将门杆吊紧，边击边吊，便能将阀套拆出。

(4) 阀头解体时要用专用夹座或借用摇臂钻床工作台将阀套夹紧，用砂轮磨去堵头上止退垫圈的保险，用氧－乙炔焰火嘴将阀头加热到 $250 \sim 300℃$，松出阀头。当加热后仍拆不出时，可将止退垫圈车去，使阀头与阀套轴向紧力消失，同时对阀头进行加热，一般情况下可拆出阀头。

(5) 拆阀壳内阻汽圈，方法可参照主汽门检修工艺。

(6) 清理检查杠杆部分各调节汽门连杆销子，确保无变形、裂纹、磨损等现象。衬套与杠杆配合不松动，保险良好。与油动机连接的销子活动部分间隙为 $0.05 \sim 0.10mm$，固定部分间隙小于 $0.02mm$。杠杆支架固定不松动，杠杆支点滚针轴承完好、转动灵活，并加高温黄油杠杆与吊环的轴向间隙为 $1.0 \sim 2.5mm$（每侧）。各调节汽门调整开启顺序的螺栓应完好，螺母活动灵活。

(7) 检查测量弹簧、弹簧筒及球形连杆。弹簧筒及上下盖板应无裂纹、磨损、毛刺等现象。弹簧拉紧螺栓应无裂纹、损伤，丝扣不毛，不翻边。弹簧筒与弹簧座的配合间隙为 $0.25 \sim 0.50mm$。弹簧座与锥形联合器配合严密，接触良好；锥形联合器与门杆配合不松动，接触面积大于 80%。小弹簧应无锈蚀、裂纹，自由长度变化小于 5%。特性试验方法同主汽门弹簧特性试验。弹簧筒底座与门杆套的配合间隙应小于 $0.30mm$，轴向接触平面应光滑平整，严密不漏汽，保险良好。球形连杆应无裂纹、球面光滑无毛刺，与球形套接触良好，装配后转动灵活，轴向窜动量为 $0.25 \sim 0.35mm$；套与弹簧座配合间隙为 $0.15 \sim 0.25mm$，压紧螺母不松动，保险可靠。

(8) 清理检查阀壳、汽封大盖，确保无裂纹、吹损、磨损、夹渣、气孔等现象。阀壳与汽封大盖接合面应光滑，无贯穿凹槽；各疏汽孔畅通，法兰无严重变形，焊口无裂纹。阀壳上的各测温点完整不松动。

1Cr18Ni9Ti 不锈钢垫片应平整，无裂纹。

（9）检查阀门扩压器，确保无裂纹、松动，表面光滑无吹损凹坑，点焊不裂开。阀线应无凹坑、毛刺，与阀头接触面呈连续环形带，并严密不漏汽。当发现扩压器松动时，应更换备品。

扩压器更换时，将点焊处用砂轮磨去，把专用拉板用铁丝绑扎牢，从扩压器上面放下，直至与扩压器下部接触良好。拉紧铁丝，使拉板呈水平状态，旋入螺栓拉杆，上面放好横担。用螺母旋紧后，用氧－乙炔焰火嘴加热阀壳至 200～250℃。旋紧拉杆螺母，边拉边用紫铜棒捶击扩压器，直到拉出再停止加热。待冷却后，测量扩压器各部尺寸，按过盈要求加工新的扩压器。将阀壳氧化层等清理干净，做好比扩压器外径大 0.20～0.30mm 的样棒。用远红外线加热器或工频感应加热方法，对阀壳均匀加热到样棒能放进去的孔径，在扩压器外圆擦涂二硫化钼粉，将扩压器平稳地放入孔内，使其自然落下，并检查是否落到底。若发现不到底，应立即取出，查出原因后再装，切不可硬压下去。装复后停止加热，用奥 502 焊条点焊。

（10）清理检查门杆，确保光滑无毛刺。表面氧化层用砂轮片打磨掉，门杆上下凸肩处用着色探伤应无裂纹。弯曲应小于 0.10mm；门杆与汽封套筒配合间隙应大于 1.0mm，与阻汽圈间隙为 0.30～0.40mm，与阀套间隙为 0.30～0.50mm。

（11）清理检查蝶阀、阀套，配合应不松动，保险良好。阀线光滑无凹坑、毛刺等现象。用金相砂纸在车床上打磨光亮，预启阀阀线接触良好，行程为 1～2mm，阀套导键不松动，与键槽两侧间隙为 0.30～0.40mm，阀套与门杆套间隙为 0.25～0.35mm，与汽封套间隙为 0.30～0.40mm，蝶阀行程应大于 62mm。

（12）测量检查阻汽圈，确保无咬毛；氧化层应用砂轮片打磨掉，导汽圈位置正确，疏汽孔畅通，与门杆套配合间隙为 0.05～0.10mm，组装后轴向间隙为 1.5～2.0mm。汽封大盖和门杆套与阻汽圈的间隙：大圈与大盖间隙为 0.15～0.30mm；小圈与门杆套间隙为 0.15～0.25mm。

（13）清理检查自密封环，确保无裂纹，弹性良好，齿无严重变形，锁紧块氧化层清理干净，在槽内的轴向间隙应为 0.10～0.20mm。

（14）阀盖与阀壳接触良好；阀盖与阀壳和门杆套的径向配合间隙为 0.05～0.10mm；拉紧螺栓无裂纹、损伤，并应均匀拉紧。

（15）所有零部件清理、检查、测量、修正完毕后，可按解体时的反向顺序进行组装。组装时各零件记号不得弄错，各调节汽门零件不得调错，所有零件应涂擦二硫化钼粉。阀盖拉紧螺栓初紧后，检查门杆套应无歪斜，并试装汽封大盖无误，然后复紧螺栓。汽封大盖接合面应涂汽缸涂料。大盖装上后，应将弹簧座放入壳体，但不能先紧座子固定螺母，应将大盖螺栓紧好后，再继续下一步工序。当球形连杆窜动量不符标准时，可调整球形套下部垫片，直到合格。各调节汽门调整螺栓尺寸应与解体前的尺寸相同。组装结束应对各部件进行复查，各有关汽、水、油、法兰、接头应完整无缺，螺栓紧力均匀，不漏不渗。

3. 主汽门和调节汽门氧化层的处理

超高压大功率汽轮机有许多部件处于高温条件下长期运行，对于这些高温部件，至今国内外尚未找到完全能抗高温氧化的金属材料。从大量检修实例中测量得知，运行三年左右的高温部件，氧化层厚度达0.13mm左右，同时使氧化层与母材结合疏松，由此引起主汽门、调节汽门阀杆表面粗糙、外径胀粗、阀套内孔表面粗糙、孔径缩小，从而使阀杆与阀套配合间隙变小；加上氧化层剥落，落在阀杆与阀套等间隙内，还会使活动配合部件发生卡涩。所以，机组投运三年左右，活动配合零部件即经常发生卡涩现象。如某台机组投运两年后，主汽门和调节汽门便不断发生卡涩现象。这些缺陷严重威胁机组的安全运行，为此检修中必须采取下列措施：

(1) 增加阀杆与阀套等配合间隙，一般应将间隙在原有基础上放大0.10~0.20mm，使其抵消因氧化层而缩小的间隙。

(2) 按下列工艺方法彻底清除氧化层：①对于零件外圆表面的氧化层，可用外圆磨床将氧化层磨去，当零件形状复杂无法用磨床磨去时，可用砂轮碎片由手工打磨，然后用细砂纸磨光；②对于零件内孔表面的氧化层，可用芯棒加研磨砂研磨。

(3) 对于主汽门和调节汽门的配汽机构，应定期解体清理氧化层，一般以一年解体一次为好，最长不得超过两年。

(4) 对于因氧化层胀死的零件或设备，应设法解体。在不得已的情况下，即使损坏零件也应解体，切不可因解体困难就此作罢，这样会使问题越来越严重。如某台汽轮机的主汽门阀杆，投运后第一次大修因氧化层胀死，阀杆拉不出，几次检修均未将阀门解体，直到四年后才下决心解体，结果因胀死严重，十余人奋战了一星期才把阀杆拉出，此时阀杆已严重损坏，只能报废换用备品。

(5) 装配主汽门和调节汽门时，阀杆、阀套等零件一定要涂擦二硫化钼粉，而且要涂均匀、涂足，避免漏涂，以防活动部分将来咬死。

（6）选择抗氧化性能好的材料，以延长门杆的使用寿命，如用25Gr2WMoV 能在相同工作环境的条件下使氧化层厚度约减少1/2。

（7）如将门杆表面渗铬处理，就能有效地提高门杆的抗氧化性。

第二节　再热（中压）联合汽门检修

一、概述

在再热机组中，控制汽轮机紧急停机的主汽门有高压主汽门和再热（中压）主汽门两套。因为从高压缸出口到中压缸进口是一段热容量很大的再热器和再热管道，如果只有高压缸进口的主汽门和调节汽门，那么紧急停机或甩负荷时，即便将高压主汽门和调节汽门关闭，再热器和再热管道中储存的蒸汽仍会继续流入中、低压缸做功，从而造成汽轮机超速。为防止由于这个热惯性而造成的超速，必须装设再热（中压）主汽门和再热调节汽门，以便在紧急停机或甩负荷时，同时切断高、中压缸的进汽。

为使结构紧凑，常将再热主汽门和再热调节汽门做成一体，采用一个阀壳，阀芯为嵌套式结构（主汽门芯嵌套在调向门芯中），总称为再热（中压）联合汽门。一般采用两个再热联合汽门，且分别布置在汽轮机中压缸的左、右两侧。每个阀分别由3个恒力支架支撑，并可随管道有膨胀和收缩而浮动。再热主汽门和调节汽门分别由各自的油动机驱动。

二、再热（中压）主汽门和调节汽门的工作原理

图 11-7 所示为再热调节汽门的工作原理。高压抗燃油通过隔离阀和滤油器进入电液转换器。当油液进入电液转换器内装有分配滑阀的腔室时，滑阀移动并打开油口，使高压动力油进入油动机活塞的下腔，在该油压升高到可克服拉弹簧的关闭力之后，油动机活塞向上移动，再热调节汽门打开；当该油压降低时，再热调节汽门则依靠弹簧的作用力关闭。

电液转换器由电调节器控制，并根据电调节器发出的阀位信号要求移动其分配滑阀，以改变油动机活塞下腔的油压，使再热调节汽门达到所需要的开度。线性位移差动变送器 LVDT 能向调节器提供一个再热调节汽门实际开度的反馈信号，该信号送至控制柜，与计算机输出的信号作比较，经伺服放大器放大后，作为输入电液转换器的控制信号，电液转换器则根据该信号继续动作，调整调节汽门的开度，以减小理想开度与实际开度之间的偏差。当计算机输出信号与反馈信号的差值为零时，调节汽门的开度达到所需要的开度，电液转换器处于新的平衡位置。此时，仅有少量的油液流至油动机油室，以弥补油动机活塞和快速卸载阀的漏油。这样，只要

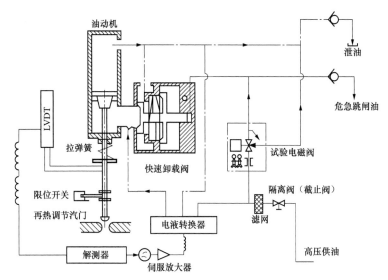

图 11 - 7　再热主汽门工作原理

外界负荷不变，调节汽门的开度就不变，电液转换器就像一个节流孔，有效地抑制了由于高压油波动而引起的油动机油压的任何波动，从而保证了油动机运行的稳定性。

当机组甩负荷时，为避免中间容积储存的蒸汽造成汽轮机超速的危险，高压调节汽门和再热调节汽门都将关闭，而再热系统中剩余的蒸汽将通过旁路排入凝汽器。在下列情况下，再热调节汽门都将关闭：

（1）通过计算机完全切断向电液转换器的供油。

（2）关闭隔离阀。

（3）机组转速达到一定值后，危急跳闸系统通过快速卸载阀泄油，从而引起油动机活塞下腔油压失压。

（4）试验电磁阀通电，高压供油压力降低或危急跳闸油母管油压降低。

总之，由于这种执行机构具有系统漏油时汽门向关闭方向动作的特点，因此无论是系统中哪个地方漏油，或高压油油压降低很多，或跳闸油母管油压失压，都可使汽门向关闭方向动作，所以这是一种安全系统。

三、再热主汽门和调节汽门的检修

1. 再热主汽门的结构

再热主汽门执行机构的主要部件包括油动机、壳体、活塞杆、弹簧、控制块、电磁阀、溢流阀、隔离阀和止回阀等，如图 11 - 8 所示。再热主汽门是一种开关型执行机构，类似于止回阀，没有控制功能。

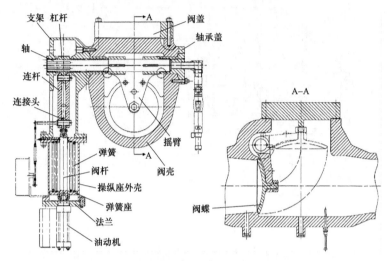

图 11 - 8　再热（中压）主汽门结构

其工作原理是：高压动力油从隔离阀引进，经过一固定的节流孔板后，直接进入油动机的下腔，节流孔板限制至油动机的进油速度。当危急跳闸系统动作后，要使油动机下腔的油迅速泄掉，从而迅速关闭再热主汽门。

2. 再热（中压）主汽门的检修

（1）拆除限位开关及电触点，将周围现场清扫干净。

（2）将脱扣阀吊住，拆去进油、泄油法兰螺栓及通往凝汽器阀杆疏水法兰螺栓，最后拆去脱扣阀与油动机的紧固连接螺栓。

（3）拆去油动机与连杆的活销，用行车吊住脱扣阀；拆去油动机的固定螺栓，吊下油动机，并放在专用架上。

（4）拆除阀杆疏汽法兰，吊下疏汽管放在地上。

（5）拆去连杆与阀杆的连接活销，吊下连杆；拆去阀盖螺栓，吊下阀盖。

（6）拆去阀杆疏汽端的端盖螺栓，将端盖拆下放在地上。在阀杆疏汽端套上 1 只专用的两半圆垫圈，其内孔能保证阀杆销子穿过，外孔靠紧阀壳。

（7）在阀杆与阀芯的连接件上喷松锈剂，将顶阀杆的钢板固定在阀门驱动端的加强筋上。在圆周3等分点上用3只30t的千斤顶，并用绳子捆绑在吊架上，为防止坠落，在疏水端上放1只30t的千斤顶，前者将阀杆由驱动端向外顶，后者由疏水端向内顶。顶时由一人指挥，同时施力，并进行敲击。若顶不出，则可用氧－乙炔火焰气焊枪2副对阀芯加热，当温度达到200℃左右时，可同时施力将阀杆顶出为止。

（8）清理、检查各部件应无损伤、毛刺；氧化层剥落应磨掉；阀杆、阀芯、阀座应进行着色法探伤，且无裂纹等缺陷，同时测量下列间隙：

1）阀杆与轴瓦（3道）的间隙为0.39～0.49mm。

2）阀杆与连接杆的间隙为0.05～0.15mm。

3）疏水端法兰凹凸面的径向间隙为0.02～0.23mm。

4）阀壳与阀壳内的总窜动量为2.3mm。

5）连接板与阀芯螺栓的间隙为2.75～2.95mm。

（9）研磨阀芯与连接板的球面密封面，并用红丹粉检查时接触应全周均匀。

（10）研磨阀杆与连接板组装后应与驱动端轴承，并用红丹粉检查时应全周均匀接触。

（11）研磨螺母与连接板（用假轴定位），并用红丹粉检查时接触应均匀合格。

（12）用红丹粉检查阀芯与阀座的接触，应全周均匀。

（13）各部件清理、检查、测量完毕，认清2个阀门的记号，可按拆卸逆顺序进行组装。组装时应复查各部件有无毛刺，并清理干净，涂擦二硫化钼粉剂，更换全部密封垫片。阀芯与螺母的定位，应符合当螺母旋到连接板与阀芯间有0.33～0.38mm的间隙时，用止动螺钉锁紧。疏水端端盖螺栓紧固力矩为723N·m；阀盖螺栓紧固力矩为1619N·m。

3. 再热（中压）调节汽门的检修

再热调节汽门结构如图11－9所示，其执行机构中的许多部分与高压调节汽门相同，这里不再赘述。其检修工艺如下：

（1）用行车吊住连杆，拔去各有关滑销，将连杆吊到地面垫妥，其高度应保证销子能冲出，搁置方向要注意销子冲出方向是自上向下。对于连杆的调整螺栓，未经技术部门同意不可拆松，以防连杆长度改变。

（2）在关闭阀门弹簧圆周上的4点测出弹簧的装配长度，做好记号并记录。拆弹簧压紧螺栓，直到弹簧全松，用行车吊下弹簧、弹簧压板、弹簧座圈并关闭传递板。

（3）拔出关闭力传递销，测量阀门的行程。测量时，将链条葫芦挂

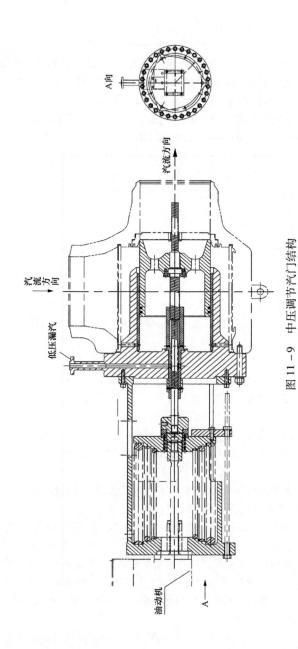

图 11 – 9 中压调节汽门结构

在行车吊钩上，用绳子将阀杆活销与链条葫芦钩子连接，用手拉葫芦将阀杆提升到全开位置，测出全行程（阀杆端部到基准面距离之差即为阀的全行程），其标准为 $173 + 2 = 175 \text{mm}$。

（4）在阀杆端面架一个百分表，使指针读数为 0.27 左右。用手拉阀杆，直到阀杆提不动为止，同时读出百分表值。两次读数之差即为阀杆与阀芯的自由度，做好记录，其标准为（2 ± 0.2）mm。

（5）拆阀杆疏水法兰和阀盖螺栓，用顶起螺栓或斜楔将阀盖顶松，将阀盖、阀芯、阀杆、滤网组件吊出，并放在专用架子上。

（6）拆出弹簧导向块，拆时将阀杆提到一定位置，使阀杆和弹簧导向块的锁定销子处于能冲出位置，同时使阀杆处于对边能被扳手卡住的位置。然后，用木块将阀芯垫牢固，冲出固定销，再用直径与活销孔径相近的紫铜棒插进孔内，用手锤敲击紫铜棒，按顺时针方向旋出弹簧导向块，吊出阀杆。

（7）若阀杆与阀芯的自由度符合或接近标准值，则不必解体阀杆和阀芯。反之，应拆松阀杆和阀芯的连接螺母，拆出阀杆，检查头部磨损情况，并研究处理措施。

（8）将中压主汽门撑牢，一般可用主汽门支撑弹簧上销子销住，用柔性加热棒对垂直法兰的螺栓进行加热，并用小锤将螺栓击松。当螺母不动时，应继续加热，但应防止温度太高而使螺栓丝扣咬死。水平面法兰一般不拆，阀壳也不吊出。

（9）清理、检查各零件，确保无损伤、毛刺等现象，并对阀杆、阀芯、阀座、弹簧及其他可疑部件等进行着色法探伤，结果应无裂纹。检查各密封面及其他部件，凡有高温氧化层剥落的部位，应将氧化层磨掉。当阀杆与封套的密封面有缺损时，应根据具体情况决定处理方案。

（10）测量弹簧的自由长度，应无明显变化。

（11）将阀杆、阀芯装在阀盖上，并在阀座上涂一层红丹粉；将阀盖组件吊进阀壳，检查阀线的接触情况，阀线上的红丹粉印痕应全周均匀。

（12）测量下列部件间隙：

1）阀杆与下封套的间隙为 0.27 ~ 0.36mm。

2）阀芯汽封环与槽的轴向间隙为 0.20 ~ 0.30mm，且灵活不卡。

3）阀芯定位环与导向套的径向间隙为 1.22 ~ 1.32mm。

4）测量阀壳下端导向套的间隙为 0.2 ~ 0.50mm，且灵活不卡。

5）阀壳下端导向套与汽缸的间隙为 0.45 ~ 0.75mm。

6）各活销与孔的间隙应符合标准。

（13）各部件清理、检查及测量完毕后，可按解体时的逆程序进行组装。组装时，应复查各部件表面无碰毛等现象，并涂擦二硫化钼粉剂，密封垫全部换新，两个调节汽门零件应按记号装配，防止弄错。阀芯装入导向套时，用链条葫芦缓慢提升阀杆。当阀芯汽封环接近导向套的进口锥面时，应用 3 根 ϕ16 圆钢分别撬住，直到汽封环全部进入导向套为止。

阀壳装复前，应用钢丝绳分别将导向管下端的汽封环收紧，使其不高出管子外圆。然后，将导向套向下敲击，汽封环第 1 根进入导向套后，应拆掉该汽封环上的钢丝绳，再继续将导向套向下敲击，直至全部汽封环进入套内。最后将阀壳吊到汽缸上就位，吊时阀壳应校准水平，并对准汽缸上的孔。

（14）将螺栓、螺母清理干净，确保螺母旋转灵活、紧度适中，涂螺栓润滑剂，将螺栓穿进法兰孔，并按规定的力矩进行冷热紧固工作。

四、阀门的研磨

阀门的研磨工作是阀门检修的重要工序，只有使用合理的检修工具和检修方法才能达到较高的检修质量要求。

（1）高压主汽阀为卧式结构，其研磨方法如下：

1）主汽阀阀头修复合格，如有划伤或磕痕，应在专用车床上进行车削；车削时要保证阀头型线的角度合格，如车削量过大，应重新对阀头进行局部渗氮处理。

2）阀体内阀座清理干净，经检查无划伤、磕痕，对损伤严重处应采用合理的补焊工艺进行补焊。

3）将主汽阀阀芯进行检修后回装完毕。

4）主汽阀阀芯与阀盖组装完毕。

5）在阀头上均匀涂抹红丹粉，将阀门装入阀体内，均匀拧紧阀盖的 4 只螺栓。

6）轻轻用推动阀杆，使阀头与阀座接触。

7）拆下阀门，检查阀座上的接触情况，如接触不良，可用油石进行修磨，并重复 5）～7）的工序。

8）反复研磨，保证阀座上的接触线为圆周 360°均匀、连续接触，最佳接触宽度为 1～2mm。

（2）中压主汽阀为阀碟式结构，其研磨方法如下：

1）阀碟清理，如有划伤或磕痕，应在专用车床上进行车削；车削时要保证阀头型线的角度合格。

2）阀体内阀座清理干净，经检查无划伤、磕痕，对损伤严重处应采用合理的补焊工艺进行补焊。

3）回装阀碟，保证各部分间隙。

4）在阀碟型线处粘接粗研磨砂布。

5）均匀圆周转动阀碟进行研磨。

6）定期去除研磨砂布，在阀碟型线处均匀涂抹红丹粉以检查研磨情况。

7）用细研磨布研磨，以确保接触线的光洁度。

8）反复研磨，保证阀座上的接触线为圆周360°均匀、连续接触，最佳接触宽度为1~2mm。

（3）高、中压调节阀为立式结构，其研磨方法如下：

1）阀头修复合格，如有划伤或磕痕，应在专用车床上进行车削；车削时要保证阀头型线的角度合格，如车削量过大，应重新对阀头进行局部渗氮处理。

2）阀体内阀座清理干净，经检查无划伤、磕痕，对损伤严重处应采用合理的补焊工艺进行补焊。

3）阀芯检修后回装完毕。

4）阀芯与阀盖组装完毕。

5）利用专用的研磨工具，在工具的研磨面上粘接研磨砂布，将研磨工具固定在阀体上进行研磨。

6）定期去除研磨砂布，在阀碟型线处均匀涂抹红丹粉以检查研磨情况。

7）用细研磨布研磨，以确保接触线的光洁度。

8）在阀头上均匀涂抹红丹粉，回装阀门后检查研磨质量。

9）反复研磨，保证阀座上的接触线为圆周360°均匀、连续接触，最佳接触宽度为1~2mm。

提示 本章节适合初中级工使用。

第十二章

调节系统检修

第一节 调节系统检修要点

一、调速系统检修基本要求

（1）检修人员必须认真学习《电力安全工作规程》及各种补充规定，认真执行工作票制度，做到安全生产。

（2）了解并掌握所要检修的各部件构造及原理，熟悉《电力安全工作规程》提出的标准和要求。

（3）做好文明生产工作，检修前应布置好场地，清除无用的物品。检修完毕或一段工作完毕后，及时清理现场。

（4）所有设备和部套在拆卸、解体、回装过程中应做好记录，尤其对于出现的问题，若发现缺陷，更换的零部件、原发现缺陷及隐患的消除情况及更新改进等情况，应有完整和齐全详细的检修记录。

（5）检修时应用专用工具进行拆卸、组装。不得随意使用其他工具代替。零部件不易拆卸或组装时应查找原因，禁止盲目敲打。

（6）大修时，所有部套和设备除制造厂规定不允许解体外，均应进行解体、清理和检查。

二、调节、保安系统检修通则

1. 调节、保安系统设备及部套检修说明

调节、保安系统设备及部套多为一些滑阀、滑阀套管、活塞杆、活塞缸和油室，在此将这些较有共性部件的检修做统一的说明。

（1）滑阀、活塞、活塞杆应无严重磨损及腐蚀和卡涩现象，否则应检查原因进行消除，并根据具体情况研究更换或采取措施。如有轻度磨损、锈蚀、结垢、卡涩、腐蚀等应查明原因，用金相砂纸、细油石（活塞及活塞环可以用水砂纸）加透平油磨光滑动表面，禁止使用锉刀或粗砂布修理。

（2）活塞环应灵活，无卡涩、裂纹等缺陷，复装时两个环之接口应错开180°位置，三个环应错口120°位置，并且接口均应错开缸室的孔口。

（3）活塞及活塞杆等解体后应放置在妥当的地方，并使用清洁柔软材料包裹和覆盖以防碰撞，与检修无关的人员禁止随意乱动。

（4）滑阀及活塞的行程、过封度、油口开度等应符合图纸或相应规程要求，测量时应使用可靠准确的精密量具和专用量具等。

（5）滑阀套筒、活塞、活塞杆、活塞缸室及外壳体之洼窝油室孔口等应用煤油仔细清洗，用白布擦拭，用白面团沾净，最后用压缩空气吹干。

（6）复装滑阀及活塞时，应在滑阀、活塞、活塞杆等滑动部位表面浇以透平油，并应配合灵活。

（7）一般情况下，不取出紧配合套筒及缸室，必要时应制定措施备好专用拉套工具，或者用铜棒轻轻均匀敲击取出，不允许直接用锤击套筒及缸室。

（8）所有滑阀、套筒、活塞、活塞杆、活塞环、缸室、油室、外壳及其他零部件应仔细进行的宏观检查，无裂纹、毛刺等缺陷。

（9）各油口应畅通，尤其是排气孔必须确保其畅通。

（10）各油室、缸室、阀室的上盖、法兰接合面的垫料应拆除，拆卸后按原有规格配制，在确保各技术要求准确无误的情况下保证其严密性。

2. 调节系统质量要求

（1）当主汽门完全开启时，调速系统应能维持汽轮机空负荷运行。

（2）当汽轮机由满负荷甩到零负荷时，调速系统应能维持汽轮机转速在危急遮断器的动作转速以下。

（3）主汽门和调速汽门门杆、油动机、各滑阀及调速系统连杆上的各活动连接装置，没有卡涩和松弛情况，动作灵活。当负荷改变时，调速汽门应均匀平稳移动，在系统负荷稳定的情况下负荷不能摆动。

（4）当危急遮断动作后，应保证调速汽门、主门关闭迅速且严密。

（5）调速系统的最大迟缓率不应大于 0.2%。

（6）调速系统在大修或某一局部进行检修、改进及调整后应进行动态试验，试验及调整后调速系统各个部分应完全满足静态试验的各项标准的要求。

3. 保安系统质量要求

（1）超速保护（注：动作转速为新颁布标准）。

1）当转速超过额定转速的8%～10%（即3240～3300r/min）时，危急遮断器动作停机。

2）当危急遮断器失灵，转速升至额定转速的111%～112%（即3330～

3360r/min）时，附加保安滑阀动作停机。

3）如上述两道保安皆不动作，和附加保安滑阀动作值相同，即额定转速的111%~112%，测速装置将发出遮断信号，使电磁解脱阀动作，停机。

（2）手动停机保护，机组运行时，遇有机械危险，手打停机按钮，故障停机。

（3）保安系统动作，主汽阀关闭时间不超过1s。

（4）润滑油压降低保护。

1）当油压降至0.049MPa时，联动交流润滑油泵，同时发声光报警信号。

2）当油压降至0.0392MPa时，电路接通向双联电磁遮断阀动作，切断汽轮机进汽实现停机，并启动直流润滑油泵，同时发出报警信号。

3）当油压继续降至0.0294MPa时，切断盘车电源，并发出声光警报信号。

（5）真空降低保护。

1）当凝汽器真空降至67.49kPa时，发出报警声光信号。

2）当凝汽器真空继续降至57.69kPa时，双联电磁遮断阀动作，实现停机，同时发出声光报警信号。

（6）轴向位移保护。

1）当汽轮机轴向位移达预警规定值时，发报警信号。

2）当汽轮机轴向位移达停机规定值时，发报警信号，并双联遮断阀动作，紧急停机。

（7）防火保护。在停机时通过危急遮断滑阀、防火滑阀和放油滑阀共同作用将高中压自动关闭器和高中压油动机的压力油源切断，并排放部套中的存油，来防止可能发生的火灾的扩大。

三、液动元件检修特点

液动元件工作质量的好坏直接影响调节、保安系统的安全、可靠性，检修时必须注意以下事项：

（1）凡能改变调节系统特性的部件，如弹簧紧度调整螺栓、垫片、连杆等零件的尺寸和相对位置，拆装时必须进行测量，做好详细记录。

（2）解体时，必须测量和记录每个部件的间隙和必要的尺寸，如错油门门芯间隙、过封度、行程等，油动机活塞间隙、行程，调节汽门行程、调节汽门门杆间隙、弯曲度等。

（3）拆下的零件应分别放置在专用的零件箱内。对于精密零件应特别注意保护，并用干净的白布或其他柔软的材料包住，拿取时应十分小心，防止碰撞、损坏。

（4）滑阀、活塞、活塞杆、活塞环、套筒、弹簧等部件应仔细进行检查，无锈蚀、裂纹、毛刺等缺陷，滑阀凸肩应保持完整，无卷边、毛刺。

（5）滑阀、活塞上的排气孔、节流孔应清理干净，以免堵塞油路，影响正常工作。

（6）滑阀、套筒、活塞、活塞杆及外壳体的凹窝、油路孔口等应用汽油仔细清洗，用白布擦拭，用面团粘净。

（7）复装滑阀及活塞时，应在滑阀、活塞、活塞杆等活动部位浇以透平油。滑动及转动部分应灵活，无卡涩与松动现象，全行程动作应灵活、准确。

四、基本测量工艺

1. 错油门门芯与套筒间隙的测量

测量前应用细油石及水砂纸打光。用外径千分尺测量门芯的外径，要求对称测点不少于四点；用内径千分表测量套筒的内径，要求测上中下三个部位，每个部位对称测点不少于四点。

2. 断流式错油门的重叠度测量

（1）如图 12 - 1 所示，用外径千分尺或游标卡尺测量门芯凸缘 a、b、c、d 的数值。

（2）利用 L 形专用工具测量错油门套筒油口宽度及凸缘尺寸，如图 12 - 2 所示。专用工具的测杆放在定位套内，应保持 0.03 ~ 0.05mm 间隙。要求定位套筒有一定的长度，孔与底平面要求垂直，测量杆与套筒不应歪斜。上下移动测杆，使千分表读数变化，变化值为 Δ_1，则油口宽度为

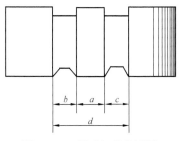

图 12 - 1 错油门凸缘测量

$$S = L_1 + \Delta_1$$

也可将错油门门芯放入套筒内测量错油门重叠度，其方法是在其端部放置一个千分表用透光法测量，如图 12 - 3 所示，移动错油门门芯直到油口中能透过光亮时为止。记下千分表读数，反向移动错油门门芯，直到油口另一侧能透过光亮，记下千分表读数，两次测量读数之差即为重叠度。

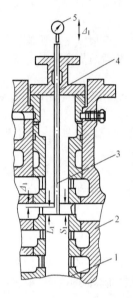

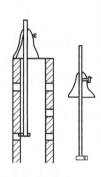

图 12 - 2　用专用工具测量错油门套筒油口

1—套筒；2—壳体；3—单足测量杆（L形）；4—定位套筒；5—千分表

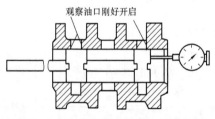

图 12 - 3　用透光法测量错油门重叠度

3. 晃度的测量

零件在圆周上的不圆程度称为晃度。如图 12 - 4 所示，将千分表装置在零件表面的上部，将所测的圆周划分 8 等分，然后盘动转子，将圆周各点千分表的指示值记录下来，圆周对应最大差值即为晃度。

4. 瓢偏度的测量

端面与轴颈不垂直程度称为瓢偏度。测量瓢偏度一般应将两块千分表分别安装在 1 和 5 的位置，如图 12 - 5 所示。然后将表正负指示方向留有适当余量，将表针定在刻度 50 上，盘转一圈后两表的指示应相同，然后

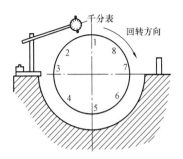

图 12 - 4　晃度测量

盘动转子 360°，测量各点读数，并做好记录。

$$瓢偏度 = \left[(A - B)_{max} - (A - B)_{min} \right] / 2$$

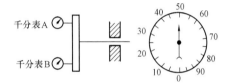

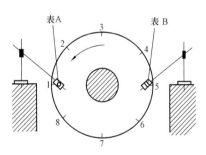

图 12 - 5　瓢偏度测量

5. 弯曲的测量

弯曲的测量原则上与测量晃度一样。如果测量轴上某一点的弯曲，测量方法与测量晃度完全一样。如果轴较长，可沿轴向将轴分成数等分，在各等分点依次测量，记下测量后的最大差值，并除以 2 即为轴的弯曲量，即

$$弯曲量 = \frac{晃度}{2}$$

6. 轴瓦间隙紧力的测量

一般采用压铅丝的方法测量，测轴瓦紧力时，选择铅丝直径略大于瓦间隙，在轴颈顶部和轴瓦左右结合面各放一铅丝，然后把瓦盖扣上，将瓦盖螺栓对称紧好，一般不要紧力过大，然后揭开瓦盖，取下左中右铅丝，用 0~25mm 外径千分尺测量每一根铅丝厚度并取其平均值，然后再用下式算出间隙，即

轴瓦间隙 = 中间铅丝厚度平均值 − 左右两侧铅丝平均值

测量轴瓦紧力时，将中间铅丝放置在瓦盖与瓦枕之间顶部，左右两侧铅丝放在瓦盖结合面上，其余均同间隙测量法，计算结果应该是负值，即为轴瓦紧力。

7. 主油泵密封环间隙的测量

测量密封环总间隙时，可将叶轮和密封环取下，用内径千分尺测量密封环的内径，用外径千分尺测量与密封环相配合处叶轮的直径，两者之差即为总间隙。当叶轮不从轴上取下时，可用图 12-6 所示的方法，将千分表置于密封环顶部，从叶轮的下部将密封环托起，看千分表的最大变化数值，即密封环的总间隙。转子在组装前应测量密封环间隙的分布情况，为此将转子放在轴瓦内，然后将千分表置于密封环顶部，用手或小撬杠提起密封环直至与叶轮接触为止，千分表所增加的数值即为下部间隙。总间隙减去下部间隙即为顶部间隙。

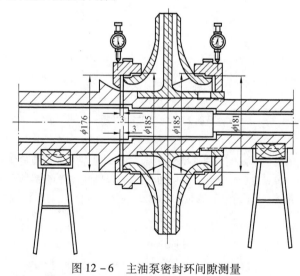

图 12-6　主油泵密封环间隙测量

第二节 调节保安系统典型元件检修

一、调速器

调速器是转速敏感元件，用来感受汽轮机转速的变化，并将转速变化量进行转换、放大后控制调节汽门开度，调整汽轮机进汽量，从而起到调节汽轮机转速的作用。

调速器分为机械式、液压式和电子式三种。下面介绍机械式和液压式调速器的检修。

1. 机械式调速器

图 12 - 7 为离心钢带式调速器结构。该调速器固定在主油泵轴上，在制造厂已经调整好，检修时一般不予以分解，但应做如下检查：

（1）用放大镜仔细检查弹簧及钢带表面有无裂纹，检查钢带和弹簧是否变形。

（2）检查两端飞锤有无松动现象，一般应捻死并保持拉伸弹簧两侧均匀，即图 12 - 7 中 $a_1 = a_2$。检查其他紧固件如销钉等是否可靠。

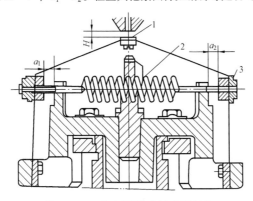

图 12 - 7 离心钢带式调速器结构
1—调速块；2—弹簧；3—离心重块

（3）检查调速块与喷嘴相对应处的偏斜，不应大于 0.04mm。当分解调速器与主油泵时，应做好装配位置记号及垫片厚度记录，组装后应保证调速块与喷油嘴的间隙与拆前相同。

调速块与喷油嘴之间有轻微摩擦时，应用细油石磨光调速块；调速块磨损严重时可更换。但其他零件，如弹簧和钢带损坏时，应与调速器一起

第十二章 调节系统检修

整件更换，并经厂家试验调整合格。更换后安装时，应保证调速块与喷油嘴之间的安装间隙值。

2. 调速器错油门组

调速器错油门组的结构如图 12 - 8 所示。其检修工艺如下：

（1）检查调速块与喷油嘴的安装间隙片值，并做好记录。将错油门组上的连接油管拆除，卸下错油门组，按如下步骤进行：

1）检查连接三个错油门的杠杆是否有弯曲变形，各铰链的轴承是否转动灵活，并应清理干净。

2）测量调速器错油门连杆的长度，检查各错油门的门芯是否灵活，拆开后检查是否有侧面磨损的情况，有无毛刺、锈蚀、碰伤等缺陷。如有上述情况，应用细油石或细水砂纸轻轻打磨。不允许用粗油石和锉刀打

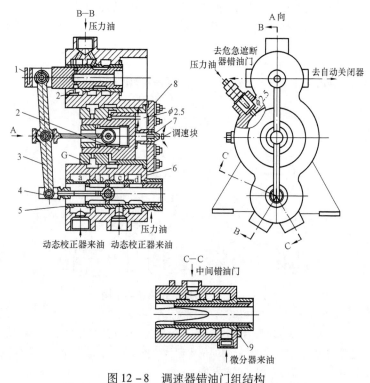

图 12 - 8　调速器错油门组结构

1—控制错油门；2—随动错油门；3—杠杆；4—调速螺母；5—分配
错油门；6—壳体；7—喷油嘴；8—端盖；9—限位块

磨。打磨好后，用白布擦拭干净，不允许用棉纱或粗布擦拭。

3）各空气孔和节流孔均应畅通，调速器错油门的进油滤网应清洁干净。

4）组装错油门和套筒前，用煤油洗净外壳，用面团粘净后用压缩空气吹干净。确认各通道畅通后，将门芯上浇上干净的透平油，然后将门芯装入套筒。

5）组装好后应测量跟踪错油门、同步器错油门和调速器错油门的行程，符合出厂图纸要求。

6）组装好的错油门组，应将所有的油管接头用白布扎封好。

（2）错油门就位时紧螺栓前应将销钉打入，对称将螺栓拧紧。

（3）如果错油门在3000r/min时的位置不对，可调整调速器错油门活塞上的调节杆、调速器喷嘴间隙。

3. 液压式调速器

液压式调速器是利用油柱旋转时产生离心力的原理将感受的转速变化信号转换为油压变化信号。其优点是动作灵活、可靠，结构简单，布置方便，没有铰链等摩擦元件和减速装置。缺点是离心油泵工作有时不稳定，即当转速不变时，油泵出口的油压有时会产生低频周期性的波动，影响汽轮机稳定运行。常用的液压式调速器有径向钻孔泵和旋转阻尼两种。

（1）径向钻孔泵。径向钻孔泵也称为脉冲泵或调速泵，其结构如图12-9所示。它与主油泵装在同一泵壳内，泵轮与主油泵泵轮装在同一根轴上，径向钻孔泵的工作原理和性能与离心泵相同，即泵的出口油压与转速的平方成正比。同时径向钻孔泵有一个很大的优点，就是它的出口油压仅与转速有关，而与流量几乎无关，其特性曲线在工作油量范围内比较平坦。解体时应拆除与泵壳体相连接的所有管路附件，松开结合面螺栓，揭开上盖，吊出转子。其检修工艺要求如下：

1）将转子放在支架上，清理干净后，测量晃度与轴的弯曲，最大弯曲不应超过0.03mm。叶轮外圆和密封环处的晃度不应大于0.05mm。

2）密封环应光滑完整，无裂纹、脱胎等现象；与转子的轴向与径向间隙应符合厂家要求。

3）轴的表面、叶轮表面及流道内应光洁，无磨损、伤痕，叶轮无松动。

4）稳流网应清理干净。

5）与泵连接的油管应清理干净、畅通。

6）组装扣盖时，水平结合面应紧上1/3螺栓，检查其严密性，用0.05mm塞尺塞不通，则严密性合格。根据要求，决定结合面是否抹涂料。如抹涂料，涂料层应薄而均合，螺栓应对称紧匀。

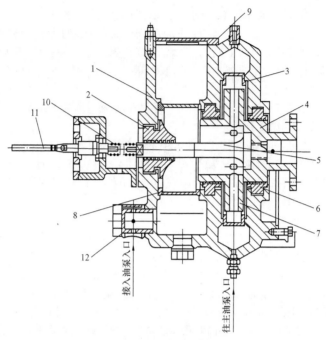

图 12 - 9　径向钻孔泵

1—壳体；2、6、7—油封；3—稳流网；4—泵轮；5—导流杆；8—入口网
9—溢流盖；10—弹性联轴器；11—导杆；12—特制连接管

（2）旋转阻尼。旋转阻尼的工作原理与径向钻孔泵的工作原理基本相同，其结构如图 12 - 10 所示。其检修要求如下：

1）一般情况下不拆卸阻尼管，只用压缩空气吹干净，并检查各通道畅通，如有损坏或其他原因时，可更换阻尼管。

2）转子吊出后及时用白布包好阻尼体和主油泵叶轮，检查各阻尼管是否封牢，不可松动。

3）密封环应光滑完整，无裂纹及脱胎现象。

4）旋转阻尼与主油泵轴连接在一起，应测量轴的弯曲和阻尼体的晃度值。轴的最大弯曲不应超过 0.03mm，阻尼体晃度应不大于 0.03 ~ 0.05mm。

5）测量阻尼体各部间隙应符合要求，一般：密封环径向间隙为 0.05 ~ 0.13mm；密封环轴向间隙为 0.025 ~ 0.077mm；两侧油挡径向间隙为 0.05 ~ 0.13mm。当阻尼体与密封环的间隙大于 0.2mm 时，应加以处理或更换。

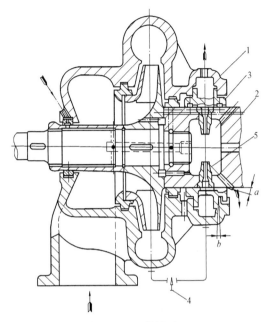

图 12－10　旋转阻尼

1—阻尼壳；2—阻尼体；3—油封体；4—针形阀；5—阻尼塞

6）扣盖时，应检查水平结合面的严密性。紧好 1/3 螺栓，用 0.05mm 塞尺塞不通为合格。紧螺栓时应对称紧匀。

7）主油泵来油经过的针形节流阀阀杆螺纹应无损伤，转动灵活，检修时应做好记录，不得随意改变节流阀位置。

二、中间放大机构

中间放大机构的作用是进行信号的放大、转换与传递。

1. 东方汽轮机厂生产的某机组的中间放大机构

东方汽轮机厂生产的某型汽轮机调节系统采用具有调速器滑阀（压力变换器）的二级中间信号放大机构。调速泵出口一次脉动油压 p_{m1} 的变化作用于第一级信号放大部件调速器滑阀上，它感受一次脉动油压 p_{m1} 的变化后，将其转换为成比例的调速器滑阀的位移而控制油口 "f_n" 的开度，从而改变了二次脉动油压 p_{m2}。p_{m2} 的变化推动第二级信号放大部件即中间继动滑阀动作。中间继动滑阀的动作经过积分活塞放大后，控制分配滑阀的位移，通过改变分配滑阀上节流排油口的开度，控制三次脉动油压

p_{m3}的变化。p_{m3}的变化作用于高中压调节汽门油动机滑阀，使油动机动作，改变了调节汽门的开度。

（1）调速器滑阀及同步器。

调速器滑阀由三部分组成，其结构如图12－11所示。

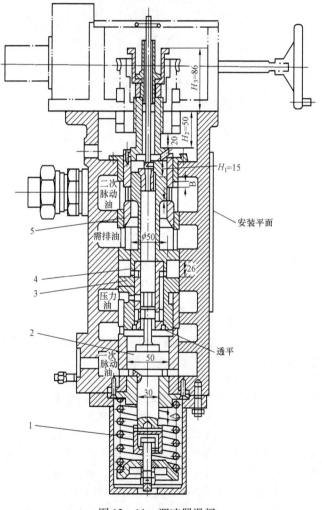

图12－11　调速器滑阀
1—弹簧；2—滑阀；3—随动活塞；4—滑套；5—同步器滑套

第一部分，即下部的φ50滑阀与弹簧，φ50滑阀的下端接受一次脉冲油压 p_{m1} 信号。为了减小运动过程中的摩擦力，增加灵敏度，φ50滑阀摩擦面上开有均压槽。在φ50滑阀上方，还带有一个与其共体的φ20断流滑阀。

第二部分，即中部的随动活塞，起力的放大作用。其下腔通2MPa的压力油。在随动活塞内紧压着滑套，其构造能使压力油经过φ20断流滑阀流进随动活塞的上腔。当一次脉冲油压 p_{m1} 增加，φ50的滑阀带动φ20断流滑阀向上移动时，随动活塞上腔通过断流油口与排油相通，随动活塞在下腔的压力油推动下也向上运动，直到断流油口又被遮住为止。这就形成了随动活塞对φ20断流滑阀（即φ50滑阀）的随动原理。随动活塞的位移可以改变作用在同步器滑套上的二次脉动油口"f_n"的排油面积，从而使 p_{m2} 发生变化并输入中间继动滑阀。

第三部分，即上部的同步器滑套及与之相连的若干固定和传动的零件。同步器滑套上开有两个对称矩形窗口，以此控制二次脉动油的动态压力和静态流量。这两个油口称为调速器滑阀的二次脉动油口（排油口），它的面积变化取决于两个因素，即随动活塞的运动（即转速变化）和同步器滑套的移动（人工操作）。操作同步器滑套向上，可以使机组升速或加负荷，走到最高点即称为同步器的上限位置；反之，操作同步器滑套向下，使机组降速或减负荷，走到最低点即称为同步器的下限位置。同步器的工作范围调整是否合适，对机组的正常运行有很大影响，如上限调整太低，则当电网频率高，蒸汽参数低时，机组带不上满负荷；如下限调整太高，则当电网频率低而蒸汽参数较高时，不能减负荷到零。一般情况下，同步器可改变转速的范围为额定转速的 $-5\% \sim +7\%$。

同步器安装在调速器滑阀上方，包括电动、手动两部分，其结构如图12-12所示。

调速器滑阀及同步器检修时应符合以下要求：

1）解体前测量同步器滑套由下限位置到上限位置的全行程及手摇同步器所需圈数。

2）解体后，检查各滑阀及套筒表面有无裂纹、毛刺、锈蚀，用细油石打磨清理后，用煤油洗刷干净。

3）测量滑阀、套筒间隙及油口过封度，符合制造厂要求。

4）将弹簧打磨清理干净，检查弹簧弹性良好，无变形，无裂纹。

5）将各件打磨、清理完毕后，用面团粘净后进行组装。

6）同步器组装时，齿轮联轴器应啮合良好，推力轴承安装方向正确。

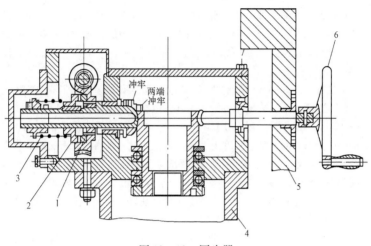

冲牢
两端
冲牢

6

3

2

1

4

5

图 12 – 12　同步器

1、2—齿形联轴器；3—弹簧；4—调速器滑阀；5—前轴承箱；6—手轮

可通过图 12 – 12 中弹簧调整齿形联轴器的传递力矩。弹簧的预紧力在能移动同步器滑套的前提下，应尽可能减小，以保证手摇手轮灵活轻巧。

（2）中间继动滑阀。中间继动滑阀的结构如图 12 – 13 所示，其作用是接受调速器滑阀的信号，经放大后分别控制两台高压调节汽门油动机和中压调节汽门油动机。

$\phi 40$ 断流滑阀是中间继动滑阀的第一级。在 $\phi 40$ 滑阀的套筒上，从上到下有六个油口。第一、三个油口接排油；第二、五个油口接 2MPa 的压力油；第四个油口接 $\phi 90$ 积分活塞下部；第六个油口把压力油引入三次脉动油室，它是起液力弹簧作用的动态反馈油口。中间继动滑阀的工作原理为：调速器滑阀的排油口"f_n"减小（相当于负荷增加，转速降低），引起二次脉动油压 p_{m2} 增加，$\phi 40$ 断流滑阀向上移动，从而使 $\phi 40$ 滑阀上二次脉动油进油口"f_x"减小，同时减少进油。对脉动油压启动态反馈作用，断流滑阀的凸肩"C"上移，压力油进入积分活塞下腔，使活塞下腔脉动油室压力升高，活塞上移时和积分活塞在一起的 $\phi 40$ 反馈滑阀使积分活塞上的二次脉动油进油口"f_u"关小，直到二次脉动油压 p_{m1} 恢复到原来数值。此时断流滑阀也回到中间平衡位置，截断通往活塞下腔的压力油，积分活塞运动停止。反之，当"f_w"排油口增大（相当于负荷减小，转速升高）时，其动作过程与上述相反。

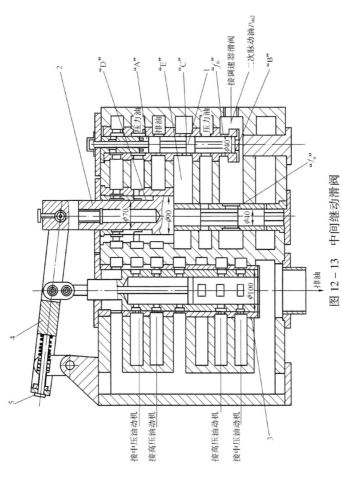

图 12 - 13 中间继动滑阀

1—断流滑阀;2—积分滑阀;3—分配滑阀;4—杠杆;5—调整螺杆

接中压油动机
接高压油动机
接高压油动机
接中压油动机

排油

"D"
"A"
"E"
"C"
压力油
排油
压力油
f_6
接调速器滑阀
二次脉动油 P_{m2}
"B"

ϕ40
ϕ70
ϕ90
ϕ40
f_{13}
ϕ100

断流滑阀的结构行程为 11.5mm，积分活塞的结构行程为 36mm。积分活塞的行程通过杠杆传给分配滑阀。其杠杆比为 1:2，调整螺杆，使积分活塞行程为 36mm 时，分配滑阀的结构行程为 18mm，且其运行方向与积分活塞一致。分配滑阀套筒上共有六档油口，第一、四油口接排油，第二、五油口接中压调节汽门油动机，第三、六油口接高压调节汽门油动机。中压油动机和高压油动机的行程之间的先后关系依靠分配滑阀上油口的宽度来调配，即相当于高压油动机达到 30% 额定负荷位置时，中压油动机应保证中压调节汽门开到流量曲线平坦的区域，此时中压调节汽门开度变化对流量影响不大，而当高压油动机达到 60% 额定负荷时，中压油动机开足。

为了使 $\phi40$ 断流滑阀与反馈滑阀在运动过程中减小摩擦，提高滑阀灵敏度，各摩擦面上开有均压槽。

中间继动滑阀的检修应注意以下要求：

1）先用细铜棒将分配杠杆与积分活塞、分配滑阀的连接销子轻轻打出，使杠杆与积分活塞、分配滑阀脱开，检查穿销子的轴承或轴套是否完好无损。

2）分别拆开上部小盖，取出积分活塞、断流滑阀和分配滑阀，检查滑阀、活塞及套筒表面有无裂纹、毛刺、锈蚀，用细油石打磨、清理干净，测量滑阀与套筒间隙及油口过封度，应符合制造厂要求。

3）将滑阀和套筒用白布擦净，用面团粘净后进行回装。滑阀在套筒内应能灵活移动，无卡涩。

2. 哈尔滨汽轮机厂生产的某机组调节系统的中间放大机构

哈尔滨汽轮机厂生产的某机组调节系统采用的是有随动错油门的中间放大机构。如其 600MW 机组，其中间放大机构由调速器错油门组、中间错油门及切换跟踪错油门等主要环节组成。调速器错油门组在前面作过介绍，下面介绍中间错油门和动态校正器。

（1）中间错油门。中间错油门是一种通流式放大元件，其作用如下：

1）将从分配错油门来的一次脉动油压信号变成三个控制高、中压油动机的二次脉动油压信号。

2）可以利用错油门上的专门装置对错油门的升程加以限制，从而实现限制功率的目的。

3）与切换跟踪错油门一起可以完成液压调节系统跟踪电调系统的作用，并在必要时切换到液压调节系统来运行。

中间错油门的结构如图 12-14 所示。其工作原理如下：

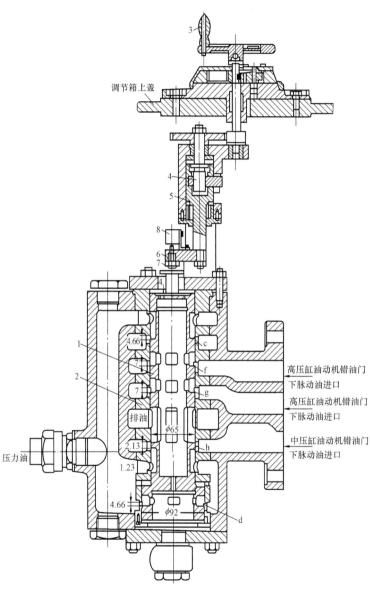

图 12 – 14　中间错油门结构
1—错油门；2—套筒；3—手轮；4—螺杆；5—导杆；6—横臂；7—触头；
8—微动开关

以下为图中标注文字：
- 调节箱上盖
- 3
- 4
- 5
- 8
- 6
- 7
- 1
- 2
- 4.66
- 7
- 7
- 排油
- 2.13
- 1.23
- 4.66
- φ65
- φ92
- c
- f
- g
- h
- d
- 压力油
- 高压缸油动机错油门下脉动油进口
- 高压缸油动机错油门下脉动油进口
- 中压缸油动机错油门下脉动油进口

在错油门的 $\phi92$ 与 $\phi65$ 之间的环形面积上作用有 2MPa 的油压。在错油门下端作用着 1MPa 的一次脉动油压，两者的作用力相平衡。压力油经过套筒与错油门所形成的进油口 d 进入一次脉动油路，或者再经过电液转换器所控制的排油口排掉（当电调系统运行时），或者经过分配错油门上的排油口排掉（液调系统运行时），从而形成 1MPa 的一次脉动油压。当汽轮机转速下降时，电液转换器（或分配错油门）上的排油口关小，引起一次脉动油压上升，中间错油门上移，使其上部两个控制高压油动机错油门下的二次脉动油的排油口 f、g 都关小，这两路二次脉动油压均升高，从而使高压油动机活塞杆上升，开大调节汽门。在活塞杆上升的同时，通过反馈杠杆将反馈错油门压下，使反馈错油门上的二次脉动油进油口面积减小，使二次脉动油压恢复到平衡时的数值，高压油动机停止运动；另外，中间错油门上油口 h 的上油口关小，下油口开大（即二次脉冲油进油口面积增大，排油口面积减小），通往中压油动机错油门下的二次脉动油压便升高，使中压油动机开大。中压油动机的反馈是通过反馈杠杆压缩反馈弹簧实现的。

需要限制功率时，可顺时针旋转中间错油门上的手轮，通过齿轮传动，使螺杆旋转，导杆下降，位于导杆上的横臂便决定了错油门上升的最高位置，从而限制了功率。

检修中间错油门时，解体前测量错油门行程并做好记录，解体后，应检查错油门滑阀及套筒有无毛刺、锈蚀，用细油石打磨清理后，用煤油洗干净，测量滑阀与套筒之间的间隙和各油口的过封度符合制造厂要求。用白布或面团将套筒、滑阀表面擦净、粘净后，将滑阀浇以干净的透平油后装入套筒，上下移动滑阀灵活、无卡涩。功率限制器传动机构应灵活、无卡涩。

(2) 动态校正器。动态校正器的结构如图 12 - 15 所示。其动作原理为：

当机组负荷增加或电网频率降低时，调速器错油门组的分配错油门同时关小油口 a 和 b。由于油口 a 的宽度为油口 b 的 2 倍，因此油口 a 及 b 同时关小所引起的中间错油门的位移只相当油口 b 关闭时的 3 倍，亦即高压调节汽门以 3 倍于稳定值的位移过开。与此同时，分配错油门也相应地关小油口 c，使动态校正器校正油路的油压升高，错油门失去平衡，向下移动，使可变压力油进入活塞的上腔，迫使活塞向下移动。结果一方面开大反馈套筒上的油口 P，使校正油路的油压恢复至稳定值，错油门又回到中间位置，活塞也处于新的平衡位置；另一方面关小油口

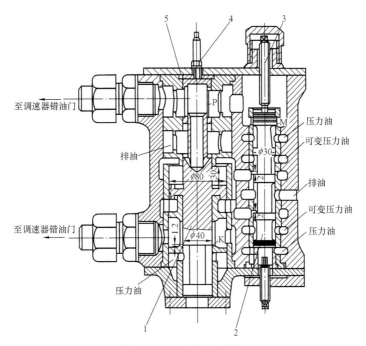

图 12 - 15 动态校正器

1—活塞；2—错油门；3—螺杆；4—螺母；5—反馈套筒

K，使中间错油门下的一次脉动油压降低，中间错油门向下移动，关小高压调节汽门，抵消了由分配错油门上油口 a 关小所引起的过开量。最后中间错油门恢复到稳定值的位移，过开量等于零，高压调节汽门也恢复到稳定值的位移。当机组负荷减小或电网频率升高时，其动作过程与上述相同，但方向相反。

改变节流油口的面积，可以改变可变压力油的油压值，从而改变动态校正器活塞的时间常数。改变反馈套筒上油口 P 的开度，可以调整动态校正器活塞的起始位置，使动态校正器的脉动油压与中间错油门下的一次脉动油压相等，以保持中间错油门在电磁切换阀动作过程前后位置稳定。反馈套筒的位置由螺母加以固定。螺杆供活动动态校正器错油门用，以防止在长期不使用时发生卡涩。

这种动态校正器检修时，主要进行以下几项检查和测量调整工作：

1）活塞在套筒内能灵活移动；测量活塞和套筒油口的尺寸，检查活塞位于下止点时，活塞与套筒油口的相对位置应符合图纸要求（油口 K 开度为 1.2mm）；自活塞下部螺孔中装设百分表，检查活塞行程应符合要求。

2）检查反馈套筒能轻便地调整位置；测量反馈套筒上部的方形螺母与上盖之间的间隙 $\delta = 0.3 \sim 0.5$mm。

3）检查错油门在套筒及下部小套筒中均能灵活移动；测量错油门及套筒各部分尺寸，错油门在中间位置时正好将第四和第六挡油口覆盖，并有 0.20mm 的过封度，错油门在下止点位置时，第四及第六挡油口分别有 2mm 的开度。

4）检查电磁切换阀的行程为（25 ± 0.2）mm；错油门在套筒内能依靠自重自由移动到下止点。

3. 上海汽轮机厂生产的某型机组的中间放大机构

（1）放大器。上海汽轮机厂生产的某型机组调节系统中，设置了放大器作为一次脉动油压的放大装置，如图 12 – 16 所示。

放大器在稳定工况下，综合在板弹簧杠杆上的四个力（一次油压作用在波纹管上的向上力、二次油压作用在蝶阀上的向上力、压弹簧向下的压缩力和辅助同步器弹簧的向下力）的力矩相平衡。压力油经节流孔送入二次油压室，然后经蝶阀漏去，形成二次油压。当转速发生变化时，从旋转阻尼来的一次油压随之变化，使板弹簧杠杆的力矩平衡受到破坏，蝶阀移动，排油面积变化，使二次油压相应地发生变化。由于波纹管的有效面积大于蝶阀的有效面积及杠杆上力作用点的分布关系，使二次油压的变化幅度比一次油压的变化幅度相应增大，起到了信号放大作用。

若需解体检修放大器时，应先将同步器移去，并在弹簧杠杆处于水平位置时测量蝶阀间隙 c、杠杆限位螺母的限位数值 a 和 b。压力油节流孔塞直径 ϕ 和二次油过压阀弹簧的预压缩值 d。

测量完毕后，拆去放大器上盖，取出主副同步器压弹簧和板弹簧杠杆，即可拆出波形管组。波形管拆出后，应做浸煤油试验，以检查波纹管组钎焊处的质量情况。

放大器解体后，仔细清理和检查零部件，要求壳体无裂纹、砂眼等缺陷；放大器的主、副同步器压弹簧应无扭曲、裂纹及锈蚀等情况；板弹簧杠杆平直，转动时应灵活；蝶阀阀芯和阀座应光滑，无伤痕。

放大器清理检查完毕后，进行组装。板弹簧杠杆组装后应使波纹管组无扭曲现象，连接插销无卡涩。同时，用涂色法检查蝶阀与阀座

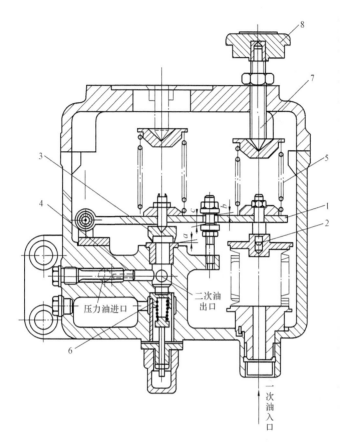

图 12 - 16　上海汽轮机厂生产的某型机组的中间放大机构

1—板弹簧杠杆；2—波纹管组；3—蝶阀；4—节流孔；5—压弹簧；
6—过压阀；7—调节螺杆；8—辅助同步器

的同心情况。检查时在阀芯上涂以薄层红丹粉，旋紧调整螺杆上的螺
母，使蝶阀与阀座接触，然后松开螺母，取下蝶阀，检查阀座上的痕
迹，要求接触均匀并与阀座上泄油口同心。不同心时，可移动阀座位
置进行调整。

放大器组装后，各部间隙值及弹簧预压缩值应符合图纸要求，并锁紧
限位螺母，各外露孔洞应正确封闭。主、副同步器组装后旋转手轮应
灵活。

（2）油压转换器。该型机组调节系统中的放大器，控制着多个油动机，为消除在动态时由于放大器供油量不足，各油动机相互影响而引起的晃动，在每个油动机前加装了油压转换器，用来把二次油压的变化转换为三次油压的变化。由每个油压转换器输出的三次油压分别控制一个油动机，切断了各油动机在油路上的联系，消除了在动态过程中因油动机相互干扰而引起的异步晃动。

油压转换器如图 12-17 所示。高压油经壳体上节流孔后，由蝶阀上部的间隙排油，成为三次油，控制油动机。作用在蝶阀上部的三次油压与下部的二次油压相平衡。二次油压变化时，引起蝶阀上部的间隙变化，而使三次油压也随着变化。因蝶阀上下油压作用面积相等，故三次油压变化量与二次油压的变化量相近（由于弹簧压缩量变化引起三次油压变化量稍大些），因而油压转换器也可看成一个放大比略大于 1 的放大器。检修油压转换器时，应保证其内部清洁，转换器蝶阀阀口光滑无伤痕，转换器弹簧平直，无扭曲、裂纹，蝶阀在壳体

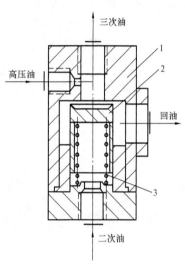

图 12-17　油压转换器
1—壳体；2—蝶阀；3—弹簧

内的间隙应在 0.35~0.37mm，装配后应无摩擦或卡涩。

三、调压器的检修

1. 薄膜钢带式调压器的检修

薄膜钢带式调压器（见图 12-18）在制造厂出厂时已调整好，运行中如未发生问题时不进行解体，只有在工作失调时才解体检查。其检修要点如下：

（1）分解前对钢带调整螺栓的位置、尺寸做好记录。

（2）喷油嘴与钢带的间隙应符合要求。

（3）检查薄膜及钢带有无裂纹、磨损及腐蚀等缺陷。

（4）组装时注意钢带的方向不要装反。

（5）组装好后，薄膜室应进行水压试验，检查密封情况。试验压力

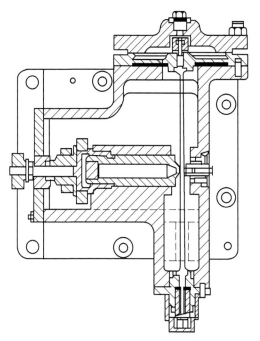

图 12 - 18　薄膜钢带式调压器

为最高工作压力的 1.1 ~ 1.25 倍，保持 5min 不漏即可。

（6）更换薄膜钢带后做特性试验，并绘制特性试验曲线。

2. 波纹筒调压器的检修

波纹筒调压器（见图 12 - 19）的检修要求如下：

（1）解体上盖后，先测量调整螺栓杆的高度 H_2 和挡油丝堵与压盘之间的距离 H_1。

（2）解体大法兰盖后，取出薄膜筒，进行外观检查。然后倒置薄膜筒并注满煤油，在 24h 后检查应不泄漏。

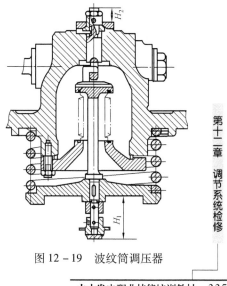

图 12 - 19　波纹筒调压器

（3）泡煤油检查有局部泄漏时，可用焊锡补焊；若因大面积腐蚀无法补焊时，则可更换备件。

（4）更换备件时需要泡油试验并进行打压试验，不漏后才可以组装。

（5）波纹筒内打压试验压力为工作压力的 1.1~1.25 倍，保持 5min 不漏即可。打压时应用专用的夹子将波纹筒管固定，使其不能纵向伸长、圆周扩张及弯曲变形，以免因试验损坏波纹筒。

（6）组合时在旋紧调整螺杆时，应先检查挂钩处是否挂好，然后将螺杆紧至修前高度 H_2。

四、油动机及其错油门的检修

1. 油动机的检修

（1）油动机在解体前应做好相对位置记号，反馈部分在拆下之前应测量定位尺寸，以备复装使用。

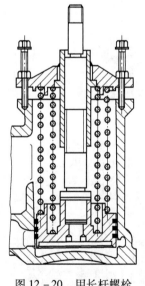

图 12-20　用长杆螺栓放松弹簧

（2）单侧进油的油动机，在关闭方向是用弹簧来进行关闭的，因此在分解油室上盖时，须用两个长螺栓来放松弹簧，如图 12-20 所示，以防松开上盖螺栓后，顶出上盖造成人身伤害或设备损坏事故。

（3）油动机在解体前应将油动机外壳的油垢和尘土清理干净，以防在解体时落入油动机中，油动机解体后用煤油清洗零件上的油垢。

（4）检查油动机活塞胀圈有无磨损、裂纹。胀圈应弹性良好，无卡涩现象，且与外壳接触良好。活塞与活塞杆的装配良好，无松动现象。胀圈在一般情况下，不要拆下，以免损坏。必须拆下时，应小心地将胀圈从环槽内撬出，不要撬出太多、撬起太高或别劲，以免胀圈断裂损坏。活塞杆与套筒有轻微摩擦时，可用细油石打磨光滑。

（5）测量油动机活塞杆与套筒的间隙值一般应在 0.10~0.20mm 范围内。对于组合式的活塞检修时，一般不予分解。

（6）对设备各零件应仔细检查。各弹簧应无变形、裂纹，弹性良好，弹簧的自由长度应无变化，并符合图纸尺寸要求。各部件应完整无损。固定连接件应牢靠紧固，活动连接件应灵活稳定。

（7）组装前应将各零件清理干净。清理时取出堵布，清除油污。管子孔洞用压缩空气吹干净，很小的油眼、排气孔可用喷烟检查，保证畅通无阻。构件和油室用面团粘净并喷上透平油。

（8）组装时，要求活塞上相邻胀圈对口应错开 120°~180°。油动机端盖结合面应涂以薄薄一层涂料，如有垫片时，应保持原垫片的厚度。活塞杆的密封一般用油麻或毛毡填料。

2. 油动机错油门的检修

错油门是中间放大机构，其作用是将上一级的信号接收并加以放大后传递给下一级机构。按其控制油流方式可分为断流式错油门和贯流式错油门两种。

错油门的凸肩和套筒上的窗口组成一个可调节的油路。断流式错油门在平衡状态下处于中间位置，此时错油门的凸肩将套筒上的油口完全关闭。为了关闭严密不致因其他波动而将油口打开，造成调节系统摆动，所以错油门的凸肩总要比窗口的尺寸大些，将窗口过度封严。凸肩超过窗口部分叫过封度（也叫重叠度）。过封度太大，调节过程中动作迟缓；如没有过封度或封度太小，就会漏油，造成调节系统摆动。

油动机的错油门大多采用断流式，在稳定工况时错油门应处于中间位置，其检修工艺如下：

（1）在解体错油门之前应做好相对位置记号，测量好定位尺寸，测量好错油门门芯的行程。

（2）应将错油门壳体清理干净，再进行解体。

（3）拆下的部件用煤油洗净油垢，仔细检查错油门油口处的棱角是否锋利，有无腐蚀、擦伤和毛刺。门芯如有擦伤，应用细油石或油砂纸打光。如错油门棱角变钝或出现许多凹坑时，应予以更换，不可用锉刀打磨。用压缩空气吹通各孔眼，用干净的白布擦拭干净，并用白布扎好妥善保管。

（4）错油门套筒一般不需抽出，如需抽出时，对于配合较松的错油门套筒，取出时只要不斜歪，用铜棒轻轻敲打即可抽出。对于有较小紧力的套筒，取出时可用专用工具拆出。

（5）测量错油门门芯与套筒间隙前，应用细油石及油水砂纸将门芯打磨光。间隙应符合厂家图纸尺寸要求。

（6）测量错油门的过封度，应符合厂家图纸尺寸要求。

（7）当更换错油门芯及门套时，应将备件尺寸进行详细测量，与原使用件的尺寸进行比较，符合要求时方可更换使用。

（8）组装错油门时，首先在错油门芯上涂以干净的透平油再装入。组装后使错油门外壳与水平成30°斜角，检查门芯的灵活性，这时错油门芯能自动移动其全行程。组合时无垫片的结合面需涂薄薄一层涂料，均匀对称地紧上螺栓。

其他类型的错油门检修大略相同，具体尺寸因使用要求不同而异。

第三节　配汽执行机构检修

汽轮机的配汽执行机构由传动机构和调节汽门组成。

一、传动机构检修

传动机构分凸轮传动机构和杠杆传动机构两种。

1. 凸轮传动机构。

凸轮传动机构如图12-21所示，其解体前应测量凸轮之间及凸轮与轴承之间的相对位置，组装时要准确保持其相对位置。解体后的各凸轮轴瓦盖、弹簧、弹簧座套、扁担、球形支柱等应按顺序分开放置，以防错乱。松弹簧时，应用长螺丝。扁担销轴、汽门门杆接合器、垫片等零件在拆后装回原处。凸轮轴吊下放在枕木上，用煤油毛刷清理滚动轴承时，注意滚动轴承内应不遗留脱落的刷毛、油垢，清理干净后应吹干，检查滚珠跑道有无麻点、剥皮、损伤等现象。滚动轴承应转动灵活，无异声，不良者应予以更换。滚动轴承清理检查一切正常后抹润滑脂保持润滑。

汽门上座应检查弹簧有无损伤、变形、裂纹。弹簧座套应装配牢固，在上座内顺导向键上下拉动时应顺利无卡涩。调整螺栓杆及螺母完好，球形支柱上凹窝在套内上下灵活，扁担、滚轮应灵活，凸轮应无滚压变形。球形支柱完好无损，支柱下凹窝在扁担上固定牢靠，松动时应装正捻死。

各部件检修完毕应清理干净，调节汽门检修完后可进行组装。组装件可擦干黑铅粉或二硫化钼粉，组装时先装门杆上的短套与垫圈，再装上座、座套、弹簧和上盖，连接座套与门杆的连接螺母。螺母旋紧时穿上销子。上球面垫圈应灵活，螺母下的凹形垫圈留有0.04～0.06mm的间隙，如图12-22所示，若间隙不合适或螺母旋紧时穿不上销子，可修刮螺母、垫圈或门杆台肩通过车削予以调整，不准用加薄垫片的方法敷衍了事。门

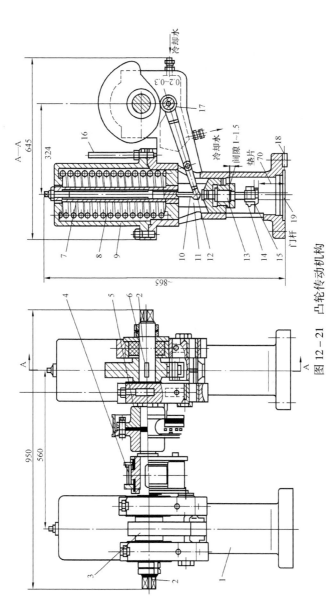

图 12-21 凸轮传动机构

1—底座；2—凸轮轴；3—凸轮；4—齿轮；5—联轴器；6—键；7—调整螺杆；8—弹簧；9—罩盖；10—顶杆；11—滑架；12—杠杆；13—心轴；14—门杆接合器；15—挡汽片；16—长螺丝；17—滚轮；18—圆柱销；19—调节汽门杆

杆与座套连接装好后，清理扁担、销轴、球形支柱并涂以二硫化钼。

凸轮传动机构装完后，用调整螺杆及连杆将凸轮与滚轮的间隙调整至制造厂规定的数值。一般在冷态调好后，热态汽门关闭状态时留有0.20～0.50mm间隙即可。

油动机是用齿条和齿轮传动，带动凸轮轴回转的。齿轮装在凸轮轴上，齿条用连杆与油动机活塞杆连接，齿条与齿轮的配合定位采用轴套和销轴来连接。齿轮与齿条应对记号装配。凸轮轴在零位时油动机与调节汽门均在关闭位置。

2. 杠杆传动机构

杠杆传动机构如图12-23所示，

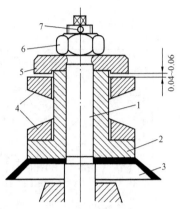

图 12-22　门杆上部连接

1—门杆；2—T形套；3—遮汽盘；
4—夹圈；5—特制垫圈；6—螺母；
7—销紧销

这种机构不像凸轮传动机构那样复杂。检修时应注意连接销轴的磨损情况，要求连叉形接头能灵活转动，但并不松动，叉形接头销子方向应与杠杆垂直，球形接头灵活无卡涩并无松动。滚针轴承应无磨损，保证灵活无卡涩。吊环的上下部分间隙应符合制造厂要求。如上下间隙不符合图纸要求时，应用调节套筒调整。

二、调节汽门的检修

调节汽门的检修工艺如下：

（1）拆掉门盖螺栓，取出止动块、压紧环和密封环，然后取出整组门杆件（包括门杆、门杆套、阀碟）。在整组吊出前，应先测量预启阀行程和主阀碟行程。吊出后汽室应加封，以防落入物体。

（2）调节汽门解体后，应检查阀座与汽室装配有无松动。松动时，应取出阀座，在装配表面进行补焊加工后装入。检查汽室有无裂纹和冲刷现象，如有裂纹应进行补焊处理。

（3）测量门杆与门杆套的间隙，应符合制造厂要求。当门杆与门杆套由于磨损使间隙增大至0.8～1.0mm时，应更换门杆及门杆套。

（4）检查门杆弯曲。门杆弯曲一般不大于0.06mm，弯曲度过大时应用加压法校直。

（5）用着色法检查调节汽门接触严密性，外观检查阀碟与阀座，常

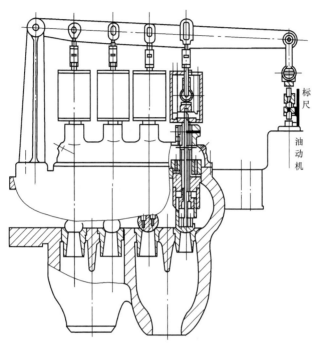

图 12 – 23　杠杆传动机构

见的缺陷是有氧化皮存在，有时也会发现被
蒸汽中的杂物击伤或挤压，使密封面造成沟
痕等。遇到这种情况时，应清除氧化皮后进
行处理。阀碟接触面不好时，应按阀碟型线
制作样板，然后按样板车削。当阀座接触面
不好时，应按阀座型线制作研磨胎具进行研
磨，如图 12 – 24 所示。根据接触面的磨损情
况选用粗细不同的研磨剂，最后可不加研磨
剂而加机械油研磨。当研磨量大时，应用样
板检查研磨胎具的型线，不符合时应及时修
理。阀碟与阀座分别研好后，用红丹粉检查
接触情况，要求圆周均匀连续接触。

（6）检查预启阀的接触情况。密封面磨
损时应进行研磨处理。

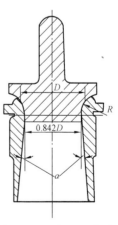

图 12 – 24　阀座研磨胎

（7）组装调节汽门门盖时，要注意法兰止口配合适当，紧螺栓时应对称均匀地紧好。

三、主汽门的检修

主汽门的结构如图 12 - 25 所示，主汽门的检修工艺如下：

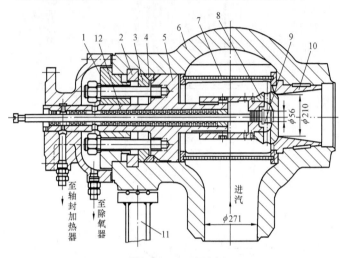

图 12 - 25　主汽门

1—拉紧阀盖；2—止动圈；3—压紧环；4—弹性密封环；5—阀杆套筒；6—阀壳；
7—滤网；8—阀碟；9—预启阀；10—扩散器；11—支架；12—汽封

（1）做好主汽门盖和门壳、门壳和油动机相对位置记号。拆除门杆结合器，吊下油动机。

（2）检查测量阀碟及预启阀行程符合要求。

（3）拆除门盖螺栓，吊下门盖，依次拆下汽门自密封部件，取出汽封套并取出汽室内蒸汽滤网。检查滤网是否完整，如滤网损坏严重时，应予以更换，滤网上的防转键应同时接触，间隙合适。

（4）取出门碟及门杆，检查阀座与汽室装配有无松动。松动时应取出阀座，在装配表面进行补焊加工后装入。检查汽室有无裂纹和冲刷现象，如有裂纹时应进行补焊处理。

（5）测量门杆与门杆套的间隙，应符合制造厂要求。

（6）检查门杆弯曲度，一般不大于 0.06mm，过大时，用加压法校直。

（7）打磨清理后，检查主阀碟与预启阀碟的密封面接触情况。如阀碟接触面不好时，应进行研磨。研好后用红丹粉再检查接触情况，要求圆周均匀连续接触。

（8）各部件打磨清理干净后，涂以二硫化钼粉回装。

（9）由于主汽门螺栓大多用合金钢材料，检修时均采取热紧、热松。

第四节　保安部套检修及试验调整

一、超速保护装置的检修

1. 危急遮断器

危急遮断器有两种结构，一种是偏心飞锤式，如图 12 - 26 所示；另一种为偏心环式，如图 12 - 27 所示。危急遮断器的检修工艺如下：

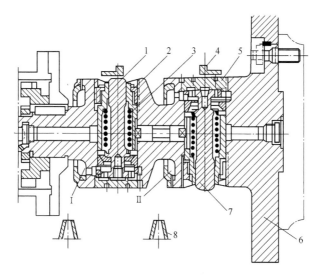

图 12 - 26　偏心飞锤式危急遮断器

1、7—离心飞锤；2—调整堵；3—弹簧；4—连杆；5—底座；6—短轴；
8—喷嘴；Ⅰ、Ⅱ—环形受油室

（1）在分解前先做记号，两个危急遮断器的零件不要搞乱。

（2）分解后应清洗零件上的油垢，清理毛刺，检查弹簧应无裂纹、变形，端面应平整。检查并测量弹簧的自由长度，弹簧在弹簧室中安装应无歪斜磨损现象。对飞锤式危急遮断器的调整堵一般不取出清理，以免改变动作转速。但大修时应检查测量调整堵内孔与飞锤的配合间隙，间隙过

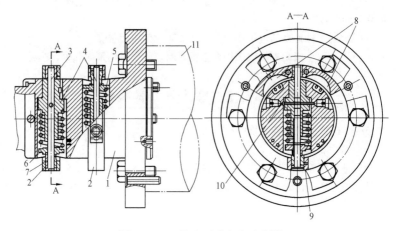

图 12 - 27　偏心环式危急遮断器

1—短轴；2—偏心环；3—导杆；4—套筒；5—弹簧；6—弹簧压盖；

7—调整螺丝；8—充油室；9—锁紧螺钉；10—销钉；11—转子

大容易卡涩，此间隙不要超过 0.20mm，间隙过大时应更换。

（3）飞锤底座与飞锤接触应平整无磨损，组装时注意弹簧不要歪斜，调整堵应用止动螺钉锁紧。

（4）对于偏心环式危急遮断器，应检查导杆与衬套的磨损与腐蚀情况，要求调整螺丝丝扣完整。组装时按拆前标记装好，并用螺钉锁紧。

（5）飞锤或飞环与汽轮机轴的接触应无摩擦或腐蚀，危急遮断器轴端晃度不得过大，一般不超过 0.05mm。

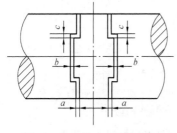

图 12 - 28　偏小环各部间隙

$a = 0.10 \sim 0.15$mm；$b = 0.10 \sim 0.15$mm；

$c = 0.10 \sim 0.20$mm

（6）偏心环式危急遮断器，嵌入轴的偏心飞环与轴的间隙应符合制造厂要求。如无制造厂的规定，可参考图 12 - 28 中所示数值。

（7）飞锤或飞环的最大行程应符合要求，一般应为 5 ~ 6mm。

（8）组装时调好危急遮断器与连杆的间隙，一般应为 0.8 ~ 1.2mm。具有喷油试验装置的危急遮断器，喷油嘴与进油处必须对正，间隙也应符合厂家要求，危急遮断器杠杆与联动杆应用圆柱销固定，三者成为一体，并且移动灵活。

离心式危急遮断器做压出试验时，压出后不能复位，其原因可能是：①油囊中的泄油孔不畅通，油泄不走；②工作油路和试验油路未完全切断。

危急遮断器超速试验时不动作，或动作转速高低不稳，这可能是因为：①弹簧预紧力太大；②危急遮断器锈蚀卡住；③撞击子间隙太大，撞击子偏斜。

2. 辅助超速遮断阀

辅助超速遮断阀由套筒、φ30 滑阀及拉弹簧等组成，其结构如图 12-29 所示。其工作原理如下：

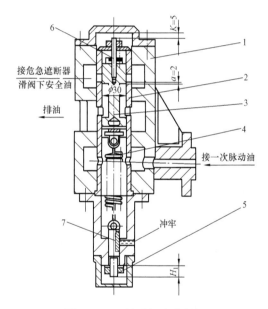

图 12-29　辅助超速遮断阀

1—阀体；2—套筒；3—滑阀；4—拉弹簧；5—旋转螺母；
6—可调整挡板螺栓；7—销钉

φ30 滑阀下腔室通一次脉动油。在一次脉动油压和弹簧拉力作用下滑阀处于平衡。机组在额定转速 3000r/min 时，由于弹簧拉力远大于一次脉动油压在滑阀下端的作用力，因此该滑阀处于图示位置。滑阀上凸肩与套筒上的控制油口有 2mm 的过封度，所以不影响危急遮断器滑阀下的保安油压正常值。当机组转速上升到 3390 ~ 3420r/min（即额定转速的 113% ~ 114%）时，对应的一次脉动油压升到 0.666 ~ 0.679MPa，$\phi30$ 滑阀在油压作用下克服拉弹簧拉力打开套筒上的控制油口，从而使危急遮断器滑阀下油压下跌到掉闸值，危急遮断器滑阀下落，迅速关闭主汽门和调节汽门。

辅助超速遮断阀解体前，应测量、记录调整螺钉露出壳体的长度 H_1。解后检查、清理弹簧无扭曲、锈蚀、裂纹，$\phi30$ 滑阀与套筒表面无毛刺、损伤，间隙符合要求。回装时，通过调整挡板螺栓，使 $\phi30$ 滑阀凸肩与套筒上控制油口的过封度为 2mm。

二、遮断转换阀

东方汽轮机厂生产的某型机组的调节保安系统采用双工质，控制主汽门油动机的是抗燃油，而危急遮断器滑阀用的是汽轮机油，所以必须经过转换才能控制主汽门油动机。遮断转换阀是保安系统中工质转换控制装置，其结构如图 12-30 所示。

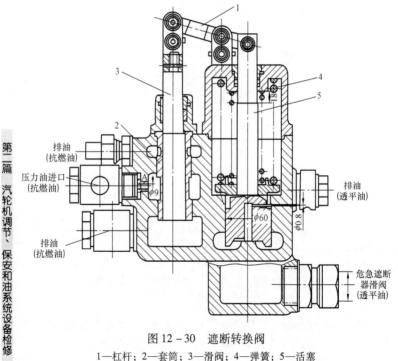

图 12-30　遮断转换阀

1—杠杆；2—套筒；3—滑阀；4—弹簧；5—活塞

遮断转换阀活塞的运动受危急遮断器滑阀来的汽轮机油控制。压力油

（汽轮机油）从启动阀的节流孔出来后，经过危急遮断器滑阀作用在遮断转换阀的活塞底部，该油路称为安全油路（汽轮机油）。当油路油压从0.6MPa上升到1.52MPa时，活塞走完全行程18mm。活塞移动时，通过杠杆（杠杆比为1:2）使滑阀位移。滑阀下行时逐渐关闭控制油口"A"，使抗燃安全油路油压逐渐升高，主汽门油动机逐渐开启。当危急遮断器滑阀动作后，汽轮机安全油泄掉，活塞在弹簧的作用下逐渐关闭，通过杠杆使滑阀控制的油口"A"打开泄掉抗燃安全油，使主汽门油动机迅速关闭，以保证机组安全。

解体检修时，先拆除杠杆与滑阀和活塞之间的连接销子，之后松开压盖螺栓，将滑阀和活塞取出检查清理，滑阀和套筒应无毛刺、损伤、锈蚀，间隙符合要求，活塞上的 φ0.8 小孔应无堵塞。清理干净后，用面团粘净，将滑阀和活塞上浇以干净的汽轮机油，装入套筒，上下移动灵活无卡涩。检查穿销子处轴承转动灵活、无损。装上杠杆后，手提移动滑阀灵活自如。

三、保安装置试验及调整

1. 手动危急遮断器试验

在汽轮机启动前和升到全速后应进行手动危急遮断器试验，试验的目的是检查危急遮断器错油门、自动主汽门和调节汽门的动作情况。在手动危急遮断装置动作后，主汽门、调节汽门应能迅速关闭。在冷态条件下，危急遮断器动作后中间再热机组主汽门关闭时间应为 0.2～0.5s，调节汽门关闭时间不大于 1s。

2. 辅助超速遮断阀动作转速的整定

可以用一次脉动油压来代替转速进行整定。用静态试阀建立所需要的一次脉动油压，然后调整旋动螺母，改变弹簧拉力，使危急遮断器滑阀掉闸。整定好后，拧紧旋动螺母。

3. 危急遮断器充油试验及超速试验

危急遮断器充油试验及超速。试验按下述步骤进行：

（1）手动危急遮断装置试验合格。

（2）单个危急遮断器充油试验：试验方法与静态充油试验相同，但因在汽轮机运行条件下，所以危急遮断器飞锤动作，检查相应的危急遮断器电指示器应发出声、光信号，机械指示器的信号杆应升起。待灯光信号熄灭后，再将操作错油门恢复到中间位置。

（3）单个危急遮断器超速试验：做 No.1 危急遮断器的超速试验时，将操作错油门的手柄旋转到 No.2 位置，待危急遮断器杠杆向左移动后，再旋转超速错油门，直到 No.1 危急遮断器的飞锤动作，调节汽门油动机及主汽门油动机关闭为止。检查电指示器和机械指示器均发出信号，并记录飞锤动作转速，然后先将超速错油门恢复到原位，待飞锤复位后，记录复位转速，再将操作错油门恢复到中间位置。然后再操作同步器（或启动阀）手轮，使危急遮断器错油门挂闸，开启主汽门油动机和调节汽门油动机，调整汽轮机转速到 3000r/min。做 No.2 危急遮断器超速试验时，将操作错油门旋转至 No.1 位置，待危急遮断器杠杆向右移动后，再旋转超速错油门，使 No.2 危急遮断器的飞锤动作。其他操作步骤均同 No.1 危急遮断器超速试验。

（4）两个危急遮断器超速试验：将操作错油门置于中间位置，旋转超速错油门，任一危急遮断器飞锤动作，记录动作的危急遮断器编号及其动作转速和复位转速。综合单个危急遮断器超速试验和两个危急遮断器共同超速试验，原则上每个危急遮断器均应受到两次试验，而两次试验的动作转速差不超过 0.6%，否则应检查原因并重做超速试验。

（5）危急遮断器动作转速调整：危急遮断器超速试验时，如果转速超过 3360r/min，危急遮断器还不动作，应立即手动危急遮断装置的按钮停机，检查原因并进行调整。危急遮断器的动作转速可通过螺母进行如下调整：顺时针方向旋转调整螺母，每旋转 10°，约可提高动作转速 35r/min。动作转速的调整也可根据下式进行估算，最后调整好的动作转速应为 3330 ~ 3360r/min，复位转速应为 3050r/min 左右。

提示 第一 ~ 三节适合初级工使用。第四节适合中级工使用。

第十三章

调速系统试验

汽轮机是一种原动机,在电厂中用以带动发电机发出电能,同时从中间级抽出蒸汽供给热用户。为了保证汽轮机能安全可靠地运行并满足用户对热、电质量的要求,必须调整发电频率、供汽压力在规定的小范围内变化,当机组甩去全部负荷时,能将转速控制在允许范围内。

凝汽式汽轮机和中间再热式汽轮机调节系统的任务,主要是调节调节汽门的开度,自动改变蒸汽流量,使发出的功率及时与外界负荷相平衡,维持转速为额定值或在允许的范围内。

供热式汽轮机调节系统的任务除上述外,还应使送出的蒸汽量及时与用户需要量相平衡,维持供汽压力为额定值或在允许的变化范围内。

调节系统经过检修、改进或在运行中工作失常后,均应进行试验及调整,以达到下列目的:

(1)通过试验掌握调节系统的工作性能和缺陷。有些缺陷能在运行中发现,如工作不稳、带不上负荷、抽汽式机组调压器投不上等。但有些缺陷在运行时不易发现,只有在运行工况变动时才会发现,如汽轮机甩负荷后不能将转速维持在危急遮断器动作转速以下,这类缺陷只有通过甩负荷试验才会发现。

(2)对通过试验暴露出来的缺陷,分析产生的原因。同一种不正常现象往往是由多种原因引起的,如汽轮机不能维持空负荷运行,可能是由于调节汽门不严密引起的,也可能是调节系统整定不当所引起的。到底是哪种原因,只有通过试验分析才能确定。

(3)通过试验可全面考虑整定措施。在调节系统中,如果片面采取措施,往往会消除这一缺陷又出现另一种缺陷。只有根据试验数据加以分析,全面考虑整定方案,才能够彻底解决。

综上所述,可以看出调节系统试验调整是检修调节系统的重要环节,它是保证汽轮发电机组安全、经济、稳定运行必不可少的工作。所以本章就调节系统的静态试验及调整、动态试验及影响调节系统特性的因素作一介绍。

第一节　静态试验及调整

一、调节系统静止试验

调节系统的静止试验，是在汽轮机静止状态下，利用启动油泵，对调节系统各部套进行下列整定：

（1）定位。调节系统各部件经过大修后，不可能完全按照拆卸前的尺寸回装。为了保证各部套之间的正确关系，修后必须进行重新定位。不同机组制造厂有不同的规定。试验时应根据各机组的具体要求进行整定工作。整定应在额定的油温和油压下进行。

（2）测取各部套之间的关系曲线。此试验是在调节系统各部套定位后进行的，其目的是便于发现各部套的定位是否正确，或有无卡涩及其他异常现象。经试验所测得的曲线与制造厂设计曲线进行比较，如与制造厂的设计曲线偏离较大，应分析、查找偏离原因并进行纠正。

特别是在更换调节系统部件后，此试验更有必要。如以前曾测过这些曲线，而且在大修中也没有更换任何零件，此时可不必测取各部套之间的关系曲线，只进行定位即可。

二、凝汽式汽轮机调节系统静态特性试验

凝汽式汽轮机调节系统静态特性是由感应机构特性、传动放大机构特性、配汽机构特性决定的，在现场静态特性是通过试验的方法测出的。一般汽轮发电机组多并入电网运行，静态特性中的转速与负荷的关系，不易直接测出。一般通过空负荷试验求出感应机构和传动放大机构特性，通过带负荷试验求出配汽机构特性，再利用四象限图可求出调节系统静态特性。如图 13-1 所示，从图中可以看出特性曲线的具体形状是否合乎要求，同时通过特性曲线可以求出调节系统的速度变动率和迟缓率（如图 13-2 所示）。

速度变动率为　　　　$\delta = (n_2 - n_1) / n_0$

式中　n_2——空负荷转速；

　　　n_1——额定负荷转速；

　　　n_0——额定转速。

迟缓率为　　　　　　$\varepsilon = \Delta n / n_0$

式中　Δn——转速上升和下降时差值。

对于单元制中间再热机组，一般都是滑参数启停和利用调节汽门冲转的启动方式。因为部分机组的高压调节汽门设有内旁路孔，在额定参数下

第一篇　汽轮机调节、保安和油系统设备检修

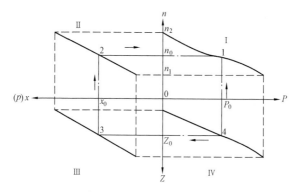

图 13 - 1 调节系统静态特性

P—功率；n—转速；Z—油动机行程；p——次脉冲油压；x—调速器滑阀行程

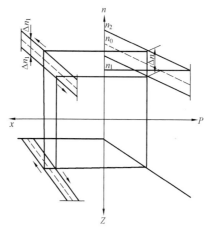

图 13 - 2 调节系统的速度变动率和迟缓率

调节系统较难维持空负荷运行，所以这些机组暂不进行空负荷和带负荷试验。仅在静止时测取放大器和油动机特性，从而算出调节系统速度变动率和调速器迟缓率。这就不能测取调节汽门特性、调速器特性、调节系统迟缓率和调节系统局部速度变动率的数据。

对于已采用带预启阀的调节汽门的机组来说，应创造条件进行空负荷试验及带负荷试验。

下面介绍静态特性试验方法。

（一）空负荷试验

空负荷试验，是在汽轮机空转无励磁运行工况下进行的。空负荷试验应做好下列工作：

1. 空负荷试验前的准备工作

（1）启动前应装好表计及标尺，如测量启动阀行程、同步器行程、滑环行程、油动机行程、调节汽门行程的千分表或标尺，测量压力油和脉动油压的压力表的精确度要求高一些，特别是测量脉动油压的压力表，最好使用1.35级的标准表。

（2）准备好记录表格，组织好试验人员并分工明确。

（3）准备好手提式转速表和0.5级功率表。对精确度要求较高的表计，在试验前要经过校验，并有校验报告，以便修正仪表指示误差。

2. 空负荷试验前的试验

空负荷试验前应做好下列试验：

（1）自动主汽门及调节汽门的严密性试验

（2）手打危急保安器试验。

（3）超速试验。

（4）同步器范围试验，主要检查汽轮机能否维持空转和能否在较低的频率下并入电网和与电网解列，并通过试验检查同步器是否灵敏。

具体方法是先将同步器放在低限位置，开始发第一次信号；然后操作同步器增加转速，依次每隔 $25\sim30\mathrm{r/min}$ 发一次信号，直到上限为止。同步器范围试验只做上升试验即可。

记录项目为同步器行程、汽轮机转速。对非弹簧式同步器和调节系统，要记录滑环行程；对液压调节系统，记录主油泵出口油压和脉动油压。

3. 进行空负荷试验

空负荷试验的目的是测取同步器不同位置时调速器特性曲线的传动机构特性曲线。

试验时将同步器分别放在上限、中限、下限位置。此项试验和负荷试验结合起来，即可求出调节系统静态特性及速度变动率和迟缓率。

记录项目为汽轮机转速、调速器行程（液压调节中的脉动油压）、油动机行程、同步器行程、主油泵油压、冷油器前润滑油压。

试验方法与步骤如下：

（1）将同步器放在下限位置由发令人发第一次信号，各记录人同时记好第一点记录。

（2）缓慢关闭电动主汽门旁路门将转速降下来，待转速降到第二点时，发令人发出第二次记录信号。

（3）依次测量其余各点。测量各点的转速间隔应保证在油动机全开度内不少于8个测点，一般转速每隔25～30r/min记录一次，直到油动机全开。

降速试验完毕后，开始缓慢均匀地开启电动主汽旁路门做升速试验，直到原来转速为止。如果试验进行得很顺利，不需要重做时，可进行同步器中限和上限试验。

（4）同步器中限位置试验。用同步器将转速提高到3000r/min，然后进行试验，试验方法同前。

（5）同步器上限位置试验。用同步器将转速提至（$1.5\% + \delta\%$）n_0 或（$105\% \sim 107\%$）n_0，试验方法同前。

完整的空负荷试验应做同步器的三个位置试验。如果时间较紧，可只做一个位置的升降速试验，但这个试验应保证比较准确。其余两个位置可做升速试验或降速试验。对弹簧式同步器的调节系统，应进行上限位置试验；对可动支点的同步器的调节系统，中限位置试验就可以了。

试验时注意如下事项：

（1）空负荷试验是在无励磁情况下进行的。

（2）升速或降速的速度应小于100r/min。

（3）在降速过程中不允许出现升速的情况，在升速的过程中不允许有降速的情况，否则会出现较大的误差。

（4）试验时尽量保持额定参数。

（二）带负荷试验

1. 试验目的

测取配汽机构特性曲线，即负荷与油动机行程的关系曲线、同步器与油动机行程的关系曲线、油动机行程与调节汽门开度的关系曲线、调节汽门之间的开启重叠度，并检查调节系统在各种负荷下的稳定工况。

2. 准备工作

准备好记录表格，表计齐全；确定试验人员，明确分工；做好各方面的联系工作。

3. 记录项目

记录项目包括电负荷、新蒸汽流量、油动机行程、调节汽门开度、调节汽门后压力、调节级压力、同步器行程和调速器位置。除此之外，还要做一些辅助记录，如频率、新蒸汽压力、温度、真空等，以便于修正计算。

4. 试验方法和步骤

（1）试验时最好选择电网频率比较稳定的时期。

（2）记录零点负荷时最好选择并网前记录，因为并列时调至零负荷很困难。

（3）并列后由零至额定负荷的测点应不少于12点。在零负荷和额定负荷附近测点应安排多些。

（4）负荷的改变最好由司机直接操作同步器，待负荷达到预定值后，应稳定一段时间再开始记录。

（5）在整个试验过程中，新蒸汽参数、凝结水量和发电机电压尽量保持在额定值，否则会使试验结果整理困难。

（6）在试验过程中，对真空系统最好不要操作，试验前将真空提到最高；在试验时任其变化，以符合实际情况。

（7）升负荷试验完成后，可进行降负荷试验。如果试验时参数变化不大，只需进行一个方向即可。

（三）绘制静态特性曲线

上面介绍了空负荷试验和带负荷试验。上述试验做完后即可进行静态特性曲线绘制工作。将测得的数值汇总在一个表格内。如果试验时参数发生变化，则应对功率进行修正，其修正公式为

$$P_1 = \frac{Pp}{p_1} \sqrt{\frac{T_1}{T} - 0.004(T_1 - T)}$$

式中： P——试验时测得的发电机功率；

p、T——主蒸汽额定压力、温度；

p_1、T_1——主汽在试验时的压力和温度。

根据空负荷试验数据绘制传动机构特性曲线、调速器特性曲线。

由带负荷试验数据绘制配汽机构特性曲线，做好静态特性曲线后，可从曲线中求出调节系统的速度变动率和迟缓率。如速度变动率不合适，迟缓率过大，可进行调整处理。

三、抽汽式汽轮机调节系统静态特性试验

抽汽式汽轮机调节系统静态特性分为调节系统和调压系统两种静态特性。

1. 调节系统静态特性

不论是一段还是两段调节抽汽的汽轮机，其调节静态特性与凝汽式汽轮机调节系统静态特性相同，只是在做试验时将抽汽切断，使其也在纯凝汽工况下进行，这里不再重复。如果调节系统是静态自治的，凝汽工况下

求出的静态特性对投入抽汽时的各种工况也是适应的。

2. 调压系统静态特性

（1）所谓调压系统静态特性，是指抽汽压力和抽汽量的关系，其特性线可以直接按抽汽压力和抽汽量直接绘制出来。但为了可靠地评价调压系统内各部件性能，在四个象限内把特性曲线都绘出，如图 13-3 所示。调压器的压力变动率以下式表示，即

$$\delta = \frac{p_1 - p_2}{p_0} \times 100\%$$

式中　p_1、p_2——汽轮机调节抽汽量由最小变化到最大时，抽汽室内压力由最高降 p_1 到最低 p_2；

　　　p_0——抽汽室额定抽汽压力。

调压器压力变动率不应过小，否则调节系统在投入调压器时会产生不稳定的现象，压力变动率一般为 5% ~ 8% 左右。

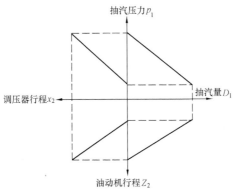

图 13-3　调压系统静态特性

（2）测取调压系统静态特性线。试验时先将电负荷带到最大即凝汽工况额定负荷，然后利用抽汽管道上的阀门将抽汽从零带至额定负荷，之后再由额定负荷降到零，并记录下列值：

功率　　　　　MW
转速　　　　　r/min
调速器行程　　mm（调速泵则记录一次脉动油压）
调压器行程　　mm
抽汽量　　　　t/h
抽汽室压力　　MPa

试验时，对在电网中并列运行的机组，如果电负荷不变，则证明该机组符合自动调节性能。对于单机运行机组，则通过观察转速的变化来判断是否符合自动调节性能。

　　对于具有两段调节抽汽机组来说，试验时可先做第二段调整抽汽特性，然后再做第一段调整抽汽特性。试验时保持相同的电负荷并使第二段抽汽量调至额定值，投第一段抽汽并改变抽汽量，记录一段抽汽量 D_1 和抽汽压力、二段抽汽量 D_2 和抽汽压力及一段调压器行程、转速、功率、调速器行程。

　　当机组并入电网运行，如果电负荷及二段抽汽量保持不变，表示该机符合自动调节性能。

　　做此试验时，往往不能将抽汽量调整到零，否则投入调压器后可能发生摆动。这样可将抽汽量降至 1/4 或 1/2，而在绘制特性线时，将此线延长到抽汽量等于零的范围。

　　如果抽汽量在额定值的 50% 到 100% 之间变化，压力变动值为 Δp 时，则全部压力变动值为 $2\Delta p$。

四、调节系统静态特性的调整

　　根据试验结果，如果静态特性不符合要求，就应进行调整。下面就常见的几种情况作一简单说明。

　　（一）速度变动率的调整

　　根据调节系统静态特性四象限图可以看出，改变第二至第四象限中的任何一根特性曲线的斜率，都可以达到改变速度变动率和静态特性线的要求。但在实际工作中，应考虑静态特性不符合要求的原因以及所采取措施的方便程度来确定调整哪一部分。

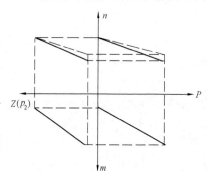

图 13 - 4　改变调速器特性线的斜率

　　1. 改变调速器特性线

　　如图 13 - 4 所示，若系统的速度变动率不符合要求，那么在传动机构和配汽机构特性不变的情况下，只要相应改变调速器特性曲线的斜率，就可以达到改变系统速度变动率的目的。对于机械式调速器的系统，可采用改变调速器弹簧刚度的办法，当弹簧刚度增加时，同样一个转速的变化引起的滑环位移将减小，调节系统的速度变动率将变大；反之，则减小。对于旋转阻尼调节系统，则可改变蝶阀直径、波纹管直径及压力油通往二次油油室的节流孔径。在改变调速器特性斜率的同时，可调整弹簧初紧力，使特性曲线上的某点位置不变，或者全线移动。

2. 改变传动放大机构特性曲线

如图 13-5 所示，改变传动放大机构特性曲线的斜率也可改变系统的速度变动率。例如对于旋转阻尼调节系统，当缩小反馈杠杆支点到反馈弹簧的距离时，则对于同样的油动机活塞位移，相应的二次油压将变化，因此传动放大机构特性曲线的斜率也改变，机组的速度变动率也将改变。

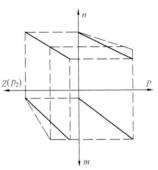

图 13-5　改变传动放大机构特性曲线的斜率

对于具有高速弹性调速器的调节系统，可以通过改变反馈斜楔的斜度，使油动机在同样位移条件下，反馈油口的面积发生变化，则由调速器滑阀所控制的泄油口面积发生变化，差动活塞的位移也变化，相应的转速也将变化。

对于径向钻孔泵，可改变反馈油口的宽度，使油动机行程不变的条件下，总的反馈油口面积改变，相应地压力变换器泄油窗面积发生变化，从而传动放大机构特性线的斜率发生变化，机组的速度变动率也发生变化。

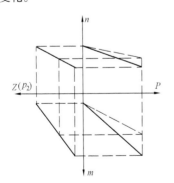

图 13-6　改变配汽机构特性曲线

可以看出，改变传动放大机构特性线最方便的办法就是调整反馈机构，改变油动机活塞移动时反馈量的大小。反馈量大，则速度变动率大；反之，反馈量小，则速度变动率就小。

3. 改变配汽机构特性曲线

改变配汽机构特性曲线也可以达到调整速度变动率的目的，如图 13-6 所示，此时油动机活塞的工作行程和调速器工作行程都发生了变化，也就是说，需要在通流面积不变的条件下（发同样的功率），使油动机活塞的升程改变。

改变配汽机构特性有如下几种方法：

（1）对于采用节流锥的调节汽门，利用改变节流锥型线的方法来改变配汽机构静态特性。节流锥型线的改变需通过设计计算才能确定。

（2）对于采用凸轮传动的配汽机构，可改变凸轮型线和油动机行程，来达到改变配汽机构特性曲线的目的。

（3）改变调节汽门的重叠度，使满负荷时油动机行程减小，则速度变动率也减小。

（二）特性曲线高低位置的调整

当特性曲线高低限线间的距离满足要求时，也就是说同步器的工作范围是足够的，而高低限线的位置偏高或偏低，这时可通过下列方法将调速器特性或传动放大特性曲线上移或下移，直到系统特性曲线满足要求。

1. 移动调速器特性曲线

通常采用的方法有：对径向泵液压调节系统，可以改变压力变换器活塞上弹簧垫圈的厚度，以改变弹簧的初紧力，从而改变压力变换器活塞的动作转速，使特性线上移或下移；对于采用旋转阻尼的调节系统，可以改变同步器弹簧的初紧力，使之在同一个二次油压下，与之对应的一次油压（转速）改变，因而也就移动了调速器特性曲线，进而也就移动了同步器的上下限位置；对于采用高速弹性调速器的调节系统，可以通过改变调速器弹簧的初紧力，改变调速器的动作转速，来移动调速器特性曲线，进而移动同步器上下限位置。

2. 移动传动放大机构特性曲线

对于采用径向钻孔泵的调节系统，可通过改变压力变换器活塞上弹簧的初紧力，也可通过改变套筒下垫盘的厚度来改变压力变换泄油窗及反馈油口的初始高度，从而改变油动机动作转速，这样就移动了传动放大机构的特性曲线，从而使系统特性线高低位置得到了调整。对于采用旋转阻尼的调节系统，可以改变反馈弹簧的初紧力，使油动机活塞开始动作的二次油压值不同，这样也就移动了传动放大机构特性曲线。对于具有高速弹性调速器的调节系统，可以重新调整带动调速器滑阀移动的连杆的长度与反馈滑阀间垫片厚度，以使在相同的差动活塞位置条件下调速器滑阀有不同的位置，使泄油口开度不同，从而使油动机活塞位置不同，也就移动了传动放大机构的特性曲线。

这里需要指出的是，影响静态特性曲线的因素是多种多样的，因此要注意各种因素之间的相互影响。例如在调整速度变动率的同时，将会影响到特性曲线的上下位置，也会影响到油动机的富裕行程。因此在决定采取的措施时，应考虑这一措施对各方面的影响，力求使调节系统特性曲线的各项要求都能得到满足。

第二节 动 态 试 验

调节系统的动态特性是指机组受外界干扰时，由一个平衡状态过渡到另一个平衡状态时的工作特性。它可以根据已知条件通过计算来进行评价，这对于实际运行的机组来说只是近似的。从机组安全运行角度出发，为了判断实际机组的动态性能，则必须在机组上进行动态试验。这里所说的调节系统动态试验，是指其极端情形，也就是鉴定机组在满负荷情况下突然甩至零负荷的过程，通常称为甩负荷试验。

甩负荷试验的目的有两个：一是通过试验求得转速的变化过程；二是对一些动态性能不良的机组，通过试验测取转速变化及调节系统主要部件相互间的动作关系曲线，以分析缺陷原因，为改进提供依据。

下面简单介绍调节系统动态试验方法。

一、试验前的准备工作

1. 甩负荷试验前必须具备的条件

（1）静态特性应符合要求。

（2）主汽门严密性试验合格。

（3）调节汽门严密性试验合格，当自动主汽门全开时，调节系统能够维持空负荷运行。

（4）危急遮断器应在动态试验前当场校验合格良好，超速动作转速符合要求。

（5）抽汽止回阀动作正确，关闭严密（手动试）。

（6）电气、锅炉、汽轮机等应做出相应的安全措施。

2. 试验前测点的安装

为了求取机组调节系统的动态特性及主要部件间相互动作的关系，必须安装下列测点：

（1）负荷信号。装设这个信号的目的主要是作为甩负荷时的起始信号。一般有两种方法，一是将控制室功率表 TA 的隔离变压器副线侧接至录波器；二是在 TA 分路上接一短路板，然后接至录波器。

（2）转速信号。它是试验中的主要信号，而且较难测准，一般采用混频法或测速发电机法。

（3）行程信号。调节系统中主要部件的行程变化一般有往复式和旋转式两种，因此采用行程变送器将行程信号转换为电信号接至录波器。

（4）压力信号。液动调节系统动态试验时，压力的测量占极重要地位，否则单依靠转速及油动机行程变化来分析是不够的。一般都采用压力变送器将压力信号转换为电信号接至录波器。

二、甩负荷试验

甩负荷试验就是汽轮发电机组在并列带负荷的情况下，突然拉去发电机油开关使机组与系统解列，来观察机组转速及调节系统各主要部件在过渡过程中的动作情况。试验时一般分为甩额定负荷的 1/2、3/4 及全负荷三个等级进行。当甩部分负荷合格后，方可进行甩全负荷试验。

甩负荷试验时应做好下列几项工作。

1. 组织分工

（1）试验应有专门的负责人，并由有经验的人担任。负责人应提出试验方案，并组织试验人员进行试验仪器及设备的接线、调整及操作。

（2）现场总负责人由汽轮机运行主任担任，负责拟定现场具体试验方案，并指挥现场运行设备的一切操作。

（3）现场运行人员负责现场生产设备的操作及切换，试验时机组转速、危急遮断器、自动主汽门及电磁式抽汽止回阀处应派专人进行监视。

2. 试验注意事项

（1）试验时设备运行方式应与平时正常运行方式相同，各加热器按正常投入运行。

（2）试验时电网频率、蒸汽参数及真空都保持正常值，并力求稳定。

（3）试验前危急遮断器动作转速须当场校验合格。

（4）现场负责人只有在设备操作、试验前数据记录及录波器、调整完毕后方可发出信号，由控制室拉去油开关甩去负荷。

（5）如上一级甩负荷试验已引起危急遮断器动作，则下一级甩负荷试验不再进行。

（6）试验时如发生事故，则停止试验，按事故规程处理。

3. 试验结果分析

通过甩负荷试验录得调节系统各主要部件在动态过程中的相互关系。为了分析调节系统的工作性能，一般需要整理以下数据：

（1）求出转速、调速器行程、油动机行程、调节汽门开度及调速油压的起始值、最大（小）值与稳定值。

（2）求出甩去负荷后的转速、调速器、油动机、调节汽门、自动主汽门、抽汽止回阀及调速器油压的动作时间。

（3）求出油动机在甩负荷后的油动机、调节汽门、自动主汽门开始到完全关闭所有的时间，并求出其平均速度及最大速度。

（4）求出机组在甩负荷后的转速飞升曲线和调节汽门关闭后转速继续上升的数值，并根据下列公式算出时间常数 T 和转子转动惯量 I。

转子加速度为 $\qquad$ $\alpha = \Delta n / t$

$$T_a = n_0 / \alpha$$

式中 n_0——额定转速。

转子转动惯量 I 为 $\qquad$ $I = T_a \times M / \omega_0$

式中 M——发电机转矩；

T_a——时间常数；

ω_0——机组额定角速度。

（5）判断汽轮发电机组是否经得起甩负荷。机组在甩去负荷后转速上升，如未引起危急遮断器动作，为合格；如转速未超过额定转速的 $8\% \sim 9\%$，则为良好。

通过以上整理出的数据及录波波形的分析后，即可看出调节系统中各主要部件的运动是否正常。如果制造厂原设计稳定性是符合要求的，而在实际试验时的动态性能不符合要求，一般有下列原因：

（1）迟缓率大。由录波照片中可求得各部件开始动作时转速升高程度，由此来判别迟缓率的大小。

（2）油动机动作速度不快。油动机动作不够迅速的主要原因是进油孔截面积不够大，或是主油泵工作能力不够。油动机动作不迅速往往是转速升高过多的主要原因。一般油动机关闭时间不应大于 0.6s，大容量机组还应小些。

（3）调节汽门及各抽汽止回阀关闭不严密及存在有害蒸汽容积，都会在机组甩负荷时调节汽门关闭后使转速继续上升。

提示 本章节适合中、高级工使用。

第十四章

调速系统缺陷分析及处理

本章主要介绍汽轮机调节系统的常见缺陷及其处理方法。

第一节 凝汽式汽轮机调节系统常见缺陷及处理

一、调节系统不能维持空负荷运行

当自动主汽门全开后，调节汽门尚未开启，转速连续升高，一直到危急遮断器动作转速；或者虽然能在危急遮断器动作转速以下，但不能使转速降低到比额定转速低 3% ~ 5%。这主要是由于调节汽门关闭不严密造成的。调节汽门不严的可能原因有以下几个方面：

（1）对采用凸轮的操纵机构，提升汽门的凸轮与滚轮之间冷态间隙留得不合适，热态间隙消失或凸轮角度安装得不对。

（2）油动机在关闭调节汽门侧的富裕行程不够。

（3）调速器滑环富裕行程不够，当滑环到了上限时，调节汽门能落到门座上。同步器工作行程调整不当，下限富余行程太小。当调速器的稳定转速超过额定转速时，同步器失去调整能力。这类缺陷在弹簧式同步器中最易发生。

（4）调节汽门上的弹簧紧力不够，特别是单侧进油动机的双座门，调节汽门蒸汽力不平衡情况下较严重。该缺陷可用加大弹簧紧力的办法加以解决。

（5）油动机克服蒸汽力不足。

（6）调节汽门传动部分发生卡涩，使汽门不能关严。卡住的原因很多，如因蒸汽品质不良在门杆及门杆套上结盐垢，门杆与门杆套间隙较小或较大，门杆弯曲，带有密封环的汽门当密封环与槽磨损断裂造成卡涩等。如某国产 125MW 汽轮机汽门发生卡涩的原因如下：

1）调节汽门弹簧托盘卡涩。当调节汽门在开启或关闭时，弹簧托盘作圆弧运动，虽然在结构上采用了球形铰接，但在运动中弹簧托盘产生倾斜。又由于托盘与套筒的间隙较小，只有 0.15 ~ 0.20mm，因而造成了卡涩。

有些电厂为了减小托盘与套筒的接触面积，将托盘倒角 2mm，并将托盘与套筒间隙扩大至 0.4mm。也有的电厂扩大到 0.7～0.8mm，已消除卡涩。

2）调节汽门门杆及阻汽片卡涩。调节汽门门杆与阻汽片径向间隙只有 0.05mm，轴向间隙 a = 0.3mm，如图 14-1 所示。它们的材质均为 25Cr2MoV，在 550℃高温下长期运行易发生氧化及阀杆弯曲，再加上热膨胀使间隙变小，阻汽片不能自由活动，因而造成阻汽片与阀杆卡住。为了消除上述缺陷，可改变阀杆材料，以减少氧化皮的生成，扩大间隙 a 值为 2mm，b 值为 0.2～0.5mm，卡涩的现象基本上可消除。

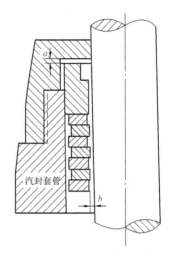

图 14-1　阀杆和阻汽片

（7）调节汽门和门座因磨损或腐蚀产生间隙，汽门座和外壳配合不严密（过松）。

（8）对双座门研磨不当，运转后由于温度影响造成间隙。因蝶阀比阀座膨胀得快，研磨时下面要留有间隙，此值一般为 0.02～0.05mm。

（9）液压调速器作用于贯流式错油门上的油压发生变化，从而使调节汽门移动。在空负荷不能维持空转时，可用减小贯流式错油门的给油和加大调节汽门弹簧初紧力办法消除。

如最初生产的某些汽轮机高压调节汽门上采用四个 $\phi 8$ 孔作为内旁通，由于漏汽量较大，因而不能维持空转，且影响机组甩负荷性能。

为了消除上述缺陷，采取了既要消除或减少漏汽，又不使提升力增加得过大的方法。为此将第一、二调节汽门各堵两个孔，第三调节汽门堵死三个孔，第四调节汽门全堵死，或改变调节汽门的结构，采取增设预启阀的办法加以解决。

二、汽轮发电机组空负荷时转速摆动，带负荷时负荷摆动

造成这种缺陷的原因有以下几个方面：

（1）局部速度变动率太小，调节系统静态特性线在空负荷区域太平，引起转速作周期性摆动；或在带负荷后，由于调节汽门顺序开启的重叠度不当，因此在相应重叠处的负荷下产生摆动。此外，回转式油动机反馈凸轮由于局部磨损而升程不够，使局部速度变动率减小，因而在与凸轮磨损处相应负荷下产生负荷摆动现象。

（2）第一调节汽门的弹簧紧力过大，在汽门开启时，油动机的作用时间显著增加，使转速产生骤然的变化，因而产生非周期性摆动。

（3）调节系统迟缓率太大，空转和单独运行会造成周期性和非周期性的转速摆动，并列运行时会造成负荷周期性和非周期性摆动。

造成迟缓率过大的原因可能是：

1）调节系统部件的严重磨损，使活动间隙变大，如传动机构的绞接处松旷。

2）调节部套的卡涩，如错油门的卡涩，常常是因为间隙不合适，油质劣化后对错油门产生严重腐蚀，油质不清洁，因油压分布不均而引起的液压卡涩，油动机活塞杆与杆套的间隙不合适造成卡涩及配汽机构的卡涩等。

3）断流式错油门过封度较大。

4）调速器重锤支承表面磨损。

如某台汽轮机经常发生摆动。负荷摆动的特点是非周期性的，向减荷方向摆动，用同步器进行减负荷操作时，往往会引起负荷大幅度的下跌，而且负荷下去后不能自动恢复。有时汽轮机自行缓慢地降低负荷，以致将调节汽门完全关闭。

通过试验发现调节汽门在开启的过程中基本正常，但在关闭的过程中发生严重的卡涩，造成油动机关闭过程中的冲击现象。

负荷摆动的原因如下：

1）主要是调速器错油门卡涩，如某国产200MW汽轮机，卡涩主要发生在3号调速器错油门上。当汽轮机转速变化时，而调速器错油门随着变化，当错油门工作正常时，则喷嘴室压力基本上保持不变；3号错油门卡涩（引起负荷摆动），则喷嘴室的油压变化达0.05～0.1MPa，如果在此种情况下操纵同步器，造成负荷大幅度的变化（开始操作时负荷不变，当调节汽门开启时产生快速的冲击现象）。上述这些现象足以证明，是调速器3号错油门的卡涩引起了负荷摆动。

2）同步器连接挂钩旷动间隙过大会加剧负荷的摆动。如某台国产200MW汽轮机，当3号调速器错油门处于卡涩（可能卡死在任一位置）时，若同步器拉杆靠紧在挂钩的左侧，3号错油门卡死。当汽轮机转速升高（要求负荷降低时）时，3 号错油门本应向右移动，由于其卡涩不能随同 2 号错油门移动，一旦连杆和平衡油压的作用力克服摩擦力，则 3 号错油门在平衡侧油压的作用下迅速向右移动后，还须走完间隙 Δ 这个行程，这将加大了负荷摆动范围。

3）油动机反馈错油门卡涩。油动机反馈错油门在关闭方向卡涩时，将造成负荷缓慢下降，致使调节汽门关闭（因反馈错油门已失去反调整作用）。一旦反馈错油门克服了阻力，恢复动作，汽轮机负荷才会迅速恢复起来。针对汽轮机的负荷摆动原因，采用了下列措施：①更换同步器连接挂钩，消除同步器旷动间隙；②更换 3 号调速器错油门，减小摩擦接触面积（开均压槽）；③更换反馈错油门已磨损的滚轮及反馈斜槽；④在 3 号调速器错油门平衡油室进油管上加装放油管，以便进行改变油压试验和保持油的流动。

采取了上述措施后又进行了各种工况试验，切除微分器，平衡油压保持在 0.4MPa 以下，经过长期运行考验，基本消除了负荷大幅度摆动的缺陷。

（4）油动机时间太长，油动机工作能力不足，其原因如下：

1）错油门套筒油口与错油门位置不正确。

2）错油门的通流断面太小。

3）通过错油门的间隙严重泄漏。

4）排油门不畅通或排油门的惯性太大。

5）油系统有漏油点，造成油压下降。

（5）错油门的重叠度不当或在有磨损腐蚀的情况下，压力油漏入油动机，引起整个调节系统不稳定。

（6）断流式错油门的凸缘棱角过锐，当刚开启时引起油量的突然变化，产生轴向反作用力（平口错油门表现得更加明显），因而促使油动机不断摆动，使得整个调节系统工作不稳定。

（7）带动调速器的减速齿轮及蜗轮蜗杆节距不等、轴向窜动量大也是造成摆动的原因。

（8）油系统中混入空气。油系统中混入空气有两种情况：一种情况是在检修后整个调节系统的油管路及部套中都存满空气，启动时又没有很好注意排出，特别是有些死角很不易排出；另一种情况是在机组运行中混入的，如油箱的油位低，前轴承内的高压油管路泄漏造成油流飞溅和回油流速过高，使油中空气不能分离等。

检修中注意管路的死角区，能钻排气孔的地方应尽量钻孔排气。

部套上原有的排气孔一定保持畅通，启动时为了排出调节系统各部套中的空气，首先启动低压润滑油泵，通过油系统压缩线排除空气是必要的。

（9）油压波动。油压波动对整个调节系统的影响很大，特别对全液压调节系统影响尤为显著。因为这种调节系统主要是依靠油压的变化，经过放大、传递来进行工作的。当油压没有按被调参数的需要进行变动，而是自发性的扰动时，就会大大恶化调节系统的品质。如国产汽轮机液压式调节系统（脉冲泵及旋转阻尼），油压波动的主要原因是主油泵出口油压波动。

（10）具有全速调速器的随动系统，全速调速器的轴向窜动大。这种调速器固定在主油泵轴头上，当主油泵推力瓦间隙留得较大或运行磨大时，如果主油泵窜动，就带着调速器一起窜动，因而引起负荷摆动。电厂运行检修经验表明，主油泵推力瓦间隙一般在 0.10 ~ 0.15mm 范围内为宜。

引起主油泵窜动的原因：一是两侧密封环的间隙做得不合适，或密封环与泵壳之间的严密性不好，使主油泵不能稳定地靠向工作瓦面运行；二是当油泵联轴器的牙齿与蛇形弹簧磨损并有卡死现象时，汽轮机转子窜动，也将带动主油泵转子窜动，造成调节系统摆动。

三、调节系统经不起甩负荷

调节系统经不起甩负荷的原因主要是：

（1）调节系统迟缓率太大及调节部件卡涩。

（2）调节系统速度变动率太大。

（3）调速器调整得不正确，如同步器的上限太大或调速器滑环在关闭侧的富裕行程不足。

（4）油动机关闭时间太长。

为了缩短油动机的关闭时间，可加装快关装置，以提高油动机的关闭速度。所有提高调节系统动作迅速性的方法，其途径是减少油动机的关闭时间。油动机的关闭时间在很大程度上决定于错油门的油口面积，扩大油口面积可提高油动机的动作迅速性。扩大错油门油口面积的方法有下列几种：

1）增加油口宽度。

2）增加错油门的升程。

3）在错油门上开设辅助排油口。如图 14 - 2 所示，在调速器错油门中的 φ60 错油门上采用辅助排油口。这个油口在正常情况下由错油门凸肩过封1mm左右。当甩负荷时，汽轮机转子产生加速度，使1mm过封打开，这就增加了排油面积，使中间放大装置动作更迅速，从而缩短了油动机的动作时间，起到了加速关闭调节汽门的作用。

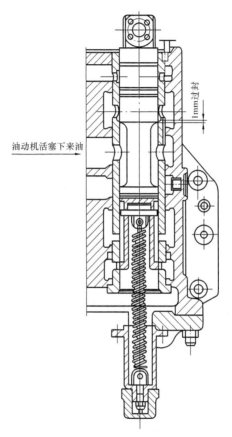

图14-2　辅助排油口

4）采用液动速闭器。在某些机组上，为了改善调节系统动态性能，采用如图14-3所示的液动速闭器。它由主错油门、延迟错油门、执行错油门所组成。在正常运行中，错油门与延迟错油门之间的0.5mm过封值是打不开的。当甩负荷调速器加快动作，使主错油门下的油压下降较快，这样使主错油门动作较快，延迟错油门来不及跟踪，使主错油门与延迟错油门之间的0.5mm过封打开，此时执行错油门上的油压降低使其上移。油动机错油门下的油通过此油口排掉一部分，从而起到加速关闭调节汽门的作用。当延迟到一定时间，延迟错油门跟上主错油门使过封值又重新恢复，调节汽门重新开启。

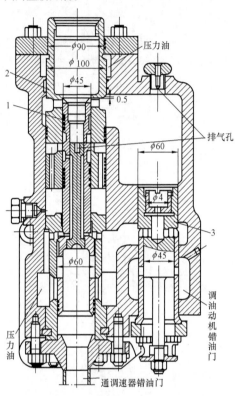

图 14 - 3   液动速闭器
1—主错油门；2—延迟错油门；3—执行错油门

5）采用电磁式速闭器。汽轮机在电网并列运行中，考虑到最危险的情况发生在汽轮机甩全负荷而油开关又跳闸的时候，使机组的转速产生了很大的飞升，特别是中间再热式机组转速飞升尤为显著。为了加速关闭调节汽门，将信号取自发电机的油开关。当油开关动作后，未等转速升高而保护装置已使油动机快速关闭。现介绍一下中间再热式机组上采用的电磁式速闭器。如图 14 - 4 所示，它是由电磁阀线圈与活塞所组成的。在正常情况下，从放大器送来的二次油，经过电磁阀能够通向高、中压油动机进

第二篇 汽轮机调节、保安和油系统设备检修

行调节。当电磁阀上的线圈通电后，能克服弹簧力将电磁阀活塞上提，切断二次油并使高、中压油动机的二次油与回油连通，以快速关闭高、中压调节汽门。

利用电磁式速闭器的效果很显著，它是一种有效的限制超速的办法。它的结构简单，连接也较方便，不仅适用于新设计机组，也适用于旧机组调节系统的改造。

6）采用型线油口。型线油口的布置是考虑在正常运行情况下，采用正常宽度的油口。当甩负荷后超速超出正常范围时，在 $n > (1 + \delta) n_0$ 时，还考虑一定的裕量，将油口宽度增加 2~3 倍，如图 14-5 所示。采用这种型线油口的好处是在正常运行时保持调节系统的速度变动率不变，而在甩负荷时增加油口面积，提高了调节系统的快速动作性。正常运行时，宽油口部分被调速器错油门遮盖住，只有超速时才起作用。使用型线油口时要注意把调速器错油门及其套筒的相对位置调整好，避免在正常工作范围内宽油口参与调节工作，这样就会引起调节系统的强烈摆动。

（5）调节汽门关闭不严。

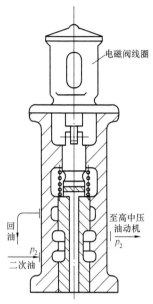

电磁阀线圈

至高中压
油动机
p_2

回油

p_2
二次油

图 14-4　电磁式速闭器

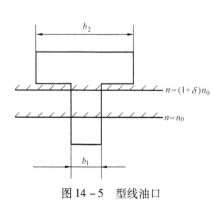

b_2

$n = (1 + \delta) n_0$

$n = n_0$

b_1

图 14-5　型线油口

（6）有害的蒸汽容积太大及抽汽止回阀关闭不严。汽门关闭后，汽轮机剩余蒸汽的膨胀使转速飞升。为了减小这些影响，应尽可能将抽汽管路上止回阀移近汽轮机，保证止回阀关闭严密。

（7）调节系统动态特性不良。

四、汽轮发电机带不上满负荷

当同步器摇至上限时，汽轮机不能带上满负荷，其原因如下：

（1）调速器滑环下限富裕行程不足。

（2）对有上限位点的同步器限制器装置不当。

五、调节系统油压下降

调节系统油压下降的原因如下：

（1）油泵密封环及调节系统部件磨损后间隙增大。

（2）轴承油量增加。

（3）压力油管路法兰及接头漏油。

（4）对液压式调节系统，因调节系统调整不当，通过贯流式错油门流出的油量过多。

（5）甩负荷后主油泵出力不足（多出现在容积式油泵）。

（6）频率过低。

第二节 抽汽式汽轮机调节系统常见缺陷及消除方法

（1）抽汽式汽轮机组在纯凝汽工况下能经得起甩负荷，而在带抽汽工况下经不起甩负荷。其原因可能是调速器在关闭高压调节汽门侧行程不足，调压器在开启高压调节汽门侧行程过长，或抽汽止回阀不动作（包括动作后关闭不严）。前者可通过调速器静态试验解决，后者应进行重新检修整定。

（2）在改变热负荷或电负荷后，引起电、热负荷互相干扰。这可能是由于抽汽室压力偏离设计所规定的压力，因此调节系统的传动比受到破坏。

解决的办法是要求抽汽室压力符合额定压力。若热用户所要求的汽压与设计的抽汽压力不符，则应改变调节系统传动比。若用户所要求的汽压经常变化，则应另想别的方法补救。

（3）调压器不能投入运行，轻者引起电负荷变化，需要同步器的帮助才能维持电负荷；重者根本投不上或电负荷剧烈摆动。

发生这种情况的主要原因是调节系统的起点不正确，各油动机在调压器投入时没有按照设计要求动作。应通过试验核对调节系统的工作起点是否与厂家的出厂曲线相符合；若工作起点不对，则应按厂家曲线调整。

（4）投调压器时，由于操作不当，如操作的速度过快或切换阀与调压器手轮配合得不好，也易引起摆动。

（5）投调压器过程中，由于抽汽室压力波动较大造成摆动。如果在投入调压器前，事先将抽汽管路的阀门开启送一部分蒸汽，然后再投入调压器，这种摆动就可能消除。

（6）在运行的机组上，调压器脉动油管接头泄漏，波纹筒式调压器的波纹筒及导汽管接头泄漏，均会引起调节系统的摆动，甚至是很剧烈的摆动。如有这种情况，可从防止有关管路接头处的泄漏来加以解决。

提示　本章节适合中、高级工使用。

第十五章

供油系统检修

汽轮机供油系统的作用包括：①向汽轮发电机组各轴承提供润滑油；②向调节保安系统提供压力油；③启动和停机时向盘车装置和顶轴装置供油；④对有些采用氢冷的发电机，向氢气环式密封瓦的空气侧和氢气侧提供密封油。

油系统必须在任何情况下都能保证实现上述要求，即不论在机组正常运行时，还是在启动、停机、事故甚至当厂用电停止时，都应能确保供油。对于高速旋转的机组，哪怕是短暂时间（如几秒钟）的供油中断也会引起重大事故。首先是轴承的巴氏合金因中断冷却而熔化，机组的转子失去支撑，动静部分将发生严重磨损。而调节系统断油，整台机组将失去控制。发电机氢密封系统如因断油而造成氢气泄漏，则容易引起爆炸。因此，保证油系统的正常工作对机组的安全至关重要。

随着科学技术的不断发展，汽轮机越来越向大容量、高参数方向发展。大功率机组一般都采用透平油—抗燃油或抗燃油作为调节保安系统的工作油。下面以东方汽轮机厂生产的 NC300/220 - 16.7/537/537 机组为例，介绍大功率汽轮机的供油系统。

第一节　供油系统构成及作用

一、润滑油供油系统

本系统采用汽轮机转子直接驱动的主油泵—射油器供油方式，如图 15 - 1 所示，主要用来供给汽轮发电机组润滑油及调节保安部套用的压力油。本系统部套主要有集装式油箱、射油器、主油泵及其联轴器、油烟分离器、排烟风机、高压启动油泵、交流润滑油泵、直流润滑油泵、溢油阀、冷油器、套装油管路、油氢分离器等设备。

机组正常运行时，由主油泵提供压力油，通过套装油管路进入集装油箱内的供油管道内后，分成三路：第一部分作为 1 号（供油）射油器的

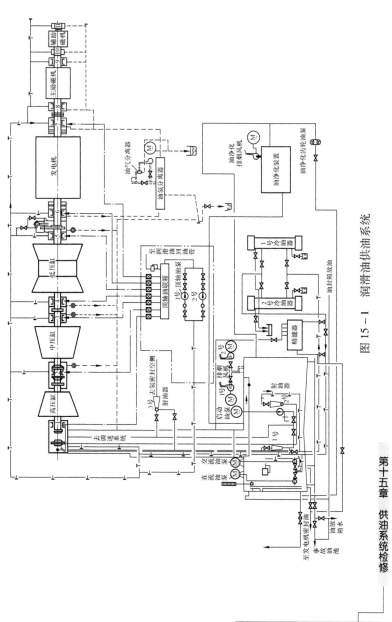

图 15 − 1 润滑油供油系统

动力油，该射油器的出口油向主油泵提供进口油，中间分流一小部分向 3 号（氢密封）射油器提供吸入油；第二部分作为 2 号（润滑）射油器的动力油，2 号射油器出口的油经冷油器冷却后，通过润滑油母管向机组轴承提供润滑油并向顶轴油泵提供进口油；第三部分向调节、保安系统及 3 号射油器输送动力油。

二、抗燃油供油系统

抗燃油供油装置由抗燃油箱、抗燃油泵、蓄能器、充气阀、电磁操作配压阀、液动截止阀、三通阀、液位计、滤油器、低工作油压遮断器、冷油器、排烟风机、溢流阀等组成，如图 15 - 2 所示。其中蓄能器的作用是当机组甩负荷或紧急停机、油动机快速动作、调节保安系统瞬间大量耗油时，及时地向调节保安系统释放大量油量，补充抗燃油泵供油量的不足，满足油动机快速关闭的需要。

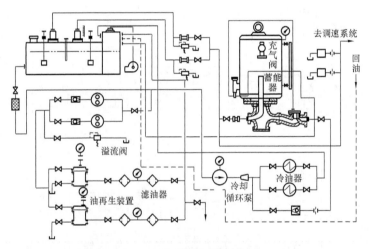

图 15 - 2　抗燃油供油系统

三、密封油供油系统

如图 15 - 3 所示，密封油供油系统主要由空气侧密封油泵（交、直流油泵各一台）、氢气侧密封油泵、射油器、氢压控制站、密封油箱、油氢分离器、密封油冷油器、排氢风机、油封筒等设备组成。其作用是一方面供给发电机密封瓦用油，防止氢气外漏；另一方面分离出油中的氢气、空气和水蒸气，起净化油的作用。

密封油系统的回油管一般直径较大，但回油量并不多，其目的是使油

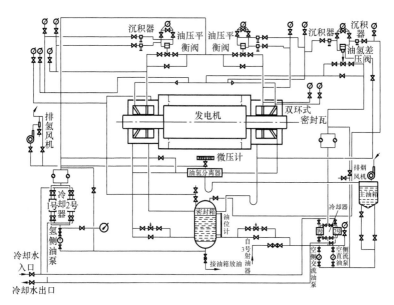

图 15 - 3　密封油供油系统

回到油管时，利用油管空间使油中的一部分氢气分离出来。

　　油氢分离器是油的净化装置，有的油氢分离器还设有专门的真空泵，将其内抽成真空。油流入该设备内，由于压力极低，使油中的氢气、空气分离出来，水分蒸发，然后抽出，排往大气。

　　油封筒的作用一般说来有两个：其一，油进入油封筒后进一步扩容，使氢气再次分离，分离出来的氢气由回氢管回发电机去；其二，油封筒内装有油位调整器，使之保持一定的油位，用以封住发电机的氢气不至排走。

　　氢冷发电机密封油的回油一般经油氢分离器、油封筒回主油箱，但油封筒发生事故时也可以通过 U 形管回主油箱，这里 U 形管起到密封的作用，以免发电机的氢气被压入油箱。但此时必须注意，氢气压力的高低，不能超过 U 形管的密封能力。

四、顶轴油供油装置

　　汽轮机顶轴油供油装置的作用是：提供高压油，以便在机组启动或停机过程中强制将轴顶起，在轴颈与轴瓦之间形成一层很薄油膜，消除转子各轴颈与轴瓦之间的干摩擦及磨损，并可减小盘车启动力矩，为机组的盘车启动提供必要条件。顶轴油系统如图 15 - 4 所示。

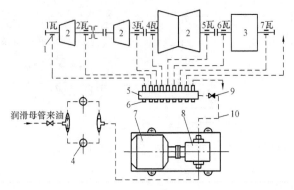

图 15 - 4　顶轴油系统

1—轴承；2—汽轮机；3—发电机；4—滤油器；5—分流器；6—单向节流阀；
7—电动机；8—双级叶片泵；9—止回阀；10—油管道

　　顶轴油供油装置由双级叶片泵、单向节流阀、溢流阀、滤油器、分离器等组成。当机组启动前，来自润滑油母管的油经滤油器后进入叶片泵，升压后进入分流器、单向节流阀，最后进入各轴承，通过调整单向节流阀及溢流阀，可控制进入各轴承的流量及压力，使轴承顶起高度在合理的范围内。

第二节　主　油　泵

　　汽轮机的主油泵多数采用离心油泵，泵与主轴连接，又与弹性调速器、脉冲泵、旋转阻尼等调速部件连接在一起。主要用途是提供调节保安系统用油及射油器的动力油，使用工质为透平油。

一、主油泵的结构

　　主油泵的结构主要有双侧进油和单侧进油两种。

　　1. 双侧进油主油泵

　　如图 15 - 5 所示，双侧进油的离心式主油泵由泵壳、前后轴瓦、泵转子、空心轴、工作轮、上盖、前后密封环组成。

　　2. 单侧进油主油泵

　　单侧进油主油泵如图 15 - 6 所示，它由泵体、密封环、叶轮、旋转阻尼密封环、油封环等组成。该主油泵为悬臂式，与主轴成刚性连接，无支持轴承。

二、主油泵的检修

(一) 双侧进油主油泵的检修

双侧进油主油泵结构如图 15 - 5 所示，其检修要点如下：

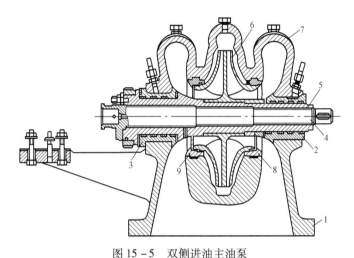

图 15 - 5　双侧进油主油泵

1—泵壳；2、3—前后轴瓦；4—泵转子；5—空心轴；6—工作轮；
7—上盖；8、9—前后密封环

(1) 主油泵解体前应测量转子的推力间隙，此间隙不宜太大，一般应为 0.08 ~ 0.12mm，运行中最大不超过 0.25mm。如推力瓦磨损导致间隙太大，应采取堆焊的方法进行处理。在补焊时应考虑到转子的轴向位置不要改变，以防改变调速器夹板与喷嘴的间隙。

(2) 检查主油泵轴瓦及推力瓦。检查轴承合金表面工作痕迹所占位置是否符合要求，轴承合金有无裂纹、局部脱落及脱胎现象，合金表面有无磨损、划痕和腐蚀现象；测量轴瓦间隙应符合要求。

(3) 测量密封环间隙。密封环间隙随着机组不同各制造厂都有规定，一般密封环间隙为 0.40 ~ 0.70mm。

(4) 用千分表测量检查叶轮的瓢偏及晃度，晃度应大于 0.05mm。

(5) 检查主油泵叶片有无气蚀和冲刷，如气蚀和冲刷严重，应加以处理或更换配件。

(6) 检查泵的结合面应严密。清理干净后紧好螺丝，0.05mm 塞尺塞不进为合格。

（7）全部结合面螺丝紧好后，泵的转子转动灵活，出口止回阀应严密、灵活、不卡涩。

（二）单侧进油主油泵的检修

单侧进油主油泵结构如图 15-6 所示，其检修要点如下：

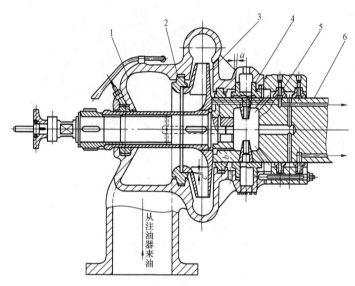

图 15-6　单侧进油主油泵

1—泵体；2—密封环（右旋）；3—叶轮；4—旋转阻尼密封环；

5—油封环；6—阻尼体

（1）检修时注意各部件的拆前位置，做好记号，定位环的上、下半环不要装错，短轴的限位螺丝应记好位置。

（2）检查密封环是否有磨损，间隙是否合乎要求，如果磨损严重，间隙增大时应采取堆焊法进行处理。

（3）组装前要用红丹粉检查泵轮端面与短轴端面、轴套与泵轮外端面的接触情况，要求应沿圆周方向均匀接触，否则应进行研刮。

（4）组装时要测量轴弯曲，应小于 0.05mm。

（5）小轴的弯曲应小于 0.03mm。

（三）主油泵推力瓦磨损后的处理

1. 主油泵推力瓦磨损的原因

主油泵推力瓦在运行中由于密封环磨损，前后密封环间隙调整不当，联轴器及蛇形弹簧磨损卡死，油中有杂质及轴电流的影响等原因，常会发生磨损。

2. 主油泵推力瓦磨损后的处理方法

若主油泵推力瓦磨损严重，出现脱胎等缺陷时，应重新浇铸轴承合金或更换新瓦。若磨损只是引起推力间隙增大，多采用堆焊轴承合金的方法进行处理，堆焊一般采用锡基轴承合金。焊前将大块的轴承合金化成约宽 6~8mm、厚 3~6mm 的条状，根据推力盘工作面与非工作面之间的距离，确定补焊的厚度。补焊前用丙酮或酒精清除轴承合金上的油垢及脏物，并用刮刀清理表面，使其呈现金属光泽。在堆焊时，为了不使整个瓦体过热，造成轴承合金脱落，将推力瓦放在水盆中，使瓦面露出水面 5~7mm，要求堆焊面均匀、无气孔、棱角盈满。两端面距离比测量距离长 2~3mm，作为加工余量。焊完后在车床上车平，留下 0.1mm 的研刮余量，然后进行研刮，直到接触良好、间隙合适为止。

（四）主油泵推力瓦的修刮方法

研刮前先根据推力瓦两端面的距离进行车削，留有 0.1mm 余量。在研刮胎上进行研刮（见图 15-7），直到能放入两推力盘之间为止。然后将上下两瓦分别装好，轴瓦在瓦枕中不允许有窜动。将红丹粉涂在推力盘上，扣好上盖，前后各紧好几条螺丝，盘动转子，并使转子靠向研刮的瓦面。当间隙接近规定值时，应开好上油坡口及油槽。推力瓦工作面与非工作面均开通 12 个油槽，宽为 5mm，深为 2.5mm。每个油槽开通宽 1.5mm、深

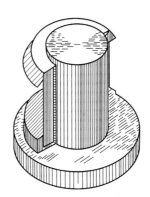

图 15-7 在研刮胎上研刮推力瓦

1mm 的溢油口，在两个油口中间处开有油斜坡，以形成油楔。上油坡口开好后，再进行仔细研刮，直至间隙达到规定值，接触均匀并达 75% 以上为合格。

（五）主油泵找中心

主油泵找中心，一般要求主油泵转子中心比汽轮机转子中心要提高一定数值，各制造厂均有规定，一般规定为 0.20~0.30mm。目的主要是补偿正常运行时，由于转子中心受汽缸温度影响向上抬起值。

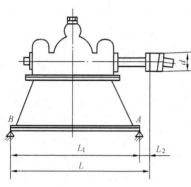

图 15 - 8　主油泵找中心

找中心不合格时，应进行调整。调整油泵侧时，按图 15 - 8 所示尺寸进行计算，主油泵座两端 A、B 看成两个支点，其中 L_1 为 AB 两点距离，L_2 为 A 支点距联轴器端面距离，进行找中心计算。

根据找中心结果，如需调整底部垫片，应根据要调整的数值进行研磨处理。如果 A、B 两点的数据不相同时，应根据 AB 段长度范围内分段修刮出削减量的标点，进行修刮，修刮至结合面范围内接触不漏为合格，接触面积达 80% 以上。如果原垫片厚度不够时，应更换较厚的垫片，在磨床上加工后研刮。

第三节　油　　箱

一、油箱的作用及对油箱的要求

油箱用来储油，同时起分离气泡、水分、杂质和沉淀物的作用。

油箱的容积对不同的机组各不相同，它决定于汽轮机的功率和结构。透平油具有一定的黏度，油烟杂质从油中分离与沉淀需要一定的时间，因此要求油箱有足够的体积和表面积，使油在油箱中有足够的停留时间，保证杂质的分离和沉淀。油箱的容积应满足油系统循环倍率的要求。所谓循环倍率，就是一小时内油在油系统中的循环次数。一般要求油的循环倍率 K 在 8 ~ 12 范围内。

二、油箱的结构

随着机组容量的增大，要求油箱的容积越来越大，为了使油系统设备结构紧凑，大型机组多采用集装油箱，方便安装和使用，增加机组供油系统运行的安全可靠性。

图 15 - 9 为东方汽轮机厂某型机组的集装油箱。油箱上部装有高压启动油泵、交流润滑油泵、直流润滑油泵。油箱内的油位高度可以使三台泵浸入油内并有足够的深度，保证油泵足够的吸入高度，防止油泵气蚀。油箱顶部装有一只薄膜调节阀，机组启动时开启，用来排除高压油管道空

气；还装有两台排烟风机抽出油箱内的烟气，在风机前排烟管道上装有油烟分离器使油烟由风机抽出，油流回油箱。油箱顶部装有一只浸入式油位计。在油箱内部设有射油器及管道止回阀。

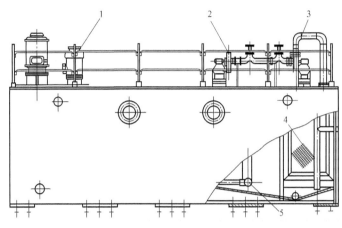

图 15 – 9　油箱的结构

1—直流润滑泵；2—排烟风机；3—排烟管；4—滤网；5—内部管路

三、油箱的检修

（1）油箱的检修主要是清理和检查工作。在大修或油质劣化换油时，均需将油全部放出，进行彻底清理。清理前，应先将油箱内设备，如滤网、油位指示计的浮筒、射油器、油泵等拆下来，工作人员换上干净的耐油胶鞋和无附着物的衣服，从人孔下去，先把油箱底部沉淀的油垢、杂质清理出来，然后用布仔细擦拭干净，再用面团粘干净，不准用棉纱头或毛多的粗布清理。油滤网用热水冲洗干净后再用压缩空气吹干净。如果网子表面有局部破裂，可进行补焊处理，破裂严重时应更换相同目数的滤网。

油位指示计的浮筒应进行浸油试验，发现泄漏时，应进行补焊，组装后应灵活。

射油器一般不分解，只进行清扫。分解时应注意保持喷嘴与喉部的距离。组装在油箱上的密封垫应严密，螺栓应齐全。

在清理油箱过程中如果离开现场时，必须把孔口盖盖好，不要敞开孔口就离开现场。

（2）检修好的油箱应符合下列要求：

1）内部彻底清理干净，无油垢、锈皮、杂质、布毛等。

2）滤网清洁无破裂，在框架上拆装灵活，卡口接触严密不松动，油流不得短路。

3）油箱上的人孔、射油器、油泵等穿入孔接合面必须平整，并有适当的垫片。螺栓、螺母应齐全。

4）油位计必须垂直，上下移动灵活自如，无卡涩。

5）油位计应正常，有最高和最低油位标志，并符合图纸要求。

第四节　立　式　油　泵

大型汽轮机采用了集装油箱，启动油泵和交、直流润滑油泵采用立式，设置在油箱中。立式润滑油泵结构如图 15 – 10 所示。

一、立式油泵的检修工艺

（1）卸下对轮螺栓，吊走电动机。

（2）卸开与泵连接的油管和油箱盖连接螺栓，把泵吊到检修场地，进行分解测量，分解前做好各结合面相对位置记号。

（3）旋下对轮侧螺母，用专用工具将对轮拔出。

（4）卸下轴承压盖，旋下锁紧螺母。

（5）卸下上法兰，拆下密封压盖，掏出填料，连同轴承一起吊出。

（6）将滤网同锥形吸入室一同拆下，取出密封环压盖，测量叶轮的瓢偏及轴端跳动，做好记录。

（7）旋下叶轮锁紧螺母，抽出叶轮，卸下圆柱头螺钉，取出支承盘推力轴承、轴套、推力盘。

（8）卸下泵壳和出油管，将结合面分开，抽出轴。

（9）测量轴弯曲、密封环间隙，检查有无磨损、锈蚀，检查轴承的磨损情况，分解的各部件用煤油进行清洗。

（10）组装时按与分解相反的顺序进行。注意加填料不要加得太紧。

（11）在组装过程中，对叶轮的瓢偏、晃动度进行测量，应符合质量标准。

二、立式油泵的检修质量标准

（1）轴弯曲不大于 0.05mm；

（2）轴窜动为 0.2～0.35mm；

（3）密封环间隙为 0.2～0.23mm；

（4）下部导轴承与轴套的总间隙为 0.075～0.142mm；

（5）推力轴承与轴套的总间隙为 0.3～0.4mm；

第二篇　汽轮机调节、保安和油系统设备检修

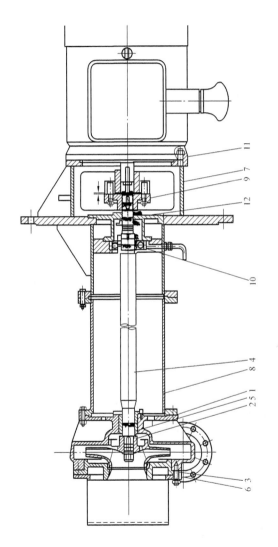

图 15 - 10 立式润滑油泵结构

1—泵体；2—叶轮；3—泵盖；4—轴；5—下轴承；6—滤网；7—支架；
8—连接管部件；9—联轴器；10—轴承；11—电动机；12—3J 型油封

（6）各轴承应转动灵活，无卡涩、锈蚀；

（7）叶轮瓢偏值不大于 0.10mm；

（8）叶轮晃度不大于 0.20mm；

（9）找中心圆差和面差均不大于 0.05mm；

（10）叶轮应无磨损、裂纹。

第五节　其　他　油　泵

一、柱塞泵

1. 柱塞泵的检修

柱塞泵的结构如图 15 – 11 所示，其检修要求如下：

（1）转动调节螺杆上的手轮，检查刻度盘位置是否有足够的行程，旋出泵壳与变量机构壳体的螺栓，将两者分开，同时在柱塞与缸体相对应的位置上做好记号。

（2）将柱塞连同回程盘一起取出，同时拆下定心弹子、内套、弹簧、外

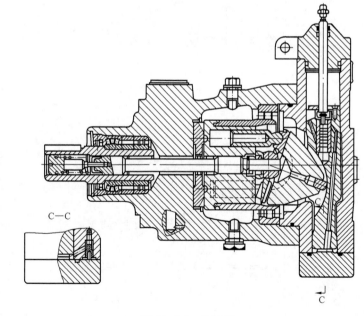

图 15 – 11　柱塞泵

套等进行清洗检查，并测量柱塞与缸体径向间隙及内、外套筒的径向间隙。

（3）拆开泵体与泵壳连接螺栓，取下配油盘，从另一端退出缸体清洗检查，测量缸体套与滚柱轴承的径向间隙。

（4）测量传动轴两端晃度。从联轴器侧将传动轴连同滚柱轴承一起取出。拆下滚柱轴承外侧弹簧挡圈，从花键侧拆出滚柱轴承进行检查。

（5）解体变量机构，取出变量头。拆出刻度盘，上下移动活塞测量行程。拆出变量活塞进行清理检查。

2. 柱塞泵的组装质量标准

柱塞泵检查清理完毕，组装时应按以下质量标准进行：

（1）柱塞表面光洁，无磨损、拉痕，缸体或滑阀配合无松旷，中间油孔无堵塞。

（2）回转盘与滑阀之间无摩擦，接触面无毛刺、拉痕，定心弹子表面光滑，无锈蚀、变形。

（3）内、外套筒接触光滑无毛刺、磨损，内外套径向间隙为 $0.02 \sim 0.105$ mm。

（4）弹簧无歪斜、变形、锈蚀，弹性良好。

（5）配油盘两平面光洁，无锈蚀、毛刺，壳体固定可靠。

（6）缸体和套配合紧密，无松动；与传动花键槽配合无松旷；与配油盘接触面平整严密，无毛刺、拉痕，油孔畅通无杂物；缸体套与轴承内孔径向间隙为 $0.06 \sim 0.095$ mm。

（7）弹簧油封无变形、老化；轴承弹簧卡圈弹性良好，无裂纹。轴承完好无损，无锈蚀；传动轴光滑，无弯曲。

（8）变量头平面与回程盘平面光滑，无毛刺、拉痕，球面光洁，支点与变量活塞连接孔接触良好，转动灵活。

二、螺杆泵

螺杆泵的结构如图 15 – 12 所示，其检修要求如下：

（1）解体前测量主动轴窜动，做好记录，卸下泵对轮侧端盖螺栓，抽出主动螺杆及从动螺杆，检查轴颈与轴瓦有无磨损。测量径向间隙，检查机械密封的接触情况。

（2）用清洗剂将泵壳及腔室油污清理干净后，用水冲净，用白布擦干净，检查泵件应无缺陷、裂纹，螺杆与中心油孔洁净、畅通，机械密封各部件完好，各部间隙符合技术要求。

（3）组装时按与分解相反的顺序组装。组装好后重新测量主动轴的窜动。

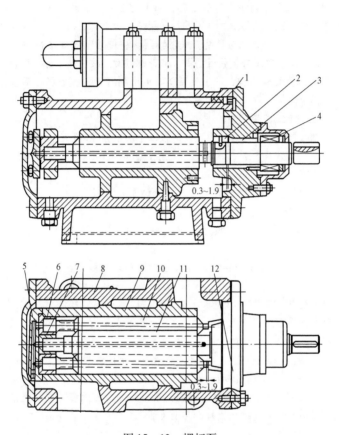

图 15 – 12 螺杆泵

1—球形阀；2—平衡环；3—轴套；4—机械密封；5—推力盘；6—从推力套；
7—主推力套；8—泵体；9—衬套；10—从杆；11—主杆；12—上盖

第六节 射 油 器

　　射油器除供给离心式主油泵入口用油以外，还供给润滑油系统和密封油系统用油。这样可避免用高压油供给润滑油，减少功率的额外损耗，提高系统的经济性。射油器由喷嘴、滤网、扩压管、进油管等组成，如图

15-13 所示。当压力油经油喷嘴高速喷出时，在喷嘴出口形成真空，利用自由射流的卷吸作用，把油箱中的油经滤网带入扩散管，经扩散管减速升压后以一定的压力排出。射油器出口油压太高，主要原因是高压油流量太大，供油量过剩，只要将油喷嘴出口直径减少即可。射油器出口油压波动，可能是由于喷嘴堵塞、油位太低或油中泡沫太多。

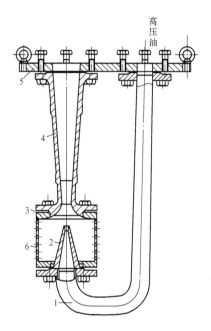

图 15-13　射油器

1—进油管；2—喷嘴；3—垫片；4—扩压管；5—盖板；6—滤网

射油器在无缺陷的情况下一般不进行检修。如需检修，按以下步骤进行：

（1）卸下紧固螺栓，拆下进油管喷嘴、油室和扩压管。

（2）清洗检查上述部件，喷嘴及扩散管应光滑，无毛刺及严重锈蚀，油室无杂物。

（3）拆前测量喷嘴到扩压管的间距、喷嘴口直径和扩散管喉部直径，并做好记录，回装时保证以上原始尺寸。

（4）回装后螺栓应紧固可靠。

第七节 冷 油 器

冷油器是一种热交换器,其作用是将轴承润滑油和调节保安系统用油冷却后再循环使用。

图 15-14 所示为冷油器的结构。油从冷油器下部入口管引入,经各

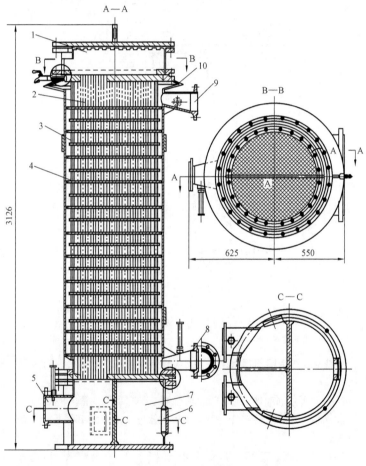

图 15-14 冷油器

1—上水室;2—管系;3—小隔板;4—大隔板;5—冷却水进口和出口;
6—手孔;7—下水室;8—油进口;9—油出口;10—膨胀节

隔板在铜管外作弯曲流动，最后从上部出口油管流出。冷却水进入冷油器，经过由上水室和下水室内专门分隔组成的若干个上下流程后，最后自下水室流出。冷油器还设置有水侧放气门及油侧排空门，用于启动时排除水侧及油侧的空气，以免其影响冷油器的换热效果。冷油器运行中需保持水侧压力低于油侧压力，以保证即使在铜管泄漏后，也不会发生冷却水漏入油内，使油质恶化的现象。

冷油器属于表面式热交换器，两种不同温度的介质分别在铜管内外流过，通过热传导，温度高的流体将热量传给温度低的流体，使自身得到冷却，温度降低。冷油器是用来冷却油的，高温油进入冷油器，经各隔板在铜管外面作弯曲流动，铜管里面通过温度较低的冷却水，经热传导，油的热量被冷却水带走，从而降低了油温。

（一）影响冷油器传热效率的因素

影响冷油器传热效率的因素很多，主要有以下几方面：

（1）传热导体的材质，一般要用传热性能好的材料，如铜管。

（2）流体的流速，流速越大传热效率越高。

（3）流体的流向（顺流、横流和逆流）。

（4）冷却面积。

（5）冷油器的结构和装配工艺。

（6）冷油器铜管的脏污程度。

（二）冷油器检修工艺

（1）揭开水室上盖，用水冲刷水室内污泥、铜管泥垢并冲洗干净，用捅杆捅刷。

（2）用配好的清洗液冲洗冷油器油侧，油垢清理干净后，用净水冲净清洗液。必要时可将冷油器彻底解体，将冷油器芯子吊出清洗。

（3）将冷油器组装好后，在进出口油管上加堵板，然后接上水压泵打压至 0.5MPa，保持 5min，检查铜管本身、胀口及结合面处有无泄漏。胀口渗漏时可进行补胀，补胀不行时可更换铜管。如果有个别铜管泄漏时，可采取两头加堵的办法，但各通路所加堵的铜管数目应不超过该通路油管总数的 10%，超过此数目时应更换铜管。

（三）更换铜管的工艺要求

1. 换管

换管前把所需换的管子做好记号，然后抽出管子。抽管子的方法是，先用不淬火的鸭嘴扁錾子（如图 15 - 15 所示）在铜管两端胀口处把铜管挤在一起［如图 15 - 15（c）所示］，然后用大洋冲将铜管从一端向另一端冲出，冲出管板一定距离后拉出。如果用手拉有困难时，可把挤扁的管头割掉，塞进一节钢棍，用夹子夹好把管子拉出来。用砂布把管板孔和已退好火的铜管两头打磨光后，装入管板孔内，再用胀管器胀好。如果抽出铜管后，不能再装新管子而用堵头堵塞时，必须先在管板上胀一节短铜管或是用紫铜堵头，以防损坏管板孔，并进行回火处理。

全部更换铜管时，先将管子从靠近上下管板处铲断，再从两端管板上冲出管头，将管板孔打磨干净。准备好全部所需管子，进行退火处理后，进行外观检查，铜管表面应无裂纹、砂眼、腐蚀、凹陷、裂纹和毛刺等缺陷，管内无杂物和堵塞现象。管子不直时应校直。按冷油器管板两端的实际长度，将所有铜管切至所需长度，铜管要比管板长出 4 ～ 5mm，铜管两端除去毛刺，将胀管部分打磨光滑，在两端约50mm 处进行回火处理。

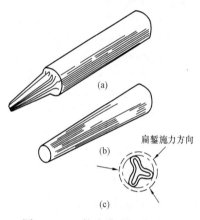

图 15 – 15　拉出冷油器管束的
工具和使用方法
（a）鸭嘴扁錾；（b）大洋冲；
（c）鸭嘴扁錾挤铜管方法

2. 胀管

大量更换铜管前，最好先进行试胀，用试胀的样管来检查胀装质量，确认无问题时，方可正式胀装。胀管时先把铜管穿入管板孔，铜管在管板两端露出 1.5 ～ 3mm，胀管器的滚柱涂以少许黄油润滑，插入胀管器，使其与铜管留有一定的距离。然后用扳手或转动机械来转动胀杆，等管子胀到与管板壁完全接合时，胀管器外壳上的止推盘也就靠着管头。如果此时还没有把管子胀住，那就说明原来的管子和管板壁间的间隙太大，胀管器的装置距离不够，必须重胀。在实际胀管时，管子没有胀到与管板壁接合以前，管子在管板中会摆动。当管子与管板壁开始接合后，管子就不动了，而且在胀管时也开始感到有劲，但这时候管子还没有胀牢，因此还必须继续胀。根据一般经验，在胀杆吃上劲后，再将胀杆转两圈到三圈即好。开始胀管时，为了防止管子窜动，在另一端要有人挟住。

胀管前铜管与管板之间的许可间隙：φ19 的管子为 0.20 ~ 0.30mm；φ24 的管子为 0.25 ~ 0.40mm。

胀管时，胀口的深度一般为管板厚度的 0.75 ~ 0.90，但不应小于 16mm。胀管时管壁的减薄量应在 4% ~ 6% 范围内。

管头与管孔用砂布打磨干净，不要很光滑，但也不许在纵向上有 0.10mm 以上的槽道。

管子胀好后，再用专用翻边工具（如图 15 - 16 所示）进行翻边，这样可以增加胀管强度。翻边后，管子的弯曲部分稍进入管孔，不能离管孔太远。

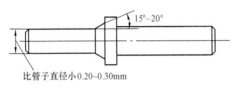

图 15 - 16　专用翻边工具

3. 胀管后的质量要求和可能产生缺陷的原因

（1）管壁金属表面应没有层皮的痕迹和剥落的薄片、斑、凹坑或开缝的裂纹。如果有这些缺陷，就必须换管。产生的原因，可能是铜管退火不够或翻边角度太大。

（2）胀管不牢。这可能是由于胀管结束得太早，或胀杆滚柱短造成的，此时必须重胀。

（3）管头偏歪。松紧不均匀。这主要是孔板不圆或不正所致。

（4）过胀。这主要表现在管子胀紧部分的尺寸太大，或有明显的凹槽。产生的原因是胀管器的装置距离太大或胀杆的锥度太大。如果使用推盘的胀管器而胀管时间又太长，也容易发生此种缺陷。如果过胀严重，则必须重新更换新管子。

（5）胀口的过胀或欠胀现象，可测量胀管内径，其计算式为

$$D_2 = D_1 + \delta + C$$

式中　D_2——胀管后的铜管内径，mm；

　　　D_1——胀管前的铜管内径，mm；

　　　δ——管孔内径与胀管前铜管外径之差值，mm；

　　　C——管子完全扩胀时的常数，即 4% ~ 6% 管壁厚度，mm。

第八节　油　管　路

油管路系统主要用来供给汽轮发电机组轴承润滑油、调节保安部套用的压力油。抗燃油管路系统用于供给高压主汽门、中压主汽门、调节汽门油动机压力油。油管路由油管、法兰、截门及其他附件等组成。

为了防止高压油泄漏，使油管路布置紧凑、节省空间，大型机组多采用套装式油管路。

油管路系统的检修主要有两项内容：一是消除漏油，二是清扫管路系统的油垢和脏物。在检修前必须记录运行中渗油和漏油的地方。解体后作详细检查，消除缺陷。在拆卸油管前必须把各法兰编好号并做详细记录，管内存油应从底部最低部位处放出。较高较长的管道拆卸时，必须先用绳子吊牢。

一、油管路系统的清理

油管的清洗应用较高汽温汽压的蒸汽冲洗。在适当的地方将吹管的蒸汽引出室外，在管口处做好固定被吹管子的卡子，把被吹管子卡好后再打开阀门吹 2～3min。然后把被吹的管子倒过来卡好后，再吹另一端。对粗管子可用布团反复拉，直至用白布拉后无锈垢颜色为止。

二、油管道组装的要求

所有油管路的法兰应平整光洁，应用平板涂色检查，接触面积应在75%以上，并分布均匀，或在一圈内连续接触达一定的宽度，无间断痕迹。研磨用的油色越薄越好，一般用红丹粉和蓝印油着色检查。法兰垫应使用质密的耐油垫料，如耐油橡胶石棉纸或聚四氟乙烯板，禁止使用塑料垫与橡胶垫。垫片的厚度一般应为 0.5～0.8mm。较大直径的回油管垫片可适当厚些，但不超过 2mm。垫片应平滑而无伤痕。

法兰面应相互平行并自由对正，无偏斜、变形，相互间距不要太大，不得强行对口和强拉。如法兰对口别劲时，应重新配置，彻底消除；或者组合后在别劲的弯头处烤红，消去应力，然后拆下清理干净后重新组合。

三、管路附件的检修

管路附件的检修要求如下：

（1）所有的阀门严密无卡涩，开关灵活，传动机构灵活好用。阀门应水平设置或倒置，以防止门芯脱落断油。油系统阀门应选用明杆门。

第二篇　汽轮机调节、保安和油系统设备检修

（2）各回油管的看油窗及温度表插座要求清理干净，不渗油。

（3）轴承进油及其他处的节流孔板孔径正确无损，不要装反。

（4）支吊架应完整，不松动，不磨损，能起支吊作用。

（5）检查油管的伸缩节无裂纹、不漏油，否则应进行处理。更换油管时必须用无缝钢管。

四、溢油阀的检修

溢油阀的结构如图 15 - 17 所示，其检修要点如下：

（1）拆前要测好调整螺钉相对位置的高度。

（2）分解后用煤油清洗各部件的油垢，去除毛刺，扫通各节流孔和排气孔，检查弹簧有无裂纹，测量错油门与套筒的配合间隙。

（3）组装时内部应保持清洁，错油门上浇以干净的透平油后装入，组合后移动门套门芯应灵活无卡涩，调整螺钉位置应正确。

五、油循环

油管路组装完后，油箱充油进行油循环。油循环时应将

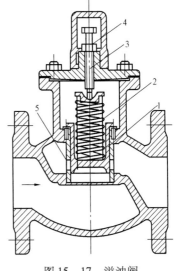

图 15 - 17 溢油阀
1—滑阀；2—压缩弹簧；3—调整
螺钉；4—螺母；5—油口

润滑油系统和调节系统断开，以防脏物进入调节系统，一般油循环采用以下两种方法：

（1）各轴承的上瓦不扣，在下瓦两侧间隙内塞好干净的纱布，临时扣上各轴承盖，然后开启润滑油泵，以高速油冲洗油管路及轴承室，将杂质带回油箱进行滤清。循环数小时后，停止油泵，将各轴瓦塞的纱布取出检查，合格后正式扣装好各瓦。

（2）在各轴承进油法兰中临时加装滤网，然后启动润滑油泵，循环数小时后，检查清理滤网，必要时更换滤网后继续进行循环，直到合格。取出滤网，组合好法兰。

油循环结束后，须将油箱滤网抽出清理。油循环后将全部油系统及轴承组装好。

第九节　油氢差压阀和平衡阀

油氢差压阀和油压平衡阀是密封油系统中的两个重要元件。

一、油氢差压阀

油氢差压阀即差压调节阀，其作用是自动调节空侧密封油压，使该油压始终高于氢压 0.0294 ~ 0.049MPa。其结构如图 15 - 18 所示。

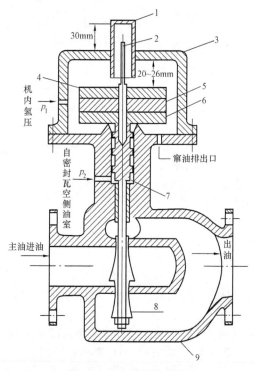

图 15 - 18　油氢差压阀

1—指示器；2—指针；3—上盖；4—芯；5—配重片；6—活塞；

7—油室；8—阀芯；9—阀壳

油氢差压阀解体后，应检查活塞表面无毛刺、拉伤、裂纹，用汽油洗净后用面团粘净，将阀壳清理干净后进行回装，回装后活塞动作应灵活、无卡涩。

二、油压平衡阀

油压平衡阀的作用是使进入氢侧油环的油压和进入空侧油环的油压保持平衡，误差不超过 1.47kPa。其结构如图 15 - 19 所示。

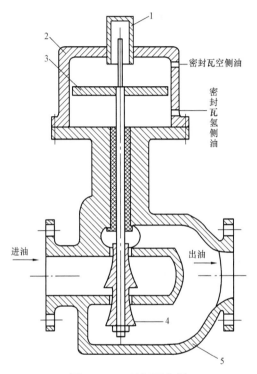

图 15 - 19 油压平衡阀

1—指示器；2—上盖；3—活塞；4—阀芯；5—阀壳

油压平衡阀解体后，检查活塞表面有无毛刺、拉伤和裂纹，用汽油将活塞洗净后，用白面团粘净。将阀壳内油污清理干净后，用面团粘净，将活塞回装入阀壳内。回装后，活塞应灵活、无卡涩。

提示 本章节适合初、中级工使用。

第十六章

功频电液调节系统

第一节 功频电液调节系统的基本原理

图 16 - 1 为一种功频电液调节系统方框图。

由图 16 - 1 可见，功率调节回路及频率调节回路是电液调节的主要系统，此外还备有启动回路、蒸汽压力调节回路等部分。为说明功频电液调节的功能，下面简要说明频率测量、功率测量、电液转换器及电液跟踪器等主要元件的工作原理及作用。

第二节 主要元件的工作原理

一、频率测量元件

频率信号是用磁阻变送器测取的，如图 16 - 2 所示。该装置中有一个绕有线圈并黏在磁钢上的铁芯，它对准装在汽轮机上的齿轮。当齿轮转动时，在齿顶与铁芯接近时磁阻变小，通过铁芯的磁通量增加；当齿顶离开铁芯时，则磁通量减少。这样每转一齿，便在线圈内产生一次交变感应电势脉冲。交变电势脉冲信号通过频差放大器放大、整形，转换为相应的直流模拟电压信号后进入电液调节系统。

二、功率变送器

由于测量汽轮机实发功率困难，而发电机功率又易于测定，因而现在采用测量发电机功率作为汽轮机实发功率。在稳定状态时，用发电机功率作为汽轮机功率引起的误差不大（仅差发电机损耗）；但在动态过程中两者相差较大，因而引起一些问题，这些问题将在反调部分加以讨论。现介绍用霍尔元件测量发电机功率的原理。

霍尔元件是一个长方形半导体，如图 16 - 3 所示，将发电机出线电压经电压互感器转换成电流信号 I_V，并沿 1—2 方向通过霍尔元件。而发电机电流经电流互感器，其感应电流为 I_1，并在绕组中产生一个垂直于霍尔元件的磁场，此磁场的强度 H 正比于电流 I_1，根据左手法则，则在 3—4

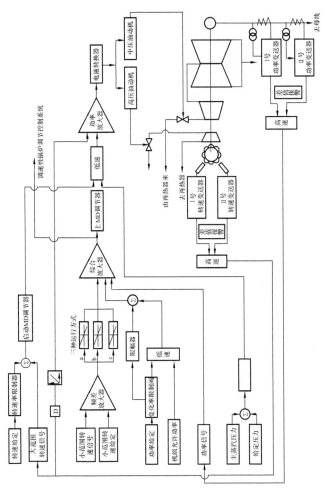

图 16 - 1 功频电液调节系统方框图

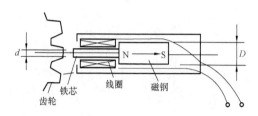

图 16 - 2 磁阻变送器

方向产生霍尔电势 E_H，其幅值正比于 HI_1，即正比于发电机电流和电压的乘积，也即正比例于发电机的功率 P，因而可以方便地作为发电机功率信号。

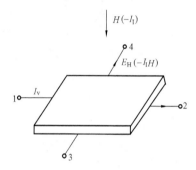

图 16 - 3 霍尔元件测功率

三、电液转换器

电液转换器是将电气线路调节控制的电气信号转变成液压信号，用以控制油动机活塞的位移，调节汽轮机功率和转速。

图 16 - 4 所示为一种电液转换器的工作原理图，它相当于一个电磁控制的阀门。当由 PID 来的电压信号，经过功率放大器后变成电流信号进入电液转换器控制线圈。当电流增大时，线圈在磁钢中受到向下的拉力也增大，线圈便带动下面的套筒下移，使油口开大，A 油口关小。差动活塞上部的 D 油室油压升高，活塞下部的 E 油室油压降低，差动活塞便下移，在差动活塞移动的同时，将 A、B 油口反馈恢复到原来的开度，D、E 油室的压力也恢复到原来的压力，活塞便稳定到新的位置。此时由差动活塞所控制的二次油路的油孔也被关小，电调系统的二次油压升高，使调节阀关小。

四、电液跟踪器

为防止电液调节系统中电气部分故障而影响机组运行，有的机组采用两套以上的电液调节系统互为备用，此即为纯电液调节系统；有的机组采用液压调节作为切换备用。两种系统在控制油动机的控制油压处相连接，

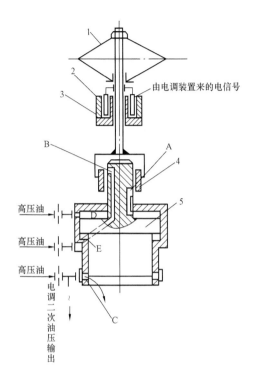

图 16 - 4　电液转换器

1—板弹簧；2—活动线圈；3—磁钢；4—套筒；5—差动活塞

然后由同一路控制油去操纵油动机。考虑到电调切换到液调，要求控制油压不产生波动，因此设有电液跟踪器，使两套装置所产生的控制油压相同。

图 16 - 5 所示为一种电液跟踪器的结构简图。软铁芯位于上、下线圈中间，上、下线圈中通有交流电，由于两线圈中感应出来的交流阻抗相等，因而不输出信号。若电调二次油压升高，则上面的波纹管圆盘所受的作用力增大，软铁芯下移，破坏了电气线路的平衡，继电器动作，使液调部分的同步器马达转动，液压控制的二次油压升高，直到液调二次油压等于电调二次油压，软铁芯回到中间位置为止。这样，液调二次油压始终紧紧跟踪电调二次油压，调节系统能平衡地由电调切换到液调。当液调工作时，电液跟踪器便自动退出。

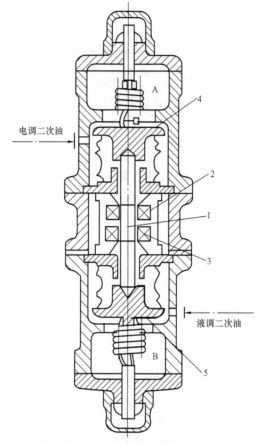

电调二次油

液调二次油

A

B

4

2

1

3

5

图 16-5 电液跟踪器结构

1—软铁芯；2、3—线圈；4、5—波纹管圆盘

提示 本章节适合初级工使用。

第三篇

水 泵 检 修

第十七章

水 泵 概 念

水泵是用来把原动机的机械能转变为水的动能和压力能的一种设备。在火力发电厂中，有许多不同类型的水泵配合主机工作，才使整个机组能正常运转，生产电能。水泵对电厂的安全和经济运行起着重要作用。

下面介绍一些有关水泵的基本知识。

第一节 水泵工作原理简介

一、离心泵工作原理

如图 17-1 所示，我们观察一个盛有液体的容器，处于静止状态的液面是一个水平面，若不停地搅动液体，液面就会形成一个抛物面，到一定程度时液体就会从容器中流出来。

假设将容器封闭并在上壁连一根管子，液体就会产生真空。若在容器底部连，在大气压力作用下水会源源不断地进入容器。这就是水泵的工作原理。

在水泵中，当叶轮高速旋转时，水被带动一同旋转而产生离心力。在离心力作用下，水被甩到叶轮四周并经泵壳后流向压力管路。同时，叶轮吸入口形成真空，池中的水在大气压力作用下被吸入。因此，离心泵在启动时需将叶轮充满水，以排出泵内的空气。

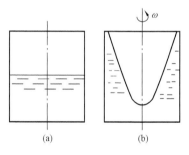

图 17-1 离心泵工作原理
(a) 静止状态；(b) 运动状态

二、水泵的铭牌

不论什么水泵，在工作时都具有一定的参数，通常在水泵的铭牌中给出，主要有：

(1) 流量。单位时间内抽送水的数量称为流量，有体积流量和质量流量之分。体积流量用 q_V 表示，常用单位为 m^3/s、m^3/h、L/s；质量流量用 q_m 表示，常用单位为 kg/s、t/h。体积流量与质量流量的关系为 $q_m = \rho q_V$。

（2）扬程。单位质量的流体在通过水泵后所获得的总能头称为扬程，也就是用被送流体柱高度表示的单位重量流体通过泵后所获得的总能量，用 H 表示，单位为米流体柱高，常简写为 m。

（3）转速。泵轴在 1min 内所转过的圈数称为转速，用 n 表示，单位为 r/min。

（4）轴功率。指原动机传到水泵轴上的功率，即水泵的输入功率。用 P 表示，单位为 kW。

（5）效率。指被输送的液体实际获得的功率（输出功率 P_e）与轴功率（输入功率 P）的比值。用符号 η 表示。

第二节　水泵的分类及型号

由于水泵的应用很广泛，随其构造特点、工作性能和被输送介质的不同，可将水泵分为许多不同的类型。下面我们分别介绍水泵的分类和常见的型号。

一、水泵的分类

水泵的分类方法很多。如果按其工作时产生的压力大小分类，可分为高压泵、中压泵和低压泵三种。按水泵工作原理又可分为容积式泵和叶片式泵，其中容积式泵又包括往复式泵（如活塞泵、柱塞泵、隔膜泵）和回转式泵（如齿轮泵、螺杆泵、滑片泵、液环泵）；叶片式泵又包括离心泵、轴流泵和混流泵三种。此外，还有一些特殊用途的水泵，如射流泵及水锤泵等。

（一）按工作压力分类

（1）低压泵。工作压力在 2MPa 以下的水泵。

（2）中压泵。工作压力在 2~6MPa 之间的水泵。

（3）高压泵。工作压力在 6MPa 以上的水泵。

（二）按工作原理分类

依靠工作室容积间歇地改变而输送液体的泵称为容积泵，而依靠工作叶轮的旋转将能量传递给液体的水泵称为叶片式泵。叶片式泵又分为以下几种。

1. 离心泵

离心泵是利用液体随叶轮旋转时产生的离心力来工作的。由于离心泵的应用最为广泛，这里将较多地加以介绍。

（1）按叶轮的数目多少，将只有一级叶轮的离心泵称为单级离心泵，如图17-2所示；而将在同一泵轴上装有两个及以上叶轮的离心泵称为多级离心泵，如图17-3所示，一个叶轮就是一级，级数越多，扬程越高，泵的总扬程等于各级叶轮产生的扬程之和。

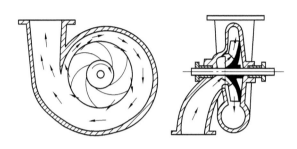

图17-2　单级离心泵

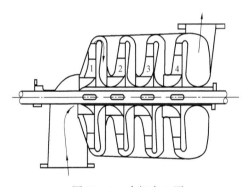

图17-3　多级离心泵

（2）按水进入叶轮的方式，单侧进水的泵称为单吸式离心泵，如图17-4所示；双侧进水的泵称为双吸式离心泵，如图17-5所示；从多个叶轮同时进水的泵称为多流式离心泵，如图17-6所示。

（3）按泵轴的位置，泵轴水平放置的泵称为卧式离心泵，泵轴垂直放置的泵称为立式离心泵，泵轴与水平面具有倾斜角度的泵称为斜式离心泵。

（4）按泵壳的形式看，叶轮排出的液体直接进入蜗状壳体的泵称为蜗壳式离心泵；泵壳内装有导叶，叶轮排出的液体直接进入导叶形扩散器

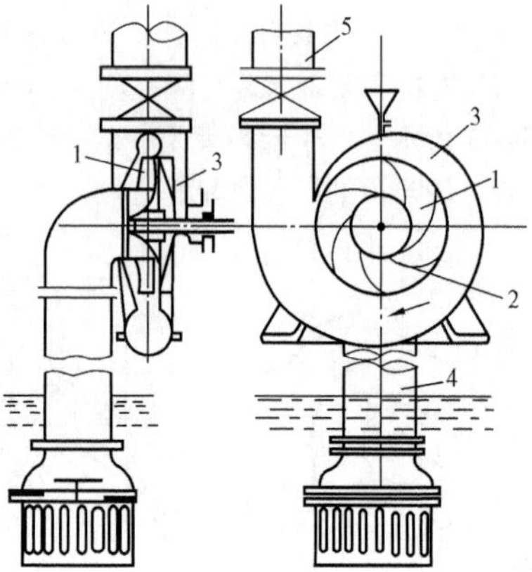

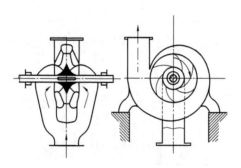

图 17 - 4　单吸式离心泵

1—流道；2—叶片；3—泵壳；4—吸水管；5—压水管

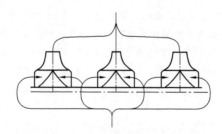

图 17 - 5　双吸式离心泵

图 17 - 6　多流式离心泵

第三篇　水泵检修

的泵称为导叶式泵（即使扩散器外侧有蜗形体的也称为导叶泵）。

（5）按泵壳结合面形式来分，径向剖分式，以垂直于泵轴的平面剖分壳体的结构；轴向剖分式，通过泵轴线的平面剖分壳体的结构，如果该平面为水平面则称水平中开泵。径向剖分式又分为节段式（其中每一级都具有剖分面）和侧盖式（壳体一侧或两侧具有泵盖）。

离心泵和其他形式的泵相比，具有效率高、性能可靠、流量均匀、易于调节等优点，特别是可以制成各种压力及流量的泵以满足不同的需要，所以应用最为广泛。在火力发电厂中，给水泵、凝结水泵及大多数循环水系统的循环泵等都采用离心泵。

2. 轴流泵

轴流泵工作时，靠旋转叶片对流体产生的推力，使流体沿泵轴方向流动，如图 17 - 7 所示。

当原动机驱动浸在流体中的叶轮旋转时，由于流体叶轮上的扭曲叶片，会使流体受到推力。这个叶片推力对流体做功，使流体的能量增加，并沿轴向流出叶轮，经过导叶等进入压出管路。与此同时，叶轮进口处的流体被吸入。

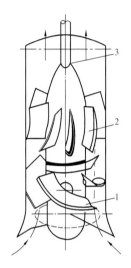

图 17 - 7　轴流泵示意
1—叶片；2—导流叶片；3—泵轴

轴流泵适用于大流量、低压头的情况。它们具有结构紧凑、外形尺寸小、质量轻等特点。动叶可调式轴流泵还具有变工况性能好、工作范围大等优点。

3. 混流泵

液体进入叶轮后的流动方式介于轴流式和离心式之间，近似于锥面流动。

二、水泵的型号

通常水泵型号由三部分组成：第一部分为数字，表示缩小为 1/25 的吸水管直径（mm），或是用英寸表示的吸水管直径（in）；第二部分为大写字母，表示水泵的结构类型；第三部分为数字，表示缩小 1/10 并化为整数的比转数。

在水泵型号说明中，常见的字母有：

B 或 BA 型——（即旧式的 K 型），代表单级单吸悬臂式离心泵；

IS 型——ISO3 国际标准型单级单吸离心水泵；

S 或 Sh 型——即旧式的 Д 型，为单级双吸、水平中开泵壳式离心泵；

FD 型——即旧式的 SSM 型，为多级低速离心泵；

D 或 DA 型——代表多级分段式离心泵；

DG 型——代表多级分段式电动给水泵；

NL 型——代表立式凝结水泵；

PW 型——代表供排污水用的单级泵；

Y——离心式油泵。

例如，型号 8BA – 18A 表明：

8——代表吸入管直径为 8in；

BA ——代表单级单吸式离心泵；

18——代表缩小 1/10 并化为整数的比转数；

A——表示车削了叶轮的外径。

又如，型号 DG270 – 150 表明：

DG ——代表多级分段式电动给水泵；

270——表示泵的流量，m^3/h；

150——表示泵的出口压力，×98kPa。

第三节　水泵的构造及常用材质

以小型离心泵为例，其基本构造主要包括泵壳、转子、轴封装置、密封环、轴承、泵座及轴向推力平衡装置等部分。

一、泵壳

泵壳包括进水流道、导叶、压水室和出水流道。低压单级离心泵的泵壳多采用蜗壳形，而高压多级离心泵多采用分段式泵壳并装有导叶，导叶片数目较动叶轮叶片要少 1~2 片。

泵壳的作用，一方面是把叶轮给予流体的动能转化为压力能，另一方面是导流。泵壳所用材质以铸铁最多，随着压力增高，亦常用铸钢等。

二、转子

转子包括叶轮、轴、轴套及联轴器等，其作用是把原动机的机械能转变为流体的动能和压力能。

叶轮有开式、半开式和封闭式三种。开式叶轮两侧均无盖板，半开式只有一侧盖板，而封闭式叶轮两侧均有盖板，如图 17 – 8 所示。

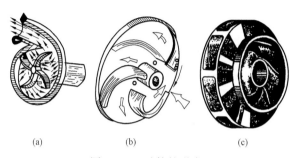

图 17 – 8　叶轮的形式
（a）开式；（b）半开式；（c）封闭式

封闭式叶轮泄漏少，效率高，因而应用得最多。当水中杂质较多时可选用开式或半开式叶轮，这样不易卡住，但泵的效率较低。

叶轮与轴的固定一般采用键连接，并用螺母紧固，此固定螺母的旋向应与泵轴该侧的旋转方向相反。对扬程低、使用不频繁的水泵叶轮，多选用铸铁制造。此外，叶轮还有用青铜、不锈钢制造的。泵轴则多选用优质碳素钢（35 号或 45 号钢）。

三、轴封装置

因为在转子和泵壳之间需留有一定的间隙，所以在泵轴伸出泵壳的部位应加以密封。水泵吸入端的密封用来防止空气漏入、破坏真空而影响吸水，出水端的密封则可防止高压水漏出。轴封装置包括填料轴套、填料函和水封等。

1. 轴套

轴套是用来保护轴的。一方面它可防止液体对轴的腐蚀，另一方面可使轴不直接与填料产生摩擦。

2. 填料函

填料函也称盘根筒，一般设置在轴伸出泵壳的地方，起着把外部与泵壳内部隔断的作用，以减少泄漏量，如图 17 – 9 所示。

在中低压水泵中，广泛采用压盖填料进行填塞的方法；在高压高速泵或不允许泄漏的化学液泵中，常采用机械密封的方法。

3. 水封

水封是把水封环加在填料函内，工作时水封环四周的小孔和凹槽处形

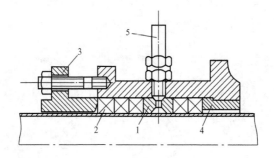

图 17 - 9   填料函的构造

1—水封环；2—盘根；3—填料压盖；4—挡环；5—水封管

成水环，从而阻止空气漏入泵内，其结构如图 17 - 10 所示。

四、密封环

密封环一般用青铜或铸铁制成，其作用是防止泵内高压水倒流回低压侧而使泵效率降低。密封环装在叶轮进、出水侧的外缘与泵壳之间。安装水泵时，密封环的间隙应符合规定，过大会增加泄漏量，太小又易产生摩擦，如图 17 - 11 所示。

图 17 - 10   水封
环结构

五、轴承

轴承是用来支持水泵转子的重量，以保证转子平稳运转的。常见的水泵轴承有滚动轴承和滑动轴承。中小型水泵多用滚动轴承，转速高、转子重的水泵则用滑动轴承。滚动轴承可用润滑脂或润滑油来润滑，滑动轴承则靠润滑油形成的油膜来润滑。

六、泵座

泵座用来承受水泵及进出口管件的全部重量，并保证水泵转动时的中心正确。泵座一般由铸铁制成，且大多与原动机的底座合为一体。

七、轴向推力平衡装置

水泵工作时，由于进、出水端存在压差而在叶轮上作用着一个指向进水端的轴向力，这就是水泵的轴向推力。对多级泵来说，此力可达数吨，若不去平衡的话就会使转子发生轴向位移，严重时可造成水泵动、静部件摩擦而损坏设备。通常的平衡方法有以下几种：

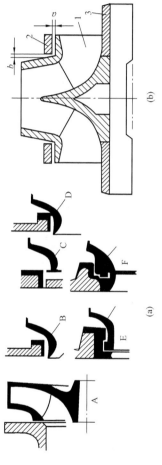

图 17 - 11 密封结构

（a）密封环的形式；（b）密封环的间隙

A、B—平环；C、D—曲折环；E、F—复曲折环；

1—叶轮；2—密封环；3—轴套；a—径向间隙；b—轴向间隙

1. 平衡孔法

对单吸式水泵，可在叶轮后盖板
上开设平衡孔，让出水端经密封间隙
漏至后盖板处的水流回叶轮入口处，
从而降低叶轮两侧压差，使轴向推力
减小，如图 17 - 12 所示。

2. 对称进水法

将水泵叶轮进水方式布置为对称
的。单级离心泵采用双侧进水，多级
离心泵则将叶轮采用对称布置，以便
轴向推力相互抵消，如图 17 - 13
所示。

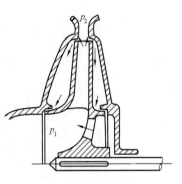

图 17 - 12　平衡孔法

3. 平衡盘法

对多级离心泵，可在最末
级叶轮后端的泵轴上装一个平
衡盘。平衡盘后的均压室与水
泵的进口相通，从而在平衡盘
上产生一个与水泵轴向推力相
反方向的推力，起到平衡轴向
推力的作用，如图 17 - 14
所示。

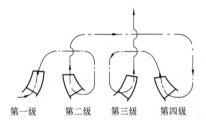

第一级　　　第二级　　　第三级　　　第四级

图 17 - 13　对称进水法

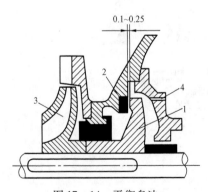

图 17 - 14　平衡盘法

1—平衡盘动盘；2—平衡盘静盘；3—水轮；4—溢水管

4. 推力轴承法

对中、低压水泵来说，在其轴向推力不大的情况下，如双吸式叶轮水泵，通常是采用在轴上装设向心式的滚动推力轴承来平衡转子轴向推力的。有时，也设置滚动轴承作为平衡盘的辅助装置。

第四节　卧式离心泵

本节将重点介绍在火电厂中普遍应用的一些水泵的基本结构。

一、IS 型单级单吸式离心泵

IS 型系列泵的性能范围是：转速 1450 ~ 2900r/min，流量 6.3 ~ 400m^3/h，扬程 5 ~ 125m，其基本结构如图 17 – 15 所示。

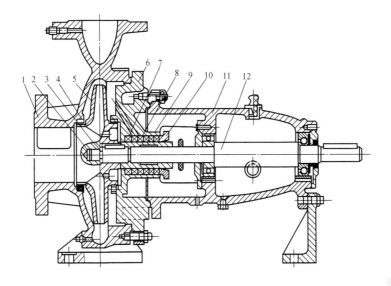

图 17 – 15　IS 型单级单吸式离心泵结构

1—泵体；2—叶轮螺母；3—垫片；4—密封环；5—叶轮；6—泵盖；7—轴套；
8—水封环；9—填料；10—填料压盖；11—悬架轴承；12—轴

该型泵主要由泵体、泵盖、叶轮、轴、密封环、轴套、叶轮螺母、止动垫片、填料压盖及悬架轴承部件等组成。

泵体和泵盖是从叶轮背面处剖分的，即通常所说的后开门形式。检修时不用动泵体、吸入管路和出水管路，只要拆下联轴器和中间连接件，即可退出转子部分进行检修。

悬架轴承部件用来支撑泵的转子，采用滚动轴承来承受泵的径向力和轴向力。

为平衡泵的轴向力，在叶轮后盖板上设有平衡孔。

泵的轴封是用填料密封的，主要由填料压盖、水封环及填料组成，用以防止漏入空气和大量漏水。

为避免磨损，在轴穿过填料函的部位装有轴套来加以保护。轴套与轴间装有"O"形密封圈，以防止沿配合间隙进气和漏水。

二、Sh 型单级双吸式离心泵

Sh 型泵性能范围是：流量 144～18000m³/h，扬程 9～140m，其构造如图 17－16 所示。

该型泵为单级、双吸式的，泵体为水平中开式结构，吸入管及出口管与下半部泵体铸在一起，不需拆卸管路及原动机即可检修泵内部件。

Sh 型泵轴承结构分为甲、乙两种形式，甲种形式为滚动轴承并用油脂润滑，乙种形式是用稀油润滑的滑动轴承。泵的轴向力主要由叶轮平衡，残余的轴向力由轴承负担。

该型泵的轴封为软填料密封，用少量的高压水通过水封管及水封环流入填料函中，起水封的作用。

该型泵的泵体、叶轮、轴套及密封环等均采用铸铁制成，泵轴则用优质碳素钢制成（由于轴套在运行一段时间后磨损，导致轴封泄漏量大，重新填盘根无法有效改善泵的运行，必须更换新的轴套。部分水泵改用耐磨损不锈钢轴套，有效提高了水泵运行周期）。

三、水平中开式多级离心泵

水平中开式多级离心泵性能参数范围是：压力约为 $294 \times 10^4 \sim 1472 \times 10^4 \mathrm{N/m^3}$，流量约为 $24 \sim 480\mathrm{m^3/h}$。基本结构如图 17－17 所示。

泵体做成沿轴中心线水平中开的，吸入管和出口管与下泵体（泵座）整体浇铸。这种泵的优点是拆卸装配方便，只需将上泵体（泵盖）吊开即可取出或装入整个转子。如采用蜗壳式泵体，可改用双蜗壳或改变每级蜗壳舌位置的办法来平衡径向力，轴向力可由叶轮的对称排列来自行平衡。第一级叶轮还可作成双吸的，这样可以减小汽蚀余量 Δh，改善汽蚀性能。缺点是：与同性能的分段式多级泵相比，体积较大；泵体内的流道

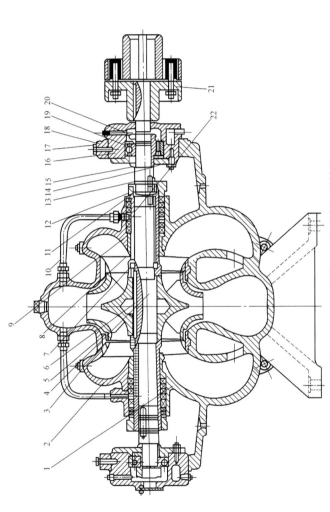

图 17-16 Sh 型单级双吸式离心泵结构

1—泵体；2—泵盖；3—叶轮；4—轴；5—双吸密封环；6—键；7—轴套；8—轴套螺母；9—填料；10—水封管；11—填料压盖；12—轴套螺母；13—双头螺栓；14—轴体压盖；15—轴承挡盖；16—轴承体；17—轴承盖；18—螺钉；19—轴承；20—轴承螺母；21—联轴器；22—水封

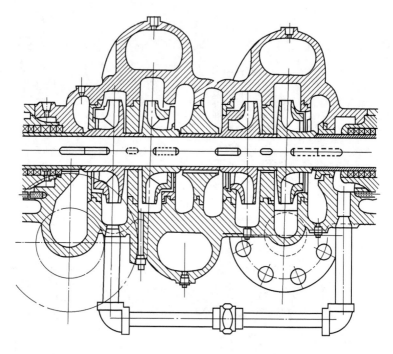

图 17 - 17 水平中开式多级离心泵结构

相当复杂,因此需要较高的铸造加工技术。对于小容量泵,内部加工比较困难,不宜采用。

四、分段式多级离心泵

分段式多级离心泵性能参数范围是:压力约为 $98 \times 10^4 \sim 3434 \times 10^4 \text{N/m}^2$,流量约为 $5 \sim 210 \text{m}^3/\text{h}$。结构如图 17 - 18 所示,几个相同的叶轮串联在同一根轴上,每级叶轮均有中段(导叶)将水引入下一级,中段的两侧有吸入段及压出段,用双头长螺栓穿过吸入段及压出段上的突出部分,即可栓紧。这种泵的优点是可以承受较高的压力,泵体由圆形中段组成,容易制造并可以互换,还可按压力需要增加或减少级数。其缺点是拆卸和装配比较困难,增加了维修时间。一般叶轮是从吸入口向压出口顺序排列的,因而有很大的从高压侧向低压侧的轴向力,需用平衡装置进行平衡。

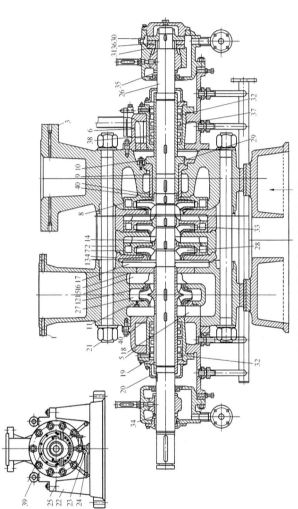

图 17－18　分段式多级离心泵结构

1—进水段；2—中段；3—出水段；4—中间隔板；5—进水尾盖；6—出水尾盖；7—导叶；8—末级导叶；9—平衡圈；10—平衡圈压盖；11—进水段压盖；12—首级密封环；13—次级密封环；14—导叶衬套；15—进水段衬套；16—进水段密封接盖；17—进水段焊接隔板甲；18—进水段焊接隔板乙；19—密封室端盖；20—密封室；21—拉紧螺栓；22—底座；23—纵销；24—纵销滑槽；25—横销；26—轴；27—首级叶轮；28—次级叶轮；29—平衡盘；30—推力盘；31—推力盘挡套；32—轴套；33—叶轮卡环；34—进水段轴承；35—出水段轴承；36—平面推力块；37—浮动环；38—支承环；39—起重吊环；40—Ｏ形密封圈

为了减小汽蚀余量 Δh，改善汽蚀性能，第一级叶轮趋向于采用双吸式的。

第五节　立式离心泵

一、立式中开带前置诱导轮的两级离心凝结水泵

图 17－19 是 14NL－14 型凝结水泵结构示意，这是一种立式中开带前

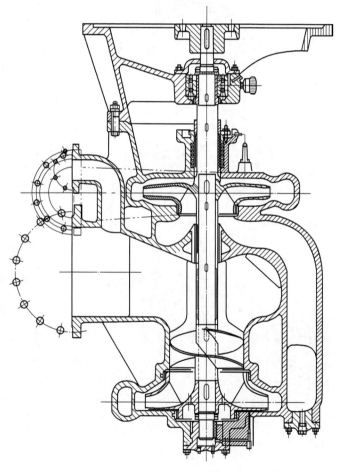

图 17－19　14NL－14 型凝结水泵结构

置诱导轮的两级离心泵。其结构特点为：泵的吸入口、压出口及排气口（接平衡管）均与泵轴平行地布置在泵体的一侧。第一级叶轮和第二级叶轮对称排列以平衡轴向力，泵壳采用双蜗壳结构以平衡径向力。由于泵体是轴向中开式结构，维修十分方便，只需将泵盖及轴承盖拆下，即可取出转子部件。上泵体、下泵体、托架、轴承体均由铸铁制成，叶轮和诱导轮用硅黄铜制成，轴、轴套等用优质碳素钢制成。

二、立式轴流循环水泵

近代大容量机组多采用立式轴流泵和立式混流泵，它们具有结构紧凑、体积小、运行调节简单等优点。另外，由于这种泵的叶轮浸在水中，因此启动时不需真空泵抽真空，汽蚀性能也可以得到改善。再者，电动机置于轴上部，离水面较高不易受潮。

图 17－20 为 50－ZLQ－50 型立式轴流循环水泵结构示意。该泵由吸入壳体（吸入喇叭管）、压出壳体（出口弯管）、叶轮、出口导叶、轴、轴承等组成。其结构特点是叶轮叶片为可调式，用改变叶片安装角的办法来调节流量，以保持泵具有较高效率。转轴是空心的，空心轴内装有调节机构与转动叶片相连的细轴。在空腔内要注满润滑油，以防止转动机构锈蚀。

三、LP 型立式离心污水泵

该型泵为单级单吸的立式离心污水泵，其入口垂直向下，叶轮浸没在液下。

泵主要由泵体、泵盖、叶轮、叶轮轴、传动轴、轴承架、泵座、电动机支架、传动套和轴承座等部件组成。

泵轴由滚动轴承和橡胶轴承支撑，滚动轴承用油脂润滑，橡胶轴承用清水润滑。

泵的轴封采用软填料密封。

泵通过弹性联轴器由电动机直接驱动。

该型泵的泵体、泵盖、轴承座、泵座和叶轮均为铸铁制作，轴套为耐磨的黄铜制作，泵轴则用碳素钢制成。

图 17－21 为 LP 型立式离心泵结构示意。

提示 本章节适合初级工使用。

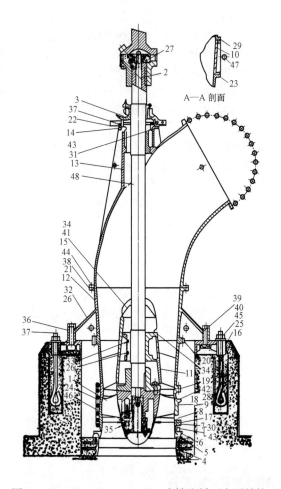

A—A 剖面

图 17 - 20 50 - ZLQ - 50 型立式轴流循环水泵结构

1—叶轮部件；2、48—泵轴；3—填料函部件；4—底座；5—橡胶环；6—填料压圈；
7—套管；8—叶轮外壳；9、10—孔盖；11—导叶体；12—中间接管；13—出水弯管；
14—橡胶轴承；15—导叶帽；16—底板；17、19、22、23—柏皮垫；18—红纸柏垫；
20、21—垫；24—纸垫；25、29~31、33、34、36~39—螺栓；26—铭牌；
27、35—调节叶轮用的蜗母轮；28—双头螺栓；32—铆钉；40—垫圈；
41~45—螺母；46—销；47—焊接环首螺钉

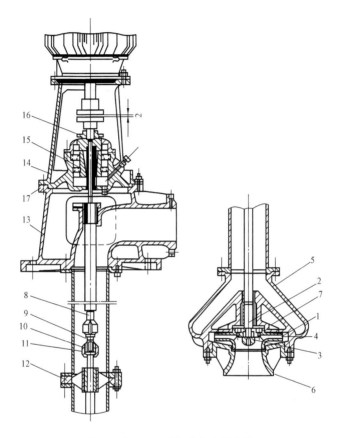

图 17 - 21　LP 型立式离心泵结构

1—叶轮；2—叶轮轴；3—叶轮螺母；4—止退垫圈；5—泵体；6—泵盖；7—密封
环；8—传动轴；9—联轴节；10—联轴节螺母；11—半圆卡环；12—轴承支架；
13—泵座；14—电动机支架；15—传动套；16—调整螺母；17—轴承座

第十八章

小型水泵检修

本章的内容将重点介绍两种小型水泵检修的基本步骤，以及一些一般性的要求等。

第一节　水泵的拆装

不论什么形式的水泵，在大修之前，都必须要明白其所处状况，了解哪些部件可能损坏而需在大修时更换，并预先把备件准备好。

在停泵之前，应对设备进行一次详细的检查，然后办理工作票。检修水泵前要检查安全措施是否完备、泵内压力是否放净等。

离心泵的大修按程序来讲，就是拆卸、检查、组装三大步。由于泵的构造不同，具体的检修程序也不一样。

一、IS 型泵的拆装

IS 型泵结构如图 17 - 15 所示，该型泵的拆装程序如下：

1. 解体步骤

（1）先将泵盖和泵体上的紧固螺栓松开，将转子组件从泵体中取出。

（2）将叶轮前的叶轮螺母松开，即可取下叶轮（叶轮键应妥善保管好）。

（3）取下泵盖和轴套，并松开轴承压盖，即可将轴从悬架中抽出（注意在用铜棒敲打轴头时，应戴上叶轮螺母以防损伤螺纹）。

2. 装配顺序

（1）检查各零部件有无损伤，并清洗干净。

（2）将各连接螺栓、丝堵等分别拧紧在相应的部件上。

（3）将 O 形密封圈及纸垫分别放置在相应的位置。

（4）将密封环、水封环及填料压盖等依次装到泵盖内。

（5）将轴承装到轴上后，装入悬架内并合上压盖，将轴承压紧，然后在轴上套好挡水圈。

（6）将轴套在轴上装好，再将泵盖装在悬架上，然后将叶轮、止动垫圈、叶轮螺母等依次装入并拧紧，最后将上述组件装到泵体内并拧紧泵体、泵盖的连接螺栓。

在上述过程中，对平键、挡油环、挡水圈及轴套内的 O 形密封圈等小件易遗漏或错装，应特别注意。

3. 安装精度

这里给出的主要是联轴器对中的精度要求。泵与电动机联轴器装好后，其间应保持 2～3mm 间隙，两联轴器的外圆上下、左右的偏差不得超过 0.1mm，两联轴器端面间隙的最大值、最小值差值不得超过 0.08mm。

二、Sh 型水泵的拆装

Sh 型水泵结构如图 17－16 所示，该型水泵的拆装程序如下：

（一）解体步骤

1. 分离泵壳

（1）拆除联轴器销子，将水泵与电动机脱离。

（2）拆下泵结合面螺栓及销子，使泵盖与下部的泵体分离，然后把填料压盖卸下。

（3）拆开与系统有连接的管路（如空气管、密封水管等），并用布包好管接头，以防止落入杂物。

2. 吊出泵盖

检查上述工作已完成后，即可吊下泵盖。起吊时应平稳，并注意不要与其他部件碰磨。

3. 吊转子

（1）将两侧轴承体压盖松下并脱开。

（2）用钢丝绳拴在转子两端的填料压盖处起吊，要保持平稳、安全。转子吊出后应放在专用的支架上，并放置牢靠。

4. 转子的拆卸

（1）将泵侧联轴器拆下，妥善保管好连接键。

（2）松开两侧轴承体端盖并将轴承体取下，然后依次拆下轴承紧固螺母、轴承、轴承端盖及挡水圈。

（3）将密封环、填料压盖、水封环、填料套等取下，并检查其磨损或腐蚀的情况。

（4）松开两侧的轴套螺母，取下轴套并检查其磨损情况，必要时予以更换。

（5）检查叶轮磨损和气蚀的情况，若能继续使用，则不必将其拆下。如确需卸下时，要用专门的工具（如图 18－1 所示）边加热边拆卸，以免损伤泵轴。

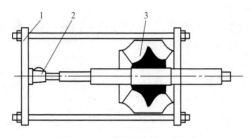

图 18 – 1　拆卸叶轮工具

1—工具；2—千斤顶；3—叶轮

（二）装配顺序

1. 转子组装

（1）叶轮应装在轴的正确位置上，不能偏向一侧，应按照使用说明书或图纸要求分配密封环间隙，如无要求应两侧间隙相等，否则会造成与泵壳的轴向间隙不均而产生摩擦。

（2）装上轴套并拧紧轴套螺母。为防止水顺轴漏出，在轴套与螺母间要用密封圈填塞。组装后应保证胶圈被轴套压紧。

（3）将密封环、填料套、水封环、填料压盖及挡水圈装在轴上。

（4）装上轴承端盖和轴承，拧紧轴承螺母，然后装上轴承体，并将轴承体和轴承端盖紧固。

（5）装上联轴器。

2. 吊入转子

（1）将前述装好的转子组件平稳地吊入泵体内。

（2）将密封环就位后，盘动转子，观察密封环有无摩擦，应调整密封环直到盘动转子轻快为止。

3. 扣泵盖

将泵盖扣上后，紧固泵结合面螺栓及两侧的轴承体压盖。然后，盘动转子看是否与以前有所不同，若没有明显异常，即可将空气管、密封水管等连接上，将填料加好，接着就可以进行对联轴器找正了。

（三）安装精度要求

这里仅提出联轴器对中的精度要求。联轴器两端面最大和最小的间隙差值不得超过 0.06mm，两外圆中心线上下或左右的差值不得超过 0.1mm。

第二节　水泵的测量

一、轴弯曲度的测量

泵轴弯曲之后，会引起转子的不平衡和动静部分的磨损，所以在大修时都应对泵轴的弯曲度进行测量。测量方法如图 18－2 所示。

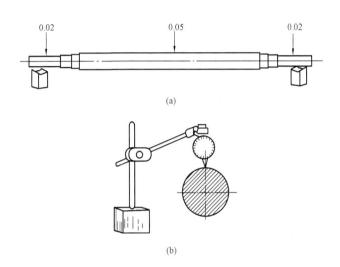

(a)

(b)

图 18－2　测量轴的弯曲

（a）泵轴两端放在 V 形铁上；（b）千分表测量杆正对轴心

首先，把轴的两端架在 V 形铁上，V 形铁应放置平稳、牢固；再把千分表支好，使测量杆指向轴心。然后，缓慢地盘动泵轴，在轴有弯曲的情况下，每转一周则千分表有一个最大读数和最小读数，两读数的差值即表明了轴的弯曲程度。

这个测量过程实际上是测量轴的径向跳动，亦即晃度。晃度的一半即为轴的弯曲值。通常，对泵轴径向跳动的要求是：中间不超过 0.05mm，两端不超过 0.02mm。

二、转子晃度的测量

转子的晃度，即为其径向跳动。测量转子的径向跳动，目的就是及时发现转子组装中的错误及转子部件不合格的情况。

测量转子晃度的方法与测量轴弯曲的方法类同。

通常，要求叶轮密封环的径向跳动不得超过0.08mm，轴套处晃度不得超过0.04mm，两端轴颈处晃度不得超过0.02mm。

三、联轴器找中心的测量

水泵在大修之后必须进行联轴器找中心工作，这样水泵运转起来才能平稳。关于联轴器找中心的原理和方法，将在后面章节内容中介绍。

第三节　相关的检修工作

一、叶轮的静平衡

水泵转子在高转速下工作时，若其质量不均衡，转动时就会产生一个较大的离心力，造成水泵振动或损坏。转子的平衡是通过其上各个部件（包括轴、叶轮、轴套、平衡盘等）的质量平衡来达到的，因此对新换装的叶轮都应进行静平衡校验工作。具体的方法是：

（1）将叶轮装在假轴上，放到已调好水平的静平衡试验台上，如图18－3所示。试验台上有两条轨道，假轴可在其上自由滚动。

图18－3　静平衡试验台

（2）在叶轮偏重的一侧做好标记。若叶轮质量不平衡，较重的一侧总是自动地转到下面。在偏重地方的对称位置（即较轻的一方）增加重块（用面粘或是用夹子增减铁片），直至叶轮能在任意位置都可停住为止。

（3）称出加重块的质量。通常不是在叶轮较轻的一侧加质量，而是在较重侧通过减质量的方法来达到叶轮的平衡。减重时，可用铣床铣削或是用砂轮磨削（当去除量不大时），但注意铣削或磨削的深度不得超过叶轮盖板厚度的1/3。

经静平衡后的叶轮，静平衡允许偏差值不得超过叶轮外径值与0.025g/mm之积。例如，直径为200mm的叶轮，允许偏差为5g。

二、联轴器的拆装

（1）拆下联轴器时，不可直接用锤子敲击而应垫以铜棒，且应打联轴器轮毂处而不能打联轴器外缘，因为此处极易被打坏。最理想的办法是用拂子拆卸联轴器，如图18－4所示。

对于中小型水泵来说，因其配合过盈量很小，故联轴器很容易拿下来。对于较大型的水泵，联轴器与轴配合有较大的过盈，所以拆卸时必须对联轴器进行加热。

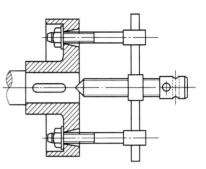

图 18 - 4　用拢子拆卸联轴器

（2）装配联轴器时，要注意键的序号（对具有两个以上键的联轴器来说）。若用铜棒敲击时，必须注意击打的部位。例如，敲打轴孔处端面，容易引起轴孔缩小，以致轴穿不过去；敲打对轮外缘处，则易破坏端面的平直度，在以后用塞尺找正时将影响测量的准确度。对于过盈量较大的联轴器，则应加热后再装。

（3）联轴器销子、螺母、垫圈及胶垫等必须保证其各自的规格、大小一致，以免影响联轴器的动平衡。联轴器螺栓及对应的联轴器销孔上应做好相应的标记，以防错装。

（4）联轴器与轴的配合一般均采用过渡配合，既可能出现少量过盈，也可能出现少量间隙，对轮毂较长的联轴器，可采用较松的过渡配合，因其轴孔较长，由于表面加工粗糙不平，在组装后自然会产生部分过盈。如果发现联轴器与轴的配合过松，影响孔轴的同心度时，则应进行补焊。在轴上打麻点或垫铜皮是权宜之计，不能作为理想的方法。

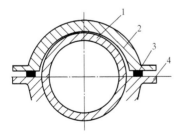

图 18 - 5　决定泵盖对密封环的紧力
1—密封环；2—泵盖；3—铅丝；
4—泵体

三、决定泵壳结合面垫的厚度

若叶轮密封环在大修后没有变动，则泵壳结合面的垫就取原来的厚度即可；若密封环向上有抬高，泵结合面垫的厚度就要用压铅丝的方法来测量，如图 18 - 5 所示。

通常，泵盖对叶轮密封环的紧力为 0 ~ 0.03mm。新垫做好后，两面均应涂上黑铅粉后再铺在泵结合面上。注意所涂铅粉必须纯净，不能有渣块。在填料函处，垫要做得格外细心，一定要使垫与填料函处的边缘平齐。

垫如果不合适，就会使填料密封不住而大量漏水，造成返工，如图18-6所示。

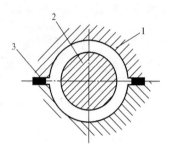

图 18-6　垫没做合适
1—泵盖；2—轴；3—垫

提示　本章节适合初级工使用。

第三篇　水泵检修

第十九章

机械密封

本章将介绍机械密封的基本工作原理、分类方法和一些典型结构，并根据实际应用过程中常出现的问题，列举一些机械密封的检修、安装要领及故障处理方法。

第一节 机械密封的形式及工作原理

机械密封是一种限制工作流体沿转轴泄漏的、无填料的端面密封装置，主要由静环、动环、弹性（或磁性）元件、传动元件和辅助密封圈等组成，如图 19-1 所示。

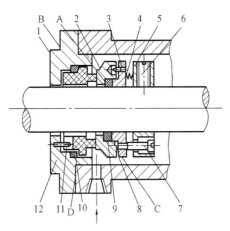

图 19-1 机械密封的基本结构

1—静环；2—动环；3—传动销；4—弹簧；5—弹簧座；6—紧固螺钉；7—传动销钉；8—推环；9—动环密封圈；10—静环密封圈；11—止动销；12—密封压盖；A—动环与静环接触端面；B—静环与密封压盖之间；C—动环与旋转轴之间；D—密封压盖与壳体接触面

机械密封工作时是靠固定在轴上的动环和固定在泵壳上的静环，利用弹性元件的弹性力和密封流体的压力，促使动、静环端面的紧密贴合来实现密封功能的。在机械密封装置中，压力轴封水一方面阻止高压泄出水，另一方面挤入动、静环之间维持一层流动的润滑液膜，使动、静环端面不接触。由于流动膜很薄且被高压水作用着，因此泄漏水量很少。一般情况下，机械密封的泄漏率控制在 10mL/h 以内是并不困难的。采用机械密封之后，可有效地解决动环与静环端面之间（A）、静环与密封压盖之间（B）、动环与旋转轴之间（C）及密封压盖与壳体之间（D）等泄漏渠道的密封问题。

一、机械密封的工作过程

如图 19-1 所示，机械密封是由动环和静环组成密封端面，动环与旋转轴一同旋转，并与静环紧密贴合接触，静环是静止固定在设备壳件上而不作旋转运动的。静环密封圈和动环密封圈通常称为辅助密封圈。静环密封圈主要是为阻止静环和密封压盖之间的泄漏；动环密封圈则主要是为了阻止动环和旋转轴之间径向间隙的泄漏，动环密封圈随旋转轴一同回转。弹簧是机械密封的主要缓冲补偿元件，借助弹簧的弹性力，动环始终与静环保持良好的贴合接触。紧固螺钉把弹簧座固定在旋转轴上，使之与旋转轴一起回转，并通过传动螺钉和传动销，使推环除了推动动环密封圈使动环和静环很好地贴合接触外，也随旋转轴一起旋转。止动销则是为防止静环随轴一起转动的。这样，当主机启动后，旋转轴通过紧固螺钉带动弹簧座回转；而弹簧座则通过传动螺钉和传动销带动弹簧、推环、动环密封圈和动环一起旋转，从而产生了动环和静环之间的相对回转运动和良好的贴合接触，达到了密封的目的。

从上面的介绍可知，机械密封和传统密封的主要区别在于：机械密封的核心部分是由动环、静环组成的密封端面，它改变了传统的圆柱面填料密封的形式。

为适应不同的条件要求，机械密封有各种各样的形式，但其基本元件和工作原理是相同的。

二、机械密封的种类

机械密封可按照使用条件、配套使用的设备等为标准来分类，但目前大量采用的、较科学的方法是按机械密封的结构来分类，具体分为以下几种。

1. 单端面、双端面机械密封

由一对密封面组成的为单端面密封，由双对密封端面组成的为双端面密封。单端面机械密封如图 19 - 2 所示，具有结构简单、制造安装容易等特点，一般用于介质本身润滑较好和

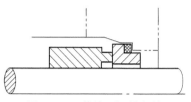

图 19 - 2　单端面机械密封

允许微量泄漏的条件。当介质有毒、易燃、易爆及对泄漏量有严格要求时，不宜使用。双端面机械密封如图 19 - 3 所示，有轴向双端面和径向双端端面。

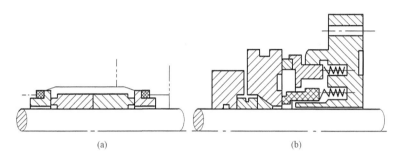

(a)　　　　　　　　　　　　(b)

图 19 - 3　双端面机械密封

（a）轴向双端面；（b）径向双端面

2. 平衡式、非平衡式机械密封

能使介质作用在密封端面上的压力卸荷的为平衡式，不能卸荷的为非平衡式，如图 19 - 4 所示。按卸荷程度不同，前者又分为部分平衡式（部分卸荷）和过平衡式（全部卸荷）。平衡式密封能降低端面上的摩擦和磨损，减小摩擦热，承载能力大，但其结构较复杂，一般需在轴或轴套上加工出台阶，成本较高；非平衡式密封结构简单，介质压力小于 0.7MPa 时广泛使用。

3. 弹簧内置式、弹簧外置式机械密封

弹簧置于介质中的为弹簧内置式，反之为弹簧外置，如图 19 - 5 所示。弹簧内置式机械密封弹簧与介质接触，易受腐蚀，易被介质中杂物堵塞，如弹簧随轴旋转，不宜在高黏度介质中使用。在强腐蚀、高黏度和易结晶介质中，应尽量采用弹簧外置式机械密封。

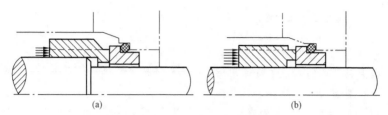

图 19 - 4   平衡式、非平衡式机械密封

（a）平衡式；（b）非平衡式

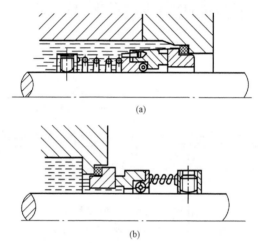

图 19 - 5   弹簧内置式、外置式机械密封

（a）弹簧内置式；（b）弹簧外置式

4. 单弹簧式、多弹簧式机械密封

密封补偿环中，只有一个弹簧的为单弹簧式，有一组弹簧的为多弹簧式，如图 19 - 6 所示。单弹簧式机械密封簧丝较粗，耐腐蚀，固体颗粒不

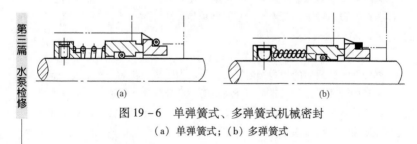

图 19 - 6   单弹簧式、多弹簧式机械密封

（a）单弹簧式；（b）多弹簧式

易在弹簧处积聚，但端面受力不均。多弹簧式机械密封端面受力较均匀，易于用增、减弹簧个数调节弹簧力，轴向长度短，但簧丝较细，耐蚀寿命短，对安装尺寸要求较严。

5. 旋转式、静止式机械密封

密封补偿环随轴转动的为旋转式，不随轴旋转的为静止式，如图19－7所示。旋转式机械密封结构简单，应用较广，因旋转时离心力对弹簧的作用会影响密封端面的压强，不宜用于高速情况。静止式机械密封广泛用于高速情形。

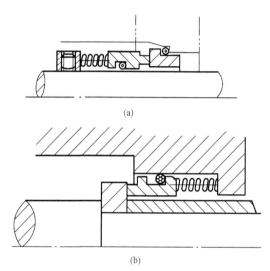

(a)

(b)

图 19－7　旋转式、静止式机械密封

（a）旋转式；（b）静止式

6. 内流式、外流式机械密封

密封流体在端面间泄漏方向与离心力方向相反的为内流式，相同的为外流式，如图19－8所示。内流式机械密封泄漏量小，密封可靠。转速极高时，为加强端面润滑，采用外流式机械密封较合适，但介质压力不宜过高，一般为 1～2MPa。

7. 接触式、非接触式机械密封

密封端面处于边界或半液体润滑状态的为接触式，处于全液体润滑状态的为非接触式，如图19－9所示。接触式机械密封结构简单、泄漏量小，但磨损、功耗、发热量都较大，在高速、高压下使用受一定限制。

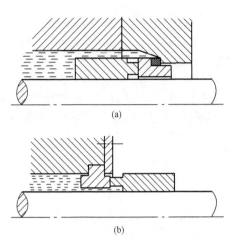

图 19 - 8　内流式、外流式机械密封

（a）内流式；（b）外流式

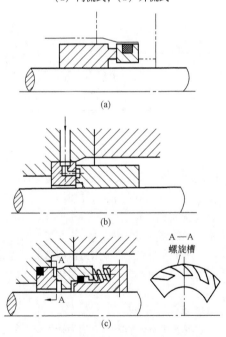

图 19 - 9　接触式、非接触式机械密封

（a）接触式；（b）流体静压非接触式；（c）流体动压非接触式

非接触式机械密封发热量、功耗小，正常工作时没有磨损，能在高压高速等苛刻工况下工作，但泄漏量较大。非接触式又分为流体静压和流体动压两类。流体静压密封，是指利用外部引入的压力流体或被密封介质本身，通过密封端面的压力降产生流体静压效应的密封。流体动压密封，是指利用端面相对旋转自行产生流体动压效应的密封，如螺旋槽端面密封。

第二节　典型机械密封介绍

由于机械密封属于精密部件，且价格一般都比较昂贵，所以对其拆装工艺和技术的要求也就比较严格。下面就以火力发电厂常用的几种典型结构的机械密封为例，简要介绍一下其拆装的基本顺序和应该特别注意之处，以免在检修中造成对机械密封不应有的损伤。

一、8B1D/CR171/SC 型机械密封

这是一类常见于火力发电厂中给水前置泵上的机械密封。它属于内置、多弹簧、旋转式的平衡型结构，基本构造如图 19 - 10 所示，其动环采用较软的石墨环，静环则用高镍铸铁制作。机械密封的冷却水（密封用）自外部清洁水源引入，供密封端面的润滑和冷却，然后经密封冷却水出口至磁性过滤网和冷却器，返回至密封水入口重复使用。

这种机械密封的拆装过程如下：

1. 安装前的检查工作

（1）检查密封轴套的内径偏差应小于 ± 0.05mm，且椭圆度不大于 0.025mm。

（2）检查密封轴套内表面的加工精度在 0.4 ~ 0.6μm 以内。

（3）检查密封轴套的内、外表面均无锐边、铁刺。

（4）检查泵轴各台阶处都已经加工有倒角（或圆角）。

（5）检查密封尺寸与轴的同心度偏差不大于 0.15mm。

（6）检查密封腔的垂直工作面与轴的垂直度偏差小于 0.03mm。

（7）检查密封轴套内侧与轴配合处的 O 形密封圈保持清洁和完好。

此外，还有一些安装前的一般性检查工作和安装要求，其具体事项可参阅本章第三节的有关内容。

2. 安装过程

在安装和装配机械密封组件时，应注意做到工作平台及周围环境必须保持十分清洁，以免脏污密封部件；对新的 O 形密封圈的润滑只能用液体皂或硅基脂，不得沾上腐蚀介质和其他油类、溶剂。

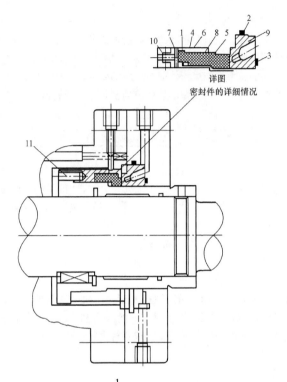

图 19-10　FA1B56 型泵的 $4\frac{1}{4}$ in 8B1D/CR171/SC 型机械密封结构简图

1、2、3—O 形密封圈；4—挡圈；5—动环；6—支撑架；7—推力环；

8—卡圈；9—静环；10—弹簧；11—保持架

（1）装配好动环、弹簧及动环支架（参见图 19-11）：

1）将弹簧定位在密封件的保持器的孔内，如图 19-11（a）所示。

2）将止推环装配在保持器内，小心地将外径上的槽口与保持器内的波痕对齐，如图 19-11（b）所示。

3）将支持环（只用于 8B1，密封件）和 W 形环装入密封面，然后将这两密封面的组合装在定位器内的止推环上，小心将在密封面外径上的凹槽与定位器内的波痕对齐，如图 19-11（c）所示。

4）使用一块光滑和平面的材料来保护密封件的表面，轻压弹簧并将开口环定位在其凹槽内，使两端距保持器的小孔或槽口的距离保持在 6～12mm 之间（取决于密封件的大小），如图 19-11（d）所示。

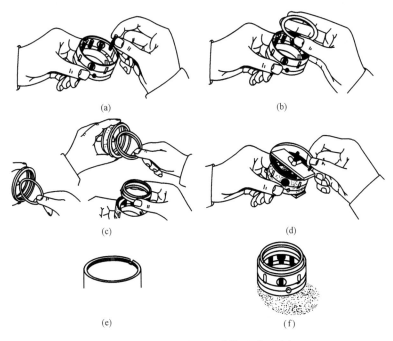

(a)

(b)

(c)

(d)

(e)

(f)

图 19 - 11 装配动环、弹簧及动环支架

5）对密封件的尺寸达 1in（25mm）来讲，槽口应为 3mm 的正方形；尺寸超过 1in（25mm），槽口应为 4.5mm 的正方形，如图 19 - 11（e）所示。

6）可以让密封件延伸至它的自由长度，并检查已完成的平头螺钉不与保持器的孔径接触，如图 19 - 11（f）所示。

（2）将密封轴套竖立（其带止动销贴近台面）在工作台上，润滑 O 形密封圈和轴套，然后将已装配的动环组件 [同步骤（1）] 用手轻压至轴套上的正确位置，紧固好动环支架上的止动螺钉。

（3）润滑泵轴和密封轴套内侧的 O 形密封圈，将密封轴套（带动环组件）装入泵轴上的正确位置后，紧固好密封轴套的定位螺钉（对密封轴套用定位键的，应确保轴套与键配合良好、到位）。

（4）将 O 形密封圈润滑后，在平台上组装好静环、静环支架和密封压盖。

注意：装配静环时可用手轻推，但不能损坏其研磨表面。

（5）用高挥发性溶剂（如甲基－乙基酮或高纯酒精）和绸布（或用高级卫生纸代替）彻底擦净动、静环的密封端面，然后将静环组件［同步骤（4）］均匀地与动环组件贴合并紧固好。

注意：紧固密封压盖时应先用手指均匀地拧紧所有螺栓，然后再用工具将螺栓对称拧紧，务必压力均匀，以免损伤动、静环的研磨端面。

（6）装上密封调整螺母，紧固好密封轴套，确保密封的弹簧紧力适度。在泵两侧的机械密封装配好以后，应能按转动方向灵活地盘动泵轴。

3. 拆取过程

（1）清理干净并润滑机械密封套通过的泵轴段后，拆去密封压盖及静环组件。

（2）取出密封轴套和动环组件。

注意：拆取密封轴套时应用力适度、均匀，切勿狠敲猛打，以防冲击过大而损伤泵轴和密封端面。最好是采用专用工具来拆取密封轴套。

（3）解体动环组件（参见图19－12）：

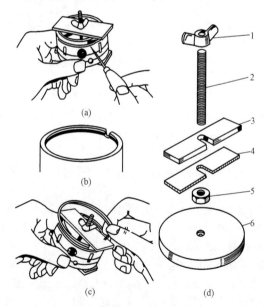

图 19－12　解体动环

1—蝶形螺母；2—1/4in 双头螺栓；3—金属块；4—黏结在金属块上的衬垫；
5—将双头螺栓固定至基座上的锁紧螺母；6—基座

1）用一块光滑扁平的材料来保护密封件的表面并轻压密封件的弹簧。将一只尖端的工具插入保持器内的小孔或槽口，将开口环移去，如图19－12（a）所示。

2）密封件的尺寸达1in（25.4mm）时，槽口应为3mm的正方形；当尺寸超过1in（25mm）时，槽口为4.5mm的正方形，如图19－12（b）所示。

3）将密封面、O形环、支持环、止推环和弹簧移去，如图19－12（c）所示。

注意：拆卸密封件必须将夹持保持器内面的密封组件的开口环移去，因此必须将弹簧压紧以去掉对开口环的压力，如图19－12（d）所示。

（4）将所有的O形密封圈和动、静环均更换新件，以备回装。

注意：对拆出的O形密封圈及动、静环，一般均应舍弃并换为新件回装，以保证回装后的密封效果。对于可修复的动、静环，则在处理后留待备用。

二、270F/GUISI/PF型泵用机械密封

这是一类常见于电动调速型给水泵用的机械密封。它属于内置、多弹簧、静止式的平衡型机械密封，基本构造如图19－13所示，动、静环为一对加工表面粗糙度不同的碳化硅金环。其密封冷却水来自泵的内部，经磁性滤网和热交换器冷却后循环使用。在密封冷却水适量、回水温度不超过65℃、设备运转正常（最主要的是转子的轴向窜动合乎标准要求）的情况下，该密封可保证至少在1～2个检修周期内不需维护。

在启动过程中，该密封是靠弹簧的压力使动、静环密封端面贴合来实现的。正常运转时，则靠动、静环密封端面间形成的液压膜来阻止高压水的泄出。在其他可能产生泄漏的通道，则用O形橡胶圈加以密封。

该种密封的拆装注意事项如下：

1. 安装前的检查、准备工作

（1）在装配密封部件前，应先用高挥发性溶剂（如甲基－乙基酮或高纯酒精等）和洁净的绸布擦拭干净动、静环，并清洗所有的密封组件。

注意：O形密封圈只能用皂液清洗和用干净绒布擦拭，不得沾上溶剂。

（2）检查动、静环密封端面是否受损，防止出现其研磨表面有碰撞、凹陷及微粒嵌入等现象。

（3）对泵轴等部件的要求可参阅下节中的有关内容。

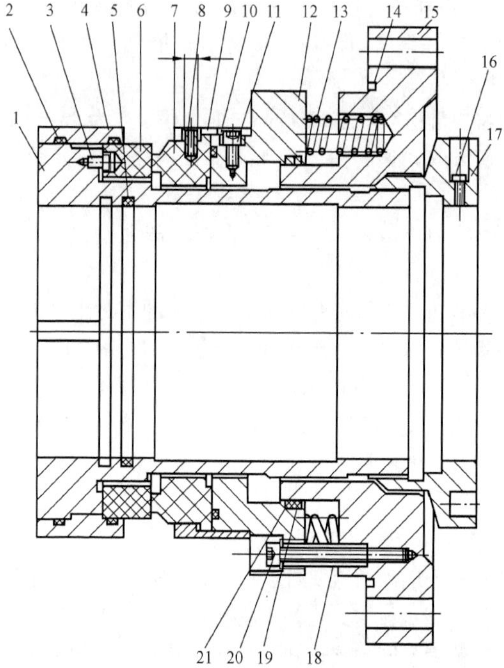

图 19 - 13　5 $\frac{1}{4}$ in 270F 型机械密封结构简图

1—轴套；2、5、10、14、19—O 形密封圈；3、11、16、20—螺钉；4 —动环座；
6—动环；7 —静环；8—销；9—静环座；12—推环；13—弹簧；15—弹簧座；
17—压盖；18—衬套；21—密封圈

2. 密封芯的组装（参见图 19 - 14）

（1）将密封轴套键侧向下置于清洁的工作台上，润滑 O 形密封圈，并装在动环支架内，然后将动环支架用手压入密封轴套上的正确位置。

注意：O 形密封圈只能用硅脂润滑，不得使用其他油类。

（2）用手将动环小心地压入动环支架内，压入时应确保动环与密封轴套上的传动销位置对正。

（3）将密封座置于工作台上（弹簧孔向上），装好弹簧。

（4）将用硅脂润滑过的 O 形密封圈同防挤环一起装在静环支架上。

（5）压缩弹簧，把静环支架压向密封座，对正传动套管位置并均匀

第三篇 水泵检修

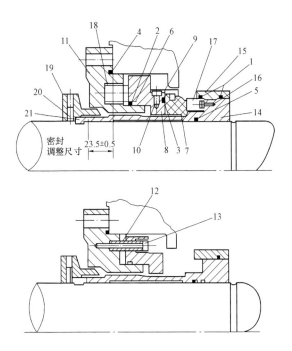

图 19 - 14 密封芯的组装

1、2、3、4、5—O 形密封圈；6—防挤环；7—静环；8—静环支架；9—静环套圈；
10—螺钉；11—密封座；12—传动套管；13—限位螺钉；14—轴套；15—动环支架；
16—传动销；17—动环；18—弹簧；19—锁紧螺母；20—平头螺钉；21—开口卡环

地拧紧限位螺钉。

注意：在拆装锁紧螺母时，一般应用手的力量进行，以免用力过大产生变形或损伤密封端面。

（6）将用硅脂润滑的 O 形密封圈装在静环支架上，然后插入静环及静环套圈，并把限位螺钉紧固好。

（7）将静环组件与动环组件小心地滑动装配在一起，使密封端面贴合并拧紧锁紧螺母。

注意：若非即刻安装，应将密封芯装入结实、干净的塑料包中保存好。

（8）用拧紧或放松定位套管的方法来调整密封芯的总长度，参见图

19 - 15，以保证密封芯满足安装图中的技术要求。

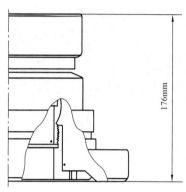

图 19 - 15　密封芯长度的调整

工的精度，且不至于损伤密封轴套。

3. 密封的安装

（1）用硅脂润滑 O 形密封圈，并分别装在密封座和密封轴套内。

（2）彻底清理并润滑泵轴，将其调整在正常运行时的工作位置。然后，装入驱动端、自由端的开口卡环，按照要求的密封调整尺寸加工好开口环的长度。最后，从轴上取下开口卡环。

注意：开口卡环端面的加工应用平面研磨的方法，以确保加

（3）将密封芯小心地滑移至轴上并正确地插入键槽中定位，然后将密封芯紧固在密封腔体上。

（4）拧下锁紧螺母，插入已加工好的开口卡环，然后拧好锁紧螺母并加装好防松螺母。

注意：在拆装锁紧螺母时，一般应用手的力量进行，以免用力过大产生变形或损伤密封端面。

4. 密封的拆卸

拆卸的基本步骤与安装过程相反，主要包括以下几方面：

（1）清理、润滑泵轴。

（2）拆下锁紧螺母，取下开口卡环后，重新拧上锁紧螺母。

（3）在密封座上拧入顶动螺栓，将密封芯拉出。

（4）从轴上滑移取下密封芯送至工作台进行检修。

（5）将 O 形密封圈和动、静环舍弃（或送去修复），更换新件以备回装。

5. 清理和检查

（1）对金属组件，应在清水或皂液内洗净后用甲基 - 乙基酮擦拭干净。检查各元件的连接面上是否有碰撞或嵌入物质，弹簧是否有裂纹及长度是否均匀；若有损坏，则应予以修复或更换。

（2）对橡胶组件，只能在清水中用手清洗干净。通常，拆下的密封芯应全部更换其橡胶元件。

（3）对动、静环，则只能在清水中用手清洗后，再用甲基－乙基酮擦拭。检查两元件表面是否有凹陷、嵌入物质、裂纹、腐蚀、划痕及擦伤等，若有上述任一现象，则应予以更换。

注意：在清洗和检查后，若非立即组装密封芯，应将各元件存放在干净、结实的塑料袋内。

第三节　机械密封的检修与故障处理

在机械密封的使用过程中，常由于对机械密封的性能和使用条件等了解不多，造成安装或使用过程中不必要的损伤。下面就实际应用中常见的一些问题，做简单介绍。

一、机械密封的安装要求

（1）对泵轴及密封腔尺寸的一般性要求见表 19－1。

表 19－1　　　　　　　　机械密封安装的一般要求

项　目	内　容	数值
对密封部位的轴或轴套的要求	径向跳动	外径 10～50mm：≤0.04mm
		外径 50～120mm：≤0.06mm
	表面粗糙度	≤3.2μm
	外径尺寸公差	h6
对旋转轴的要求	轴向窜动量	1mm

（2）检查弹簧应无裂纹、锈蚀等缺陷；在同一机械密封中，各弹簧的自由高度差要小于 0.05mm，且装入弹簧座内以后不得有歪斜、卡涩等现象。

（3）检查动、静环密封端面的瓢偏应不大于 0.02mm，动、静环密封端面的不平行度应小于 0.04mm。

二、机械密封的常见故障、产生原因及处理方法

机械密封的故障一般表现为泄漏量大、磨损快、功耗大、过热、冒烟、振动大等现象，其产生的原因及处理方法见表 19 - 2。

表 19 - 2　　机械密封的常见故障、产生原因及处理方法

故障类别	产生原因	处理方法
密封压盖端面的泄漏量大	密封压盖垂直度超差，加工不良	重新加工，予以修正
	压盖螺栓紧固不均匀	重新拧紧
	密封垫不良	予以更换
静密封圈处泄漏	装配不当	重新调整
	密封压盖变形、开裂	修复或更换
	密封胶圈不良	予以更换
密封端面的不正常磨损	端面干摩擦	加强润滑，改善端面摩擦状况
	端面腐蚀	更换端面材料
	端面嵌入固体杂质	加强过滤并清理密封水管路
	安装不当	重新研磨端面或更换新件回装
密封端面泄漏量大	动静环材料组对、形状及尺寸不合格	予以更换或修复
	弹性缓冲机构工作不良	予以修复
	密封端面研磨精度不符合要求	重新研磨密封端面
泵轴周围的泄漏量大	泵轴处密封圈的材质、尺寸不合适	予以更换
	泵轴处密封圈在装配时损伤	予以更换
	轴的尺寸公差不合适或加工不良	重新加工

故障类别	产生原因	处理方法
有振动、噪声等异常现象	泵自身缺陷	测定并修正动平衡、轴弯曲及轴套变形
	泵的安装有不当之处	检查并调整联轴器、轴承及管路的状况
	运行条件变化	改善辅助装置以适应需求

三、对密封端面的修复规定

（1）密封端面不得有内、外缘相通的划痕或沟槽，否则不再修复。

（2）在安装和使用过程中，软质材料的密封端面若出现崩边，修复后要求 $b/a \leqslant 0.2$，如图 19–16 所示。

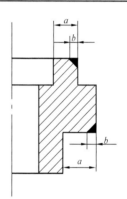

（3）对石墨环的凸台为 3mm 的、密封端面磨耗量小于 1mm 及凸台为 4mm 的、密封端面磨耗量小于 1.5mm 的情况，可对密封端面进行研磨，达到技术要求后重新使用。

（4）密封端面有热应力裂纹或腐蚀斑痕，则一般不再修复。

图 19–16　密封面修复

提示　第一、二节适合初级工使用。第三节适合中级工使用。

第二十章

水泵检修中的重点及特殊项目

第一节 轴封泄漏的处理

轴封泄漏是水泵运行中最常见的缺陷，它直接影响到泵的安全运行和效率。轴封通常包括机械密封、填料密封等形式。机械密封已在第十九章专门介绍了，这里介绍的是填料密封泄漏的处理方法，即通常所说的加盘根的方法。

一、工作过程

（1）首先应将填料函内彻底清理干净，并检查轴套外表面是否完好、有无明显的磨损情况。若确认轴套可以继续使用，即可加入新的盘根圈。

（2）盘根的规格应按规定选用，性能应与所输液体相适应，尺寸大小应符合要求。如果盘根过细，即使填料压盖拧得很紧，也起不到轴封的作用。

（3）切割盘根时刀子的刀口要锋利，每圈盘根均应按所需长度切下并靠在靠膜 A 面上，接口应切成 30°～45°的斜角，切面应平整，如图 20－1所示。切好的盘根装在填料函内之后必须是一个整圆，不能短缺，也不能超长。

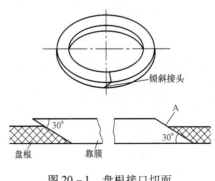

图 20－1 盘根接口切面

第三篇 水泵检修

（4）切好的盘根装入填料函内以后，相邻两圈的接口要错开至少90°。如果轴套内部有水冷却结构时，要注意硬盘根圈与填料函的冷却水进口错开，并把水封环的环形室正好对正此进口，如图20-2所示。

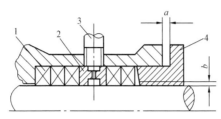

图 20-2　填料函结构

1—填料；2—水封环；3—密封水来水管；4—填料压盖

（5）当装入最后一圈盘根时，将填料压盖装好并均匀拧紧直至确认盘根已经到位。然后松开填料压盖，重新拧到适当的紧力。

（6）盘根被紧上之后，压盖四周的缝隙 a 应相等。有些水泵的填料压盖与轴之间的缝隙较小，最好用塞尺量一下，以免压盖与轴产生摩擦。

二、填盘根后的检查

填完盘根后，还应检查填料压盖紧固螺母的紧力是否合适。若紧力过大，盘根在填料函内被过分压紧，泄漏量虽然可以减少，但盘根与轴套表面的摩擦将迅速增大，严重时会发热、冒烟，直至把盘根与轴套烧毁；若紧力过小，泄漏量又会增大。因此，填料压盖的紧力必须适当，应使液体通过盘根与轴套的间隙逐渐降低压力并生成一层水膜，用以增加润滑、减少摩擦及对轴套进行冷却。水泵启动后，应保持有少量的液体不断地从填料函内流出为佳。

填料压盖的压紧程度可以在水泵启动后进行调整，直至满意为止。

第二节　轴承发热的处理

由于中低压水泵的轴承常见为滚动式轴承，所以在这里仅对滚动轴承发热的原因分析及处理方法做一介绍。

一、轴承温度高的原因

轴承发热的主要原因有：

（1）油位过低，使进入轴承的油量太少；

（2）油质不合格，掺水、混入杂质或乳化变质；

（3）带油环不转动，轴承的供油中断；

（4）轴承的冷却水量不足；

（5）轴承已损坏；

（6）轴承压盖对轴承施加的紧力过大而使其径向游隙被压死，轴承失去了灵活性，这也是轴承发热的常见原因。

二、滚动轴承发热的处理方法

（1）对因润滑油位低而引起的轴承发热，将润滑油加到规定位置即可。

（2）因油质损坏而引起的轴承发热，可将轴承油室彻底清理干净后，更换上合格的、新的润滑油或润滑脂。

对采用润滑脂润滑的轴承，若油脂供给太多，反而会因油脂的搅拌使轴承发热。因此，在更换润滑脂时，只需注满轴承室容积的 $1/3 \sim 1/2$ 即可。

（3）由于轴承损坏而引起的轴承发热，则应更换新的轴承。

（4）因冷却水量不足而引起的轴承发热，将轴承的冷却供水增大到适当程度即可。

（5）因其他原因造成的轴承发热，可根据实际情况加以适当调整即可。

三、滚动轴承的拆装方法及注意事项

1. 拆装方法

（1）铜棒手锤法。如图 20-3（a）所示，其优点是方法及工具简单，缺点是铜棒易滑位而使支架受伤及铜屑易落入轴承的滚道内。

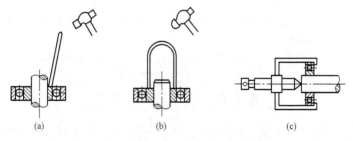

（a）　　　　　　　　　（b）　　　　　　　　　（c）

图 20-3　滚动轴承的拆装方法

（a）铜棒手锤法；（b）套管手锤法；（c）掳子法

（2）套管手锤法。如图 20-3（b）所示，此法比铜棒手锤法优越，能使敲击的力量均匀地分布在整个滚动轴承内圈的端面上。注意所选套管的内径要稍大于轴径，其外径要小于轴承内圈的滚道直径。

（3）加热法。即在拆装滚动轴承之前，先将其加热，此时轴承内径胀大，不用很大的力量就可在轴上拿下或装上。在生产现场安装轴承时，一般是用热源体（如电热炉、热管道等）直接传热或是用热油浸泡加热的方法，以使轴承胀大而便于装配，此时应注意对加热温度的控制，以防轴承退火。现常用轴承加热器进行加热，其优点是加热温度均匀、温度可控、操作方便等。另外，安装轴承时也可用蒸汽或热水加热，但应保证轴承不会生锈，注意在轴承装好后将水除净并涂上润滑油。拆卸轴承时可用热油浇淋，但应将附近的轴包好不使其受热。对已损坏的轴承可用气焊加热，实在太紧时可用气割法割掉。

（4）捋子法。主要用在拆卸轴承时，方法如图 20 - 3（c）所示。操作时要保持主螺杆与轴心线一致，不能偏斜。

2. 注意事项

（1）确保施力部位的正确性原则：与轴配合的轴承打内圈，与外壳配合的打外圈，如图 20 - 4 所示。应尽量避免滚动体与滚道受力变形或压伤。

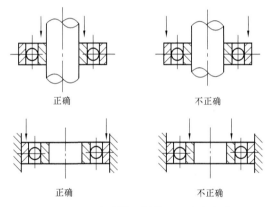

正确　　　　　　　　不正确

正确　　　　　　　　不正确

图 20 - 4　滚动轴承拆装时的施力部位

（2）要保证对称地施力，不可只打一侧而引起轴承歪斜、啃伤轴颈。

（3）在拆装工作前将轴和轴承清理干净，不能有锈垢及毛刺等。

第三节　滑　动　轴　承

一、滑动轴承的种类和构造

滑动轴承的种类有整体式轴承和对开式轴承，如图 20 - 5 所示。根据润滑方式又可分为自身润滑式轴承和强制润滑式轴承。整体式轴承是一个圆柱形套筒，它以紧力镶入或螺栓连接的方式固定在轴承体内。其与轴接触的部分（瓦衬）可以镶青铜或挂乌金。对开式轴承由上下两半组成，也叫轴瓦。轴瓦上面有轴承盖压紧。

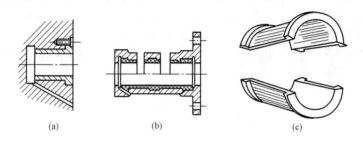

(a)　　　　　　(b)　　　　　　(c)

图 20 - 5　滑动轴承

（a）（b）整体式；（c）对开式

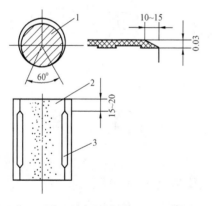

图 20 - 6　轴瓦与轴的接触

1—泵轴；2—下瓦接触印痕；3—油沟

1. 顶部间隙

为便于润滑油进入，使轴瓦与轴径之间形成楔形油膜，在轴承上部都留一定的间隙。一般为 $0.002d$，d 是轴直径。间隙过小会使轴承发热，特别是高速机械，在转数高时采用较大间隙。两侧的间隙应为顶部间隙的 $1/2$。下瓦与轴的接触，如图20-6所示。

2. 油沟

为了把油分配给轴瓦的各处工作面，同时起储油和稳定供油作用，在进油一方开有油沟。油沟顺转动方向应具有一个适当的坡度。油沟长度取 0.8 倍轴承长度，一般是在油沟两端留有 15～20mm 不开通。

3. 油环（见图 20 – 7）

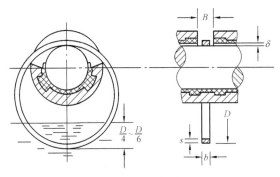

图 20 – 7 油环

正常情况下，一个油环可润滑两侧各 50mm 以内长度的轴瓦。轴径小于 50mm 与转数不超过 3000r/min 的机械都可以采用油环润滑。大于 50mm 的轴径采用油环时，其转数应放低一些。油环有矩形与三角形等，内圆车有 3～6 条沟槽时可增加带油量。

油环宽度 $b = B – (2～5)mm$；

油环厚度 $s = 3～5mm$；

油环浸入油面的深度为 $D/4～D/6$。

滑动轴承的轴承胎大多是用生铁铸成，大型重要的轴承胎则用钢制成。由于生铁含有片状石墨，不易与乌金结合，所以轴承胎上开有纵横方向的燕尾槽。

二、瓦衬常用的几种材料

（1）锡基巴氏合金。含锡 83%，另外含有少量的锑和铜，是很好的轴承材料，用于高速重载机械。

（2）铅基巴氏合金。含锡 15%～17%，用于没有很大冲击的轴承上。

（3）青铜。有磷锡青铜、锡锌铅青铜、铅锡青铜、铝铁青铜等。青铜耐磨性、硬度、强度都很好，在水泵中常用在小轴径或低转数的轴承上。

以上材料作瓦衬时，厚度一般都小于 6mm，直径大时取大值。巴氏合金作瓦衬时，厚度应小于 3.5mm，这样可使疲劳强度得到提高。

滑动轴承的优点是：工作可靠、平稳，无噪声，因润滑油层有吸振能力，所以能承受冲击载荷。

三、滑动轴承的修刮

一个新更换的滑动轴承，在装配前必须进行细心修刮。

(1) 首先进行外观检查，检查有无气孔、裂纹等缺陷；检查尺寸是否正确、乌金是否脱胎（可浸煤油试验）。如合格，可进行第二步工作。

(2) 第二步属于初步修刮，目的是使轴与轴瓦之间出现部分间隙。一般来讲，车削后的轴承内径比轴径要大一些，只留一半左右的修刮量。但有时也会因内径小，轴放不进去。这时就要扩大间隙，方法是：把轴瓦扣在轴上，轴瓦乌金表面涂上一层薄薄的红丹粉，然后研磨。研后用刮刀把接触高点除去。对圆筒式轴套则试往轴上套，如套不进，可均匀地刮去一层乌金，然后再试，直到出现部分间隙为止。间隙一般不超过正常间隙的2/3。这一步的特点是轴瓦扣在轴上研，而不是放在轴承体内之后再与轴研。

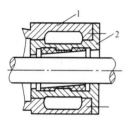

图 20 - 8 轴承内孔与
轴承体不同心
1—轴承体；2—轴承

(3) 把轴承放在轴承体内，涂上红丹研磨。此项工作不可在初步修刮中就把轴瓦间隙刮够，因为初步修刮后的轴承中心不一定与轴承体的中心相一致，如图 20 - 8 所示。这样，虽然在初步修刮中就把间隙磨够了，但当轴承放入轴承体内之后，间隙就不合适了。因轴承内孔与轴承体中心产生了扭斜，使轴承间隙偏向了一侧。这样的轴承是无法工作的。所以，必须限制第二步的修刮量，而必须进行将轴承放在轴承体内的修刮工作，这样才能把出现的扭斜纠正过来。

研刮合适后的轴承，其下部与轴的接触角为60°左右，接触面上每平方厘米不少于3块接触点。两侧间隙用塞尺测量，插进深度为轴径的1/4。下瓦研刮好之后，再把上瓦放在轴承体内研刮，并把两侧间隙开够。圆筒式轴承用长塞尺测量顶部和侧面间隙。间隙合适后，在水平结合面处开油沟，油沟大小要合适，一般来说，瓦大油沟大，瓦小油沟小。为了使润滑油顺利流出，在轴瓦两端开有 0.03mm 的斜坡。

(4) 在没有进行第三步工作之前，要检查轴承放在轴承体内后，轴瓦的下部是否有间隙。如属于局部间隙，有可能在修刮中消除。如属于全部有间隙，则是不合适的，因为这样的轴承失去了支承转子的作用。因此首先检查泵的穿杠（拉紧）螺栓，有可能是由于水泵上部的几根螺栓紧力不够，使中段的接合缝上部张口，出现轴承托架向下低头，使轴瓦下出现间隙；也可能是轴承托架本身紧偏造成的。对于蜗壳式水泵来说，不涉及穿杠螺栓的问题，这时只有将轴瓦垫高或重新浇铸轴瓦。

第四节　密封环的磨损与间隙调整

在水泵叶轮的入口处，一般均设有密封环。当水泵工作时，由于密封环两侧存在压差，即可近似为叶轮出口压力，另一侧为叶轮入口压力，所以始终会有一部分水沿密封间隙自叶轮出口向叶轮入口泄漏。这部分水虽然在叶轮里获得了能量，却未能输出，这样就减少了水泵的供水量。水泵在运行的过程中，随着密封环的磨损将使得密封环与叶轮之间的间隙加大，泄漏量增多。

在水泵大修的解体过程中，应注意检查叶轮和密封环的间隙，若此间隙太大，则要重新配制密封环，方法是：将固定密封环内径车一刀（见圆为止），然后按该尺寸做一个保护环镶在叶轮上。一般大型低压泵的叶轮原来就镶有保护环，重新配制时应先将旧环卸下后再换上新的。对于叶轮与密封环的配合间隙，可参照表 20 - 1 所提供的数值选取。

表 20 - 1　　　　　　叶轮与密封环的配合间隙

密封环内径 (mm)	总间隙 (mm)		密封环间隙极限值 (mm)
	最小	最大	
80 ~ 120	0.03	0.45	0.6
120 ~ 180	0.35	0.55	0.8
180 ~ 260	0.45	0.70	1.0
260 ~ 320	0.50	0.75	1.10
320 ~ 360	0.60	0.80	1.20
360 ~ 470	0.65	0.95	1.30
470 ~ 500	0.70	1.00	1.50
500 ~ 630	0.80	1.10	1.70
630 ~ 710	0.90	1.20	1.90
710 ~ 800	1.0	1.30	2.10
800 ~ 900	1.0	1.35	2.50

第五节 联轴器找中心

联轴器找中心就是根据联轴器的端面、外圆来对正轴的中心线，也常称为对轮找正。因为水泵是由电动机或其他类型的原动机带动的，所以要求两根轴连在一起后，其轴心线能够相重合，这样运转起来才能平稳，不振动。

一、联轴器找中心的原理

以图 20-9 所示情形为例，图 20-9（a）是找正前的轴心线情况，联轴器存在上张口，数值为 δ；此外，电动机的轴心线低，差值为 Δh。为使两轴的轴心线重合，应进行如下的调整：

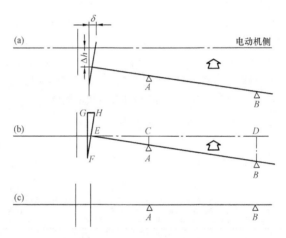

图 20-9 联轴器找中心

（a）原始轴心线情况；（b）联轴器抬高后轴心线情况；
（c）调整完毕后轴心线情况

（1）消除联轴器高差。为此，电动机轴应向上垫起 Δh，情形如图 20-9（b）所示。这时，前支座与后支座同时加垫 Δh 厚。

（2）消除联轴器的张口。为此，可在前支座 A 及后支座 B 下分别增加不同厚度的垫片。至于垫片的厚度，则要经过计算，过程如下：

利用图 20-9（b）中三角形 △FGH、△ECA 及 △EBD 的相似关系，并根据相似三角形对应边成比例的定律，可得出如下关系，即

$$\frac{AC}{GH} = \frac{AE}{HF}$$

进而有

$$AC = AE \frac{GH}{HF}$$

在式中，GH 为上张口值 δ，AE 是前支座 A 到联轴器端面的距离，HF 是联轴器直径，均为已知数值，所以前支座 A 加垫的数值 AC 即可求出。

同理，后支座 B 加垫的数值为

$$BD = BE \frac{GH}{HF}$$

综合上述两步骤，总调整量为

电动机前支座 A 加垫厚度 $\Delta h + AC$；

电动机后支座 B 加垫厚度 $\Delta h + BD$。

如果联轴器出现下张口且电动机轴偏高的情形，则计算方法与上述相同，不过这时所需不是加垫而是减垫罢了。

二、水泵的联轴器找正方法

水泵检修后的找正是在联轴器上进行的。开始时先在联轴器的四周用平尺比较一下原动机和水泵的两个联轴器的相对位置，找出偏差的方向以后，先粗略地调整使联轴器的中心接近对准，两个端面接近平行。通常，原动机为电动机时，应以调整电动机地脚的垫片为主来调整联轴器中心；若原动机为汽轮机，则以调整水泵为主来找中心。在找正过程中，先调整联轴器端面，后调整中心比较容易实现对中目的。下面分步进行介绍。

（一）测量前的准备

根据联轴器的不同形式，配以图 20 – 10 所示的专用工具架（桥尺），利用塞尺或百分表直接测量圆周间隙 a 和端面间隙 b。在测量过程中还应注意：

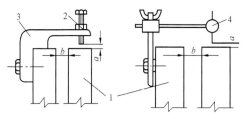

图 20 – 10　联轴器 a、b 间隙的测量

1—对轮；2—可调螺栓；3—桥尺；4—百分表

（1）找正前应将两联轴器用找中心专用螺栓连接好。若是固定式联轴器，应将两者插好。

（2）测量过程中，转子的轴向位置应始终不变，以免因盘动转子时前后窜动引起误差。

（3）测量前应将地脚螺栓都正常拧紧。

（4）找正时一定要在冷态下进行，热态时不能找中心。

（二）测量过程

将两联轴器做上记号并对准，有记号处置于零位（垂直或水平位置）。装上专用工具架或百分表，沿转子回转方向自零位起依次旋转90°、180°、270°，同时测量每个位置时的圆周间隙 a 和端面间隙 b，并把所测出的数据记录在如图20–11所示的图内。

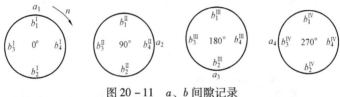

图20–11　a、b 间隙记录

根据测量结果，将两端面内的各点数值取平均数，按照图20–12所示记好。

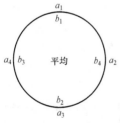

图20–12　平均间隙记录

综合上述数据进行分析，即可看出联轴器的倾斜情况和需要调整的方向。

（三）分析与计算

一般来讲，转子所处的状态不外乎以下几种：

（1）联轴器端面彼此不平行，两转子的中心线虽不在一条直线上，但两个联轴器的中心却恰好相合，如图20–13所示。

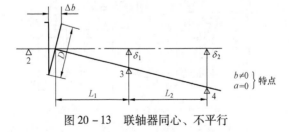

图20–13　联轴器同心、不平行

调整时可将 3、4 号轴承分别移动 δ_1 和 δ_2，使两个转子中心线连成一条直线且联轴器端面平行。δ_1、δ_2 计算公式可根据相似三角形的比例关系推导得出，即

$$\delta_1 = \Delta b \frac{L_1}{D}$$

$$\delta_2 = \Delta b \frac{(L_1 + L_2)}{D}$$

$$\Delta b = b_1 - b_2$$

式中　D——联轴器直径；

　　　L_1——被调整联轴器至 3 号轴承的距离；

　　　L_2——3、4 号轴承之间的距离。

（2）两个联轴器的端面互相平行，但中心不重合，如图 20 – 14 所示。

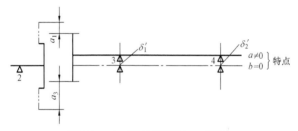

图 20 – 14　联轴器平行、不同心

调整时可分别将 3、4 号轴承同移 δ_1'，则两个转子同心共线。δ_1'、δ_2' 的计算公式为

$$\delta_1' = \delta_2' = \frac{(a_1 - a_3)}{2}$$

（3）两个联轴器的端面不平行，中心又不吻合，这是最常见的情况，如图 20 – 15 所示。调整量的计算公式为

1）3 号轴承的上下移动量为

$$\delta = \delta_1 + \delta_1' = \frac{\Delta b}{D} + \frac{(a_1 - a_3)}{2}$$

$$\Delta b = b_1 - b_2$$

2）4 号轴承的上下移动量为

$$\delta_4 = \delta_2 + \delta_2' = \frac{\Delta b}{D}(L_1 + L_2) + \frac{(a_1 - a_3)}{2}$$

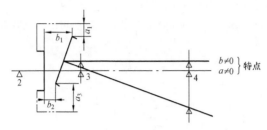

图 20 - 15 联轴器不平行、不同心

3）3 号轴承的左右移动量为

$$\delta_3' = \Delta b' \frac{L_1}{D} + \frac{(a_4 - a_2)}{2}$$

$$\Delta b' = b_3 - b_4$$

4）4 号轴承的左右移动量为

$$\delta_4' = \frac{\Delta b'}{D(L_1 + L_2)} + \frac{(a_4 - a_2)}{2}$$

当 δ_3、δ_4、δ_3'、δ_4' 的计算结果均为正数时，3、4 号轴承应向上、向左（这里的左、右方向是假想观察者站在两联轴器间，面对被调整转子的联轴器而得到的）移动；若计算结果均为负值时，3、4 号轴承则应向下、向右移动。

（四）调整时的允许误差

联轴器找中心调整时的允许误差见表 20 - 2 和表 20 - 3。

表 20 - 2 联轴器找中心的允许误差

联轴器类别	允许误差（mm）	
	周距（a_1、a_2、a_3、a_4 任意两数之差）	面距（Ⅰ、Ⅱ、Ⅲ、Ⅳ 任意两数之差）
刚性与刚性	0.04	0.03
刚性与半扰挠性	0.05	0.04
挠性与挠性	0.06	0.05
齿轮式	0.10	0.05
弹簧式	0.08	0.06

第三篇 水泵检修

转速（r/min）	固定式		非固定式	
	径向	端面	径向	端面
$n \geqslant 3000$	0.04	0.03	0.06	0.04
$3000 > n \geqslant 1500$	0.06	0.04	0.10	0.06
$1500 < n \geqslant 750$	0.10	0.05	0.12	0.08
$750 > n \geqslant 500$	0.12	0.06	0.16	0.10
$n < 500$	0.16	0.08	0.24	0.15

　　调整垫片时，应将测量表架取下或松开，增减垫片的地脚及垫片上的污物应清理干净，最后拧紧地脚螺栓时应把外加的楔铁或千斤顶等支撑物拿掉，并监视百分表数值的变化。

　　至于联轴器找中心的允许误差，随联轴器形式的变化和转速而不同，在没有具体要求的情况下可参考表 20－2 和表 20－3。

　　此外，随着运行条件的改变，如水泵输送高温水（60℃以上）或水泵采用汽轮机驱动时，应分别将水泵和汽轮机转子因受热膨胀而使中心升高的情况与联轴器中心的公式计算数值综合起来加以考虑。例如，安装在同一个底座上的电动机和水泵，若输送水温在 60℃时，电动机约抬高 0.40～0.60mm 才能保证运行中水泵和电动机的轴中心恰能对准。汽轮机和水泵转子的中心关系可参考表 20－4。

表 20－4　　　　　　　汽轮机和水泵转子的中心关系

汽动水泵中水的温度（℃）	汽轮机轴承支座高于泵结合平面时	汽轮机轴承支座低于泵结合平面时
	在冷态时汽轮机转子中心的位置	
15	低于水泵转子中心 0.10～0.20mm	低于水泵转子中心 0.50～0.60mm
65	高于水泵转子中心 0.10～0.20mm	低于水泵转子中心 0.30～0.40mm

　　另外，水泵与电动机联轴器实现对中后，其间还应保证留有一定的轴向距离。这主要是考虑运行中两轴会发生轴向窜动，留出间隙可防止顶轴现象的发生。一般联轴器端面的距离随水泵的大小而定，见表 20－5。

表 20 - 5	水泵联轴器端面距离	mm
设 备 大 小	端 面 距 离	
大型	8 ~ 12	
中型	6 ~ 8	
小型	3 ~ 6	

第六节 叶轮的静平衡

　　水泵的振动常常是由于转子平衡不良引起的。现代火电厂中高压、高速的大型水泵对转子精确平衡的要求更高，特别是在检修、更换转子上的零件后，找平衡成为检修中十分重要的一个环节。这里就对转子静平衡的设备及操作方法做一简单的介绍。

　　目前我国发电厂最常用的静平衡设备是平行导轨式静平衡台，其结构简单、使用方便且精确度高，最适于水泵叶轮的静平衡试验。此种平衡台主要由两根截面相同的平行导轨和能调整高度的支架组成，如图 20 - 16 所示。除平衡台外，找平衡时还需用专门的心轴、秒表、水平仪、天平及试加质量铅皮等。

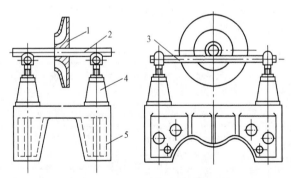

图 20 - 16　平行导轨式静平衡台

1—叶轮；2—心轴；3—平衡导轨；4—调整支架；5—基础

　　具体操作时，应先调整平衡台，使两导轨的水平偏差小于 0.05mm/m，两导轨的平行度偏差小于 2mm/m。然后，将专用的心轴插入叶轮内孔，并保持一定紧力。叶轮的键槽要用密度相近的物质填充，以免影响平衡精

第三篇　水泵检修

确度。把装好的转子放在平衡台导轨上往复滚动几次，确定导轨无弯曲现象时，即可开始工作。

一、消除显著不平衡法

将心轴垂直于导轨的轴线位置放好，轻轻扳动叶轮使转子来回摆动，最后静止下来，此时叶轮的最下方即为叶轮不平衡质量的所在位置。将该位置做好记号（画在叶轮的后盖板上）后，在其对称位置用试加质量的方法反复试验，直至平衡状态，则可在叶轮不平衡位置（有标记处）用砂轮磨削或用棒铣刀铣削的方法进行去重，一直到满足平衡要求为止。

二、用秒表消除剩余不平衡法

（1）在转子的八点或十六点上，逐次加一个相同的试加质量 Q，把该点放到水平位置上，使其转动不同的角度，记录下摆动周期，从摆动的周期长短，看其不平衡位置，可用下式计算其不平衡质量，即

$$P = \frac{T_{\max}^2 - T_{\min}^2}{T_{\max}^2 + T_{\min}^2} \times Q$$

式中　P——不平衡质量，g；

　　　Q——试加质量，一般应不大于50g，g；

　　　T——时间（周期），s。

（2）剩余不平衡质量的位置，应在叶轮的后盖板上做好永久记号，以便组装时将其位置相互错开。如果去掉时，就在不平衡重点上取掉不平衡质量部分。

叶轮去掉不平衡质量后，其盖板厚度不应小于4mm。切削部分应与圆盘平滑过渡。

（3）为了更准确地求出不平衡质量，应绘制曲线图，见图20－17。横轴表示叶轮等分点的编号，纵轴用某种比例表示摆动周期。如果设备无

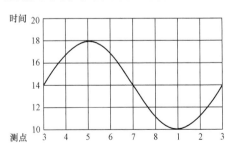

图20－17　用秒表消除剩余不平衡的曲线图

问题，则作出的曲线将是正弦曲线，在曲线图上可确定不平衡质量所在位置。

在实际操作中，不可能恰好把试加质量 Q 加在与不平衡质量 P 相重合或相对应的位置上，为了求得正确的结果，在用上列公式进行计算时，不要用秒表法实际测得最大与最小周期进行计算，而采用曲线图上的最大与最小周期进行计算，以免造成误差。

转子在静平衡试验、调整后，剩余的不平衡质量在正常运行时产生的离心力不得超过转子质量的 4% ~ 5%。

一般离心式大泵叶轮静平衡的允许误差见表 20 - 6。

表 20 - 6　　　　　离心式大泵叶轮静平衡的允许误差

叶轮外径 D（mm）	叶轮最大直径上的 静平衡允许误差（g）	叶轮外径 D（mm）	叶轮最大直径上的 静平衡允许误差（g）
< 200	3	700 ~ 900	20
200 ~ 300	5	900 ~ 1200	30
300 ~ 400	8	1200 ~ 1500	50
400 ~ 500	10	1500 ~ 2000	70
500 ~ 700	15	2000 ~ 2500	100

第七节　直　轴　工　作

当轴发生弯曲时，首先应在室温状态下用百分表对整个轴长进行测量，并绘制出弯曲曲线，确定出弯曲部位和弯曲度（轴的任意断面中，相对位置的最大跳动值与最小值之差的1/2）的大小。其次，还应对轴进行下列检查工作：

（1）检查裂纹。对轴最大弯曲点所在的区域，用浸煤油后涂白粉或其他的方法来检查裂纹，并在校直轴前将其消除。消除裂纹前，需用打磨法、车削法或超声波法等测定出裂纹的深度。对较轻微的裂纹可进行修复，以防直轴过程中裂纹扩展；若裂纹的深度影响到轴的强度，则应当予以更换。裂纹消除后，需做转子的平衡试验，以弥补轴的不平衡。

（2）检查硬度。对检查裂纹处及其四周正常部位的轴表面分别测量硬度，掌握弯曲部位金属结构的变化程度，以确定正确的直轴方法。淬火的轴在校直前应进行退火处理。

（3）检查材质。如果对轴的材料不能肯定，应取样分析。在明确钢的化学成分后，才能更好地确定直轴方法及热处理工艺。

在上述检查工作全部完成以后，即可选择适当的直轴方法和工具进行直轴工作。直轴的方法有机械加压法、捻打法、局部加热法、局部加热加压法和内应力松弛法等。

一、捻打法（冷直轴法）

捻打法就是在轴弯曲的凹下部用捻棒进行捻打振动，使凹处（纤维被压缩而缩短的部分）的金属分子间的内聚力减小而使金属纤维延长，同时捻打处的轴表面金属产生塑性变形，其中的纤维具有了残余伸长，因而达到了直轴的目的。

捻打时的基本步骤为：

（1）根据对轴弯曲的测量结果，确定直轴的位置并做好记号。

（2）选择适当的捻打用的捻棒。捻棒的材料一般选用45号钢，其宽度随轴的直径而定（一般为 15 ~ 40mm），捻棒的工作端必须与轴面圆弧相符，边缘应削圆无尖角（$R_1 = 2 ~ 3mm$），以防损伤轴面。在捻棒顶部卷起后，应及时修复或更换，以免打坏泵轴。捻棒形状如图 20 - 18 所示。

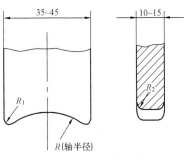

图 20 - 18　捻棒形状

（3）直轴时，将轴凹面向上放置，在最大弯曲断面下部用硬木支撑并垫以铅板，如图 20 - 19 所示。另外，直轴时最好把轴放在专用的台架上并将轴两端向下压，以加速金属分子的振动而使纤维伸长。

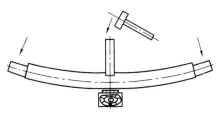

图 20 - 19　捻打直轴样式

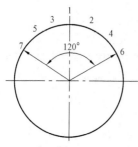

图 20 – 20　锤击次序

（4）捻打的范围为圆周的 1/3（即 120°），此范围应预先在轴上标出。捻打时的轴向长度可根据轴弯曲的大小、轴的材质及轴的表面硬化程度来决定，一般控制在 50～100mm 的范围之内。

捻打顺序按对称位置交替进行，捻打的次数为中间多、两侧少，如图 20 – 20 所示。

（5）捻打时可用 2～4lb 的手锤敲打捻棒，捻棒的中心线应对准轴上的所标范围，锤击时的力量中等即可而不能过大。

（6）每打完一次，应用百分表检查弯曲的变化情况。一般初期的伸直较快，而后因轴锤击次序表面硬化而伸直速度减慢。如果某弯曲处的捻打已无显著效果，则应停止捻打并找出原因，确定新的适当位置再行捻打，直至校正为止。

（7）捻打直轴后，轴的校直应向原弯曲的反方向稍过弯 0.02～0.03mm，即稍校过一些。

（8）检查轴弯曲达到需要数值时，捻打工作即可停止。此时应对轴各个断面进行全面、仔细测量，并做好记录。

（9）最后，对捻打轴在 300～400℃ 进行低温回火，以消除轴的表面硬化及防止轴校直后复又弯曲。

上述冷直轴法是在工作中应用最多的直轴方法，但它一般只适于轴颈较小且轴弯曲在 0.2mm 左右的轴。此法的优点是直轴精度高，易于控制，应力集中较小，轴校直过程中不会发生裂纹。其缺点是直轴后在一小段轴的材料内部残留有压缩应力，且直轴的速度较慢。

二、内应力松弛法

此法是把泵轴的弯曲部分整个圆周都加热到使其内部应力松弛的温度（低于该轴回火温度 30～50℃，一般为 600～650℃），并应热透。在此温度下施加外力，使轴产生与原弯曲方向相反的、一定程度的弹性变形，保持一定时间。这样，金属材料在高温和应力作用下产生自发的应力下降的松弛现象，使部分弹性变形转变成塑性变形，从而达到直轴的目的。

校直的步骤为：

（1）测量轴弯曲，绘制轴弯曲曲线。

（2）在最大弯曲断面的整修圆周上进行清理，检查有无裂纹。

（3）将轴放在特制的、设有转动装置和加压装置的专用台架上，把轴的弯曲性凸面向上放好，在加热处侧面装一块百分表。加热的方法可用电感应法，也可用电阻丝电炉法。加热温度必须低于原钢材回火温度20~30℃，以免引起钢材性能的变化。测温时是用热电偶直接测量被加热处轴表面的温度。直轴时，加热升温不盘轴。

（4）当弯曲点的温度达到规定的松弛温度时，保持温度1h，然后在原弯曲的反方向（凸面）开始加压。施力点距最大弯曲点越近越好，而支承点距最大弯曲点越远越好。施加外力的大小应根据轴弯曲的程度、加热温度的高低、钢材的松弛特性、加压状态下保持的时间长短及外加力量所造成的轴的内部应力大小来综合考虑确定。

（5）由施加外力所引起的轴内部应力一般应小于0.5MPa，最大不超过0.7MPa。否则，应以0.5~0.7MPa的应力确定出轴的最大挠度，并分多次施加外力，最终使轴弯曲处校直。

（6）加压后应保持2~5h的稳定时间，并在此时间内不变动温度和压力。施加外力应与轴面垂直。

（7）压力维持2~5h后取消外力，保温1h，每隔5min将轴盘动180°，使轴上下温度均匀。

（8）测量轴弯曲的变化情况，如果已经达到要求，则可以进行直轴后的稳定退火处理；若轴校直得了头，需往回直轴，则所需的应力和挠度应比第一次直轴时所要求的数值减小一半。

采用此方法直轴时应注意以下事项：

（1）加力时应缓慢，方向要正对轴凸面，着力点应垫以铅皮或紫铜皮，以免擦伤轴表面。

（2）加压过程中，轴的左右（横向）应加装百分表监视横向变化。

（3）在加热处及附近，应用石棉层包扎绝热。

（4）加热时最好采用两个热电偶测温，同时用普通温度计测量加热点附近处的温度来校对热电偶温度。

（5）直轴时，第一次的加热温升速度以100~120℃/h为宜，当温度升至最高温度后进行加压；加压结束后，以50~100℃/h的速度降温进行冷却，当温度降至100℃时，可在室温下自然冷却。

（6）轴应在转动状态下进行降温冷却，这样才能保证冷却均匀、收缩一致，轴的弯曲顶点不会改变位置。

（7）若直轴次数超过两次以后，在有把握的情况下可将最后一次直轴与退火处理结合在一起进行。

内应力松弛法适用于任何类型的轴，而且效果好、安全可靠，在实际工作中应用的也很多。关于内应力松弛法的施加外力的计算，这里不再介绍，应用时可参阅有关技术书籍中的计算公式。

三、局部加热法

这种方法是在泵轴的凸面很快地进行局部加热，人为地使轴产生超过材料弹性极限的反压缩应力。当轴冷却后，凸面侧的金属纤维被压缩而缩短，产生一定的弯曲，以达到直轴的目的。具体的操作方法如下：

（1）测量轴弯曲，绘制轴弯曲曲线。

（2）在最大弯曲断面的整个圆周上清理、检查并记录好裂纹的情况。

（3）将轴凸面向上放置在专用台架上，在靠近加热处的两侧装上百分表以观察加热后的变化。

（4）用石棉布将最大弯曲处包起来，以最大弯曲点为中心将石棉布开出长方形的加热孔。加热孔长度（沿圆周方向）约为该处轴径的25%~30%，孔的宽度（沿轴线方向）与弯曲度有关，约为该处直径的10%~15%。

（5）选用较小的5、6号或7号焊嘴对加热孔处的轴面加热。加热时焊嘴距轴面约15~20mm，先从孔中心开始，然后向两侧移动，均匀地、周期地移动火嘴。当加热至500~550℃时（轴表面呈暗红色），立即用石棉布把加热孔盖起来，以免冷却过快而使轴表面硬化或产生裂纹。

（6）在校正较小直径的泵轴时，一般可采用观察热弯曲值的方法来控制加热时间。热弯曲值是当用火嘴加热轴的凸起部分时，轴就会产生更加向上的凸起，在加热前状态与加热后状态的轴线的百分表读数差（在最大弯曲断面附近）。一般热弯曲值为轴伸直量的8~17倍，即轴加热凸起0.08~0.17mm时，轴冷却后可校直0.01mm。具体情况与轴的长径比及材料有关。对一根轴第一次加热后的热弯曲值与轴的伸长量之间的关系，应作为下一次加热直轴的依据。

（7）当轴冷却到常温后，用百分表测量轴弯曲并画出弯曲曲线。若未达到允许范围，则应再次校直。如果轴的最大弯曲处再次加热无效果，应在原加热处轴向移动一位置，同时用两个焊嘴顺序局部加热校正。

（8）轴的校正应稍有过弯，即应有与原弯曲方向相反的0.01~0.03mm的弯曲值，待轴退火处理后，这一过弯曲值即可消失。

在使用局部加热法时应注意以下问题：

（1）直轴工作应在光线较暗且没有空气流动的室内进行。

（2）加热温度不得超过500~550℃，在观察轴表面颜色时不能带有色眼镜。

（3）直轴所需的应力大小可用两种方法调节，一是增加加热的表面；二是增加被加热轴的金属层深度。

（4）当轴有局部损伤、直轴部位局部有表面高硬度或泵轴材料为合金钢时，一般不应采用局部加热法直轴。

最后，应对校直的轴进行热处理，以免其在高温环境中复又弯曲，而在常温下工作的轴则不必进行热处理也可。

四、机械加压法

这种方法是利用螺旋加压器将轴弯曲部位的凸面向下压，从而使该部位金属纤维压缩，把轴校直过来，如图 20 - 21 所示。

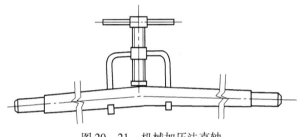

图 20 - 21　机械加压法直轴

五、局部加热加压法

这种方法又称为热力机械校轴法，其对轴的加热部位、加热温度、加热时间及冷却方式均与局部加热法相同，不同点是在加热之前先用加压工具在弯曲处附近施力，使轴产生与原弯曲方向相反的弹性变形。在加热轴以后，加热处金属膨胀受阻而提前达到屈服极限并产生塑性变形。

这样直轴大大快于局部加热法，每加热一次都能收到较好的结果。若第一次加热加压处理后的弯曲不合标准，则可进行第二次。第二次加热时间应根据初次加热的效果来确定，但要注意在某一部位的加热次数最多不能超过三次。

在本节所讲的五种直轴方法中，机械加压法和捻打法只适用于直径较小、弯曲较小的轴；局部加热法和局部加热加压法适用于直径较大、弯曲较大的轴，这两种方法的校直效果较好，但直轴后有残余应力存在，而且在轴校直处易发生表面淬火，在运行中易于再次产生弯曲因而不宜用于校正合金钢和硬度大于 HB180～HB190 的轴；应力松弛法则适于任何类型的轴，且安全可靠、效果好，只是操作时间要稍长一些。

第八节　水泵振动故障的处理

在水泵的运行过程中，常由于各种因素的影响而引起水泵的振动现象，严重地影响水泵的稳定运行，甚至还会造成设备的损坏。本节就水泵振动故障的处理提出一些建议和方法。振动的原因十分复杂，但可大致分为水力振动和机械振动两大类。

一、水力振动

水力振动主要是由于泵内或管路系统中水的流动不正常引起的。产生水力振动的原因主要有水力冲击、压力脉动及汽蚀等。

1. 水力冲击引起的振动

水流由叶轮叶片的外端经过导叶或蜗壳泵舌头部附近时，就会产生水力冲击，且冲击的程度随水泵转速和尺寸的加大而增高。当这一水力脉冲传至管路系统及基础上时，就会产生噪声和振动；若该水力脉冲的频率和泵轴、管路系统或基础的固有频率相近，将会产生更为严重的共振。

水力冲击引起振动的频率是叶片数和泵轴转速的乘积或是其倍数。防止水力冲击而引起振动的方法如下：

（1）适当增大叶轮外直径与导叶或泵壳舌部内直径的距离，即放大叶轮出水口的间隙。

（2）变更流道的型线以缓和冲击。

（3）水泵总装时，应将各级叶轮的叶片出口边按一定的节距错开，同时导叶片的组装位置方位不要相互重叠，而是按一定顺序错落布置，这些措施都将会减轻水力脉冲。

改变管路系统的共振频率不能减小泵的水力冲击，只有在水泵的水力设计上想办法降低叶片脉冲的强度才能根本解决问题。

2. 压力脉动引起的振动

高压给水泵有设计规定的允许最小流量，若低于此流量运行，则会导致叶轮中的流动恶化，甚至在叶轮的进、出口处产生内部回流，形成局部的涡流区和负压并沿圆周方向旋转。由此而引起的压力脉动会使泵的压力高低不定，流量时大时小，并且会引发压水管路的剧烈振动和类似喘气的声响（即"喘振"现象）。我们把上述这种现象称为"旋转失速"，其振动的频率约在 0.1~10Hz 范围内。

（1）压力脉动的产生必须同时具备以下条件：

1）q_V—H 性能曲线出现驼峰部分，且恰好在泵的运转范围之内。对高压给水泵，则在 q_V—H 曲线的关死点附近易于形成向右上方倾斜的部分。

2）泵的压出管路中有积存空气的部位。

3）调节阀等节流装置位于上述可积存空气的部位之后。

（2）防止水泵发生压力脉动的主要方法有：

1）改善水泵的设计，如适当减小叶片出口角，使泵的 q_V—H 曲线成为只向右下倾斜的曲线。

2）布置管路时不要有起伏并保持一定的斜度，以免压出管内积存空气。另外，尽量把调节阀、流量计等节流装置放在靠近泵的出口处安装，以确保泵和这些节流装置叠加后的 q_V—H 性能曲线没有向上倾斜的部分，从而减少产生压力脉动的危险。

3）装设再循环管来改善泵在低负荷工况下的运行，使泵内的流量始终不低于泵的 q_V—H 曲线中向上倾斜部分的流量。

4）在运行中负荷减小时，若几台泵并联运行，则应尽量提前停掉富裕的水泵，保证其余的泵在正常流量下运转。

3. 因汽蚀而引起的振动

高压给水泵的汽蚀主要在大流量时发生，引起泵的剧烈振动并发出噪声。由汽蚀引起的振动的频率为 $600 \sim 25000Hz$。在设计和运行中可采取以下措施加以防止：

（1）除氧器水箱的容量应满足给水泵急剧增减负荷时的需求，除氧器水箱与给水泵的标高差应适当增大，以确保泵入口有足够的富裕压差。

（2）水泵的吸入管路应尽可能地缩短，以减少吸入管的阻力损失，并且避免有较长的、水平的吸入管段。

（3）运行中的负荷变化应尽量平缓，一旦发生汽蚀，应适当地减小流量或降低转速。

二、机械振动

机械振动是由于各种机械原因引起的振动，造成的原因主要有以下几个方面。

1. 回转部件不平衡引起的振动

回转部件不平衡是泵轴产生振动的最可能原因，其特征是振动的振幅不随负荷大小及吸入口压力的高低而变化，而是与水泵的转速相关，泵轴的振动频率和转速高低相一致。

造成回转部件不平衡而振动的原因很多，如随着运行中的局部腐蚀或磨损使振动逐渐增大，又如回转部件局部破坏及杂物堵塞而引起的振动等。

为确保回转部件的平衡，对于低转速泵可以只做静平衡试验，而对于高转速泵则必须分别进行动、静平衡的检查。

2. 中心不正引起的振动

如果水泵与原动机联轴器中心不正或端面平行度不好，就会因水泵与原动机的结合状态不平衡而产生强制性振动。通过单独试转原动机而不振动，这时就可能是联轴器中心不正。造成中心不正的原因如下：

（1）水泵在安装或检修后找中心不正，试转时就会产生振动。对于这种情况，应重新进行找正工作。

（2）暖泵不充分而造成水泵因温差引起变形，从而使中心不正。应选择适当的暖泵系统和方式以增强暖泵的效果。

（3）水泵的进出口管路质量若由泵来承受，当其质量过大时，就会使泵轴中心错位，这样在泵启动时就开始振动。所以在设计或布置管路时，应尽量减少作用于泵体上的载荷及力矩。

（4）轴承磨损也会使中心不正，此时振动是逐渐增大的，必要时应尽早修复或更换。

（5）联轴器的螺栓配合状态不良或齿形联轴器的齿轮啮合状态不佳，都会影响中心的对中而使振动逐渐加大。

（6）轴承架刚性不好，也会造成泵轴的中心不对。

3. 联轴器螺栓加工精度不高引起的振动

在这种情形下，只有部分螺栓承担全部的扭矩，从而使原本没有的不平衡力传至泵轴上引起振动。此时振动的频率等于转速，振幅则随负荷的增加而变大。

4. 因动、静部件摩擦而引起的振动

如果由于热应力而使泵体变形过大、泵轴弯曲，或是其他原因使泵内动、静部件接触，则接触点的摩擦力将作用于转子回转的反方向上，迫使转子剧烈地振摆旋转。这是一种自激振动，与转速无直接关系，其频率等于转子的临界速度。

5. 因泵轴的临界转速引起的振动

如果水泵的工作转速接近其临界转速，就会产生共振。所以在设计时，需将泵的工作转速与临界转速错开，留有一定的安全距离。在泵的使用中，还应考虑管路支持不当、地脚螺栓松弛和轴承座刚度变化等因素对水泵转子固有频率的影响。此外，还必须注意水泵和原动机连接以后临界转速的改变。

6. 因油膜振荡引起的振动

这是滑动轴承上因油膜的作用而发生的一种自激振荡,其频率等于转子的一半转速或转子的临界转速。

消除油膜振荡的方法是使泵轴临界转速不在其工作转速的一半以下。另外,还可选择适当的轴承长径比,合理地布置油楔和改变油膜的刚度等。

7. 因平衡盘不良引起的振动

由于平衡盘设计的稳定性差,在运行工况改变时就会产生左右的晃度,造成泵轴有规则的振动和动、静盘的磨损。

为增加平衡盘工作的稳定性,可采用调整平衡盘第一间隙及第二间隙的数值,在静盘上增开方形螺纹槽以稳定平衡盘前水室的压力,调整平衡盘内外直径的尺寸等方法。

8. 基础及泵座不良引起的振动

由于基础的下沉使转子中心改变,将引起泵的振动;若基础的固有频率不大且恰与泵的转速一致,就会产生共振。

另外,泵座本身的刚性不好,则其抗振性差,也易于引起振动。

9. 由原动机引起的振动

驱动水泵的各类原动机由于自身的特点,也会产生振动,这样与水泵连接后就会引起泵的振动。

提示 第一～三节适合初级工使用。第四～六节适合中级工使用。第七、八节适合高级工使用。

第二十一章

给 水 泵 检 修

发电厂中给水泵的任务是将除氧器内具有一定温度的给水，通过给水泵产生足够的压力，输送给锅炉，为锅炉给水。根据电能的生产特点和锅炉运行的特殊要求，给水泵必须连续不断地运行。1000MW 超超临界机组对给水泵的性能要求更高，泵组的运行可靠性、经济性显得更加重要，泵组的性能优劣不仅直接影响其自身的安全性和经济性，而且对整台机组能否长期安全经济运行有直接影响。

为适应机组运行时负荷变化要求，汽动给水泵和电动给水泵必须具备快速灵活、安全可靠的调节功能，驱动给水泵的给水泵汽轮机调速范围一般为 2800 ~ 6000r/min，允许负荷变化率为 10%/min；电动给水泵从备用状态到出口流量和压力达到额定参数时间为 12 ~ 15s。

第一节 DG 型水泵的检修

一、DG 型水泵的拆卸

DG 型高压水泵是多级分段式结构的离心泵，在对其解体前应先熟悉图纸，了解泵的结构及拆装顺序，避免因失误而造成部件的损伤。同时，随着解体的进行，及时测取各有关数据，以便组装时参考。下面按顺序来介绍泵的解体。

（一）轴瓦拆卸及轴瓦间隙的测量

在拆卸多级泵时，首先应对其两端的轴承（一般为滑动轴承）进行检查，并测量水泵在长期运行（一个大修间隔）后轴瓦的磨损情况。测量方法通常用压铅丝法，如图 21 - 1 所示。轴瓦的径向间隙一般为 0.1% ~ 0.15% D（D 为泵轴直径），若测出的间隙超过标准，则应重新浇注轴瓦合金并研刮合格。

图 21 - 1 轴瓦间隙测量

1—轴；2—下轴瓦；3—软铅丝

第三篇 水泵检修

此外，还应检查轴瓦合金层是否有剥离、龟裂等现象，若严重影响使用，则应重新浇注合金。

在轴瓦检测完毕后，即可按顺序拆卸，并注意做好顺序、位置标记。

（二）泵体的拆卸

在分解两侧的上轴瓦并测量其间隙和紧力后，即可取出油挡。再退出填料压盖，取出盘根及水封环，然后即可将轴承座取下。

对于 DG 型水泵（结构如图 21-2 所示），应先由出水侧开始解体，基本顺序为：

（1）首先松开大螺母并取下拉紧泵体的穿杠螺栓，然后依次拆下出口侧填料室及动、静平衡盘部件。拆除的同时，要做好测量这些部件的调整套、齿形垫等的尺寸的工作。

（2）拆下出水段的连接螺栓，并沿轴向缓缓吊出水段，然后退出末级叶轮及其传动键、定距轴套，接着可逐级拆出各级叶轮及各级导叶、中段。拆出的每个叶轮及定距轴套都应做好标记，以防错装。

（3）在拆卸叶轮时，需用定位片测量叶轮的出口中心与其进水侧中段的端面距离，如图 21-3 所示。叶轮的流道应与导叶的流道对准，不然应找出原因。

在泵体的分解过程中，需注意以下事项：

（1）拆下的所有部件均应存放在清洁的木板或胶垫上，用干净的白布或纸板盖好，以防碰伤经过精加工的表面。

（2）拆下的橡胶、石棉密封垫必须更换。若使用铜密封垫，重新安装前要进行退火处理；若采用齿形垫，在垫的状态良好及厚度仍符合要求的情况下可以继续使用。

（3）对所有在安装或运行时可能发生摩擦的部件，如泵轴与轴套、轴套螺母，叶轮与密封环等，均应涂以干燥的 MoS_2 粉（其中不能含有油脂）。

（4）在解体前应记录转子的轴向位置（将动、静平衡盘保持接触），以便在修整平衡盘的摩擦面后，可在同一位置精确地复装转子。

二、DG 型水泵静止部件的检修

在泵体全部分解后，应对各个部件进行仔细检查，若发现损坏或缺陷，要予以修复或更换。本节将介绍对静止部件的检查与修复。

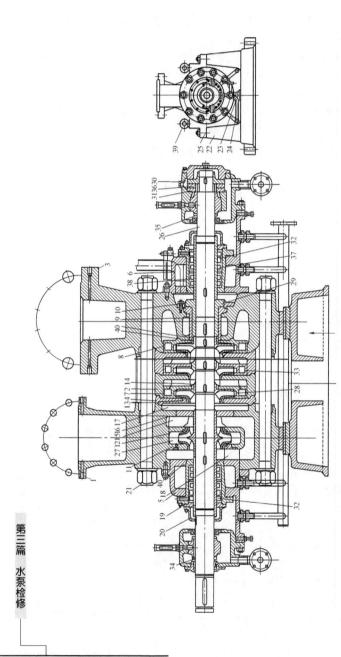

图 21-2 DG 型给水泵结构

1—进水段；2—中段；3—出水段；4—中间隔板；5—进水尾盖；6—出水尾盖；7—进水段衬套；8—末级导叶；9—平衡圈；10—平衡圈压盖；11—进水段压盖；12—首级密封环；13—次级密封环；14—导叶衬套；15—进水段焊接套；16—进水段焊接隔板甲；17—进水段焊接槽；18—进水段焊接隔板乙；19—密封室；20—密封至端盖；21—拉紧螺栓；22—底座；23—纵销；24—纵销滑座；25—横销；26—键；27—首级叶轮；28—次级叶轮；29—平衡叶轮；30—推力盘；31—推力盘挡套；32—轴套；33—叶轮卡环；34—进水段轴承；35—出水段轴承；36—平面推力块；37—浮动环；38—支承环；39—起重吊环；40—O 形密封圈

（一）泵壳（中段）

1. 止口间隙检查

多级泵的相邻泵壳之间都是止口配合的，止口间的配合间隙过大会影响泵的转子与静止部分的同心度。检查泵壳止口间隙的方法如下：

将相邻的泵壳叠置于平板上，在上面的泵壳上放置好磁力表架，其上夹住百分表，表头触点与下面泵壳的外圆相接触，如图21-4所示。随后，将上面的泵壳沿十字方向往复推动测量两次，百分表上的读数差即为止口之间存在的间隙。通常止口之间的配合间隙为0.04~0.08mm，若间隙大于0.10~0.12mm，就应进行修复。

最简单的修复方法是在间隙较大的泵壳止口上均匀堆焊6~8处，然后按需要的尺寸进行车削。

2. 裂纹检查

用手锤轻敲泵体，如果某部位发出沙哑声，则说明壳体有裂纹。这时应将煤油涂在裂纹处，待渗透后用布擦净面上的油迹并擦上一层白粉，随后用手锤轻敲泵壳，渗入裂纹的煤油即会浸湿白

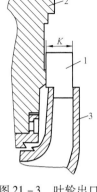

图21-3 叶轮出口
定位片测量
1—定位片；2—
进水段；3—叶轮

粉，显示出裂纹的端点。若裂纹部位在不承受压力或不起密封作用的地方，则可在裂纹的始、末端点各钻一个$\phi 3$的圆孔，以防止裂纹继续扩展；若裂纹出现在承压部位，则必须予以补焊。

（二）导叶

中高压水泵的导叶若采用不锈钢材料，则一般不会损坏；若采用锡青铜或铸铁，则应隔2~

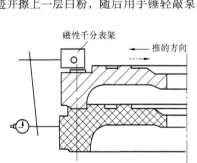

磁性千分表架

推的方向

图21-4 泵止口同心度的检查

3年检查一次冲刷情况，必要时更换新导叶。凡是新铸的导叶，在使用前应用手砂轮将流道打磨光滑，这样可提高效率2%~3%。

此外还应检查导叶衬套（应与叶轮配合在一起）的磨损情况，根据磨损的程度来确定是整修还是更换。

导叶与泵壳的径向配合间隙为0.04~0.06mm，过大时则会影响转子与静止部件的同心度，应当予以更换。

用来将导叶定位的定位销钉与泵壳的配合要过盈 0.02～0.04mm，销钉头部与导叶配合处应有 1.0～1.5mm 的调整间隙。

导叶在泵壳内应被适当压紧，以防高压泵的导叶与泵壳隔板平面被水流冲刷。通常，压紧导叶的方法是在导叶背面叶片的肋上钻孔，加装 3～4 个紫铜钉（尽量靠近导叶外缘，沿圆周均布），如图 21－5 所示，利用紫铜钉的过盈量使导叶与泵壳配合面密封。加装的紫铜钉一般应高出背面导叶平面 0.50～0.80mm。

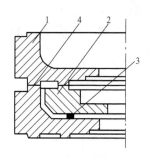

图 21－5　测量导叶在泵壳
内轴向间隙
1—泵壳；2—导叶；3—
紫铜钉；4—密封面

（三）平衡装置

在水泵的解体过程中，应用压铅丝法来检查动、静平衡盘面的平行度，方法是：

将轴置于工作位置，在轴上涂润滑油并使动盘能自由滑动，其键槽与轴上的键槽对齐。用黄油把铅丝粘在静盘端面的上下左右四个对称位置上，然后将动盘猛力推向静盘，将受撞击而变形的铅丝取下并记好方位；再将动盘转 180°重测一遍，做好记录。用千分尺测量取下铅丝的厚度，测量数值应满足上下位置的和等于左右位置的和，上减下或左减右的差值应小于 0.05mm，否则说明动静盘变形或有瓢偏现象，应予以消除。

检查动静平衡盘接触面只有轻微的磨损沟痕时，可在其结合面之间涂以细研磨砂进行对研；若磨损沟痕很大、很深时，则应在车床或磨床上修理，使动、静平衡盘的接触率在 75% 以上。

（四）密封环与导叶衬套

目前，密封环与导叶衬套一般都是用不锈钢或锡青铜两种耐磨材料制成的。选用不锈钢制造的密封环与导叶衬套寿命较长，但对其加工及装配的质量要求很高，否则易于在运转中因配合间隙略小、轴弯曲度稍大而发生咬合的情况。若用锡青铜制造，则加工容易，成本低，也不易咬死，但其抗冲刷性能相对稍差些。

新加工的密封环与导叶衬套安装就位后，与叶轮的同心度偏差应小于 0.04mm。密封环与叶轮的径向间隙随密封环的内径大小而不同，具体可参见表 21－1。

表 21 - 1 　　　　　　　　 密封环与叶轮的径向间隙 　　　　　　　 mm

密封环内径	装配间隙	磨损后最大允许间隙
80 ~ 120	0. 09 ~ 0. 22	0. 48
120 ~ 150	0. 105 ~ 0. 255	0. 60
150 ~ 180	0. 12 ~ 0. 28	0. 60
180 ~ 220	0. 135 ~ 0. 315	0. 70
220 ~ 260	0. 16 ~ 0. 34	0. 70
260 ~ 290	0. 16 ~ 0. 35	0. 80
290 ~ 320	0. 175 ~ 0. 375	0. 80
320 ~ 360	0. 20 ~ 0. 40	0. 80

密封环与泵壳的配合间隙一般为 0. 03 ~ 0. 05mm。

导叶衬套与叶轮轮毂的间隙一般为 0. 40 ~ 0. 45mm。导叶衬套与导叶之间采用过盈配合,过盈量为 0. 015 ~ 0. 02mm,并需用止动螺钉紧固好。

三、DG 型水泵转子部件的检修

DG 型水泵转子部件主要有泵轴、叶轮和平衡盘等。水泵能否长期安全可靠地运行,与转子的结构、平衡精度及装配质量有密切的关系。下面将对这几个主要部件的检修工艺进行介绍。

(一)泵轴

轴是水泵的重要部件,它不仅支承着转子上的所有零部件,而且还承担着传递扭矩的作用。

1. 泵轴的检查与更换

泵解体后,对轴的表面应先进行外观检查,通常是用细砂布将轴略微打光,检查是否有被水冲刷的沟痕、两轴颈的表面是否有擦伤及碰痕。若发现轴的表面有冲蚀,则应做专门的修复。

在检查中若发现下列情况,则应更换为新轴:

(1)轴表面有被高速水流冲刷而出现的较深的沟痕,特别是在键槽处。

(2)轴弯曲很大,经多次直轴后运行中仍发生弯曲者。

2. 轴弯曲的测量方法及校正

(1)将泵轴放在专用的滚动台架上,也可使用车床或 V 形铁为支承来进行检查。

(2)在泵轴的对轮侧端面上做好八等分的永久标记,一般以键槽处为起点，如图 21-6 所示。在所有检修档案中的轴弯曲记录，都应与所做的标记相一致。

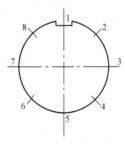

图 21-6 泵轴对轮
侧端面记号

（3）开始测量轴弯曲时，应将轴始终靠向一端而不能来回窜动（但轴的两端不能受力），以保证测量的精确度。

（4）对各断面的记录数值应测 2~3 次，每一点的读数误差应保证在 0.005mm 以内。测量过程中，每次转动的角度应一致，盘转方向也应保持一致。在装好百分表后盘动转子时，一般自第二点开始记录，并且在盘转一圈后，第二点的数值应与原数相同。

（5）测量的位置应选在无键槽的地方，测量断面一般选 10~15 个即可。在进行测量的位置应打磨、清理光滑，确保无毛刺、凹凸和污垢等缺陷。

（6）泵轴上任意断面中，相对 180° 的两点测量读数差的最大值称为该端面的"跳动"或"晃度"，轴弯曲即等于晃度值的一半。每个断面的晃度要用箭头表示出，根据箭头的方向是否一致来判定泵轴的弯曲是否在同一个纵剖面内。

（7）测量完成后，根据每个断面的弯曲值找出最大弯曲断面，然后可用百分表进一步测量确定出泵轴的最大弯曲断面（此断面不一定恰好是刚才的测量断面），并往复盘转泵轴，找到此断面最凸、最凹点并做好记录和标记。

（8）检查泵轴最大弯曲不得超过 0.04mm，否则应采用"捻打法"或"内应力松弛法"进行直轴，而"局部加热直轴法"则尽量不要采用。

（二）叶轮

1. 叶轮及其密封环的检修

在水泵解体后，检查叶轮密封环的磨损程度，若在允许范围内，可在车床上用专门胎具胀住叶轮内孔来车修磨损部位，修正后要保持原有的同心度和表面粗糙度。最后，配制相应的密封环和导叶衬套，以保持原有的密封间隙。

叶轮密封环经车修后，为防止加工过程中胎具位移而造成同心度偏差，应用专门胎具进行检查，如图 21-7 所示。具体的步骤为：用一带轴肩的光轴插入叶轮内孔，光轴固定在钳台上并仰起角度，确保叶轮吸入侧轮毂始终与胎具轴肩相接触并缓缓转动叶轮，在叶轮密封环处的百分表指示的跳动值应小于0.04mm，否则应重新修整。

对首级叶轮的叶片，因其易于受汽蚀损坏，若有轻微的汽蚀小孔洞，可进行补焊修复或采用环氧树脂黏结剂修补。

测量叶轮内孔与轴颈配合处的间隙，若因长期使用或多次拆装的磨损而造成此间隙值过大，为避免影响转子的同心度甚至由此而引起转子振动，可采取在叶轮内孔局部点焊后再车修或镀铬后再磨削的方法予以修复。

叶轮在采取上述方法检修后仍然达不到质量要求时，则需更换新叶轮。

2. 叶轮的更换

对新换的叶轮应进行下列工作，检查合格后方可使用：

（1）叶轮的主要几何尺寸，如叶轮密封环直径对轴孔的跳动值、端面对轴孔的跳动、两端面的平行度、键槽中心线对轴线的偏移量、外径 D、出口宽度 b_2、总厚度等的数值与图纸尺寸相符合。

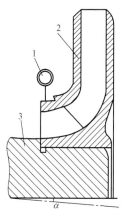

图 21-7　检查叶轮密封
环同心度的方法
1—百分表；2—叶轮；
3—专用胎具

（2）叶轮流道清理干净。

（3）叶轮在精加工后，每个新叶轮都经过静平衡试验合格。

对新叶轮的加工主要是为保证叶轮密封环外圆与内孔的同心度、轮毂两端面的垂直度及平行度，如图 21-8 所示。

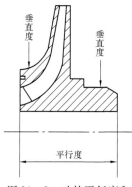

图 21-8　叶轮平行度和
垂直度的检查

四、DG 型水泵转子的试装

（一）试装的目的及应具备的条件

转子试装主要是为了提高水泵最后的组装质量。通过这个过程，可以消除转子的静态晃度，可以调整好叶轮间的轴向距离，从而保证各级叶轮和导叶流道中心同时对正，可以确定调整套的尺寸。

在试装前，应对各部件进行全部尺寸的测量，消除明显的超差。

对各部件端面晃度的检查方法为：叶轮仍是采用专门的心轴插入叶轮内孔，心轴固定在平台上，轻轻转动叶轮，百分表的指示数值即为端面的跳动。此跳动值不得超过 0.015mm，否则应进行车修，如图 21 - 9 所示。

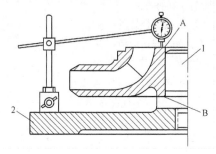

图 21 - 9　检查套装零件的垂直度和平行度
1—叶轮；2—平台；A、B—水轮进、出水侧端面

而轴套等部件端面跳动的检查可在一块平板上用百分表测出，如图 21 - 10 所示，此跳动值不得超过 0.015mm。

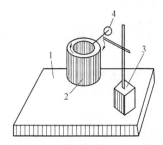

图 21 - 10　端面垂直度的检查
1—平板；2—被检查零件；3—磁性架；
4—百分表

总之，在检查转子各部件的端面已清理、叶轮内孔与轴颈的间隙适当、轴弯曲不大于 0.03 ~ 0.04mm、各套装部件的同心度偏差小于 0.02mm 且端面跳动小于 0.015mm 时，即可在专用的、能使转子转动的支架上开始试装工作。

（二）转子试装的步骤

转子试装可以按以下步骤进行：

（1）将所有的键都按号装好，以防因键的位置不对而发生轴套与键顶住的现象。

（2）将所有的密封圈等按位置装好，把锁紧螺母紧好并记下出口侧锁紧螺母至轴端的距离，以便水泵正式组装时作为确定套装部件紧度的依据。

（3）在紧固轴套的锁紧螺母时，应始终保持泵轴在同一方位（如保持轴的键槽一直向上），而且在每次测量转子晃度完成后应松开锁紧螺母，待下次再测时重新拧紧。每次紧固锁紧螺母时的力量以套装部件之间无间隙、不松动为准，不可过大。

（4）各套装部件装在轴上时，应根据各自的晃度值大小和方位合理排序，防止晃度在某一个方位的积累。测量转子晃度时，应使转子不能来回窜动且在轴向上不受太大的力。最后，检查组装好的转子各部位的晃度不应超出下列数值：

叶轮处	0.12mm
挡套处	0.10mm
调整套处	0.08mm
轴套处	0.05mm
平衡盘工作面轴向晃度	0.06mm

（5）装好转子各套装部件并紧好锁紧螺母后，再用百分表测量各部件的径向跳动是否合格。若超出标准，则应再次检查所有套装部件的端面跳动值，直至符合要求。

（6）检查各级叶轮出水口中心距离是否相符，并测量末级叶轮至平衡盘端面之间的距离以确定好调整套的尺寸。

在试装结果符合质量要求并做好记录后，即可将各套装部件解体，以待正式组装。

五、DG型水泵的总装与调整

将水泵的所有部件都经清理、检查和修整以后，就可以进行总装工作了。组装水泵按与解体时相反的顺序进行，回装完成后即可开始如下的调整工作。

（一）首级叶轮出水口中心定位

如图21-3所示，准备好一块定位片（其宽度 K 是经测量后得出的），把定位片插入首级叶轮的出水口。将转子推至定位片与进水段侧面接触（此时首级叶轮与挡套、轴肩不能脱离接触而产生间隙），这时叶轮出水口中心线应正好与导叶入水口中心线对齐。在与入口侧填料室端面齐平的地方用划针在轴套外圆上划线，以备回装好平衡装置后检查出水口的对中情况和叶轮在静子中的轴向位置。

（二）测量总窜动

测量总窜动的方法是：装入齿形垫，不装平衡盘而用一个旧挡套代替，装上轴套并紧固好锁紧螺母后，前后拨动转了，在轴端放置好的百分表的两次指示数值之差即为轴的总窜动量。

另外，也可采用只装上动平衡盘和轴套的方式，将轴套锁紧螺母紧固到正确位置后，前后拨动转子，两次测量的对轮端面距离之差即为转子的总窜动量。

不论采用何种方式测量总窜动量，在拨动转子的同时，用划针在轴套外圆上以入口侧填料室端面为基准划线，往出口侧拨动划线为 a，往入口侧拨动划线为 b，则首级叶轮出水口对中定位时的划线应大致处于 ab 线的中间。当调整转子轴向位置时，应以此线（c 线）作为参考。

（三）平衡盘组装与转子轴向位置的调整

首先，将平衡盘调整套、齿形垫、轴套等装好，再将锁紧螺母紧固好。前后拨动转子，用百分表测量出推力间隙。如果推力间隙大于 4mm，应缩短调整套长度，使转子位置向出口侧后移；若推力间隙小于 3mm，则应更换一新的齿形垫，增加其厚度，使转子位置向入口侧前移。注意：切不可采用加垫片的方法来进行调整。

最后，在与入口侧填料室端面齐平处用划针在轴套外圆上划线，此线应大致与前述的线相重合。

转子的轴向位置是由动、静平衡盘的承力面来决定的。这两个部件的最大允许磨损值为 1mm，故转子在静子里的轴向位移允许偏移值为

入口侧　　　$4 + 1 = 5$（mm）

出口侧　　　$4 - 1 = 3$（mm）

这样，当平衡盘磨损或转子热膨胀伸长量超过静子的伸长量时，仍可保证叶轮与导叶的相对位置。

（四）转子与静止部分的同心度的调整

水泵的本体部分组装完成后，即可回装两端的轴承，其步骤如下：

（1）在未装下轴瓦前，使转子部件支承在静止部件如密封环、导叶衬套等的上面。在两端轴承架上各放置好一个百分表。

（2）用撬棒将转子两端同时平稳地抬起（使转子尽量保持水平），做上下运动，记录百分表上下运动时的读数差，此差值即转子同静止部件的径向间隙 Δd。

（3）将转子撬起，放好下轴瓦，然后用撬棒使转子做上下运动，记录百分表的读数差 δ，直至调整到 $\delta = \Delta d/2$。调整时可以上下移动轴承架下的调整螺栓，或是采用在轴承架止口内、轴瓦与轴承架的结合面间加垫片的方法来进行。

（4）在调整过程中，要保持转子同静子之间的同心度，方法同上（需将下轴瓦取出）。测量时，可用内卡测出轴颈是否处于轴承座的中心位置。

（5）至此即可紧固好轴承架螺栓，打上定位销了。

（6）完成上述工作后，可研刮轴瓦和检验其吻合程度，回装好轴承。

要求轴瓦紧力一般为±0.02mm，轴瓦顶部间隙为0.12~0.20mm，轴瓦两侧间隙为0.08~0.10mm。

（五）其余工作

水泵的检修至此已算基本完成，余下的一些后期工作，如找正、填轴封压兰盘根和试运转等，有的前面已讲过。

最后，检查水泵盘转正常，各部件无缺陷且运转时振动也很小，再次复测转子和静子的各项间隙、转子的轴向总窜动量等符合要求，组装后的动静平衡盘的平行度偏差小于0.02mm，泵壳的紧固穿杠螺栓的紧固程度上下左右误差不大于0.05mm，则可以认为水泵检修、安装的质量合格。

第二节　威尔型给水泵的检修

本节将介绍在我国汽轮机组中常见的英国威尔（Weir）型给水泵组的检修，并对其主要参数、结构特点也作一简介。

一、FK6F32型给水泵

该泵为6级、卧式芯包型结构，主要包括外筒体及出口端盖、内泵壳、转子组件和轴承组件四大部分，其中内泵壳为多级分段式结构。

给水泵外筒体的自由端（即端侧）由出口端盖封住，传动端（即腰侧）由进口端盖封住，两端轴封均由机械密封装置来加以密封。每个机械密封由闭式循环水密封，循环密封水由各自的冷却器冷却，冷却器用水来自外部的清洁水源并通过密封保持环使回路保持循环。每个机械密封的密封冲洗回路均设有一个磁性分离器。

转子的轴向推力由平衡鼓与自由端的双向推力轴承共同承担。此外，在自由端和传动端还布置有普通径向支持轴承来承受转子组件的重量，各轴承的润滑油均来自液力耦合器的润滑油供油系统。

在次级叶轮出口处设有一个中间抽头，该抽头的水通过径向孔流至由第二级内泵壳与外筒体形成的中间抽头环腔，再由外筒体上的连接管导出。

给水泵由电动机的一个轴端通过可调速的液力耦合器来驱动，其间均由叠片式挠性联轴器来连接。

（一）给水泵剖面结构

给水泵剖面结构如图21-11所示。

（二）额定工况时的性能参数

给水泵额定工况时的性能参数见表21-2。

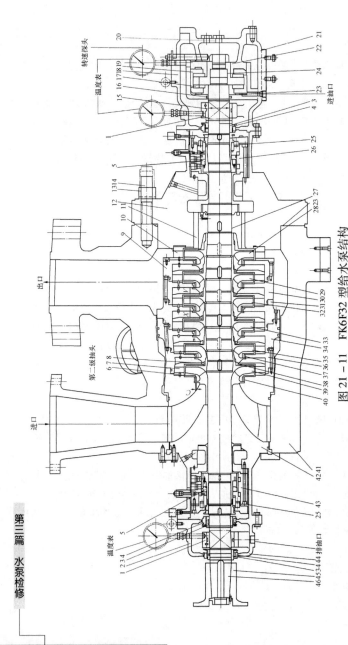

图 21－11　FK6F32 型给水泵结构

1—径向轴承压盖；2、18—轴承箱盖；3—抛油环；4—挡油环；5—机械密封；6、38—密封环；7—中间级导叶；8—导叶衬套；9—末级泵壳；10—末级导叶；11—平衡鼓衬套；12—大端盖；13—大螺母；14—螺栓；15—径向轴承；16—油封环；17、23—油封环；19—推力瓦块；20—轴承端盖；21、44—轴承箱座；22—油封环；24—推力盘；25—机械密封调整环；26、43—密封腔；27—平衡鼓；28—末级叶轮；29—第五级叶轮；30—第四级泵壳；31—第四级叶轮；32—第三级泵壳；33—第三级叶轮；34—第二级泵壳；35—次级叶轮；36—首级泵壳；37—泵壳衬套；39—首级叶轮；40—大筒体；41—大筒盖；42—进口端盖；45—联轴器；46—泵主轴

转速探头

温度表

出口

进口

第一级抽头

第二级抽头

温度表

温度表

进油口

排油口

第二篇　水泵检修

表 21 - 2　　　　　　　给水泵额定工况时的性能参数

参　数	数　值	单　位
流量	542	m³/h
给水温度	172	℃
入口压力	1.72	MPa
出口压力	21.2	MPa
扬程	2220	m
有效汽蚀余量	113.4	m
必需汽蚀余量	27.42	m
输入功率	3861	kW
效率（抽头开启时）	78	%
转速	4948	r/min
第二级抽头抽水压力	8.2	MPa
中间抽头抽水量	44.5	m³/h

（三）给水泵拆装程序

1. 检查轴承

（1）传动端径向轴承检查：

1）拆下传动端的联轴器叠片组件及轴承盖。

2）拆下径向轴承压盖后，测量轴瓦的间隙和紧力，并做好记录。

3）拆出并检查挡油环、轴承有无磨蚀和损坏，必要时修复或更换。而后，回装好。

4）复测轴瓦的间隙、紧力符合要求。

5）装好拆下的其余部件及油水管路、仪表等。

（2）自由端推力轴承、径向轴承检查：

1）拆下自由端轴承盖并吊离。

2）拆下径向轴承压盖后，测量轴瓦的间隙和紧力，并做好记录。

3）拆出径向轴承、挡油环和润滑油密封环，检查无误后回装，必要时则修复或更换。

4）装好百分表，测量推力间隙并做好记录。然后，拆下并检查整个推力轴承组件。

5）复测轴瓦的间隙、紧力合适。装回推力轴承组件，复查转子轴向窜动无误后，装上推力轴承罩。

6）装好拆下的其余部件及油水管路和温度测点等。

2. 检查机械密封

（1）传动端机械密封检查：

1）拆下整个传动端径向轴承和联轴器。

2）在轴上标好挡油环的位置后，将其取下。

3）拆下并取出机械密封芯子，解体检查，必要时更换新件。而后，组装好密封芯子。

4）换上新的密封胶圈后，将密封芯子装回轴上。

5）将挡油环装回原来标定的位置。

6）装好拆下的径向轴承及油水管路等。

（2）自由端机械密封检查：

1）拆下整个自由端推力、径向轴承及推力盘。

2）在轴上标好挡油环位置后，将其取下。

3）拆下并取出机械密封芯子后，解体检查，必要时更换新件。而后，组装好密封芯子。

4）换上新的密封胶圈后，装回密封芯子。

5）将挡油环装回原来标定的位置。

6）装上拆下的轴承部件、推力盘及油水管路等。

3. 抽出芯包

（1）拆下联轴器叠片组件。

（2）装上自由端的转子拉紧双头螺栓与传动端的旋转顶紧装置，并用手拧紧螺母以拉紧转子。

（3）拆下进口端的拉紧环及嵌入环后，装上抽出芯包专用托架及支撑延长杆。

（4）用液压千斤装置拆下出口端盖上的所有大螺母，参见图 21 - 12。

筒体上大端盖处的大螺母须用提供的液紧装置拧紧，其拧紧工作步骤如下：

1）将大螺母装到筒体双头螺栓上，用棒 C 均匀地将螺母拧紧。

2）按图 21 - 12（a）所示组装液紧装置，并将两液紧装置装在两径向对置的螺母上，如图 21 - 12（b）所示；用手拧入液紧组件 B 到双头螺栓上，保证撑紧 D 位置到位固定。用挠性软管 E 连接液紧组件 B 到汇总管 F 的快速接头上。

3）灌注油到系统中，逐步建立压力到 68.9MPa，并用棒 C 将大螺母

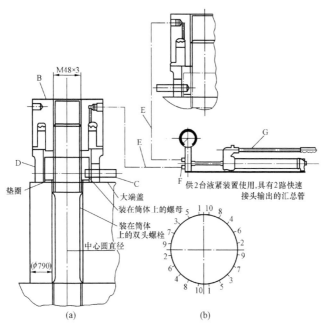

图 21 – 12　大螺母液紧装置布置

拧紧到大端盖上。

4）用手动泵上的操作阀将油返回到手动泵 G，在液紧组件处断开连接，并将其装到位置 2 的双头螺栓上［见图 21 – 12 (b)］，重复进行步骤 3)。

5）逐次在位置 3、4、5、6、7、8、9 和 10 双头螺栓上［见图 21 – 12 (b)］，重复进行步骤 4)。

6）将液紧组件装到图 21 – 12 (b) 中的位置 1 上，用棒 C 将大螺母拧紧到大端盖上。

7）用手动泵上的操作阀将油返回到泵 G，断开连接并将其装到位置 2 的双头螺栓上［见图 21 – 12 (b)］，重复进行步骤 6)。

8）逐次在位置 3、4、5、6、7、8、9 和 10 的双头螺栓上重复进行步骤 7)。

当泵在进行液压试验时，液紧装置应能建立起 137.8MPa 的压力。

拆卸步骤与上面的拧紧步骤相似，将液紧装置装到图 21 – 12 (b) 所示的位置 1 螺母上后，建立油压至 137.9MPa，拆下这对螺母，将液紧装置依次装到每对螺母上。逐次重复拧下步骤，直到全部拆下为止。

（5）调整好专用托架的高度及精确对中后，在出口端盖上装好顶动螺栓，将芯包顶出外筒体并拉出、吊离，送至检修场所。

4. 芯包解体

（1）将芯包水平支撑好，装上芯包支撑板及拉杆，移开抽芯包专用托架。

（2）拆下传动端、自由端的轴承装置和机械密封。

（3）将芯包垂直地、自由端向上吊放在专用的拆装支架上，如图 21-13 所示。

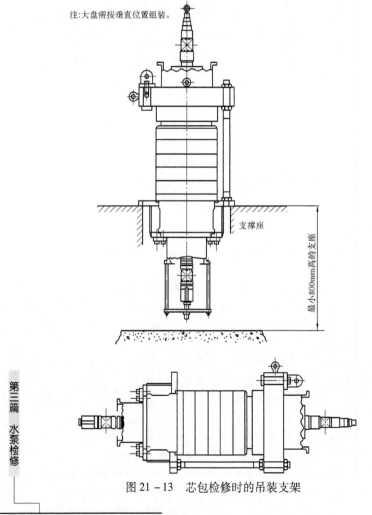

图 21-13　芯包检修时的吊装支架

（4）将出口端盖吊出后，用专用工具并经加热后取下平衡鼓，如图21-14所示。

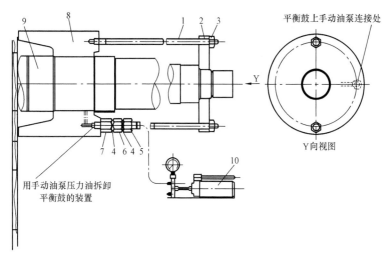

平衡鼓上手动油泵连接处

Y向视图

用手动油泵压力油拆卸
平衡鼓的装置

图 21-14　平衡鼓的拆卸工具

1—长杆双头螺栓；2—压板；3—螺母 M12；4—快速接头；5—管螺纹接头；
6—接头密封；7—管接头；8—平衡鼓；9—主泵轴；10—手动油泵

（5）依次拆下各级内泵壳、导叶及叶轮（拆下叶轮时需用专门的工具并进行加热），对各部间隙做好测量和记录。最后，仅剩下首级叶轮。

（6）将轴从进口端盖上吊出并水平支撑好以后，加热并取下首级叶轮。

5. 检查、清理和测量

所有部件都应彻底清理、检查，若部件的间隙已达到最大允许值或下次大修前可能达到该值时，则应更换此部件。

（1）叶轮及密封环：

1）检查叶轮（尤其是叶顶）有无磨蚀和损伤，应确保叶轮内孔光滑、无变形。

2）测量叶轮密封环的径向晃度和叶轮的端面瓢偏均不大于 0.05mm，叶轮内孔和轴配合的间隙符合要求值。

（2）轴和轴套：

1）检查轴有无弯曲和损伤，确保轴颈的椭圆度不大于 0.02mm，轴的弯曲度不大于 0.02mm，轴的径向晃度小于 0.03mm。

2）检查轴套有无磨损，确保其径向晃度和与轴配合的间隙均不大于0.05mm，且其内孔及键槽无划痕、毛刺，键与键槽配合良好。清理完毕后，应试装一次。

（3）机械密封：

1）检查各部件有无磨蚀、损坏，必要时更换新的。

2）弹簧高度应保持一致，对与平均高度相差超过 0.5mm 的予以更换。

3）动环密封端面宽度不得小于原有的4/5，凸台高度不得小于3mm。

4）密封端面应用绸子（或高级卫生纸）沾上纯酒精来清洗油污，不得用手接触密封面。

（4）径向、推力轴承：

1）彻底清洗径向轴承，检查轴瓦有无损伤及合金脱落、剥离现象。

2）彻底清洗，检查推力瓦块。

3）检查推力盘有无磨蚀和损坏，必要时修复或更换。

6. 芯包组装

进行组装时，所有部件必须保持清洁，拆出的密封件必须全部更换新的。

（1）将轴水平支撑好，装上首级叶轮。

（2）将进口端盖吊放在拆装支撑架上，再将泵轴自由端向上吊起，置于进口端盖上。

（3）装上首级内泵壳后，检查转子轴向总窜动应不小于6mm。

（4）依次装上各级叶轮、导叶及内泵壳，复测各部间隙无误。

（5）加热后装上平衡鼓，拧紧平衡鼓螺母。

（6）在芯包支撑板上装好拉杆后，吊装上出口端盖。

（7）用调节螺栓、螺母调整支撑板与出口端盖工作面间的距离为754mm。

（8）将芯包吊至水平位置，放在拆装支架上。

（9）装上机械密封及传动端的轴承、联轴器。

（10）装上自由端的轴承及推力盘。

（11）装上转子拉紧双头螺栓（自由端）及旋转顶紧装置（传动端），并用手拧紧。

（12）装上芯包托架并调整好芯包位置，将芯包推入外筒体后，使出口端盖套入双头大螺栓。

（13）用液压千斤工具拧紧出口端盖大螺母。

（14）装上传动端的嵌入环及拉紧环。

（15）用手盘动泵侧联轴器，确保灵活自如。

（16）将联轴器对中后，装上其叠片组件。

（17）装上拆下的油、水管路等。

7. 装配技术要求

具体的数值可参阅表21-3。

表 21-3   **水泵部件的运动间隙**   mm

运动间隙部位	正常值	最大允许值
径向轴承与轴的径向间隙	0.140～0.195	0.335
挡油环与轴封的径向间隙	0.30～0.41	0.71
内泵壳衬套与叶轮轴封环径向间隙	0.405～0.476	0.82
导叶衬套与叶轮密封环径向间隙	0.406～0.476	0.73
平衡鼓与平衡鼓衬套径向间隙	0.385～0.435	0.82
挡油环与油封的轴向间隙	4.0	
末级导叶与出口端盖的轴向间隙	2.75	
推力轴承处总的轴向间隙	0.40	
进口端盖与首级内泵壳轴向间隙	1.0	
取出推力瓦块后转子的轴向总窜动量	8.0	
内泵壳与叶轮的轴向间隙	4.75	
导叶与叶轮的轴向间隙	3.25	

8. 注意事项

（1）要避免损坏轴承座两侧的挡油环及油封。

（2）注意将各个部件做好标记或记录，以便回装。

（3）推力轴承的测温探头是插在推力瓦块内并固定在推力轴承支架上的。在将推力轴承支架从轴承座上拆下前，应先将测温探头导线从外端子拆开，穿过密封套将导线送出。

（4）在工常运行状态下，推力瓦块上除轴承合金钝暗面外，不应有其他可观察到的磨损。在轴承合金钝暗面超过合金表面积一半以上时，则应更换新瓦块或修复。

（5）推力轴承支架的拼合线与轴承座的水平中分面成90°。

（6）在安装推力轴承支架时，固定密封套前就应将测温探头安装正确就位，其余的导线部分应穿过下半部轴承座，送回接线端子。

（7）勿在推力瓦块与推力盘间插入塞尺来检查轴向间隙，这样测量不准且可能损坏轴瓦的合金表面。

（8）在安装推力轴承罩前，应确保测温探头导线的塞头位于下半部轴承座的槽内。

（9）确保密封轴套内孔、键槽及轴颈无划痕、毛刺，且键与键槽配合良好。

（10）若认为需要换新的密封胶圈时，才可把密封轴套拆下。

（11）要确保轴瓦的间隙和紧力都正确无误。

（12）注意不得使用石油制成的润滑剂，而只能使用硅基润滑脂。

（13）芯包的重量无论是在起吊还是在检修过程中均不得由轴来支承。

（14）注意防止碰伤泵轴和平衡鼓。

（15）注意防止碰伤泵轴和平衡鼓衬套。

（16）各级内泵壳间的连接螺钉由弹簧片锁紧，拆螺钉前需先取出挡片。

（17）在组装前，应在轴、叶轮内孔、轴套和平衡鼓内孔涂上石墨或类似物质，待其干燥后打磨光表面。

（18）各级内泵壳间的连接螺钉必须用新的锁紧片固定。

（19）泵轴传动端的螺纹是右旋的，自由端是左旋的。为便于安装，必要时可在每个部件上重新标上新的记号。

二、FAIB56 型给水前置泵

该泵为卧式、单级、轴向中分泵壳式，具有双吸水轮。其进、出水管均位于泵壳的下半部上，故可在不影响进、出水管道和不影响水泵与电动机对中的情况下拆卸水泵的内部部件。

泵的传动端、自由端的轴封均为机械密封，密封冷却水来自外部的清洁水源。

在轴的两端布置有普通径向支持轴承及自由端的双向斜块推力轴承，各轴承的润滑油均来自液力耦合器的供油系统，是液力耦合器供油系统的一部分。

泵由电动机的一个轴端直接驱动，其间用叠片式挠性联轴器来传动。

（一）前置泵剖面结构

前置泵剖面结构如图 21-15 所示。

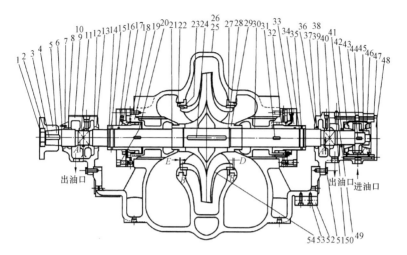

图 21 – 15　FAIB56 型给水前置泵结构

1—联轴器螺母；2—平头螺钉 M6×20；3、24、43—键；4—联轴器；5—轴；6—盖板；7—螺钉 M5×6；8、12、36—挡油环；9、38—轴承座（上半）；10、39—轴承座（下半）；11、40—径向轴承；13、37—定位销；14、34—机械密封衬套；15—平头螺钉 M8×12；16、47—O 形圈；17、32—机械密封；18—内六角螺钉 M16×40；19、30—冷却水套；20—内六角螺钉 M16×65；21—叶轮螺母；22—泵体密封环；23—叶轮密封环；25—泵盖（上半）；26—泵体（下半）；27—平头螺钉 M6×10；28—垫片；29—叶轮螺母；31—密封衬套键；33—密封盖；35—平头螺钉 M8×12；41—活动油封环；42—推力轴承；44—推力盘；45—垫；46—推力盘螺母；48—端盖；49—丝堵；50—节流丝堵；51—螺钉 M16×40；52—泵足键；53—内六角螺钉 M12×45；54—叶轮

（二）额定工况时的性能参数

前置泵额定工况时的性能参数见表 21 – 4。

表 21 – 4　　　　前置泵额定工况时的性能参数

参　数	数　值	单　位
流量	586.9	m^3/h
入口水温	172	℃
入口压力	0.873	MPa
扬程	103.7	m

参　　数	数　　值	单　　位
有效汽蚀余量	16.9	m
必需汽蚀余量	3.73	m
输入功率	188	kW
效率	79	%
转速	1485	r/min
再循环流量	160	m^3/h
最大出力	862	m^3/h

（三）前置泵的拆装程序

1. 检查轴承

具体的步骤与本节前述的给水泵相关部分类同。

2. 检查机械密封

参照本节前述的给水泵有关内容进行。

3. 泵的解体

（1）拆下传动端的联轴器及叠片组件，注意做好记号。

（2）拆下两端冷却水套的定位螺栓后，将轴两端的轴承及机械密封取下。

（3）拆下泵盖的连接螺母及定位销后，将泵盖小心吊离。

（4）平稳、可靠地将转子吊出泵体，放至检修场所支撑好。

4. 转子解体

一般只有在需装配用叶轮或轴时，才从轴上拆下叶轮。

（1）将锁紧垫片的弯边扳直后，松开叶轮锁紧螺母。

（2）清楚地标记好叶轮在轴上的位置后，从轴上取下叶轮，注意保存好叶轮键。

5. 检查、修理及更换

将所有部件彻底清洗，并检查是否有磨蚀和损伤。所有部件的运动间隙均应测量并与允许值对照，若已达到最大允许间隙或下次大修前可能达到最大允许值时，则必须将该零件予以更换。

（1）叶轮和泵体密封环检查：

1）检查叶轮是否有冲蚀痕迹，特别是在叶片的顶部。另外，检查叶轮内孔是否在拆卸过程中有损坏或产生毛刺，应确保叶轮内孔及流道完整光滑、无任何变形。

第三篇 水泵检修

2）检查对应叶轮、泵体密封环间的径向间隙符合要求。

（2）轴与轴套检查：

1）检查轴是否有损伤、弯曲，确保轴弯曲度不大于 0.03mm，轴颈处的径向晃度小于 0.02mm。

2）检查并确保轴套无任何塑性变形和毛刺，与键的配合良好。

（3）机械密封检查：

可参照第十九章中的有关要求来检查其零部件，必要时予以修复或更换。

（4）径向、推力轴承检查：

1）彻底清洗并检查径向轴承、推力瓦块有无磨蚀或损坏，必要时应修复或更换。

2）检查推力盘、浮动油封环是否有磨损和损伤，如必要时更换新的。

6. 装配技术要求

具体数值见表 21 - 5。

表 21 - 5　　　　　　FAIB56 型给水前置泵装配要求　　　　　　mm

运动间隙部位	正常值	最大允许值
传动端径向轴承与轴的径向间隙	0.125 ~ 0.150	0.275
自由端径向轴承与轴的径向间隙	0.105 ~ 0.130	0.235
叶轮与泵体密封环的径向间隙	0.56 ~ 0.72	
推力盘与推力瓦块的轴向间隙	0.30 ~ 0.50	
叶轮与泵体密封环的轴向间隙（自由端）	3.0	
叶轮与泵体密封环的轴向间隙（传动端）	2.0	
转子的轴向总窜动量（拆去推力瓦块）	5.0	

7. 泵的回装

在组装泵之前，应清洗所有的部件，并在轴、轴套内孔、叶轮内孔等处涂上胶体石墨或类似物质，待其干燥后打磨光表面，具体步骤如下：

（1）将泵轴和叶轮、泵体密封环等装好，放在支架上。

（2）将轴两端的冷却水套、机械密封均更换新的密封件后，回装到轴上的正确位置。

（3）将轴两端的挡水环、油挡环等装上后，加热装上传动端的联轴器，并旋紧其锁紧螺母。

（4）加热后装上推力盘，应确保其位置正确、键与键槽配合良好，并将推力盘螺母拧紧。

(5) 装上泵座两端的、径向轴承的下半部后，将组装好的转子组件吊至泵座内，确保各部件正确就位，转子盘动灵活。

(6) 装好轴两端的径向轴承上半部及自由端的推力轴承，并复测轴瓦间隙、紧力和推力盘的轴向窜动无误。

(7) 将泵盖回装好并用螺栓紧固，确保转子能用手盘动自如。

(8) 紧固好冷却水套后，调整机械密封至轴上的正确位置并用锁紧垫圈将密封调整螺母定位。

(9) 测量联轴器对中良好后，回装叠片组件及防护罩等。

(10) 接好拆下的油、水管路及测温、测振等的热工仪表。

三、给水泵组常见的故障原因及处理

这里列出的只是威尔型给水泵组常见的一些故障的可能产生原因及相应的原则性处理方法，具体内容参见表 21 - 6。

表 21 - 6　　　　威尔型给水泵组常见故障的原因及处理

故障类别	故障产生原因	处理方法
泵组未能启动	启动装置故障	检查并修复
	泵组内部卡住	依次隔离各联轴器，确定卡住部位，必要时解体大修
	电气或热工原因	联系有关人员配合处理
泵组出力低	泵的转向错误	检查并更正
	前置泵或给水泵内的部件磨损过度	将泵解体修复，必要时大修
	再循环系统故障开启	检查并予以关闭、修复
	给水泵转速低	检查耦合器调速系统的状况
	泵出、入口阀门未全开	检查阀门位置并全部开启
	主电动机或电源故障	通知有关人员处理
轴承过热	润滑油量不足	检查油源，增加供油量
	泵与液力耦合器或驱动电动机的对中不好	检查对中情况并调整
	轴承磨损或轴瓦不正	检查轴承并修复，恢复对正
	润滑油的规格不符合要求	检查油的规格，必要时更换

故障类别	故障产生原因	处理方法
泵组在额定工况时耗功过大	泵内部件的密封间隙过大	检查并修复
	泵内动、静部件摩擦	检查泵体，必要时解体大修
	机械密封安装不正确	检查机械密封并调整
	供油不足或油的规格不符合要求	检查油源及油规格，必要时换油
水泵过热或卡住	泵在断水状况下工作	检查入口阀是否开启
		检查入口滤网并清理
		检查前置泵出口压力是否太低
	润滑油系统故障	检查该系统并修复
	轴承磨损或对中不好	检查轴承状况并修复
	泵对中不好	检查对中情况并调整
噪声或振动过大	转子部件动平衡性差	检查故障部位，重做动平衡试验
	联轴器损坏或对中性差	检查联轴器，重新找正
	轴承磨损	检查并修复
	地脚螺栓松动	检查并重新拧紧
	泵内部件的间隙过大	检查间隙，必要时予以更正
	吸入口失压	检查进水情况
	再循环系统故障	检查并修复
	管道支承不良而振动引起泵共振	检查并调整泵附近的管道支承情况

提示 本章节适合初、中级工使用。

第二十二章

立式循环水泵检修

循环水泵是汽轮发电机组的重要辅机，失去循环水，汽轮机就不能继续运行，同时循环水泵也是火力发电厂中主要的辅机之一，在凝汽式电厂中循环水泵的耗电量约占厂用电的 10% ~ 25%。火力发电厂运行中，循环水泵总是最早启动，最先建立循环水系统，其作用是将大量的冷却水输送到凝汽器中冷却汽轮机的乏汽，使之凝结成水，并保持凝汽器的高度真空。循环水泵的工作特点是流量大而压头低，一般循环水量为凝汽器凝结水量的 50 ~ 70 倍，即冷却倍率为 50 ~ 70。为了保证凝汽器所需的冷却水量不受水源水位涨落或凝汽器换热管堵塞等原因的影响，要求循环水泵的 $Q_V—H$ 性能曲线应为陡形。此外，为适应电厂负荷的变化及汽温的变化等，循环水泵输送的流量应相应变化，通常采用并联运行的方式，每台汽轮机设两台循环水泵，其总出力等于该机组的最大计算用水量。对集中水泵房母管制供水系统，安装在水泵房中的循环水泵数量应达到规定容量时应不少于 4 台，总出水满足冷却水的最大计算用水量，不设置备用泵。在国内超（超）临界机组中使用的循环水泵趋于采用立式混流泵。

立式混流泵具有以下特点：

（1）体积小，质量轻，机组占地面积小，节省水泵房投资。

（2）泵效率可达到 80% ~ 90%，高效区较宽。功率曲线在整个流量范围内较平坦。

（3）汽蚀性能好，由于泵吸入口深埋在水中，不容易汽蚀。启动前不用灌水。

（4）结构简单、紧凑，容易维修，安全可靠，使用寿命长。

（5）流量大，扬程高，应用范围大。

第三篇 水泵检修

第一节 循环水泵的结构及性能参数

一、72LKXA – 28.5 型泵

1. 72LKXA – 28.5 型泵的结构

72LKXA – 28.5 型泵的结构如图 22 – 1 所示。

该泵为立式、单吸、单级导叶式且转子可抽出的混流泵，在不拆卸泵体的情况下可单独将转子抽出进行检修。

该泵主要由吸入喇叭管、外接管、出口弯管、泵支撑板及安装垫板、电动机支座、导流片及接管、填料函及填料轴套、主轴及套筒联轴器、橡胶导轴承及轴套、叶轮与叶轮室、导叶体、润滑内接管、出口管连接短节、泵联轴器等组成。

该泵中的吸入喇叭管用来将流体尽可能均匀、平稳地引入叶轮，它与外接管（下）用螺栓连接。

叶轮室内装着叶轮，叶轮室外圆上有 2 个凸耳与外接管（下）的凸耳相配，以防止泵运转时可抽出部件的旋转。叶轮室内圆上还装有可更换的密封环。

导叶体能有效地转变流出叶轮的流体的速度大小和方向，使之损失最小地排向出口弯管。导叶体内部装有 2 个橡胶轴承。

叶轮用来对流体做功，它靠键、分半卡环、螺钉及弹性垫圈固定在轴上。叶轮为闭式的并经动平衡试验，其外圆装有可更换的密封环。

出口弯管内装有导流片，用来将流体水平导出，其上的出口法兰与出口连接短节用螺栓相连接。

出口管连接短节是泵与外管路系统的连接件，与外管路系统为法兰连接，而与出口弯管相连接的法兰则为活动的，各法兰上均装有 O 形橡胶圈以增强密封。该短节与出口弯管法兰面有 10mm 的间隙，以便于泵的安装。

填料轴套及上、中、下轴套用来减少对轴的磨损，且在损坏后可以更换。中、下轴套用键和螺钉固定在下主轴上，填料轴套、上轴套则装在上主轴上并用轴套螺母紧固。

橡胶导轴承装在导叶体、填料函等处的轴承部件上。泵内所有的橡胶导轴承均用外接清水润滑，并由填料函处的接头注入。导轴承在磨损后可以更换。

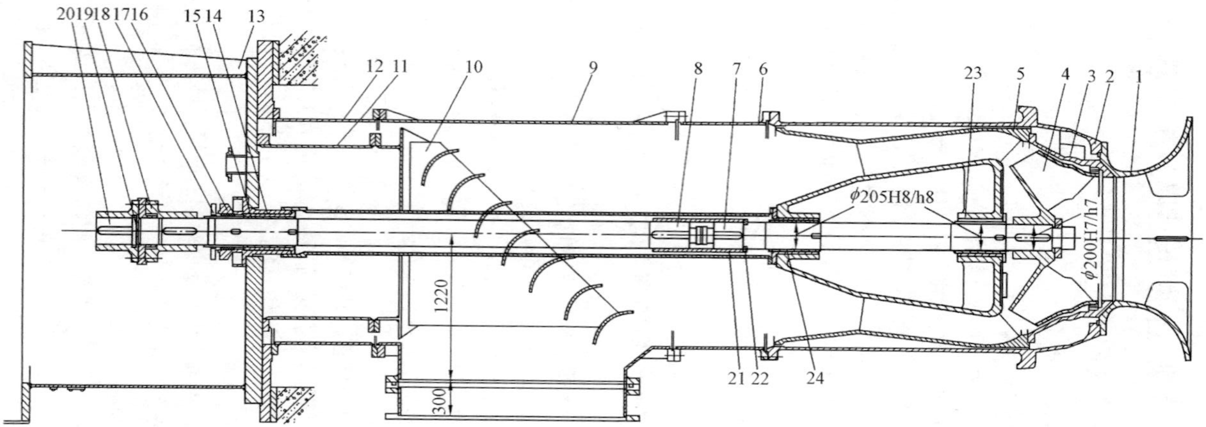

图 22－1　72LKXA－28.5 型泵结构简图

1—吸入喇叭管；2、6、12—外接管；3—叶轮室；4—叶轮；5—导叶体；7—下主轴；8—上主轴；9—出口弯管；10—导流片；11—导流片接管；13—电动机支座；14—上轴套；15—导轴承；16—填料函体；17—分半填料压盖；18—泵联轴器；19—轴端调整螺母；20—电动机联轴器；21—套筒联轴器；22—套筒联轴器止推卡环；23—导叶体孔盖；24—中导轴承润滑油接管用来将外接润滑水引入导叶体中的橡胶导轴承处，润滑内接管下端与导叶体相连，上端与填料函相接。

该泵有上、下两根主轴，主要是用来传递扭矩的，上、下主轴用套筒联轴器连接。

电动机支座的下法兰与泵支撑板及导流片接管相连，且与泵支撑板间的结合面用密封胶加以密封。

该泵装有 3 个橡胶导轴承，以承受径向力并保证泵轴的正常运转。此外，在出口连接短节处，填料函与润滑内接管结合部、填料轴套与轴套螺母结合处均用 O 形橡胶圈密封，填料函与泵支撑板结合部用青稞纸密封，填料轴套与填料函间用填料密封，其余各处静密封则全部采用密封胶来密封。

2. 额定工况时的主要性能参数

72LKXA - 28.5 型立式循环水泵额定工况时的主要性能参数见表 22 - 1。

表 22 - 1　72LKXA - 28.5 型立式循环水泵额定工况时的性能参数

参数	数值	单位	参数	数值	单位
流量	21600	m^3/h	轴功率	1900	kW
扬程	28.5	m	配用电动机的功率	2500	kW
效率	87	%	转子提升高度	15	mm
转速	370	r/min	轴承润滑水量	2.4	m^3/h
必需的淹没深度	3.5	m	轴承润滑水压	0.4	MPa
有效汽蚀余量	7.2	m			

二、88LKXA - 30.3 型泵

1. 88LKXA - 30.3 型泵结构

88LKXA - 30.3 型泵循环水泵为立式单级导叶式、内体可抽出式混流泵，输送介质为淡水，供电厂冷却循环系统之用，也可用于城市给排水和农田排灌工程。水泵的叶轮、轴及导叶为可抽出式、固式叶片，其主轴由两段组成，采用套筒联轴器连接，共有 3 只水润滑赛龙轴承，叶轮在主轴上的轴向定位采用叶轮哈夫锁环。

该水泵在泵外筒体不拆卸的情况下，内体可单独抽出泵体外进行检修，电动机与泵直联，泵吸入口垂直向下，吐出口水平布置。从进口端看，泵顺时针方向旋转，泵轴向推力由电动机承受。

2. 88LKXA-30.3型泵的有关数据

88LKXA-30.3型泵的有关数据见表22-2。

表22-2　　88LKXA-30.3型循环水泵及驱动电动机参数资料

参数		数值	参数	数值
循环水泵	形式	88LKXA-30.3型立式混流泵	转子提升高度	4mm
			流量	33480m³/h
	扬程	30.3m	转速	370r/min
	必需汽蚀余量	8.47m	轴功率	3173.8kW
	输送介质	淡水	最小淹深	4.5m
	效率	87.1%	制造厂	长沙水泵厂
参数		数值	参数	数值
循环水泵电动机	型号	YKSL3650-16/2600-1型	制造厂	湘潭电机厂
			功率	3650kW
	电压	10kV	电流	279.2A
	转速	370r/min	绝缘等级	F
	接线形式	4Y	功率因数	0.8

3. 循环水泵结构

该泵采用立式、单基础安装，吐出口在基础之下，泵过流部分及壳体部分铸件，其余为钢板焊接结构，转子提升高度由轴端调整螺母来调节。循环水泵结构示意如图22-2所示。

该循环水泵由吸入喇叭口、外接管、安装垫板、吐出弯管、电动机支座、叶轮、轴套、填料轴套、轴套螺母、赛龙轴承、套筒联轴器、连接卡环、止推卡环、叶轮哈夫锁环、泵联轴器、电动机联轴器、调整螺母、填料压盖、键、螺柱、螺钉、螺母、O形密封圈、转向牌、标牌、纸垫等零部件组成。

泵的密封：各密封连接面采用机械密封胶密封，轴采用填料密封，其余采用密封垫和O形密封圈密封。

在水泵运行层上可调节转动部分及叶轮边缘与静止部分的间隙。叶轮与叶轮室之间的间隙值可通过位于安装基础上的联轴器处的调整螺母予以调节和补偿。

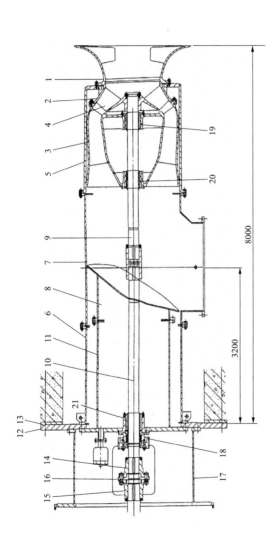

图 22-2　88LKXA-30.3 型水泵结构示意

1—吸入喇叭口；2—叶轮室；3—导叶体；4—叶轮；5—外接管（下）；6—外接管（上）；7—吐出弯管；8—导流片；
9—导流片接管；10—上主轴；11—导流片接管；12—泵支撑板；13—安装垫板；14—泵联轴器；15—电动机联轴器；
16—调速螺母；17—电动机支座；18—填料函；19—导轴承（下）；20—导轴承（中）；21—导轴承（上）

第二十二章　立式循环水泵检修

第二节 泵 的 组 装

一、泵的解体

（1）在各零部件配合处做好标记，以便下次安装能顺利进行。

（2）拆卸下来的小零件和紧固件应用上锁小箱子保管好，并做好标记，注明是从何处拆卸的，切记混杂。

（3）拆卸下来的零部件，清洗干净后加工表面要涂上防锈油。

（4）零部件的油漆表面如有锈蚀部位，则要铲除锈蚀，重新油漆。

（5）O形密封圈、填料等与锈蚀的紧固件往往不能复用，需要准备备件。

（6）拆掉水泵周围的润滑水管路系统。

（7）拆卸联轴器螺栓，做好标记，保管好。注意：在拆卸过程中，必须打上相对位置标记。

（8）起吊电动机。

（9）拆除泵内壳与基础连接螺栓，整体吊出转子，放到指定检修场地。

（10）拆除水泵联轴器。

（11）拆卸填料压盖和上轴承填料函体、胶圈。

（12）拆除上内接管。

（13）松掉吸入喇叭口管，拆下叶轮螺母盖后，打开叶轮螺母上内鼻止动垫片上的翻边，用叶轮螺母扳手拆卸螺母。注意：叶轮螺母为右旋螺纹，因此应旋松开。

（14）拆出叶轮。

（15）松掉轴保护管。

（16）拆卸泵轴。

二、检修和维护

（1）用钢丝刷新清理所有的零件，检查零件是否有磨损、腐蚀和锈蚀，检查叶轮、导叶体是否有裂纹，并做好记录。

（2）按下列方法检查泵轴：①将轴置于V形垫铁上，检查轴某些截面的径向跳动，径向跳动应在0.025mm以内，支撑泵轴的V形垫铁用两块，位置靠近轴的两端，而且在轴径大致相等的轴承或联轴器部位上；②在轴的每一轴承和联轴器部位每300mm的跨距上进行测量，记录测量数据部位距轴某一端的距离。轴的最大径向跳动为：$\delta = 0.083L$（L 最大为 1/2 轴长），轴长单位为 m，超出此范围的轴要矫直。

（3）检查轴套和导轴承之间的间隙，当总间隙值超过 1.6mm 时，根据需要更换其中一或全部，若轴套磨损，则更换轴套。方法是：松开轴套上的 3 个 $M10 \times 12$ 的螺钉，将轴套从轴上取下，用新的轴套装上。若轴套上的定位螺孔与原来的方位不对，则要根据新轴套在轴上的新钻孔，再在轴套上攻丝，装上定位螺钉。若轴承磨损，则需要更换新的轴承。

（4）做叶轮动平衡试验检查叶轮磨损情况。

三、可抽出转子部件的装配

（1）在下主轴上装好中、下轴套和键，并用螺钉紧固好。

（2）在下主轴上装好叶轮及传动键，用叶轮锁环、弹簧垫及螺栓固定好。

（3）将下主轴（装好叶轮）吊入叶轮室后，把导叶体（导轴承已装入）穿轴与叶轮室相连接，并用螺栓紧好。

（4）将上主轴装上键及套筒联轴器后垂直吊起，与下主轴对合并用套筒联轴器、卡环及螺钉定位。

（5）依次装好导叶体上端的润滑内接管、泵侧联轴器及调整螺母等。

四、泵外层壳体的组装

在检修过程中的任何情况下，都不能用吸入喇叭管作为泵的支撑或用喇叭管作类似的用途。泵壳体的组装可参见图 22 - 3。

（1）将出口连接管短节的法兰与外管路的法兰相连接。

（2）在泵安装垫板上放置枕木或其他支撑物后，将吸入喇叭管和外接管（下、中）在其上依次连接，并把出口弯管也连接好。

（3）将已连为一体的泵支撑板和外接管（上）与出口弯管相连后，即可撤去支撑物，把已装好的泵壳部分吊放在泵安装垫板上，并用地脚螺栓紧固好。

（4）将出口弯管法兰与出口连接管短节的法兰相连接。

（5）将已装好的转子可抽出部分用专用工具吊放入泵壳内，直到叶轮室的底部与吸入喇叭管接触，且要保证叶轮室外圆上的 2 个凸耳处于防旋位置，如图 22 - 4 所示。

（6）卸掉专用吊具及泵联轴器，将已连接的电动机支座、导流片接管及导流片吊放入泵壳内，并用螺栓紧固好。

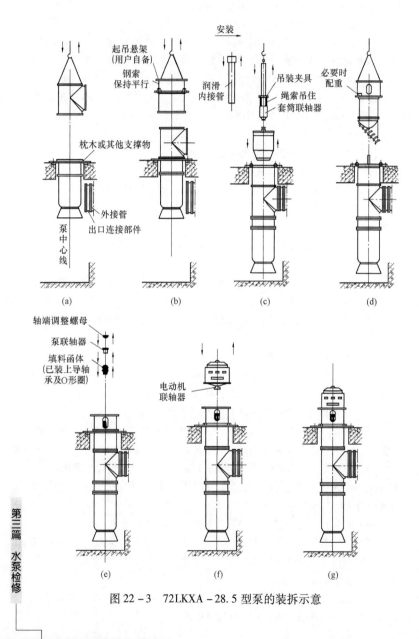

安装 →

起吊悬架
(用户自备)

钢索
保持平行

润滑
内接管

吊装夹具

绳索吊住
套筒联轴器

必要时
配重

枕木或其他支撑物

外接管

泵中心线

出口连接部件

(a)　　(b)　　(c)　　(d)

轴端调整螺母

泵联轴器

填料函体
(已装上导轴承及O形圈)

电动机
联轴器

(e)　　(f)　　(g)

图 22-3　72LKXA-28.5 型泵的装拆示意

第三篇 水泵检修

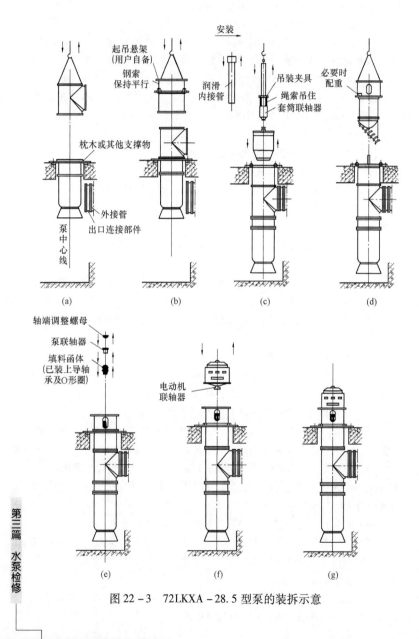

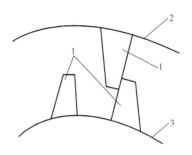

图 22 - 4 外接管与叶轮室外圆
凸耳的位置

1—凸耳；2—外接管（下）；3—叶轮室

（7）依次装入已加好 O 形密封圈、橡胶导轴承的填料函及泵联轴器、轴端调整螺母。

（8）吊入电动机进行找正工作。

五、填料函内泵轴的对中

填料函内泵轴对中的直径误差应在 0.1mm 以内，可用四块楔形板或等厚垫板来进行（对中后不要即刻拆除垫板），如图 22 - 5 所示。

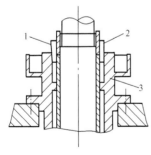

图 22 - 5 填料函中泵
轴的对中

1—楔形垫块；2—等厚垫块；
3—填料函

六、泵及电动机的联轴器对中

（1）清理干净各联轴器的接触面和电动机的法兰，不得存有异物。

（2）调整电动机支座法兰面的位置并转动电动机轴，直至填料函处的百分表测得两联轴器的外圆、端面跳动均在 0.05mm 以内为止。然后，将轴端调整螺母上旋与电动机联轴器法兰面贴紧配合。

（3）在确保转子处于正确位置（即提升了 15mm）时，测量上主轴上端面距轴端调整螺母上端面应为 4.2mm。此时，可将联轴器连接螺栓全部装入，交叉均匀地拧紧，使两联轴器法兰贴合。

第三节　泵安装时的技术要求

（1）以挂钢丝线锤作为基准，在填料函、上导轴承及吸入喇叭管法兰三处用内径千分尺进行测量，确保各处中心的相互误差在0.20mm以内。

（2）固定部分各法兰的结合面安装后应接触严密，用0.05mm塞尺插不进，只允许有不大于0.10mm的局部间隙。

（3）在主轴水平放置时，检查轴弯曲度应小于0.10mm，轴颈处径向晃度应小于0.06mm，联轴器端面瓢偏应小于0.04mm，联轴器径向晃度应小于0.04mm。

（4）检查推力轴承的推力盘（镜板）应光洁平整，无损伤，推力瓦与推力盘在每平方厘米上接触2~3点的面积应达70%，且每个瓦块的进出油侧均应刮出油楔。

（5）推力头处的分半卡环应修研后装入，受力后用0.03mm塞尺检查其间隙长度不得超过圆周的20%，且不得集中在一起。

（6）将上导轴承单侧间隙调至0.05mm，其他导轴承松开，且推力盘调平并有半数瓦块受力。即转子处于自由悬吊状态时，在上、下导轴承轴颈及联轴器三处，各装水平方向互成90°、上下方位一致的百分表两块，盘动转子测量各部分晃度不超过表22-3的要求。

表22-3　　72LKXA-28.5型泵转子晃度的允许值　　　　mm

摆度	轴名称	测量部位	晃度允许值
相对摆度	电动机轴	联轴器处	0.02
	水泵轴	水泵导轴承处	0.04
绝对摆度	水泵轴	水泵导轴承处	0.30

注　相对摆度为每米轴长的晃度，绝对摆度为该点实测的晃度。

（7）在调整转子摆度合格后，调整上导轴瓦单边间隙为0.08~0.10mm，下导轴瓦间隙为0.16~0.24mm。

第四节　循环水泵常见故障的原因及处理

循环水泵常见故障的原因及处理见表22-4。

表 22 - 4 循环水泵常见故障的原因及处理

故障类别	故障产生原因	处理方法
泵启动不了	转动部件内有异物	清理转子部件
	轴承损坏而卡住	更换轴承
	电动机系统故障	联系电气人员处理
泵出力不足	吸入侧有异物堵塞	清理滤网、叶轮及吸入喇叭管
	叶片损坏	修复或更换
	泵内汽蚀	提高吸入口水位
	泵入口有预旋	增设消旋装置
	泵内进入空气	提高吸入口水位或在水面放置浮子
泵不出水	电动机转向不对	检查并矫正
泵超负荷	轴承损坏	更换轴承
	泵内有异物	除去异物
	入口处有反向预旋	设置消旋装置
	转子部件平衡性差	检查和重新调整
	填料压得过紧	放松填料压盖紧力
	电动机断相运行	联系有关人员处理
泵异常振动及噪声	装配精度太差	重新装配
	吸入口水位太低或有汽蚀	提高水位
	轴承损坏	更换轴承
	轴弯曲	予以矫正
	联轴器螺栓损坏	修复或更换
	转子动平衡性差	重新找平衡
	基础或出口管路的影响	检查并消除影响
循环水系入口滤网差压高	循环水水质差	化学加药处理
	滤网清污机故障、效果差或未按规定投运	检查处理清污机,尽快投运
	有较大杂物堵塞	清理滤网,检查循环水系统

故障类别	故障产生原因	处理方法
循环水泵轴承温度高	循环水泵润滑油油质差，油位低	检查换油或添加新油
	循环水泵冷却水系统异常，冷却水量低	检查冷却水系统阀门在开位
	循环水泵温度检测仪温度测点故障	检查测点，更换损坏的测点
循环水泵倒转	循环水泵未运行时，出口蝶阀开启	关闭出口蝶阀
	循环水泵电动机相序接反，启动后倒转	按要求重新接线

第五节　轴瓦的安装与调整

对电动机各部件的安装标高和中心，应根据装好的水泵主轴联轴器的标高和中心而定。一般要求水泵轴安装时的标高位置应比设计标高降低10～20mm，以便在电动机转子安装时落在设计标高后，两主轴联轴器止口间留有一定间隙。待电动机安装完毕盘车后，将水泵转子可提高规定的高度并连接两主轴联轴器一同回转。安装电动机部分前，应检查水泵轴的垂直度偏差不大于0.01mm/m，泵侧联轴器的水平度偏差不大于0.02mm/m。

1. 上、下机架预装及渗漏检测

（1）对上、下机架进行预装。检查其装配是否符合装配尺寸要求，以免因解体或检修过程中造成的损伤未修复而影响回装。

（2）对上、下机架油槽用煤油渗透法检验其是否有渗漏现象。若有渗漏现象，应在清理后进行焊补。焊补后仍需做渗漏检测，直至无渗漏为止。

（3）对上、下机架的冷油器通水做试验。水压为0.3MPa，时间为30min，不得有渗漏现象。如有漏水现象，应予以补焊，并在焊后重新打压。

（4）将上、下机架油箱全部清理后，涂刷一层耐油绝缘漆。

2. 轴瓦的研磨

（1）推力轴瓦的研刮：

1）将推力轴瓦座水平放置好，把三块轴瓦放成三角形，压上镜板找好水平。吊起镜板用纯酒精清洗轴瓦及镜板平面后，在镜板面上涂一层匀薄的石墨粉，重新将镜板压在轴瓦上，用机械或人力使镜板顺时针方向旋转3~5周后，吊起镜板放置在另一木制平台上。

2）检查轴瓦和镜板的接触情况，刮去"高点"，直至轴瓦面接触点在每平方厘米有3~5点为止。

3）当三块瓦研刮好以后，换上另外三块瓦继续研刮，直至全部轴瓦刮好。

（2）导轴瓦的研刮：

1）清洗并修平导轴承、导轴承头及导轴瓦，在导轴承头上涂一层匀薄的石墨粉，把轴瓦压在上面来回推动4~6次，取下导轴瓦。

2）检查轴瓦面的接触情况并进行修刮，使其接触点在每平方厘米有3~4点为止。

在推力轴瓦及导轴瓦全部研刮好以后，清理掉推力头及轴瓦上的石墨粉，以免降低油的绝缘电阻。

3. 安装下机架、电动机定子、校正中心

（1）将下机架放置在正确的基础位置上后，其标高和水平可用垫片或楔形板调整，要求标高误差在±2mm以内，水平误差在0.2mm/m以内。当标高、水平找好后，可用垂钢丝线锤的方法，以泵侧联轴器中心为准移动下机架校正中心，确保中心误差在0.5mm以内，如图22-6所示。

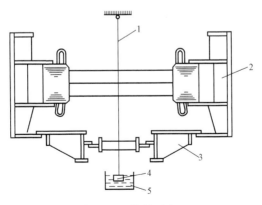

图 22-6　校转子中心

1—钢琴线；2—定子；3—下机架；4—重锤；5—油桶

（2）将定子吊上基础后，仍用如图 22 - 6 所示的方法将其找正。

4. 转子吊入定子

（1）在将电动机转子吊入前，再次校对泵轴的垂直度及中心的偏差在允许的范围内。

（2）将电动机转子吊入定子，并用千斤顶按计算的高度顶住转子后对转子进行找正，确保泵、电动机两联轴器的端面外圆偏差均不得超过 0.05mm。

5. 安装上机架

（1）在电动机定、转子安装后，吊入上机架。检查机架与定子各组合面的接触情况，应有 70% 以上的接触面。

（2）对上机架中心进行调整，要求误差在 0.5m 以内。

6. 回装推力轴瓦、推力头

（1）将上机架清理干净，用汽油清洗推力轴瓦及镜板后，安装推力轴瓦及镜板，并分别校正好其各自的水平，确保镜板面的水平度偏差在 0.02mm/m 以内。

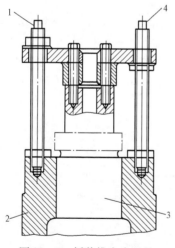

图 22 - 7　拆装推力头工具
1—拆出推力头；2—推力头；3—转轴；4—装入推力头

（2）在相同室温和用同一内径千分尺测量推力头与轴的配合尺寸，需符合 D/gc 要求，否则就应进行修整。然后，用专门的拆装推力头工具将推力头顶入轴上（如图 22 - 7 所示），并套好分半卡环。

（3）降下顶住转子的千斤顶，使转子的质量转移到推力轴瓦上。

7. 装入上导轴承，电动机单独盘车

（1）装入上导轴承部分，并调整上导轴瓦与导轴承套之间的间隙，使每侧的间隙均在 0.05 ~ 0.08mm 之内。

（2）在上导轴瓦涂油后，对电动机单独进行盘车，以检查和校对电动机轴线与推力头镜板平面的垂直程度。

8. 连接泵、电动机联轴器，整个泵组盘车

（1）在连接泵、电动机联轴器前，复测两联轴器间隙并校正中心。

（2）将泵、电动机联轴器清理干净，在止口内加入调整垫后拉起水泵转子，旋紧联轴器的连接螺栓。

（3）松开导轴瓦，将泵组整体进行盘车，要求水泵导轴承处的摆度不大于0.03mm/m。

9. 安装下导轴承，调整导轴承间隙

由于泵组摆度受制造和安装工艺的限制，只能处理到一定的程度，所以泵组回转时的中心线与泵组轴的实际中心线是不相重合的。调整轴瓦的中心应以泵组回转时的中心线为准。对导轴瓦和导轴承套的单边间隙，一般要求为0.10~0.15mm。

最后，将油冷却器、油水管路等回装连接好。

10. 振动要求

在泵组运行时，应检查其各部分的振动值使其符合要求，不能太大以免造成轴瓦或泵组部件的损坏。具体要求详见表22-5。

表22-5   72LKXA-28.5型立式泵运行时各部分振动的允许值

部件名称	允许振动数值（双幅）		
	125~187r/min	214~375r/min	428r/min以上
上、下机架（水平方向）	0.15	0.10	0.08
电动机定子机座（水平方向）	0.15	0.10	0.08
电动机联轴器处（径向）	0.25	0.20	0.15
电动机集电环处（径向）	0.25	0.20	0.15
各导轴承处的轴	在各导轴承间隙范围内		

11. 其他要求

在上、下机架油箱内注入润滑油时，油面最高不得超过导轴瓦的一半，以避免运转时将油甩出。

提示   第一~三节适合初级工使用。第四、五节适合中级工使用。

第二十三章

凝结水泵检修

第一节 凝结水泵的结构及主要性能参数

一、系统概述

凝结水系统主要包括凝汽器、凝结水泵、凝结水补水箱、凝结水输送泵、凝结水精处理装置、轴封加热器、疏水冷却器、低压加热器、除氧器及连接上述设备所需要的管道、阀门等。系统的最初注水及运行时的补给水来自凝结水补水箱经凝结水输送泵补给。凝结水的取水点设置在热井底部，凝结水管出口设置了滤网和消涡装置。

系统设置三台50%容量或者两台100%容量凝结水泵。当采用三台50%容量凝结水泵时，正常时两台泵变频运行，一台工频备用；当采用两台100%容量凝结水泵时，正常时一台泵变频运行，一台工频备用。当任何一台发生故障或者系统异常（如出口母管压力低于限制值）时，另外一台备用泵联锁启动投入运行。凝结水泵进口管道上设置有电动隔离门、滤网及波形膨胀节，出口管道设置有止回阀和电动隔离阀。

现国内已投产的百万千瓦机组凝结水泵主要有沈阳泵、苏尔寿泵、任原博泵、上海凯士比泵等。凝结水泵抽吸的是处于高真空度状态下的饱和凝结水，吸入侧在真空状态下工作，很容易吸入空气和产生汽蚀。所以运行条件要求泵的抗汽蚀性能和轴密封装置的性能良好。

凝结水泵的性能中规定了进口侧的灌注高度，借助水柱产生的压力使凝结水不处于饱和状态，以避免汽化，因此凝结水泵安装在热井最低水位以下，使水泵入口与最低水位维持 $0.9 \sim 2.2\text{m}$ 的高度差。凝结水泵的密封装置可采用普通的填料密封，也可采用集装式机械密封。无论哪种密封，在凝结水泵运行或停运处于备用状态时，都应保证密封水的供给，以防止空气漏入系统影响凝汽器的真空度。由于凝结水泵进口侧处于高度真空状态下，容易从不严密的地方漏入空气而聚集在叶轮进口，使凝结水泵打不出水。所以，一方面进口处严密不漏气，进口滤网注水排空气；另一方面在泵入口处接一抽空气管道至凝汽器汽侧（平衡管），以保证凝结水泵的正常运行。为了避免凝结水泵发生汽蚀，必须保证一定的出水量，系统设置了再循环管道。当机组空负荷和低负荷时凝结水量少，凝结水泵采用低水位运行，汽蚀现象逐渐严重，凝结水泵工作极不稳定，此时通过再循环管道保证凝结水泵的正常工作。此外，轴封冷却器在机组低负荷和空负荷时也必须保证流过足够的凝结水，所以一般凝结水再循环管道从它们后面接出。凝结水泵通常采用固定水位运行，所以凝汽器水位由凝结水输送泵经自动调节装置自动调节水位。

二、1000MW 超超临界机组凝结水泵介绍

本节以 11LDTNB – 4PJ 型凝结水泵为例，介绍凝结泵结构及性能。11LDTNB – 4PJ 型凝结水泵的容量满足汽轮机 VWO 工况下的凝结水流量，再加上 10% 的裕量。其扬程也按在 VWO 工况下运行并留有裕量，且能适应机组变工况运行的要求。

1. 11LDTNB – 4PJ 型凝结水泵的结构说明

11LDTNB – 4PJ 型凝结水泵为立式、多级、筒形离心泵，结构如图 23 – 1所示。

11LDTNB – 4PJ 型凝结水泵适合百万千瓦机组的各种不同工况的运行参数要求，凝结水泵本体能承受热冲击的影响，首级叶轮采用抗汽蚀性能较好的材料制成，并在结构上采用双吸叶轮防止汽蚀发生的形式。凝结水泵吸入法兰中心线至首级叶轮之间的高度，保证大于任何工况下装置的必须汽蚀余量，并留有一定的裕量。

结构形式：11LDTNB – 4PJ 型凝结水泵为立式筒袋形多级离心泵，双层壳体。叶轮为封闭式并同向排列，首级叶轮前设置了诱导轮。泵由泵筒体、工作部分和出水部分三大部分组成。泵筒体是由优质碳素钢板或不锈钢板卷焊制成的圆形筒体部分，其一侧设有吸入口法兰。泵筒体用以构成双层壳体泵的外层压力腔，正常工作时腔内处于负压状态。

工作部分由多级叶轮同向排列构成的泵转子及在其外围形成导流空间的导流壳共同组成。泵转子由叶轮、泵轴、键、轴套等部件组成，首级叶轮吸入口径较大是为了降低吸入口流速减小流动压降，以避免汽蚀的产生。叶轮是将原动机的能量转换成泵送液体能量的核心元件。泵轴既作为叶轮的载体，又传递着转子的全部负荷。泵轴与叶轮的连接是键、卡环连接，键传递扭矩，卡环作轴向定位；导流壳的作用是以最小的损失将流出叶轮的液体导向后，均匀地进入下一级叶轮。导流壳间的连接是止口定位，螺栓紧固。

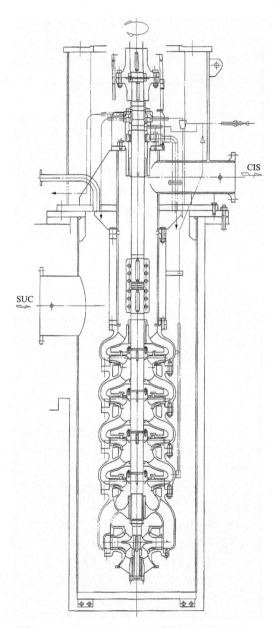

CIS

SUC

图 23 - 1　11LDTNB - 4PJ 型凝结水泵结构示意

出水部分由变径管、接管、吐出座等部件组成。泵的传动轴从该部分的中心穿过。自工作部分流出的液体经该部分后水平进入泵外压力管道。吐出座上设有填料函、卸压孔、脱气孔，卸压孔用以将轴封腔内压力减至最低，脱气孔用以将泵筒体内的气体及时排至凝汽器。

泵内设有多处内壁开有水沟的水润滑轴承，用以承受泵转子的径向力。泵转子的轴向力一部分由叶轮的平衡孔平衡，剩余轴向力则由设在泵本身上部的推力轴承承受。轴封采用机械密封，需要注入外供密封水。

泵转子内部轴间用卡环式筒形联轴器连接。泵转子与电动机轴的连接用法兰式刚性联轴器连接。

2. 11LDTNB – 4PJ 型凝结水泵的主要性能参数

11LDTNB – 4PJ 型凝结水泵的主要性能参数见表 23 – 1。

表 23 – 1　11LDTNB – 4PJ 型凝结水泵的主要性能参数

参　　　数	设计点（VWO）	正常工况（THA）
流量（t³/h）	2376	1905
扬程（m）	338	370
转速（r/min）	1480	1480
首级叶轮中心线处需要吸入净正压头（NPSHr）	6.0	5.5
有效汽蚀裕量（m）	6.3	5.8
泵的效率（%）	87	86
运行水温（℃）	31.8	31.8
最小流量（t³/h）	594	
最小流量下的扬程（m）	421	
关闭压头（m）	420	
轴承座处振动保证值（双振幅值，mm）	0.076	

第二节　泵 的 组 装

一、泵的解体

（1）拆除电动机与泵间的连接螺栓，吊出电动机放置在预先排好的垫木上。

（2）拆下推力轴承部件下部轴承体上的管堵，通过临时接管排空推力轴承部件中的润滑油。

（3）拆掉各仪表接管、密封水和冷却水管，松开泵出水管路法兰的连接螺栓，抽出接头处密封垫。

（4）拆掉泵与外筒体连接螺栓，垂直起吊泵体，放置在高度相适宜的装配架或装配坑上，垫平泵的转动部件。

（5）依次拆下联轴器、轴承盖、推力环和各轴承。

（6）整体吊出推力轴承座，连同冷却盘管、护油轴套、推力瓦块等，另外进行单独解体。

（7）吊出电动机架。

（8）依次拆除密封压盖、回水管及轴套，整个拆出密封部件，另行单独解体。

（9）用 3 只 M10 的长螺栓或前端带 M10 螺纹的圆棒拉出节流套。

（10）余下部分水平放置，一端以泵的出口法兰向下置于木板或橡胶上，另一端用木板垫平，传动端轴头垫平。

（11）前置诱导轮结构的拆卸：依次拆下进水喇叭、叶轮螺母、调整垫套、进水喇叭、诱导轮室、首级叶轮及键。

（12）拆掉密封水管路，然后依次拆下导叶壳体、叶轮定位轴套、锥套、次级叶轮及键等，按此逐级拆下各级。在拆卸的过程中，转子和定子都要加木垫块，保持相对水平，防止零部件的摩擦损伤。

（13）拆下异径壳体、导轴承部件、直管、调整垫。

（14）把轴小心吊出，垫好，V 形木块不得少于 4 个。

（15）松开套筒联轴器，整个解体过程到此结束。

二、泵的装配

泵的装配过程基本与解体过程相反。

三、注意事项

（1）诱导轮锥形外缘与诱导轮导轮室的单边间隙为 $0.25 \sim 0.30mm$，是用改变诱导轮和首级叶轮间的调整套的高度来保证的，在复装过程中，这一间隙是不会改变的，更换新的诱导轮或首级叶轮后，此间隙要重新进行调整。

（2）叶轮在导叶壳体中保证上下窜动量的正确位置是用泵出水壳体与直管间的调整高度来调节的，调节时，转子部件的上下升降是用液压千斤顶中加木块或橡胶垫顶住叶轮螺母来实现的。

（3）水润滑轴承不得与油脂类物口接触，可涂二硫化钼。

（4）水润滑轴承的更换：

1）拆卸：用螺丝刀将轴瓦的稳固螺钉松下，并在轴承与节段配合的部位喷些松动剂。用专用工具垫在轴承的底部，用铜棒敲击专用工具将轴承从节段的孔内拆下。

2）新轴承装配：新装配的轴承一定要根据图纸校核其尺寸，并测量轴承的内径与轴承套外径，检查轴径向间隙是否符合标准值，如果不符应进行修理。将轴承的内径及节段与轴承配合的内孔清扫干净，一般两者配合应有 0.02mm 紧力。将新轴承垂直放置在节段内孔中，用铅锤轻击轴承立面，使轴承垂直进入节段内孔中，在敲击时一定要用力均匀，不要使轴承歪斜。将新装配的轴承与节段进行配孔，配装两个稳固螺钉，防止泵在运行中轴承转动。

（5）在泵解体装复过程中，应检查电动机架上平面的水平度，要求允许范围为 0.04mm/m。

（6）所选择的密封胶圈外径与所要配合的密封面尺寸相符合，密封胶圈截面直径与原来密封胶圈截面直径一样。新的密封胶圈弹性应良好，检查胶圈表面不应有裂纹。

第三节　凝结水泵常见故障原因及排除方法

凝结水泵常见故障原因及排除方法见表 23 - 2。

表 23 - 2　　　　　凝结水泵常见故障原因及排除方法

故　障	原　因	排除方法
出口压力不足或出水量不足	进口压力低于要求值	开足进口阀门
	转速太低	核对电源电压
	转向不对	重新接线
	液体中空气或蒸气量过大	检查进水系统是否漏气并予以纠正
	吸入部分、工作部分被堵塞或有异物	拆泵，清理清除异物
	密封环磨损严重	更换密封环
	键损坏	更换键

故　障	原　　因	排　除　方　法
电动机电流不足或超过额定值	转速太高	核对电源频率
	泵轴承卡住或回转件粘住	拆泵更换零件
	水中含有大量颗粒物质	偏小工况运行
泵出口断流	水源不足	确认进水阀全开，检查液位
	液体中含有过量空气或蒸汽	检查进水系统是否漏气，并予以纠正
	联轴器损坏或键破损	更换零件
	叶轮卡住	解体检修
	进口管道堵塞	清除异物
水泵振动	联轴器松动	拧紧螺母
	液体为汽水混合物	放空气，检查是否有泄漏处，紧法兰螺栓
	中心不正	重新找正
	叶轮中有异物，造成不平衡	拆泵，清除异物
	轴弯了	拆泵检修
	导轴承磨损严重	换件
机械密封泄漏	机械密封动静面磨损	更换机械密封
	密封水不足或堵塞	开大密封水量
水泵有异常噪声	汽蚀	检查灌注头；检查水温；检查进口管路是否有异物
	零部件有松动	调整或更换受损零部件
轴承过热	油量不够	补充新油
	油质变劣	重新换油
	冷却水堵塞不通	检查冷却水及冷却器

提示　第一、二节适合初级工使用。第三节适合中级工使用。

第二十四章

给水泵汽轮机检修

随着现代火力发电厂单机容量的迅速增大，作为主要附属机械之一的给水泵，其拖动方式亦有了很大的变化。一般容量在 200MW 以下机组给水泵，多数采用电动机驱动；容量再大的机组，因采用小型汽轮机拖动给水泵可获得比使用液力耦合器更显著、更多的经济效益，故多采用了汽轮机驱动；对 500MW 以上容量机组的给水泵，则几乎全部采用了汽轮机驱动。

大功率机组的给水泵广泛采用汽轮机驱动的有利条件是多方面的，主要体现在以下几方面：

（1）比采用电动机拖动给水泵时的汽轮发电机组的净输出功率增加 0.3% ~ 0.6%。

（2）对 250MW 以上的单元机组，在额定工况下可比使用液力耦合器提高运行效率约 4%；当低于额定工况时，则提高更多。

（3）减少了变压器等电气设备的投资费用。

（4）可以满足给水泵拖动功率越来越大的需求而不受容量的限制，同时可避免大功率电动机启动时对电网负荷的冲击。

（5）当电网频率变化时，水泵的转速不受影响，相对提高了汽动给水泵运转的稳定性。

（6）变速调节水泵的等效曲线，趋向于更加符合给水阻力曲线，从而使水泵在较大的变工况范围内均可获得较高的运行效率。

（7）不需要升速齿轮和液力耦合器，因而没有这些设备的传动损失。

（8）在设置有备用汽源以保证单元机组启动和低负荷运行的情况下，可以免设启动/备用电动给水泵。

驱动给水泵的小型汽轮机有背压式和凝汽式两种，前者虽易于实现高转速且相对投资费用较少，但整个装置的热效率较低且对变工况的适应性较差。因此，现代大功率机组的给水泵多使用凝汽式汽轮机来驱动，本章将着重介绍这种给水泵汽轮机。

第一节　给水泵汽轮机的结构特点

由于给水泵汽轮机拖动对象的要求及具体的工作条件不同，所以它们各有其自身的特点。下面以国产 C5.5-4.5 型 50% 容量给水泵汽轮机、国产 600MW 机组配备的 50% 容量给水泵汽轮机、捷制 500MW 机组配备的 100% 容量汽动给水泵汽轮机为主介绍其结构特点。

一、国产 C5.5-4.5 型给水泵汽轮机

图 24-1 是国产 C5.5-4.5 型给水泵汽轮机纵剖面图，其正常工作汽

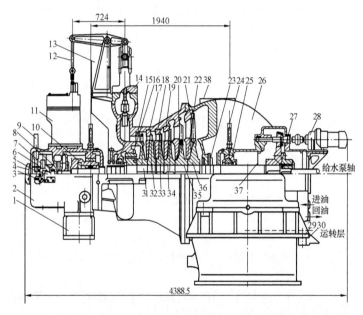

图 24-1　C5.5-4.5 型驱动给水泵汽轮机结构

1—前座架；2—前轴承座；3—轴向位移控制器；4—磁阻发信器；5—转速表传动机构；6—超速保安器和旋转阻尼器；7—危急遮断油门；8—主油泵；9—机械转速表；10—径向推力联合轴承；11—油动机；12—连杆；13—杠杆支架；14—新汽室；15—调节喷嘴组；16—前轴封；17~21—第 1~5 压力级隔板；22—隔板汽封；23—后轴封；24—油温计；25—后轴承；26—后汽缸；27—联轴器；28—行星摆线针轮减速器；29—后座架；30—导板；31~36—调节级及压力级叶轮；37—盘车设备；38—安全门

源为主机中压缸的五段抽汽，全机共有 1 个单列调节级和 5 个压力级。因其功率较小，总排汽容积流量也不大，故在末级节圆直径、叶栅高度（247mm）不太大的情况下，做成单流结构。

该机设置有单独的凝汽器，并用自身的小凝结泵将凝结水送至主机凝结水系统。另外，该机本身没有抽汽口，使汽缸结构及辅助管路系统得以简化。

由于该机在工作中的热膨胀及热应力较小，所以为了结构紧凑而将前汽缸和进汽室铸成一体，汽缸与前轴承座采用半法兰连接，排汽缸与后承座则铸造为一个整体。所有的隔板均采用铸式且不设隔板套，直接装在汽缸内的凹槽中，以减小汽缸的径向尺寸。

该机采用提板式喷嘴配汽机构。在汽缸上装有 6 个调节汽阀。其中阀 1 和阀 2、阀 3 和阀 4 在内部互相连通，如图 24 - 2 所示，阀 1、阀 2、阀 3、阀 4 各控制 4 只喷嘴，阀 5、阀 6 各控制 5 只喷嘴。调节汽阀对称布置，以获得良好的热对称性。

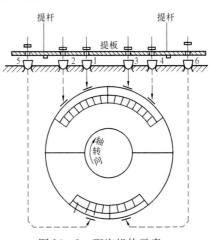

图 24 - 2　配汽机构示意

该机转子采用成本较低的叶轮套装结构，其临界转速（3350r/min）低于工作转速（4000 ~ 5300r/min），转子为挠性的。前四级动叶为等截面直叶片，倒 T 形叶根；末两级动叶为扭曲型自由叶片，双叉形叶根。

该机转子与汽动泵的连接为挠性的，允许给水泵汽轮机与给水泵转子间有相互位移。两个转子的轴向推力分别由各自的推力轴承来承担，转子的轴向位移也互不影响。

该机转子采用了适于高速轻载的三油楔径向自位轴承，推力轴承与前轴承做成一体的径向 - 推力联合轴承，使设备结构更紧凑。

该机的密封装置较简单，除调节级和第一压力级设有较完善的径向和轴向汽封齿外，第二、三压力级只有轴向汽封齿，末两级则不专设汽封齿。隔板汽封也均为平滑式嵌片结构，径向间隙为 0.35 ~ 0.45mm。端部汽封也很简单，前端为曲折式；后端因动、静部分有较大位移而采用平滑式，径向间隙为 0.25 ~ 0.35mm。端部汽封系统为内泄式，两台给水泵汽轮机合用一个均压箱和一个轴封加热器。

该机只设一个进汽室,备用汽源在外部通过分支管道接入。在使用新蒸汽或其他高压蒸汽作备用汽源时,需经过减温减压装置,汽源切换采用手动的、外置式阀门操作。

二、某国产600MW机组配备的50%容量给水泵汽轮机

图24-3为某国产600MW机组配备的50%容量给水泵汽轮机纵剖结构图。该型给水泵汽轮机为单缸、反动式、轴流、纯凝汽式汽轮机,并能采用多种汽源,具有新汽内切换、变参数、变转速、变功率的功能。给水泵汽轮机设置了高、低压两套配汽机构,能在主机低负荷运行时自动进行新汽内切换,且具有足够的功率裕度、较宽的连续运行转速变化范围。给水泵汽轮机在主机高负荷正常运行时,利用主机中压缸的排汽即第四段抽汽作为工作汽源(以下称低压蒸汽)。在定压运行时,其负荷下降到额定负荷的30%时,给水泵汽轮机由再热冷段蒸汽作为汽轮机补充或独立的工作汽源,且自动投入运行,即同时采用低压、高压两种蒸汽或全部采用高压蒸汽作为给水泵汽轮机的工作汽源,满足各相应工况运行的要求,称为新汽内切换。给水泵汽轮机还允许在低压主汽门前通入辅助蒸汽(0.6~1.3MPa,250~320℃)作为启动汽源,它通过低压配汽机构来控制汽轮机的启动。排汽由后缸的下缸排汽口通过低压排汽管道引入主机凝汽器。排汽管道上装有电动排汽蝶阀和安全爆破装置。

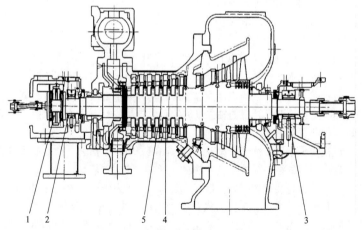

图24-3 某国产600MW机组50%容量给水泵汽轮机结构简图
1—推力瓦;2—前支撑瓦;3—后支撑瓦;4—低压静叶持环;5—转子

给水泵汽轮机与被驱动的主给水泵之间采用鼓形齿式挠性联轴器连接，具有质量轻、不对中适应性好和传动平衡等特点；

汽轮机分高压部分和低压部分，高低汽缸均为水平中分式上下整体铸造结构，高低压部分通过法兰螺栓连接在一起。

滑销系统由横销、立销和压销组成，汽缸的膨胀死点位于低压部分中间的横销处，运行中整个汽缸向前膨胀，通过高压部分前猫爪横销带动轴承座向前移动，移动时轴承座下方的挠性板产生变形，吸收整个汽缸的膨胀。轴承座移动时，转子也跟着向前移动。

汽轮机由 1 列调节级、7 个高压级和 4 个低压级组成。转子为整段转子，在转子前后分别设有支撑轴承，为平衡轴向推力在汽轮机前部还设有推力轴承，前、后径向轴承都是可倾瓦形对分式轴承，每个轴承由四块瓦组成，这四块瓦均匀地装在轴承体上，上下半轴承体内各有两块。

通流部分动叶片有三种，即调节级叶片、压力级（或称转鼓级）动叶片及低压级动叶，前两种是铣制自带围带直叶片，低压级动叶是精锻或电解加工扭叶片。由于扭叶片顶部叶型截面积较小且叶片顶部节距大，故不用围带，而是分组装入松拉筋以阻尼振动。动叶片为不调频叶片，以适应机组长期、安全地在大范围变速运行的要求。

调节级和低压末级叶片的叶根采用叉形叶根。叶片从径向装入轮缘叶根槽后用两排锥销紧固，装配时轮缘和叶根的锥销孔同钻铰，锥销配准后车去裕量并在大端骑缝辊压铆紧。

其他各压力级动叶叶根采用倒 T 形叶根，叶片从转鼓的末叶槽口中插入后沿周向推入叶根槽，叶片间相互紧密贴合，叶根底面与轮槽之间用垫隙条，垫隙条带有弹性，把叶片胀紧，末叶片配准装入轮槽后由两只螺杆将其与转子体锁紧。

调节级隔板和高压级隔板悬挂在汽缸上，且正下方布置有立销钉，起上下导向和左右限位作用，低压 4 级为整体持环结构，其悬挂和固定与高压级相同。

隔板汽封为梳齿式嵌片结构，径向间隙在 0.50 ~ 0.65mm，前端汽封也为梳齿式嵌片结构，径向间隙 0.40 ~ 0.55mm，后端汽封因轴向相对位移较大采用平齿式汽封结构，径向间隙 0.40 ~ 0.55mm。

为避免在启停过程中，汽轮机转子因受热或冷却不均而引起弯曲变形，在汽轮机后部设有电动盘车装置。

三、捷制 500MW 机组 100% 容量的给水泵汽轮机

图 24 - 4 为捷制 500MW 机组 100% 容量给水泵汽轮机纵剖结构图，

它采用了双流布置。该机正常工作汽源为主机五段抽汽，将七段抽汽经减压后作为备用汽源，主汽和备用汽都有各自的独立汽室并在进入缸体、通过第一级叶片后连通混合。全机共有 14 级叶片，左右各为 7 级，其中第一级为调节级。

该机的缸体分为前、后缸两部分，均为水平中分结构；前、后缸之间为法兰螺栓连接。其中，前缸部分包括有上、下两个分隔的进汽室，上部的为备用汽源用，与一根进汽管连接；下部的为主汽源进汽室，有两根进汽管，它占整圈进汽室的 2/3。主汽、备用汽的喷嘴室与各自的进汽室用螺栓连接。前缸包括调节级在内共有 10 级，每侧 5 级，对称布置。

该机后缸即排汽缸为对称设计，装有末两级隔板，在其内部装有轴封供汽、排汽管。后缸与凝汽器为法兰螺栓连接，排汽进入小凝汽器后凝结成水汇入主凝结水系统。

该机采用整锻轮式转子，叶轮、推力盘与主轴为一个整体。主轴为空心的，全长为 5325mm。为减轻轴向推力，转子叶轮为对称布置，其调速级与末级叶片采用叉形叶根，前三级动叶用围带铆接加固，后四级动叶为自由叶片。

该机低压侧轴封为三低一高式梳齿形汽封，径向间隙为 0.60 ~ 0.83mm；第六、七级隔板上为两低一高式梳齿形汽封，径向间隙为 0.70 ~ 0.93mm；第二至第五级隔板为 T 形汽封，径向间隙为 1 ~ 1.3mm。

该机转子采用的是分半式双油楔圆筒形径向支持轴承。润滑油自轴瓦底部的进油口流入。推力轴承与后轴承为一体的径向 - 推力联合轴承，装在后轴承支座内。

此外，该机的盘车装置使用了与常见的单纯齿轮传动机构不同的、带有液力耦合器的双轴（内、外传动轴）式行星轮传动机构，其基本构造（未画出与给水泵汽轮机轴的连接部分）如图 24 - 5 所示。该装置的主要工作过程如下：

在需启动给水泵汽轮机时，启动盘车电动机通过皮带轮带动传动轴旋转，在传动轴上的传动轴小齿轮带动行星轮和托架套筒转动。通过离合器弹簧的传动，离合器的旋转外壳随之转动，使外传动轴转动，继而带动与汽轮机主轴相连的齿轮和转动轴（在图 24 - 5 中的 14 部位，图中未标出），将动力传递到给水泵汽轮机主轴而实现启动盘车的目的。

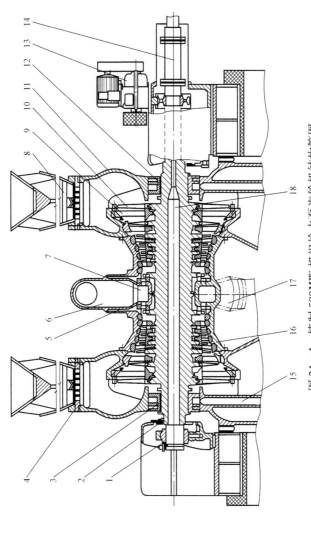

图 24-4 捷制 500MW 机组给水泵汽轮机结构简图

1—前轴承；2—油挡；3—前轴封套；4—垫片；5—喷嘴室壳体；6—备用汽源汽室；7—喷嘴室；8—大气安全门；9—隔板；10—动叶；11—排汽缸；12—后轴封套；13—盘车；14—弹性联轴器；15—轴封供汽；16—缸体；17—主汽源进汽室；18—转子

随着给水泵汽轮机转速的提高，传动轴的阻力矩渐小，随之液力耦合器的泵轮、涡轮的滑差减小，涡轮的转速上升，此时离合器的弹簧脱开，使行星轮高速动作解列。即此时随着液力耦合器内油压的升高，由涡轮带动涡轮转动，并进而使传动轴旋转，通过传动齿轮盘动给水泵汽轮机转子，使其转速提高至工作转速。

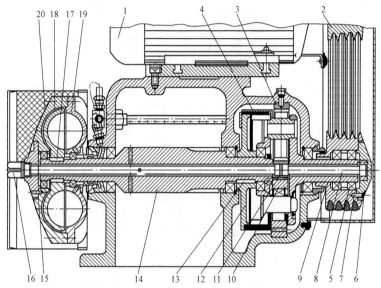

图 24 – 5　捷制 500MW 机组给水泵汽轮机盘车装置

1—电动机；2—皮带轮；3—内齿圈；4—弹簧；5—轴承；6—连接盖；7—销钉；
8—传动轴（内）；9—托架套筒；10—行星轮；11—传动轴小齿轮；12—旋转外壳；
13—键；14—传动轴（外）；15—销钉；16—螺母；17—键；18—主动涡轮；
19—从动涡轮；20—转动壳

第二节　给水泵汽轮机调节系统的特点

一、控制原理

给水泵汽轮机调节的目的主要是在锅炉负荷需改变时，相应地自动调节给水泵汽轮机的进汽量，改变拖动转速以适应锅炉给水的需要。通常为实现这一目的可采取两种方法，其一为一段调节方案，是直接按锅炉给水调节信号，通过改变给水泵汽轮机进汽量来控制汽轮机转速，使给水泵的出水量满足变工况下锅炉给水的要求，此方法的基本调节过程如图 24 - 6 中实线部分所示。

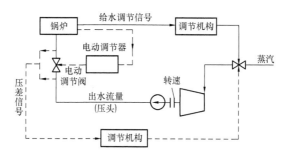

图 24 - 6　给水调节示意

另一种方法为两段调节方案，如图 24 - 6 中虚线部分所示，它将锅炉给水调节分为两步，第一步是利用给水调节信号来操纵电动调节控制给水调节阀的开度；第二步再以给水调节阀开度改变所引起的该阀后压差变化作为信号，通过中间调节机构改变泵用汽轮机的进汽量和转速，使给水泵出口压力和流量相应改变，重新恢复给水调节阀前、后的压差值。

两段调节方案是给水泵出水量节流调节和转速调节的组合，相对于一段调节方案来说，由于给水调节阀正常工况下保持一定的节流，使给水系统具有一定的压力储备，在锅炉给水要求迅速增加的情况下的适应能力提高，但同时也增加了给水节流损失。随着自动调节理论的深入研究和完善，给水泵汽轮机的调节性能日趋完美，一段调节方案将会更多地被使用，因为它简化了调节步骤，为实现更理想的给水泵转速调节、进一步提高运行经济性提供了方便的条件。

以国产某型机组的给水调节为例，它采用的是两段调节方案，包括有"给水调节信号—电动调节器—给水调节阀……"和"给水泵汽轮机调节"两个调节回路。当锅炉负荷改变时，给水调节器使给水调节阀开度改变，从而引起给水调节阀前、后压差改变（开度减小则压差增大，开度增大则压差减小）。给水泵汽轮机的调节回路即以给水调节阀前、后压差改变量为信号，经过高限选择器—压差调节器—切换阀—双脉冲调节器—油动机等机构的传递、处理，最后使给水泵汽轮机进汽量、转速、泵出口压力做相应的改变，直至调节阀前、后的压差值恢复为止。整个给水调节系统所要完成的给水供需平衡任务，体现在给水泵汽轮机调节回路上，就是维持给水调节阀前、后压差为规定值。

该系统中的主要部件有压力高限选择器、差压调节器、双脉冲调节器、启动阀、油动机、等压器及切换阀等，其结构、工作原理与主汽轮机基本类同，这里不再详述。

该调节系统有两种运动状态：一种是利用给水泵调节阀的差压变化，经过差压调节器等机构对给水泵汽轮机和给水泵进行自动调节；另一种是由启动阀产生的油压信号代替差压调节器输出脉冲油压去控制给水泵汽轮机及给水泵的转速，此方式为手动调节、远控、近控均可，两种运行状态可根据具体情况利用切换阀进行选择切换。当处于自动调节时，如果差压调节器损坏，则切换阀能自行动作切换为手动调节。为保证切换过程的平稳，使启动阀所产生的油压随时与差压脉冲油压相等，系统中装有与主机类似的跟踪装置，在手动调节时跟踪装置自动切除。该型机组是两台汽动泵向锅炉供水，每台给水泵汽轮机各有一只启动阀，可对两台机同时进行人工控制或是一台自动、一台人工控制。

此外，国产该型机组的给水泵汽轮机的调节系统中，其油系统与主汽轮机是分开的。为了保证给水泵汽轮机的安全运行，该系统中还设有超速保护、轴向位移保护、润滑油压低保护等保护装置。

二、调速系统介绍

国产给水泵汽轮机单独设置润滑油站，为给水泵和汽轮机提供润滑油，调节系统所用抗燃油单独设立油站，有的两台给水泵汽轮机共用一个油站，有的单独设立油站，现以某厂国产某机组给水泵汽轮机为例进行介绍。

1. 概况

给水泵汽轮机调节系统由低压调节汽阀、高压调节汽阀和速关阀组成。调节汽阀的作用是按照控制单元的指令改变进入汽轮机的蒸汽流量，以使机组受控参数（功率或转速、进汽压力、背压等）符合运行要求。速关阀也称为主汽门，它是主蒸汽管路与汽轮机之间的主要关闭机构，在紧急状态时能立即隔断汽轮机的进汽，使机组快速停机。

2. 设备介绍

（1）调节汽阀。

调节汽阀主要由调节阀、传动机构和油动机组成。调节阀包括阀杆、阀梁、阀碟及阀座等。传动机构由支架和杠杆组成。油动机部分适应特定电液调节系统的要求，以高压抗燃油为工作介质。

图 24 - 7 是调节阀的装配示意。阀碟螺栓按要求的旋紧力矩装入阀碟后用圆锥销定位防松,销孔端部翻边冲铆。每只阀的开启次序和升程由衬套的长度 s 决定,第一只阀的空行程为 2mm。阀座装配在进汽室底部,大部分机组的进汽室采用图 24 - 7 所示结构形式,在这种机组中,阀碟与阀梁组装好后从进汽室侧面移入,两根阀杆的下端加了成倒 T 形榫头,榫头穿出阀梁的型孔后旋转 90°便将阀梁卡住,使阀梁吊挂在蒸汽室中。静止状态,阀碟落座压在阀座上,开启阀门时,随着阀梁被阀杆提升,在阀碟螺栓与衬套接触后,阀碟离座,由阀碟螺栓将阀碟悬挂在阀梁上。

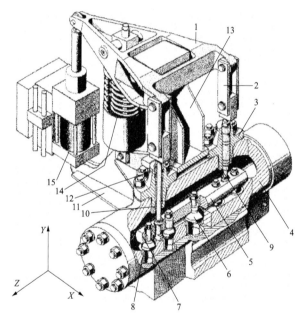

图 24 - 7 调节汽阀结构

1—杠杆;2—连接板;3—阀盖;4—汽缸进汽室;5—阀梁;6—阀碟;7—衬套;
8—阀座;9—阀杆;10—下导向套筒;11—托架;12—上导向套筒;13—支架;
14—弹簧组件;15—油动机

阀杆穿出进汽室的部位装有阀盖,阀盖的上、下端装有导向套筒,套筒之间填装柔性石墨制成的密封环,必要时可旋紧阀盖上端的压紧螺母或压盖增加密封坏的压紧力来阻止、减少阀杆漏汽。密封件装在蒸汽室盖中。

传动机构的支架装在汽缸顶部且圆柱销定位，支架的转轴是杠杆的支点，杠杆的一端通过连接板与阀杆连接，另一端与油动机活塞杆上端的杆端关节轴承铰接。这样，当油动机行程改变时，两根阀杆同步动作，阀梁的位置随之升降。弹簧用以克服阀杆上的蒸汽力，同时为阀门提供足够的关闭力。托架装在上缸前端面，用以支撑油动机。油动机与托架之间用关节轴承及销轴铰接，因此在运行时油动机以销轴为中心有小幅摆动。为减小、避免作用在油动机上有碍正常工作的外力和力矩，在油动机和托架之间按需要装有2组或3组蝶形弹簧。油缸底部两组蝶形弹簧的调整方法和要求是放松关闭弹簧，脱开杠杆与油动机的连接，当油动机接好连接油管、油动机升程为0（上死点）的情况下，调整两组蝶形弹簧的预紧力，使油缸在 X 方向呈垂直状态，以使在运行时减小油缸活塞杆及密封件的磨损，延长它们的使用寿命。油缸侧面蝶形弹簧组件的主要作用是对油缸摆动产生阻尼，使其动作平稳，调整时，油缸在 Z 方向处于垂直状态，使支座两侧蝶形弹簧的预紧长度相等（两侧弹簧的装入形式及数量一样，预压缩长度应保持出厂值）。在蝶形弹簧调整符合要求后，按要求连接好油动机和杠杆，把关闭弹簧恢复到原有装配状态。在油动机油缸侧面装有刻度牌，其示值是调阀升程。注意油动机活塞杆与传动机构杠杆连接时必须满足下述要求：油动机活塞在0行程（上死点）位置时，阀梁与阀蝶脱离接触且最小间距为2mm，这时刻度指示为0，以避免阀杆受压弯曲。为提高汽轮机单机试运行及发电机组空负荷运行的稳定性，第一只阀采用锥形阀。

（2）速关阀。

汽轮机停机时速关阀是关闭的，在汽轮机启动和正常运行期间速关阀处于全开状态。用于 N 型汽轮机的速关阀，它主要由阀和油缸两部分构成。阀体部分有两种结构形式：对于 N 型汽轮机，大多采用无单独阀壳的速关阀，这种阀壳与汽缸进汽室为整体构件的结构形式；另一种如图24-8所示，带有独立阀壳。

（3）速关组件。

速关组件用于汽轮机遥控启动、就地停机、遥控停机、速关阀联机试验及危急遮断油门自动挂钩。速关组件适用于采用电液调节系统的汽轮机。速关组件是将调节系统中一些操作件集装在一起的液压件组合，它不仅使操作便捷，并且也使得油管路及电气线路的布置趋于合理、简化。速关组件的结构和外形见图24-9，其工作原理见图24-10。

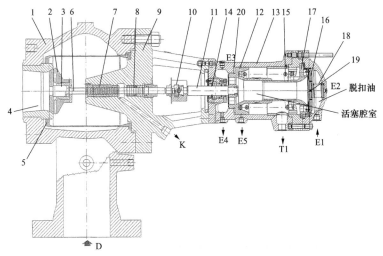

图 24 - 8　带有独立阀壳的速关阀

1—阀体；2—主阀碟；3—预启阀芯；4—阀座（扩压器）；5—蒸汽滤网；6—阀杆；
7—导向套；8—密封环；9—阀盖；10—连接块；11—油动机杆；12—动力活塞；
13—油动机外壳；14—导向套；15—关闭弹簧；16—开关盘；17—出口环；18—
弹簧；19—节流孔；20—缓冲室；D—蒸汽入口；E1—速关油；E2—仪表接口；
E3—仪表接口；E4—全行程试验泄油口；E5—半行程试验泄油口；
T1—回油；K—漏汽

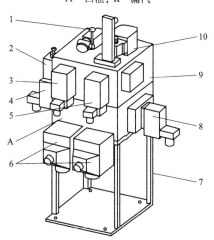

图 24 - 9　速关组件的结构和外形

1—试验阀；2—溢流阀；3—启动油电磁阀；4—停机电磁阀；5—速关油电磁阀；
6—电液转换器；7—支座；8—停机电磁阀；9—本体；10—手动停机阀

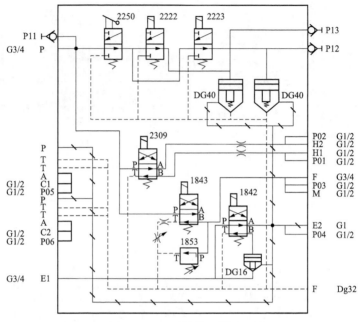

图 24 - 10   速关组件工作原理图

　　在速关组件本体中加工有与原理图相应的内部油路并装入插装阀（见图 24 - 10 中 DG16、DG40）液压元件，本体的不同侧面装接着实现速关组件功能所需的操作件并留有外管路接口，操作件安装位置及各油路接口均有与原理图一致的相应标记。本体与固定在基础上的支座用螺栓连接。速关组件的回油由本体的回油口汇入回油管。

　　速关组件的功能及工作原理如下：

　　试验阀 2309 是换向阀，用于速关阀联机试验。图 24 - 10 所示换向阀 2309 可对两只速关阀进行试验。若试验阀 2309 采用手动换向阀，做试验时，将手柄向操作侧拉动，压力油 P 便与试验油 H1 接通，即可对汽轮机右侧的速关阀进行试验；推动手柄则使压力油 P 与试验油 H2 接通对左侧速关阀进行试验。放开手柄，换向阀自动恢复到中间位置，退出试验。由于在 H1、H2 油路上有节流孔，因此手动换向阀投入或退出试验的操作不会影响机组的正常运行。如汽轮机仅配用一只速关阀，一般是 H2 封堵不用。如果 2309 采用电磁阀，则速关组件具有速关阀遥控试验功能，改变电磁阀状态（得电或失电）即可进行速关阀试验，电磁阀复位便退出试验。

第三篇 水泵检修

启动油电磁阀 1843，速关油电磁阀 1842，它们与溢流阀 1853 一起用于遥控开启速关阀。图 24-10 所示 1842、1843 为不带电状态，启动时使 1842 和 1843 同时得电并开始计时，由于 1842 的 P 与 B、A 与 T（B、A、T 均为电磁阀油口代号）相通，因此 DG16 插装阀关闭切断 E1 与 E2 通路，速关油 E2 油压为 0；同时，1843 的 P 与 B 相通，启动油 F 和开关油 M 建立压力（若 M 接至危急遮断油门，速关组件具有油门自动挂钩功能，若 M 不用则危急遮断油门须就地手动挂钩复位），15s 后 1842 断电复位，DG16 开启，E1 和 E2 接通，建立速关油 E2，借助溢流阀 1853 的限压作用，使启动油 F 的压力比速关油 E2 的压力低 0.05MPa，在 E2 与 F 的压差作用下速关阀缓慢开启，60s 后 1843 断电复位，F 与 T 接通，这时速关阀已完全开启。

停机电磁阀分别是 2222 和 2223，它们用于汽轮机遥控停机。启动和正常运行时，2222 和 2223 处于失电状态（如图 24-10 所示），压力油导通作用在 DG40 插装阀上腔，插装阀关闭。当 2222 和 2223 中任意一只得电时，DG40 上腔与回油接通，于是 DG40 开启，速关油迅速排泄，致使速关阀关闭、汽轮机停机。

手动停机阀 2250 用于汽轮机就地停机，2250 前方有一块红色防护板，如要手动停机，需先将防护板向操作侧翻下，之后拉动手柄，其结果与 2222（2223）带电时相同，使汽轮机停机。

在速关组件的不同方位有 3 个带链环的罩帽，与图 24-10 中接口相对应，是测压接头，该接头带有止回作用，它们在启动或汽轮机运行时用随机提供的测压工具可检测压力。测量时拧出罩帽，旋紧测压工具接头，止回阀打开，由测压工具的压力表可测得测点的压力，测量后按相反步骤恢复原状。

第三节　给水泵汽轮机的检修要点

关于给水泵汽轮机的一般性检修方法和步骤可参照主汽轮机的有关工艺规程进行，下面仅列出一些常规性的要求，在给水泵汽轮机的检修中应予以注意：

（1）给水泵汽轮机台板与垫铁及各层垫铁之间应接触密实，用 0.05mm 塞尺一般应塞不进，局部塞入部分不得大于边长的 1/4，其塞入深度不得超过侧边长的 1/4。

（2）台板与轴承座或滑块、台板与汽缸的接触面应光洁，无毛刺，并接触严密，每 25mm×25mm 上有 3~5 点的接触面积，占全面积的 75% 以上并应均匀分布。用 0.05mm 塞尺检查，在四角处应不能塞入。检查时台板应支垫平稳，接近于安装状态。

（3）检查汽缸各垂直、水平结合面，用 0.05mm 塞尺不得塞通，在汽缸法兰同一断面处，从内、外两侧塞入长度总和不得超过汽缸法兰宽度的 1/3。

（4）检查汽缸垂直与水平结合面交叉部位挤入涂料的沟槽应畅通清洁。

（5）汽缸水平结合面的紧固螺栓与螺栓孔之间，四周应有不小于 0.50mm 的间隙。

（6）猫爪横销的承力面和滑动面用涂色法检查，应接触良好。试装时用 0.05mm 塞尺自两端检查，除局部不规则有缺陷外，应无间隙。

（7）检查轴承与轴承盖的水平结合面，紧好螺栓后用 0.05mm 塞尺应塞不进；通压力油的油孔，四周用涂色法检查，应连续接触，无间断。

（8）用压铅丝法检查轴瓦顶部及两侧的间隙应符合规定的要求，两侧间隙应用塞尺检查阻油边，插入深度以 15～20mm 为准。

（9）推力瓦间隙调整应符合图纸要求，如图纸未标注时，宜为 0.25～0.50mm，但应保证其最大间隙不超过所驱动的给水泵的允许轴向间隙。

（10）检查转子轴颈、推力盘、联轴器等各部分应无裂纹和其他损伤，并光洁无毛刺。

（11）检查轴颈椭圆度和圆柱度偏差应不大于 0.02mm，否则应进行修复。

（12）检查推力盘端面瓢偏应小于 0.02mm，晃动应小于 0.03mm，且不应大于其半径的 1/1000，否则应进行修整。

（13）检查联轴器法兰端面应光洁无毛刺，法兰端面的瓢偏不大于 0.03mm，检查联轴器法兰外圆（或内圆）的径向晃度应不大于 0.02mm。

（14）转子在汽缸内找中心时，应以汽缸的前后汽封及油挡洼窝为准，测量部位应光洁，各次测量应在同一位置；最后，应保证转子联轴器的中心允许偏差符合规定的要求。

（15）检查喷嘴无外观损伤，检查隔板、阻汽片应完整无短缺、卷曲，边缘应尖薄，铸铁隔板应无裂纹、铸砂、气孔等缺陷。

（16）检查通汽部分间隙和汽封间隙符合规定的要求，且测量通汽部分间隙时，应组合好上下半推力轴承，转子的位置应参照制造厂的出厂记录，一般应处于推力瓦工作面承力的位置。

（17）检查组装好的盘车装置，用手操作应能灵活咬合或脱开。在汽轮机转子冲动后，应能立即自动脱开，脱开后操作杆应能固定住，保持汽轮机转子的大齿轮与盘车齿轮之间的距离。

（18）汽缸水平结合面螺栓冷紧时一般应从汽缸中部开始，按左右对称进行紧固。冷紧时一般不得用大锤等进行敲击，可用加长扳手或电动、气动工具紧固。

（19）对调节系统中可调整的螺杆长度、连杆长度、弹簧压缩尺寸、蝶阀等主要部件行程及有关间隙等，应在拆卸前测量记录制造厂的原装尺寸，并据此进行组装。

（20）组装时，对调节系统部件的各孔、道应按图核对，其数量、位置及断面均应正确并畅通。

（21）组装时，检查调节系统各滑动部分全行程动作应灵活，各连接部分的销轴应不松旷，不卡涩；检查调节系统和油系统各结合面、密封面均应接触良好，无内外边缘相通的沟痕，丝扣接头应严密不漏，垫料和涂料应选用正确。

（22）所有部件拆装前必须做好记号，回装时按原位安装。

（23）其他注意事项和检修要点参照汽轮机本体和调速部分。

第四节　给水泵汽轮机的常见故障分析

一、汽轮机转子轴向位移增大

（1）负荷或蒸汽流量增加；

（2）通流部分损坏；

（3）通流部分结垢严重；

（4）推力瓦块磨损；

（5）汽轮机水冲击；

（6）汽轮机排汽压力升高（凝汽式汽轮机为凝汽器真空降低）；

（7）测点安装有误，偏差较大。

二、推力瓦温度高

（1）负荷过大；

（2）轴向推力大；

（3）汽温过低或水冲击；

（4）叶片结垢；

（5）推力轴承油量不足；

（6）润滑油压低；

（7）润滑油温高；

（8）推力瓦厚度不一致或质量不良；

（9）推力瓦块自位性不良；

（10）测点安装不良，测量不准；

（11）汽轮机排汽压力升高（凝汽式汽轮机为凝汽器真空降低）。

三、速关阀开启不正常

（1）操作不当引起的速关阀不能正常开启；

（2）速关组件控制回路故障，如速关油电磁阀、启动油电磁阀失电带电时间不正确；

（3）启动油电磁阀失电或卡涩，启动油压无法建立；

（4）速关电磁阀失电或卡涩，速关油压无法建立；

（5）速关组件中的电磁阀失电或卡涩造成速关油压无法建立；

（6）插装阀卡涩或内漏造成速关油压无法建立；

（7）油缸内泄漏；

（8）阀杆结垢，阀杆弯曲等引起的速关阀开启不正常。

提示 第一～二节适合初级工使用。第三、四节适合中、高级工使用。

第二十五章

液力耦合器检修

液力耦合器是以油压来传递动力的变速传动装置，因油压大小不受等级的限制，所在它是一个无级变速的联轴器。

在现代火力发电厂中，锅炉压力越来越高，为克服汽水流动阻力，要求给水泵的压力也越来越高。因此，驱动高速给水泵的动力需求也就很大。为了经济运行，最好的办法就是以变速调节来适应工况的改变。其中，一种方法是采用直接变速的小型汽轮机来驱动给水泵，但此方法在单元机组点火启动工况时必须有备用汽源才能适应需求，机构设置比较复杂。另一种方法是采用液力耦合器来改变给水泵转速，以适应单元机组的启动工况。这样。一方面可以大大降低电动给水泵的电动机配置裕量，使给水泵可在较小的转速比下启动；另一方面不会出现定速电动泵在单元机组启动时需节流降压以适应工况需求的情况，提高了机组的经济性，并避免了高压阀门因节流造成在短时间内即因冲刷、磨损而报废的现象。所以说，采用液力耦合器是一种比较理想的方法。目前，超（超）临界机组从经济性和适应滑参数启动以及变压运行考虑，多数电厂均采用了较经济的配置方案——正常运行时以给水泵汽轮机来变速驱动给水泵供水，同时配置由液力耦合器变速驱动的启动/备用给水泵，用于机组启动。

第一节　液力耦合器的工作原理

一、液力耦合器的工作过程

液力耦合器主要由泵轮、涡轮和转动外壳组成（见图 25 - 1）。泵轮和涡轮尺寸相同，相向布置，其腔内均有许多径向叶片，涡轮的片数一般比泵轮少 1 ~ 4 片，以避免共振。泵轮的主轴与电动机主轴（或第一级增速齿轮轴）相连，涡轮轴与水泵主轴（或第二级增速齿轮轴）连接。

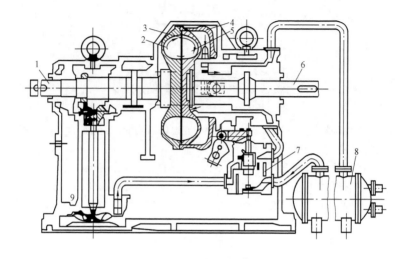

图 25-1 液力耦合器装置

1—主动轴；2—泵轮；3—涡轮；4—转动外壳；5—勺管；
6—从动轴；7—进油调节阀；8—冷油器；9—工作油泵

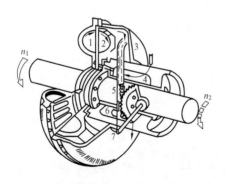

图 25-2 液力耦合器的供排油腔及勺管结构

1—泵轮；2—涡轮；3—转动外壳；4—供油腔；
5—勺管；6—排油腔；7—连调速机构

泵轮和涡轮形成的工作油腔内的油自泵轮内侧引入后，在离心力的作用下被甩到油腔外侧形成高速的油流，冲向对面的涡轮叶片，驱动涡轮一同旋转。然后，工作油又沿涡轮 L 叶片流向油腔内侧并逐渐减速，流回到泵轮内侧构成一个油的循环流动，如图 25-2 所示。

而在涡轮和转动外壳的腔中，自泵轮和涡轮的间隙（或涡轮上开设的进油孔）流入的工作油随转动外壳和涡轮旋转，在离心力的作用下形成油环。这样，工作油在泵轮内获得能量，又在涡轮

里释放能量，完成了能量的传递。改变工作油量的多少，即可改变传递动
力的大小，从而改变涡轮的转速，以适应负荷的需求。工作油量的改变可
由工作油泵（或辅助油泵）经调节阀或涡轮的输入油孔（也有在涡轮空
心轴中输入油的）改变进油量来实现，也可通过改变转动外壳腔中的勺
管行程改变油环的泄油量来实现，见图 25 - 3。

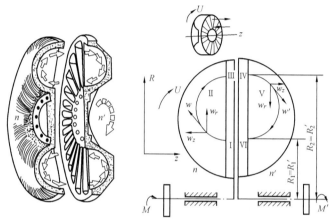

图 25 - 3　液力耦合器中工作油的环流

二、液力耦合器的调节

在泵轮转速 n 一定时，工作油量越多，则涡轮的转速 n' 越快，传递的
动转矩也越大，如图 25 - 4 所示。所以，通过改变工作油量的多少即可调节涡轮的转速，从而适应给水泵的转速需要。如前所述，工作油量的调节有两种基本的方式，其一是调节工作油的进油量；其二是调节工作油的出油量。控制进油尺的方式是由另设的工作油泵和调节阀共同完成的，而工作油的冷却是由转动外壳上的喷嘴将油喷出，再经冷油器进行热交换后回到油箱，如图 25 - 5

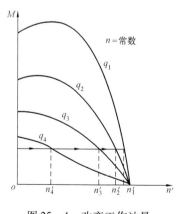

图 25 - 4　改变工作油量
q 与涡轮转速 n 的关系

所示。

为减少喷嘴喷出的油流未被利用所造成的损失，一般控制喷嘴喷油量在确保工作油升温（在最大转差率下）不超过30℃（若用22号汽轮机油可在65～70℃下运行，短时间可达95℃）即可。这种调节方式的缺点在于当喷油量过小时，限制了单元机组突甩负荷时要求给水泵迅速降速的能力。调节出油量的方式是由改变转动外壳中的勺管位置来进行的，如图25－6所示。由于转动外壳里的油环随半径增大，其油压也增大，因此提高勺管后排出的油也增多，使涡轮迅速降速。勺管泄放出的油流靠甩出时的动压去热交换器进行冷却后回到贮油箱。但是若当机组迅速增加负荷时要求涡轮迅速增速，此方式则无法满足。

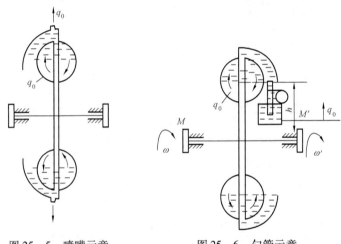

图25－5　喷嘴示意　　　　图25－6　勺管示意

如今的液力耦合器上一般采取上述两种调节方式的联合使用，从而实现快速升降转速的目的，如图25－7所示。其中，由锅炉给水量的负荷信号操纵油动机，油动机再带动凸轮，改变传动杆及传动齿轮的旋转角，从而改变勺管的径向位移量，以控制泄放油量的多少。同时，传动杆又调节着进油控制阀的开度，改变着液力耦合器的进油量。当锅炉给水量需增加时，油动机将凸轮向"＋"方向转动，传动杆逆时针方向转动，勺管位置下降，泄油量减少。同时，传动杆带动其上的凸轮使进油阀开大，增加进油量，提高涡轮转速，适应了锅炉给水量增加的要求。当锅炉给水量需减少时，凸轮则向"－"方向转动，进油阀关小，即可满足工况的需求。

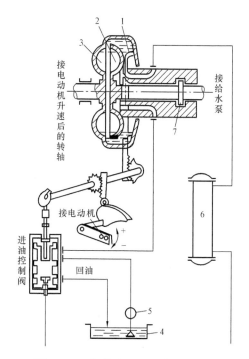

接电动机升速后的转轴

接给水泵

接电动机

进油控制阀

回油

图25-7　勺管进油阀联合调节示意

1—可调勺管；2—从动涡轮；3—主动泵轮；4—油箱；
5—工作油泵；6—热交换器；7—推力轴承

第二节　典型液力耦合器介绍

本节以 TBH55 -0.28 型（波兰）液力耦合器，和 R17K500M 型（德国）液力耦合器为例，大致介绍一下液力耦合器的基本构造及使用、工作情况。

一、波兰 ZAMCH 公司制造的 TBH55 -0.28 型液力耦合器

（一）概况

该型号液力耦合器的结构与我国目前汽轮机组中为电动给水泵配备的各类液力耦合器大致相同，只是在传动齿轮为单级或双级上有所差

异。图 25 - 8 为 TBH55 - 0.28 型液力耦合器装置的水平中分面结构简图。

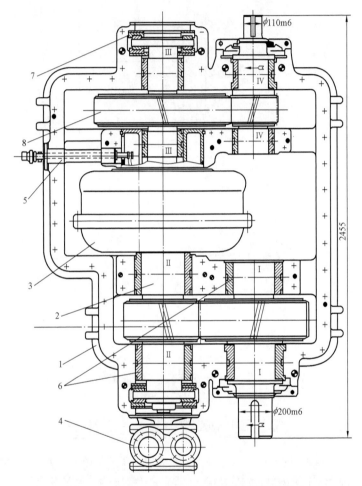

图 25 - 8 TBH55 - 0.28 型液力耦合器装置结构

1—箱体；2—轴；3—液力耦合器；4—齿轮油泵；5—注油调节器；6—轴承；

7—推力轴承；8—传动齿轮

作为具有内装液力耦合器的齿轮增速调速传动装置，该设备可实现无级调速，其输出轴的速度可在 1500 ~ 5225r/min 范围内变动。液力耦合器和增速齿轮置于同一箱体内，箱体的下部则作为油箱。它的输出轴的额定功率为4143kW，最高可达4920kW。

该设备用于将电动机的扭矩传递到锅炉给水泵上，它与拖动电动机及给水泵之间的动力传递由叠片式挠性联轴器来完成。这种联轴器可保证电动机、液力耦合器与给水泵三者之间的振动、轴向窜动等互不产生影响。输入转速（1485r/min）经二级增速齿轮的放大后传到输出轴，液力耦合器装在齿轮传动装置的两级之间，泵轮和涡轮之间由工作油来传递转矩。电动机的转矩使工作油在泵轮中加速，而后工作油在涡轮中减速并对涡轮产生一个等量的转矩。工作油在泵轮、涡轮间的循环是靠两轮的转差所产生的压差来实现的，而输出轴转速最大时泵轮、涡轮转差率为2.5%~3%。

输出转速是通过调节泵轮、涡轮间工作腔内的工作油量来实现的，而工作腔的充油量是由勺管的位置控制的。

由于转差造成的功率损耗将使工作油温度升高，为消除这些热量，配置有冷油器。

（二）主要部件及结构简介

TBH55-0.28型液力耦合器装置的主要部件有变速箱体、传动齿轮和轴、液力耦合器、轴承、油泵、注油调节器、勺管调节机构、冷油器及油滤网等。

1. 变速箱体

变速箱体包括轴承座、箱座及油箱。

箱座是承担全部负荷的载体，其上部与轴承、箱盖用螺栓连接，下部用螺栓与油箱连接，箱座与箱盖均为整体浇铸制成。

所有的轴承座均与箱座浇铸连接为一体，箱体外的部分用螺栓和箱盖在垂直平面上连接。箱盖对齿轮起保护作用，其上面还装有用来调节勺管的偏心套筒。为了停机时检查齿轮啮合与液力耦合器的状态，在箱盖上开有三个观察孔。

焊制的油箱装在基础底板的垫铁上，其中心部分（油槽）则置于基础上预制的专用沟道内。此外，油箱上还装有两台螺杆泵及其吸入管、齿轮泵的吸入管、油位计和油动机及其支架等。

2. 传动齿轮和轴（见图25-9）

传动齿轮是用经渗碳、淬火及研磨的不锈钢制成的斜齿形圆柱齿轮，且是热装在轴上的。齿轮轴用碳钢制成。在齿轮啮合处通以加压的喷雾油进行润滑。两级增速齿轮的传动比分别为 $i_1 = 62/45$，$i_2 = 97/37$。

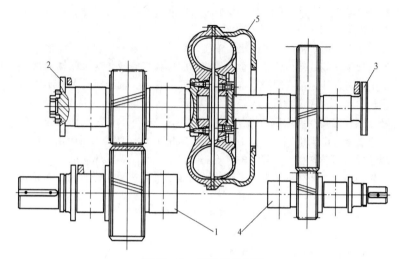

图 25－9　传动齿轮和轴

1—齿轮轴（输入侧）；2—泵轮轴；3—涡轮轴；4—齿轮轴（输出侧）；

5—液力耦合器

3. 液力耦合器（见图 25－10）

在两级增速齿轮间装有液力耦合器和可调勺管。液力耦合器的滑动调节靠改变注油比率，即靠改变液力耦合器流量系统内的油量来实现，此调节通过操纵可动的勺管来完成。

液力耦合器转子用碳钢锻焊而成，液力耦合器的叶轮及转动外壳则用不锈钢制作。

液力耦合器的旋转外壳上装有安全易熔塞，以防止液力耦合器内工作油温度过高。

液力耦合器的主动转子由泵轮、传动轴及转动外壳用螺栓、圆柱销相连接固定而构成，在连接螺栓上均加有防转垫。

4. 齿轮传动装置的轴承

每个齿轮轴由两个滑动轴承来支承，这些轴承均为上下中分结构的半轴瓦组装而成。半轴瓦由碳钢制成，其内侧衬有轴承合金，在上半轴瓦顶部均开有防转销插孔。

齿轮轴的轴向推力由本级的固定轴承来承担。固定轴承与轴颈轴承不同，为径向推力联合型轴承，其推力面上衬有一定厚度的轴承合金。

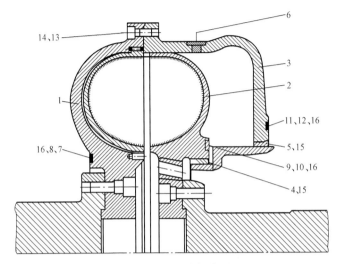

图 25 - 10 液力耦合器

1—泵轮；2—涡轮；3—转动外壳；4、5—挡油环；6—易熔塞；7、8、9、10、11、12—平衡块；13—锁紧垫；14—内六角螺栓；15、16—平头螺钉

液力耦合器转动时的轴向力分别由泵轮、涡轮转子的双向止推轴承（Michell 型）来承受，止推轴承由两个轴承架及固定其上的、可一定程度自由调整对中的止推瓦块构成。止推轴承为碳钢制成，止推瓦块外层为轴承合金浇铸。止推轴承架上均有防转销，用来将轴承定位于箱体中。

轴承和止推轴承均用压力油来进行润滑。

控制勺管的偏心轴用两个滚珠轴承来固定，而滚珠轴承则用偏心套筒内的定位环来定位。

5. 注油调节器

包括有垂直中分且相互隔绝、内部有供给和排放液力耦合器工作油空间的左右两半轴承架，以及勺管、调节轴及偏心套筒。

两半轴承架之间用螺栓固定连接，并用销子相互定位。轴承架在变速箱体内用定位卡环来定位。

调节轴借助于齿条并通过滑动调节器将驱动力从油动机传递到勺管上。勺管安装在勺管套筒内并能伸出规定的尺寸，其套筒则固定在轴承架内，且用限位螺钉限制其位移以防止脱落（见图 25 - 11）。

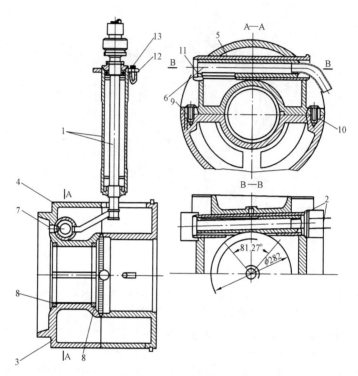

图 25 – 11　注油调节器

1—调节油；2—勺管；3、4—轴承架；5—勺管套筒；6—螺塞盖；7—定位螺钉；
8—卡环；9—定位销；10—螺栓；11—平头螺钉；12—垫圈；13—螺栓

6. 勺管调节机构（见图 25 – 12）

勺管调节机构是用螺栓及销子与箱座连接在一起的，其壳体为焊制，在底部装有凸轮。凸轮固定在滑动器壳体中的凸轮轴上，凸轮具有适合于液力耦合器调节特性要求的外形轮廓。

勺管调节机构壳体内为滑阀，自油动机传动杠杆传递的动力通过传动滚子及弹簧作用在凸轮上，带动滑阀上下滑动，进而将驱动力由滑阀上的齿条传递到勺管调节轴上的传动小齿轮处。

7. 油系统（见图 25 – 13）

油系统主要包括有 1 台齿轮泵、2 台螺杆泵、2 台冷油器及油管路等。

齿轮泵装在箱体外部的泵轮轴端，其内部共有 3 个齿轮，中间为驱

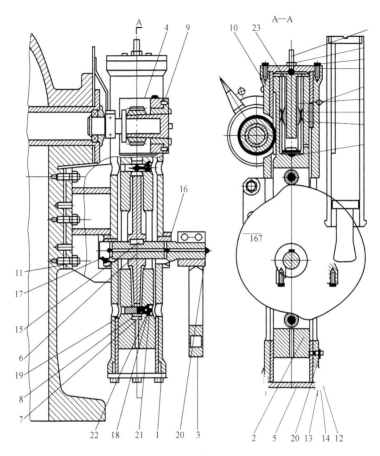

图 25 - 12　勺管调节机构

1—滑动器壳体；2—滑阀；3—杠杆；4—防护罩；5—凸轮；6、7—盖；8—凸轮轴；
9—滚子心轴；10—滚子；11—限位套筒；12—弹簧；13—传动套；14—限位销；
15—垫片；16—调整螺栓；17—垫；18—螺栓；19—螺母；20—弹簧垫；21—键；
22、23—弹簧卡圈

动轮。齿轮泵分为两级，其一将油供给润滑系统，另一级则将油输入耦合器的注油系统。泵的每个齿轮均由在各自两端的固定轴承套来支承，泵齿为"人"字形。

　　2 台螺杆泵是由电动机驱动的，安装在油箱上面，分别作为润滑油及

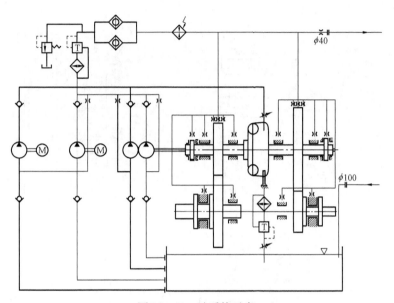

图 25 - 13 油系统示意

注：图中，粗实线为工作油管路，细实线为润滑油管路。

工作油的启动、备用泵。

供给润滑油的齿轮泵或螺杆泵从油箱中吸入油，再将油打入润滑油公用管路。随油温不同，油流过冷油器和温度调节器或是通过冷油器旁路直接流过温度调节器，然后流经过滤网和加热器并通过管路供给两个齿轮级的啮合处及各轴承、止推轴承、泵和电动机的轴承润滑用油。

供给液力耦合器工作油的齿轮泵或螺杆泵自油箱吸上油，经管道送入注油调节器后打进液力耦合器的油室中。油从勺管收回，流经中空的轴承架退油通道、注油调节器和管道而引入耦合器工作油冷油器和温度调节器中。随油温的不同，油流过冷油器或冷油器旁路，而后工作油从温度调节器处通过溢流阀回到油箱中去。

为保证润滑油的清洁，在润滑油回路中设有磁力过滤器，其特点是双筒可切换，能在运行中进行清洗。

润滑油及耦合器工作油的冷油器均为采用加装肋片的铜管式表面换热器，铜管内通冷却水，铜管外部的冷油器壳体中通油。

此外，液力耦合器上还装有用来指示油箱中油量的浮子式油位指

第三篇 水泵检修

示器。

二、R17K500M 型（德国）液力耦合器

R17K500M 型（德国）液力耦合器基本构成为耦合器本体、输入轴、输出轴（低速齿轮轴）、高速齿轮轴、齿轮润滑油泵及工作油泵组件、辅助电动润滑油泵组件、转速控制组件。这些部件和部分油管道集装在一箱体中，箱体下部为储油箱，油泵通过吸入管从油箱中吸油供给各轴承润滑、冷却用油和耦合器动力传动用油。三根转轴分别由 6 只支持滑动轴承支撑，由 3 只推力轴承实现 3 根轴的轴向定位并承受各种工况下的轴向推力。润滑油泵和工作油泵由输入轴通过齿轮式联轴器拖动，辅助润滑油泵由电动机驱动。具体布置如图 25 - 14 所示。

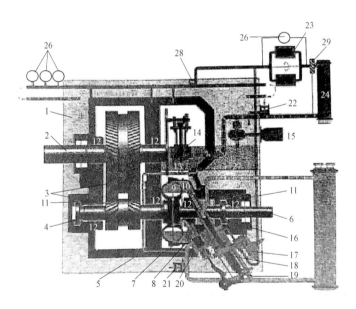

图 25 - 14   R17K500M 型液力耦合器及变速箱布置

1—组件箱；2—输入轴；3—变速箱；4—主动轴；5—主动轮；6—从动轴；
7—从动轮；8—液力耦合器壳体；9—工作室；10—勺管室；11—推力轴承；
12—支撑轴承；13—工作油泵；14—润滑油主油泵；15—润滑油辅助油泵；
16—勺管；17—VEHS 控制系统；18—液压缸；19—勺管位置指示；20—油
循环阀；21—工作油压力施放阀；22—润滑油压力施放阀；23—双联滤网；
24—润滑油冷却器；25—工作油冷油器；26—压力表；27—止回阀；28—压
力调整节流孔；29—油温控制阀

耦合器本体是传递扭矩的核心部件，由涡轮和泵轮组成，涡轮用螺栓固定在高速齿轮轴一端，泵轮用螺栓固定在输出轴一端，罩壳用螺栓固定在涡轮上，运行时随涡轮一起旋转。转速控制组件由勺管、工作油流量控制阀、勺管驱动装置组成。输入轴与输出轴分别用弹性联轴器与驱动电动机和给水泵连接，输入转速为1485r/min，由一对增速齿轮增速为6036r/min，通过耦合器将此转速无级传递给输出轴，拖动给水泵，完成电动给水泵转速的无级调节。

R17K500M 型（德国）液力耦合器性能数据见表 25-1。

表 25-1 　 R17K500M 型（德国）液力耦合器性能数据

项目	单位	数据	项目	单位	数据
型号及厂家	Voith-R17K 500M		润滑油流量/冷却水量	m^3/h	65
轮距	mm	500	工作油冷油器面积	m^2	150
齿轮增速比		4.06:1	润滑油冷油器面积	m^2	44
输入转速	r/min	1485	油箱容积	m^3	2
输出转速	r/min	5871（最大）	增速齿轮型式	人字齿轮	
额定输出功率	kW	9298	调节机构型式	VEHS	
额定滑差	%	2.73	润滑/工作油泵生产厂商	Voith	
动作时间	s	10	输出轴旋转方向	顺时针（从主泵向液力耦合器看）	
工作油流量/冷却水量	m^3/h	227			

第三节　液力耦合器检修与常见故障处理

一、液力耦合器检修

液力耦合器在运行20000h或5年以后应进行大修，对其解体和重新组装的基本步骤如下：

（1）排空工作油后的步骤：

1）打开润滑油滤网并检查和清洗。

2）拆下联轴器并检查。

3）检查输入轴、输出轴的径向跳动。

4）从箱体上拆下滑动调节器及传动杠杆。

5）拆下辅助润滑油泵及其电动机。

6）拆下辅助工作油泵及其电动机。

（2）拆下并吊开箱盖后，检查齿轮的啮合情况。

（3）拆下并解体输入轴及转子部件以后的步骤：

1）检查泵轮和涡轮（叶片共振试验）。

2）检查轴承情况，测量轴承间隙。

3）检查勺管机构的磨损情况。

4）检查易熔塞，必要时更换新件。

5）重新研刮轴瓦后回装（必要时应研磨轴颈）。

6）清理转动外壳内的积油及污垢。

（4）将各密封面涂上密封胶（耐温130℃）。

（5）重新组装转子部件。

（6）清理油箱、箱座及箱盖。

（7）将输入轴及转子部件装回箱座上。

（8）装上并固定好箱盖后的步骤：

1）回装好辅助润滑油泵及其电动机。

2）回装好辅助工作油泵及其电动机。

（9）装上滑动调节器并加油润滑。

（10）检查耦合器与驱动电动机、给水泵的对中情况，并做好记录。

（11）清洗并检查冷油器后进行耐压试验。

（12）将油箱及冷油器灌油至要求的位置。

（13）完成上述工作并检查热工仪表正常后，即可进行试运转。在试转前应检查下列情况：

1）启动备用工作油泵，看能否正常工作。

2）当工作油压高于0.25MPa时，工作油排到冷油器、备用工作油泵应断开。

3）启动备用润滑油泵，看润滑油压能否达到规定的0.25MPa。

（14）在试运转过程中应检查下列情况：

1）听诊齿轮传动装置是否有不正常的撞击、杂音或振动。

2）检查各轴承温度不得超过70℃。

3）检查各轴承、齿轮的润滑油的入口温度不得超过45～50℃。

4）检查耦合器工作油温度不得超过75℃。在冷油器的冷却水温很高且滑差较大时，允许在运行中短时间内的工作油温度达110℃。

5）检查油箱中的油温不得超过55℃。

6）每隔4h将耦合器的负载提高额定载荷的25%，直至液力耦合器满负荷工作后，将驱动电动机电源切断，检查液力耦合器的齿轮啮合情况并记下齿在长、宽上的啮合印记所占的百分比。

7）清理油过滤器，检查沉积在过滤器中的沉淀物的性质。

8）在试运转完成后，将油箱中的油全部更换为清洁的。

9）当发现齿轮传动装置运行异常时，必须找出原因并予以排除。

二、液力耦合器的常见故障及消除方法

液力耦合器常见故障、可能产生原因及处理方法见表25-2。

表25-2　　　　　　　液力耦合器常见故障与处理方法

故障类别	原因分析	消除方法
润滑油压力太低	润滑油冷油器内缺水或流动慢	增加冷却水量
	润滑油冷油器中进了空气	排出空气
	润滑油过滤器堵塞	清洗过滤器滤网
	润滑油安全阀损坏或安装不当	正确安装安全阀
	润滑油泵吸入管堵塞	检查并清理入口管
	润滑油系统管路油泄漏	检查或更换损坏部分
耦合器进口油温太高	工作油冷器内水量不足或流动慢	增加供水量
	工作油中进空气	排出空气
耦合器内油压太高	工作油溢流阀安装不正确	重新安装
	工作油溢流阀有故障	检修或更换弹簧
耦合器内油压太低	工作油过滤器堵塞	清洗过滤器滤网
	工作油溢流阀安装不正确或损坏	清除故障，正确安装
	工作油泵吸入管堵塞	检查并清理入口管
	工作油泵内吸入空气	检查吸入管密封，清除泄漏

故障类别	原因分析	消除方法
润滑油压力太高	润滑油溢流阀安装不正确	重新安装
润滑油压不够规定要求	润滑油系统管路有断裂	检查并接通
	润滑油过滤器太脏	清理滤芯
耦合器内油压不够规定要求	工作油系统管路有断裂	检查并接通
	液力耦合器安全塞熔化	更换新的安全塞
主油泵不工作	传动轴断裂	检查更换新轴
过滤器中的污物过多	油管道脏污（如管道中有未除净的焊渣等）	清理滤网
	油泵磨损（油中有金属屑）	清除泵内杂质并检查
	油箱中的油脏	清理油系统，更换新油
勺管卡涩或不灵活	勺管与其套筒摩擦	适当增大套筒间隙
	控制电磁装置故障	检查消除故障
	控制油脏	检查油系统
齿轮传动装置出现周期性撞击	齿轮损坏	更换损坏部件
	轴瓦磨损	检查并修复、研刮轴瓦
齿轮传动装置振动	齿轮传动装置中心不正	检查并按要求校正
	液力耦合器不平衡	消除不平衡
	叠片式联轴器不平衡	消除不平衡
	齿轮传动装置地脚螺栓松动	重新紧固
	液力耦合器转子损坏	修复或更换

提示 第一、二节适合初级工使用。第三节适合中级工使用。

第四篇

主要辅机设备

第二十六章

凝 汽 器

凝汽器是将汽轮机排汽冷凝成水的一种换热器，又称复水器。按冷却介质分为水冷式凝汽器和空冷式凝汽器两种，习惯上我们所说的凝汽器一般指水冷式凝汽器。本章介绍水冷式凝汽器，后面专门章节讲述空冷式凝汽器。

第一节 凝汽器简述

一、凝汽器的作用

凝汽器的作用是在汽轮机排汽口处建立并维持要求的真空度，使蒸汽在汽轮机内膨胀到尽可能低的压力，将更多的热量转变为机械功；同时将汽轮机的排汽凝结为水，补充锅炉给水，起到回收工质的作用。

二、凝汽器的基本构造

现代发电厂都采用表面式凝汽器，其基本构造如图 26－1 所示。凝汽器的外壳大多是用钢板焊接的，两端有水室，水室和蒸汽之间用管板隔开，管板上装有许多铜管与水室相通。铜管两端胀接在管板上，两端的管板焊接在壳体上。水室上装有水室盖，需要进行捅刷凝汽器或更换凝汽器铜管等工作时，可将水室盖打开。壳体下部为凝汽器热水井（简称热井），凝结水出口管位于热井底部。

凝汽器喉部与汽轮机排汽口采用焊接形式（即刚性连接），底部支承在若干弹簧支座上（即弹性支承）。在安装和运行中，凝汽器的自重由弹簧支座承受，而凝汽器内水侧的水重则由汽缸传给低压缸基础框架承受，运行时凝汽器自上而下的热膨胀由弹簧来补偿。

中、小型凝汽器的外形是圆筒形的。而大型凝汽器的外形设计成方形结构，并且为了减少大直径抽汽管的长度，将末级低压加热器置于凝汽器的内部，位置在凝汽器进汽口的上部。另外，在热水井中，装有真空除氧装置，对凝结水进行初步除氧，防止低压设备的氧腐蚀。

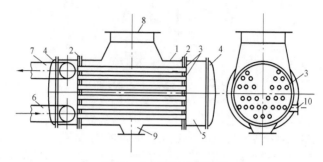

图 26-1　表面式凝汽器

1—外壳；2—管板；3—钢管；4—水室盖；5—水室；6—进水管；7—出水管；
8—凝汽器喉部；9—热水井；10—空气抽出口

　　凝汽器的空间被分成两部分，管内为冷却水空间（水侧）；管外为蒸汽空间（汽侧）。冷却水从冷却水进口进入凝汽器的水室，沿管内流动，进入另一端的水室后从冷却水出口流出，吸收管外蒸汽放出的热量。汽轮机的排汽进入凝汽器的汽侧，在冷却水管的外表面被冷却凝结成水，最后汇集到热水井。

三、凝汽器的工作过程

　　正常运行时，循环水泵将冷却水从进水管打入前水室下半部，并分别流入各铜管中，再经过铜管到后水室转向，流经上半部铜管，回到前水室上部，从出水管排出。汽轮机的排汽经喉部进入凝汽器的蒸汽空间（铜管外的空间），流经铜管外表面与冷却水进行热交换后被凝结。部分蒸汽由中间通道和两侧通道进入热井对凝结水进行加热，以消除过冷度起到除氧作用，剩余的汽气混合物，经抽汽口由抽气器抽出。筋板增加刚性，焊后用车床精加工密封面。凡检修后的凝汽器均需进行水压试验。

　　凝汽器的检修一般包括水侧的检查和清理、汽侧及空气系统的检查、凝汽器附件的检修、灌水找漏和需要时更换凝汽器铜管等项目。其中凝汽器铜管的更换将在第四节专门介绍。

第二节　凝汽器的类型

一、按汽侧压力分

　　按凝汽器的汽侧压力可分为单压式凝汽器和多压式凝汽器。单压式凝汽器是指汽侧只有一个汽室的凝汽器，汽轮机的排汽口都在一个相同的凝

汽器压力下运行。随着汽轮机单机功率的增大和多排汽口的采用，把凝汽器的汽侧分隔成与汽轮机排汽口相应的、具有两个或两个以上互不相通的汽室，冷却水串行通过各汽室的管束，由于各汽室的冷却水温度不同，所建立的压力也不相同，这种具有两个或两个以上压力的凝汽器，称为双压或多压式凝汽器。

二、按汽流的形式分

凝汽器的抽汽口安装在不同的部位，就构成了凝汽器中的不同汽流方向。按汽流的流动方向不同，凝汽器可分为汽流向下、汽流向上、汽流向心和汽流向侧式等四种形式，目前应用最多的是后两种形式，这两种形式凝汽器中的蒸汽能直接流到底部加热凝结水，从而减小凝结水的过冷度，热经济性较好。而且，汽流到抽汽口的流程较短，汽阻较小，能保证凝汽器有较高的真空度。

三、按其他方式分

按冷却水在冷却水管中的流程，还可分为单流程、双流程和多流程凝汽器。单流程是指冷却水由凝汽器的一端进入由另一端直接排出，双流程是指冷却水在凝汽器中要经过一次往返后才排出，依次类推，还有三流程和四流程。一般多采用单流程或双流程凝汽器。

另外，凝汽器冷却水进、出水室用垂直隔板分成对称独立的两部分，称为对分式。这种形式的凝汽器可以进行不停机情况下的单侧清洗或检修，增加了运行的灵活性，减少了机组的启停次数，多用于现代大型机组。

第三节　凝汽器的检修

一、凝汽器水侧的检查和清理

凝汽器水侧是指运行中充满循环水的一侧，包括循环水进出口水室、循环水滤网及收球网、凝汽器铜管内部等。只有在停止循环水运行，并将凝汽器进出口水室内的存水放净以后，方可开始凝汽器水室的检查和清理工作。同时进入下水室工作前，应用专用木板将循环水进口管道口封闭，防止人员或工具掉落，进入水室时，应防止地滑伤人。对于管系中含钛管的凝汽器，在检修中一定要做好防火措施，因为钛的燃点仅为600℃左右，易引发火灾。

（一）凝汽器水侧的检查

在端盖拆下以后，首先检查铜管的结垢情况。如有结垢，将影响铜管的换热效率，因此必须视具体情况，制订清洗铜管的措施。然后检查水室、管板的泥垢和铁锈情况，检查水室内壁上锌板的锈蚀情况，检查循环水进出口蝶阀的密封圈是否完好无腐蚀，间隙是否在标准范围内（一般<0.05mm），检查滤网、收球网是否清洁和完好等。如有泥垢、铁锈等，应进行清理；如蝶阀密封圈破损或者间隙不合格，则应进行更换；如网子破损，则应进行修补或更换。

（二）凝汽器水侧的清理

1. 凝汽器铜管的清理

凝汽器的清理有以下几种情况。

（1）运行中的凝汽器由于铜管内壁结垢而使端差增大。当端差大于12℃时，可投胶球清洗装置对铜管进行清理。

（2）当铜管结有软垢时，在检修中可用压缩空气打胶堵的方法或用高压水射流清洗机清洗铜管。用压缩空气打胶堵清洗凝汽器铜管的方法为：将直径25mm的胶堵放入铜管内，持风枪将胶堵逐排逐根依次打出。胶堵应从凝汽器的进水端打入，压缩空气压力保持0.4～0.5MPa。打胶堵时，应将出水侧人孔门关闭，防止胶堵飞出伤人。打不出胶堵的铜管应作记号，另行处理。打完胶堵后，再用压力水将铜管及两端管板清洗干净。

（3）当铜管结有硬垢，采用上述方法不易清除时，可制订措施进行酸洗。

2. 凝汽器水室的清理

用刮刀和钢丝刷将水室及管板的泥垢、铁锈及其他杂物清理干净（注意不可损伤管板及铜管）。清理干净后，必要时应将水室及管板上涂上防腐漆，再检查和清理收球网和滤网，将其中堵塞的杂物全部清理干净。如网子有破损，应视具体情况进行修补。如破损严重，不能进行修补或无修补价值时，则应予以更换。

水室及网子清理完毕后，应用清水冲洗干净。

二、凝汽器汽侧的检查

凝汽器汽侧是指低压缸排汽通过并在其中被凝结成凝结水的一侧，包括凝汽器喉部、两侧管板以内、铜管外侧及凝结水热水井。

凝汽器汽侧的检查需在机组停机后方可进行。如机组大修时，可从下汽缸进入凝汽器汽侧进行检查；机组不大修时，可打开汽侧人孔盖进入进行检查。进行汽侧检查主要有以下项目：

（1）检查凝汽器管板壁及铜管表面是否有锈垢，若有锈垢，应制订措施进行处理。

（2）检查铜管表面，监督铜管是否有垢下腐蚀，是否有落物掉下所造成的伤痕等。对于腐蚀或伤痕严重的铜管，应采取堵管或换管的措施。

三、凝汽器附件的检修

凝汽器在运行中要想保证有良好的真空，除真空空气系统正常外，还必须保证凝汽器本身及附件的严密性。因此，每次检修时，应对凝汽器的附件进行细致的检修，重点是对汽侧附件的检修，但为保证凝汽器正常运行，水侧附件也应进行检修。

检查汽侧放水门、喉部人孔盖、水位计及上下阀的法兰垫、人孔盖垫及盘根处应严密不漏。一般情况下，每次大修均应把这些附件彻底检修，更换新垫片和盘根。

在检修时，还应对水侧放水门进行检修，组装时保证法兰及盘根处不得泄漏。

另外，还应对凝汽器喉部、热水井等部件进行彻底检查，看有无裂纹、砂眼等缺陷，如有应及时消除。

四、凝汽器的找漏

凝汽器的找漏有不停汽侧找漏和停汽侧找漏两种情况。

1. 不停汽侧找漏

机组运行中，如果出现凝结水硬度增大而超标，则可能是凝汽器铜管破裂或胀口渗漏所致。因此，如果机组不允许停止凝汽器汽侧，则可采取火焰找漏法或塑料薄膜找漏法进行找漏，将破裂或胀口渗漏的管子找出。若是管子破裂，可在其两端打入锥形塞子将其堵住；若是胀口渗漏，则可以重新胀管；若管口损坏严重不能再胀管，则只能将其胀口用铜管塞子堵死。

火焰找漏法和塑料薄膜找漏法都是基于同样的原理，都是在水侧停止运行并将水放尽后而汽侧继续保持运行时进行的。由于汽侧处于真空状态运行，如果有铜管破裂或铜管胀口渗漏，则这根铜管管口就会发生向里吸空气的现象。这两种方法只需打开水侧人孔盖，人员进入水室即可找漏。

火焰找漏法是用蜡烛火焰逐一靠近管板处的每根铜管管口，如果有破裂或胀口不严的铜管，则当蜡烛火焰靠近这根铜管管口时，火焰就会被吸进去。而塑料薄膜找漏法是用极薄的塑料膜贴在两侧管板上，如果有泄漏的铜管，则该铜管两端管口处的薄膜将被吸破或被吸成凹窝，可非常直观地看到。

2. 凝汽器的灌水找漏

在机组检修后未投运时，或可以停止凝汽器汽侧而对凝汽器进行找漏时，可以采用灌水找漏法。

灌水找漏是凝汽器找漏中最有效的方法，它不仅能找出破裂的铜管和渗漏的胀口，而且还可找出真空空气系统及凝汽器汽侧附件是否有泄漏。对凝汽器进行灌水找漏必须在汽侧和水侧均停止运行，并将水侧存水放尽后进行。具体方法如下：

打开水侧人孔盖或将大盖拆去，用压缩空气将铜管内的存水吹干净，并用棉纱将水室管板及管孔擦干，以便于检查不很明显的泄漏。

为了防止灌水后凝汽器的支承弹簧受力过大而损坏，在灌水前必须用千斤顶将各支承弹簧支好。打开位于凝汽器喉部的水位监视门，即可联系运行人员向凝汽器汽侧灌水。灌水过程中，必须时刻注意水位监视门，一旦水位到达该处而有水从监视门流出时，应立即停止灌水，以防水位过高使汽轮机轴系浸冷而造成大轴弯曲事故。也可装设临时水位计监视水位。在凝汽器灌水过程中，应随着灌水高度的上升，随时监督铜管及胀口是否有泄漏。如有，应做记号，采取堵管或补胀措施。如需换管，则应在放水后进行。

灌满水后，还应检查真空系统、汽侧放水门、凝汽器水位计等处是否有泄漏。如有，则应在凝汽器放水后彻底消除。

找漏完毕后，把水放掉，拆除千斤顶，关闭水位监视门或拆除临时水位计，并关严连接临时水位计的阀门。

第四节 凝汽器的换管工艺

由于凝汽器铜管的泄漏程度不同，因此所采取的措施也不同。少量铜管泄漏时，可采取堵管的方法；当堵管或泄漏管子的数量超过总数的10% 时，应采取部分更换铜管的措施；当凝汽器铜管严重脱锌、腐蚀严重或使用年久而损坏严重时，应进行全部换管工作。凝汽器铜管的换管过程及工艺要求如下。

一、铜管的试验和检查

准备好需要的管子进行宏观检查，每根铜管均应无压扁、弯曲、砂眼、裂纹等缺陷，然后取总数 5% 的铜管做水压试验，试验压力为0.3MPa。如质量不好，泄漏数量大，则必须对每根均进行水压试验。水压试验完毕后，再取总数 1% ~2% 铜管，截成长约 150mm，每根 3~4 段做化学氨熏试验，如剩余应力大于 20MPa，则必须进行整体回火处理。回火处理后，应进行金相质量检查，确定应力是否已经消除，否则应根据金相要求将铜管两端进行回火。

二、铜管回火处理方法

把铜管放在回火专用工具内，通入蒸汽，按 20 ~ 30℃/min 升温速度升温至 300 ~ 350℃，保持 1h，打开疏水门自然冷却。待温度下降至 250℃时，打开堵板冷却至 100℃以下时即可取出。

回火处理后的铜管，如果需要两端退火，可用氧－乙炔焰把铜管两端加热至暗红后使之自然冷却。用砂布沿圆周打磨干净后方可使用，加热长度约 100mm。

三、凝汽器的抽管、穿管

首先把要换的管子做出记号，然后一根一根地将管子抽出。抽铜管的方法如下：

先用不淬火的鸭嘴扁铁錾子［如图 26－2（a）所示］在铜管两端胀口处把铜管挤在一起［如图 26－2（c）所示］，然后用大洋冲［如图 26－2（b）所示］从铜管的一端向另一端冲出，冲出管板一定

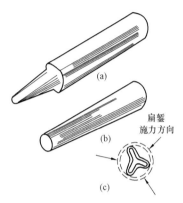

图 26－2　拉出凝汽器铜管
(a) 鸭嘴扁錾；(b) 大洋冲；
(c) 鸭嘴挤铜管方法

距离后，再用手拉。如果用手拉出有困难，可把挤扁的管头锯掉，塞进一节钢棍，用如图 26－3 所示的夹子夹好，再把管子用手或卷扬机拉出来。然后，用砂布把管孔和已退过火的铜管头打磨光滑，再将新铜管穿入管板孔内。注意，穿管时应将铜管穿入各管板的相对应孔内，以免造成错位返工或损坏铜管。在进行全部换铜管工作时，铜管可由下至上一排接一

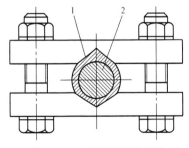

图 26－3　拔铜管用的夹子
1—铜管；2—钢棍

排、一根接一根地穿入，并且每一管板处留一个人负责每一根铜管在该管板处顺利地穿入和穿过管板孔。当有的铜管穿入费力时，可将铜管拔出，用圆锉对该管板孔进行锉削，直到铜管能顺利穿入为止，不可强行打入，以免损坏铜管。为了防止铜管由于管板之间有一定跨距而造成将来投运后的弯曲变形，每穿三四排铜管，

第二十六章　凝汽器

就应插入一定厚度的竹签子。

穿完铜管后，再用胀管器胀好铜管。如果在部分更换铜管时，有的铜管抽出后却无法穿入新铜管，则必须先在最外边两管板的管板孔上胀一节短铜管，然后用堵头堵塞，或直接用紫铜堵头堵塞该管板孔，以防损坏管板孔。

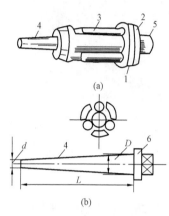

图 26 – 4　斜柱式胀管器
(a) 斜柱式胀管器；(b) 胀杆
1—外壳；2—壳盖；3—滚柱；
4—胀杆；5—螺钉；6—轴肩

四、凝汽器的胀管方法

在凝汽器穿完铜管后，为了保证管口与管板孔之间严密不漏，必须对铜管管口处进行胀管。

凝汽器的胀管一般用胀管器进行，目前使用的胀管器有手动、电动及液压等类型。图 26 – 4 所示是一种斜柱式手动（或电动）胀管器的结构示意。胀管的操作方法如下：

胀管时，先把铜管穿入管板孔，且铜管在管板两端各露出 2 ~ 3mm，为了防止管子窜动，在铜管的另一端应有人挟持定位。然后在胀管器的滚柱涂以少许凡士林或黄油，插入胀管器，使其与铜管留有一定距离。

电动胀管时，应先将控制仪电流挡位定在试胀合格的位置上，端平胀管机，推入胀管器，按下启动开关，稍用力使之不断进入。等铜管胀封与管板壁完全接合时，胀管器外壳上的止推盘紧靠管头，此时胀管器自动停止，且反转退后，胀管结束。

铜管胀好后，再用专用翻边工具（如图 26 – 5 所示）进行翻边，这样可以增加胀管强度。但应注意翻边时不可用力过猛，防止造成翻边处裂纹。露出管板较长的管头，应先切短后再翻边，如图 26 – 6 所示。

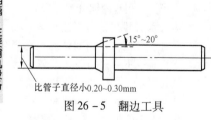

图 26 – 5　翻边工具

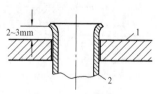

图 26 – 6　铜管翻边
1—凝汽器管板；2—铜管

五、胀管的一些工艺要求

（1）铜管与管板孔之间的间隙，对于 $\phi > 25$ 的管子，一般应在 0.25 ~ 0.40mm 之内。

（2）管头与管孔应用砂布等打磨干净，不允许在纵向有 0.10mm 以上的槽道。

（3）胀管时，胀口深度一般为管板厚度的 75% ~ 90%，但不应小于 16mm。管壁的减薄量应在管壁厚度的 4% ~ 6% 之间。

六、常见胀管缺陷

（1）胀管不牢。这是因为胀管结束得太早，或因胀杆细、滚柱短所造成。此时必须重胀。

（2）管壁金属表面出现重皮、疤痕、凹坑、裂纹等现象。产生此缺陷的原因是铜管退火不够，或翻边角度太大。此时应抽出并更换新管后重新胀管。

（3）管头偏歪两边，松紧不均匀。这主要是孔板不圆或不正所致。此时须将孔板用绞刀绞正后再胀。

（4）管子胀紧部分的尺寸太大，或有明显的圈槽。产生的原因是胀管器的装置距离太大或胀杆的锥度太大，或使用没有止推盘的胀盘胀管器而胀管时间又太长。

（5）胀管的过胀或欠胀。可以通过测量胀管后的铜管内径 $D2$ 来验证，并保证扩管度 $p = 0.5\% \sim 0.6\%$。

$$D_2 = D_1 + a'' + C = 23.35 - 23.5(\text{mm})$$

$$\rho = \Delta/d_0 = 0.5\% \sim 0.6\%$$

式中　D_1——胀管前的铜管内径；

　　　a''——管板内径与胀管前铜管外径之差（0.25 ~ 0.40 mm）；

　　　c——管子的扩张率，即管壁厚的 4% ~ 6%（壁厚 1mm 的铜管，一般为 0.08 ~ 0.12mm）；

　　　Δ——扩管后管子内径增加数值；

　　　d_0——管板孔径，一般为 25.25 ~ 25.40mm。

提示　第一、二节适合初级工使用。第三、四节适合中级工使用。

第二十七章

高、低压加热器

第一节 加热器简述

一、加热器的分类

回热加热器按汽水传热方式的不同,可分为表面式和混合式两种,目前在火力发电厂中,除了除氧器采用混合式加热器外,其余高、低压加热器均为表面式加热器。

按照工作介质压力,表面式加热器可分为低压加热器和高压加热器。在给水泵之前对凝结水加热的表面式加热器,称为低压加热器;在给水泵之后对给水进行加热的表面式加热器,称为高压加热器。

按照布置方式,表面式加热器可分为立式和卧式两种。

二、表面式加热器的构造及工作过程

目前使用的表面式加热器有管板－U形管式和联箱－螺旋管式两种,前者为水室结构,后者为联箱结构,现分别介绍如下。

1. 管板－U形管式加热器

如图27－1所示,高压加热器采用管板、U形管全焊接结构,内部设有过热蒸汽冷却段、蒸汽凝结段和疏水冷却段三段。高压加热器主要部件包括壳体、水室、管板、换热管、支撑板、防冲板、包壳板等。每台高压

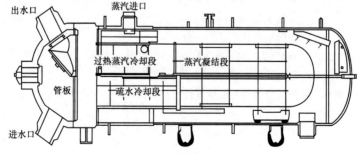

图 27－1 高压加热器的设备简图

第四篇 主要辅机设备

加热器设有 3 个支座以支撑高压加热器就位，位于高压加热器管板下的支座为固定支座，在壳体的中部和尾部设有滑动支座（中部滑动支座滚轮在运行时拆除），当壳体受热膨胀时，可沿轴向滑动，保证设备安全运行。

加热器的受热面一般是由黄铜管或钢管组成的 U 形管束（或直管束），铜管胀接在管板上，而钢管则是先胀管再与管板焊在一起。整个管束安置在加热器的圆筒形外壳内，管束还用专门的骨架加以固定，外壳上部用法兰连接，管板上面为水室的端盖。被加热的水由连接短管进水室的一侧，流经 U 形管束后，再送入水室的另一侧连接管流出。加热蒸汽从加热器外壳的上部进入加热器汽室，借导向板的作用，使汽流在加热器内曲折流动，在冲刷管子外壁的过程中凝结放热，把热量传给被加热的水。在加热器蒸汽进口处的管束外加装有保护板，以减轻汽流对管束的冲刷作用。为了便于加热器受热面的检查、清洗和检修，整个管束制成一个整体，再从外壳内抽出。高压加热器的水室由锻件与厚板焊接而成，封头为耐高压的半球形结构。水室上设椭圆形人孔以便于进行检修。椭圆形人孔为自密封结构，采用带加强环的不锈钢石墨缠绕垫。水室内设有将球体分开的密闭式分程隔板，为防止高压加热器水室内给水短路，在给水出口侧设有膨胀装置，以补偿因温差引起的变形及瞬间水压突变引起的变形与相应的热应力，给水进口侧设置有防冲蚀装置。

上述表面式加热器，一般应用于被加热后的压力约在 7.0MPa 以下的情况，因此所有的低压加热器及某些高压加热器一般都采用这种类型。

图 27 - 2 为高压加热器的外形图、剖视图和结构示意图，该加热器主要由壳体、水室、换热面等组成。

为保证高压加热器水室的严密性，大型机组加热器的水室结构均不采用法兰连接，水室由锻件与厚板焊接而成，封头为耐高压的半球形结构。水室上设圆形人孔以便于进行检修。椭圆形人孔为自密封结构，采用带加强环的不锈钢石墨缠绕垫。水室内设有将球体分开的密闭式分程隔板，为防止高压加热器水室内给水短路，在给水出口侧设有膨胀装置，以补偿因温差引起的变形及瞬间水压突变引起的变形与相应的热应力，给水进口侧设置有防冲蚀装置。壳体为全焊接结构。依照技术条件壳体进行焊后热处理和无损检验，除安全阀接管外高压加热器的所有部件均为全焊接的非法兰结构。当高压加热器需拆除壳体时，须沿着所附装配图壳体上的切割线切割。采用自密封式或人孔盖式密封结构如图 27 - 2（c）所示，借助于本室中的高压给水对密封座的作用力来压紧密封环，以达到自密封的作用。这种结构的水室筒体与管板之间及管板与汽侧壳体之间的连接方式均

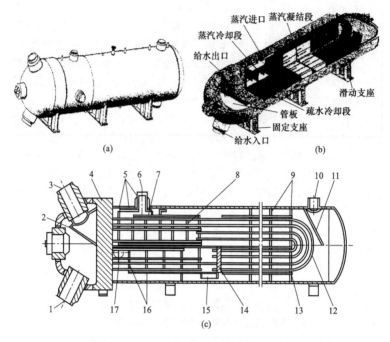

图 27 - 2　卧式管板 – U 形管式高压加热器

（a）加热器外形；（b）加热器剖视图；（c）加热器结构示意

1—给水进口；2—水室；3—给水出口；4—管板；5—遮热板；6—蒸汽进口；

7—防冲板；8—过热蒸汽冷却段；9—隔板；10—疏水进口；11—防冲板；

12—U 形管；13—拉杆和定距杆；14—主水冷却段端板；15—疏水冷却

段进口；16—疏水冷却段；17—疏水出口

为焊接。

使用 U 形管作为加热管，高压加热器管子与管板采用焊接加胀接结构。在换热管的全长上布置有一定数量的支撑板，使蒸汽流能垂直冲刷管子以改进传热效果，并增加管束的整体刚性，防止振动，并且保证管子受热能自由膨胀。

自密封式水室的优点是检修方便（水室上部为大开口），水室冷却快，可提前检修。缺点是水室受力大，故水室壁较厚，材料消耗多且加工量也大。

人孔盖式密封水室的优点是制造方便，水室壁薄，密封性能好，但检

第四篇　主要辅机设备

修困难。

随着电厂机组参数的提高，高压加热器水侧的压力可高达 14.0 ~ 22.0MPa 以上，水温在 215 ~ 230℃ 以上。在此情况下采用普通的管板就必须做得很厚，如果仍然用胀接的办法把管径为 13 ~ 19mm 的管束固定在很厚（300 ~ 500mm）的管板上，在加热器投入运行时，则很难使胀口的严密性得到保证。为此，国产高压加热器采用了氢弧焊、爆炸法胀管等新工艺。

2. 联箱 - 盘形管式加热器

联箱 - 盘形管式加热器是一种由螺旋管组成的加热器。加热器的管束在直立圆筒形外壳内对称地分为四行，每行由若干组水平螺旋管组成。给水由一对直立的集水管送入这些螺旋管组中，并经另外的一对直立集水管导出，每个双层螺旋管的管端都焊接在邻近的进水和出水集水管上，水的进出都通过外壳盖上的连接管。加热蒸汽经加热器中部连接送入，并在外壳内部先向上升，而后下降，顺着一系列水平的导向板改变流动方向，同时冲刷管组的外表面。带导轮的撑架是为从外壳中抽出或放入管束时导向用的。

这种型式的加热器与管板 - U 形管式加热器比较，其优点是：

（1）加热器的螺旋管容易更换；

（2）传热管焊接在联箱上，不存在厚管板与薄管壁之间的焊接问题；

（3）运行可靠，事故少。

缺点是：

（1）体积大，消耗金属材料多；

（2）管壁厚，热阻大，水阻大，热效率较低；

（3）管子损坏后堵管困难，检修劳动强度大；

（4）螺旋管束与集水导管焊接工作量大，且为异类焊接，易泄漏，检修护工作量也大。

第二节　加热器的常见故障及检修

高低压加热器是火力发电厂回热系统中的重要设备，利用汽轮机的抽汽来加热锅炉给水，达到所要求的给水温度，从而提高电厂的热效率并保证机组出力。加热器是在发电厂内在一定压力下运行的设备，在运行中还将受到机组负荷突变、给水泵故障、旁路切换等引起的压力和温度的剧变，这些将给加热器带来损害。为此，加热器除了在设计、制造和安装时必须保证质量外，还应加强运行、监视和维护，加强操作人员业务素质培训，才能确保加热器处于长期安全运行和完好状态。

表面式加热器在运行中出现不正常情况或故障，应及时检查分析、检修和消除，现分别将高压加热器及低压加热器的常见故障和检修方法叙述如下。

一、高压加热器的常见故障与检修

（一）高压加热器的常见故障

1. 管口焊缝泄漏及管子本身破裂

高压加热器最严重和最常见的故障是管子与管板连接处的管口焊缝泄漏或管子本身的泄漏破裂。这一故障可引起高压给水流入汽侧壳体，从而倒灌入汽轮机，严重时使高压汽侧壳体超压爆破。运行中管口和管子泄漏表现出的现象有以下几种：

（1）保护装置动作，高压加热器自动解列，并且高压给水侧压力可能下降。

（2）汽侧安全阀动作。

（3）疏水水位持续上升，疏水调节阀开至最大仍不能维持正常水位。

发生上述三种情况的任何一种，都可能是高压加热器泄漏了，必须立即停运检查和检修，首先检查保护装置系统的各阀门、管道等，然后检查汽侧安全阀、疏水调节阀及其自控系统有无故障。若确实无故障，再检查高压加热器本体。检查高压加热器本体的最简单方法是放空查漏。停高压加热器汽侧，而水侧继续运行，打开汽侧放水阀放尽疏水，经较长时间后，若放水阀无水流继续滴下，则说明管子无泄漏；若发现仍有水流不断地滴下，则说明可能有管子或管口泄漏。

在水侧和汽侧都停运后找漏的最简便方法是做灌水试验。打开水室并冷却后，向水室内灌水直至水位与管口齐平，如发现某根管子内水位略低于管口，可再添水观察；如仍略低于管口，则可认为管口与管板连接处泄漏；如发现某管子内水位下降得非常低甚至看不见，则说明这根管子破裂了。

高压加热器本体查漏的可靠方法是做气密试验。对 U 形管管板式高压加热器，先开启水、汽两侧的排空、放水阀，加热器内压力降至零，再缓开人孔，并排除水室内剩水，拆除螺栓连接着的分程隔板，清理管板表面，封闭壳体上所有接口，然后往壳体内充气（正置立式高压加热器可在壳体内灌水，仅在管板以下留一百至数百毫米空间充气，可减少所充气体的用量），并充气升压（可充氮气或压缩空气），气压一般为 0.6 ~

1.5MPa。气压越高越易于发现泄漏，但不得超过高压加热器图纸规定的气密试验压力，也不得超过壳体设计压力。人进入水室内，在管板表面涂肥皂液，如果管内有气体或水冲出，表明该管子损坏。

管口焊缝缺陷，可用尖头凿子铲去缺陷部位，把管口清理干净并使之干燥，然后对焊缝铲除部分用镍基合金焊条进行补焊。

管子破裂缺陷不能用补焊手段消除，只能用堵管的方法。用低碳钢车制成锥形堵头，堵头小头直径为 $d-1$，大头直径为 $d+1$（d 为管子内径），把堵头打入破裂管的两头，然后与管端焊接牢固。

当堵管数超过全部管数的 10%，如传热严重恶化，且又加快给水流速，则应重新更换管系。

2. 切割壳体、检修管系

全封闭焊接结构的 U 形管管板式高压加热器，检修时一般不必切开壳体。如确需检修壳体内部或更换管系，则可按图纸规定的切割线位置把壳体割开。进汽管及疏水出口管等如有连接至体内包壳的内套管，也应予以割断，这样可将管系抽出（或把壳体退出）。

3. 螺旋管等集箱式高压加热器的管系泄漏

螺旋管等集箱式高压加热器管系发生泄漏时，可将管系吊出。放尽管内积水后，即可进行修理。该缺陷常见的部位如下：

（1）管子焊至集箱的角焊缝存在皮下气孔等缺陷。可以用尖头凿子挑去缺陷，清理干净，以 J422 等优质低碳钢焊条补焊，焊后清理药皮，并做外观检查，应无裂纹、气孔等缺陷，再做水压试验。

（2）管子本身的拼接焊缝泄漏或管子本身泄漏。原因为焊接质量不良，或管子本身质量不良。

（3）固定管子用的扁钢夹箍如焊至管子上，易把管子焊损而泄漏。

（4）靠近集箱的传热管的小弯曲半径处，受给水离心力长期冲刷磨坏，这种损坏尤其多见于过热段和疏水冷却段的管子。

上述（2）（3）（4）项的管子损坏，应予更换管子。如检修时暂无换管条件，则可临时将坏管割去，留下的管口用锥形塞堵焊。但当堵管数量超过总管数 10% 时，必须重新更换新管。为提高高压加热器可用系数，经运行很多年后发现第（4）项的管子磨损泄漏，可使用测厚仪测量所有的管壁厚度，发现过薄的管子宜预先更换，将缺陷消灭在泄漏之前。如果大量管子在小弯曲半径处磨损泄漏，显示管子使用寿命即将终止，应更换全部管子。

第二十七章 高、低压加热器

火力发电职业技能培训教材 ·573·

4. 大法兰泄漏

管系（或水室）和壳体用大法兰螺栓连接的高压加热器，大法兰密封面易发生泄漏。泄漏的可能原因有：大法兰刚性不足、大法兰密封面变形翘曲或不平、密封垫料不合适等。经验表明，大多数原因是大法兰刚性不足，可以采取在法兰背面加焊肋板的补救措施，以增强刚性。每隔两个螺栓焊一块肋板，这对锻造法兰或平焊法兰均适用，焊后在机床上车平法兰密封面。如系大法兰密封面翘曲变形，则应进行机械加工；如没有条件加工，只能用手工仔细刮削。如系密封垫片损坏引起泄漏，应更换新垫。

5. 水室隔板密封泄漏或受冲击损坏

在 U 形管管板式高压加热器的水室内，分程隔板常用螺栓螺母连接。如螺母松弛或损坏，或隔板受给水的冲击而变形损坏，或垫片损坏，均会造成一部分给水泄漏，通过隔板未经加热走了短路，从而降低给水出口温度。这些缺陷，应视具体情况予以处理消除。若是隔板损坏，应更换为不锈钢制造的分程隔板，并适当增加厚度，使其具备足够的刚性，或采用增强刚性的结构。

6. 出水温度下降

高压加热器出水温度下降，降低了回热系统效果，增加了能耗，应找出具体原因，予以消除。出水温度下降的原因如下：

（1）抽汽阀门未开足或被卡住。

（2）运行中负荷突变引起暂时的给水加热不足。

（3）给水流量突然增加。

（4）水室内的分程隔板泄漏。

（5）高压加热器给水旁路阀门未关严，有一部分给水走了旁路，或保护装置进出口阀门的旁路阀等未完全关严而内漏。

（6）疏水调节阀失灵，引起水位过高浸没管子。

（7）汽侧壳内的空气不能及时排除而积聚，影响传热。

（8）经长期运行后堵掉了一些管子，传热面因之减少。

（二）检修工艺与质量标准

1. 水室密封面的检修

高压加热器人孔采用自密封结构，密封衬垫采用不锈钢石墨缠绕衬垫或不锈钢石墨高强度复合衬垫，经过一段时期运行之后，如衬垫产生泄漏则必须及时更换为新的衬垫，在高压加热器再次启动时，必须对衬垫施加一定的预紧力，在管道注水后，应再次适当拧紧螺母。当高压加热器停运而不需要打开人孔盖时，应在泄压前再次拧紧螺母。

（1）水室密封件的拆卸及解体。

拆除固定人孔盖的双头螺栓和压板，用专用螺栓将拆装装置固定在人孔座上，将人孔门的拆装装置配在托架上并与人孔盖的中心相连接（用合适的手动葫芦和滑轮组支吊拆装人孔盖）。拆除人孔盖的另外一只螺栓和压板，松开人孔盖将其推入水室。沿逆时针方向放置拆装装置的螺杆将其退出，将人孔盖沿任一方向旋转90°并留出空隙，小心地退出人孔盖并放置妥当。用手动葫芦或滑轮组等支吊牵拉工具将人孔盖取出，将人孔盖从拆装装置上拆下。

（2）人孔盖结合面的清理与检查。

在人孔盖拆下密封垫圈，并将盖、座两密封面清理干净，检查结合面有无裂纹、沟槽及毛刺等缺陷。如有缺陷须根据情况处理，应保证密封面的清洁光滑、无凹凸和毛刺。用煤油、钢丝刷清理螺栓、螺母，然后涂铅粉，待用。

（3）人孔盖的安装方法。

首先要检查与清理人孔盖及人孔座表面等，然后换上新衬垫，将拆卸装置起吊至适当高度。然后将人孔盖与拆卸装置连接固定牢靠。旋人孔盖，使其推入人孔口，再朝人孔密封座方向旋转90°就位。装上压板与两个预紧螺栓，用手旋紧，交叉旋紧螺栓，使结合面受力均匀，保证密封，最后拆去拆卸装置。安装完毕要进行泄漏试验，检查结合面的密封情况，若有泄漏须调整螺栓紧力均匀。

加热器投运后，需再次检查人孔结合面的密封。当人孔盖受内压后，切勿将人孔盖螺栓旋得过紧，否则一旦泄压后，螺栓会因过紧而不易拆卸。

2. 水室的检修

（1）水室隔板的检查处理。

人孔盖打开后，进入水室，检查隔板的焊缝及表面，进行除锈清理，然后检查是否有裂纹、变形、吹蚀等缺陷。若发现有裂纹、变形等缺陷，应进行处理。对于裂纹，先用磨光机或扁铲除去所有裂纹。打磨出一个V形坡口，之后将该区域所有杂物清扫干净，用焊条重新补焊。注意补焊时，应对管口及人孔密封座结合面进行保护，并做好通风措施，人孔处必须有监护。对于变形，则根据情况予以整形处理。处理完毕，应对水室内部进行彻底清理，确保无异物遗留在内。

（2）换热管的泄漏检修。

1）在高压加热器的运行过程中，一旦出现疏水调节阀开度的增大、高压加热器水位突然上升、产生振动和声音异常、给水压力的下降（在发生低给水流量时）、给水流量变化（对比除氧器出口与锅炉入口之间的给水流量）等现象，则可以判定加热器内发生换热管泄漏。

此时，应停用高压加热器，并对其管系进行检测。检测方法是：①壳侧放净疏水，利用给水对高压加热器做通水试验，根据高压加热器水侧的压力变化情况与放水阀的排水情况，可判断高压加热器有无泄漏，并估计泄漏程度。一般漏水量大的是管子本身泄漏，漏水量少的是管端处的焊接接头泄漏。②在确认高压加热器有泄漏后，通过管程的放水口放掉内部积水，用专用的拆卸工具将水室人孔盖拿出，拆下水室上分隔盖板，并拆除防冲蚀装置，由壳侧通以 0.5 ~ 0.8MPa 的压缩空气，在管端涂以肥皂水，可用 10 倍放大镜对管板表面焊接接头细微观察，如果气流从该管径内射出则为管子本身泄漏，如有微量气流冲破焊接接头处肥皂水膜而逸出，则为管端焊接接头泄漏并可确定泄漏位置。③检漏时应将确切的管端焊接接头泄漏位置标上记号，并在管板布孔图上记录下相应位置。

2）当检测到高压加热器管系泄漏并确定了泄漏位置时，就应对泄漏管进行检修。高压加热器换热管和管端焊接接头的泄漏可能会有管端焊接部位的微小泄漏（有水从裂纹或非贯穿性气孔中渗出）、管端焊接部位的较大泄漏（管板上的管孔被冲蚀）、因管子出现针孔或断裂所产生的泄漏等三种状态，此时应根据不同的情况采取不同的检修方法。

当漏点位置距水室侧管板平面小于 6mm 时，基本是管端焊接接头部位泄漏。此时应：①直径 $\phi16/\phi11$ 的阶梯钻头钻削掉原焊接接头及漏点缺陷（如有防磨套管时，须同时钻削掉相应套管翻边部分）；②管端烘干，清除水渍、油污、锈斑等影响焊接质量的污垢，最后清洁工作用清洁的丙酮，禁止使用氯化物溶剂（如四氯化碳、三氯乙烯、全氯乙烯），露出金属光泽。用手工氩弧焊或焊条电弧焊焊妥管端处焊接接头。注意：不要烧到附近管子的焊缝和管孔带；不要使管板过分受热；不要使附近的管子与管板密封焊缝过分受热；不要使电弧碰到附近的管端及其他密封焊缝；不要使机械工具损害密封焊缝。

当漏点位置距水室侧管板平面大于 6mm 时，基本是管子孔泄漏和断裂。此时采用堵塞焊堵，堵塞有 I 型（通用型）和 E 型（仅用于无法钻削掉其间的防磨套管和管子时）两种。

I 型堵塞的使用方法是：①直径 $\phi16$ 的钻头，对管端进行钻孔，钻孔深度约 30mm，钻削掉其间的防磨管子；②插入一个 I 型堵塞到管孔内并定位焊；③用手工氩弧焊或焊条电弧焊焊接堵塞。

E 型堵塞的使用方法是：①直径 φ11 左右的绞刀绞圆管口；②插入一个堵塞 E 型到管子内并定位焊；③用手工氩弧焊或焊条电弧焊焊接堵塞。

凡管子本身发生泄漏时，对泄漏管子和周圈管子应进行保护性堵管。

3. 水位计及安全阀检查

（1）水位计显示清晰。

（2）打压时检查水位计无泄漏。

（3）安全阀密封面严密，动作灵活、无卡涩。

（4）对汽侧安全阀起座压力整定合格。

（5）气密试验使用对应的抽汽。

（三）高压加热器的定期检查

高压加热器在长期使用中应定期做如下检查：

（1）检查设备壳体、封头过渡区和其他应力集中部位及所有焊接接头处是否有裂纹，特别是水室管板的圆角过渡区处及管板与水室筒身的对接焊接接头，对有怀疑的部位应采用 10 倍放大镜检查或采用磁粉、着色进行表面探伤。如发现表面裂纹时，应采取超声波或射线进一步抽查焊接接头总长的 20%，应铲除裂纹，用与母材性能相同的材料，按工艺要求，补焊好，经探伤合格后，设备方可投入运行。

（2）每次在水室内施工时，应检测管板的变形情况，如发现管板凹陷应立即采用 10 倍放大镜或采用磁粉着色对管板圆角过渡区域进行表面探伤。如发现严重裂纹时，应组织有关人员进行研究，分析原因并采取措施加以消除、修理或报废；对存在难以消除的严重裂纹，而又要继续使用，必须由有关人员鉴定，并经断裂力学分析和计算，确认有足够的安全可靠性方可继续使用。

（3）安全保护装置在使用过程中应加强维护与定期检验，经常保持安全附件齐全灵敏可靠，在停机检修中和投运高压加热器之前，对全部保护装置进行试验，定期检查并试验疏水调节阀、给水自动旁路装置、危急疏水和抽汽止回阀、进汽阀的联锁装置等。

（4）定期由清洗口对管程、壳程进行清洗（或化学清洗），避免管子结垢，影响传热效果。

（5）定期冲洗水位计，检查上、下阀门的通向是否正确，防止出现假水位。

（6）应定期检查空气管是否堵塞，以免空气积聚在传热面上，影响高压加热器的传热效果和引起管束的腐蚀。

（7）无法进行内部检查的应定期进行耐压试验，每3年至少进行1次。

高压加热器的安装、运行、维护和检修、检验均应按照国家技术监督局颁发的《压力容器安全技术监察规程》执行。

（四）高压加热器全面检验

（1）管道表面内外部焊缝进行100%宏观检查。

（2）全部焊缝及开孔进行着色检查。

（3）对高压加热器筒体、底座进行100%超声检查。

（4）在允许条件下，进行100%射线检查。

（5）对筒体和封头进行多点硬度检查。

（6）对筒体及封头进行多点测厚。

（7）分配水管、给水管进行超声检查。

（8）疏水弯头进行测厚。

二、低压加热器的故障和检修

低压加热器的一个主要故障是管口的泄漏和管子本身的损坏。这一故障可由主凝结水漏入汽侧引起水位升高等现象而发现。寻找泄漏的管子，可在汽侧进行水压试验；也可用启动抽汽器在低压加热器的汽侧抽真空，用火焰在管板上移动能发现漏管；还可在全部管子内装满水，若管子发生泄漏，则这根管内就没有水。

胀接的管子，如果胀口漏了，可以重胀；但如果胀口裂了，则需换管。

铜管本身损坏，可以换管。在破裂的管端标上记号，把管系吊出，管板一面着地成倒置垂直地竖立，或者正立着悬挂在专用架子上，把破管割去，留下不大的一段直管，使用有凸肩的圆棒，顶着这段直管向水室方向打出去。如果管子在管板中胀得不紧，可用工具夹住管端将管子拉出去，然后把管子打出去。对胀接的钢管，可用上述最后一种方法换管。

如果钢管不能更换，则可用锥形钢塞堵焊住。对铜管低压加热器，则可使用锥形铜塞打进管端内，把坏管暂时堵住。

焊接管的钢管，如管口泄漏可用凿子凿去缺陷部位。注意凿去的面积不要扩大，用小直径低碳钢焊条补焊。如果管口本身损坏，只能堵管，用锥形塞堵后焊上。

三、加热器的停用防腐和清洗

（一）加热器的停用防腐

采用碳钢管的给水加热器（包括不锈钢管）在设备调试运行后将按规定程序进行防腐处理和储存。

短期（1~3天）停运时，高压加热器的壳侧应采用蒸汽密封，即利用流动的除氧器启动蒸汽（辅助蒸汽）经由高压加热器壳程排汽管道进入高压加热器作蒸汽密封，密封压力应控制在0.049~0.098MPa，检查无负压产生。蒸汽因热量散失将冷凝，使设备水位上升，监测水位并在水位上升时打开放水阀放水。当不具备蒸汽密封条件时，应利用源自氮气密封系统的氮气进行密封，氮气密封压力应控制在0.049~0.098MPa，其氮气纯度不低于99.5%。同时高压加热器的管侧应充满除氧水（含氧量5~7mg/m³以下）。

中等周期（4~14天）停运时，高压加热器的壳侧应采用充氮或充除氧水保护。采用充氮时，充氮气压力为0.049~0.098MPa，充氮气的纯度不低于99.5%；采用充除氧水时，其含氧量为5~7mg/m³，pH值在9.2~9.6，联氨（N_2H_4）浓度在100~150g/m³。高压加热器的管侧应充水密封，水侧充满无压力含联氨（N_2H_4）100~150g/m³、pH值在9.2~9.6的除氧水（含氧量为5~7mg/m³）。当不具备充水储存条件时，应采用充氮密封，氮气密封压力应控制在0.049~0.098MPa，氮气的纯度不低于99.5%。

长期（15天或更长）时，管侧与壳侧均应采用充氮气保护。其方法是将管侧、壳侧排净积水，待加热器冷却后用抽真空或烘干法使设备完全干燥，然后管侧、壳侧分别充氮，氮气纯度不低于99.5%，充氮压力为0.049~0.098MPa，当压力低于0.049MPa时，应重新充氮。

当系统停运时（与时间多长无关），若为正常停运，则在设备解列后，无论是在壳侧还是管侧均应充满含有一定浓度防腐液（钝化水）的水12h以上，在生成防锈膜层后将水除去。依正常停运的时间长短，按上面所述方法维护高压加热器，以防止高压加热器的腐蚀。若为紧急停运，则当设备停运后或切换至旁路时，应尽快地开始供（充）水或将疏水排放掉（当内部温度高于100℃时）。当加热器压力降至0.02MPa时，逐渐保持氮气压力约为0.02MPa，在排除水后继续充氮密封。当温度降至更低时打开水室，在内部温度仍然较高时，用空气干燥。因为内部要充满氮气，在打开水室和开始内部工作之前进行空气清洗是必要的。由于上述工作是在湿度较小的状态下完成的，且在运行前水室和管子的内表面已形成稳定的保护膜，故不必担心会发生腐蚀问题。

（二）加热器的停用清洗

加热器，尤其是碳钢管加热器，经长期运行后会在管子内外表面形成以氧化铁为主的污垢，降低传热效果，增加压力损失。除了在运行时严格控制水质，停用时进行充分的防腐保护外，还需定期冲洗污垢，常用的清洗方法如下：

（1）高压水喷射冲洗。该方法简单易行，但不能冲洗到管子深处和 U 形管弯头处。

（2）化学清洗。用化学药剂可以有效地溶化附在管子内外壁的污垢。推荐的清洗温度为（85±5）℃。管内清洗流速为 0.5m/s，管外清洗流速为 0.1m/s。

提示 本章节适合初、中级工使用。

第二十八章

除 氧 器

第一节 除氧器简述

一、除氧器的作用和除氧原理

1. 除氧器的作用

除氧器是一种混合式加热器，它的作用是：①除去锅炉给水中溶解的氧等气体；②加热给水，提高循环热效率；③收集高压加热器的疏水，减少汽水损失，回收热量。

2. 热力除氧原理

热电厂主要采用热力除氧的方法来除去给水中所有的气体。热力除氧的原理就是将水加热到饱和温度时，水蒸气的分压力就会接近100%，则其他气体的分压力就将降到零，于是这些溶解于水中的气体将被全部排除。

二、除氧器的类型和结构

除氧器按分类的方法不同，有不同的类别，下面分别以水的流动形式和工作压力进行分类介绍除氧器形式。

（一）按水在除氧器内流动形式分类

根据水在除氧器内流动的形式不同，除氧器可分为水膜式、淋水盘式、喷雾式、喷雾填料式等。水膜式除氧器由于处理水质较差，目前电厂内已不再采用，这里不再介绍。现将使用较为普遍的淋水盘式、喷雾式、喷雾填料式三种类型除氧器的构造及工作原理介绍如下。

1. 淋水盘式除氧器

淋水盘式除氧器的构造如图28-1所示。除氧器的除氧塔内上方装置有环形配水槽，配水槽下面装有若干层交替放置的筛盘，塔下面是加热蒸汽分配箱。

在淋水盘式除氧器中，要除氧的水（主凝结水、化学补水、疏水等）由塔上部进水管分别进入配水槽中，然后从配水槽落入下部筛盘，每层筛盘与水层厚度约100mm，筛盘底有若干个直径为4~6mm的孔把水分成细

第二十八章 除氧器

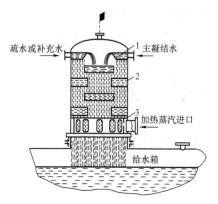

图 28 – 1　淋水盘式除氧器

1—配水槽；2—筛盘；3—蒸汽分配箱

流，形成淋雨式的水柱。加热蒸汽由塔下送入，经蒸汽分配箱沿筛盘交替构成的蒸汽通道上升，在上升途中对除氧水加热，其绝大部分凝结成水，与除氧水一同落入给水箱，余下少量未凝结蒸汽和分离出来的气体，从塔顶端排气门排出。

2. 喷雾式除氧器

图 28 – 2 为国产 0.6MPa、225t/h 的喷雾式除氧器结构，它的工作过程是：主凝结水分两路由进水管进入除氧塔。喷塔内每根凝结水管上装有 21 个喷嘴，每个喷嘴的进水压力为 0.1MPa，喷

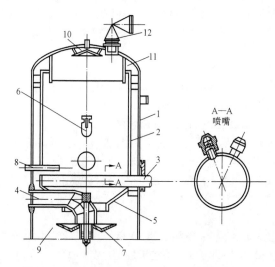

图 28 – 2　国产 0.6MPa、225t/h 喷雾式除氧器

1—外壳；2—汽室筒壁；3—进水管；4—下部进汽管；5—锥形筒；6—中部进汽管；

7—蒸汽喷盘；8—高压加热器疏水管；9—除氧塔下部空间；10—锥形挡板；

11—汽室筒与外壳夹层；12—安全阀

水量为 2t/h。加热蒸汽分两路，一路由除氧塔的中部进汽管进入，在汽室中对喷嘴喷出的雾状水珠进行第一次加热，其本身大部分凝结成水与除氧水一起落入蒸汽喷盘中。另一路由除氧器下部进汽管中进入，在蒸汽压力作用下，把被弹簧力压在出汽管口的蒸汽喷盘顶开。蒸汽从顶开的缝隙中以很高的速度喷出，同时以自己的动能将落入盘内的水冲散于周围空间，对水进行第二次加热。在除氧塔下部空间中，未凝结的蒸汽与分离出来的气体沿锥形筒和夹层上升至除氧塔头部，对雾状水珠再次加热，分离出来的气体与少量蒸汽由塔顶排气管排出。

3. 喷雾填料式除氧器

目前，喷雾填料式除氧器正被越来越广泛地应用于大、中型机组中。喷雾填料式除氧器的基本结构如图 28 - 3 所示。除氧水首先进入中心管，再由中心管流入环形配水管，在环形配水管上装有若干喷嘴，经向上的双流程喷嘴把水喷成雾状。加热蒸汽管由除氧塔顶部进入喷雾层，喷出的蒸汽对雾状水珠进行第一次加热，由于汽水间传热表面积增大，水可很快被加热到除氧器压力下的饱和温度，于是水中溶解的气体约有 80% ~ 90% 就以小气泡逸出，进行第一阶段除氧。在喷雾层除氧之后，采用辅助除氧措施，增加填料层进行第二阶段除氧。即在喷雾层下边装置一些固定填料

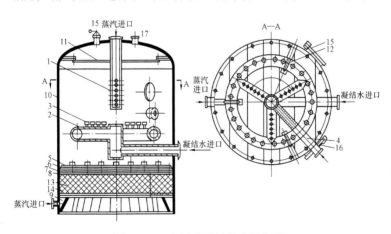

图 28 - 3　高压喷雾填料式除氧器

1—加热蒸汽管；2—环形配水管；3—10t/h 喷嘴；4—高压加热器疏水进水管；

5—淋水区；6、8—支承卷；7—滤板；9—进汽室；10—筒身；11—挡水板；

12—吊耳；13—不锈钢 Ω 形填料；14—滤网；15—弹簧式安全阀；

16—人孔；17—排气管

（如 Ω 形不锈钢片、小瓷环、塑料波纹板、不锈钢车花等），使经过一次除氧的水在填料层上形成水膜，水的表面张力减小，于是残留的 10% ~ 20% 气体便扩散到水的表面，然后被除氧塔下部向上流动的二次加热蒸汽带走。分离出来的气体与少量蒸汽（约加热蒸汽量的 3% ~ 5%）由塔顶排气管排出。

（二）按工作压力分类

除氧器按工作压力分为大气式除氧器、真空除氧器和高压除氧器。

1. 大气式除氧器

大气式除氧器的工作压力略高于大气压力，一般为 0.12MPa，以便于把水中离析出来的气体排入大气，这种除氧器常用于中、低压凝汽式电厂和中压热电厂。

2. 真空除氧器

为简化系统，高压以上参数的机组补充水一般是补入凝汽器的。为避免主凝结水管道和低压加热器的氧腐蚀，在凝汽器下部设置除氧装置，对凝结水和补充水进行除氧。

3. 高压除氧器

超（超）临界机组上，广泛采用高压除氧器，额定负荷下的工作压力约为 0.58MPa，给水温度可加热至 158 ~ 160°，含氧量小于 7mg/L。

高压除氧器有以下优点：

（1）节省投资。高压除氧器在回热系统中可作为一台混合式加热器，从而减少高压加热器的数量。

（2）提高锅炉的安全可靠性。当高压加热器因故停运时，可供给锅炉温度较高的给水，对锅炉的正常运行影响较小。

（3）除氧效果好。气体在水中的溶解度系数随着温度的升高而减小。高压除氧器由于其压力高，对应的饱和水温度高，使气体在水中的溶解度降低。

（4）可防止除氧器内"自生沸腾"现象的发生。所谓除氧器的"自生沸腾"现象是指过量的热疏水进入除氧器，其汽化产生的蒸汽量已满足或超过除氧器的用汽需要，使除氧器内的给水不需要回热抽汽加热就能沸腾。这时，原设计的除氧器内部汽与水的逆向流动遭到破坏，在除氧器中形成蒸汽层，阻碍气体的逸出，使除氧效果恶化。同时，除氧器内的压力会不受限制地升高，排汽量增大，造成较大的工质和热量损失。在高压除氧器中，由于除氧器内压力较高，要将水加热到除氧器压力下的饱和温度，所需热量较多，进入除氧器的热疏水所放出的热量满足不了除氧器用汽的需要，因此不易发生"自生沸腾"现象。

三、除氧器的技术参数及结构

除氧器的结构形式经过多年技术改进有了很大变化，除氧效果越来越好。由于淋水盘式和喷雾式除氧器难以实现深度除氧，除氧效果较差，因此目前电厂已较少采用，有的也已做了改进。超（超）临界机组上普遍采用高压喷雾填料式除氧器和喷雾淋水盘式除氧器。这种形式的除氧器具有可靠、运行操作方便、性能稳定、传热效果好、除氧效率高、安装方便、维修简单、使用寿命长等优点。它可以提高电厂热效率，防止热力设备腐蚀，保证电厂安全经济运行。

YC-3184 型除氧器为卧式双封头、喷雾淋水盘式结构。

除氧头设运行排汽口 2 只、启动排汽口 2 只、加热蒸汽口、主凝结水（给水）进口、高压加热器疏水进口、暖风器疏水进口及其他接口。内件主要由弹簧喷嘴、喷雾室、淋水盘、汽平衡管及下水管等组成。除氧器外直径为 3046mm，总长 70018mm，总高 3446mm。外壳筒身、封头壁厚均为 23mm，材质均为 16MnR。筒身两侧各装设有一个 DN600 的人孔，供检修除氧头内件用。除氧器顶部设有 DN200 的安全阀 2 只。除氧器共布置有 110 只恒速弹簧喷嘴，喷嘴弹簧有调节作用，当机组负荷大时，喷嘴内外压差大，阀瓣开度亦增大，流量随之增大，反之则流量随之减少，使喷出的水膜始终保持稳定的形态，以适应机组滑压运行。喷嘴由不锈钢制造（弹簧除外），且易从壳体上拆卸。淋水盘用防护板保护，当除氧器水箱的压力由于负荷波动造成突然变化时，防护板能保护除氧器淋水盘免受波浪冲击而导致损坏。除氧器加热用喷雾淋水盘用不锈钢制造，并固定使之不会松动。

YC-3184 除氧器的工作流程是：来自低压加热器的主凝结水（含补充水）经进水调节阀调节后，进入除氧器经喷嘴喷出，形成伞状水膜，与由上而下的加热蒸汽等进行混合式传热和传质，给水迅速达到工作压力下的饱和温度。此时，水中的大部分溶氧及其他气体在喷雾区内基本上被解析出来，达到初步除氧的目的。然后，给水经淋水盘均布后进入第一层水槽盘，再逐层经过交错布置的其余槽盘，在此区域内与由下部进入的加热蒸汽接触再次进行混合式传热和传质，以进行深度除氧。从水中析出的溶氧及其他气体则不断地从除氧器顶部的排气管随着余汽排出除氧器外。进入除氧器的高压加热器疏水也将有一部分汽化作为加热汽源，所有的加热蒸汽在放出热量后被冷凝为凝结水，与除氧水混合后一起向下经导水管流入水箱内。为了使水箱内的水温保持在工作压力下的饱和温度，可通过再沸管引入加热蒸汽至水箱内。除氧水则由出水管经给水泵升压后进入高压加热器。

第二节　除氧器的检修

一、除氧器的维护与检修

除氧器正常运行时，应定期检查系统各部分工作是否正常，调节阀、电动截止阀等工作时有无异常，各管口有无漏水现象，各法兰连接处螺母有否松动等，如有异常应及时处理。除氧器工作一段时间后，应随机组同时检修，以保证除氧器能继续正常运行。

对安全阀、进水调节阀、进汽调节阀等要进行定期检查，看其动作是否灵活，安全阀开启压力、回座压力是否正常等。对每只温度计、压力表及记录仪表进行重新校核。弹簧喷嘴是除氧器的关键部件，应逐只检查其弹簧有无断裂或松动、连接螺母有无脱落、弹簧垫圈有否锈蚀等。检查各进水口内挡水板有无脱落，多孔淋水盘的小孔如有堵塞现象，必须清理。

检修时，为确保检修人员的安全，在检修人员进入水箱之前应在筒体内的人孔处采用防滑措施和设置软梯等设置。

1. 除氧器水箱外部检查

（1）宏观检查除氧器水箱外部。外表应无裂纹、变形、局部过热等，接管焊缝受压元件无泄漏。

（2）检查清理固定支架。固定支架在基础上固定良好，基础无裂纹，固定螺栓无松动。

（3）检查清理滑动支座滚子与支撑平面。支座滚子无裂纹，能自由移动、受力均匀。支撑平面平整，滚子与底面和支座面应清洁，接触良好。

2. 除氧头内部检查

（1）打开两侧人孔门，使容器内余热散失，进行通风，防止人员窒息。

（2）打开喷雾除氧段密封板人孔进入该空间，检查恒速喷嘴。对所有恒速喷嘴编号，抽出喷嘴，检查清理消除卡涩等问题。检查喷嘴的弹簧有无变形、断裂、冲蚀现象。检查喷嘴的调整螺栓，开口销螺栓丝扣完好，无缺口等缺陷；开口销不得脱落。检查喷嘴板与喷嘴架，喷嘴板与喷嘴架应配合严密、不卡涩，结合面无贯通、沟痕、裂纹。

（3）检查布水槽钢及淋水盘箱的小槽钢是否有开焊、断裂的现象，如有应进行补焊或更换。

（4）检查壳体、焊缝、排汽挡水板、导流筒、旁路蒸汽管等。对壳体、焊缝进行宏观检查；对筒体封头、壳体、焊缝进行磁粉超声波探伤和测厚；所有焊缝、封头过渡区和其他应力集中部位无断裂现象。

3. 除氧水箱内部检查

（1）检查壳体焊缝及内部支撑架。焊缝、封头过渡区和其他应力集中部位无断裂现象。内部支撑无断裂现象。

（2）检查内表面，清扫水箱，清理打磨。内表面开孔接管处无介质腐蚀或冲刷磨损。对内表面锈垢进行清理，应干净、无杂物，防止杂物落入水箱底部下降管。

（3）对壁厚进行测量探伤。对焊缝进行磁粉、超声波探伤应符合要求。

二、除氧器的异常和事故处理

除氧器运行中的典型事故主要有压力异常、水位异常、除氧器振动等。

1. 除氧器压力异常

除氧器压力异常表现为压力的突升和突降。

压力突升的原因可能是除氧器的进水量突降、机组超负荷运行、高压加热器疏水量大、除氧器的压力调节阀失灵等。发生压力突升时，应立即检查原因，并做相应处理，必要时可手动调节除氧器压力，避免除氧器超压运行持续。当除氧器压力突降时，应立即检查除氧器的进水量、压力与负荷是否适应；若加热汽源是辅助蒸汽，注意监视辅助蒸汽压力调节阀的动作是否正常，必要时可手动调节。

2. 除氧器水位异常

除氧器水位异常变化主要是由进、出水失去平衡和除氧器内部压力突变引起的。这时应找出主要因素并针对处理，不可盲目调节，防止除氧器满水。

3. 除氧器振动

（1）除氧器在运行中不正常的振动会危及设备及系统的安全，振动原因大致有以下几点：

1）机组启动时，因蒸汽压力低、温度低、预暖设备时间不足，且给水温度、压力较低，在给水入口管处形成水击，引起除氧器大幅振动，从而带动给水箱振动，反过来又加剧振动；再者，启动时凝结水温度低，需再沸腾蒸汽进入，使给水加温并加快除氧，此时也会引起水击，这是除氧器发生初期振动的主要原因。

2）负荷过大，淋水盘溢流阻塞气流通道，产生水冲击而引起振动。

3）排水带汽，塔内气流速度太快而引起振动。

4）喷雾层内压力波动，引起水流速度波动，造成进水管摆动而引起振动。

5）除氧器内部故障，如喷嘴脱落、淋水盘倾斜，使水流成为柱状落下，引起蒸汽的迅速凝结，造成水击，产生振动，长时期振动会引起其他喷头脱落，使振动加剧，形成恶性循环，这是除氧器在运行中发生异常振动的重要原因。

6）除氧器外部管道振动而引起除氧器振动，除氧器满水，汽水流互相冲击引起振动。

（2）除氧器振动的处理，有以下几点：

1）机组启动时，因除氧的供汽汽源压力、温度随机组状况确定，是一种相对固定的参数，故可通过增加供汽时间，待温升达到130°以上再开始运行设备，设备启动后，打开再沸腾门进行加热除氧。机组带负荷后，应立即关小再沸腾门，按照正常运行方式，适当加长除氧时间。上述措施可降低初期振动发生率和发生时间，这是消除除氧器初期振动的关键操作手段。

2）判明为内部故障后，应停运处理。

3）负荷过大时，应降低除氧器负荷。

4）并列运行的除氧器应进行除氧器间负荷的重新分配。

5）水或排汽带水时，应用调低水位、关小排汽门的方法来调整。

6）检修时，重点对除氧器内部的喷头、挡汽板等易引起振动的焊接构件的焊缝连接处进行检查，必要时进行金相检查，有裂缝时及时挖补焊接。

三、除氧器的检修项目

1. 除氧器的大修

除氧器的大修一般随机组大修时进行，除氧器的大修项目如下：

（1）分解除氧头，检查落水盘、填料及喷水头，对淋水盘头刷漆，检查焊口，对筒体测厚，并进行水压试验；

（2）水箱清理、除锈、刷漆；

（3）安全阀检修、调试；

（4）各汽水阀门、自动调整门检查；

（5）就地水位计检修；

（6）消除缺陷。

2. 除氧器的小修

除氧器的小修也是随机组小修进行的，主要包括以下项目：

（1）安全阀检查消缺；

（2）检修就地水位计；

（3）管道、阀门消除缺陷。

提示　本章节适合初、中级工使用。

第二十九章

抽 气 器

第一节 抽气器简述

一、抽气器的作用及形式

1. 抽气器的作用

抽气器的作用是不断地抽出汽轮机凝汽器内的空气等不凝结气体，以保证凝汽器中的真空及良好的传热条件。

2. 抽气器的形式

抽气器的形式目前主要有射汽式抽气器、射水式抽气器和真空泵。

二、抽气器的结构及工作原理

1. 射汽式抽气器

射汽式抽气器在中压机组中采用较广泛。射汽式抽气器根据其作用有启动抽气器和主抽气器两种。

（1）启动抽气器。在机组启动时使用，使凝汽器迅速建立起真空，以缩短启动时间。启动抽气器的工作原理如图 29-1 所示。当工作蒸汽流经喷管时，发生降压增速，喷管出来的蒸汽速度可达 1000m/s 左右，在高速蒸汽流过的区域里，造成一个低压区，此处的压力低于凝汽器内的压力，这就使向凝汽器中的不凝结气体被夹带进入高速汽压流中进行混合而吸入扩压管，经扩压管的降速增压过程，混合物在扩压管的出口剖面 4-4

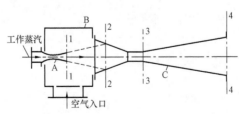

图 29-1　启动抽气器的工作原理

A—工作喷管；B—混合室；C—扩压管

上，压力升高到比大气压稍高一点，然后排入大气。

（2）射汽式主抽气器。汽轮机在正常工作时使用主抽气器。主抽气器的工作原理与启动抽气器一样，主要区别在于主抽气器一般为两级并装有蒸汽冷却器，以回收工作蒸汽的热量和凝结水。主抽气器的工作原理示意如图 29 - 2 所示。

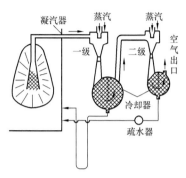

图 29 - 2　射汽式主抽气器工作原理

2. 射水式抽气器

目前生产的大型机组，一般用射水式抽气器或水环式真空泵。射水式抽气器一般由工作水入口、混合室、扩压管及喉部组成，其结构如图 29 - 3 所示。

射水式抽气器与射汽式抽气器工作原理基本相同，只是所用的工作介质是水，由射水泵提供，由进水管进入水室，再由此进入喷嘴。水在喷嘴中产生压降，压力能转变成速度能，水以高速通过混合室，形成高度真空，通过混合室和凝汽器抽气口相连的管道抽吸凝汽器内的汽水混合物，并送往扩压管，在扩压管中的流速降低，到排水管出口处压力增加到略高于大气压力，然后排出，混合物中的蒸汽同时被凝结。

3. 液环式真空泵

液环式真空泵是一种容积式泵，其工作原理示意如图 29 - 4 所示。

这种泵在圆筒形泵壳内偏心安装着叶轮转子，其叶片为前弯式。当叶轮旋转时，工作液体对于用作汽轮机凝汽器的抽气器，工作液体为水，故称为水环式真空泵，在离心力的作用下形成沿泵壳旋转流动的水环。由于叶轮的偏心布置，水环相对于叶片做相对运动，这使得相邻两叶片之间的

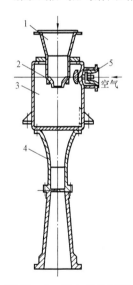

图 29 - 3　射水式抽气器
1—工作水入口；2—喷管；
3—混合室；4—扩压管；
5—止回阀

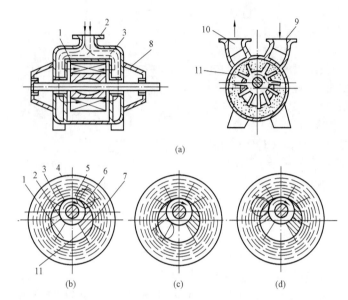

图 29 – 4 液环式真空泵结构和工作原理示意

（a）结构简图；（b）吸气位置；（c）压缩位置；（d）排气位置

1—月牙形空腔；2—排气窗口；3—液环；4—泵体；5—叶轮；

6—叶片间小室；7—吸气窗口；8—侧封盖；

9—入口；10—出口；11—叶片

空间容积随着叶片的旋转而呈周期性变化。对相邻两叶片之间的空间来说，工作水犹如一可变形的"活塞"，随着叶片的转动而在该空间做周期性的径向往复运动。例如，位于图中右侧的叶片从右上方旋转到下方时，两叶片间的"水活塞"就离开旋转中心而向叶端退去，使叶片间的空间容积由小逐渐变大。当叶片转到下部时，空间容积达到最大。轴向吸气窗口安排在右侧，叶片转过这个地方的时候，正是其空间容积由小变大的时候，因而能将气体抽吸进来。而在叶片由最下方向左上方转动过程中，"水活塞"沿着叶片向着旋转中心压缩进去，使得两叶片间的空间容积由大逐渐变小，被抽吸入叶片间空间的气体受到压缩，压力升高。排气窗口则安排在左上方叶片间空间容积最小处，气体被压缩到最高压力由此排出。这样，随着叶片的均匀转动，每两叶片之间的容积在"水活塞"作用下周期性变化，使得吸气、压缩、排气过程持续不断地进行下去。

水环式真空泵在排气时，工作水也不可避免地要与气体一起被排出一部分，因此其工作水必须连续不断地加以补充，以保持稳定的水环厚度。而且在水环式真空泵中，水环除起抽吸和压缩气体的"活塞"作用外，还起密封工作腔和冷却气体等作用。因此，被抽吸气体必须既不溶于工作液体，也不与工作液体发生化学反应。用于汽轮机凝汽器的液环式真空泵，其工作液体毫无例外地用的都是水。

液环式真空泵的最大吸气量目前可达 $300m^3/min$。当工作水温为15℃时，单级泵的极限真空可达 4kPa，液环式真空泵的效率可达 30%~50%。

第二节　抽气器的检修

一、射汽式抽气器的检修

1. 检修要点

（1）拆下抽气器螺栓，并拆开与抽气器相连接的各管路系统，然后进行起吊。

（2）在拆卸、起吊、组合过程中，应有专人指挥，绑扎正确，起吊过程中不得碰撞、擦伤铜管等物件。

（3）寻找铜管泄漏，应先吊转抽气器芯子使管口向上，支撑稳固后，将各铜管灌满水保持 5~10min，观察各铜管泄漏情况。如发现泄漏后，当泄漏铜管（包括以前已用堵头堵住的）总数不超过该组铜管总数5%时，一般可用锥形堵头堵死；若超过5%，则应予以更换铜管。铜管的更换可参照凝汽器换管方法中的有关内容。

（4）隔板端面应将旧石棉垫刮磨干净，并不得有显著的凹坑。若有，则应用电焊堆补，并用机械加工找平。

（5）抽气器所用的石棉垫片，要尽可能用一整张厚度均匀而且没有损伤或裂缝的垫片做成。没有大张垫片时，才允许采用燕尾式接头，而且只能在垫片比较宽的地方才允许有接头。法兰盘上的垫片宽度要一直宽到螺栓处，隔板上垫片的宽度应每边伸出隔板边缘 3~4mm。

（6）检修完毕或更换铜管后应进行水压试验。水压试验时不装外壳，将芯子和下水室用法兰紧固。用水压泵打压至该抽气器的试验压力，在试验压力下维持5min，然后降至工作压力进行检查，无泄漏为合格。

2. 检修质量标准

（1）喷嘴及扩散管的内壁应光洁平滑，无蚀坑、锈污和卷边等现象。

（2）抽气器级间各隔板及水室不应有渗漏现象，隔板端面应与法兰密封面处于同一平面内。

（3）冷却器管束应清洁无杂物，无堵塞、裂纹、砂眼。

（4）喷嘴中心线应与扩散管中心线相吻合。

（5）各焊缝、胀口和法兰密封面均应无渗漏现象，各疏水孔应畅通。

二、射水式抽气器的检修

在小修中，一般不做全部解体检修，只对喷嘴和收缩管进行清理及检查气蚀情况，如有问题，应根据要求进行焊补或更换备品。

在大修中，应进行解体检修，主要检修项目如下：

（1）混合室检查、清理及涂防锈漆。

（2）抽气止回阀的检查清理。

（3）喷嘴的检查清理。

（4）收缩管和扩散管的检查清理，如有问题应根据要求进行焊补或更换。

提示　本章内容适合初、中级工使用。

第四篇　主要辅机设备

第三十章

空 冷 凝 汽 器

第一节　空冷凝汽器简述

一、空冷凝汽器的作用

空冷凝汽器的作用与湿冷凝汽器的作用是一样的，是在汽轮机排汽口处建立并维持要求的真空度，使蒸汽在汽轮机内膨胀到尽可能低的压力，将更多的热焓转变为机械功；同时将汽轮机的排汽凝结为水，补充锅炉给水，起到回收工质的作用。两者的区别是冷却介质不同，湿冷凝汽器采用水作为冷却介质，而空冷凝汽器采用空气作为冷却介质，适用于缺水地区火力发电厂蒸汽冷却。直接空冷机组汽水循环示意如图 30 - 1 所示。

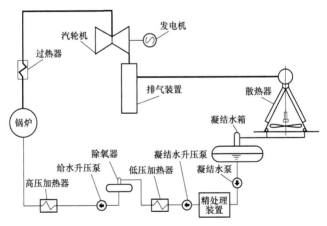

图 30 - 1　直接空冷机组汽水循环示意

空冷凝汽器又分直接空冷与间接空冷，其中间接空冷机组既有湿冷机组的凝汽器，又有空冷机组的外置式散热器，其检修与维护分别按对应设备的要求进行，这里不再赘述。

二、空冷凝汽器的结构简介

直接空冷机组采用机械通风空冷凝汽器冷却低压缸排汽，空冷凝汽器平台由多个换热单元组成。若干根翅片管构成一个完整的单排管束，管束两两相对形成一个 A 形换热单元（顶端夹角 60°），几个换热单元组成一列散热段。每台空冷凝汽器由多列散热段组成，每列散热段上端有一根配汽管、一根抽真空管，下端有两根汇集凝结水的管道（即蒸汽/凝结水联箱），如图 30－2 所示。

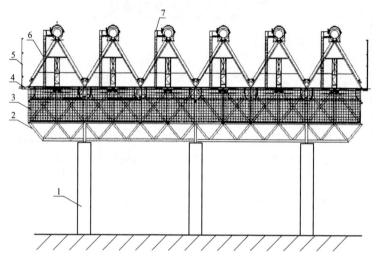

图 30－2　直接空冷凝汽器（空冷岛）结构
1—支柱；2—钢架；3—风机；4—凝结水汇集管；
5—挡风墙；6—冷凝管；7—蒸汽管

每个换热单元下方布置一个冷却风机单元，每个风机单元由一副风扇、传动机构和电动机组成，冷却空气在轴流风机驱动作用下向上流过翅片管的表面。凝汽器平台架设在可组装的全钢支撑梁及其加强拉条形成的整体框架结构上，四周装有挡风墙，各台风机/换热器单元装有分隔墙。

低压缸排汽向下流入排汽装置，排汽装置内布置的防冲板既可以引导蒸汽转向水平，又可分离排汽中的水滴。蒸汽进入水平布置的主排汽管道流动至汽机房墙外，然后向上输送到空冷凝汽器顶端的蒸汽分配管，蒸汽携带的热能被流经空冷凝汽器翅片管表面的冷却空气带走，冷凝凝结形成的水汇入管束下联箱（又称蒸汽/凝结水联箱），流入下方的凝结水管，在自身重力的作用沿凝结水管流回凝结水箱，少量未被凝结的蒸汽和空气的混合物经抽真空管道抽至真空泵。

三、工作原理

每列换热单元由多对逆流换热管束和顺流换热管束组成。在顺流换热管束的散热管内蒸汽与凝结水都是向下流动，称顺流换热；而在逆流换热管束内蒸汽向上流动，凝结水向下流动，两者方向相反，称逆流换热。蒸汽分配管内的蒸汽直接流入顺流换热管束，蒸汽被凝结后流入管束下联箱；未凝结蒸汽则从下联箱引入逆流换热管束后进一步凝结，凝结水自冷凝的位置向下汇集到管束下联箱，逆流管束上端未凝结的蒸汽和空气的混合物经抽真空管道抽至真空泵。

蒸汽在顺流换热单元凝结成水，其余的蒸汽在逆流换热单元被冷凝，这种布置方式确保了在任何区域内蒸汽都与凝结水有直接的接触，因此将保持凝结水的水温与蒸汽温度相同，从而避免了凝结水的过冷、溶氧和冻害。因凝结水管是倾斜布置的，所以凝结水可以在自身重力的作用下沿管道流回室内的凝结水箱。直接空冷凝汽器工作原理如图 30 - 3 所示。

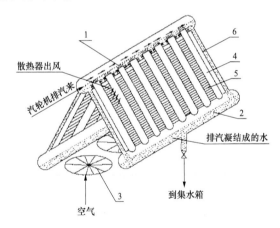

图 30 - 3　直接空冷凝汽器工作原理
1—蒸汽管道；2—凝结水汇集管；3—风机；4—凝结水下降管；
5—冷凝管束；6—支撑钢梁

根据环境温度不同，在凝汽器顶端的配汽管道上的蒸汽隔离阀处于开启或关闭的状态；所有的风机控制都可以被置于自动控制方式，也可以被置于远方手动控制方式。

第二节 空冷凝汽器的检修、运行及维护

空冷凝汽器设备组件可以大致分为风机、散热器管束、钢结构、阀门、蒸汽管道五类，日常维护和检修以风机、散热器管束、钢结构这三类设备为主。

一、风机的检修

风机的作用是带动空气进入空冷单元内，流经翅片管束，冷却蒸汽形成凝结水。基本由叶片、轮毂、减速器、电动机四部分组成，它们通过连接组件联系到一起，形成一台完整的机械装置。由于风机一般运行时间较长，且运行环境比较恶劣，容易发生故障，因此是日常检修维护的重点目标。下面以某电厂330MW机组空冷岛风机安装为例，介绍如何检修风机。

（一）风机安装步骤及技术要求

1. 减速器的安装

（1）将减速器就位于桥架安装减速器的支板上，要求安装减速器支板的水平度误差不大于1/1000，如不符合要求，可通过减速器底面加垫片调整。

（2）通过减速器上的联轴器，将轮毂与减速器安装在一起。

2. 轮毂的安装

（1）将轮毂内孔表面擦拭干净，并涂上一层薄薄的锂基润滑脂。

（2）将已装在减速器输出轴上的联轴器 $\phi250 \times 8$ 止口外圆处表面擦拭干净，并涂上一层薄薄的锂基润滑脂。

（3）通过轮毂上的吊环按图30-4（a）所示安装，用螺栓将联轴器与轮毂支板连接在一起（此时的支板、下卡箍和U形螺栓已组装好），联轴器与支板连接处螺栓的拧紧力矩为380N·m。拧紧后用止动垫片锁紧，止动垫片上下各六片。

注意：起吊、安装轮毂时，严禁吊挂U形螺栓。

3. 叶片的安装

（1）取下轮毂下卡箍和压板间 $\phi42.4 \times 3.2 \times 30$ 垫圈，将叶片安装在轮毂上。

注意：轮毂上的平衡块不得任意拆卸！轮毂上的定位销 I、定位销 II 不得任意拆卸！

（2）安装叶片时，应按顺序依次安装。

（3）安装叶片时，用U形螺栓通过压板与下卡箍夹紧叶根圆柱段，

使叶片固定在轮毂上，夹紧叶片的同时，向外拉叶片，使叶片根部内端面靠紧卡箍。

注意：必须将压板按图 30 - 4（a）位置放好，保证 A、B 间隙都为 50mm。

（4）叶片安装完毕后，依次调整叶片安装角。安装角的测量工具为一把角度尺和一把平直尺，如图 30 - 4（b）所示，先把角度尺调到规定的角度，再把平直尺放到距叶尖 30mm 处，然后把角度尺放在平直尺上。转动叶片，使角度尺上的气泡在中间位置即可。叶片安装角调整时，可用橡皮锤敲打叶片根部型面，但不可用力过猛，以免损伤叶片。

图 30 - 4　叶片安装

（5）用力矩扳手拧紧 U 形螺栓，每个叶片的两个 U 形螺栓应逐步拧紧，在拧紧过程中叶片必须保持水平，最后达到 450N·m 拧紧力矩。风机叶片安装完成后 5～7 天（或累计运行 2160h）应分别重新紧定 U 形螺栓，使其达到 450N·m 拧紧力矩。

注意：安装叶片时，应严格按规定的拧紧力矩紧定 U 形螺栓。如果小于规定拧紧力矩将造成风机叶片拧紧力不够，有可能造成风机叶片松动，最终造成叶片的损坏；如果大于规定力矩值，将可能导致叶片根部被夹损坏现象。

（6）重新检查叶片的安装角，叶片安装角的允许误差为 ±30′，如超出范围应重新调整。

（7）选风筒上的一点为基准点，转动叶轮，检查风机叶尖高度差，要求其最大相差不超过 20mm。如不符合要求，可松开螺栓，重新修正叶片高度，然后用力矩扳手拧紧螺栓，重新检查叶片的高度差和叶片安装角。

（8）叶片全部安装好后，经复查符合（4）（5）（6）条后锁紧止动垫片。

4. 安装后的注意事项

（1）检查风机轮毂与减速器输出轴的连接螺栓，应拧紧。

（2）检查轮毂联轴器与风机轮毂支板的连接螺栓，应拧紧。

（3）检查轮毂上夹紧叶片的 U 形螺栓，应拧紧。

（4）检查风机叶片安装角、叶片高度差，应符合要求。

（5）用手转动叶轮，应转动灵活，无阻滞、别劲和卡紧现象。

（二）风机的维护管理

1. 开机的准备及步骤

（1）清理现场。从风机上部起依次向下进行，清除防护网和风机上的灰尘、脏污及所有不应有的杂物。

（2）检查安装、维护时的所有配件。如支梁、梯子、工具箱等可能进入风机内的物品应被移走。

（3）检查各零、部件安装是否正确。所有螺栓应拧紧。

（4）检查电动机和启动设备的接地装置应完整良好，接线、接触应正确。

（5）给减速器内注油，油位达到规定值时方可运行。

（6）点动变频器开关，使风机启动（时间不超过 30s），检查风机旋转方向是否正确，迎气流看风机时，叶轮应顺时针方向转动。

注意：风机运转时，风筒内严禁站人。

2. 试运转

试运转以检查机械部分运转状态为目的，确定工作运转安全可靠性。

（1）确定风机的振动值，风机允许振动值小于 6.3mm/s，否则应停机检查，查明原因，排除故障后方可重新运转。

（2）风机连续运转 2h 后，记录振动值，检查各部件的安装位置是否移动，各紧固件是否松动。

（3）检查各部件正常后，方可投入正式使用。

3. 风机维护

风机投入运行后应由专人进行日常维护、检修，及时观察运行情况，如发现异常声音或振动应立即停车，待排除故障后方可开机（至少每班交接时应进行巡视即每班两次）。

风机应每年维护一次，维护内容如下：

（1）从上到下的顺序清扫风机。

（2）仔细检查各紧固件是否松动，各零件有无损坏。发现锈蚀或损坏应更换。

（3）用清水或中性洗涤剂清除附着在叶片轮毂上的污垢，发现叶片有破损或布层剥离时应及时修补或更换。

（4）用清水或中性洗涤剂清理风筒内壁上的污垢。

（5）外观检查，擦拭各零部件，对防腐层剥落部分应重新修补。

（6）风机检修期可参照表 30－1 进行。

表 30－1 风机检修内容

系统或设备	周期	检修项目	达到的标准
空冷风机减速机	A 级检修	油泵、齿轮解体检修	达铭牌出力
	1 年	（1）每周检查机油温度及噪声变化。 （2）每月检查油位及密封性。 （3）每年至少检查一次机油含水量。 （4）投入使用 500～800 运行小时进行首次更换机油，以后每隔 4 年或最多 20000 运行小时更换一次机油。 （5）清洁机油滤清器，检查固定螺栓是否牢固，彻底检查减速机与机油更换同时进行。 （6）根据需要或者在定期更换机油时清洁减速机外壳	达铭牌出力
清洗水泵	2 年	（1）轴径检查，轴弯曲测量。 （2）转子小装，晃度测量。 （3）更换机械密封。 （4）更换轴承，轴承室加油。 （5）联轴器找正	达铭牌出力
	1 年	（1）检查轴承，必要时更换。 （2）检查机械密封，必要时更换。 （3）处理泵体泄漏。 （4）联轴器找正	达铭牌出力

（三）齿轮箱的检修

（1）排空齿轮箱的油。

（2）联系电气、热工拆线，配合电气将电动机吊开，放在支架上。

（3）用绳子和倒链把叶片固定在电动机梁上，固定轮毂。

（4）在电动机梁下维修区垫木板。

（5）松开法兰和轮毂间的螺母。

（6）把连接轮毂的法兰从齿轮箱的轴上移开。用倒链把风机、风扇放到木板上。

（7）松开连接齿轮箱的螺栓。

（8）用齿轮箱上的吊耳吊起齿轮箱，把齿轮箱放到地面。

（9）解体端盖检查齿轮、轴承是否有磨损、卡涩。

（10）根据设备检查情况，进行相关处理。检查符合要求后，进行组装。

（11）组装顺序按解体顺序的反顺序进行。

（12）定期检查清理油滤网。

（四）减速器的维护管理

1. 减速器的启动

（1）试运转。减速器使用初期建议先磨合，如果可能，负载和转速按 2～3 步长增高到最大，大约 10h。试运行期间检查减速器稳定运行的各项性能，如振动、运行噪声、温度、泄漏和润滑，如果发现任何可疑点，应查清干扰的原因并加以排除。

（2）加载检验。当试运行和启动时，应检验规定的载荷。特别注意峰值负载，因为它们的出现次数对减速器的寿命可能有着决定性的意义。

（3）准备措施。应小心地将减速器外表面的抗腐蚀剂清除掉，不要损坏密封。清洁剂只能使用无芳香的碳氢化合物的溶剂，其不会损坏橡胶密封。密封凸缘和表面不能用擦拭的方法机械清除。如果减速器在使用之前已经存放了两年之久，建议用减速器的自身润滑系统进行无载转动。

（4）启动和控制。启动压力润滑的减速器之前，首先要通过试运转检查压力润滑系统的功能，同时检查泵电动机的旋转方向是否正确，过载电动机是否适当，驱动电动机和泵电机之间的互锁操作是否良好。确保监视装置联结完好。启动是润滑的关键时刻，监视压力润滑系统的功能十分重要。要确保供油和在压力方面建立起油压。

启动时要确保减速器正确的转动方向，如箭头所指。启动之前，转轴和联轴器要适当防护。

（5）维护。维护的首要任务是防止损坏。减速器所有最重要维护工序都标识在预防维护卡片上：

1）安装检修完成日期和安装精度的测量。

2）首次加油的类别、等级和数量。

3）启动、完成磨合及过程中所进行的观察。

4）启动的实际操作及电动功率测量。

5）首次换油和进行有关的检查。

6）下一次换油，包括检查齿轮和轴承状态（如果要可能的话）的定期检验是非常重要的，并把检验结果记录在预防维护卡片上。

7）在保证期终了时，进行仔细检查对用户和减速器制造商都是非常重要的。

8）如果齿轮有明显增加的磨损或是齿面损坏（点蚀），对产生原因立即加以研究。使用寿命缩短可能是由于基础的缺陷、超载，或选择减速器时负载估计不足。

（6）加油。油的级别必须选择推荐值，或者采用与推荐油完全等效的油，而且油量要正确。每个减速器都附带标明所推荐的油的级别和数量的标牌。除此之外，每个减速器都有一个油位指示器，它是一个带有刻度的浸杆，上面标识着应达到的油位。当减速器停止以及泵（如果装的话）和油管加满油时，按油位指示器加满油是非常重要的。

正确加注油量的重要性：在飞溅润滑的减速器中，负载接近热功率时，正确加注油量特别重要。在某些情况下仅仅是由于多加了15%的油，运行温度有可能升高到正常温度以上 $15 \sim 20\,℃$。这可能会引起油的润滑能力减少而使减速器严重损坏。当油位低于箭头所指示的油位时，齿轮可能够不到油而使飞溅润滑成为不可能。在贮存的情况下必须特别注意油位，如有泄漏应检修。

（7）油的更换。运行 $500 \sim 800h$ 以后应进行首次换油。用过的油应趁热放出。如果需要，油槽应用洗涤油清洗。虽然后来都采用合成油（PAO），但开始加入的油可能用矿物油。

1）矿物油：用矿物油时，下次换油时间间隔为一年，如果在轴承箱内测量的运行温度高于80℃，则在3000h后换油。

2）合成油（PAO）：用合成油时，下次换油时间应为3年，如果在轴承箱内测量的温度高于90℃，应在12000h更换油。

如果逆止器有一个分开的油室，换油间隔也应为一年。较大减速器的用油量很大。如果每年都对油进行分析，例如通过石油公司进行，且它们的稳定性允许继续使用，则所应用的矿物油的换油间隔也可以延长。如果换油时间间隔大于一年，建议通过石油公司对污染进行检查，以测试油的状态。特别是在室外或潮湿的条件下使用时应对油中水分进行检查，以保证其水分不超过 0.05%（500ppm）。如果水分超过 0.2%（2000ppm），必须将水滤出。

（8）换油注意事项。换油时建议用一个泵，并过滤油。当加油孔打开时应防止杂质进入油槽中，这些杂质会缩短轴承使用寿命。

1）润滑油的最小纯度。减速器油的纯度根据国际标准 ISO 4406 确定，运行的减速器油的不纯度级应当为 2NAS8 级或更好些，换油时减速器停止后应立即将油从油槽中放出。

2）轴承再次涂溶化脂。在油脂润滑的轴承中，油脂不能漏到油池中，必须限制重复涂油脂。最初给轴承涂油脂在工厂进行，推荐的油脂级别在减速器上的铭牌中标出。

在要求再次涂油脂的零件、轴承室或盖上有一个油脂喷嘴，通过铭牌标识出，换油时，通常将它加入足够油脂。加入油脂时要小心，不要加入过量，以免增加轴承的使用温度。

3）洗净外部表面。外部表面和冷却风扇（若有的话）及电动机都必须保持清洁，积累的尘埃会使运行温度升高。如果应用空气冷却的油冷却器，它的叶片也必须保持清洁。用压力洗涤时，水喷头不应直接对着密封或通风装置。通风装置的功能在换油时一并进行检查。

（9）油加热器的维护。如果油加热器已经结垢，在换油时应拆下来清洗。放油前一定要将油加热器关闭，因为加热的电阻器有引起油雾爆炸的危险。通过设置加热器的开关（高于说明书上规定的温度 8~10℃ 时，加热器关闭）可以有效地防止电阻器结垢、过早老化和油变坏。

当油温高于 40℃ 时，电阻器决不能接通，因为油的附加性能由于电阻器表面温度的影响而变坏，从而会加速爆炸气体的形成。

二、散热器的检修

（一）散热器的散热片冲洗

空冷岛散热器由多组翅片管束组成，管束缝隙较小，容易积聚灰尘、毛絮、飞虫尸体等杂物，阻塞空气流通通道，影响散热器的换热效果，因此要定期对散热器进行冲洗。冲洗步骤如下：

（1）将专用冲洗泵、冲洗管路接好。

（2）将冲洗管路接至专用冲洗装置上，检查冲洗装置操作是否合格。

（3）通上除盐水后，检查冲洗泵出入口压力是否合格、管路有无泄漏情况。冲洗泵入口压力达到 0.25~0.40 MPa 合格，冲洗泵出口压力达到 8MPa 合格。

（4）依次冲洗各散热片，达到干净无杂物为止。

根据机组的运行背压和对散热器表面的直观观察，确定是否对散热器进行清洗。清洗时应把带电设备盖好,将单元风机停运。在机组大、小修时,应同步进行清洗。

（二）空冷岛散热器运行中的系统检漏、找漏

（1）安装检漏为正压检漏,方法同发电机打风压。

（2）运行中检漏,可采用超声波、氦质普检漏仪检漏。

（3）在真空泵出口管上开孔连接氦质普检漏仪探头。

（4）将氦气喷到怀疑泄漏的地方,从检漏仪显示屏上观察负压系统的氦含量变化值,确认泄漏部位。

（5）怀疑部位检测时要分部进行,也可先找面后找点。

（6）对于泄漏部位、漏点进行处理。均采用部分系统设备切除运行后,焊接处理。

（7）空冷岛换热管查漏采用超声波检漏仪。

超声波找漏方法的原理是利用超声波查找泄漏点的漩涡气流而进行报警,或者用氦质普检漏仪对空冷凝汽和真空系统进行查漏,此种方法可直观地从数量级上检测到漏点的大小及位置,可很好地解决真空系统泄漏时的查找问题。

三、润滑油使用注意事项

1. 润滑油的使用寿命

根据润滑油生产厂家的资料,图 30-5 所示是润滑油可以使用的最低的期限,在这个期限内润滑油的质量不会有显著的改变。

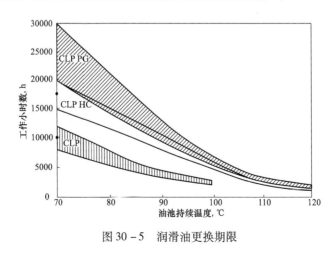

图 30-5　润滑油更换期限

注：实际上的工作时间有可能要长一些也可能要短一些（当工作温度高于 70℃ 时）。一般估计是每当温度提高 10℃ 时，润滑油的工作寿命就会降低一半。

2. 空冷风机减速机的换油

润滑油的纯度会影响操作的可靠性和润滑油及齿轮机构的使用寿命，所以应保证在齿轮箱里面的润滑油是清洁的。在减速机首次更换润滑油和其后的各次润滑油的更换一定要遵守说明书的规定。当使用的润滑油量比较大时，在对油进行清理或换油之前还应对油品的质量进行化验分析。

当更换同一种润滑油时，留在减速机箱体里面的润滑油应尽量少，因为一般来说少量遗留的润滑油不会造成大的影响。不能将不同种类或者不同生产厂家的润滑油混合在一起。如果必要的话，要请润滑油的生产厂家认可其润滑油和遗留在减速机箱体里面的油是可以混合使用的。

当所更换的润滑油和原来使用的油是根本不同的种类、其添加剂也是完全不同的种类时，特别是将聚二醇更换为其他种类的润滑油时或者反之进行时，一定要用新油将减速机的箱体彻底冲洗干净，不能留下任何原来的润滑油。

四、空冷岛的运行

（一）投运前的检查

（1）设备及系统检修完毕，台账、表报齐全。

（2）保温恢复完毕，管道支吊架完好。

（3）各水位计、油位计正常投入，转动机械加好符合要求的润滑油脂。

（4）各种阀件传动检查合格，已编号、挂牌并处于备用状态。

（5）各指示、记录仪表经校验调整准确，擦拭干净并标注名称。

（6）各热工表计经校验合格，热工测点、信号、保护和自动控制逐项调试检查，在 DCS 的 CRT 上应有正确的显示。

（7）电气部分安装完毕，其回路及电动机绝缘合格，转向正确。

（二）空冷系统的投运

空冷岛的投运要求，根据各机组的性能参数决定。以上海汽轮机厂某型汽轮机为例，冬季汽轮机冷态启动时，最小热负荷和气温的关系见表 30 - 2。

表 30 – 2　　　　冬季机组冷态启动最小热负荷与气温关系

环境温度（℃）	蒸汽分配阀方式（t/h）				达到最小热负荷时间要求的运行时间（h）
	单排蒸汽分配阀开启	两排蒸汽分配阀开启	三排蒸汽分配阀开启	全部开启	
–5	64.8	129.6	194.4	259.2	3
–10	79.2	158.4	237.6	316.8	2
–15	93.6	187.2	280.8	374.4	1.75
–20	108	216	324	432	1.5
–25	126	252	378	504	1.25
–30	140.4	280.8	421.2	561.6	1

（1）检查机组润滑油系统、密封油、盘车装置、凝结水系统已投入运行。

（2）启动两台水环真空泵，系统抽真空。

（3）系统抽真空至 3kPa 后关闭真空破坏门。

（4）冷态启动应尽早投轴封供汽，热态启动投汽封后与抽真空操作应衔接紧密。

（5）汽轮机的真空高于 62kPa 时，空冷凝汽器可以开始进汽。

（6）按照先逆流后顺流的顺序分别启动空冷凝汽器冷却风机运行。冬季时当空冷岛凝结水温度达到 35℃ 时才可以再开启一个蒸汽分配阀，待四个蒸汽分配阀全开启后启动冷却风机运行，注意控制抽汽温度不低于 25℃。

（7）单列风机投自动后此列风机可投同操。

（8）每列风机同操投自动后可投风机总操，并根据情况将风机总操投自动。

（三）空冷系统的停运

（1）确认机组已停运，空冷系统具备停运条件。

（2）根据蒸汽流量分别按先顺流后逆流的顺序，停止空冷凝汽器冷却风机运行。

（3）空冷凝汽器冷却风机停运后应保持一台真空泵运行，维持汽轮机真空不低于 62kPa，并至少保持 24h，禁止开启真空破坏门。

五、空冷系统的维护

（1）运行值班员应注意 DCS 画面显示有关报警信号、光字信号，如发现有报警信号发出，需立即查明原因联系有关人员处理。

（2）运行值班员监盘应注意 DCS 画面空冷凝汽器有关参数，空冷岛凝结水温度、抽空气温度，风机电机的电流、线圈温度应正常；风机运行中应无"齿轮箱油压低""风机振动大"报警信号发出。如发现异常，应首先结合 DCS 画面上其他有关参数进行综合判断，查明原因及时处理。风机振动大处理好后必须到就地复位按钮才能将"风机振动大"报警信号消除。

（3）运行中遇到天气有大风、暴雨时，应加强对真空的监视，并做好真空突降的事故预想。

（4）夏季高温时段运行，应注意监视风机转速、电流、电机线圈温度及真空的变化，发现异常及时分析处理。

（5）运行人员应注意空冷风机的电流变化，并定期检查空冷岛翅片管的脏污情况，发现翅片管脏污时应及时汇报联系处理。

六、空冷系统冬季运行的注意事项

（1）投空冷凝汽器风机转速自动控制，根据环境温度设定排汽背压，降低发生结冻的可能性。

（2）环境温度低于 + 2℃时，抽空气温度、凝结水温度均不得低于 25℃。

（3）机组启动时，在主汽压力达到 1.5MPa、温度达到 200℃左右时再投入旁路系统。

（4）在机组启动时先开一级旁路，后开二级旁路，但开启二级旁路前要控制主蒸汽压力低于 3.0 MPa，温度低于 420℃。

（5）环境温度低于 –5℃时，机组启动前，关闭至排汽装置的全部疏水，空冷岛开始进汽后再开启。

（6）环境温度高于 –5℃，如锅炉灭火或发电机解列，要将全部空冷风机中的 27 台停运，每排保留一台逆流风机运行，密切监视空冷岛凝结水温度、抽空气温度，一旦有一点低于 30℃立即将该段最后一台逆流风机停止运行。

（7）环境温度低于 –5℃时，如锅炉灭火或发电机解列，要将全部空冷风机停运，密切监视空冷岛凝结水温度。

（8）环境温度低于 – 10℃时，除将全部空冷风机停运外，还要将第一、四排换热单元蒸汽分配阀关闭，减小空冷岛换热面积。

（9）机组停运后，关闭至排汽装置的全部疏水，保持汽轮机真空，不允许开启真空破坏门。

七、空冷系统冬季的防冻措施

（1）防冻措施：封闭散热扇风洞。

（2）措施要求：封闭严密，稳固；具有抗风能力；能够重复利用。

（3）具体要求（见图30-6、图30-7）：

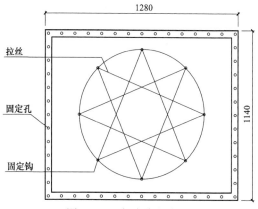

图30-6　帆布绑扎方式

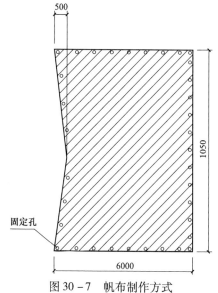

图30-7　帆布制作方式

1）采用防寒帆布封闭，每个空洞以两块燕尾形帆布对接封闭，对接口处重叠。

2）风洞四周焊接钢筋固定钩，帆布捆绑固定。

3）帆布支撑件为 $\phi 6$ 钢丝绳或其他方式的八角网状。帆布固定在风洞四周已有固定件上。

提示　本章节适合初、中级工使用。

第三十一章

汽轮机管道阀门

第一节 阀门概述

阀门是流体输送系统中的控制部件，具有截断、调节、导流、防止逆流、稳压、分流或溢流泄压等功能。各行各业中所使用的阀门传送的介质各不相同，其中发电厂各种工作介质管道中的阀门数量及种类繁多，阀门的压力、温度等级、结构形式及执行机构形式各有不同，所以阀门的整体质量直接影响到发电厂设备系统的安全、稳定、经济运行。本章将详细介绍阀门的基本类型、阀门的基本结构、密封面研磨方法及阀门检修的工艺要求等。

一、阀门的型号

阀门的型号主要表示阀门的类别、结构、执行机构及阀门的材料性质、公称压力等。阀门的型号一般由七个单元组成，其排列顺序如图31-1所示。

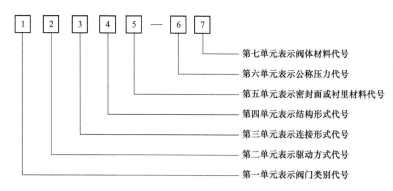

图 31-1 阀门型号组成

（1）第一单元用汉语拼音字母表示阀门的类别，具体见表31-1。

表 31 - 1 　　　　　　　　　　　　**阀门类别及其代号**

阀门类别	闸阀	截止阀	止回阀	节流阀	球阀	蝶阀	隔膜阀	安全阀	调节阀	旋塞阀	减压阀	疏水器
代号	Z	J	H	L	Q	D	G	A	T	X	Y	S

（2）第二单元用一位数字表示阀门的驱动方式，具体见表 31 - 2。对于手动、自动、直接转动取消本单元。

表 31 - 2 　　　　　　　　　　　　**阀门驱动方式及其代号**

驱动方式	电磁传动	电磁-液动	电-液动	蜗轮传动	正齿轮传动	伞形齿轮传动	气动	液动	电磁传动	电动
代号	0	1	2	3	4	5	6	7	8	9

（3）第三单元用一位数字表示阀门与管道的连接形式，具体见表 31 - 3。

表 31 - 3 　　　　　　　　　　　　**阀门与管道连接形式及其代号**

连接形式	内螺纹	外螺纹	法兰（1）	法兰	法兰（2）	焊接	对夹式	卡箍	卡套
代号	1	2	3	4	5	6	7	8	9

注 法兰（1）用于双弹簧安全门；法兰（2）用于杠杆安全门、单弹簧安全门。

（4）第四单元用一位数字表示阀门的结构形式，不同的阀门类别有不同的结构形式，具体见表 31 - 4。

表 31 - 4 　　　　　　　　　　　　**阀门结构形式及其代号**

代号	1	2	3	4	5	6	7	8	9	0
闸阀	明杆楔式刚性单闸板	明杆楔式刚性双闸板	明杆平行式刚性单闸板	明杆平行式刚性双闸板	暗杆楔式刚性单闸板	暗杆楔式刚性双闸板	暗杆平行式刚性单闸板	暗杆平行式刚性双闸板		明杆楔式弹性闸板
截止阀（节流阀）	直通式		直通式Z形	角式	直流式	带平衡装置直通式	带平衡装置角式	波纹管式	三通式	
止回阀（止回阀）	直通升降式	立式升降式	直通升降式Z形	单瓣旋启式	多瓣旋启式	双瓣旋启式	直流升降式	节流升降式再循环	蝶式	

第四篇　主要辅机设备

代号	1	2	3	4	5	6	7	8	9	0
旋塞式			直通式	T形三通式	多通式					
疏水阀	浮球式		波纹管式	膜盒式	钟形浮子式		节流孔板式	脉冲式		圆盘式
减压阀	薄膜式	弹簧薄膜式	活塞式	波纹管式	杠杆式					
隔膜阀	屋脊式		截止式		直流式		闸板式			
球阀	浮球直通式		浮球三通式Y形	浮球三通式L形	浮球三通式T形	固定四通式	固定球直通式			
蝶阀	垂直板式		斜板式							杠杆式
调节阀	升降多级柱塞式Z形	升降单级针形式		升降单级柱塞式	升降单级套筒式Z形	升降单级闸板式	升降单级套筒式	升降多级套筒式	升降多级柱塞式	回转套筒式
给水分配阀	柱塞式	回转式	旁通式							
弹簧安全阀	封闭微启式	封闭全启式	不封闭带扳手双弹簧微启式	封闭带扳手全启式	不封闭带扳手微启式	不封闭带控制机构全启式	不封闭带扳手微启式	不封闭带扳手全启式		封闭带散热片全启式
杠杆安全阀		单杠杆		双杠杆						
脉冲安全阀									脉冲	

（5）第五单元用汉语拼音表示密封面或衬里材料，具体见表31-5。

表 31 – 5

表 31 – 5　　　　　　阀门密封面或衬里材料及其代号

密封面或衬里材料	铜合金	不锈钢	硬质合金	橡胶	衬胶	渗氮钢	自体加工	塑料	尼龙	搪瓷	巴氏合金	氟塑料	衬铅	渗氮刚或皮革	尼龙
代号	T	H	Y	X	CJ	D	W	S	SN	C	B	F	CQ	P	N

（6）第六单元用公称压力的数字直接表示，并用短线与前面隔开。用于电厂的阀门，当介质最高温度高于530℃时，其数值是以兆帕为单位的工作压力值的 10 倍。

（7）第七单元用汉语拼音表示阀体的材料，具体见表 31 – 6。对于压力小于 1.6MPa 的灰铸铁阀门或压力大于 2.5MPa 铸钢阀门，省略本单元。

表 31 – 6　　　　　　阀门材料及其代号

阀体材料	灰铸铁	可锻铸铁	球墨铸铁	铜合金	塑料	铝合金	铬钼合金钢	铬镍钛钢	铬镍钼钛钢	铬钼钒钢	碳钢	硅铁
代号	Z	K	Q	T	S	L	I	P	R	V	C	G

（8）阀门型号举例：

1）Z948W – 16 型。表明是闸阀，电动，法兰连接，暗杆平行式双闸板，密封面材料自体加工，公称压力为 1.6MPa，阀体材料为灰铸铁（省略）。

2）J63H – 200V。表明是截止阀，焊接，直通铸造，密封面为不锈钢，公称压力为 20.0MPa，阀体材料是铬钼钒钢。

二、阀门的分类

对于阀门的分类，可以按照阀门的作用、驱动方式、公称压力、流通介质、工作温度等来区分。

1. 按自动和驱动分类

（1）自动阀门：依靠介质（如气体、液体等）本身的能力而自行动作的阀门。如安全阀、止回阀、蒸汽疏水阀、减压阀等。

（2）驱动阀门：凭借手动、气动、电动、液动等来操纵阀门动作的阀门。如闸阀、截止阀、蝶阀、球阀、旋塞阀等。

2. 按用途和作用分类

（1）截断阀：主要用于截断或接通管道内的介质流。如闸阀、截止阀、球阀、蝶阀等。

（2）止回阀：主要用于阻止介质倒流。如各种止回阀。

（3）调节阀：主要用于调节管路中介质的压力、流量。如调节阀、节流装置、减压阀等。

（4）分流阀：用来改变管道中介质的的流向，起分流、混合介质的作用。如各种三通、四通阀等。

（5）安全阀：主要用于超压安全保护，排出多余的介质，防止管道系统压力超过设定值。如各种形式的安全阀。

（6）其他特殊用途阀门：如自动疏水阀、防空阀、排污阀等。

3. 按压力分类

（1）真空阀：工作压力低于标准大气压的阀门。

（2）低压阀：公称压力 PN < 1.6MPa 的阀门。

（3）中压阀：公称压力 2.5MPa < PN < 6.4MPa 的阀门。

（4）高压阀：公称压力 10.0MPa < PN < 80.0MPa 的阀门。

（5）超高压阀：公称压力 PN≥100MPa 的阀门。

4. 按介质工作温度分类

（1）高温阀：$t > 450℃$ 的阀门。

（2）中温阀：$120℃ ≤ t < 450℃$ 的阀门。

（3）常温阀：$-40℃ ≤ t < 120℃$ 的阀门。

（4）低温阀：$-100℃ ≤ t < -40℃$ 的阀门。

（5）超低温阀：$t < -100℃$ 的阀门。

5. 按公称通径分类

（1）小口径阀门：公称通径 DN < 40mm 的阀门。

（2）中口径阀门：公称通径 DN 在 50～300mm 的阀门。

（3）大口径阀门：公称通径 DN 在 350～1200mm 的阀门。

（4）特大口径阀门：公称通径 DN≥1400mm 的阀门。

6. 按操纵方式分类

（1）手动阀：借助手轮、手柄、杠杆或者链轮由人工来操作的阀门。

（2）气动阀：借助压缩空气来操作的阀门。

（3）液动阀：借助水、油等液体压力来操作的阀门。

（4）电动阀：借助电动、电磁等产生的力来操作的阀门。

7. 按与管道的连接方式分类

（1）螺纹连接：阀门内有内螺纹或外螺纹与管道进行连接的。

（2）法兰连接：阀门带有法兰与管道法兰进行连接的。

（3）焊接连接：阀门带有焊接口与管道进行焊接的（包括对焊、插焊等）。

（4）夹箍连接：阀门上带有夹口，与管道采用夹箍连接的。

（5）卡套连接：用卡套与管道连接的。

三、阀门的标志和识别涂漆

1. 阀门的标志

通用阀门必须使用的和可选择使用的标志，如阀门开关的箭头方向、阀门的公称直径、公称压力、阀体材料、制造商或商标等。

2. 阀门的识别涂漆

阀门的外表面应涂漆出厂，涂漆层应耐久、美观，并保证标志清晰、明显。阀体材料的涂漆色见表 31-7。

表 31-7 阀体材料涂漆色

项目	涂漆部位	涂漆颜色	材料
阀体材料	阀体	黑色	灰铸铁、可锻铸铁
		银色	球墨铸铁
		灰色	碳素钢
		浅蓝色或不涂色	耐酸钢或不锈钢
		蓝色	合金钢
密封圈材料	驱动阀门的手轮、手柄、扳手或自动阀门的盖、杠杆	红色	青铜或黄铜
		黄色	巴氏合金
		铝白色	铝
		浅蓝色	耐酸钢或不锈钢
		淡紫色	渗氮钢
		灰色周边带红色条	硬质合金
		灰色周边带蓝色条	塑料
		棕色	皮革或橡胶
		绿色	硬橡胶
衬里材料	阀门连接法兰的外圆柱表面	铝白色	铝
		红色	搪瓷
		绿色	橡胶或硬橡胶
		黄色	铝锑合金
		蓝色	塑料

第二节 汽轮机系统常用阀门

一、闸阀

闸阀是作为截止介质使用的，在全开时整个流通直通，此时介质运行的压力损失最小。闸阀通常适用于不需要经常启闭，而且保持闸板全开或全闭的工况。不适用于作为调节或节流使用。对于高速流动的介质，闸板在局部开启状况下可以引起闸门的振动，而振动又可能损伤闸板和阀座的密封面，而节流会使闸板遭受介质的冲蚀。

从结构形式上来看，主要的区别是所采用的密封元件的形式。根据密封元件的形式，常常把闸阀分成几种不同的类型，如楔式闸阀、平行式闸阀、平行双闸板闸阀、楔式双闸板阀等。最常用的形式是楔式闸阀和平行式闸阀，如图 31 - 2 所示。

二、截止阀

截止阀是用于截断介质流动的，截止阀的阀杆轴线与阀座密封面垂直，通过带动阀芯的上下升降进行开断。截止阀一旦处于开启状态，它的阀座和阀瓣密封面之间就不再有接触，关闭时具有非常可靠的切断动作，因而它的密封面机械磨损较小，由于大部分截止阀的阀座和阀瓣比较容易修理或更换密封元件，无需把整个阀门从管线上拆下来，这对于阀门和管线焊接成一体的场合是很适用的。

介质通过截止阀时的流动方向发生了变化，因此截止阀的流动阻力较高。引入截止阀的流体从阀芯下部引入称为正装，从阀芯上部引入称为反装，正装时阀门开启省力，关闭费力；反装时，阀门关闭严密，开启费力，截止阀一般正装。截止阀结构如图 31 - 3 所示。

三、止回阀

止回阀的作用是只允许介质向一个方向流动，而且阻止反向流动。通常这种阀门是自动工作的，在一个方向流动的流体压力作用下，阀瓣打开；流体反方向流动时，由流体压力和阀瓣的自重合阀瓣作用于阀座，从而切断流动。止回阀包括旋启式止回阀和升降式止回阀，如图 31 - 4 所示。

四、蝶阀

蝶阀的蝶板安装于管道的直径方向。在蝶阀阀体圆柱形通道内，圆盘形蝶板绕着轴线旋转，旋转角度在 0° ~ 90° 之间，旋转到 90° 时，阀门则是全开状态。蝶阀结构简单、体积小、质量轻，只由少数几个零件组成；

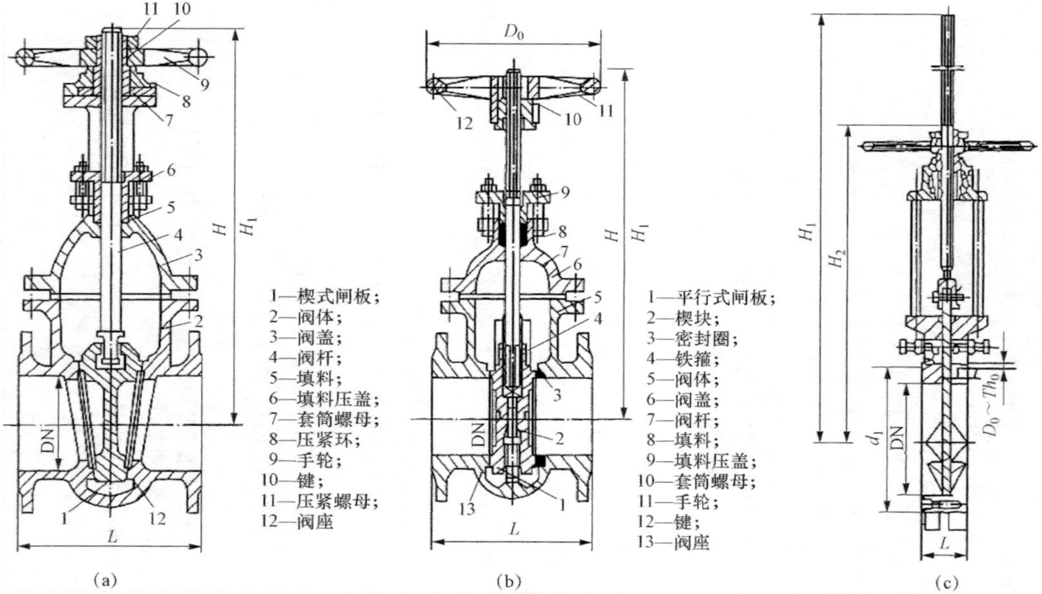
11 10
9
8
7
6
5
4
3
2
H
H_1
DN
1
12
L
(a)
1—楔式闸板；
2—阀体；
3—阀盖；
4—阀杆；
5—填料；
6—填料压盖；
7—套筒螺母；
8—压紧环；
9—手轮；
10—键；
11—压紧螺母；
12—阀座
D_0
12
10
11
9
8
7
6
5
4
3
2
H
H_1
DN
13
1
L
(b)
1—平行式闸板；
2—楔块；
3—密封圈；
4—铁箍；
5—阀体；
6—阀盖；
7—阀杆；
8—填料；
9—填料压盖；
10—套筒螺母；
11—手轮；
12—键；
13—阀座
H_1
H_2
d_1
DN
$D_0 \sim Th_0$
L
(c)

图 31－2　闸阀结构

(a)楔式闸阀；(b)平行式闸阀；(c)对夹式闸阀

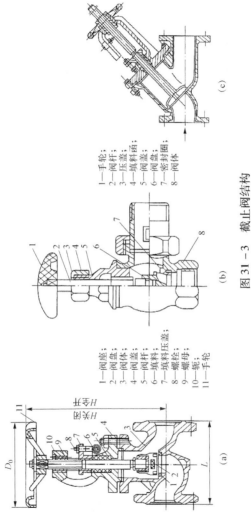

图 31 – 3 截止阀结构

(a) 标准式截止阀;(b) 角式截止阀;(c) 直流式截止阀

1—手轮;
2—阀杆;
3—压盖;
4—填料函;
5—阀盖;
6—阀盘;
7—密封圈;
8—阀体

1—阀座;
2—阀盘;
3—阀体;
4—阀盖;
5—阀杆;
6—填料;
7—填料压盖;
8—螺栓;
9—螺母;
10—轭;
11—手轮;

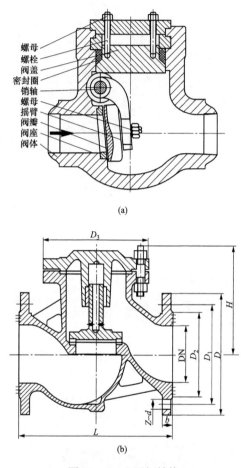

螺母
螺栓
阀盖
密封圈
销轴
螺母
摇臂
阀瓣
阀座
阀体

(a)

D_3
H
DN
D_2
D_1
D
$Z-d$
b
L

(b)

图 31 - 4　止回阀结构

（a）旋启式止回阀；（b）升降式止回阀

而且只需旋转 90°即可快速启闭，操作简单。蝶阀处于完全开启位置时，蝶板厚度是介质流经阀体时唯一的阻力，因此通过该阀门所产生的阻力很小，故具有较好的流量控制特性，可以作调节用。蝶阀结构如图 31 - 5 所示。

蝶阀有弹性密封和金属的密封两种密封形式。弹性密封阀门，密封圈可以镶嵌在阀体上或附在蝶板周边。采用金属密封的阀门一般比弹性密封

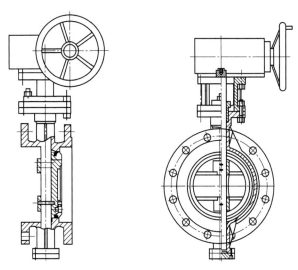

图 31 - 5　蝶阀结构

的阀门寿命长，但很难做到完全密封，金属密封能适应较高的工作温度，弹性密封则具有受温度限制的缺点。

五、球阀

球阀是由旋塞阀演变而来。它具有相同的旋转 90° 的动作，不同的是旋塞体是球体，有圆形通孔或通道通过其轴线。当球旋转 90° 时，在进、出口处应全部呈现球面，从而截断流动。球阀结构如图 31 - 6 所示。

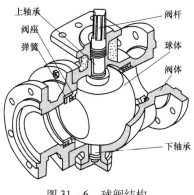

上轴承　　　　　阀杆
阀座　　　　　　球体
弹簧　　　　　　阀体

下轴承

图 31 - 6　球阀结构

球阀只需要用旋转90°的操作和很小的转动力矩就能关闭严密。完全平等的阀体内腔为介质提供了阻力很小、直通的流道。球阀最适宜直接做开闭使用，但也能作节流和控制流量之用。球阀的主要特点是本身结构紧凑，易于操作和维修，适用于水、溶剂、酸和天然气等一般工作介质，而且还适用于工作条件恶劣的介质，如氧气、过氧化氢、甲烷、乙烯、树脂等。球阀阀体可以是整体的，也可以是组合式的。球阀外观如图31-7所示。

图31-7　球阀外观

六、隔膜阀

　　隔膜阀是用一个弹性的膜片连接在压缩件上，压缩件由阀杆操作上下移动，当压缩件上升时，膜片就高举，形成通路；当压缩件下降时，膜片就压在阀体上，阀门关闭。此阀适用于开断、节流。隔膜阀特别适用于运送有腐蚀性、有黏性的流体，而且此阀的操作机构不暴露在运送流体中，故不会被污染，也不需要填料，阀杆填料部分也不会泄漏。隔膜阀结构如图31-8所示。

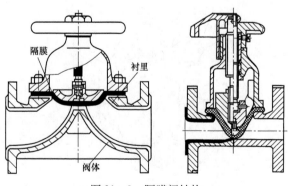

图31-8　隔膜阀结构

七、安全阀

安全阀是锅炉、压力容器和其他受压力设备上重要的安全附件。安全阀是根据压力系统的工作压力自动启闭，一般安装于封闭系统的设备或管路上保护系统安全。安全阀的作用原理是基于力平衡，一旦阀瓣所受压力大于设定动作压力时，阀瓣就会被此压力推开，其压力容器内的气（液）体会被排出，以降低该压力容器内的压力，保证设备和管道内介质压力在设定压力之下，保护设备和管道正常工作，防止发生意外，减少损失。安全阀结构如图 31-9 所示。

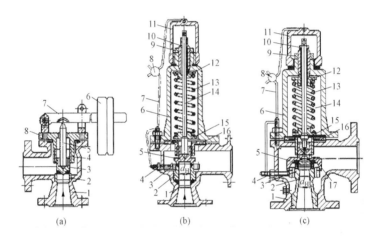

(a)　　　　　　　(b)　　　　　　　(c)

1—阀体；2—阀座；3—阀盘；
4—导向套筒；5—阀杆；
6—重锤；7—杠杆；8—阀盖

1—阀体；2—阀座；3—调节圈；4—定位螺钉；
5、6—阀盖；7—保险铁丝；8—保险铅封；
9—锁紧螺母；10—套筒螺丝；11—安全护罩；
12—上弹簧座；13—弹簧；14—阀杆；
15—下弹簧座；16—导向套；17—反冲盘

图 31-9　安全阀结构

（a）杠杆重锤式安全阀；（b）弹簧微启式安全阀；（c）弹簧全启式安全阀

八、调节阀

调节阀属于控制阀系列，主要靠改变阀门阀瓣与阀座间的流通面积来调节介质的压力、流量、温度等参数，是工艺环路中最终的控制元件。

常见的控制回路包括三个主要部分，第一部分是敏感元件，它通常是一个变送器。它是一个能够用来测量被调工艺参数的装置，这类参数有压力、液位或温度。变送器的输出被送到调节仪表——调节器，它确定并测量给定值或期望值与工艺参数的实际值之间的偏差，一个接一个地把校正信号送出给最终控制元件——调节阀。阀门改变了流体的流量，使工艺参数达到了期望值。

1. 直通单座阀

阀体内只有一个阀座和密封面，结构简单，密封效果好，是使用较多的一种阀体类型。直通单座阀结构如图 31 – 10 所示。

2. 直通双座阀

阀体内有两个阀座和密封面，流通能力大，不平衡力小，但泄漏量大，切断效果差，是使用较多的一种阀体类型。直通双座阀结构如图31 –11所示。

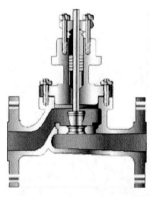
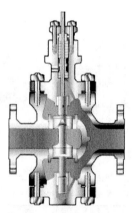

图 31 – 10　直通单座阀　　　　　图 31 – 11　直通双座阀

3. 套筒阀

阀体内部阀芯由套筒导向，套筒上开有窗口，用于决定流量与流量特性，阀芯上可开有平衡孔，减小不平衡力，套筒阀可调比大，振动小，不平衡力小，互换性好，可适用于大部分单双座阀的应用场合不适用于有颗粒及较脏污介质，是使用最为广泛的一种阀体类型。套筒阀结构如图31 –12所示。

球阀、蝶阀、隔膜阀等都可以作为调节阀，其结构如图 31 – 13所示。

第四篇　主要辅机设备

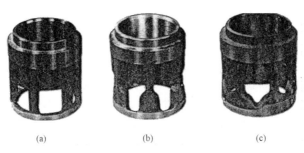

图 31 – 12　调节阀

（a）快开；（b）线性；（c）等百分比

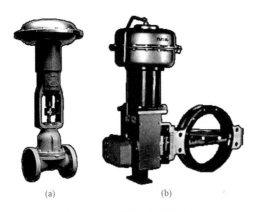

图 31 – 13　其他几种调节阀

（a）隔膜阀；（b）蝶阀

第三节　阀门的检修

　　发电厂中使用的阀门与管道的连接方式主要以焊接为主，这主要是压力高，这种连接方式的优点是严密性好，但是拆卸不方便，检修往往也是在现场进行，检修完成以后也不能单独进行水压试验。另外，阀门与管道的过渡段连接由于壁厚不一样，会在焊接过程中又有一定的难度，所以现在有很多的阀门厂在阀门出厂时就已经有过渡段铸钢件的连接，为用户提供了一定的方便。以下列举常见阀门的检修项目和工艺。

一、阀门的解体

（1）清除阀体外面的污垢。

（2）在阀体与阀盖连接的地方打上记号（网格），一般用錾子錾成1字形或X形即可。将阀门处于开启位置。

（3）拆下传动装置，卸下阀体与阀盖上的螺栓（注意对角旋松的问题），然后取下阀盖，取下阀芯，将阀芯包好放起来，严禁密封面直接接触水泥地或会损害密封面的地方。取出密封垫，若为石棉橡胶板或已经损坏的密封垫，应用平铲铲掉，并当心不要损害结合面。

（4）松开填料压盖上的螺栓，退出压盖，清除废旧的填料，可以用钩子把填料从填料函中取出，当心不要损坏阀杆或填料函。

（5）从阀盖中退出阀杆。

二、阀门的缺陷检查

（1）检查阀体有无裂纹、砂眼，阀体与阀盖的结合面是否平整，凹凸面有无伤痕。

（2）检查阀芯与阀座的密封面之间有无沟痕、麻点。

（3）检查阀杆有无弯曲，填料结合处有无腐蚀等情况。阀杆的弯曲度不应超过 0.1mm。检查阀杆的螺纹是否良好。

（4）检查填料压盖与填料函之间的间隙是否适当（一般间隙是0.1 ~ 0.2mm）。

（5）检查阀门的螺栓是否良好，检查有无烂丝、裂纹的情况。

（6）如果是高压阀门，要检查金属齿形密封垫的平行度，不能超过 0.1mm。

（7）检查传动装置的灵活性，手轮是否完整。

三、阀门的修理

一般阀门有三个容易泄漏的地方，即阀体与阀盖之间、阀芯与阀座之间、填料与阀杆之间。

1. 阀体或阀盖的焊补

高压阀门由于在运行中温度的变化或在阀门制造过程中存在着缺陷，往往阀体上有裂纹或者砂眼的存在。阀体上发现裂纹，在进行修补前，应在裂纹的方向尽头用 5 ~ 8mm 钻头钻一个孔，钻孔的作用就是阻止裂纹的继续扩大，然后用錾子开槽的办法剔除砂眼或裂纹的部分，槽口要有一定的坡口便以补焊以及焊接的牢固。对于合金钢阀门，在补焊时一定要对阀门进行预热，预热的温度根据材质来确定，补焊完以后要注意有一定时间的保温，防止产生新的裂纹，同时要对补焊的阀门要进行超压试验，压力一般在工作压力的 1.25 倍。

2. 阀芯与阀座密封面的修补与研磨

密封面是阀门最主要的工作面，一旦产生损坏，对设备的安全经济运行产生很大的影响。因此，每次检修阀门必须对密封面进行检查检修研磨。

发现密封面有沟痕麻点深度超过 0.5mm 时就必须进行堆焊处理，电厂检修中往往采用手工堆焊。堆焊过程中，要防止产生裂纹以及夹渣气孔等情况出现。另外，对高压阀门，堆焊前要进行预热，堆焊后还要进行热处理。也就是说要保证堆焊以后不影响材质的硬度及强度。堆焊以后还要进行车削处理，然后再可以进行研磨。

3. 阀杆的修理

阀门的阀杆与阀杆螺母的驱动方式有三种：一种是开关时阀杆既旋转又上下运动的，称为明杆阀门；一种是开关时阀杆不旋转只上下运动的，也称为明杆阀门；还有一种是开关时只旋转不上下运动的，称为暗杆阀门。

阀杆承受传动装置的扭矩，将力传达给开关件，达到开启关闭调节的目的。阀杆的材质有铜合金、碳素钢、合金钢等。阀杆最大的问题是磨损和腐蚀，还有就是弯曲。弯曲度较大影响开启则应进行校正。磨损和腐蚀以后可以进行镀铬、渗氮等处理，或换新的阀杆。

4. 填料的更换制作

填料又称为盘根。它是一种密封材料，是防止介质沿阀杆方向产生泄漏和空气向阀门内泄漏。

根据流通介质、温度、压力的不同，选择填料的品种也不一样。常用的填料材料有棉、麻、石棉、石棉金属丝、石墨等。

填料应具有以下性能：①要有一定的弹性，能起到密封作用；②与阀杆摩擦系数要小，不能妨碍阀杆的转动；③能承受一定的温度与压力的变化，还能够承受腐蚀。因此，对填料要根据具体情况、不同地点、不同要求、不同条件加以认真选择，否则会影响安全经济运行，造成不必要的麻烦。一般情况下，每次检修阀门都要把填料进行更换，所以拆开阀门就必须取出填料。

制作新的填料及装填料时应注意以下几个问题：

（1）填料的切口。当取来很长的一根填料时，应按照实际需要，也就是阀杆的周长多一个切口的长度剪下来，然后在填料的两头切成 45°的角。

（2）当填料装进填料函时，围起来时应是 45°的角正好相拼，但应注意是上下搭扣，以防止介质冲开填料。

（3）填料装进填料函时，每层的填料搭扣应该错开 90°~120°。

（4）每加进两层要把填料压紧。

（5）装进填料函的填料层数，要根据填料压盖来确定，无论填料是压盖式还是填料螺母式，压盖压入部分应是压盖可压入部分的 1/2 到 2/3。

5. 阀门螺栓应用注意事项

发电厂中的管道压力、温度、流通的介质不一样，因此阀门的选择也不一样。修理阀门时，若需要更换螺栓，一定注意要采用同一种材料的螺栓，否则会产生安全事故。另外，在拆卸安装拧紧螺栓时一定要注意对角方向的松开或旋紧。发现螺栓有丝扣损坏或外表面损坏时应及时更换。

6. 密封垫的更换与制作

密封垫又称垫子、衬垫。它是使用在阀体与阀盖之间法兰结合处，防止介质沿法兰结合处渗漏。根据流通介质的不同，以及温度、压力的不同，选择密封垫的材料也不同。密封垫的材料有石棉绳、石棉橡胶板、紫铜、合金钢及软钢等。

作为密封垫的材料必须具备以下的性能：①具有一定的强度，足够的弹性和韧性；②具有抵抗介质侵蚀的能力；③流通介质的温度变化对密封垫的影响要小或不受影响；④密封垫材料要软于法兰结合面的材料。

石棉橡胶板及紫铜做成的密封垫使用于介质温度不超过 450℃、压力低于 6MPa 的汽水阀门上。紫铜密封垫在制作好以后要进行退火软化处理，一般回火温度在 650~690℃。

目前我国的高温高压机组阀门密封垫均采用不锈钢齿形垫，又称为波形垫。使用于压力大于 10MPa、温度大于 550℃ 的阀门上。齿形垫的厚度一般在 3~4mm，一般从阀门上拆下来以后要对齿形垫进行平行度的检查，如果厚度差超过 0.1mm 就要更换新的密封垫。安装时必须经过回火处理，经过处理以后的密封垫抹上少些渗油的黑铅粉，再放上一些干铅粉，在旋紧螺栓时一定要注意对角慢慢旋紧，防止损坏齿形垫。旧的密封垫经检查仍然可以使用时，要把旧的密封垫进行退火软化处理。

7. 传动装置的检修

手轮损坏要更换；机械传动装置在使用前要检查是否灵活，有无损坏的情况，操作行程是否在设定的范围中。

8. 高压阀门自体密封装置检修

高压阀门自体密封装置结构如图31-14、图31-15所示。

（1）自密封阀门的拆卸：将手轮等阀盖上部部件拆除后，就可以拆卸自密封装置了。拆下顶紧螺母、阀盖螺母，取下外盖，然后用千斤顶把阀盖的内盖往下压松（或用顶丝从上往下顶松内盖），迫使内盖向下与四瓣卡块（开口止动环）脱开，以便顺利取出卡块。卡块一般为四合环结构，它被嵌在阀座的环行槽内，以便能起到通过压圈将自密封垫压紧作用。拆卸四瓣卡块时，可用合适的棒插入孔

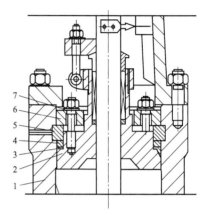

图31-14　自密封阀门楔形垫组合结构

1—阀体；2—阀盖；3—楔形垫；4—压环；

5—四环；6—支承环；7—预紧螺栓

内，将四瓣卡块逐一敲出，取出的顺序为1、3然后2、4。重新装上外阀盖，装上顶紧螺母，旋转阀杆，连同阀门的阀盖内盖一起取出，再拆卸阀杆、阀芯等其他组件。

（2）自密封装置阀门的检修与普通阀门的检修项目一样。自密封装置的卡块及密封圈、压圈损坏应及时更换。

（3）复装自密封装置时应保持所有部件的清洁干净，所有螺栓均涂上二硫化钼粉，再进行复装，顺序与拆开时相反，顶紧螺栓应有足够的预紧力，阀门投入运行后再紧一次螺栓，以保证自密封效果。

四、阀门组装

阀门经修理以后，每个维修项目全部达到要求的情况下，可以进行阀门组装。

（1）阀芯与阀杆的组装。对于单闸板的阀杆能在阀芯中自由转动，对于双闸板的阀芯应先把两块闸板连接起来，弹性装置要连接牢固，截止阀有的阀芯与阀杆的套件采用点焊方式连接的要先点焊好。

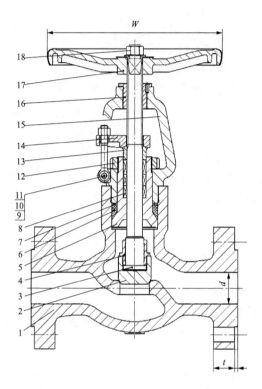

图 31-15　压力自密封截止阀

1—阀体；2—阀瓣；3—阀杆；4—阀瓣螺母；5—阀芯；6—密封圈；7—调整垫片；
8—填料；9—销；10—螺母；11—活节螺栓；12—螺母；13—填料压套；
14—填料压盖；15—支架；16—阀杆螺母；17—手轮；18—锁紧螺母

（2）将阀杆穿入阀盖填料压盖（填料函）中，将填料装进填料函，压盖压上拧紧螺栓，但不能太紧。

（3）将密封垫装在阀体与阀盖的结合面上，对正记号将阀体与阀盖连起来，并注意螺栓拧紧时要对称拧紧，防止损坏齿形垫。

（4）调整填料的松紧度，不要过紧，等工作时再可以调节压盖螺栓。

（5）传动装置的组装。

（6）把阀门安装到管道上时要注意阀门的进出口方向。特别是截止阀、球阀、止回阀一定要注意流通介质的流向。

五、阀门密封试验及质量标准

阀门密封试验又称水压试验，因为用水压试验而得名。它是检验检修以后阀门是否合格的标准，可检查有无泄漏现象或其他不合格现象的发生。对阀门的试验，从管道上拆下来检修的阀门必须在试验台上进行，没有从管道上拆下来的阀门同管道的水压试验同时进行。

（1）低压阀门的试验。将阀门处于关闭位置，阀门进口连接试验的压力，试验压力可以根据厂家要求来确定，一般按照使用压力的1.25倍来确定。

（2）高压阀门的强度性试验。按照有关要求要进行材料强度试验和密封性试验。在试验时把阀门出口堵死，进口连接水压，把阀门全部打开，水压是工作压力的1.15倍，观察阀体阀盖有无渗漏的情况，通常情况时间是5min。阀门经过阀体或阀盖补焊的，一定要做强度试验。

（3）高压阀门的密封试验。密封试验：把阀门处于关闭位置，先是工作压力的试验，然后是超压试验，压力是工作压力的1.25倍，看有无泄漏的情况或者降压渗漏的情况发生，时间是5min。填料和密封垫的泄漏试验：把阀门处于开启位置阀门出口的地方堵死，然后观察阀体与阀盖之间有无渗漏、阀杆与填料之间有无泄漏的情况，正常情况下，可允许沿阀杆有一些渗水，一般情况下一分钟一两滴属于正常情况，超过该允许数值应将阀盖上填料压盖螺栓再拧紧一下。

（4）对截止阀做试验时，水压应从阀芯上方进入，防止水压影响到密封面。水压试验时一定要注意安全，压力的提升应有个渐进的过程，防止水压的冲击而损坏阀门。

第四节　阀门填料的选择及更换填料的方法

阀门填料按其结构不同可分为棉状、模压、卷制、叠制、扭制、编织等成型填料；按其材料不同可分为软质填料、半金属填料和金属填料等。填料组成的材料不同，所使用的条件也不同。

一、填料的类型及使用范围

1. 植物纤维填料

用麻类或棉类浸渍油、蜡或其他防渗材料制成，用于100℃以下的低压阀门上。适用于水、氨、醋酸、苛性钠等介质。

2. 石棉纤维填料

石棉纤维有较好的耐热性，能耐弱酸、强碱，强度较高，吸附性能好。如加一些耐酸、碱材料，浸渍摩擦系数小的材料，加入导热性好的金属材料，可改善石棉填料的性能，使其耐腐蚀性、耐磨性、耐热性、强度等都有不同程度的提高。石棉填料有夹金属丝的和不夹金属的两种。目前常用的石棉填料按 JB/T 1712—2008 选用。其中，有油浸石棉盘根（JC/T 1019—2006）是用石棉线（或金属石棉线）浸渍润滑油和石墨编织或扭制成的密封材料，油浸石棉盘根分方形、圆形和圆形扭制三种；还有橡胶石棉盘根（JC 67—1982），是用石棉布、石棉线（或石棉金属布、线）以橡胶黏合剂卷制或编织成的密封材料，橡胶石棉盘根压成方形，外涂高碳石墨。

3. 塑料和塑料浸渍填料

YAB 型尼龙石棉填料，适用于腐蚀性介质，介质温度不高于100℃、压力不大于32MPa；聚四氟乙烯乳液浸渍石棉填料，适用于强腐蚀性介质，介质温度为 –200～200℃、压力不大于35MPa；NFS 型聚四氟乙烯编织填料，适用于化学物品，介质温度为 –200～260℃，压力不大于35MPa。

4. 橡胶填料

有橡胶夹布、橡胶棒、环形橡胶填料，用于温度不高于140℃的氨、浓硫酸等介质中。

5. 碳纤维填料

型号为 TCW 型，它是用碳纤维编织绳浸渍聚四氟乙烯乳液而成的。碳纤维填料有极好的弹性和柔软性；有优异的自润性、耐高温，在空气中可在 –120～350℃温度范围内稳定工作，耐压不大于35MPa。

6. 柔性石墨填料

柔性石墨填料有如下优良性能：

（1）独特的柔韧性和回弹性，制作切口填料可以自由沿轴向弯曲90°以上，使用中不会因温度及压力变化、振动等因素而引起泄漏，因而安全可靠，是理想的密封材料。

（2）耐温性能好。低温可应用于 –200℃，在高温氧化性介质中可用到500℃，在非氧化性介质中可应用到2000℃，并能保持优良的密封性。

（3）耐腐蚀性强。对酸类、碱类、有机溶剂、有机气体及蒸汽均有良好的耐腐蚀性。不老化，不变质，除强氧化性介质（硝酸）、发烟硫酸、铬酸、卤素等外，能耐一切介质的腐蚀。

（4）摩擦系数低，自润性良好。

（5）对气体及液体具有优良的不渗透性。

（6）使用寿命长，可反复使用。

柔性石墨应用广泛，柔性石墨填料一般可压制成型，适用公称压力不大于 32MPa。

7. 膨胀聚四氟乙烯

经过膨胀处理的聚四氟乙烯，克服了弹性差的缺点，具有橡胶的弹性，又不失其原有的特性，性能大大改善，有一种 100% 膨胀聚四氟乙烯编织的填料，主要用在阀门上，适用温度为 –268 ~ 288℃，对磨损的阀杆有良好的密封效果。在膨胀聚四氟乙烯中混合一定石墨和耐高温润滑剂的纱而编织的填料，可作线速度 21.8m/s 的泵用填料。

8. 陶瓷纤维填料

型号为 NGW 型，由陶瓷纤维和金属合金丝为主要原料，再加入石墨滑石粉制成，它的耐温性能极好，能耐深冷和超高温介质；耐腐蚀性能很好。目前国内应用较少。国外制作的陶瓷纤维填料的使用温度可达 1480℃。

9. 金属填料

按其结构可分为金属箔带缠绕填料、金属箔揉绉叠压填料、金属波形填料、铅丝扭制填料和铅圈填料等。

金属箔带缠绕填料和金属箔揉绉叠压填料，其优点是耐高温、耐冲蚀、耐磨损、强度高、导热性好。但密封性能较差，需要较大的压紧力，必须与塑料填料配合使用。其使用温度、压力、耐腐蚀性根据金属材料而定。金属波形填料型号为 BSP – 600 型，波型片材料为 1Cr18Ni9Ti，使用温度不高于 600℃，压力不大于 20MPa，是一种较好的填料。

铅丝扭制填料主要用在温度不高于 90℃ 的浓硫酸等介质中。铅圈填料是将铅熔化后铸成方形断面的填料，与石棉填料交错装配使用，能在温度不高于 500℃ 的油品介质中使用。

10. V 形填料

V 形填料由上填料、中填料、下填料组成。上、中填料是用聚四氟乙烯或尼龙制成，下填料是 1Cr13、1Cr18Ni9、A3 钢等材料制成。聚四氟乙烯耐温 232℃，尼龙耐温 93℃，一般耐压 32MPa，常用于腐蚀性介质中。

11. O 形圈填料

O 形圈的剖面为圆形，其材料为橡胶、聚四氟乙烯及金属空心 O 形圈，O 形圈不仅用于静密封，也可用于动密封。其中，橡胶 O 形圈用途十广泛。O 形圈最高使用压力可达 40MPa。

12. 波纹管填料

波纹管用于密封，可节省填料，故称波纹管为无填料密封。它呈皱叠形圆管体，一端固定在阀杆上，另一端固定在阀盖上，阀杆与阀盖之间处于全封闭状态，阀杆可作上下运动。有的将波纹管与石棉填料组合使用。波纹管用 1Cr18Ni9Ti、高锌荷兰黄铜等材料制成，用于毒性介质和密封面要求较高的场合。一般使用压力为 0.6MPa，使用温度不高于 150℃。

13. 液体填料

液体填料主要作为其他填料间隔断用。

二、更换常用高压阀填料的方法

1. 阀门填料基础知识

填料是动密封的填充材料，用来填充填料室空间，以防止介质经由阀杆和填料室空间泄漏。填料密封是阀门产品的关键部位之一，要想达到好的密封效果，一方面是填料自身的材质，结构要适应介质工况的需要，另一方面则是合理的填料安装方法和从填料函的结构上考虑来保证可靠的密封。

2. 阀门填料密封原理

填料轴向压紧产生弹塑性变形，进而径向扩张，形成贴紧轴的径向接触力，使流体沿轴表面的流动受阻，实现密封。阀门填料密封结构如图 31－16 所示。

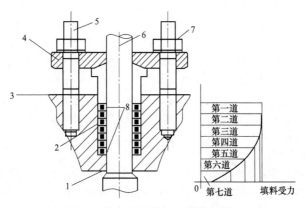

图 31－16　阀门填料密封结构

1—上密封；2—膨胀石墨填料；3—填料压盖；4—压盖法兰；5—填料压盖螺栓；
6—阀杆；7—压盖螺母；8—编织填料

3. 对阀门填料自身的要求

（1）减少填料对阀杆的摩擦力。

（2）防止填料对阀杆和填料函的腐蚀。

（3）适应介质工况的需要。

4. 阀门盘根特点

阀门盘根的特点是：耐高压、线速度低、编织致密、强硬。编结填料形式如图 31-17 所示。

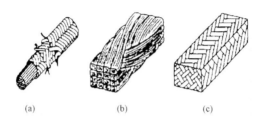

(a)   (b)   (c)

图 31-17 编结填料

（a）夹心套层式；（b）发辫式；（c）穿心式

5. 常用的软填料材料

常用的软填料材料见表 31-8。

表 31-8   常用的软填料材料

基 体 材 料						辅 助 材 料			
橡 胶	纤 维				金属	润 滑 剂		防腐蚀剂
	矿物类	植物类	动物类	合成类		干	湿	
天然橡胶 合成橡胶 NBR、 CRSBR、 EPDM 等	石棉 柔性石墨	棉花 亚麻 黄麻 苎麻 剑麻	皮革 羊毛 毛发	人造丝 尼龙 PTFE 碳纤维 玻璃纤维 芳纶纤维	铝箔 铜箔 铅箔 黄铜 蒙乃尔 因科镍 不锈钢	石墨 云母 滑石 二硫化钼	牛脂 矿物油 石蜡 石油产品	铝粉 锌粉 镁粉

6. 常用编织填料（材料）特性

（1）亚麻填料：浸渍不同润滑剂，增强致密性，减小磨损。

（2）石棉填料：浸渍物——矿物油混合石墨或二硫化钼，浸渍 PTFE 乳液，增强化学稳定性，且 PTFE 有自润滑作用。

（3）聚四氟乙烯填料：PTFE 加工成纤维再编织而成。

（4）芳纶纤维填料：强度高，密度低，弹性好，耐燃烧，耐磨损。

（5）玻璃纤维填料：耐热性、尺寸稳定性好，拉伸强度高，不燃烧，散热性好。

（6）碳素纤维或石墨纤维填料：有极好的耐热性和抗化学腐蚀性。

各种密封填料规格与性能见表 31 - 9。

表 31 - 9　　　　　　　各种密封填料规格与性能

种类	型号	规格	性能	
			耐温（℃）	耐压（MPa）
聚四氟乙烯碳素纤维浸渍编织填料	TFS	12，16	- 200 ~ 260	20
碳素纤维编织材料	TCW	12，16	200 ~ 600	10
油浸石棉密封填料	YS450	方形断面：3，4，5，6，8，10，13，16，19，22，25，28，32，35，38，42，45，50	450	6
	YS350		350	4.5
	YS250		250	4.5
橡胶石棉密封填料	YS450	方形断面：3 ~ 50；圆形断面：5 ~ 50；扭制断面 3 ~ 25：3，4，5，6，8，10，13，16，19，22，25，28，32，35，38，42，45，50	450	6
	YS350		350	4.5
	YS250		250	4.5
油浸棉麻密封填料	M200	方形断面：3，4，5，6，8，10，13，16，19，22，25，28，32，35，38，42，45，50	< 100	20
	M160		< 100	20

7. 更换填料方法及步骤

（1）准备用具：205 ~ 300mm 活动扳手各一把，150mm 平头螺丝刀一把，剪刀一把，"F" 形扳手一把，专用密封填料钩一把，梅花扳手、开口扳手各一套，黄油枪一把。密封填料，棉纱或擦布适量。

（2）按照工作流程，办好工作票，做好安全措施，关闭与该阀门相连通的所有阀门，排掉该阀门前后管段中的余压，禁止带压操作。

（3）依据阀门应用场合的压力、温度和大小，选择密封填料的种类、规格，根据阀门丝杆下部光杆外圆用剪刀剪切新填料，切口如图 31 - 18 所示。

（4）卸下填料函压盖螺丝，取下压盖。

（5）用专用工具取出旧填料，清理填料函内杂物。

（6）用卡尺测量填料大小。

（7）选择合适的填料。

（8）用剪刀将选好的填料切成 45°角。

（9）将切好的填料互为 45°角对齐放入填料函中。

（10）将新密封填料逐条加入填料函内，加填料时圈与圈之间要错开 90°，密封填料逐条加好新填料后，上好压盖，均匀拧紧调节螺丝，压盖压入深度不小于 5mm。

（11）填料更换完毕，按工作流程恢复系统，进行试压，阀门应开关灵活，不渗不漏。

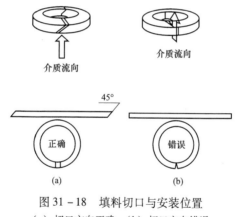

图 31 - 18　填料切口与安装位置

（a）切口方向正确；（b）切口方向错误

第五节　阀门的研磨

一、研磨头与研磨座

阀门检修时，大量而重要的工作是进行阀瓣和阀座密封面的研磨。开始研磨密封面时，不能将门芯与门座直接对磨，因其损坏程度不一致，直接对磨既浪费材料，又易将门芯、门座磨偏，故在粗磨阶段应采用胎具分别与门座、门芯研磨。研磨头和研磨座不但应数量足够，尺寸和角度也都要与阀瓣、阀座相符，所用材料的硬度应比阀座、阀瓣略小，一般用普通碳素钢和铸铁制成。

常用的研磨头和研磨座如图31-19所示。

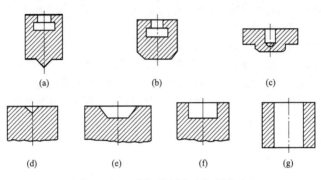

图31-19 常用的研磨头与研磨座

(a) 研磨小型节流阀用的研磨头；(b) 研磨斜口阀门用的研磨头；
(c) 研磨平口阀用的研磨头；(d) 研磨小型节流阀用的研磨座；
(e) 研磨斜口阀门用的研磨座；(f) 研磨平口阀门用的研磨座；
(g) 研磨安全阀用的研磨座

手工研磨时，研磨头或阀瓣要配置各种研磨杆。研磨头与研磨杆装配到一起置于阀座中，可对阀座进行研磨；阀瓣与研磨杆装配到一起置于研磨座中，可对阀瓣进行研磨。

研磨杆与研磨头（或阀瓣）用固定螺栓连接，要装配得很直，不能歪斜。使用时最好按顺时针方向转，以免螺栓松动。

研磨杆的尺寸根据实际情况来定，较小阀门用的研磨杆长度为150mm，直径为20mm左右；40~50mm阀门用的研磨杆长度为200mm，直径为25mm左右。为便于操作，常把研磨杆顶端做成活动头，如图31-20（a）所示；研磨杆的头部也可安装锥度铣刀头（一般根据门座结构进行配制），直接对门座进行铣削，以提高研磨效率，如图31-20（b）所示。

在研磨过程中，研磨杆与门座要保持垂直，不可偏斜。图31-20（b）所示的研磨杆用一嵌合在阀体上的导向定心板进行导向，使研磨杆在研磨时不发生偏斜。如发现磨偏时，应及时纠正。

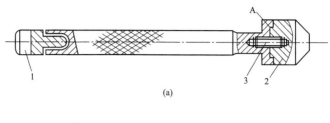

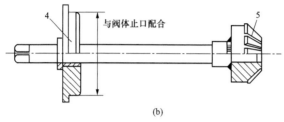

图 31 - 20　研磨头与研磨杆装配

（a）研磨杆；（b）研磨杆与铣刀

1—活动头；2—研磨头；3—丝对；4—定心板；5—铣刀头

二、电钻式研磨工具

为了减轻研磨阀门的劳动强度，加快研磨速度，对小型球形阀常用手电钻带动研磨杆进行研磨。用这种方法研磨，速度较快，如阀座上有深 0.2～0.3mm 的坑，用研磨砂或自粘砂纸只需几分钟就可磨平，然后再用手工稍加研磨即可达到质量要求。

三、研磨材料

1. 研具材料

研具材料应由研磨件的材质及其性能而定。研具材料应具有如下特性：组织细密均匀，嵌沙性能好，有良好的耐磨性，足够的硬度，不变形，其硬度比研磨件要软。通常作研具的材料有铸铁、低碳钢、铜、铝、铅、巴氏合金、玻璃、沥青、皮革等。

常用的研具材料：

（1）铸铁。铸铁含有片状石墨，其耐磨性和润滑性能好，强度也高；它还具有成本低、易加工等优点。因此，铸铁研具适用于研磨像硬质合金、淬硬钢、有色金属等多种材料的工作，也适用于敷沙研磨、嵌沙研磨和加砂布研磨。铸铁研具使用的材料有灰口铸铁和球墨铸铁，一般硬度有

HB120～HB220。铸铁研具能保证质量，同时研磨的效率高，使用普遍。

（2）铜。铜韧性大，耐磨性好，适于加工余量大、粗糙度要求低的工作粗研，能起低碳钢研具的作用，但是成本较高，一般极少采用。

（3）低碳钢。低碳钢的韧性比铸铁大，能适应铸铁难于研磨的细长圆孔、圆锥孔、螺纹等工作，低碳钢一般用于粗研材料。

（4）铝。铝质地比铜软，适用于铜等软金属的密封面。

（5）铅、巴氏合金。适用于抛光和研磨软钢或其他软质材料的工作。

（6）玻璃。玻璃质地硬脆，适用于工件的研磨和抛光，特别是淬硬钢的精研。

（7）皮革、毛毡、涤纶织物。质地柔软常用于抛光工件，涤纶织物平整均匀，衬垫在平整的研具上，精研和抛光的效果好。

（8）沥青。沥青质地软，适用于与玻璃、水晶灯脆硬材料的研磨和抛光，也适用于淬硬钢的精抛光加工，沥青对工件适应性强。

2. 研磨剂

研磨剂是用磨料、分散剂（又称研磨液）和辅助材料制成的混合剂，习惯上也列为磨具的一类。研磨剂用于研磨和抛光，使用时磨粒呈自由状态。由于分散剂和辅助材料的成分和配合比例不同，研磨剂有液态、膏状和固体三种。液态研磨剂不需要稀释即可直接使用；膏状的常称为研磨膏，可直接使用或加研磨液稀释后使用，用油稀释的称为油溶性研磨膏，用水稀释的称为水溶性研磨膏；固体研磨剂（研磨皂）常温时呈块状，可直接使用或加研磨液稀释后使用。研磨剂中的磨料起切削作用，常用的磨料有刚玉、碳化硅、碳化硼和人造金刚石等。精研和抛光时还用软磨料，如氧化铁、氧化铬和氧化铈等。

研磨剂材料的种类：

（1）氧化铝（Al_2O_3）。氧化铝又称刚玉，其硬度较高，使用很普遍，一般用于研磨铸铁、铜、钢及不锈钢等材料的工作。

（2）碳化硅（SiC）。碳化硅有绿色和黑色两种，其硬度比氧化铝高。绿色氧化硅适用于研磨硬质合金，黑色氧化硅适用于研磨脆性材料及软材料工件，如铸铁、黄铜等。

（3）碳化硼（B_4C）。硬度仅次于金刚石粉末，而比碳化硅硬，主要用来代替金刚石粉末研磨硬质合金，研磨镀硬铬的表面。

（4）氧化铬（Cr_2O_3）。氧化铬是一种硬度高和极细的磨料，淬硬钢精研时常使用氧化铬，一般也用它来抛光。

（5）氧化铁（Fe_2O_3）。氧化铁也是一种极细的磨料，但是硬度及研磨效果均比氧化铬差，用途与氧化铬相同。

（6）金刚石粉末。即结晶碳，它是最硬的磨料，切削性能较好，特别适用于研磨硬质合金。

备注：密封面粗研时的磨料粒度一般为 120～240 号；精研时为 W40～14。

（7）调制研磨剂时，通常是向磨料里直接加入煤油和机油，用 1/3 的煤油加 2/3 的机油与磨料调和成的研磨剂适用于粗研；用 2/3 的煤油与 1/3 的机油与磨料调和成的研磨剂可以用于精研。当研磨硬度较高的工件时，使用上述研磨剂的效果就不够理想，可采用三份磨料加一份加热的猪油调和起来，冷却后形成糊状，使用时再加些煤油或汽油调匀。

3. 磨料的分类和应用范围

研磨材料主要用于研磨管道附件及阀门的密封面。常用的研磨材料有砂布、研磨砂和研磨膏等。

（1）砂布。它是用布料作衬底，在其上面胶粘砂粒而成。根据砂粒的粗细分为 00、0、1、2 等号码。00 号最细，以后每一号都粗于前一号，2 号最粗。

（2）研磨砂。研磨砂的规格是按其粒度大小编制的。分为 10、12、14、16、20、24、30、36、46、54、60、70、80、90、100、120、150、180、220、240、280、320、M28、M20、M14、M10、M7 和 M5 等号码。其中 10～90 号称为磨粒；100～320 号称为磨粉；M28～M5 称为微粉。

管道附件或阀门的密封面研磨，除个别情况用 280、320 号磨粉外，主要是用微粉。

为了加快研磨速度，有时先采用粗磨。粗磨可用大粒度 320 号磨粉（颗粒尺寸 42～28μm）；细磨可采用小粒度的 M28～M14 微粉（颗粒尺寸 28～10μm）；最后可采用 M7 微粉（颗粒尺寸 7～5μm）。

（3）研磨膏。研磨膏是用油脂类（石蜡、甘油、三硬脂酸等）和研磨微粉合成的。它是细研磨料，分为 M28、M20、M14、M10、M7、M5 等，有黑色、淡黄色和绿色的。

常用研磨膏有：

1）刚玉类研磨膏。主要用于钢铁件研磨。

2）碳化硅。碳化硅类研磨膏主要用于硬质合金、玻璃、陶瓷和半导体等研磨。

3）氧化铬类研磨膏。主要用于精细抛光或非金属类的研磨。

4）金刚石类研磨膏。主要用于硬质合金等高硬度材料的研磨。

四、密封面的研磨

阀芯与阀座密封面检修主要采用电动和手工研磨的办法。它是一项复杂、烦琐、仔细的工作，借助于手工、机械的办法使之达到密封面结合紧密而不产生泄漏。

1. 磨料及磨具的选择

在粗磨时要磨去较多的金属，所以要选择较软的材料做成的磨具，因为软的磨具容易嵌入大颗粒的磨料，这样磨削率就高。精磨时所磨去的金属很少，有时甚至是进行一点修正，所以要选择较硬的材料做成的磨具，这样嵌入磨料就细，对磨具本身磨损也小，能够维持工件的最后尺寸。

2. 研磨的方法

（1）用研磨砂进行研磨。在发电厂中研磨阀门均采用机械与手工相结合的办法，对于闸板阀门一般采用机械的办法进行研磨；对于球阀、截止阀、安全阀采用先机械后手工的办法，一是可以省力，缩短检修的时间，二是可以达到检修的工艺要求和质量标准。整个研磨过程大体分成三个阶段进行，即粗磨、中磨、精磨。

1）粗磨：一般用于磨削量较大，一般要求磨去 0.3mm 左右，把麻点及沟痕磨去。粗磨采用机械的方法去加工，可以顺着一个转动的方向将密封面上粗的条纹磨光。如果手工去研磨，可以选择压力大一点，顺着一个方向旋转即可。

2）中磨：阀门密封面进行粗加工以后，还有一些小的条纹，这时如果还采用机械的方法去加工则容易加工过头，所以这时开始基本全是手工操作。更换磨料磨具，选择磨具时要选择较硬材料做的磨具，磨料也要选择较细的磨料，手工加工时可以是顺着一个方向进行研磨，但要经常用红丹粉油抹在密封面表面进行检查，可以看到一条能连续的曲线，但这条曲线粗细不均匀。

3）精磨：阀门密封面检修工作量最大的就是精磨，它是密封面检修的最后一道工序。因此需要小心谨慎，施加的力比较小，两手用力要均匀。磨具可以直接采用阀芯，在阀芯的表面涂上一点研磨膏加润滑油对阀座进行研磨，研磨时磨具要顺时针转动 40°～90°以后，在逆时针转动 40°～90°，轮流交替进行研磨，磨的过程中要不断地对密封面进行检查，一直能在密封面上看到一条又黑又亮的连续不断的曲线为止，这条线就是凡尔线。

（2）用砂纸进行研磨。用砂纸进行研磨省去了磨具的更换，同时速度快，而且比较干净，因此在检修现场广泛采用。方法上是将砂纸剪成十字形、圆形分别去研磨锥形、平面形的阀座。把剪下的砂纸固定在磨具上，然后对阀座进行研磨。在粗磨时选择 1 号或 2 号铁砂纸，中磨时选择 0 号或 00 号铁砂纸，粗磨时可以是顺着某一个方向转动，也可以采用电动研磨。精磨时一定要更换 01 ~ 07 号金相砂纸，同样组成十字形或圆形固定在磨具上进行研磨，检查方法同上。

阀门密封面研磨采用砂纸研磨虽然好，但是有一个很大的缺点，就是砂纸经过研磨以后容易发软，容易产生折皱反而损坏密封面，尤其是砂纸不能受潮，一旦受潮就发软，因此一定要注意这些问题。

第六节　阀门常见故障及处理

阀门在电厂生产系统过程中起着举足轻重的作用，阀门运行的好坏直接影响到装置生产的稳定运行，阀门的操作能否正常与阀门的维护工作也有着很大的联系。阀门的故障也是多种多样的，而同一种故障的出现原因也有可能不同。通过对阀门常见故障原因的分析，采用适当的处理方法和改进措施，将大大提高阀门的利用率，减少阀门的故障率，对流程工艺的生产效率和经济效益的提高以及能源消耗的降低都有着极其重要的作用。阀门常见故障及处理方式见表 31 - 10。

表 31 - 10　　　　　阀门常见故障及处理方式

常见故障	原　因	处理方式
阀体渗漏	（1）阀体有砂眼或裂纹； （2）阀体补焊时拉裂	（1）对怀疑裂纹处磨光，用 4% 硝酸溶液浸蚀，如有裂纹就可显示出来； （2）对裂纹处进行挖补处理
阀杆及与其配合的丝母螺纹损坏或阀杆头折断、阀杆弯曲	（1）操作不当，开关用力大，限位装置失灵，过力矩保护未动作； （2）螺纹配合过松或过紧； （3）操作次数过多、使用年限过久	（1）改进操作，不可用力过大，检查限位装置，检查过力矩保护装置； （2）选择材料合适，装配公差符合要求； （3）更换备品

常见故障	原　因	处理方式
阀盖结合面漏	(1) 螺栓紧力不够或紧偏; (2) 垫片不符合要求或垫片损坏; (3) 结合面有缺陷	(1) 重紧螺栓或使门盖法兰间隙一致; (2) 更换垫片; (3) 解体修研门盖密封面
阀门内漏	(1) 关闭不严; (2) 结合面损伤; (3) 阀芯与阀杆间隙过大,造成阀芯下垂或接触不好; (4) 密封材料不良或阀芯卡涩	(1) 改进操作,重新开启或关闭; (2) 阀门解体,阀芯、阀座密封面重新研磨; (3) 调整阀芯与阀杆间隙或更换阀瓣; (4) 阀门解体,消除卡涩; (5) 重新更换或堆焊密封圈
阀芯与阀杆脱离,造成开关失灵	(1) 修理不当; (2) 阀芯与阀杆结合处被腐蚀; (3) 开关用力过大,造成阀芯与阀杆结合处被损坏; (4) 阀芯止退垫片松脱,连接部位磨损	(1) 检修时注意检查; (2) 更换耐腐蚀材质的门杆; (3) 操作时不可强力开关,或不可全开后继续开启阀门; (4) 检查更换损坏备品
阀芯、阀座有裂纹	(1) 结合面堆焊质量差; (2) 阀门两侧温差大	对有裂纹处进行补焊,按规定进行热处理,车光并研磨
阀杆升降不灵或开关不动	(1) 冷态时关得太紧受热后胀死或全开后太紧; (2) 填料压得过紧; (3) 阀杆间隙太小而胀死;	(1) 对阀体加热后用力缓慢试开或开足并紧时再稍关; (2) 稍松填料压盖后试开; (3) 适当增大阀杆间隙;

常见故障	原　　因	处理方式
阀杆升降不灵或开关不动	（4）阀杆与丝母配合过紧，或配合丝扣损坏； （5）填料压盖压偏； （6）门杆弯曲； （7）介质温度过高，润滑不良，阀杆严重锈蚀	（4）更换阀杆与丝母； （5）重新调整填料压盖螺栓； （6）校直门杆或进行更换； （7）门杆采用纯净石墨粉做润滑剂
填料泄漏	（1）填料材质不对； （2）填料压盖未压紧或压偏； （3）加装填料的方法不对； （4）阀杆表面损伤	（1）正确选择填料； （2）检查并调整填料压盖，防止压偏； （3）按正确的方法加装填料； （4）修理或更换阀杆

第七节　弯　管　工　艺

　　常用的弯管方法有冷弯、热弯和可控硅中频弯管三种。冷弯就是在常温下进行管子的弯制工作，管内不必装砂，通常用手动弯管器、电动弯管机或液压弯管机弯制；热弯是预先将管内装砂填实，用加热炉或火焊枪，待加热到管材的热加工温度（一般碳钢为 $50 \sim 100^{\circ}C$，合金钢为 $1000 \sim 1050^{\circ}C$）时，再送到弯管平台上进行弯制；中频弯管是利用可控硅中频弯管机的中频电源和感应圈将不装砂的钢管加热，然后采用机械化弯管。

　　无论采用哪种弯管方法，都应在弯制前对管子进行全面检查，弯管前还应按设计图纸配制好弯管样板，如图 31 - 21 所示，以便检查弯曲的角度是否正确。其制作方法是按图纸尺寸以 1:1 的比例放实样图（或对照实物），用细圆钢按实样图的中心线弯好，并焊上拉筋，防止样板变形。由于热弯管在冷却时会产生伸直的变化，冷弯时要补偿回弹量，故样板要多弯 3 ~ 5 圈。

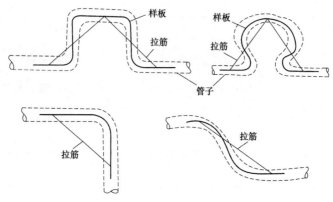

图 31 - 21 弯管样板

因管子的弯曲半径影响管子的椭圆度、减薄率，对一定的管段、管径和壁厚是定值弯曲角应按设计要求予以保证，这样就只有弯曲半径是决定椭圆度、减薄率的关键性因素了。要控制椭圆度、波浪度、减薄率不超过允许值，合理选用弯曲半径是十分重要的。由于弯管的方法不同，管子在受力变形等方面也有较大的差别，最小弯曲半径也各不相同，其最小弯曲半径分别为：

（1）冷弯管时，弯曲半径不小于管子外径的 4 倍，用弯管机冷弯时，其弯曲半径不小于管子外径的 2 倍。

（2）热弯管时，弯曲半径不小于管子外径的 3.5 倍。

一、热弯管工艺

制作热弯弯管的加热方法有焦炭加热、石油和天然气加热、乙炔焰加热和电加热法四种。在施工现场常用的方法是充砂加热弯管法，见图 31 - 22，就是预先在管子里装好干砂，然后用加热炉或氧－乙炔焰进行加热，待加热到管材的热加工温度（一般碳钢为 950 ~ 1000℃；合金钢为 1000 ~ 1050℃）时，再送到弯管台上进行弯制，管子直径在 60mm 以内的用人力直接扳动弯制；直径在 60 ~ 100mm 的可用绳子滑轮拉动；直径在 100 ~ 150mm 的可用倒链拉动；直径在 150mm 以上的可用卷扬机牵引，一般碳素钢管弯制后不进行热处理，合金钢管弯制后应对其弯曲部位进行热处理。

充砂加热弯管的工序为制作弯管样板、砂粒准备，灌砂振实、均匀加热、弯管、除砂及质量检查。具体介绍如下：

（1）制作弯管样板（内容如下所述）。

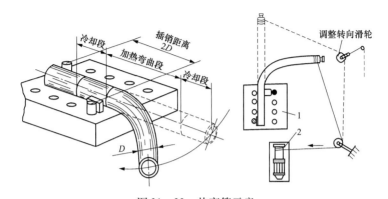

图 31 - 22 热弯管示意

1—弯管平台；2—卷扬机（用于弯制大口径管子）

（2）砂粒准备。管内充填用的砂子应能耐 1000℃ 以上的高温，经过筛分、洗净和烘干或炒制，不许含水分，以免砂加热后，产生蒸汽，发生伤人和跑砂事故；不得含有泥土、铁渣、木屑等杂物，其粒度大小应符合表 31 - 11 的规定。

表 31 - 11   钢管充填砂子的粒度   mm

钢管公称直径	< 80	80 ~ 150	> 150
砂子粒度	1 ~ 2	3 ~ 4	5 ~ 6

（3）管子灌砂。灌砂前先将管子的一端用堵头堵住，可用木塞和铁堵将管子立起，边灌砂边振实，直至灌满振实为止。充砂工作可利用现场已有的适合高度的平台，也可在特制的充砂架上进行，为使砂子充得密实，可用手锤敲击管子或电动、风动振荡器来振实。

无论采用哪种方法都不能损伤管子表面。经过振动，管中砂不继续下沉时则可停止振动，封闭管口。最后封口的堵头必须紧靠砂面，封闭管口用的是木塞或钢质堵板。木塞用于公称直径小于 100mm 的管子，木塞长度为管子直径的 1.5 ~ 2 倍，锥度为 1:25。钢质堵板如图 31 - 23 所示，用于公称通径大于或等于 100m 的管子，堵板直径比管子内径小 2 ~ 3mm。

（4）管子弧长计算及标识。根据弯曲半径尺寸，可用下式计算管子弧长 L，即

$$L = \frac{\pi R \alpha}{180°} = 0.01745 R \alpha$$

第三十一章 汽轮机管道阀门

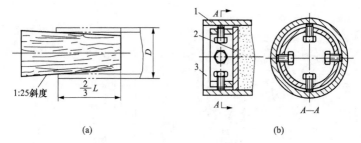

(a)   (b)

图 31 - 23 木塞与铁堵

（a）木塞；（b）铁堵

1—铁管子；2—子圆铁板；3—钢管套

式中　　L——管子弧长，mm；

　　　　R——管子弯曲半径，mm；

　　　　α——管子弯曲角度，（°）。

标识时应按图纸尺寸，将计算好的弧长、起弯点及加热长度，用粉笔（不许用油漆类）在管子圆周标出，如图 31 - 24 所示。

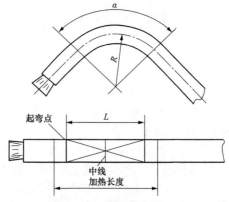

图 31 - 24　弯曲部位的标记

（5）管子加热。一般少量小管径的管子用火焊枪加热，较大管径的管子用火炉加热。火炉加热时，用木炭和焦炭生火，将管子的待弯段放在炉火上，上面再盖层焦炭，并用铁板铺盖，在加热过程中要翻转管子使其受热均匀。待加热温度：碳钢为 950 ~ 1000℃，合金钢为 1000 ~ 1050℃时，不要过早抽出，应在炉中稳一段时间，以使管内砂粒热透。可用热电偶温度计或光学高温计来测量温度；在要求不高的情况下，也可按管壁颜色的变化来判断大致的温度，见表 31 – 12。

表 31 – 12　　　　　　　　钢的加热温度与颜色对照表

温度（℃）	500~580	580~650	650~730	730~770	770~800	800~830	830~900	900~1050	1050~1150	1150~1250	1250~1300
颜色	深棕	红棕	深红	深鲜红	鲜红	淡鲜红	淡红	橙色	橙黄	淡黄	白色

（6）管子弯制。将加热好的管子放在弯管平台上，用水冷却加热段的两端非弯曲部分（仅限于碳钢管子，合金钢严禁浇水，以免产生裂纹），提高此部位刚性，再将样板放在加热段的中心线上，均匀施力，使弯曲段沿弯管样板弧线弯曲，对已弯到位的弯曲部位，可随时浇水冷却，防止继续弯曲，但当管子温度低于700℃时，应停止弯曲，若未能成形，则可进行第二次加热再弯曲，但次数不宜多，因多一次加热多一次烧损。弯好后的管子应使其自然冷却。

（7）管子除砂。管子弯制好后，稍冷却即可除砂，加热段的管子在高温作用下，砂粒与管内壁常常烧结在一起，很难清理干净，清理时可用手锤敲打管壁，必要时可用电动钢丝刷进行绞洗，或用喷砂工具冲刷，管子的喷砂冲刷工作要从两头反复进行，直到将管子喷出金属光泽。

（8）碳素钢管弯制后不进行热处理，只有合金钢管弯制后才对其弯曲部位进行热处理。热处理包括正火和回火两个过程，正火和回火的温度、冷却速度和保温时间随管子材质的不同而各不相同，可查找有关的热处理手册。控制冷却速度和保温时间的方法可用自动调节降温速度的热处理炉，也可用石棉绳（或石棉灰）把正火和回火的部位裹起来使其冷缓至室温这样简易的方法。

（9）质量检查。

1）弯曲管段无裂纹、折皱及鼓包等缺陷，且弯曲弧形与弯曲半径符合图纸要求。

2）弯管的椭圆度、壁厚减薄率、波浪度在标准范围内。

3）弯头角度要与实样角度进行复核，弯制后允许的角度误差为±0.5°。

4）弯头两端留出的直管段长度不得小于70mm。

二、中频弯管工艺

可控硅中频弯管机是利用中频电源感应加热管子，使其温度达到弯管温度，并通过弯管机达到弯管的目的，如图 31 – 25 所示。

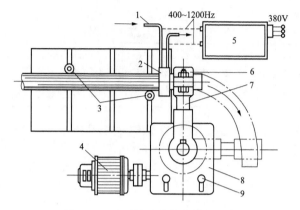

图 31 – 25 可控硅中频弯管机示意
1—冷却水进口管；2—中频感应圈；3—导向滚轮；4—两速电动机；
5—可控硅中频发生器；6—管卡；7—可调转臂；8—变速器；
9—变速手柄

弯管的过程：首先将钢管穿过中频感应圈，再将钢管放置在弯管机的导向滚轮之间，用管卡将钢管的端部固定在可调转臂上，然后启动中频电源，使感应圈内部宽约 20 ~ 30mm 的一段钢管感应发热，当钢管的受感应部位温度升到近 1000℃时，启动弯管机的电动机，减速轴带动转臂旋转，拖动钢管前移，同时使已红热的钢管产生弯曲变形，管子前移，加热弯曲是一个连续的同步过程，直到弯至所需的角度为止。

使用这种弯管设备能弯制各种金属材料制成的薄壁和厚壁管子，如果在弯管的各种过程中保持着相应的加热条件，则如同管子处于热处理过程，就可省去随后的调质处理。用这种弯管机弯管，由于管子加热只在一小段管段上，所以加热快，散热也快，其成形是逐步在加热段形成的，故无需任何模具、胎具及样板。改变弯曲半径时，只需调整可调转臂的长度、导向滚轮的相应位置即可。使用这种弯管机弯制的管子，其弯管尺寸的误差很小，也不会产生折皱、鼓包、扁平等缺陷，弯管质量优于其他任何一种弯管质量，尤其是在弯制大直径、厚壁管及各类型的合金钢管时更显示出它的突出性能。

三、冷弯管工艺

这种弯管工艺，一般都是用薄壁管在现场弯制，多用于低压管道上，冷弯弯制比较简便，不需要充砂加热等步骤，冷弯管大多采用弯管机或模具弯制，下面介绍几种常用的冷弯管机及其弯管方法。

1. 手动弯管机

如图31－26所示，这种弯管机通常固定在工作台上，弯管时用管夹将管子固牢，用手扳动把手，小滚轮沿大滚轮滚动，即可成形，该机只适用于弯制 $\phi80$ 以下的管子。

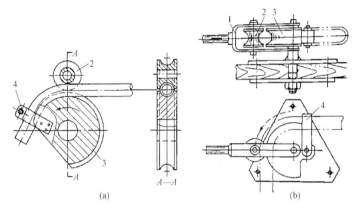

图31－26　手动弯管机

1—滚动架；2—小滚轮；3—大滚轮；4—管卡

2. 电动弯管机

电动弯管机大多采用大轮转动，小滚轮定位或成形模具定位，大轮由电动机通过减速箱带动旋转，其转速一般只有 $1\sim2r/min$，见图31－27。

从以上两种冷弯管机的结构可看出，一副大小轮（相当于模具）只能弯制同一管径和弯曲半径相等的管子。

3. 手动液压弯管机

如图31－28所示，弯管时管子被两个限位导向模块支顶着，用手连续上下摇动油泵的手压杆，手压油泵出口的高压油，将工作活塞推向前，工作活塞顶着弯管模具前移，迫使管子弯曲，两个限位导向模块用穿销固定在孔板上，导向块之间的距离可根据管径的大小进行调整，该机配有用不同管径的成形模具，在使用时必须根据管径选用相应规格的模具。

使用手动液压弯管机弯管实例如下：

（1）管子宏观检查：检查管子光滑程度，有无毛刺、刻痕、裂缝、锈坑、折皱、斑疤、划伤等。

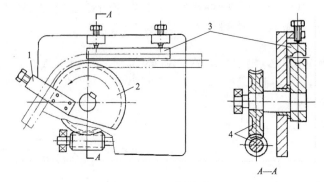

图 31 – 27　电动弯管机

1—管卡；2—大轮；3—外倒成形具；4—减速箱

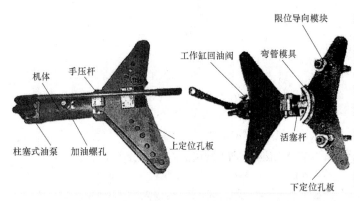

图 31 – 28　手动液压弯管机

（2）管子尺寸测量：管壁厚度、管径椭圆度、弯曲度、管径与图纸要求是否相符，一般在选管子时，最好选壁厚带正公差的管子。

（3）弯管样板制作：按照图纸和实际的要求做好弯管样板，做样板时过弯 3 ~ 5 圈，防止反弹量。

（4）计算出弯管耗料长度，即

$$L = a + b + \frac{\pi R \alpha}{180°}$$

式中　R——根据弯管模具来确定，弯管模具（见图 31 – 29）的大小由管子的外径选择。

弯曲半径 R 的计算：

1）确定弯管模具的圆心。画出弯管模具外缘的弧长AB，如图31-30所示，在AB上任取两弦cd、ef，作cd、ef中垂线gh和jk，gh、jk交AB于m、m。gh、jk相交于o，则o为AB的圆心，mo、ho为弯管模具外缘半径。

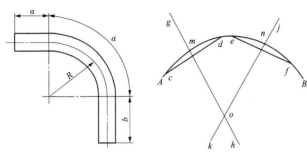

图 31-29　弯管　　　图 31-30　确定弯管模具外缘半径

2）计算弯管的弯曲半径R。测量弯管模具外缘半径mo的长度。测量如图31-29中a的长度。则

$$R = mo - a + \frac{d}{2}$$

式中　　d——管子外径，mm。

（5）管子划线下料：在管子上画出弯弧长度，直管段长度（标出弯弧的起弯点）。

（6）管子弯制：将选好的弯管模具安装在活塞杆上，固定好限位导向模块（限位导向模块距离由管径确定），关闭工作缸回油阀，管子固定到位，盖上上定位孔板，轻压手压杆，检查管子固定位置，确定管子位置准确后，均匀压动手压杆，将样板放好，防止过弯（注意：上定位孔板盖上前严禁压动油泵手压杆。压杆不要用力过猛、速度过快，用力要均匀）。

（7）质量检查：检查弯管的外观缺陷、几何尺寸、椭圆度、壁厚减薄率、波浪度、弯头角度是否在规定范围。

第八节　高温、高压管道

一、管道的热膨胀及其补偿

1. 管道的热膨胀

电厂的许多管道经常工作在比较高的温度下，如主蒸汽管道、再热蒸

第三十一章　汽轮机管道阀门

汽管道等。这些管道工作时温度高达 500℃ 以上，而停运时又只有室温，工作与停运温度变化相差 500℃ 左右，从而会引起管道的热胀冷缩。由于这些管道自身很长，因此其热伸长会达到很大的数值。

管道的热伸长值的计算式为

$$\Delta L = aL\Delta T$$

式中　　a——管道材料的线膨胀系数，mm/（m·℃）；

　　　　L——管道长度，m；

　　　　ΔT——管道的温度差，即输送介质时的工作温度与管道环境温度之差，℃。

2. 管道的热膨胀补偿

管道膨胀时会在管道内产生很大的热应力和推力。因而，在管道设计和安装时，必须考虑管道的热膨胀和补偿问题。工程上减小管道热应力及作用力的措施称为补偿。一般常用的补偿方法有热补偿和冷补偿两种，电厂用得最多的还是热补偿方法。

（1）管道的热补偿。热补偿是利用管道自身的弹性变形来吸收热膨胀，以减小热应力。管道的热补偿又分为自然补偿和人工补偿。

1）自然补偿。利用布置中管道本身的弯曲变形来补偿管道热伸长的方法称为自然补偿。自然补偿是一种很可靠的补偿方法，一般对管道压力高于 1.6MPa 的热力管道，有条件的都应尽量采用这种自然补偿方式。

2）人工补偿。在某些情况下，当受到管道敷设条件的限制而不能采用自然补偿时，可采用人工补偿。人工补偿是通过装设人工补偿器来达到管道补偿的目的的。

管道的人工补偿器有 π 形、Ω 形及波纹形补偿器。π 形和 Ω 形补偿器一般适用于压力高于 1.6MPa 的管道，通常布置在具有较大长度的水平管道上，具有补偿能力强、运行可靠及制造方便等优点，适用于任何压力和温度的管道，能承受轴向位移和一定量的径向位移，其缺点是尺寸较大，蒸汽流动阻力也较大；波纹形补偿器一般用于工作压力不大于 0.6MPa 的管道上，一般有 3 节，最多 6 节，该类型补偿器用于水平管道时，必须把每个波纹节中的凝结水放出，否则会引起水冲击。

（2）管道的冷补偿（冷紧）。管道的冷补偿原理是利用管道在冷状态时，预加以相反的冷紧应力，使管道热膨胀时能抵消或减小其热应力和对设备的推力。具体方法是在进行两固定支架内的管道安装时，在其热伸长最大的方向上割去一段管道，割去的管道长度不大于热伸长值，然后将管道硬拉拢焊好。

对于蠕变条件下工作的管道（碳钢380℃及以上，低合金钢和高碳钢420℃以上），应进行冷紧，冷紧比（即冷紧值与全补偿值之比）不小于0.7；对于其他管道，当伸长值较大或需要减少对设备的推力和力矩时，也宜进行冷紧，冷紧比一般为0.5。

管道冷拉前，要求各固定支架间的焊口焊接完毕（冷拉焊口除外），焊缝必须检查合格，且应做热处理的焊口已做过热处理；冷拉区域各固定支架安装牢固，冷拉附近支吊架的吊杆应留足够的调整余量，弹簧支吊架的弹簧按设计值预压缩，并临时固定。管道冷拉后的冷拉焊口必须经检验合格，且热处理完毕后，才允许拆除冷拉时所装的拉具。

二、管道蠕变情况的检查

高温、高压管道，在高温和一定的应力作用下，会随时间的增长，发生缓慢且连续不断的塑性变形，这种变形称为蠕变变形。管道发生蠕变时，会使管道的使用寿命缩短，工作的可靠性下降。

1. 管道蠕变的测量

根据国家有关规定，高压管道运行100000h（约15年）内，钢材蠕变速度（每1mm直径管道蠕变的残余变形值）小于$0.75 \times 10^{-5}\%/h$。经测量的管道蠕变超过以上标准时，应缩短测量的间隔时间，以加强对管道的监督。

高温、高压蒸汽管道的蠕变通常用千分尺进行。蠕变测点是在管道投入使用前安装的，安装好后要做好原始记录。管道蠕变的测量方法如下：

（1）测量前，先将测量所用的千分尺和标准棒放在被测现场处约30min，使它们的温度与现场环境温度基本一致，再用标准棒检验千分尺，记下误差B_1。

（2）将测点处保护罩取下，用水银温度计测量管壁周围的空气温度，用点温度计测量管壁温度（蠕变测量时管壁温度应不大于50℃）。测量前，应将测点用清洁的棉花或布擦净，不许用砂纸擦磨。

（3）测量时应由两个人共同进行，其中一人将千分尺对准测点中心，另一人转动鼓轮进行测量；鼓轮转动时应均匀、平稳，计数要准确。

（4）每点至少应测量三次，任意两次测量值之差不得超过0.01mm；每组测完后，要用标准棒校千分尺，并记下误差值，B_2与B_1值之差若超过0.02mm，即需查找原因，并重新测量。

（5）计算千分尺零位校准值$B = (B_1 + B_2)/2$。

2. 管道蠕变速度的计算

上述测量后所得到的数据是在一定温度下、带测点高度的直径数据，必须换算为标准条件下管道的直径值，然后将各次测量后的换算值进行比较，才可计算出管道的蠕变速度。

第 n 次测量，换算到 $0℃$ 条件下的管道直径为

$$D_n^0 = (D_n - B)\left[1 - \alpha_p t_p + \alpha_{ck}(t_{ck} - 20)\right]$$

式中　　D_n——第 n 次测量数值，mm；

　　　　B——千分尺零位校正值，mm；

　　　　α_p——管道材料的线膨胀系数，mm/（mm·℃）；

　　　　t_p——管壁温度，℃；

　　　　α_{ck}——千分尺弓身的线膨胀系数，mm/（mm·℃）；

　　　　t_{ck}——千分尺弓身（或标准棒）的温度，℃。

两次测量的管道蠕变速度可由下式计算，即

$$r = \frac{D_n^0 - D_{n-1}^0}{\tau D_{n-1}^0}$$

式中　　D_n^0——第 n 次测量换算到 $0℃$ 条件下的管道直径，mm；

　　　　D_{n-1}^0——第 $n-1$ 次测量换算到 $0℃$ 条件下的管道直径，mm；

　　　　τ——两次测量间管道的运行时间，h。

三、管道的支吊架

（一）支吊架的作用及类型

管道支吊架的作用，一方面承受管道本身及流过介质的重量；另一方面满足管道热补偿及位移的要求，并减轻管道的振动。

管道支吊架是管道支架与吊架的总称。严管道支吊架与管道用包箍或焊接方式相连，并有固定式及活动式两种。

（二）支架

1. 固定支架

固定支架是管道上不允许有任何方向位移和转动的支撑点。固定支架必须生根于土建结构、主要梁柱或专门的基础上。固定支架的承受力最大，它不仅要承受管道和介质的重量，而且还要承受管道温度变化时产生的推力或拉力；安装中要保证托架、管箍与管壁紧密接触，并把管子卡紧，使管子不能转动、窜动，从而起到管道膨胀死点的作用，如图 31 - 31 所示。

固定支架也可采用焊接式，图 31 - 32 所示为焊接固定支架，该支架适用于水平管道的固定支撑。它是选择与主管材质相同的管子与主管焊接在一起，为了对主管在支架部分的保温，可在支撑管内一定高度上焊接一个钢板底，这样可在主管与钢板底之间填充保温材料。

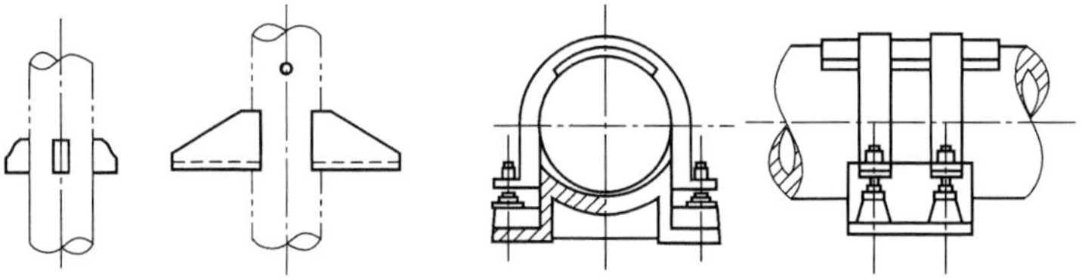

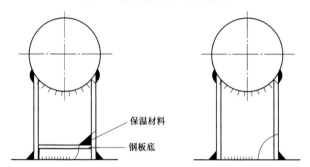

图 31 – 31　固定支架

（a）垂直管支架；（b）水平管支架

保温材料

钢板底

图 31 – 32　焊接固定支架

2. 活动支架

活动支架允许管道水平方向位移，但限制垂直方向位移。活动支架分为滑动支架和滚动支架两种。当对摩擦力作用无严格要求时，铸铁阀件两侧、水平布置的口形补偿器两侧应采用滑动支架；当要求减少管道水平位移的摩擦力时，可用滚珠支架；当要求减少管道轴向摩擦力时，可用滚柱支架。图 31 – 33 所示为焊接滑动支架。

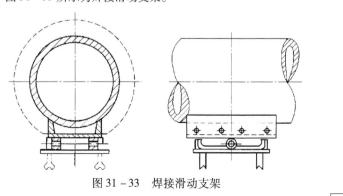

图 31 – 33　焊接滑动支架

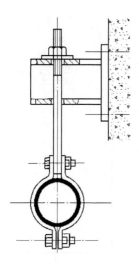

图 31 - 34　刚性吊架

（三）吊架

电厂常见的吊架有刚性吊架、弹性吊架和恒力吊架三种。

1. 刚性吊架

刚性吊架又称硬性吊架，它适用于垂直位移为零或垂直位移很小的管道上，如图 31 - 34 所示。

2. 弹性吊架

弹性吊架适用于有中小垂直位移的管道上，并允许有少量的水平位移，如图 31 - 35 所示。当水平位移较大时，弹性吊架应加装滚柱或滚珠盘。

弹性吊架在承重的同时，对吊点管道的各个方向位移都无限位作用，弹性吊架管道在尽可能长的吊杆拉吊下可自由热位移。

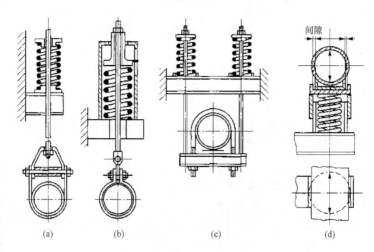

图 31 - 35　弹性吊架

（a）普通弹性吊架；（b）盒式弹性吊架；（c）双排弹性吊架；（d）滑动弹性吊架

3. 恒力吊架

现代大容量机组的高温、高压管道，在冷态和热态时温差变化很大，

第四篇　主要辅机设备

所引起的热位移也较大，故普通的弹性吊架已不能完全满足需要。为提高管道的使用寿命和保证管道的安全可靠，一般在高温、高压管道上都采用恒力吊架。恒力吊架允许管道有较大的垂直位移，而其承载能力不变或变化很小，从而很好地满足管道位移的要求。目前，我国一般在管道的垂直位移超过 80mm 以上时，才采用恒力吊架；管道的垂直位移在 80mm 以下时，最好采用弹性吊架，因其价格低，易于调整。

恒力吊架的结构有多种形式，我国常用的有 H-1 和 HZH-1 型等。图 31-36 所示为 H-1 型恒力吊架。

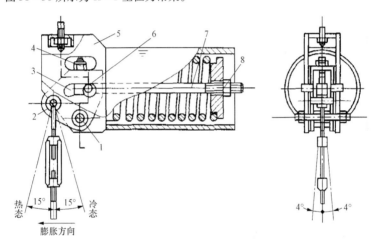

图 31-36   H-1 型恒力吊架

1—支点轴；2—吊点；3—限位孔；4—调整螺母；5—外壳；
6—螺栓限位销；7—限位弹性拉杆；8—弹簧紧力调整螺母

四、高温、高压管道的检修

（一）高温、高压管道检修的标准项目

电厂中主蒸汽管道和高压给水管道等高温、高压管道的运行状况是否良好直接影响着机组乃至整个电厂的运行安全，因此，高温、高压管道的检修是电厂机组检修中的一项重要内容。

机组大修时，高温、高压管道的检修一般应进行以下项目的工作：

（1）检查高温、高压管道有无裂纹、泄漏、冲蚀等缺陷。

（2）进行主蒸汽管道的蠕胀测量。

（3）对焊口进行抽查鉴定和探伤。

（4）对主蒸汽管道进行金相检查。

（5）进行管道支吊架的检查，并检查更换主蒸汽管道上的弯头、三通和管段等。

（6）对管道流量孔板等其他附件进行检查修理。

（7）修补好损坏的汽水管道保温层。

（8）对管道粉刷油漆，并做好防腐保护工作。

（二）高温、高压管道检修的工艺质量要求

1. 管道蠕变测量

电厂高温、高压管道及其各部件在长期运行时，管道金属会产生蠕胀。为了保证机组安全运行，必须在每次大修时对其蠕变情况进行监督和测量。

管道的蠕变监督和方法参见本节前面所述有关内容。

2. 主蒸汽管道的金相检查

机组大修时，应对主蒸汽管道作 1～2 点金相检查，以观察其金相组织是否变化。检查点应选在支吊架的附近，因为这些地方经常处在外界应力下运行，对管道金属综合影响较大。

3. 管道支吊架的检查与修理

在机组大小修期间，应对管道支吊架进行一次仔细检查，发现缺陷应及时进行处理。

（1）检查内容。

1）弹性吊架：检查吊杆有无弯曲，弹簧的变形长度是否超出允许值，弹簧和弹簧盒体有无倾斜等现象。

2）固定支架：检查焊口和卡箍底座有无裂纹和移动现象，管道应无间隙地放置在托枕上，卡箍应紧贴管道支架。

3）活动支架：检查金属部件有无明显的锈蚀、开焊等现象，各膨胀间隙有无杂物影响管道自由膨胀。

4）检查管道膨胀指示器，看是否回到原来的位置上。

（2）修理与调整、检修中，管道支吊架修理与调整的主要内容有：

1）修理管夹、管卡、套筒，使其牢固固定管子，不偏斜。

2）修理吊杆、法兰、连接螺栓及螺母。

3）按设计要求调整有热位移管道支吊架的方向尺寸。

4）顶起导向支座、活动支座的滑动面及滑动件的支撑面，更换有效活动件。

5）调整弹簧支撑面与弹簧中心线垂直，调整弹簧的压缩值。

6）更换弹簧时，做弹簧全压缩试验和工作载荷压缩试验。

全压缩试验：将弹簧压缩到各圈互相接触并保持5min，卸载后的永久变形不应超过弹簧自由高度的2%，若超过此偏差值则应重复进行试验，同时应确保连续两次试验的永久变形总和不超过弹簧自由高度的3%。

工作载荷压缩试验：在工作载荷下将弹簧进行压缩，测取弹簧的压缩量是否符合设计要求。对于有效圈数为2~4圈的弹簧，允许压缩量偏差为设计值的+12%；对于有效圈数为5~10圈以上的弹簧，允许压缩量偏差为设计值的10%；对于有效圈数为10圈以上的弹簧，允许压缩量偏差为设计值的+8%。

7）对不合格的焊缝，按要求进行修补。

需要特别说明的是，对有缺陷的支吊架进行上述修理时，修理前应把弹簧的位置、支架长度等做好记录，修完后使其恢复原状；拆开支吊架前，应用拉倒链或其他方法把管道固定好，以防管道下沉或移位；在更换支吊架零件时应使用原材料，以免错用钢材而造成不良后果。

4. 管道腐蚀和磨损情况的检查

管道的承压部件，如法兰、阀门、流量孔板拆开或焊口割开后，应对其内壁进行检查。管道内壁应干净光洁，没有锈垢、皮层、夹渣、气孔、砂眼、麻点和腐蚀坑等不良现象；用测厚仪测量管壁的壁厚，以确定管壁是否磨损。管道的磨损不允许大于壁厚的1/10；如果磨损过大则应更换新的管道。

5. 高温、高压管道及附件的更换

当高温、高压管道及附件磨损、腐蚀严重或有其他重大缺陷时，应予以更换。

（1）高温、高压管道的更换。更换管道时，应注意检查的内容有：材质要符合设计规范，符合压力与温度等级；出厂证件、检验标准和试验数据应完整。除此之外，还应有以下工艺要求。

1）坡口加工及对口：① 对口中心找正，可以用专用夹具进行，其平直度DN小于100mm时，在距焊缝中心200mm处偏差值不应超过1mm；DN大于或等于100mm时，偏差值不应超过2mm。②坡口角度的偏差值，内壁错边量小于或等于0.5mm，外壁错边量小于或等于1.5mm。错边量大于4mm时，按规定加工平滑的过渡坡。③对接管内壁应清洁无物。④坡口在距管口不小于20mm长的范围内应无油污、铁锈、毛刺等杂物，且表面无裂纹、夹层等缺陷。

2）管道焊缝检查：①焊缝与管弯曲点的距离大于管子外径，且大于

100mm；②直管段两焊缝的距离大于管子外径，且大于100mm；③焊缝与支吊架边缘的间距及与开孔的间距大于50mm。

3）法兰检查及安装要求：①法兰结合面应接触良好、清洁光滑，用着色法检查每平方厘米接触不少于2点，面积在75%以上，均匀分布；②法兰安装对接紧密、平行，同轴与管道中心线垂直、螺栓紧力均匀，并露出螺母2~3扣；③螺栓及螺母的材质符合要求，螺纹无缺陷，并涂以二硫化钼或黑铅粉。

4）管道的冷拉，应符合设计规定，并具备下列条件：①两固定支架间所有焊口（冷拉口除外）应焊接完毕，焊缝经检验合格，需做热处理的焊口均应进行热处理；②法兰连接处应做正式连接，所有支吊架应装设完毕，固定支架安装牢固；③应做热处理的焊口，在热处理后才允许拆除冷拉工具。

5）补偿器安装要求：①预拉伸偏差值为：拉伸偏差，小于2mm；外形尺寸悬臂长度偏差为：外形尺寸平直度小于2mm；②补偿器的两臂应平直，不得扭曲，水平装时坡向应与管道一致；

（2）支吊架的更换。

1）支吊架的配制及标准：①材质符合设计规定，并经光谱复查；②拉杆应平直，无弯曲，且连接牢固；③螺纹部分应无断齿、毛刺、伤痕等缺陷，与螺母配合良好正确；④滑动板的滑动面光滑无毛刺，互相平行吻合；⑤导向板和底板垂直，每对导向板相互平行，间距符合要求；⑥抱箍支座及垫板圆弧段平滑吻合，无凹凸现象，弯曲半径正确；⑦滚珠及滚珠组表面加工光洁、转动灵活；⑧孔眼与拉杆的直径偏差小于2mm；⑨弹簧规格型号应符合设计要求，并有合格证。

2）支吊架的安装及质量标准：①安装位置符合设计要求，无妨碍管道自由膨胀的部位；②固定支架的生根牢固，并与管子接合稳固；③弹簧支架安装正确，弹簧压缩高度符合设计要求；④滑动支架位置正确，热位移偏移符合设计要求，滑动面洁净；⑤导向支架支座导向板两侧间隙均匀，滑动面接触良好；⑥滚动支架支座与底板和滚柱（滚珠）接触良好，滚动灵活；⑦吊架拉杆无弯曲，螺纹完整且与螺母配合良好，吊环焊接牢固；⑧恒力吊架规格及安装调整均符合设计要求，安装焊接牢固，转动灵活。

3）管道及附件在使用前的检查：①领用管材的钢号、规格符合设计规定；②管材的表面质量及外观不得有重皮、裂纹、划痕、凹坑等缺陷，并测量其椭圆度及弯曲度，均应符合要求；③高温、高压管道应进行化学成分、机械性能、冲击韧性及热处理状态说明或金相分析；④管道附件及各部件外观检查不得有裂纹、重皮等缺陷，并作光谱复查。

6. 高温、高压管道焊缝的检查

机组每次大修期间，应对管道焊缝进行抽查鉴定和探伤。具体的做法是：打开管道保温层，并将准备抽查的焊缝两侧 20mm 的范围内打磨光亮，由金相人员检查管道裂缝、砂眼及内部金相组织情况；如发现缺陷，应按要求打出坡口重新焊接。管道焊缝应饱满，无气孔、砂眼、夹渣等缺陷，无裂纹和损伤；金相结构符合要求，并经金相人员检查、探伤验收合格和水压试验合格后方可投入使用。

对更换的高温、高压管道及附件的焊缝，应全部由金相人员检查和探伤；若发现问题，则应重新进行焊接和热处理，直至合格为止。

（三）管道的试验、吹扫和验收

1. 管道系统试验的一般规定

（1）管道安装完毕后，应按设计规定对管道系统进行强度、严密性试验，以检查管道系统及各连接部件的工程质量。一般热力管道用水作介质进行强度及严密性试验。

（2）管道系统试验前应具备以下条件：

1）管系统施工完毕，并符合设计要求和管道施工的有关规定。

2）所有的支吊架安装完毕，并配合正确、紧固可靠。

3）所有的焊接和热处理工作结束后，经检验合格；焊缝及其他应检查的部位未经涂漆和保温。

4）所有的焊接法兰及其他接头处均能保证便于检查。

5）清除管线上所有临时用的夹具、堵板、盲板及旋塞等。

6）试验用的表计应经检验合格。

7）试验方案应正确、可行，并经相关部门领导的批准。

（3）高温、高压管道系统试验前应对以下资料进行审查：

1）制造厂的管道及管道附件的合格证书。

2）管道校验性检查或试验记录。

3）管道加工记录。

4）阀门试验记录。

5）焊接检验及热处理记录。

6）设计修改及材料代用文件。

（4）试验前应使用压缩空气清除管内垃圾及脏物，需要时再用水冲洗，水流速度为 $1\sim1.5m/s$，冲洗时可用铜锤敲打管道，直到排出的水干净为止。

（5）管道系统试验前，应将不参与试验的系统、设备、仪表及管道附件等加以隔离；拆卸安全阀、爆破板；在加置盲板的部位做好明显的标志和记录。

（6）管道系统试验前，应在试验管道和运行的管道间设置隔离盲板。对水和水蒸气管道，如以阀门隔离时，阀门两侧温差不应超过100℃。

（7）试验过程中如发生泄漏，不得带压修理；经修理消除缺陷后，应重新进行试验。

（8）管道系统试验合格后，试验介质宜在室外合适的地方排放，并要注意排放安全。

2. 管道系统吹扫的一般规定

（1）管道系统强度试验合格后或气密性试验前，应对管道进行分段吹扫。

（2）管道系统的吹扫方法，应根据对管道的使用要求、管道内输送介质的种类及管道内表面的脏污程度来确定。吹扫的顺序一般应按主管、支管、疏排管依次进行。

（3）管道系统吹扫前，应将系统内的仪表予以保护，并将孔板、喷嘴、滤网、节流阀及止回阀阀芯等部件拆除，并妥善保管，待吹扫后复位。

（4）对不允许吹扫的设备及管道，应做好与吹扫系统的隔离工作。

（5）对未能吹扫或吹扫后可能留存脏物、杂物的管道，应使用其他方法补充清理。

（6）管道系统吹扫时，管道内的脏污不得进入设备；设备吹出的脏污一般也不能进入管道。

（7）管道吹扫应有足够的流量，吹扫的压力不得超过设计压力，流速不低于工作流速，一般要求流速不小于20m/s。

（8）管道系统吹扫时，除有色金属管外，应使用锤子（不锈钢管道用木锤）敲打管子，对焊缝、死角和管底部位应重点敲打，但不得损伤管道。

（9）管道系统吹扫前应充分考虑管道支、吊架的牢固程度，必要时要对其进行加固。

3. 高温、高压管道的试验和吹扫

高温、高压管道安装检修后，在投入使用前必须进行系统的水压试验、系统的吹扫和气压试验。

（1）高温、高压管道的水压试验。

1）水压试验前，应将高压管道与低压系统及不宜连接试压的设备分开。在加装盲板的部位应有标记，并做好记录。试验系统内的阀门应预先开启。

2）当管道的工作温度不大于 200℃ 时，系统水压试验压力取工作压力的 1.5 倍。当工作温度高于 200℃ 时，水压试验压力按下式计算，即

$$p_1 = 1.5 p_0 \frac{[\sigma]_1}{[\sigma]_0}$$

式中　P_1——常温下管道的试验压力，MPa；

　　　P_0——管道的工作压力，MPa；

　　　$[\sigma]_1$——常温下管道材料的许用应力，MPa；

　　　$[\sigma]_0$——工作温度下管道材料的许用应力，MPa。

3）水压试验时，在试验压力下保持 10min，然后降压至工作压力，认真检查整个管道系统，应无泄漏或"出汗"现象。

（2）高温、高压管道的吹扫。

管道系统水压试验后，应对管道进行吹扫。电厂的高温、高压管道一般用蒸汽进行吹扫。

1）用蒸汽吹扫管道前，应缓慢升温暖管，且需恒温 1h 后进行吹扫，然后再降温至环境温度，再升温、暖管、恒温进行第 2 次吹扫，如此反复进行，一般不少于 3 次。

2）蒸汽吹扫的排汽管应引至室外，并加以明显标志。排汽管口应朝上倾斜，以保证安全排放；排汽管应具有牢固的支架，以承受其排空的反作用力；排汽管直径不宜小于被吹扫管道的管径。

3）在进行绝缘管道的蒸汽吹扫时，一般宜在绝热施工前进行，必要时可采取局部的人体防烫伤措施。

4）蒸汽吹扫的检查方法及合格标准：①高、中压蒸汽管道及汽轮机进汽入口管道的吹扫效果应以检查装于排汽管的铝靶板为准。靶板表面应光洁，宽度为排汽管内径的 5% ~ 8%，长度等于排汽管的内径。连续两次更换靶板检查，若靶板上肉眼可见的冲击斑痕不多于 10 点，且每点不大于 1mm，即认为合格。②一般蒸汽或其他管道可用刨光木板置于排汽口处进行检查，木板上若无铁锈、脏物即认为合格。

（3）高温、高压管道的气压试验。管道系统吹扫完毕后，高温、高压管道还应进行气压试验。气压试验压力等于管道的工作压力。在试验压

力下对管道系统进行检查，如无泄漏，即认为气压试验合格；如有泄漏，则应泄压后检修，不得带压修理。进行管道系统气压试验时，如有可能，则应对安全阀进行精调。管道系统气压试验合格后，要及时拆除所有临时盲板。

提示 第一～四、七节适合初级工使用。第三～八节适合中级工使用。

第四篇 主要辅机设备

第三十二章

吸收式热泵

随着社会的发展与科学技术的进步，国家对资源节约与环境保护提出了越来越严的要求，以及各火电企业对自身潜力挖掘的需求，同时节能减排的激励机制也逐步完善，这些都极大地促进了余热利用项目的推广应用。热泵作为回收电厂排汽余热进行综合利用的一种设备，在很多火电厂安装使用，并取得一定的经济和社会效益。

本章对吸收式热泵的工作原理和检修工艺进行阐述。

第一节　吸收式热泵概述

一、吸收式热泵简述

热泵是一种以热源（蒸汽、高温热水、燃油、燃气）为动力，特殊性能溶液为吸收剂、水为制冷剂，利用低温热源（乏汽）的热能，制取所需要的工艺或采暖用高温热媒水，实现从低温向高温输送热能的设备。这里所说溶液的特殊性能是指具有吸热蒸发、冷凝放热性能，一般采用溴化锂溶液。

火电厂一般采用第一类吸收式热泵（AHP），也称增热型热泵，是利用少量的高温热源（一般采用中压缸排汽），提取低温热源的热量（一般为低压缸排汽），产生大量能被利用的中温热能。即利用高温热能驱动，把低温热源的热能提高到中温，再利用其为城市热网供热，从而提高了热能的利用效率。

吸收式热泵有一定的工作条件要求，一方面热泵机组内部为近乎真空的状态，另一方面热泵内有机溶液具有很强的吸水性。

二、吸收式热泵构造

吸收式热泵实际上也是一种热交换器，一般包括发生器、冷凝器、蒸发器、吸收器四部分。

吸收式热泵的基本构造如图 32 - 1 所示。

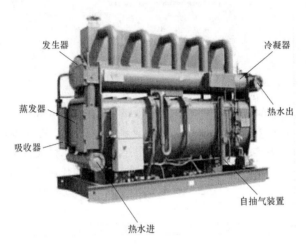

图 32 - 1　吸收式热泵结构

1. 技术特点

（1）可利用的废热：一般可以使用温度在 10 ~ 70℃ 的废热水、单组分或多组分气体或液体；

（2）可提供的热媒：可获得比废热源温度高 40℃ 左右，不超过 100℃ 的热媒；

（3）驱动热源：0.1 ~ 0.8MPa 蒸汽、燃烧天然气或高温烟气；

（4）制热 COP 在 1.6 ~ 2.4：就是利用 1MW 的驱动热源可以得到 1.6MW 以上的生产生活需要的热量；

注：双效型热泵 COP 可达 2.4 左右，但制取热水温度不超过 60℃，蒸汽型压力需 0.4MPa 以上。

（5）废热水进出水温度越高，获得的热媒温度越高，效率越高。

2. 应用范围

（1）电厂锅炉凝结水加热。

（2）电厂锅炉补水加热。

3. 实施条件

第一类吸收式热泵用在电厂凝结水补水加热工艺，代替原加热器需要讨论确定是否可行，经过对电厂工艺的探讨，一般认为：①凝结水在热泵可加热温度区间内，改造后的热泵可以使用原凝结水加热器使用的蒸汽或更低品位的蒸汽，改造热泵可行。②一般大型发电机（发电量 100MW 以上）因带有良好的回热系统，在凝结水补水加热工艺进行第一类吸收式热泵改造均不可行；而小型发电机（发电量 100MW 以下），凝结水在热泵可加热温度区间内，进行热泵改造的项目需详细探讨，在经公司市场部确定后再进行项目推进。

根据以上分析，适合实施锅炉凝结水、补水加热的电厂，一般为企业小型的自备电厂。热泵适用条件为：

（1）有 20～90℃ 低温循环水余热存量，或者其他需要冷却的废热源；

（2）有 0.1～0.8MPa 蒸汽可驱动（高温烟气、天然气）；

（3）工艺需要 60～90℃（最高 95℃）热水或者需要加热的物料、气体等；

（4）热水在热泵可加热温度区间内，改造后的热泵可以使用热水加热器使用的蒸汽或更低品位的蒸汽，改造热泵可行；

（5）原加热系统如带有良好的回热系统，在加热工艺进行第一类吸收式热泵改造均不可行。

三、吸收式热泵的工作过程

吸收式热泵是以高品位热能（如蒸汽、高温热水、燃气等）为动力，回收低温热源（如废热水）的热量，制取较高温度的热水以供采暖或工艺等需求的设备。

蒸发器中的冷剂水吸取废热水的热量后（即余热回收过程），蒸发成冷剂蒸汽进入吸收器。吸收器中溴化锂浓溶液吸收冷剂蒸汽变成稀溶液，同时放出吸收热，该吸收热加热热水，使热水温度升高得到制热效果。而稀溶液由溶液泵送往发生器，被工作蒸汽（热水）加热浓缩成浓溶液返回到吸收器。浓缩过程产生的冷剂蒸汽进入冷凝器，继续加热热水，使其温度进一步升高得到最终制热效果，此时冷剂蒸汽也凝结成冷剂水进入蒸发器进入下一个循环，如此反复循环，从而形成了一个完整的工艺流程，如图 32-2 所示。

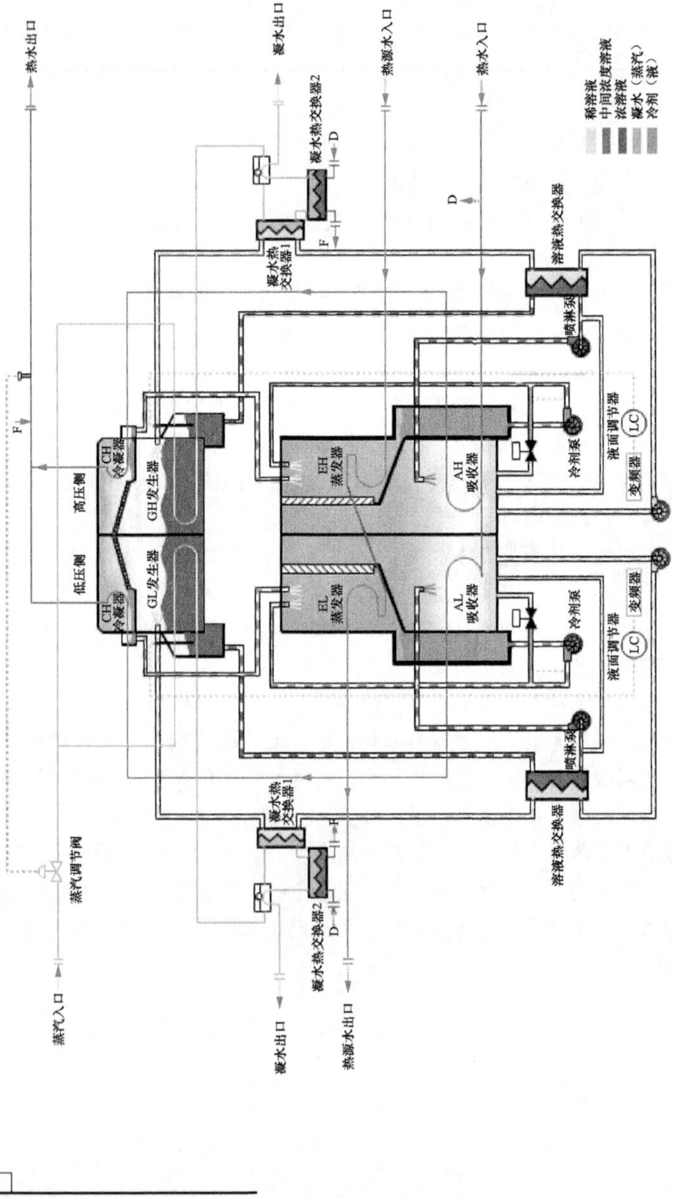

图 32 - 2 吸收式热泵工作流程

第二节 吸收式热泵的检修

一、检修周期

各厂根据实际情况进行热泵检修工作安排，但一般应随每年的热网检修进行。每年至少进行一次小修，3～5年进行一次大修。热泵中的吸收剂——溴化锂溶液有很强的腐蚀性，可以根据换热管束腐蚀情况进行换管工作。

二、检修内容

1. 小修

（1）检查、修理或更换各运转泵类的密封。

（2）检查、修理与主机连接的管线、阀门。

（3）检验真空泵的性能。

（4）检查热泵设备各组件是否存在内漏或外泄的情况。

2. 大修

（1）包括小修内容。

（2）检查冷凝器、发生器、蒸发器、吸收器的换热管腐蚀情况，并进行清洗、修理。

（3）热泵组件进行压力试验。

（4）检修各种泵类。

（5）对相关阀门、仪表进行检查修理。

三、检修方法及质量标准

1. 机体内部各管束的检修

采用人工清理或空气吹除的办法清理各管束，必要时也可以采用蒸汽吹除法进行吹扫，但应注意做好安全措施，防止人员烫伤。管间可以采用酸洗法清理，但必须辅以水进行清洗，防止残留的液体腐蚀管束。胀接的管束出现泄漏时，仍以胀接法修复，不得焊接。焊接的管束出现泄漏时，仍按焊接要求进行焊接。

管束清理后应进行水压试验，检查管束是否泄漏，换热器的各个端盖、法兰接口不应有渗漏现象。其他质量要求可参照类似的通用换热器标准。检修后的冷凝器、发生器、蒸发器、吸收器等，必须经压力试验合格。

2. 泵类的检修

屏蔽泵、离心式水泵、真空泵等的检修参照相关检修规程内容进行，这里不再进行赘述。

3. 压力检漏和真空试验

采用 0.2MPa 氮气进行压力检漏试验。从溴化锂溶液侧充入氮气,用肥皂水涂抹各法兰、焊缝、接口,查找漏点,发现有泄漏痕迹做好标记,泄压后进行相应处理。进行的真空试验,用真空泵将热组件抽真空至 7~8kPa,然后停止真空泵,保压 24h,压降不大于 1kPa。

4. 设备的清洗和处理

(1) 用洁净的自来水清洗设备,直到放出的水无杂质、不浑浊为止。

(2) 重新装好各连接处,必要时进行检漏试验。

(3) 在不马上投入运行的情况下,对设备内部进行氮封。

(4) 若立即投运,必须及时灌注溶液。

从溴化锂溶液注入机内开始,始终保持机内真空,在添加溶液、维修及调整后也要进一步检查真空情况。

四、维护检修安全注意事项

1. 维护安全注意事项

(1) 热泵组件应按一类压力容器有关安全标准执行。

(2) 时刻防止空气渗入设备而造成腐蚀。

2. 检修安全注意事项

(1) 在检修过程中,严格防止空气漏进设备。

(2) 严格执行检修、短期停车及长期停车的有关规定。

(3) 冬季检修要采取防冻措施。

3. 投运安全注意事项

(1) 在密封试验和真空试漏过程中严格执行压力试验标注。

(2) 防止溴化锂溶液的结晶和不应有的损失。

五、吸收式热泵的换管工艺

1. 抽管

先用不淬火的鸭嘴扁錾在管两端胀口处,沿管径圆周三个方向施力,旧管口凿成三叶花形(注意不可在管板上管孔内凿出伤痕、沟槽),然后用大样冲向一头冲击,冲出一段后,用手直接抽出管。抽出管后,清理检查管板管孔,应符合下列要求:

(1) 管孔用专用工具进行管孔打磨,至表面光洁,无纵向贯通沟槽。

（2）管与管孔的间隙为 0.25~0.40mm。

2. 换管

（1）外观检查：每根管表面无裂纹、砂眼、腐蚀、凹陷和毛刺。管内无杂物和堵塞，管子不直者应较直。

（2）耐压试验：全部管逐根做最大压力耐压试验（1.25 倍）无泄漏。

（3）取长度为 150~200mm 顺管纵向锯开，内壁应清洁、光滑，无拉延痕迹，无砂眼、鼓凸等缺陷。

（4）压扁试验：将上述检查过的管在中间锯下长 20mm 的环，将其压扁至厚度为原来直径的一半，往复两次，此时管外表面不应出现裂纹及其他损伤。

（5）扩胀试验：切取 50mm 长管，打入 450 的车光锥体至管内径比原管内径胀大 30% 应不出现裂纹。

（6）新管更换前，必须进行化验分析管成分，退火须合格，而后把管两端用砂布打磨光滑，擦干净，不得有油污。

（7）管进行氨熏，试验确定管是否需进行消除应力处理。

3. 胀管

（1）胀管时，先把管子摆好，管在进口端管板露出 2~3mm 管内涂上少许甘油，放入胀管器手动胀管时，右旋胀杆胀管，胀好后左旋退出胀管器，一次未能胀好的管子应重胀，正常情况下，胀杆吃力后再转动 2~3 圈即可，将出口端管多余部分割掉，割后管端比管板高 2~3mm。

（2）为防止初胀时管窜动，应在管的另一端由专人挟持定位，电动胀管器胀管时，转速不应超过 200r/min。

（3）胀管深度为管板厚度的 75%~90%，不少于 16mm，不大于管板厚度，胀管应牢固，管壁胀薄在 4%~6% 管壁厚度，避免久胀、漏胀和过胀。

（4）待胀管完毕后，用翻边工具对管翻边，翻边的角度为 15°左右，翻边时应注意不可用力过猛，防止造成翻边处裂纹。管胀好后，进行注水试验，如有渗漏应进行补胀。

第三节　吸收式热泵的投运

一、机组投运步骤

（1）调整好机组各阀门的开启状态。

（2）启动冷却水泵和冷水泵，启动凉却塔风机。

（3）启动溶液泵。

（4）调节手操电位计，使其指示值（凝结水调节阀开度）落到50%左右。

（5）随着发生冷凝过程的进行，将手动开关转向自动，机组即进入正常运行。

（6）液位的调整见表32-1。

表32-1　　　　　　　　溴化锂制冷机液位的调整

现　象	原　因	处理方法
稀溶液浓度很高，蒸发器冷剂水溢出	蒸汽压力太高或机内有空气	降低蒸汽压力或抽空气
稀溶液浓度正常，蒸发器冷剂水少	溶液量不足	补充溶液
稀溶液浓度正常，蒸发器冷剂水溢出	灌注溶液浓度太稀	从蒸发器中抽出冷剂水，并往吸收器加进溶液
稀溶液浓度稀且蒸发器液位低于液位计中心	机器刚启动未正常；蒸汽压力太低；蒸汽凝结水阀开度太小	连续运行；升高蒸汽压力；开大蒸汽凝结水阀
稀溶液浓度稀且蒸发器冷剂水溢出	灌注溶液浓度太低	从蒸发器中抽出一部分冷剂水

二、机组停运步骤

（1）环境温度在0℃以上或暂时停运的操作方法：

1）按下停止按钮，机器自动切断蒸汽凝结水调节阀，转入自动稀释运行。

2）关闭蒸汽源调节阀。

3）溶液泵、冷剂水泵稀释运行约10~15min应自动停车。

4）切断电源开关。

5）最后将冷却水泵、冷水泵、冷却塔风机停运。

（2）环境温度低于0℃或长期停车时还要做到：

1）把溴化锂溶液引入蒸发器，把冷剂水导向吸收器。

2）关闭蒸汽源阀门，停止冷却水泵、冷水泵、冷却塔风机。

3）将冷凝器水盖、吸收器水盖、发生器水盖的蒸发凝结水排除干净。

（3）验收。经过连续 24h 运转，各项指标合格，标志验收合格。

提示 本章节适合初、中级工使用。

参 考 文 献

［1］山西省电力工业局. 汽轮机设备检修. 北京：中国电力出版社，1997.

［2］中国大唐集团公司，长沙理工大学.600MW 火电机组系列培训教材：
第五分册：汽轮机设备检修. 北京：中国电力出版社，2009.

［3］火电厂生产岗位技术问答编委会. 汽轮机检修. 北京：中国电力出版
社，2013.

［4］孙为民，杨巧云. 电厂汽轮机. 2 版. 北京：中国电力出版社，2010.

［5］胡念书. 汽轮机设备及系统. 北京：中国电力出版社，2006.

［6］陆颂元. 汽轮发电机组振动. 北京：中国电力出版社，2000.

［7］江苏方天电力技术有限公司.1000MW 超超临界机组调试技术丛书：
汽轮机. 北京：中国电力出版社，2016.

［8］望亭发电厂. 汽轮机. 北京：中国电力出版社，2002.

［9］吴季兰. 汽轮机设备及系统.2 版. 北京：中国电力出版社，2006.

［10］上海市第一火力发电国家职业技能鉴定站. 汽轮机辅机检修. 北京：
中国电力出版社，2005.